Praxiswissen E-Commerce

Praxiswissen E-Commerce

Tobias Kollewe und Michael Keukert

Beijing · Cambridge · Farnham · Köln · Sebastopol · Tokyo

Kommentare und Fragen können Sie gerne an uns richten:
O'Reilly Verlag
Balthasarstr. 81
50670 Köln
E-Mail: kommentar@oreilly.de

Bibliografische Information Der Deutschen Bibliothek
Die Deutsche Bibliothek verzeichnet diese Publikation in der Deutschen Nationalbibliografie; detaillierte bibliografische Daten sind im Internet über *http://dnb.ddb.de* abrufbar.

Lektorat: Inken Kiupel, Volker Bombien, Köln
Korrektorat: Dr. Dorothée Leidig
Satz: Nicole Furtkamp und Tung Huynh, Reemers Publishing Services GmbH, Krefeld; www.reemers.de
Umschlaggestaltung: Michael Oreal, Köln
Produktion: Andrea Miß, Köln
Belichtung, Druck und buchbinderische Verarbeitung:
Druckerei Kösel, Krugzell; www.koeselbuch.de

ISBN 978-3-95561-508-6

Dieses Buch ist auf 100% chlorfrei gebleichtem Papier gedruckt.

Inhalt

KAPITEL 1
Über dieses Buch

In diesem Kapitel:
• Einführung

Einführung

Sie wollen einen Online-Shop eröffnen und suchen nach dem richtigen Einstieg? Sie haben bereits einen Online-Shop und es läuft nicht so richtig? Sie sind bereits im E-Commerce aktiv und möchten bei der zweiten Generation des Online-Shops noch mehr richtig machen?

Unser Buch »Praxiswissen eCommerce – Das Handbuch für den erfolgreichen Online-Shop« ist ein Grundlagenwerk für alle, die sich als Händler und Shop-Betreiber mit dem Thema Online-Shop beschäftigen.

Sie finden in diesem Buch wenig Technisches über Shop-Systeme oder zum Webdesign, dafür aber viele Grundlagen aus der Online-Shop-Praxis für die tägliche Anwendung. Beginnend bei der Frage, ob sich ein Einstieg in den E-Commerce überhaupt lohnt, bis hin zur Überlegung, ob Sie nicht nur in einem, sondern gleich in mehreren Online-Shops gleichzeitig verkaufen sollten.

Das Buch ist drei Abschnitte aufgeteilt: Pre-Sales, Sales und After-Sales.

Pre-Sales: Shop-Planung und -Konzeption
Der erste Abschnitt widmet sich allen Themen, die vor dem Start des Online-Shops wichtig sind. Hier geht um Zielgruppen und Businesspläne, um laufende, variable und fixe Kosten, die beim Betrieb eines Online-Shops entstehen, um die Auswahl von Software, Tipps für die Agenturauswahl, Domainnamen und den Zeitplan, den Sie für ein Online-Shop-Projekt kalkulieren müssen.

Sales: Rund um den Kaufprozess
Verkaufen, verkaufen, verkaufen! Im zweiten Abschnitt des Buches dreht sich alles um den Kaufvorgang. Wir befassen uns mit den Inhalten des Shop-Systems, mit optimaler und rechtlich einwandfreier Produktpräsentation und mit dem Checkout-Prozess im Online-Shop.

Die Logistik spielt dabei ebenso eine Rolle wie Zahlungsarten und Zahlungsausfall und die rechtlichen Aspekte des Online-Handels in Deutschland und bei der anstehenden Internationalisierung des Online-Shops.

After-Sales: Werbung und Marketing

Und weil »nach dem Kauf« auch immer »vor dem Kauf« ist, beschäftigen wir uns im dritten Teil sehr ausführlich mit den Themen des Marketings.

Es geht um Kundenservice und Offline-Werbung (Paketbeileger, Mailings, Anzeigenwerbung), um Online-Marketing mit Suchmaschinen, Google AdWords, E-Mail-Marketing und Social Media bis hin zu Shop-Controlling und dem Verkauf auf anderen Plattformen.

Dieses Buch ist Handbuch, Konzeptionsgrundlage und Inspiration für die Praxis. Viele Ideen und Vorschläge können Sie direkt umsetzen.

Teilweise gehen unsere Vorschläge mit Änderungen am Shop-System einher. Für diese Änderungen ist oft ein Eingriff in die Programmierung des Shops notwendig, der wegen seiner Komplexität wahrscheinlich von Ihrer E-Commerce-Agentur umgesetzt werden muss. Daher empfehlen wir im Abschnitt »Auswahl des Shop-Systems« auf Seite 55 auch eines der bekannten Open-Source-Shop-Systeme, da (mit vertretbarem Aufwand) nur Sie überhaupt die Möglichkeit haben, entsprechende Anpassungen vorzunehmen. Sofern Sie bereits einen Online-Shop im Einsatz haben, sollten Sie zusammen mit Ihrer Agentur überlegen, welche Vorschläge mit Ihrem aktuellen System umsetzbar sind.

Was ist eigentlich ein Online-Shop?

Der Online-Shop ist quasi der Nachfolger des Otto-Katalogs im Internet. Als Vertriebsweg ist er der Bestellung aus dem Katalog allein wegen seiner rechtlichen Stellung als Fernabsatzhandel näher als dem Kauf im Einzelhandel – auch wenn sich viele Beispiele in diesem Buch am Verkauf im Ladenlokal orientieren.

Betrachtet man prominente Beispiele wie Otto oder Quelle lässt sich leicht nachvollziehen, dass der Online-Handel den Katalog vielleicht sogar komplett ersetzt hat.

Online-Shops teilen sich in ihren vielfältigen Varianten immer in zwei wesentliche Einzelbereiche: Produktpräsentation und Kaufvorgang.

Verglichen mit dem Handel, entspricht die Produktpräsentation dem Schaufenster und dem Ladenlokal auf der Seite des Online-Handels beziehungsweise dem Katalog auf Seiten des Versandhändlers.

Hier präsentiert der Händler alle Waren, preist die Vorzüge an, ermöglicht den Vergleich unterschiedlicher Produkte oder benennt Alternativen.

Der Checkout-Prozess, also der Kaufvorgang ab dem Warenkorb, entspricht dabei dem Gang zur Kasse im Supermarkt oder dem Ausfüllen des Bestellscheins im Katalog.

Im übertragenen Sinne legen Sie alle Artikel aus dem virtuellen Warenkorb auf das Transportband der Kasse, geben Ihre Lieferadresse an (soweit der Supermarkt über einen Lieferservice verfügt), wählen das Zahlungsmittel aus (»Zahlen Sie mit Karte?«), überprüfen den Gesamtbetrag am Display der Supermarktkasse (letzte Seite) und schließen den

Kauf ab. Zu guter Letzt wünscht Ihnen der Kassierer noch einen schönen Tag (»Vielen Dank für Ihren Einkauf!«).

Ähnlich verläuft der Vorgang im Versandhandel per Katalog. Dort werden Sie als Kunde – im Gegensatz zum Einkauf im Geschäft – dem Online-Handel auch rechtlich gleichgestellt. Widerrufsrecht und Retourenabwicklung erfolgen über diese beiden Kanäle sehr ähnlich.

Neben dem eigentlichen Kaufvorgang – und das macht den deutlichen Unterschied zum lokalen Shopping und auch dem Katalogkauf aus – gibt es vor und nach dem Einkauf im Online-Shop eine Reihe von Möglichkeiten, Kunden in den eigenen Shop zu locken und zu weiteren Käufen zu verleiten.

Basis dieser Möglichkeiten sind oft anonym oder nicht-anonym erhobene Daten. Ihre (potentiellen) Kunden hinterlassen bei jeder Bewegung im Internet – bewusst oder unbewusst – unglaublich viele digitale Spuren, die Sie als Online-Shop-Betreiber nutzen können. Sei es für die Werbung in Suchmaschinen oder sozialen Netzen wie Facebook, bei der Auswertung von Suchbegriffen in Ihrem eigenen Online-Shop oder wenn Sie Kunden per E-Mail anschreiben, die bereits mehrere Wochen oder Monate nicht mehr bei Ihnen eingekauft haben.

Online-Shops sind also de facto virtuelle Versandhandelskataloge, die sich zur Absatzstärkung die von Kunden erhobenen Daten zunutze machen.

Neu ist das natürlich nicht. Auch Quelle und Otto haben die Daten Ihrer (bestehenden) Kunden ausgewertet. Wer einmal Umstandsmode gekauft hatte, wurde nachfolgend mit Werbung für Babyhygiene und Spielzeug bedacht.

Was damals aber nur den großen Versandhändlern vorbehalten war, steht heute nahezu jedem Shop-Betreiber als Werkzeug zur Verfügung. Man muss es nur zu nutzen wissen.

Online-Shops als Verkaufsplattform bieten Ihnen als Anbieter zumindest theoretisch die Möglichkeit, zu jeder beliebigen Tageszeit an jedem beliebigen Ort der Welt (Internetzugang vorausgesetzt) Waren abzusetzen.

Und weil im Unterschied zum lokalen Einzelhandel der Verkauf der Ware nicht unmittelbar mit dem Tausch gegen Geld einhergeht, sondern sich der Austausch zunächst nur virtuell vollzieht, können Sie nahezu beliebig viele Verkäufe gleichzeitig abschließen – ohne Wartezeiten an der Kasse.

Online-Shops sind also – ganz unabhängig von ihrer technischen Plattform – zunächst einmal nichts anderes als ein virtueller Versandhandelskatalog mit einem riesengroßen Marktpotential.

Wie Sie dieses Marktpotential ausnutzen können, wie Sie (von anderen oder von Ihnen selbst) erhobene Daten nutzen können und wie Sie Online-Handel in der Praxis umsetzen können: Davon handelt dieses Buch.

Online-Handel in Europa: Zahlen und Fakten

363.100.000.000 € Umsatz – über 363 Milliarden € – wurden nach einer Studie von »Ecommerce Europe« (*www.ecommerce-europe.de*), einem Zusammenschluss europäischer E-Commerce-Verbände, im Jahr 2013 in Europa über Online-Handel erzielt.

Auf jeden Kunden fielen im Schnitt 1.376 €, jeder dritte Europäer hat im Laufe des Jahres 2013 mindestens einen Einkauf in einem Online-Shop getätigt.

Der Löwenanteil fällt in dieser Statistik den Briten zu. Im Vereinigten Königreich ist der Online-Handel mit Abstand am populärsten. Insgesamt etwas über 107 Milliarden € gaben die 41 Millionen Kunden zwischen Aberdeen und Plymouth aus. Ganze 16% davon verbuchte Amazon.co.uk für sich, an zweiter Stelle rangierte die britische Supermarktkette Tesco mit 9%. Mit 63 Milliarden € rangiert Deutschland an zweiter Stelle. Österreich belegt mit knapp 11 Milliarden Umsatz Platz 4.

Aus dieser imposanten Zahl von Online-Käufen resultierten 3,7 Milliarden Pakete, die europaweit verschickt wurden. Die Zahl der Online-Shops verortet Ecommerce Europe bei gut 645.000 und erwähnt nebenbei, dass der gesamte E-Commerce Bereich bislang über 2 Millionen neue Jobs europaweit geschaffen hat.

Im weltweiten Vergleich belegt die Region Europa mit diesen Daten Platz zwei, noch vor Nordamerika mit 333 Milliarden €, aber nach dem asiatisch-pazifischen Raum, der auf stolze 406 Milliarden € kommt (wovon allein 247 Milliarden auf China entfallen).

Die Zahlen umfassen dabei sowohl den Erwerb von Waren als auch den von Dienstleistungen über das Internet, wie zum Beispiel Kino- oder Bustickets oder Gebühren für den E-Mail-Anbieter.

Der Anteil der reinen Warenbestellungen liegt bei 54%. Für Deutschland ergibt sich damit ein Warenumsatz von rund von 34 Milliarden €.

Europaweit legt der Umsatz im Jahr 2014 nochmals um 12–16% (Prognose) zu, Ost-Europa wird seinen Internet-Umsatz nahezu verdoppeln.

Trotz dieser imposanten Zahlen macht der Online-Handel in Europa lediglich 2,2% des europäischen Bruttoinlandsprodukts aus. Beachtlich, welches Potential hier immer noch schlummert.

Der Anteil grenzüberschreitender Einkäufe aus dem europäischen Ausland bei deutschen Online-Shops steigt kontinuierlich. Betrug der Anteil 2011 noch 7%, so lag er 2013 bereits bei 13%. Den größten Anteil daran haben Exporte nach Frankreich und in die Niederlande mit 423 Millionen beziehungsweise 175 Millionen € im Jahr 2013.

Die Gunst der 70 Millionen Deutschen, die über einen Internetanschluss verfügen, genießt insbesondere Amazon, das nach einer Erhebung des EHI Retail Instituts (*www.ehi.org*) im Jahr 2012 knapp 5 Milliarden € Umsatz in Deutschland erzielte. Auf Platz 2 rangierte 2012 der Online-Shop von Otto, der es auf 1,7 Milliarden € Umsatz brachte.

Der Bekleidungshändler Zalando landete mit 411 Millionen € auf Platz 4, Tchibo auf Platz 7 und das Mode-Label Esprit mit immerhin 327 Millionen € auf Platz 10.

Erschlagen von all diesen Zahlen? Schauen Sie sich um. Wie viele Freunde und Bekannte bestellen zumindest bei Amazon oder Zalando? Online-Shopping ist ein Wachstumsmarkt, und ein Ende ist derzeit noch nicht abzusehen.

Neben den großen Warenkaufhäusern wie Amazon.de oder Otto.de ist inzwischen auch die Zeit der kleinen Anbieter und Nischen-Shops gekommen, die sich auf kleine Sortimente verschiedener Hersteller oder explizit auf das Produktsortiment eines einzelnen Herstellers spezialisiert haben.

Zwar will der Einstieg in den E-Commerce wohlüberlegt sein. Bei valider Planung und Vorbereitung, wozu wir Ihnen in diesem Buch wichtige Hilfestellungen geben, ergeben sich für die kommenden Jahre dennoch beeindruckende Chancen.

Über die Autoren

Tobias Kollewe und Michael Keukert sind beide im E-Commerce zu Hause. Zusammen verfügen Sie über mehr als 30 Jahre Erfahrung mit Online-Shops und Online-Marketing und arbeiten als CEO/COO beziehungsweise Teamleiter bei der Aachener Internet- und E-Commerce-Agentur AIXhibit AG (*www.ecommerce.ac*) Der Fokus ihrer Arbeit liegt auf Beratung und Projektmanagement beim Neuaufbau und Re-Engineering von E-Commerce-Systemen und Online-Shop-Audits (Schwachstellenanalyse).

Tobias Kollewe befasst sich mit den praktischen Seiten des E-Commerce und berät kleine und mittelständische Unternehmen bei der richtigen Online-Strategie. Seinen ersten eigenen Online-Shop eröffnete er im Jahr 1998. Als gelernter IT'ler und Kaufmann vereint er technisches Know-How und wirtschaftliche Denkweise. Er ist als Berater und Dozent für E-Commerce in Deutschland, Österreich, Belgien und den Niederlanden tätig und auf diversen Camps und Kongressen anzutreffen.

Michael Keukert ist im Jahr 1989 online gegangen und hat sich seit dieser Zeit nicht mehr ausgeloggt. Er berät Kunden zu allen Gesichtspunkten des Online-Marketings im E-Commerce und schult in der praktischen Anwendung – immer mit dem Fokus auf die Verbesserung der Klick- und Konversionsraten. Er ist Autor diverser Artikel zum Thema Suchmaschinen-Marketing mit Google AdWords und Newsletter-Marketing und hält Vorträge zu diesen Themen auf Konferenzen.

Das Blog zum Buch

Die Idee zu diesem Buch ist beim Schreiben von Artikeln unter anderem in unserem Agenturblog (*http://blog.aixhibit.de*) entstanden. Hier setzen wir die verschiedenen Themen auch weiterhin fort, wir laden Sie zum Diskutieren und Teilen gerne ein.

Danke!

Ein Buch zu schreiben, ist gar nicht so schwierig. Man muss ja nur alle Fakten, die man im Kopf hat, zu Papier bringen. Deswegen hat es auch nur ein knappes Jahr gedauert. Umgerechnet gerade mal vier Seiten pro Stunde sind dabei herausgekommen – natürlich ohne Korrekturen & Co.

Deswegen richtet sich unser Dankeschön an alle mit zwei Beinen oder vier Pfoten, die in den vergangenen Monaten weniger von uns hatten, weil wir die vielen Stunden lieber hinter dem Notebook verbracht haben als mit Euch: Entschuldigung!

Nicht zu vergessen: Ein herzliches Dankeschön auch an den O'Reilly-Verlag, an Inken Kiupel, Volker Bombien und Corina Pahrmann, für die Geduld, die Anregungen und die Hilfestellung. Danke für die Möglichkeit, ein Buch in unserem Lieblingsverlag veröffentlichen zu können.

Und: Wir möchten uns auch bei unseren Kunden bedanken, die durch ihre Aufträge und ihr Vertrauen in den letzten 16 Jahren durchaus ihren Anteil an diesem Buch haben.

Zu guter Letzt: Nicht weniger Dank geht an unsere Kollegen bei AIXhibit, insbesondere Pawel Strzyzewski, und Christoph Schmitz-Schunken für die vielen Anregungen und Ideen.

Und an Ulrich Pesch, Hubert Mirgartz, Konrad Buck, Anko und Iris für die Interviews.

Bevor wir es vergessen: Tante Google und die Familien bei OXID, Shopware, Magento & Co. – vielen Dank für Eure Software.

Noch ein besonderes Dankeschön an Philips, Hersteller unserer treuen und dauerhaften Begleiterin Senseo. Was hätten wir nur ohne Dich gemacht?

Ach so: Kilian, dem Kronenkranich, wollen wir auch (irgendwie) danken. Er ist Pate und Titelvogel dieses Buches. Danke, dass es so lustige Viecher wie Dich gibt!

Ein besonderer Dank geht noch an C.A.H.C. Sowieso.

Und nicht zu vergessen: Unsere Eltern. Danke! ;-)

TEIL I

Pre-Sales: Shop-Planung und -Konzeption

- Am Anfang steht die Idee
- Zielgruppendefinition
- Business-Plan
- Laufende und variable Kosten
- Kaufmännische Vorsicht im Online-Shop
- Setzen Sie sich eine Deadline
- Jetzt geht's lo-hos!
- Webdesign- und E-Commerce-Agentur
- Auswahl des Shop-Systems
- Warenwirtschaft und Versandhandels-Software
- (Domain-)Namenswahl
- Zeitplan
- Testen Sie Ihren Online-Shop

KAPITEL 2

Pre-Sales: Shop-Planung und -Konzeption

Am Anfang steht die Idee

Die Tatsache, dass Sie dieses Buch in Händen halten, lässt vermuten, dass Sie bereits eine mehr oder minder vage Vorstellung davon haben, was Sie in einem Online-Shop verkaufen wollen. Eine Idee, eine Vorstellung formt sich in Ihrem Kopf und Sie versuchen, sie zu konkretisieren.

Vielleicht haben Sie aber auch schon sehr klare Vorstellungen davon, was Ihr Geschäftsmodell sein soll. Möglicherweise stellen Sie bereits Ihre eigenen Produkte her und möchten sie online an den Kunden bringen.

Oder Sie gehören zu der Gruppe, die Online-Shops ein spannendes Konzept finden und gerne selbst Online-Handel betreiben würden, aber noch keinerlei Vorstellung haben, welche Produkte Sie anbieten möchten.

In jedem dieser drei Fälle gibt es aber bereits eines: die Idee, online zu verkaufen und sich mit einem eigenen Angebot im Netz zu präsentieren. Nun denn, es ist Zeit, konkret zu werden!

Ideenfindung und Brainstorming

Die Vorstellung, die Zalando-Gründer Marc, Oliver und Alexander Samwer hätten bei einem gemeinsamen Abendessen auf einmal den sprichwörtliche Heureka-Moment gehabt und beschlossen, ihr Glück im Verkauf von Schuhen zu suchen, fällt schwer.

Viel eher kann man sich die drei bei zahlreichen Strategie-Meetings vorstellen, in denen Ideen gesucht und verworfen wurden, wie man mit einer weiteren Internet-Firma Geld verdienen könnte. Ein Geistesblitz kann jeden ereilen, aber leider ist er vom Zufall abhängig. Die planvolle Ideenfindung ist hingegen eine Kreativtechnik, die man jederzeit und konstruktiv einsetzen kann.

Die bekannteste Methode zur Ideenfindung ist das Brainstorming, eine Technik, die bereits 1939 formuliert wurde und nach wie vor zu den erfolgreichsten Methoden ihrer Art gehört.

Brainstorming funktioniert besonders gut in einer Gruppe von circa fünf Personen. Diese Teilnehmer müssen keine Experten für E-Business sein, sondern eher Personen, denen Sie vertrauen und bei denen Sie kreative Ideen vermuten. Das Brainstorming können Sie prinzipiell auch alleine durchführen, es ist dann aber weniger effektiv, da keine Impulse von außen kommen.

Zur Durchführung des Brainstormings brauchen Sie eine große Tafel (beispielsweise ein Whiteboard) oder einen großen Bogen Papier sowie einige Stifte. Das Brainstorming findet in zwei Phasen statt. Die erste dient der Ideenfindung.

Informieren Sie die Teilnehmer zunächst über die Rahmenbedingungen: Ideen für einen Online-Shop beziehungsweise Verfeinerungen von Ideen. Gibt es schon eine etwas konkretere Vorstellung, beispielsweise »Schuhe verkaufen«, dann sollte das in die Rahmenbedingungen aufgenommen werden.

Nun werden die Teilnehmer aufgefordert, Ideen zu entwickeln und mit anderen Ideen zu kombinieren. Mit dem Startpunkt »Schuhe verkaufen« können dann Ideen kommen wie »gelbe Schuhe verkaufen«, »Ballettschuhe verkaufen«, »Damenschuhe verkaufen«, »High Heels verkaufen«.

Ermuntert man die Teilnehmer, ihren Ideen freien Lauf zu lassen, können Ideen entstehen wie »nur Retro-Schuhe«, »nur gelbe Kleidung, egal ob Schuhe oder anderes«, »Schuhe mit Signierung« oder sogar »Paare mit ungleichen Schuhgrößen«. Selbst »alles außer Schuhe« wäre eine Möglichkeit in dieser Phase.

Ein vorher ernannter Protokollant – vermutlich Sie selbst – schreibt alle diese Ideen mit. Wichtig ist, dass in dieser Phase keine Idee von vornherein verworfen wird. Die erste Phase dient der Ideenfindung – eine Bewertung oder gar Kritik wird nicht vorgenommen!

In der zweiten Phase werden die Ergebnisse nun sortiert, zusammengefasst und bewertet. Wichtig ist die Zusammenfassung.

Alle Ideen mit Schuhen einer bestimmten Farbe landen dann zum Beispiel in einer Gruppe, wobei die Idee »nur rosa Schuhe« und »Girlie-Mode« ebenfalls zusammengefasst werden können. Diese Gruppen von Ideen können nun durchaus kritisch betrachtet werden. Sehen Sie Bedenken zu Machbarkeit oder Wirtschaftlichkeit in dieser Phase noch nicht als absolute Hinderungsgründe an – dies erfordert weitere Recherchen.

Am Ende des Prozesses steht dann – hoffentlich – eine konkretere Vorstellung, welche Produkte und Waren Sie in Ihrem Shop verkaufen werden. Scheuen Sie sich nicht, diesen Prozess nach einiger Zeit zu wiederholen, falls die erste Runde keine Ergebnisse gebracht hat.

Das Ziel definieren

Ein realistisches Ziel ist wichtig für die weitere Planung. In den folgenden Kapiteln zum Thema Businessplan geben wir Ihnen detaillierte Hilfsmittel zur finanziellen und zeitlichen Planung. Vorher sollten Sie sich aber bereits Gedanken dazu machen, was Sie mit Ihrem Shop erreichen wollen.

Ist der Online-Shop eine Liebhaberei im Rahmen eines Hobbys, bei dem lediglich die Kosten gedeckt werden sollen? Möchten Sie sich mit dem Online-Vertrieb selbstständig machen, vielleicht sogar Ihren bisherigen Job aufgeben? Oder ist der Shop eine Erweiterung Ihres bisherigen Unternehmens, und wenn ja, welchen Anteil am Umsatz soll er mittelfristig beisteuern?

Fassen Sie Ihr Ziel in konkrete Worte: Mein Shop soll nach einem Jahr 2000 € pro Monat an Gewinn erzielen. Oder: Mein Shop soll nach einem Jahr durchschnittlich 100 Bestellungen am Tag haben. Oder – etwas weniger konkret: Mein Shop soll in seinem Marktsegment nach unabhängigen Analysen der umsatzstärkste sein.

Ob dieses Ziel realisierbar ist, spielt zum jetzigen Zeitpunkt noch eine untergeordnete Rolle. Dieses Ziel dient primär dazu, bei Ihnen selbst und allen am Projekt Beteiligten einen gemeinsamen Rahmen zu schaffen und ein gemeinsames Ziel zu definieren. Dabei ist es hilfreich, wenn die Ziele realistisch sind. Im Zweifel sollten Sie lieber etwas tiefer stapeln. Das definierte Ziel hilft, die Aktivitäten zu kanalisieren.

Elevator Pitch

Stellen Sie sich vor, Sie rufen in einem großen Bürogebäude den Aufzug. Die Tür geht auf und unvermittelt stehen Sie Bill Gates, dem Gründer von Microsoft, gegenüber. Sie wissen, dass Bill Gates' Einfluss Ihnen unglaublich viele Türen öffnen könnte, Sie wissen aber auch, dass der Aufzug vermutlich innerhalb der nächsten 30 Sekunden erneut hält und Bill Gates aus Ihrem Leben wieder verschwindet. Was sagen Sie diesem einflussreichen Mann in den nächsten 30 Sekunden?

Die Idee des Elevator Pitches, also des Verkaufsgesprächs im Aufzug, ist es, in einer sehr kurzen Zeit ein Anliegen in einer Art und Weise vorzutragen, dass das Gegenüber neugierig genug geworden ist, um Ihnen weitere Zeit für ein Gespräch einzuräumen. Der Elevator Pitch ist der Türöffner. Er muss interessant und überzeugend sein, er muss Neugierde wecken und fesselnd sein.

Die Idee und Philosophie Ihres Online-Shops in einen maximal 30-sekündigen Elevator Pitch zu fassen, ist eine sehr gute Übung für Sie.

In Ihrem Kopf schwirren hunderte von Teilaspekten zum geplanten Online-Shop herum. Dauernd kommen neue Ideen, neue Anforderungen, neue Aspekte hinzu. Bei all diesen vielen Details ist es schwierig, das große Ganze im Blick zu behalten. Genau hier hilft der Elevator Pitch. Er zwingt Sie dazu, die Kernidee Ihres Shops, die Seele Ihres Geschäftsmodells in kurze prägnante Worte zu fassen und sie überzeugend und neugierig machend zu verpacken.

Im Laufe des Online-Shop-Projekts werden Sie das eigene Konzept immer wieder – vielleicht nicht gerade Bill Gates – verschiedenen Adressaten vorstellen: bei Ihrer Agentur, Lieferanten, Kunden und auch Wettbewerbern. Die (geübte) prägnante Zusammenfassung wird Ihnen häufig hilfreich sein!

Beim Aufbau Ihrer 30-Sekunden-Präsentation sollten Sie das AIDA-Modell beachten. Die Abkürzung steht für die englischen Worte Attention (Aufmerksamkeit), Interest (Interesse), Desire (Verlangen) und Action (Handlung). Beginnen Sie Ihren Pitch also damit, Aufmerksamkeit zu erregen. Dies gelingt meist gut durch eine rhetorische Frage im Stile von »Sie kennen doch sicher...«. Ein anderes stilistisches Mittel wäre das Postulieren eines überraschenden Fakts.

Haben Sie die Aufmerksamkeit erregt, gilt es, das Interesse zu wecken. Dies muss natürlich unmittelbar an die erste Stufe anknüpfen. Versuchen Sie, Bilder und Metaphern zu verwenden, um einen emotionalen Effekt zu erzielen. Nutzen Sie dabei kurze, übersichtliche Sätze und vermeiden Sie Fachjargon, den ihr Gegenüber unter Umständen nicht kennt. Fassen Sie das Thema eng und verzetteln Sie sich nicht.

In der Desire/Verlangen-Phase präsentieren Sie die Lösung für die ersten beiden Abschnitte, nämlich Ihren Shop, Ihre Produkte und sich selbst. Die Action/Handlungsphase wiederum endet mit der Aufforderung, sich den Shop doch einmal anzuschauen beziehungsweise weiter in Kontakt zu bleiben.

Ein Beispiel: *Wussten Sie schon, dass fast 30% aller Menschen unterschiedliche Schuhgrößen an beiden Füßen haben? Diese Personen haben echte Probleme, passende Schuhe zu finden. Wenn nur ein Schuh passt, ist das ungesund und tut weh. Schuhhersteller ignorieren das Problem. Mein Name ist Michael Keukert, und in meinem Shop www.fehltritt.de kombiniere ich die Schuhpaare so, dass jeder Kunde die passenden Schuhe bekommt. Wäre das nicht auch etwas für Sie?*

Üben Sie Ihren Elevator Pitch, bis er Ihnen flüssig von den Lippen kommt. Erzählen Sie Freunden und Verwandten von Ihrer Idee und nutzen Sie den Elevator Pitch. Gelegenheiten gibt es genug. Vielleicht kommen Sie im Zugabteil oder im Flugzeug mit jemandem ins Gespräch. Statt auf die Frage »Und was machen Sie so?« irgendetwas zu stottern, hilft der Elevator Pitch, den Einstieg in eine Unterhaltung zu finden.

Niemand klaut Ihre Idee!

In unseren Schulungen oder während Beratungen erleben wir immer wieder, dass Teilnehmer oder Interessenten sehr zurückhaltend sind, was ihre Idee für den Einstieg in den Online-Handel angeht.

Mitunter werden wir sogar gebeten, Geheimhaltungserklärungen (NDA – Non Disclosure Agreement) zu unterschreiben, bevor ein konkretes Gespräch stattfindet. In einer mehrwöchigen Schulungsveranstaltung hat ein Teilnehmer bis zum allerletzten Abend seine Idee geheim gehalten, bevor er endlich damit rausrückte.

Die Angst, dass jemand anderes die mühsam gefundene Idee stiehlt, ist mitunter groß. Diese Angst ist aber oft unbegründet. Ihre Idee gibt es nämlich schon. Jemand anderes hat sie bereits verwirklicht. Sie sind nicht der Erste, vielleicht noch nicht einmal der Zweite, der diese Idee hatte. So ging es auch dem Teilnehmer aus der Schulung: Seine Idee gab es bereits mehrfach – er wusste es nur nicht.

Und selbst wenn dem nicht so sein sollte: Sie haben Monate an Ihrer Idee und Ihrem Geschäftsmodell gefeilt. Sie haben Überlegungen und Konzeptionsarbeit geleistet, die Arbeiten sind möglicherweise schon weit fortgeschritten. Jemand, der zufälligerweise von Ihrer Idee hört, müsste bei Null anfangen. Selbst mit Ihrem Elevator Pitch als Vorlage würde es ihm schwerfallen, Sie zu überholen.

Nachdem Apple im Januar 2007 das iPhone vorgestellt hatte und damit den Markt der Mobiltelefone über Nacht revolutionierte, dauerte es 18 Monate, bevor der erste Mitbewerber mit einem ähnlichen Konzept nachzog. Und man kann mit Sicherheit davon ausgehen, dass es am Abend der Vorstellung bei allen Mobilfunkherstellern nächtliche Krisensitzungen gab und sich neue Abteilungen gebildet haben, deren Aufgabe allein darin bestand, das bestehende Konzept des Wettbewerbers möglichst schnell zu adaptieren.

Niemand wird Ihre Idee stehlen. Deswegen sollten Sie über Ihre Idee sprechen. Soviel wie möglich. Mit so vielen verschiedenen Leuten wie möglich. Denn nur so erhalten Sie wichtiges Feedback, neue Anregungen und hilfreiche Hinweise.

Zielgruppendefinition

Welche Kundengruppe wollen Sie mit Ihrem Shop eigentlich ansprechen? Nein, die Antwort »alle« können wir leider nicht gelten lassen! Noch einmal bitte: Welche Kundengruppe wollen Sie ansprechen?

Die richtige Antwort auf diese Frage zu geben, ist gar nicht mal so einfach. Sie ist aber aus mehrerlei Hinsicht wichtig.

Es ist wichtig, die Zielgruppe Ihres Online-Shops genau zu definieren, denn dies beeinflusst zahlreiche Entscheidungen im weiteren Verlauf eines Projekts. Ein einfaches Beispiel: Besteht Ihre Zielgruppe aus Menschen, die älter als 50 Jahre sind, den sogenannten Silver Surfern, beeinflusst dies zum Beispiel die Schriftgröße und Farbgebung in Ihrem Online-Shop, mit allen Facetten von der Navigation über die Texte auf den Produktdetailseiten bis hin zum »Jetzt kaufen«-Button.

Die Zielgruppe zieht sich wie ein roter Faden durch das gesamte Shop-Projekt. Von A wie Anzeigentext bis Z wie Zahlungsarten – kaum ein Bereich, der nicht von Überlegungen über die Zielgruppe berührt wird.

Eine der wichtigsten Unterscheidungen gibt es bei der Überlegung, ob Sie im Privatkundenbereich (B2C – Business to Consumer) tätig sind oder ob Sie Ihre Waren primär (oder ausschließlich) Geschäftskunden (B2B – Business to Business) anbieten.

Privatkunden

Privatkunden sind eine inhomogene Zielgruppe, die sich vor allem demografisch aufgliedert: jung oder alt, Mann oder Frau, Kaufkraft, Interessen, Vorlieben. Diese Merkmale wirken sich auf unterschiedliche Bereiche des Shops aus. Die Gestaltung muss zur jeweiligen Gruppe passen, aber auch die Zahlungsarten sind verschieden. Wo junge, techni-kaffine Kunden beispielsweise über einen PayPal-Account verfügen, dürfte bei Senioren eher Kauf auf Rechnung oder Lastschrift Anklang finden.

Identifizieren Sie hier Ihre Kundengruppe möglichst genau. Für junge, modebewusste Frauen muss ein Shop anders gestaltet sein als für Extremsportler beiderlei Geschlechts.

Heimarbeiter, Freiberufler und Hausmänner/-frauen werden keine Probleme haben, Pakete per DPD direkt nach Hause zugestellt zu bekommen. Berufstätige Singles sind aber vielleicht auf die Packstationen oder Paketkästen von DHL angewiesen.

Im Bereich des Marketings kann man bei Privatkunden oftmals gut mit dem Werkzeug der Dringlichkeit arbeiten. Aktionen mit kurzer Laufzeit und geringe Lagerbestände kön-nen das Kaufverhalten zu Ihren Gunsten beeinflussen.

Um die Zielgruppe zu definieren, bietet es sich an, das im vorigen Kapitel vorgestellte Brainstorming anzuwenden. Entwickeln Sie Ideen, wer zu Ihrer Zielgruppe gehören könnte. Kombinieren und sortieren Sie hinterher die Ergebnisse des Brainstormings, bis Sie ein bis zwei Zielgruppen definiert haben. Überlegen Sie sich dann, wie diese Ziel-gruppe »tickt« und welche Besonderheiten Sie dafür berücksichtigen müssen.

Gewerbliche Kunden

Im Bereich der B2B-Kunden ist die Zielgruppendefinition ungleich einfacher, denn sie wird durch den Geschäftsbereich definiert. Wenn Sie Dämmmaterial für den Hausbau anbieten, sind Ihre gewerblichen Kunden wahrscheinlich Handwerksbetriebe.

Die Wahl der Zahlungs- und Versandarten wird dadurch etwas vereinfacht: Ware wird zu Bürozeiten angeliefert und Kauf auf Rechnung ist der Normalfall. Dafür sind im gewerblichen Bereich aber andere Dinge wichtig, die bei Privatkunden weniger relevant sind. Hierzu zählen lange Zahlungsfristen oder Rabatte auf Verpackungseinheiten und Palettenware.

Für gewerbliche Kunden werden Sie andere Allgemeine Geschäftsbedingungen erstellen, das Widerrufsrecht findet hier grundsätzlich keine Anwendung (da es nur für Verbrau-cher gilt), dafür gelten andere Voraussetzungen bei der Preisanzeichnung. Gewerbliche Kunden kalkulieren mit Netto-Beträgen, Verbraucher mit Brutto-Werten.

Je besser Sie bei der Konzeption des Online-Shops Ihre Zielgruppe definiert haben, desto leichter wird es Ihnen fallen, bei der Auswahl von Marketingmaßnahmen oder Optionen im Online-Shop entsprechende Entscheidungen zu fällen.

Business-Plan

Die Werbung für Online-Shop-Systeme verspricht oft, dass man einfach und umgehend loslegen kann. Für den erfolgreichen Einstieg in E-Commerce ist aber nicht nur ein gutes und funktionierendes Online-Shop-System erforderlich.

Nicht weniger wichtig ist ein tragfähiges Konzept, das die Grundlage für den Erfolg Ihres Internetauftritts bildet. Beim Verkauf im Web müssen Sie zwar nicht zwangsläufig ein Ladenlokal in exponierter Lage anmieten. Für den Anfang könnten Sie das Geschäft auch aus dem Home-Office heraus führen. Aber auch hier entstehen zwangsläufig Kosten, die Sie über die Einnahmen im Online-Shop decken müssen.

Lassen Sie uns daher zunächst einen Blick auf die Zahlen werfen und die unterschiedlichen Ausgaben zusammenstellen, die auf Sie zukommen können.

Einmalige Kosten

Unabhängig davon, ob Sie sich mit einem Online-Shop an die Existenzgründung wagen oder mit dem Online-Shop ein bestehendes Geschäftsmodell um den Handel im Internet ergänzen, werden Sie investieren müssen. Die Investition umfasst dabei aber nicht nur den Einkauf von Waren für den Verkauf, sondern eine Reihe von Ausgaben, die Sie vor dem Start tätigen und in die Rentabilitätsberechnung und realistische Planung mit einbeziehen müssen. Neben der Shop-Software und den Ausgaben für Webdesign und Programmierung gehören dazu ebenso Rechts- und Beratungskosten oder die Büro- und Geschäftsausstattung (BGA).

Shop-Software

Erfolgreiche und individuelle Online-Shops müssen, ebenso wie Internetseiten, programmiert werden. Die auf dem Markt erhältlichen Shop-Pakete der gängigen Hosting-Anbieter, wie zum Beispiel 1&1, Strato und Co., bieten keinerlei individuelle Anpassungsmöglichkeiten und kommen daher für Ihr E-Commerce-Projekt nicht in Frage. Gleiches gilt (aus Kostengründen) natürlich für die Entwicklung eines eigenen Shop-Systems, wie es zum Beispiel die Otto Group getan hat, weil die eigenen Anforderungen von keinem der verfügbaren Systeme abgedeckt werden konnten (*http://www.computerwoche.de/a/otto-baut-neue-Shop-Software-ganz-agil-selbst,2541840*).

Wir betrachten daher die drei Open-Source-Shop-Systeme OXID eSales, Magento und Shopware, die unter den neu entwickelten Online-Shops in Deutschland den größten Marktanteil vorweisen können.

Kostenfreie Shop-Software. Alle drei genannten Systeme sind sowohl in einer Open-Source-Variante (vergleiche Kasten »Open Source bei Shop-Systemen«), als auch in kostenpflichtigen Versionen erhältlich.

Auch wenn die Nutzung der Open-Source-Variante kostenfrei ist, so ist für die spätere Anpassung des Shop-Systems an Ihre Vorstellungen in der Regel das Engagement von Frontend-Developern und Webdesignern vonnöten. Insbesondere wenn die Shops später nicht mit dem Standard-Design (Template), das mit der Software ausgeliefert wird, laufen sollen. Mehr dazu in unserem Abschnitt »Webdesign- und E-Commerce-Agentur« auf Seite 43.

Für die Anpassung von Open-Source-Shop-Systemen müssen Sie rund 70–100 € netto pro Arbeitsstunde kalkulieren. Je nach Aufwand können so für einen Shop leicht mehrere tausend € Nachentwicklungskosten entstehen. Darüber hinaus erhalten Sie vom Hersteller keinen kostenlosen Support und keine Garantie oder Gewährleistung für die Software.

Kostenpflichtige Software. Neben den freien – oft Community Edition genannten – Versionen gibt es bei allen drei genannten Anbietern jeweils eine nahezu funktionsgleiche kostenpflichtige Version. Die Preise bewegen sich hierbei im drei- bis vierstelligen Rahmen einmalig. Im Preis enthalten ist im Gegensatz zur kostenfreien Version beispielsweise ein Support-Stundenkontingent oder die Installation der Software auf dem Webserver oder als Software-as-a-Service.

Open-Source-Software

Unter Open-Source-Software versteht man Software, deren Quelltext für jedermann öffentlich zugänglich ist und die kostenfrei genutzt werden kann. Das bedeutet, der Quelltext kann beliebig angepasst und erweitert werden, Sie können also Design und Funktion des Shops Ihren Wünschen entsprechend gestalten. Durch eine Vielzahl von Programmierern, die gemeinsam an der Weiterentwicklung der offenen Software arbeiten, entstehen fortlaufend Erweiterungen (so genannten Module), die die ursprüngliche Software im Funktionsumfang erweitern.

Wie erhalten Sie die Shop-Software?

Der Programmcode wird von der Webseite des Herstellers heruntergeladen und auf einem Webserver installiert. Die reine Installation ist oft auch für Einsteiger mit einem Grundverständnis für Internet-Technik möglich – soweit Ihnen zum Beispiel die Begriffe FTP, MySQL oder »755« etwas sagen. Weitere Informationen zu den einzelnen Shop-Systemen haben wir im Kapitel 2, *Open-Source-Online-Shops,* auf Seite 59 zusammengestellt.

Downloads:

http://wiki.shopware.de/Downloads_cat_448.html

http://www.magentocommerce.com/download

http://www.oxid-esales.com/de/community/oxid-eshop-herunterladen.html

---

Für Shop-Systeme mit sehr hohem Besucheraufkommen, Malls (also mehrere unterschiedliche Shops unter einer technischen Installation), Shops, die auf mehreren Serversystemen verteilt arbeiten, um eine größtmögliche Ausfallsicherheit zu gewährleisten, und für individuell vom Hersteller der Software anpassbare Systeme bieten die drei Großen der Branche die sogenannten Enterprise-Versionen an.

Die Enterprise-Versionen zeichnen sich durch größtmögliche Flexibilität des Systems und Premium-Support seitens des Herstellers aus, was sich letztlich auch im Preis niederschlägt. Hier muss mit einmaligen Investitionskosten von rund 10.000 bis 15.000 € gerechnet werden. Jährliche Lizenz- und Wartungskosten, teilweise im gleichen Rahmen, kommen nochmals dazu.

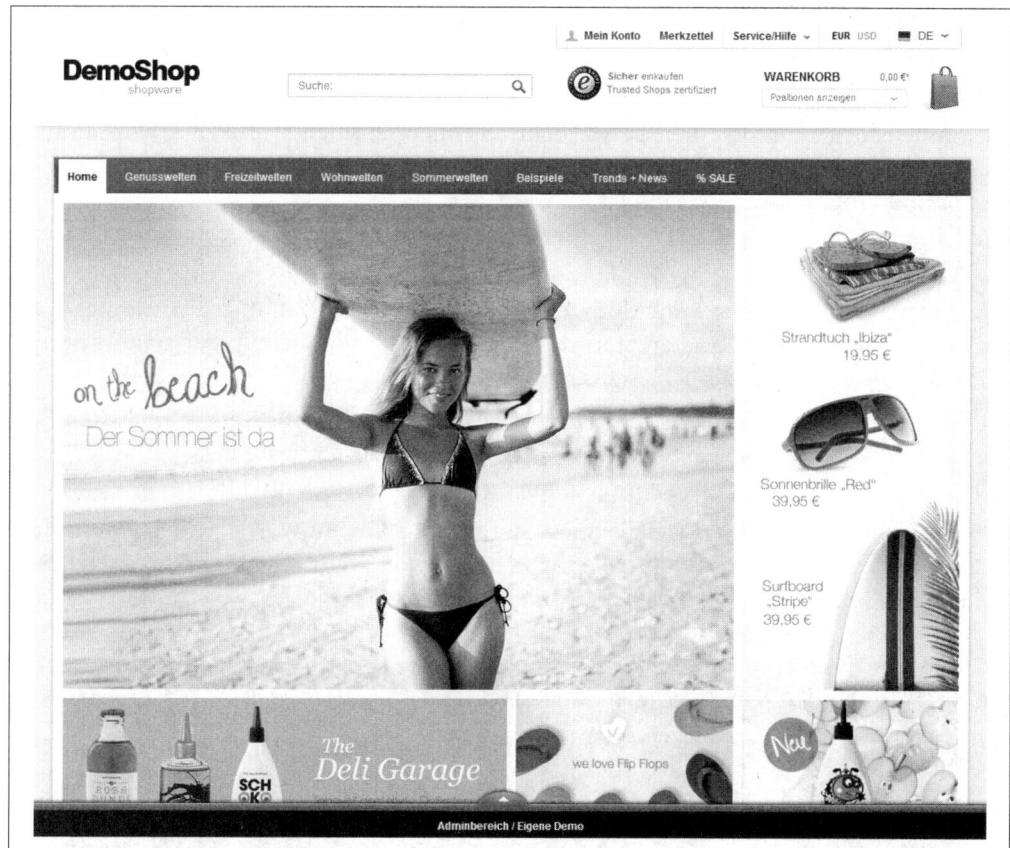

Abbildung 2-1: Demo-Installation Shopware

Kosten für Shop-Design und Anpassungen

Wenn der Shop erst einmal installiert ist, könnte eigentlich der Verkauf direkt beginnen.

In der Regel wird dem Shop an dieser Stelle aber noch das individuelle Gesicht fehlen. Weder Shop-Logo noch das grundsätzliche Design entsprechen dem (soweit vorhandenen) geplanten Layout und Corporate Design.

Da hier also noch umfangreiche Änderungen am Aussehen und an der Funktionalität des Shops erforderlich sind, die normalerweise nicht von Laien umgesetzt werden können, ist auch hier mit einem nicht unerheblichen Aufwand für Design und Programmierung zu rechnen.

Wie immer im Internet sind der »Neffe des Schwagers«, der zwar unerfahren, aber höchst motiviert zu Werke schreiten würde, genauso anzutreffen, wie spezialisierte E-Commerce-Agenturen, die mit jahrelanger und mitunter branchenspezifischer Erfahrung aufwarten können. Beide, Neffe wie Agentur, haben ihren Preis. Im Normalfall spiegelt sich der vermeintlich günstige Preis des Neffen auch in der deutlich niedrigeren, im schlimmsten Fall nicht vorhandenen Conversionrate, also dem Verhältnis von Besuchern zu Käufern, wider: Sie investieren wenig in die Entwicklung des Online-Shops, verkaufen aber auch keine Produkte.

E-Commerce-Agenturen sollten neben dem rein theoretischen Umsetzungswissen auch Erfahrungen aus Usability, Suchmaschinenoptimierung und Verkaufspsychologie in Design und Programmierung einfließen lassen.

Diese Erfahrung hat selbstverständlich auch ihren Preis. Strategische Beratung, Layout und Design, Programmierung und Anpassung an Funktionalitäten (individuelle Programmierung, Einbindung von Modulen, zum Beispiel für Zahlungsdienstleister oder Logistik) können schon vor dem Start des Online-Shops mit einem niedrigen bis mittleren fünfstelligen Betrag zu Buche schlagen.

Die beiden folgenden Abbildungen zeigen zwei Online-Shops für Kaffee. Im ersten Beispiel wurde das Standard-Layout einer Open-Source-Shop-Software belassen, es wurden lediglich einige Farbänderungen vorgenommen.

Das zweite Beispiel zeigt das gleiche Shop-System. Das Layout wurde jedoch von professionellen Kommunikationsdesignern entworfen und von Programmierern umgesetzt. Auf den ersten Blick: Wo würden Sie lieber einkaufen?

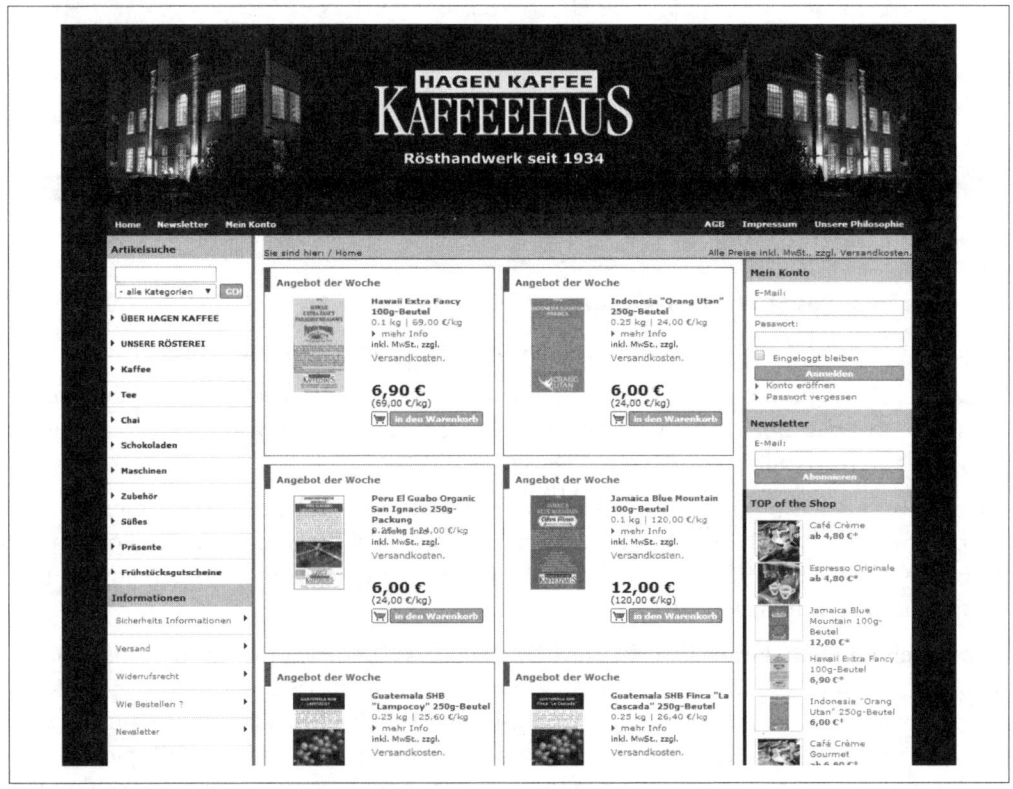

Abbildung 2-2: Online-Shop (OXID), nur mit Farbanpassungen (www.hagen-online-shop.de)

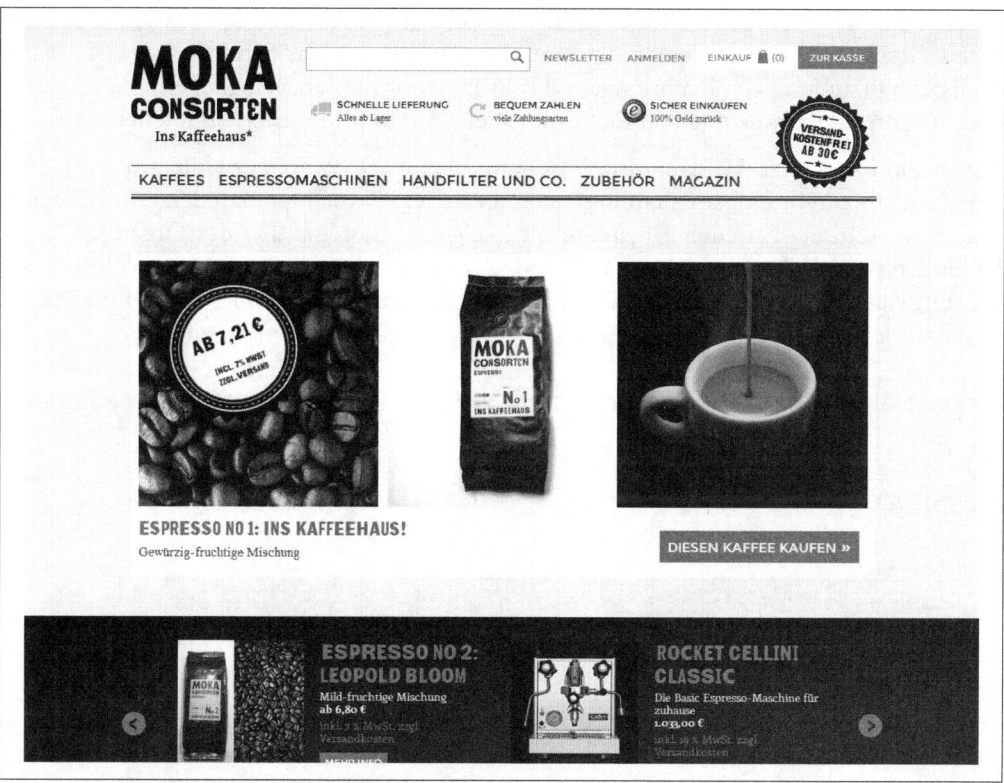

Abbildung 2-3: Online-Shop (OXID) mit individuellem Design (www.mokaconsorten.com)

Backoffice-Software

Neben den Kosten für den Online-Shop benötigen Sie für den Versandhandelsalltag eine Reihe weiterer Softwareprodukte, die, sofern Sie nicht eine Open-Source-Variante nutzen, natürlich auch mit Anschaffungskosten verbunden sind. Wenn Sie bereits über einen eingerichteten Geschäftsbetrieb verfügen, fallen einige der nachfolgenden Posten weg.

- Buchhaltungs-Software
- Banking-Software
- Office-Suite (Word, Excel, PowerPoint)
- Warenwirtschaft/Lagerhaltung
- Versand-Software
- Dokumentenmanagement

Mit zunehmendem Geschäftserfolg und steigendem Versandvolumen wird auch der Automatisierungsgrad steigen müssen. Wenn Sie die anfängliche Investition in Warenwirtschaft und Versandhandels-Software scheuen, sollten Sie einen Blick in die (geplante) Zukunft werfen: Bei 10 verschickten Paketen pro Tag und einer geringen Retourenquote wird es leicht sein, den Überblick über alle Geschäftsvorgänge zu behalten. Aber stellen

Sie sich einmal vor, Sie versenden 100 Pakete oder mehr pro Tag. Sie werden sich wünschen, dass Software Ihnen einen Großteil Ihrer Arbeit, wie das Schreiben von Standard-Mails, die Erstellung von Rechnungen, das Prüfen von Zahlungseingängen, Lagerbeständen, Inventur, Überweisung von Erstattungsbeträgen und so weiter, abnehmen wird.

Von Beginn an sollten Sie daher die Anschaffung einer Software zur Unterstützung Ihrer Arbeitsabläufe in Ihre Finanzplanung mit einbeziehen. Betrachtet man den erforderlichen Manpower-Einsatz bei einer Umstellung des eigenen Systems und der Organisation im laufenden Betrieb, könnte sich die frühzeitige Anschaffung entsprechender Software und die Entwicklung der organisatorischen Prozesse schon zum Start des Online-Shops durchaus lohnen, auch wenn sie vermeintlich (noch) gar nicht notwendig ist.

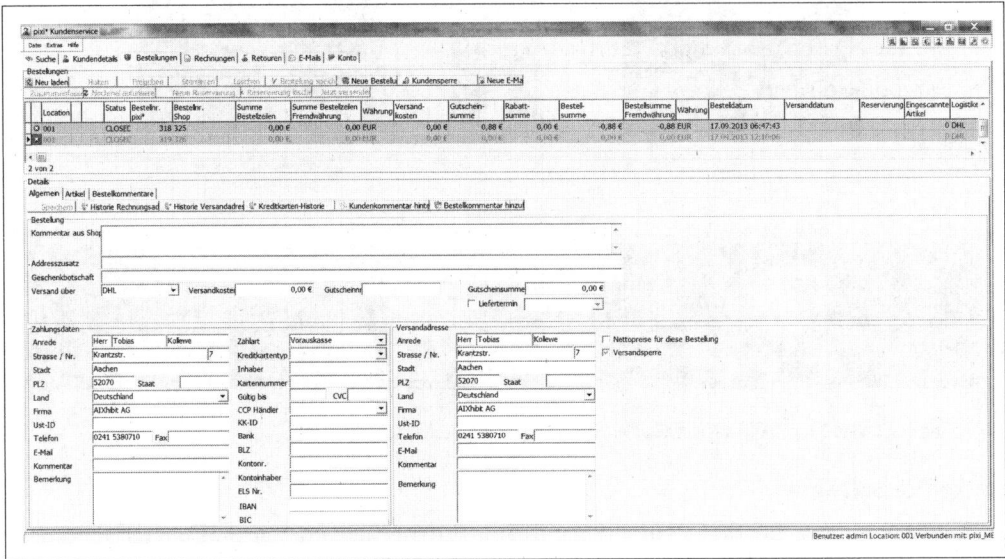

Abbildung 2-4: Versandhandels-Software pixi* (www.pixi.eu)

Je nach Funktionsumfang und Vielfalt der Einbindung externer Systeme unterscheiden sich auch die Kosten für die Software. Wenn wir von einer maximalen Funktionalität ausgehen, kann eine entsprechende Software durchaus mit 15.000 € einmalig und mehreren hundert € Wartungskosten pro Monat zu Buche schlagen. Sie werden diese Investition aber wahrscheinlich schnell zu schätzen wissen.

Welchen Funktionsumfang eine entsprechende Software bieten kann, haben wir am Beispiel von JTL-WaWi und pixi* im Kapitel 2, *Warenwirtschaft und Versandhandels-Software,* auf Seite 69 näher beschrieben.

 Tipp   Eine gute Software kann mit Ihren Anforderungen mitwachsen. Lassen Sie sich hierbei vom Softwarehersteller und Ihrer Agentur ausführlich beraten, welche Software Sie zu Beginn des E-Commerce-Projekts in jedem Fall einsetzen sollten und welche Sie später bei Bedarf dazu kaufen können.

Hardware

Neben dem ein oder anderen Computer, den Sie für die Wartung und Pflege Ihres Online-Shops benötigen, für Buchhaltungsarbeiten und Kundenservice oder telefonische Bestellannahme, werden Sie weiteres Equipment anschaffen müssen (wollen), das Sie bei der täglichen Arbeit unterstützt.

Dazu gehören beispielsweise:

- Drucker für Rechnungsdruck
- Drucker für Kommissionierungslisten/Picklisten im Lager
- Drucker für Versandlabels
- Drucker für Lagerbeschriftung
- Mobiles Datenerfassungsgerät für das Ein-, Aus- und Umlagern
- Barcode-Scanner

Natürlich sind die genannten Posten immer abhängig davon, in welchem Umfang Sie den Handel betreiben und welche Produkte Sie versenden. Aber auch hier gilt: Je mehr Pakete Sie versenden, desto eher werden Sie automatisierte Lösungen zur Unterstützung Ihrer täglichen Arbeit heranziehen wollen.

Gerade die Kosten für mobile Datenerfassungsgeräte, Barcode-Scanner und Labeldrucker sollten Sie dabei keinesfalls unterschätzen. So kann beispielsweise ein Drucker, der DHL-Versandaufkleber druckt, durchaus 300–400 € kosten. Verglichen mit einem herkömmlichen Laserdrucker erscheint das viel. Bedenkt man aber, dass die Drucker, die mit Thermotechnologie arbeiten, keinen Toner und keine Trommel benötigen und darüber hinaus (relativ) wartungsarm sind, wird sich diese Investition in kürzester Zeit amortisieren.

Büro-, Geschäfts- und Lagerausstattung

Neben der herkömmlichen Büro- und Geschäftsausstattung (BGA) – sämtliches Büromaterial inklusive Papier und Toner/Trommel für Drucker sowie Tische, Stühle und Kaffeemaschine – sollten Sie auch die Ausstattung eines benötigten Lagers in Ihre Überlegungen mit einbeziehen.

Allein die Ausstattung eines vollständigen Lagers kann schnell in den Bereich von mehreren Tausend € gelangen, wenn man bedenkt, wie viel Regalfläche man für einzelne Artikel benötigt.

Der Versandhandel meinFILATI (*www.meinfilati.de*) verkauft Handstrickgarne der Marke LANA GROSSA. Allein für die Herbst/Wintersaison 2013/2014 wurden über 2.000 verschiedene Artikel auf 1.680 Lagerplätzen eingelagert. Entsprechend groß muss hier die Investition in Regale und Lagerausstattung sein, um eine schnelle Lagerdrehung zu ermöglichen.

Checkliste Büro- und Geschäftsausstattung

- Schreibtische, Bürostühle, Regale (500–1.000 €)
- Büro-Drucker (100 €)
- PC (500 € pro PC)
- Büromaterial (200 €)
- Telefon (50 €)
- Ausstattung für die Kaffeeküche ohne Elektrogeräte (200 €)

Checkliste Lagereinrichtung:

- Packtische (50 € pro Tisch)
- Regale für Versandmaterial (ab 50 €)
- Sackkarre (50 €)
- Hubwagen (ab 200 €)
- Lagerregale (50–200 € pro Regal)

Abbildung 2-5: Warenlager

Rechts- und Beratungskosten

Mit Aufkommen des E-Commerce ist die Versandhandelsbranche deutlich transparenter geworden. Zwar gab es Gesetze und Verordnungen schon vorher, die Vergleichbarkeit ist aber deutlich einfacher geworden. Musste man früher noch lange nach entsprechenden Dokumenten fahnden, wenn man seinen Konkurrenten Wettbewerbsverstöße nachweisen wollte, so ist dies seit Google & Co. deutlich einfacher geworden.

Dabei muss es aber nicht einmal die Konkurrenz sein, die Online-Shop-Betreiber auf (vermeintliche) Rechtsverstöße aufmerksam macht. Oft sind es auch Verbraucherschutzorganisationen, die auf die exakte Anwendung von Verordnungen und Gesetzen pochen.

Um hier von Anfang an auf der sicheren (gesetzeskonformen) Seite zu stehen, sollten Sie *unbedingt (!)* der Versuchung widerstehen, geforderte Texte aus dem Internet zu kopieren. Abgesehen davon, dass auch Allgemeine Geschäftsbedingungen und Datenschutzerklärungen durchaus dem Urheberrecht unterliegen können, sind nicht alle kopierten Passagen zwingend auf Ihr Konzept anwendbar.

Auch die im Internet angebotenen Mustertexte sind mit Vorsicht zu genießen. Lassen Sie Ihre Dokumente und auch den fertigen Online-Shop (Stichwort Preisangabenverordnung PAngV oder Textilkennzeichnungsverordnung) von einem Fachanwalt auf Richtigkeit prüfen und regelmäßig überarbeiten, soweit dies erforderlich ist.

Sofern Ihr Anwalt über einschlägige Erfahrung verfügt, sollte er Ihnen ein Pauschalangebot machen können. Es sollte sich im Rahmen von circa 500–1.500 € für die Erstberatung und Erstellung der wichtigsten Dokumente bewegen.

Weiterführende Informationen zu erforderlichen Angaben und Rechtstipps haben wir im Kapitel 3, *Rechtliche Aspekte,* auf Seite 273.

Kosten bei (Existenz-)Gründung

Wenn Sie sich mit einem Online-Shop selbstständig machen oder für den Online-Shop eine eigene Firma gründen möchten, zum Beispiel zwecks Risikominimierung, sollten Sie die Gründungskosten in Ihre Überlegungen mit einbeziehen.

Je nach Rechtsform können die Gründungskosten zwischen 20 € (Einzelfirma, GbR) und 1.000 bis 3.500 € (GmbH oder AG) liegen. Darin enthalten sind beispielsweise Behördengebühren, Veröffentlichungs- und Eintragungsgebühren der Amtsgerichte und öffentlichen Verzeichnisse sowie Notarkosten.

Fazit

Natürlich können Sie, zum Beispiel bei bestehendem Geschäftsbetrieb, einfach mit dem Online-Shop loslegen. In Ihre Gesamtplanung sollten Sie aber die einmaligen Kosten unbedingt mit einberechnen und auf die geplante Menge der zu verschickenden Artikel für die kommenden ein, zwei und drei Jahre exemplarisch umrechnen. Nur so können Sie in Ihrer Umsatzplanung feststellen, ob sich Ihr Online-Shop wirklich lohnt. Erfahrungsgemäß werden bei dieser Planung die nicht unerheblichen Kosten für Software und Lager bei den Überlegungen außen vor gelassen.

Darüber hinaus sollten Sie im Laufe der Zeit Rückstellungen für Posten bilden, die hier den einmaligen Ausgaben zugerechnet sind. Zwar haben Sie mit dem Kauf der ersten Computer und der Büro- und Lagerausstattung zunächst einmal die größten Posten aufgebracht, aber auch diese Ausgaben werden sich im Laufe der Jahre wiederholen, wenn Sie einen neuen Rechner oder weitere Schreibtische und Regale zur Erweiterung des Geschäfts benötigen. So kann es im Laufe der Zeit auch notwendig werden, einen Online-Shop komplett neu aufzubauen, weil die aktuell genutzte Software der E-Commerce-Realität nicht mehr standhalten kann oder sich technische Anforderungen wesentlich ändern.

Vielleicht muss irgendwann ein Lager komplett neu eingerichtet werden, weil Sie expandieren möchten. Auch die Änderung einer Gesellschaftsform oder der Wechsel einer E-Commerce-Agentur kann sich als extremer Kostenfaktor entpuppen.

Und auch bei umfangreicher anfänglicher Rechtsberatung fahren Sie gut, wenn Sie ein bisschen Geld für Anwalts- und Gerichtsgebühren zur Seite legen.

Laufende und variable Kosten

Laufende und variable Kosten umfassen alle Kosten, die im laufenden Betrieb des Online-Shops anfallen können.

Die laufenden Kosten umfassen dabei sowohl die festen Ausgaben, die weitestgehend unabhängig vom Erfolg oder Misserfolg des Online-Shops anfallen, wie zum Beispiel Versicherung und Miete für Ihr Lager. Die variablen Kosten umfassen alle Ausgaben, die unmittelbar davon abhängen, wie viele Artikel Sie verschicken. Dazu zählen beispielsweise die Kosten für Porto und Verpackung oder Gebühren für Zahlungsdienstleister.

Vereinzelt können Kostenverursacher sowohl feste als auch variable Bestandteile enthalten oder sich im Laufe der Zeit von laufenden Kosten in variable Kosten ändern. So sind zum Beispiel die Kosten für Löhne und Gehälter zunächst laufende Kosten, da Ihr Stammpersonal unabhängig davon, wie viele Pakete Sie verschicken, immer mit an Bord ist.

Mit dem zunehmenden Erfolg des Online-Handels können sich die Personalkosten zugleich in variable Kosten ändern, wenn Sie durch saisonale Effekte wie das Weihnachtsgeschäft deutlich mehr Personal benötigen, weil Sie in Doppelschichten und an Wochenenden die eingegangenen Bestellungen verpacken und versenden.

Weiterentwicklung des Online-Shops

Mit der Fertigstellung des Online-Shops können Sie nicht davon ausgehen, dass damit alle Kosten gedeckt sind. Online-Shops unterliegen wegen sich ständig änderndem Benutzerverhalten und neuen Technologien einem schnellen Generationszyklus, an den sich der Shop-Betreiber anpassen muss. Spielte zum Beispiel die Darstellung des Online-Shops auf Smartphones oder Tablet-PC vor wenigen Jahren noch überhaupt keine Rolle, liegt der Anteil der Nutzer, je nach Branche und Zielgruppe, inzwischen bei über 40%.

Gleiches gilt beispielsweise auch für neue Zahlungsarten oder Techniken. PayPal war vor wenigen Jahren noch ein Zahlungsmittel, das bevorzugt von einer jungen, technikaffinen Generation genutzt wurde. Heute ist PayPal das mit am weitesten verbreitete Zahlungsmittel in Online-Shops.

Die Eingabe einer Paketstation-Nummer bei der Angabe der Lieferadresse war bis zur flächendeckenden Einführung durch DHL nicht relevant, heute ist das Feld zum Quasi-Standard geworden.

Diese drei Beispiele zeigen, wie häufig Shop-Systeme an sich änderndes Nutzerverhalten und Techniken angepasst werden müssen. Diese Anpassungen erfordern meist die Arbeit von Webdesignern und -entwicklern und stellen damit in Laufe der Zeit einen nicht unerheblichen Kostenfaktor dar.

Aus diesem Grund empfiehlt es sich übrigens auch, eine langfristige Partnerschaft mit einer erfahrenen und verlässlichen E-Commerce-Agentur einzugehen und nicht auf einen einzelnen Freelancer zu setzen, der sich ein Jahr nach dem Shop-Start beruflich umorientiert oder aus anderen Gründen nicht mehr zur Verfügung steht.

Webhosting, Server und Infrastruktur

Jeder Online-Shop benötigt einen Webserver. Ob es sich dabei um einen (oder gar mehrere) dedizierte Server handelt, der ausschließlich Ihren Online-Shop im Internet technisch zur Verfügung stellt, oder ein performantes Webhosting-Paket, bei dem Sie sich einen Webserver mit mehreren anderen Internetpräsentationen oder Online-Shops teilen, hängt letztlich von der Komplexität des Shops und dem erwarteten Traffic (Datenverkehr und Besucherstrom) ab.

In der Regel sollte ein Webhosting-Paket, das für den Einsatz eines Shop-Systems konzipiert wurde, ausreichen. Gerade für die Open-Source-Systeme Magento und OXID eSales gibt es Unternehmen, die sich auf diese Angebote spezialisiert haben.

Tabelle 2-1: Kosten Webhosting / dedizierte Server

Hosting-Typ	Kosten pro Monat	Beispielanbieter
Shared Hosting	ca. 30 €	www.domainfactory.eu
Dedizierter Server	ca. 100 €	www.internetx.de
Managed Hosting	Preis auf Projektbasis/Anfrage	www.syseleven.de

Neben den monatlichen Kosten für Webhosting und Server kommen evtl. noch weitere Kosten für SSL-Zertifikate, Webserver-Software- und Server-Updates hinzu.

Abbildung 2-6: Website des Webhosters domainfactory (www.domainfactory.eu)

Tipp	SSL-Zertifikat

Ein SSL-Zertifikat verschlüsselt die Datenübertragung zwischen Sender (Webserver = Online-Shop) und dem Empfänger (Browser des Kunden). SSL-verschlüsselte Datenverbindungen sind nur mit erheblichem technischem Aufwand von außen einsehbar. Heute haben SSL-verschlüsselte Datenverbindungen neben der höheren Sicherheit der Datenübertragung auch eine marketingtechnische Relevanz und werden im Allgemeinen als Standard betrachtet.

Verschlüsselte Internetverbindungen erkennt man unter anderem an dem vorangestellten https:// in der Internetadresse.

Bei allen Webhosting-Paketen oder Webservern sollte SSL-Verschlüsselung Standard sein oder zumindest als Option angeboten werden.

Praxistipp Webhoster

Bei der Auswahl eines geeigneten Webhosters sind Sie natürlich frei. Sprechen Sie mit dem von Ihnen bevorzugten Webhoster Ihr Projekt durch und lassen Sie sich ein entsprechendes Webhosting-Paket oder einen passenden Server empfehlen. Eine Marktübersicht finden Sie unter anderem unter *www.webhostlist.de*.

Aus unserer Agenturerfahrung können wir für den Einstieg das Paket »5-Sterne-Performance Webhosting« des Münchener Webhosters domainfactory (*www.domainfactory.eu*) empfehlen. Der monatliche Grundpreis von 29,95 € (Stand: Juli 2014) und ein schneller und gut erreichbarer, kostenloser Telefon- und Mailsupport sowie die gute Performance der Webserver geben hier den Ausschlag. Positiv: Die OXID Community Edition kann per 1-Click-Installation auf dem Webserver ohne Programmierkenntnisse installiert werden.

Versand- und Verpackungskosten

Ob Sie anfallende Versand- und Verpackungskosten auf Ihre Kunden umlegen, ist weniger eine Frage der Kalkulation, sondern der Verkaufspsychologie. Dieses Thema werden wir später noch ausführlich aufgreifen. In jedem Fall werden Versandkosten anfallen und anteilig pro Verkaufsvorgang in Ihre Umsatzplanung eingehen müssen.

Versandkosten

Abhängig von der Akzeptanz bei Ihrer Zielgruppe und dem zu verschickenden Artikel fallen unterschiedliche Gebühren an, die sich durch Rahmenverträge mit den Logistikdienstleistern deutlich senken lassen.

Tabelle 2-2: Versandkosten national via DHL, Stand: Juli 2014

Produkt	Produktpreis
Normalfrankierung Paket	6,99 €
Onlinefrankierung Paket	4,99 €
Rahmenvertrag Paket DHL inkl. Abholung	3,05–3,90 €

Produkt	Produktpreis
Massenversender	< 3 €
Rücksendung Paket (nicht zustellbar)	4 €
Rücksendung Paket (Retourenlabel)	4 €
Rücksendung Paket (unfrankiert)	15,90 €
Warensendung (bis 500 g)	1,90 €
Maxibrief	2,40 €
Päckchen	4,10 €

Die obige Tabelle 2-2 zeigt, dass es je nach Artikel, Laufzeit und Wert deutliche Gebührenunterschiede gibt. In jedem Fall sollten Sie gut überlegen, welche die für Sie sinnvollste Versandart ist und welcher Logistikdienstleister Ihnen das beste Angebot machen kann. Nicht vergessen: Das günstigste Angebot muss nicht zwangsläufig auch das beste Angebot sein.

Verpackungskosten

Die Verpackungskosten sind als Kostenfaktor nicht zu unterschätzen. Die folgende Tabelle 2-3 zeigt, mit welchen Kosten Sie rechnen müssen, wenn Sie ein Paket verschicken.

Tabelle 2-3: Verpackungskosten, exemplarisch

Produkt	Produktpreis
Karton 40x30x20 cm zweiwellig, braun	ca. 0,60 €
Seidenpapier, pro Blatt	ca. 0,01 €
Klebeband	ca. 0,06 €
Einleger Retourenschein (reine Druckkosten)	ca. 0,03 €
Versandlabel, pro Stück	bis zu 0,15 €
Gesamtkosten pro Paket	bis zu ca. 0,85 €

Payment-Gebühren

Im Online-Business lauern eine Reihe von Gebühren, die Sie ebenfalls in Ihre Planung mit einbeziehen sollten. Mitunter macht es den Eindruck, als ob jeder, der in irgendeiner Form mit Ihrem Online-Shop in Berührung kommt, an Ihrem Erfolg partizipieren möchte. Letztlich kann man es auch *so* sehen: Ohne Ihre Technologiepartner, die mit Ihrem Shop in Berührung kommen, haben Sie keine Chance, erfolgreich zu werden.

So fallen zum Beispiel für die Nutzung von Kreditkarten als Zahlungsmittel im Online-Shop für die Bereitstellung der Zahlungsart durch den Payment Service Provider monatliche Gebühren und Gebühren pro Transaktion an. Für Sicherheitsvorkehrungen gegen Missbrauch (zum Beispiel 3D-Secure) werden zusätzliche Grundgebühren erhoben. Der Akquirer verlangt auch noch eine Gebühr abhängig vom Umsatz (»Disagio«).

Einzelgebühren können, je nach Technologie und Anbieter, durchaus bis zu 3,5% des Bruttoumsatzes betragen. Payment-Gebühren für High-Risk-Produkte (zum Beispiel Pornographie oder virtuelle Güter wie Software oder E-Books) liegen noch weit darüber, da die Anbieter hier mit deutlich höheren Zahlungsausfällen und Rückbuchungen rechnen müssen.

Weitere Informationen zu den einzelnen Gebühren finden Sie später im Unterkapitel »Zahlungen annehmen« auf Seite 247.

Die folgende Beispielrechnung zeigt, wie sich Payment-Gebühren auf Ihren Verkaufspreis beziehungsweise auf den Auszahlungsbetrag auswirken können.

Tabelle 2-4: Beispielrechnung Payment-Gebühren pro Verkauf

Artikelverkaufspreis (inkl. MwSt.)	35 €
Bereitstellung Paymentgateway, anteilig*	0,10 €
Bereitstellung 3D Secure, anteilig*	0,06 €
Transaktionsentgelt Paymentgateway	0,14 €
Server API, anteilig*	0,03 €
Disagio (Beispiel: 2,90%)	1,02 €
Infoscore Bonitätsprüfung, einfache Prüfung	0,45 €
Auszahlungsbetrag	33,25 €

* Anteilige monatliche Gebühr auf Basis von 300 fiktiven Verkäufen über Zahlungsgateway pro Monat

Auch die Gebühren für Verkaufsplattformen sind nicht unerheblich. So verlangt Amazon aktuell (Stand Juli 2014) eine monatliche Gebühr pro Händlerkonto (39 €) plus einen prozentualen Anteil am Verkaufswert jedes verkauften Artikels (derzeit 7–15%). Beim Verkauf von Artikeln aus den Bereichen Bücher, Musik, DVD und VHS verlangt Amazon zusätzlich eine Abschlussgebühr von 1,01 €.

Tabelle 2-5: Beispielrechnung Amazon-Verkaufsgebühren

Artikelverkaufspreis (inkl. MwSt.)	35 €
Provision Amazon (15%)	5,25 €
Monatliche Gebühr*	0,13 €
Auszahlungsbetrag	29,62 €

* Anteilige monatliche Gebühr auf Basis von 300 fiktiven Verkäufen via Amazon pro Monat

Online-Shops lassen sich, ähnlich wie an Amazon, auch an eBay als Verkaufsplattform anbinden. Artikel werden dann nicht als Auktion, sondern als Festpreisangebot auf eBay eingestellt. Aktuell werden keine Gebühren für die Nutzung der Schnittstelle fällig. Verkaufsgebühren berechnen sich nach der Art des Angebots, der Kategorie, der Listing-Optionen etc.

Tabelle 2-6: Beispielrechnung eBay Verkaufsprovision

Posten	Betrag
Artikelverkaufspreis (inkl. MwSt.)	35 €
Angebotsgebühr	0,05 €
Verkaufsprovision	3,85 €
Auszahlungsbetrag	31,10 €

Auf den ersten Blick scheinen die Gebühren für Verkaufsplattformen extrem hoch zu sein. Bedenken Sie dabei aber bitte, dass keinerlei weitere Werbungskosten entstehen. Viele Endkunden nutzen neben Google ganz bewusst Amazon und eBay als Produktsuchmaschine, um gezielt nach Angeboten zu suchen. Auf der einen Seite steht der vermeintlich günstige Preis im Vordergrund (eBay), auf der anderen Seite entwickelt sich Amazon immer mehr zum Allround-Marktplatz, auf dem nahezu alle Produkte zu finden sind. Der Vorteil dieser beiden Plattformen liegt darin, dass Sie für den einzelnen Verkaufsvorgang zum Beispiel keine Kosten für Werbung bei Google AdWords oder in Banner-Netzwerken einberechnen müssen.

Bewertungsportale

Bewertungsportale – zur Funktionsweise später mehr – gehören unbedingt zur Werbestrategie eines jeden Online-Shops. Der Einfluss, den Bewertungen auf die Kaufentscheidung haben, ist vollkommen unbestritten, und so werden Sie nicht umhinkommen, neben den Einzelproduktbewertungen in Ihrem Online-Shop auch externe Bewertungen Ihres Shops, Ihres Kundenservices und der Liefergeschwindigkeit einzubinden.

»Mit der Einbindung des Trusted Shops Gütesiegels in einem Online-Shop steigt die Conversionrate um durchschnittlich 23,1%, belegt eine ECC-Umfrage aus dem Jahr 2012 mit 749 Teilnehmern.« (http://www.trustedshops.de/Shop-Betreiber/index.html)

Trusted Shops – monatliche Gebühren

Die gängigen Portale, deren Bewertungen als Sterne letztlich auch in die Darstellung bei Google einfließen können, machen dies natürlich nicht aus Nächstenliebe, sondern sie verlangen dafür Geld. Platzhirsch in Deutschland ist unbestritten die Trusted Shops GmbH, die nach eigenen Angaben fast 18.000 Shops zertifiziert (Stand: Juli 2014) und mit dem Bewertungsmodul ausgestattet hat.

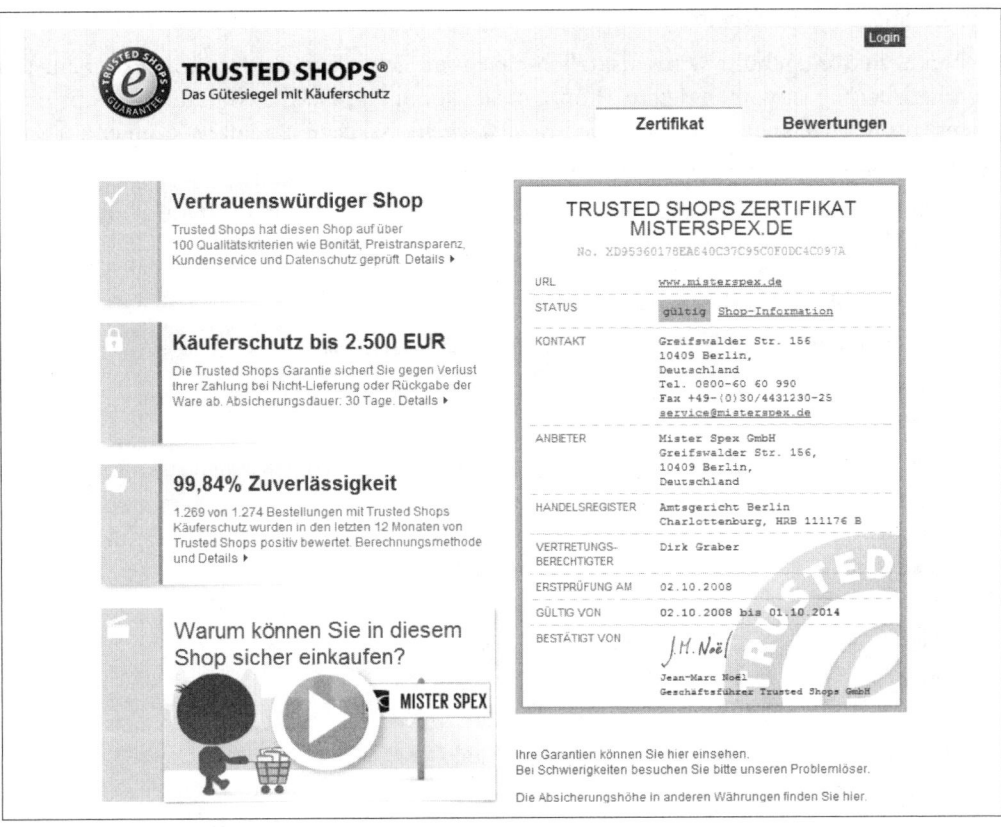

Abbildung 2-7: TrustedShops-Bewertungsprofil des Online-Shops www.misterspex.de

Der Preis für die monatliche Nutzung, Zertifizierung und Mitgliedschaft bei Trusted Shops setzt sich aus einigen Einzelposten zusammen:

Tabelle 2-7: Monatliche Kosten Trusted Shops GmbH

Posten	Betrag
Grundgebühr	39 €
Rabatt für Shopversion OXID, Magento, Shopware, u. a.	./. 10 €
Google Integration (optional)	19 €
Audit Support (telefonisch) (optional)	19 €
Marketing/SEO (optional)	19 €
Rechtstexter (optional)	19 €

Nicht jede Leistung, die Trusted Shops erbringen möchte, ist dabei für Shop-Betreiber wirklich sinnvoll. Diese Einzelleistungen werden im Abschnitt »Trusted Shops« auf Seite 441 ausführlich erläutert.

Trusted-Shops-Mitgliedsbeitrag

Neben der Grundgebühr wird zusätzlich ein monatlicher Mitgliedsbeitrag erhoben. Der Mitgliedsbeitrag ist vom erzielten Shop-Umsatz abhängig, der durch Trusted Shops nicht nachgeprüft wird, aber »wahrheitsgemäß anzugeben« ist, gegebenenfalls kann er auf Basis der beantragten Trusted-Shops-Garantien hochgerechnet werden.

Die Höhe des Mitgliedsbeitrags bemisst sich dabei am Umsatz aller Online-Shops, die bei Trusted Shops angemeldet sind.

Tabelle 2-8: Mitgliedsbeitrag Trusted Shops GmbH

Shop-Umsatz pro Jahr	Mitgliedsbeitrag pro Monat
20.000 €	10 €
50.000 €	40 €
100.000 €	60 €
200.000 €	80 €
300.000 €	100 €
500.000 €	120 €
750.000 €	140 €
1.000.000 €	190 €
1.500.000 €	240 €
3.000.000 €	300 €
5.000.000 €	360 €
größer als 5.000.000 €	auf Anfrage

Wartung der Shop-Software

Wie man anhand der Anzahl der Software-Updates von Betriebssystemen oder Software auf Smartphones erahnen kann, kann Software nicht absolut sicher programmiert werden. Und solange das Entdecken und Ausnutzen von Sicherheitslücken Nerdsport ist, muss jede Software, also auch (Open Source) Shop- und Office-Software regelmäßigen Software-Updates unterzogen werden.

Quelloffene Software ist dabei besonders anfällig, da bedingt durch die große Entwicklungs-Community keine gleichbleibende Codequalität sichergestellt werden kann. In der Regel – soweit die Software nicht in irgendeiner Form zertifiziert wurde – fehlt es gänzlich an einer Qualitätskontrolle für Erweiterungsmodule externer Anbieter. Zumindest jedoch für die Kernsoftware, also den eigentlichen Online-Shop, bieten die Hersteller in regelmäßigen Abständen Updates und Patches an.

Grundsätzlich ist an dieser Stelle zwischen funktionellen Updates und Sicherheits-Updates und -Patches zu unterscheiden.

Funktionelle Updates enthalten Erweiterungen, Ergänzungen oder Korrekturen von Funktionen des Shop-Systems. Wird ein Shop-System zum Beispiel zunächst im US-amerikanischen Raum entwickelt, in dem die Zahlungsart Lastschrift nicht bekannt ist, stehen während des Kaufprozesses keine Eingabefelder für die Bankverbindung zur Verfügung, mittels derer die Bankdaten an den Shop-Betreiber oder das Payment-Gateway übermittelt werden können. Ein funktionelles Update erweitert die Eingabemasken um die benötigten Felder im Shop-Frontend und die Funktionen zur Datenverarbeitung im Software-Kern.

Sicherheits-Updates und -Patches hingegen schließen bekannte Sicherheitslücken oder korrigieren Funktionen, die in der Software zu nicht erwartetem oder Fehlverhalten führen.

Sicherheits-Updates und -Patches sollten weitestgehend immer installiert werden. In der Regel werden sie vom Software-Hersteller per Mailingliste angekündigt oder der Shop-Betreiber wird nach dem Log-in im Administrationsbereich des Online-Shops auf ein verfügbares Update hingewiesen (siehe Abbildung 2-8). Funktionelle Updates sollten hingegen nur bei für den Shop-Betreiber relevanten Funktionen eingesetzt werden, wenn das Auslassen eines Updates keinen Einfluss auf die zukünftige Update-Fähigkeit der Gesamtsoftware hat.

Die Kosten für die Updates hängen von der Komplexität des jeweiligen Updates ab. Während in den Kauf- und Mietversionen der Shop-Systeme die Updates in der Regel kostenfrei sein, weil sie über Wartungsverträge und/oder Lizenzgebühren abgedeckt sind, müssen für die Updates bei der Open-Source-Variante Programmierer am Shop-System arbeiten. Updates werden meist im Stundentakt berechnet und schlagen mit ein oder zwei Arbeitsstunden, unter Umständen aber auch deutlich mehr, zu Buche. Das Software-Update selbst (der Programmteil) ist in der Regel kostenfrei.

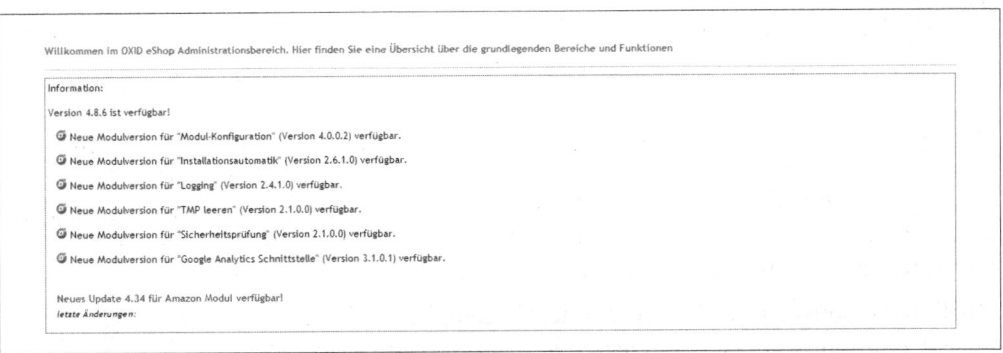

Abbildung 2-8: Hinweise auf aktuelle Software-Updates im Online-Shop (Admin-Backend)

Werbung

»Wenn Sie einen Dollar in Ihr Unternehmen stecken wollen, so müssen Sie einen weiteren bereithalten, um das bekannt zu machen.« (Henry Ford).

Zalando, Deutschlands größter Online-Händler für Schuhe, wandte im vergangenen Jahr rund 10 Mio. € pro Monat auf, um Reichweite zu erzeugen (*http://aix.li/nielsen-digifacts-kleidung*).

Zalando erreichte damit nicht nur eine unglaubliche Marktdurchdringung und machte die Marke deutschlandweit bekannt (»*Schrei' vor Glück…*«), sondern erzielte auch einen enormen Umsatz und Marktanteil.

Sie werden keinen zweistelligen Millionenbetrag in die Bekanntmachung Ihres Online-Shops investieren können. Nichtsdestotrotz sollten Sie einen nicht unerheblichen Teil Ihres Budgets für die Bewerbung des Online-Shops einplanen. Je nach Branche können dies 5–25% des Jahresumsatzes sein.

Stellen Sie sich den einsamsten Ort vor, den Sie jemals besucht haben. Stellen Sie sich vor, Sie würden an diesem Ort ein Restaurant eröffnen. Mit wie vielen Gästen würden Sie im ersten Jahr Ihres Bestehens rechnen? Wie viel Laufkundschaft würde zufällig an Ihrem Restaurant vorbeikommen? Und wie viel Prozent der Laufkundschaft würde durch die Tür treten und einen Blick in das Innere des liebevoll eingerichteten Lokals werfen? Wie viele von den Besuchern, die sich innen umgesehen haben, würden sich nun wirklich hinsetzen und etwas bestellen? Wie viele davon nur einen kleinen Snack, anstatt des von Ihnen angebotenen Tagesmenüs mit vier Gängen?

Und nun stellen Sie sich vor, Sie eröffnen einen Online-Shop in den Weiten des Internets. Wie viele Besucher werden Ihren Shop finden – zufällig, weil unbeworben? Und wie viele dieser Besucher würden sich nicht nur umsehen, sondern tatsächlich auch bei Ihnen kaufen. Sei es ein kleines Mitnahmeprodukt (Quengelware) oder einen ganzen Einkaufswagen voll?

Sie sehen: Sie werden nicht um Werbung für Ihren Shop umhinkommen. Die folgenden Werbeformen sind dabei denkbar und werden teilweise in späteren Kapiteln noch ausführlich beleuchtet:

- Suchmaschinenwerbung mit Google AdWords
- Newsletter-Marketing
- Checkout-Marketing
- Affiliate-Netzwerke und Bannertausch
- Paketbeileger im eigenen und in fremden Shops
- Mailings
- Werbung in Zeitschriften
- Preisvergleichsportale
- Social Media

Mieten für Lager und Büro

Mietkosten für Lager und Büroflächen sind relativ einfach zu berechnen. Je nach Lage und Verfügbarkeit können die Kosten zwischen 2,50 und 8,00 € pro m² Lagerfläche beziehungsweise 6,00 bis 12,00 € pro m² Bürofläche schwanken. Die fälligen Nebenkosten können dabei als zusätzlicher Faktor nochmals 50–100% der Nettokaltmiete ausmachen und sollten ebenfalls bedacht werden. In den Nebenkosten sind häufig Versicherungen, Wartung, Heizung usw. enthalten. Der Strom für den täglichen Betrieb muss gesondert bezahlt werden.

Berechnung der benötigten Fläche

Im Verwaltungsbereich (Büro) rechnet man pro Mitarbeiter und Arbeitsplatz mit einem Platzbedarf von circa 12–16 m². Darin sind Sozialräume wie Toiletten und Aufenthalts-raum genauso eingeschlossen wie Flure und eventuell benötigte Konferenzräume.

Der Platzbedarf des Lagers berechnet sich im Gegensatz zum Verwaltungsbereich nicht nach der Anzahl der Mitarbeiter, sondern am Flächenbedarf der zu lagernden Waren und Artikel zuzüglich benötigter Wege- und Verkehrsflächen.

Als Faustregel können Sie davon ausgehen, dass Sie pro m² echter Nettolagerfläche noch einmal 1,5–2,0 m² Verkehrsfläche benötigen, sofern die Waren manuell im Lager bewegt werden können. Bei Nutzung eines Gabelstaplers vergrößert sich diese Fläche entspre-chend

Beispiel:

In Ihrem Lager stehen 12 Reihen mit Regalen. Jede Reihe enthält 8 Regale mit einer Grundfläche von 150x60 cm. Bei der Berechnung der Lagerfläche spielt es keine Rolle, wie hoch Ihre Regale sind bzw. wie viele Regalböden enthalten sind, soweit wir nicht von einem Hochregallager und Produkten mit Übermaßen ausgehen.

Berechnung Lagerfläche netto:

150x60 cm x 8 Regale x 12 Reihen = 86,40 m²

Berechnung Verkehrsfläche:

86,4 m² Lagerfläche netto x Faktor 1,5 = 129,60 m²

86,4 m² Lagerfläche netto x Faktor 2,0 = 172,80 m²

Bedarf Gesamtfläche:

Lagerfläche netto + Verkehrsfläche = Gesamtfläche

86,40 m² + 129,60 m² = 216,00 m²

86,40 m² + 172,80 m² = 259,20 m²

Die große Verkehrsfläche mag überraschen. Bedenken Sie aber bitte, dass Sie alle Artikel im Lager bewegen können müssen und dass genug Verkehrs- und Wegeflächen für alle Mitarbeiter, die gleichzeitig im Lager arbeiten, vorhanden sein müssen. Gänge zwischen Regalen müssen breit genug sein, damit Waren bequem aus den Regalen genommen und dazwischen transportiert werden können. Darüber hinaus benötigen Sie Bereiche, in denen Waren versandfertig gemacht und verpackt werden können. Paletten oder Rollwa-gen, die an Versanddienstleister übergeben werden, müssen ebenso zwischengelagert werden können wie eingehende Lieferungen und Retouren, außerdem benötigen Contai-ner für gebrauchtes und Regale für neues Verpackungsmaterial Platz.

Sonstige Kosten

Neben den oben genannten Kosten gibt es eine Reihe weiterer Kostenarten, die nicht zwangsläufig mit dem Online-Shop zusammenhängen. Sie fallen in jedem laufenden Geschäftsbetrieb an, unabhängig davon, ob Sie ein lokales Geschäft betreiben oder den Versand über das Internet. In Ihrer Umsatz- und Rentabilitätsrechnung sollten Sie jedoch unbedingt mit eingeplant werden, da sie im Laufe der Zeit und mit steigendem Erfolg des Online-Shops stark ansteigen können.

Zu diesen Kosten zählen zum Beispiel:

- Lohn- und Lohnnebenkosten
- Buchhaltungskosten
- Steuern
- Telefon- und Internetkosten
- Versicherungen
- Kfz-Kosten
- Reparaturen und Wartung

Insbesondere die Lohn- und Lohnnebenkosten für Mitarbeiter im saisonalen Versandgeschäft, zum Beispiel vor Weihnachten oder vor Beginn der Reisesaison, sind erhebliche Kostenfaktoren.

Buchhaltungskosten

Buchhaltungskosten können sich mit steigendem Erfolg ebenfalls deutlich bemerkbar machen, da die Buchhaltung einen direkten Einfluss auf die Arbeitsabläufe hat.

Für jeden Kauf in Ihrem Online-Shop ist ein Beleg erforderlich, der buchhalterisch erfasst werden muss. Je nach Unternehmensform ist dabei keine Buchung über Summen- und Saldenlisten beziehungsweise die Gewinn- und Verlustrechnung möglich, sondern die Einzelbelegbuchung ist erforderlich. Hier empfiehlt es sich, von Anfang an in Absprache mit Ihrem Steuerberater eine automatisierte Lösung, zum Beispiel mit Anbindung der Warenwirtschaft-/Buchhaltungssoftware an DATEV, einzusetzen.

Kaufmännische Vorsicht im Online-Shop

Ausschlaggebend dafür, ob Ihr Online-Shop erfolgreich sein wird oder nicht, ist natürlich auch der wirtschaftliche Erfolg. Erst wenn Sie unterm Strich genug Geld verdienen, um den Wareneinkauf zu bestreiten und sich darüber hinaus Ihre Einstiegsinvestition amortisiert hat, alle anfallenden laufenden Kosten und Ihr Gehalt bestritten werden können und Sie zusätzlich eine Rücklage für die Zukunft des Shops und nötig werdende Sonderinvestitionen bilden können, können Sie wirklich von einem erfolgreichen Online-Shop sprechen.

Die Frage ist daher, wie viel Umsatz Sie mit dem Online-Shop erzielen müssen, um diese Ziele zu erreichen. Eine realistische Umsatzplanung ist daher grundlegend wichtig.

Als Shop-Betreiber legen Sie die Anzahl der Arbeitstage zugrunde, die Sie bezahlt arbeiten können. Von 365 Tagen im Jahr ziehen Sie Wochenenden, Feiertage, Ihre Urlaubs- und Krankheitstage ab. Von den verbleibenden rund 200 Kalendertagen arbeiten Sie erfahrungsgemäß rund die Hälfte der Tage unbezahlt für Ihre eigene Buchhaltung, Vertrieb und Akquise, Einkauf und das gesamte Drumherum, das mit der Selbstständigkeit anfällt. Die verbliebenen 100 Tage pro Jahr können Sie in Ihre realistische Umsatzplanung einfließen lassen.

Sie wissen zwar nun, für wie viele Tage selbstständiger Arbeit Sie sich bezahlen lassen könnten, aber Sie wissen immer noch nicht, wie viele Produkte Sie tatsächlich absetzen und in Ihrem Online-Shop verkaufen können.

An dieser Stelle müssten wir eigentlich einen ausführlichen Exkurs in die Absatzplanung machen. Zu den Planungsinstrumenten und Kennzahlen der Absatzplanung gehören unter anderem die Werbung, die Vertriebsorganisation, die Produktgestaltung, die Reaktion des Kunden auf die Preispolitik und nicht zuletzt eine fundierte Schätzung der Verkaufszahlen. Da die Absatzplanung auf Grund ihrer großen Fehlinterpretationsmöglichkeiten auch in der Realwirtschaft sehr selten angewandt wird, versuchen wir hier einen viel einfacheren und pragmatischeren Ansatz, der sich aus einem Minimalziel und einem Sicherheitsaufschlag für den Fall außerordentlicher Investitionen oder Sonderausgaben zusammensetzt.

Unabhängig davon, welchen Wert wir zur Umsatzplanung heranziehen oder welche wirtschaftswissenschaftlichen Kennzahlen wir betrachten, sollten Sie abgewandelt immer den *Grundsatz der kaufmännischen Vorsicht* beachten.

Der Grundsatz der kaufmännischen Vorsicht entstammt eigentlich dem Bereich des Rechnungswesens und dient dreierlei Zielen:

* Erhaltung des Kapitals
* Schutz der Gläubiger (zum Beispiel Lieferanten)
* Schutz der Gesellschaft (des Unternehmens)

Vereinfacht gesagt, sind nach diesem Grundsatz alle Risiken in die Überlegungen und Bewertungen mit einzubeziehen, die für die Bilanzierung wichtig sind, unabhängig davon, ob Sie dem Bilanzierenden bereits bekannt sind oder nicht.

Noch einfacher: Lieber vorsichtig und zurückhaltend rechnen als überschwänglich und zu optimistisch.

Übertragen auf Ihren Online-Shop und die bevorstehende Umsatzplanung bedeutet das: Schätzen Sie Ihre Umsätze lieber sehr, sehr vorsichtig ein. Viele Online-Shop-Betreiber gehen davon aus, dass sie von Beginn an täglich zig oder gar hunderte Verkaufsvorgänge in ihre Kalkulation mit einbeziehen können. Diese Annahme ist absolut naiv! Unser Zeitstrahl und der Abschnitt »Von der Kunst der Geduld« auf Seite 99 verdeutlichen, wann Sie unter normalen Bedingungen mit derartigen Umsätzen planen können.

Überlegen (schätzen, orakeln) Sie nicht, wie viele Bestellungen mit durchschnittlichem Warenkorbwert Sie voraussichtlich bis zum Ende des aktuellen und des Folgejahres haben werden, sondern berechnen Sie genau, wie viele Produkte Sie bis zum Ende des kommenden Kalenderjahres verkaufen *müssen*, um alle fixen und variablen Kosten zu decken! Sofern Sie noch nicht über Verkaufszahlen im Online-Shop verfügen, legen Sie als Berechnungsgrundlage den Deckungsbeitrag pro Artikel, den Sie verkaufen, zugrunde. Wenn Sie bereits einen Online-Shop betreiben und verlässliche Zahlen vorliegen haben, können Sie vorab auch den Deckungsbeitrag pro durchschnittlichem Warenkorb für die Berechnung heranziehen.

Deckungsbeitragsrechnung

Die Deckungsbeitragsrechnung entstammt der Kosten- und Leistungsrechnung und ermittelt als Kennzahl die Differenz zwischen den erzielten Umsätzen und den variablen Kosten. Variable Kosten werden in der Kosten- und Leistungsrechnung zur Berechnung der sogenannten Stückkosten herangezogen, die sich wiederum in variable und fixe Stückkosten unterteilen. Der Deckungsbeitrag wird demnach zur Deckung der Fixkosten herangezogen.

Beispiel:

	Produkt A	Produkt B	Summe
Umsatz	42.400 €	12.900 €	55.300 €
Variable Kosten	6.400 €	900 €	7.300 €
Deckungsbeitrag	36.000 €	12.000 €	48.000 €
Fixe Kosten			34.498 €
Betriebsergebnis			13.502 €

Beispielrechnung Umsatzplanung

Die folgende Beispielrechnung für einen Online-Shop zeigt, wie so eine Rechnung aussehen könnte. Bei einem fiktiven Deckungsbeitrag von 6,86 € pro im Online-Shop verkauften Produkt müssten pro Jahr etwas mehr als 5.000 Verkaufsvorgänge ausgelöst werden, um die Fixkosten von 34.498 € pro Jahr zu decken, die für den Betrieb des Online-Shops anfallen.

Tabelle 2-9: Beispielrechnung Umsatzplanung

Posten	Pro Jahr	
Miete Lager/Büro	10.800 €	
Abschreibungen BGA	250 €	
Webhosting	348 €	
Wartung Online-Shop	2.400 €	
Lizenzgebühren Warenwirtschaft/CRM	4.560 €	
Trusted Shops	1.056 €	
Grundgebühren Paymentgateway	828 €	
Löhne und Gehälter	14.256 €	
Werbung		
Summe Fixkosten	34.498 €	
Durchschnittlicher Deckungsbeitrag pro verkauftem Produkt oder durchschnittlichem Warenkorbwert		6,86 €
Fixkosten / 6,86 € = 5.028,86 verkaufte Produkte p. a.		

Bei dieser Tabelle haben wir bewusst auf die Angabe von Werbekosten verzichtet. Sie sind – das werden Sie in den folgenden Kapiteln feststellen – zu individuell, um sie in einer Musterrechnung aufzuführen oder einen »Pi-mal-Daumen-Wert« anzugeben.

Die Kosten für Werbung bei Google AdWords schwanken beispielsweise, je nach Branche und Konkurrenz, zwischen 0,05 € und bis zu 3,50 € (oder höher) pro Klick. Auf ein Jahr hochgerechnet ergibt sich eine derartige Schwankungsbreite, dass Sie diesen Betrag individuell in Ihre Berechnung mit einbeziehen sollten.

Darüber hinaus müssen Sie die fiktive Beispielrechnung natürlich um weitere Posten ergänzen, die für die Kostenrechnung erforderlich sind. Dazu können zum Beispiel Versicherungen, Kfz-Kosten, Beiträge zu Industrie- und Handelskammern, Lizenzgebühren oder Ähnliches zählen. Je ehrlicher Sie bei der Planung sind, desto eher werden Sie feststellen, ob sich der Online-Shop für Sie tatsächlich lohnt.

Auf Nummer sicher gehen

Das obige Rechenbeispiel zeigt, mit welchen Umsatzzahlen Sie für das kommende Jahr rechnen müssten, um die Fixkosten zu decken. Zur Erinnerung: Die variablen Kosten (Versandkosten, Verpackungsmaterial usw.) sind bereits über den Deckungsbeitrag gedeckt.

Wenn Sie das Prinzip der kaufmännischen Vorsicht nun auf diese Rechnung übertragen, gehen Sie von der errechneten Zahl als Minimalziel aus. Planen Sie einen Sicherheitsaufschlag von rund 30% ein, um etwaige Sonderrisiken und -faktoren mit einzubeziehen. Dann sind Sie auch gut gewappnet, wenn Sie Sonderinvestitionen tätigen müssen, sich die Preispolitik ändert oder Sie die Werbeausgaben erhöhen möchten.

Tabelle 2-10: Minimalumsatz / Umsatz mit Sicherheitsaufschlag

	Anzahl verkaufter Artikel
Rechnerisch ermittelte verkaufte Produkte	5.028
Maximal verkaufte Produkte (30% Sicherheitsaufschlag)	6.536

Wie viele Verkaufsvorgänge pro Tag benötigen Sie wirklich?

Sie werden schon jetzt eine Ahnung haben, ob Sie tatsächlich so viele Produkte verkaufen werden. In unserem Beispiel, wir bleiben bei der Berechnung mit Sicherheitsaufschlag, ergeben sich folgende »Muss-Verkäufe«:

Tabelle 2-11: »Muss-Verkäufe« pro Jahr, Monat, Woche und Tag

Intervall	Anzahl Verkäufe
Verkäufe pro Jahr	6.536
Verkäufe pro Monat	544
Verkäufe pro Woche	125
Verkäufe pro Tag	18

Sind Sie sich sicher, dass Sie tatsächlich bis zu 18 Besucher pro Tag von einem Kauf in Ihrem Online-Shop überzeugen können? Ausgehend von einer durchschnittlichen Conversionrate von 3% müssten Sie rund 600 Besucher pro Tag in Ihren Shop locken, um diese Zahl zu erreichen.

 Tipp
Die Conversionrate (deutsch: Konversionsrate) bezeichnet als Messgröße im E-Commerce- und Online-Marketing die Anzahl der Personen, die durch eine ausgeführte Aktion einen neuen Status erhalten haben.

Einfachstes Beispiel im Online-Shop ist die Anzahl der Personen, die durch den ausgeführten Kauf von Shop-Besuchern zu Käufern geworden sind.

Konversionsrate = Anzahl der Käufer x 100 : Anzahl der Shop-Besucher

Verstehen Sie uns nicht falsch: Wir möchten an dieser Stelle keine Schwarzmalerei betreiben und Sie schon gar nicht von Ihrem Online-Shop-Vorhaben abhalten.

Wir möchten aber vermeiden, dass Sie unter (kaufmännisch) gänzlich falschen Vorbedingungen an Ihren Online-Shop herangehen: voller Enthusiasmus, aber mit unrealistischen Annahmen.

Im Laufe der Zeit werden Sie merken, ob sich Ihre anfänglichen Annahmen bewahrheiten oder ob Sie Ihre Zahlen korrigieren müssen, im schlimmsten Fall nach unten.

Sie sehen aber auch, wie sich der Umsatz im Online-Shop (theoretisch) vervielfachen lässt. Würden Sie bei den oben angenommenen 600 Besuchern pro Tag im Online-Shop die Conversionrate nur um einen Prozentpunkt erhöhen, würde Ihr Umsatz um 25% steigen.

Setzen Sie sich eine Deadline

»Das wird schon noch«, ist eine der häufigsten Falschaussagen, die wir in 16 Jahren E-Commerce-Beratung gehört haben. In manchen Fällen mag das zutreffen, in der Regel aber nicht. Wenn sich auch nach drei, sechs oder neun Monaten keine wesentliche Besserung einstellt, die Ihnen zumindest tendenziell die Aussicht verschafft, die in der Umsatzplanung errechneten Zahlen zu erreichen, ist es sinnvoller, aufzuhören!

Ja, hören Sie auf!

Es ist sinnvoll, sich schon zu Beginn des Projekts eine Deadline zu setzen, an der Sie ein Umsatzziel erreicht haben möchten. Das Umsatzziel kann dabei eine bestimmte Anzahl Bestellungen sein, der tatsächliche Umsatz im Shop oder der Gewinn für das Unternehmen. In jedem Fall sollten Sie dabei zwei Dinge beherzigen:

1. Realistisches Ziel setzen
2. Deadline nicht verschieben

Wo soll die Deadline liegen?

Ihr Shop benötigt eine gewisse Zeit, um anzulaufen. Ihre internen Abläufe müssen eingeschliffen sein, die Werbemaßnahmen müssen anlaufen, Suchmaschinen müssen Ihren Online-Shop indizieren. Und vor allem: Sie müssen Interessenten finden und aus Interessenten Kunden machen. Das wird nicht von heute auf morgen funktionieren.

Eine gute Faustregel, die sich im Agenturalltag bewährt hat: 18 Monate nach dem Shop-Start sollte sich alles im grünen Bereich befinden oder zumindest sollte sich deutlich eine absehbare Verbesserung der Umsatzzahlen abzeichnen.

Wie bei jeder Faustregel gilt: Passen Sie die Faustregel an Ihre eigenen Bedürfnisse und Umgebungsvariablen an! Wenn Sie beispielsweise Artikel verkaufen möchten, die von Ihrer Art her Saisonartikel sind und sich ausschließlich im Frühjahr und Sommer verkaufen lassen, sollte Ihre Deadline natürlich am Ende der Saison liegen, wenn die Hauptumsatzzeit unmittelbar vorbei ist. Und wenn Ihr Online-Shop Ethanolkamine für lauschige Abende im Herbst und Winter verkauft, ist die Saison Ende Dezember vielleicht noch gar nicht beendet.

Wann auch immer Sie Ihre persönliche Deadline ziehen: Die Hauptsache ist, dass Sie überhaupt eine Deadline ziehen!

Realistisches Ziel setzen

Es hat keinen Sinn, sich schon zu Beginn des Projektes selbst zu belügen und ein Ziel zu setzen, nur um ein Ziel zu haben. Sie werden im extremsten Fall vom Gewinn, den Ihr Online-Shop abwirft, leben wollen oder müssen. Dementsprechend sollten Sie auch einplanen, dass Sie vom Gewinn Ihren Lebensunterhalt bestreiten können. Ohne Wenn und Aber! Natürlich sollten Sie Ihr Ziel auch nicht so hoch ansetzen, dass Sie es nicht erreichen können. Auch hier ist der gute Mittelweg der richtige!

Deadline nicht verschieben

Eine Deadline ist eine Deadline ist eine Deadline und wird auf keinen Fall verschoben!

Glauben Sie wirklich, dass sich nach der einmal gesetzten Deadline wirklich noch alles ändert? Sie haben über mehrere Monate gerackert und gearbeitet und trotzdem Ihre einmal gesetzten Ziele nicht erreicht, und plötzlich soll doch alles besser werden?

Wenn Sie bei der Formulierung Ihrer Ziele keine Fehler gemacht haben, sollten Sie jetzt so ehrlich sein und einen Schlussstrich ziehen!

Wägen Sie noch einmal genau ab, ob Sie wirklich alles bedacht oder einen wesentlichen Punkt vergessen haben. Wenn sich jetzt nichts mehr findet, was wirklich (!) ausschlaggebend dafür sein kann, dass sich Ihre Ziele doch noch erreichen lassen, dann ist jetzt der richtige Zeitpunkt, nicht weiterzumachen!

Jetzt geht's lo-hos!

Wenn wir es zum jetzigen Zeitpunkt – trotz aller Bemühungen – immer noch nicht geschafft haben, Sie von Ihrem Vorhaben, einen Online-Shop zu eröffnen, abzubringen, werden wir Ihnen in den folgenden Kapiteln erklären, wie E-Commerce wirklich funktioniert. Mit allem Drum und Dran und jeder Menge Insights. Viel Spaß!

Webdesign- und E-Commerce-Agentur

Der Aufbau eines professionellen Online-Shops ist vergleichbar mit dem Bau eines Hauses. Natürlich können Sie selbst Hand anlegen und mit ein wenig Erfahrung die Wände selbst mauern. Mit der Zeit werden Sie sich auch in Themen wie Dachdecken und Fensterbau einarbeiten. Aber es ist leicht nachvollziehbar, dass das Haus am Ende vielleicht doch nicht den Ansprüchen seiner Bewohner genügt, das Dach nicht richtig dicht ist und der Bau nicht allen gesetzlichen Vorgaben und Normen entspricht, weil viele Dinge nur semi-professionell umgesetzt worden sind.

So ähnlich verhält es sich mit Ihrem Online-Shop. Es gibt Themen, bei denen Ihre Mitarbeit unverzichtbar ist: Kein Dienstleister wird sich mit Ihrem Produkt so genau auskennen wie Sie selbst. Immer dort, wo es um Inhalte (Content) und Details zu Ihren Produkten geht, steht Ihr Fachwissen außer Frage.

Es gibt jedoch eine Menge Themen, bei denen Sie zumindest den Rat von Experten einholen sollten – sei es das Setup der Shop-Software, die Anbindung externer Dienstleister und Module an den Online-Shop oder Fragen rund um Logistik, Payment und Marketing.

Wie bei jedem Spezialgebiet bietet es sich an, auf einen Spezialisten zurückzugreifen. Und E-Commerce ist definitiv ein Spezialgebiet, denn nicht weniger als der wirtschaftliche Erfolg Ihres Projekts hängt von Ihrem Online-Shop und allen in diesem Zusammenhang getroffenen Entscheidungen ab.

Eine externe Agentur kann Ihre Ideen als kritische Ratgeberin beleuchten und im Idealfall auf eine Vielzahl erfolgreicher Projekte zurückblicken. Es schadet im Übrigen auch nicht, wenn Ihr Berater mit einem Projekt schon einmal gescheitert ist. Die Fehler, die gemacht worden sind, werden sich sicherlich nicht wiederholen.

Fragen Sie Ihre potenzielle Agentur, wie viele Online-Shops sie bereits umgesetzt hat, wie viele davon immer noch online sind und wie viel Umsatz diese Shops tatsächlich machen.

Online-Shops »machen« kann heute nahezu jeder, der schon einmal eine kleine Internetseite aufgesetzt (nicht programmiert!) hat. Hierfür ist lediglich ein Account bei einem der SaaS-Anbieter aus dem Kapitel 2, *Auswahl des Shop-Systems,* auf Seite 55 notwendig.

Je umfangreicher die Funktionalitäten in Ihrem Online-Shop jedoch sind und je mehr externe Module und Dienstleister Sie zum Beispiel für Payment, Logistik oder Marketing einbinden möchten, desto eher werden Sie auf einen externen Dienstleister und Berater zurückgreifen, der seinerseits viele Spezialisten aus den Bereichen E-Commerce, Online-Marketing und Content-Marketing unter einem Dach vereint.

Die Kunst des E-Commerce besteht nicht in der Installation des Online-Shops, sondern in der Implementierung bestehender und komplexer Geschäftsprozesse. Denn nach Möglichkeit sollen nicht Sie sich an den Online-Shop anpassen, sondern der Online-Shop soll sich soweit möglich und wirklich sinnvoll an Sie anpassen, auch wenn in vielen Teilbereichen Ihre eigene Anpassungsfähigkeit gefragt sein wird.

Die Kosten, die ein externer Berater oder eine Agentur zu Beginn des Projekts verursacht, werden Sie in der Regel durch mehr Kunden und Umsatz schnell wieder reinholen.

Wo finde ich den richtigen Partner?

Wo finden Sie nun den Partner, der über die notwendige Erfahrung verfügt? Machen Sie sich mit der untenstehenden Checkliste auf die Suche. Schauen Sie sich dabei nicht nur in der näheren Umgebung um. Die Qualität eines Dienstleisters ist nicht an einen Radius um Ihren Firmensitz gebunden.

Vielmehr sollten Sie sich auf die Suche nach dem einen Dienstleister machen, der Sie fachlich und persönlich überzeugt – egal, wo er seinen Sitz hat.

Suche in Suchmaschinen und in der Fachpresse

Naheliegend ist die Suche via Google & Co. Aber wie bei jedem Produkt, das Sie online kaufen wollen, ist es schwierig, hier die Spreu vom Weizen zu trennen.

Wie im Abschnitt »Google AdWords« auf Seite 353 beschrieben, ist es grundsätzlich sehr einfach, Werbung für ein Produkt oder eine Dienstleistung bei Google zu schalten. Eine Werbeanzeige sagt aber noch nichts über die Qualität des dahinterstehenden Beraters aus. Sie sollten die Erfahrungen der Agentur genau unter die Lupe nehmen.

Gleiches gilt für die einschlägige Fachpresse wie zum Beispiel »Internet World Business« (*www.internetworld.de*) oder »t3n« (*www.t3n.de*). In den Dienstleisterverzeichnissen der Magazine finden Sie eine Vielzahl von Agenturen, die Sie mittels Schlagworten oder Umkreissuche (siehe Screenshot) auswählen und eingrenzen können. Die Eintragung in die Verzeichnisse steht dabei allen Firmen offen, teilweise müssen für die Listung monatliche Gebühren bezahlt werden.

Ein Blick in die Referenzliste auf der Internetseite der jeweiligen Agentur lässt eine erste Einschätzung zu. Lassen Sie sich aber nicht zu sehr von Awards und Hochglanzprospekten blenden.

Suche nach zertifizierten Agenturen

Neben der Suche via Suchmaschine ist die Suche nach einem zertifizierten Partner der drei im folgenden Kapitel genannten Open-Source-Shop-Systeme sinnvoll, wobei es zunächst keine Rolle spielen sollte, mit welchem Shop-System der Dienstleister arbeitet. Viel wichtiger als der Name oder das Image der Software ist die Realisierbarkeit Ihres Vorhabens. Die Frage, was mit dem jeweiligen Shop-System machbar ist, kann Ihnen eine gute Agentur ehrlich beantworten. Zertifizierte Agenturen verfügen über entsprechendes Know-how im Umgang mit der Software und haben in der Regel schon einige E-Commerce-Projekte umgesetzt.

Über die Internetseite des Software-Anbieters haben Sie die Möglichkeit einer Umkreissuche beziehungsweise der Suche nach Land und Ort oder Postleitzahl. Die Abbildung 2-10 zeigt das Partnerprofil unserer Agentur »AIXhibit« auf der Internetseite von OXID eSales.

Abbildung 2-9: Dienstleisterverzeichnis, www.internetworld.de (Juni 2014)

Die Partnerverzeichnisse von OXID eSales, Shopware und Magento finden Sie auf den folgenden Seiten:

- *https://www.oxid-esales.com/de/partner/solution-partner/partner-finden.html*
- *http://partners.magento.com/partner_locator/search.aspx*
- *http://www.shopware.de/partner/ueberblick/*

Suche im Impressum bestehender Online-Shops

Es gibt Online-Shops, die Ihnen gut gefallen? Werfen Sie einen Blick in das Impressum der Shops. Oft sind die umsetzenden Agenturen dort namentlich genannt und verlinkt.

Wenn nicht, spricht auch nichts dagegen, einfach bei dem jeweiligen Shop anzufragen, wer für die Umsetzung verantwortlich war. Ein zufriedener Shop-Betreiber wird seine Agenturerfahrungen gerne mit Ihnen teilen. Ein unzufriedener auch.

Abbildung 2-10: OXID Partner-Locator

Suche auf E-Commerce-Kongressen und -Tagungen

Kongresse und Tagungen, die sich mit den Themen E-Commerce und Online-Marketing beschäftigen, sind ein guter Anlaufpunkt für die Suche nach einem Dienstleister.

Die Agenturen präsentieren sich hier mit eigenen Messeständen oder halten eigene Vorträge im Rahmen des Vortragsprogramms. Gerade die Messestände bieten eine gute Möglichkeit, den »Nasenfaktor« (siehe folgende Checkliste zur Agenturauswahl) zu testen und sich einen ersten und unverbindlichen Eindruck zu machen.

Auf den Kongressen, wie zum Beispiel dem »e-marketingday rheinland« *(www.e-marketingday.de),* der »webcon« *(www.webcon.de)* oder auf den seit einigen Jahren aufkommenden Barcamps haben Sie oft die Möglichkeit, mehrere Dienstleister auf einen Schlag kennenzulernen.

Barcamp

Ein Barcamp ist die offene Version einer Konferenz. Bei Barcamps stehen Veranstaltungsort und -zeit, meist auch ein bestimmtes Oberthema wie zum Beispiel Online-Marketing oder E-Commerce fest.

Das Veranstaltungsprogramm, bestehend aus Vorträgen und Workshops, generiert sich aus den Reihen der Barcamp-Teilnehmer und wird zu Beginn der Veranstaltung spontan festgelegt.

Interessierte stellen ihr Vortragsthema dem Publikum vor und per Handzeichen wird abgestimmt, ob Interesse am Thema besteht.

Auf den Webseiten der einzelnen Barcamps werden die Sessionvorschläge mitunter schon vorab aufgelistet, so dass Sie sich einen ersten Eindruck verschaffen können, ob sich ein Besuch tatsächlich lohnt.

Seinen Ursprung hat das Barcamp übrigens in der von Tim O'Reilly initiierten Veranstaltungsreihe »Foocamp«, in dessen Verlag dieses Buch erschienen ist.

Mehr zu Barcamps unter:

http://de.wikipedia.org/wiki/Barcamp (Hintergrund)

http://www.barcamp-liste.de (Übersicht)

Checkliste Agenturauswahl

Wenn Sie eine oder mehrere Agenturen in die engere Wahl gezogen haben, setzen Sie sich mit der Agentur an einen Tisch und skizzieren Sie Ihr Vorhaben.

Die folgenden Kriterien können Ihnen dabei helfen, zu entscheiden, ob Sie mit dem Dienstleister langfristig zusammenarbeiten wollen.

- Nasenfaktor
- Größe der Agentur
- Kompetenzen
- Software-Spezialisierung
- Typischer Projektverlauf
- Fester Ansprechpartner
- Referenzprojekte
- Referenzkunden
- Erfahrung mit eigenen Shops
- Prognostizierter Zeitplan
- Vertragslaufzeit

| Tipp | Besuchen Sie die Agenturen vor Ort. Es ist zwar naheliegend, die Agenturen zum Kennenlernen ins eigene Büro einzuladen. Es spricht aber auch nichts dagegen, den Dienstleister vor Ort zu besuchen.
| | Ganz im Gegenteil: Bei Ihrem Besuch können Sie sich direkt einen Überblick über die Agentur verschaffen und sich ein Bild von ihrer Professionalität machen.
| | Fragen Sie zum Abschluss des Gespräches ruhig, ob Sie eine Agenturführung bekommen. Wer nichts zu verbergen hat, wird Sie gerne durch die eigenen Räume führen.

Nasenfaktor

Der Dienstleister, für den Sie sich entscheiden, wird Sie im besten Fall in den kommenden Jahren begleiten und mit Ihnen bei der Weiterentwicklung des Shops und Anpassungen an Trends und Techniken begleiten. Im schlimmsten Fall auch!

Ähnlich wie in jeder Partnerschaft, die auf einen längeren Zeitraum ausgelegt ist, kommt es darauf an, dass der Nasenfaktor stimmt. Sie müssen mit Ihren Beratern und Technikern nicht gleich Tisch und Bett teilen, aber zumindest mehrere Jahre auskommen. Wenn man dies berücksichtigt, sollte klar sein, dass nicht nur die technische und grafische, sondern auch die soziale Kompetenz Ihres Gegenübers stimmen muss und er Ihnen sympathisch ist.

Größe der Agentur

One-Man-Show oder kleine Agentur gegen E-Commerce-Agentur? Die Größe der Agentur spielt eine wichtige Rolle. Natürlich sind Einzelkämpfer, Freelancer und kleine Agenturen bis zu fünf Mann/Frau von Haus aus günstiger als große Agenturen.

Kleine Agenturen und Selbständige haben in der Regel deutlich geringere Kosten, müssen keine großen, schicken Büros mieten und als Freiberufler oft auch keine Sozialversicherungsabgaben bezahlen. Die Stundensätze dürften damit deutlich niedriger ausfallen als in großen Agenturen.

Der Preis sollte hier aber nicht das ausschlaggebende Argument sein. Zum einen sind Sie auf eine Vielzahl an Kompetenzen angewiesen, die ein Einzelner oder ein kleines Team oft nicht leisten kann.

Zum anderen stehen Sie schnell vor einem riesigen Problem, wenn der Freelancer oder die kleine Agentur sich anderen Großprojekten widmet, durch Krankheit ausfällt oder den Betrieb einstellt. Der Wechsel einer Agentur in einem laufenden Projekt ist immer mit erheblichem Aufwand und damit auch mit erheblichen Kosten verbunden.

| Tipp | Wenn Sie sich doch für eine kleine Agentur entscheiden, achten Sie unbedingt auf die Rechtsform.
| | Für Werbeleistungen müssen Sie als Auftraggeber Abgaben an die Künstlersozialkasse leisten, wenn sie von freiberuflichen oder selbstständigen Webdesignern erbracht werden. Im Jahr 2014 beträgt die Abgabe 5,2% der Auftragssumme. Im Falle einer Betriebsprüfung (bei Ihnen oder der Agentur) kann diese Abgabe auch für mehrere Jahre rückwirkend eingefordert werden.

Die Abgabe an die Künstlersozialkasse entfällt nur dann, wenn Sie eine Unternehmergesellschaft (UG haftungsbeschränkt), KG, GmbH, Ltd. oder AG beauftragen.

Kompetenzen

Mit der Größe der Agentur geht meist auch die Abdeckung der erforderlichen Kompetenzen einher. Sie sollten die Leistungen, die die Agentur im Projektverlauf erbringen soll, schon im Vorgespräch abklopfen.

Viele kleinere Agenturen und Freelancer verfügen über ein gutes Netzwerk an Spezialisten. Wenn einer dieser Spezialisten aber ausfällt oder sich mit Ihrer Agentur zerstreitet, stehen Sie vor der gleichen Problematik wie oben beschrieben.

Software-Spezialisierung

Fragen Sie, mit welcher Open-Source-Software die Agentur Ihren Online-Shop realisieren würde und konfrontieren Sie sie testweise mit einer Alternative. Wenn Ihnen also zum Beispiel Shopware als Mittel der Wahl angeboten wird, fragen Sie gezielt nach Magento oder OXID eShop.

Sie können so leicht herausfinden, ob sich die E-Commerce-Agentur auf eines oder mehrere Produkte spezialisiert hat.

Es ist auf Grund der Options-Vielfalt und der individuellen Eigenheiten der Software nur in sehr großen Agenturen möglich, alle erdenklichen Programme mit der gleichen Fachkompetenz zu entwickeln.

Von den Software-Herstellern zertifizierte Agenturen und Integratoren müssen ihre Mitarbeiter häufig von den Herstellern schulen lassen, um die Zertifizierungssiegel zu erhalten. Dies spricht für die Erfahrung der Programmierer mit dem jeweiligen Programm.

Die Spezialisierung auf ein oder maximal zwei Open-Source-Produkte sollten Sie daher dem Argument »Wir können das mit jedem Programm machen« oder dem Kauf einer kleineren Shop-Software beziehungsweise einer Agentur-Eigenentwicklung vorziehen. Tipps zur Auswahl des richtigen Shop-Systems finden Sie im Kapitel 2, *Auswahl des Shop-Systems,* auf Seite 55.

Typischer Projektverlauf

Jedes Unternehmen arbeitet anders. Die Projektabläufe sind in Agenturen oft vorgegeben. Lassen Sie sich einen typischen Projektverlauf skizzieren und fragen Sie, wie häufig Sie sich mit Projektleiter und Entwicklern zusammensetzen müssen.

Die Erstellung eines Lasten- oder Pflichtenhefts (Anforderungskatalog für Funktionen im Online-Shop) oder die Festlegung von festen Projektabschnitten (sogenannte Milestones) können ein Indikator für die Professionalität der Agentur sein.

Fester Ansprechpartner

Je größer Ihre Wunschagentur ist, desto wichtiger ist es, einen festen Ansprechpartner zu haben, der das Projekt innerhalb der Agentur koordiniert.

Er muss Ihre Wünsche und Anforderungen mit den jeweiligen Fachleuten besprechen und sich um die Abwicklung kümmern. Zudem muss er Ihnen auf alle Fragen zum Projektstand jederzeit eine genaue Auskunft geben können.

Ein fester Ansprechpartner verbessert die Kommunikation und kann die Umsetzung eines Projekts stark beschleunigen, da er dafür Sorge trägt, dass alle Projektbeteiligten sich immer auf dem gleichen Wissensstand befinden.

Referenzprojekte

Lassen Sie sich Referenzprojekte nicht nur zeigen, sondern ausführlich erläutern. Jeder Online-Shop verfügt über Besonderheiten und spezielle Funktionen, die auf den ersten Blick nicht zu erkennen sind.

Ein Screenshot eines Online-Shops lässt auch keine Rückschlüsse auf die Marketing-Leistungen oder das Customer Lifecycle Management (siehe hierzu das gleichnamige Unterkapitel auf Seite 305) zu, da von der Agentur initiiert worden ist.

Die sogenannten »Case Studies«, die ausführlichen Beschreibungen eines Projekts, können einen ersten Einblick in den Gesamtumfang geben. Lassen Sie sich ausgewählte Projekte ausführlich erläutern.

Referenzkunden

Jede größere Agentur sollte Ihnen ein oder zwei Referenzkunden nennen können, mit denen Sie sich zumindest telefonisch kurzschließen können. Referenzkunden können den Projektverlauf aus einer anderen Perspektive wiedergeben.

Fragen Sie gezielt nach Problemen bei der Umsetzung des Online-Shops und wie sie von der Agentur gelöst worden sind.

Natürlich werden Unternehmen, die als Referenzkunden zur Verfügung stehen, in der Regel eher Positives über ihre Agentur zu berichten wissen. Sie können aber sicher sein, dass Ihnen ein ehrlicher Referenzkunde auch von Problemen bei der Umsetzung, die in jedem (!) Projekt entstehen, erzählen wird.

Erfahrung mit eigenen Shops

Ein wichtiges, wenn auch nicht sehr oft anzutreffendes Indiz, dass Sie mit einer erfahrenen Agentur sprechen, ist der Betrieb eines eigenen Online-Shops.

Agenturen, die sich nicht nur in fremdem Auftrag um Online-Shops kümmern, sondern insbesondere die wirtschaftliche Bedeutung eines eigenen Online-Shops einschätzen können, sind eher in der Lage, gerade das große Feld des Online-Marketings zielführend zu bearbeiten. Sie können besser beurteilen, welche Werbemaßnahmen und -kampagnen sich lohnen, und können durch den eigenen wirtschaftlichen Hintergrund den Erfolg besser beurteilen.

Die Erfahrungen, die die Agentur selbst gesammelt hat, können sich unmittelbar auf Ihren eigenen Geldbeutel auswirken.

Prognostizierter Zeitplan

Im Kapitel 2, *Zeitplan*, auf Seite 97 werden wir auf die Dauer eines Online-Shop-Projekts noch genauer eingehen. Vorweg: Sie werden das Projekt Online-Shop nicht übers Knie brechen können. Und Sie sollten es auch nicht! Auch dann nicht, wenn Ende September das Weihnachtsgeschäft oder im März die Urlaubssaison wieder vollkommen überraschend kurz vor der Tür stehen.

Die Erfahrung zeigt, dass ein zu knapper Zeitplan oder ein halbfertiger Online-Shop, der live geht und beworben wird, dem Gesamtprojekt nicht zuträglich ist.

Eine erfahrene und gute Agentur wird nicht mit den Händen im Schoß auf Sie und Ihren Auftrag gewartet haben, sondern muss einen neuen Auftrag in einen bestehenden Projektplan einsortieren. Ihr Projekt wird also wahrscheinlich nicht sofort beginnen können. Ausgehend vom Projektstart und dem veranschlagten Projektumfang müssen Sie mit mehreren Monaten für die Umsetzung rechnen.

Schlägt Ihnen Ihre Agentur vor, umgehend mit den Arbeiten zu beginnen, kann dies natürlich ein großer Zufall sein. Es spricht jedoch auch nichts dagegen, Ihr Gegenüber ganz offen zu fragen, ob die Agentur nicht ausgelastet ist, und sich die Gründe hierfür darlegen zu lassen.

Vertragslaufzeit

Zumindest auf dem Papier möchten Sie als Auftraggeber eine möglichst große Flexibilität bewahren, die Agentur möchte Sie möglichst lange an sich binden.

Lange Vertragslaufzeiten sind dafür ein mögliches Mittel. Erfahrene E-Commerce-Agenturen werden Sie jedoch zumindest zu Beginn der Kundenbeziehung nicht mit Knebelverträgen binden, sondern – ganz platt ausgedrückt – mit ihrer Leistung. Bietet Ihnen die Agentur einen Vertrag mit sehr kurzer Mindestlaufzeit an, kann dies ein Hinweis auf die Erfahrung und das Selbstbewusstsein der Agentur sein.

Bedenken Sie, dass Sie mit Ihrer Agentur voraussichtlich sehr lange zusammenarbeiten werden. Es ist daher wichtiger, Zeit und Muße in die Auswahl der richtigen Agentur zu investieren, als über die Vertragslaufzeit zu feilschen. Wenn Ihnen der Gedanke, sich lange an die Agentur zu binden, Bauchschmerzen bereitet, ist es vielleicht nicht die richtige Agentur!

Tipp	Wenn Sie sich für eine Agentur entschieden haben, vereinbaren Sie schon bei Projektbeginn einen festen Besprechungstermin (»Jour fixe«).
	Treffen Sie sich mindestens einmal pro Monat mit Ihrem Agentur-Ansprechpartner und besprechen Sie alle relevanten Themen aus den vergangenen 30 Tagen sowie alle anstehenden Themen in der kurz- und mittelfristigen Projektplanung.
	Bei Bedarf können auch Spezialisten aus einzelnen Fachgebieten, wie zum Beispiel Online-Marketing oder Web-/Printdesign, zu den Besprechung hinzugezogen werden.
	Regelmäßige im Voraus geplante Besprechungen verbessern die Kommunikation zwischen allen Projektbeteiligten und helfen dabei, die Entwicklung des Online-Shops von Beginn an zu beschleunigen.
	(Dieser Vorschlag sollte eigentlich von Ihrer Agentur kommen).

Was kostet eine Agentur?

Natürlich spielen die Kosten und die Konditionen (Festpreis oder Budget, Ratenzahlung oder Gesamtsumme bei GoLive) bei der Auswahl einer Agentur eine entscheidende Rolle; sie sind aber stark vom Leistungsumfang abhängig, den der Dienstleister erbringen soll.

Natürlich können Sie beim Erstgespräch schon eine Summe aus Ihrem Gesprächspartner herauskitzeln. Diese Angabe dürfte aber genauso unseriös sein wie die Preisverhandlung mit einem Architekten, der noch nichts über Größe, Bauweise und Ausstattung Ihres Traumhauses weiß.

Keine Frage: Natürlich können Sie sich nicht blind in die Auftragsvergabe stürzen, ohne zu wissen, welche Kosten auf Sie zukommen werden. Spätestens vor der Auftragsvergabe müssen Sie ziemlich genau wissen, mit welchen Kosten Sie für einzelne Projektphasen oder erbrachte Leistungen rechnen müssen.

Für die ersten Gespräche mit einer Agentur empfehlen wir jedoch eine andere Herangehensweise: die Planung mit einem festen Budget.

Je nach Umfang der Aufgabenstellung müssen Sie für ein typisches Online-Shop-Projekt, das Sie in die Hände einer professionellen E-Commerce-Agentur legen, mit einem geringen bis mittleren fünfstelligen Betrag zuzüglich Mehrwertsteuer rechnen; Kosten zwischen 15.000 und 50.000 € sind keine Seltenheit; bei aufwendigeren Aufgabenstellungen kann der Betrag auch leicht 100.000 € überschreiten.

Da die Menge Geld, die Sie ausgeben können beziehungsweise wollen, wahrscheinlich nicht unbegrenzt ist, sollten Sie die zur Verfügung stehende Summe klar benennen.

Eine erfahrene Agentur kann Ihnen bei feststehenden Stundensätzen schnell sagen, ob eine Umsetzung Ihrer Wünsche realisierbar ist und wie weit Sie mit Ihrem Budget kommen werden.

Die Sorge, dass die Agentur das von Ihnen genannte Budget gegen Sie verwendet, ist unbegründet. So wie Sie die Aufwendungen für Ihren Online-Shop planen, wird auch die Agentur den Einsatz Ihrer Mitarbeiter planen. Wenn Sie versuchen, den Stundensatz zu drücken oder eine bestimmte Leistung zu einem niedrigen Preis zu erhalten, müssen Sie davon ausgehen, dass vielleicht nicht die Top-Spezialisten mit Ihrer Aufgabe betraut werden, sondern Azubis oder Praktikanten.

Denken Sie daran, dass Sie langfristig mit Ihrem Dienstleister zusammenarbeiten werden. Je realistischer er auch in finanzieller Hinsicht planen kann, desto mehr Aufmerksamkeit und Zeit wird er Ihrem Online-Shop widmen können.

Bei einem von vornherein klar definierten Budget, das Sie in die Entwicklung des Online-Shops, Beratung und Marketing-Dienstleistung investieren möchten, werden Sie zu Beginn des Projekts auch einen entsprechenden Leistungskatalog, oft Lasten- oder Pflichtenheft genannt, definieren, der im Projektverlauf abgearbeitet wird. Für die Projektbeteiligten gibt es so kaum Überraschungen hinsichtlich der zur erbringenden Leistungen auf der einen und den Kosten auf der anderen Seite.

Die Erfahrung zeigt, dass sich die Anforderungen und zu erbringenden Leistungen im Verlauf eines Online-Shop-Projekts oft ändern. Daher ist davon abzuraten, auf ein Festpreisangebot zu bestehen. Die zusätzlich zu erbringenden Leistungen werden dann entweder sowieso zusätzlich berechnet oder, schlimmer, Sie geraten mit der Agentur über Inklusivleistungen in Streit.

Agentur-Pitch

Unter einem Agentur-Pitch versteht man einen Wettbewerb mehrerer Agenturen um einen Kunden. Der Ursprung der Pitches liegt bei klassischen Werbeagenturen. In den vergangenen Jahren werden sie immer häufiger auch im Webdesign- und E-Commerce-Bereich gefordert.

In einem klassischen Pitch erstellt der Auftraggeber in einem Briefing eine Anforderungsliste, die von den Agenturen ausgekleidet und als vollständiges Konzept präsentiert werden muss. Für den Pitch wird dabei in der Regel kein Honorar bezahlt. Stattdessen erhält der Pitchgewinner den Werbeetat für die kommenden ein bis zwei Jahre.

Im Digitalbereich werden solche Anforderungen oft auch schon für Kleinstprojekte gestellt. Agenturen sollen – ohne Bezahlung und oft auch ohne Briefing – Ideen für einen Online-Shop und mehrere Design-Entwürfe präsentieren, die dem Auftraggeber unentgeltlich zur Verfügung gestellt werden.

Aus den vorgelegten Konzepten aller beteiligten Agenturen sucht sich der Auftraggeber seinen Favoriten aus und lässt ihn das bevorzugte Konzept dann umsetzen. Wir haben es auch schon erlebt, dass ein Auftraggeber einen Mix aus allen eingereichten Konzepten von einer nicht am Pitch beteiligten Agentur hat erstellen lassen.

Vergleichen Sie es mit einem Architekten: Würden Sie als Architekt einem Interessenten detaillierte Entwürfe und auf ihn zugeschnittene Wohnkonzepte unentgeltlich zur Verfügung stellen?

Von dieser Vorgehensweise können wir nur abraten. Überlegen Sie, wie viel Zeit und Know-how eine Agentur in ein Konzept investiert, ohne zu wissen, ob sie den Auftrag letztlich überhaupt erhält.

Im Segment der kleineren Agenturen ist eher damit zu rechnen, dass ein bereits bestehendes Konzept aus der Schublade gezogen und mit einem neuen Anstrich versehen wird. Den Anstrich übernimmt aber vielleicht nicht der Profi, sondern eher der Azubi, weil seine Arbeitsstunde deutlich kostengünstiger ist.

Sollten Sie dennoch mehrere Agenturen mit der Entwicklung eines Probekonzepts beauftragen wollen, sollten Sie in jedem Fall ein angemessenes Honorar für diese Aufgabe bezahlen.

Mirko Kaminski, Chef der Hamburger Kommunikations-Agentur *achtung!* hat seine (negativen) Erfahrungen mit Pitches in einem YouTube-Video mit dem Titel »Da mache ich nicht mit« zusammengefasst.

Wenn Sie etwas mehr als zwei Minuten Zeit haben, wünschen wir viel Spaß beim Ansehen:

www.youtube.com/watch?v=2wIuunNnEZA

Fazit

Wählen Sie Ihre Agentur anhand der obigen Checkliste mit dem Fokus auf die folgenden Punkte aus:

- Erfahrung und Größe der Agentur
- Referenzprojekte und Kunden
- Nasenfaktor

Auf diese Weise können Sie nahezu sicher sein, dass Sie einen Dienstleister finden, mit dem Sie auch nach dem GoLive des Online-Shops langfristig zusammenarbeiten können und wollen.

Auswahl des Shop-Systems

Shop-Systeme gibt es wie Sand am Meer. Die Spannweite reicht dabei vom kostenlosen »SUPR Shop«, Kauf- und Mietshops, wie den »1&1- eShop« oder »JTL-Shop3« als Lösung von der Stange, über individuell anpassbare Open-Source-Shops (Magento, OXID eShop, Shopware und andere) bis hin zu komplexen Fullservice-E-Commerce-Lösungen mit einem siebenstelligen Investitionsvolumen.

Dass die letztgenannte Variante allein wegen der initialen Kosten für Ihr E-Commerce-Projekt nicht in Frage kommt, ist unbestritten. Die beiden anderen Lösungen (Miet-/ Kaufshops beziehungsweise Open-Source-Systeme) nehmen wir hier dagegen etwas genauer unter die Lupe.

Davon ausgehend, dass Sie für die Entwicklung eines umfangreichen und langfristigen Online-Shop-Projekts die Unterstützung einer E-Commerce-Agentur in Anspruch nehmen, wird wahrscheinlich auch die Nutzung einer Miet- oder Kauf-Lösung für Sie nicht in Frage kommen.

Das Fazit vorweggenommen: Kauf- und Mietshop-Systeme sind für komplexe Vorhaben zu unflexibel und zu wenig für Ihre Anforderungen individualisierbar. Die Gründe, die dafür oder dagegen sprechen, und eine kleine Übersicht über die verfügbaren Systeme möchten wir Ihnen hier jedoch nicht vorenthalten.

Kauf- und Mietshops

Die Auswahl an Anbietern von Shop-Systemen ist nahezu unbegrenzt und wechselt täglich. Genauso vielfältig wie die Auswahl ist auch die Liste der Pro- und Contra-Argumente, die für oder gegen einen E-Commerce-Einstieg mit einer gemieteten oder gekauften SoftwareLösung sprechen.

Ähnlich wie bei der Diskussion über Automarken stellt sich aber nicht die Frage, ob Sie damit Ihre Produkte im Internet verkaufen können (oder mit dem Auto von A nach B kommen), sondern ob die Lösung Ihre aktuellen Erfordernisse erfüllen kann und ob die Software in der Lage ist, mit Ihnen zu wachsen.

Miet-Lösungen wie der deutsche Shopify-Nachbau SUPR (siehe Abbildung 2-11), der als SaaS-Lösung (Software-as-a-Service) daherkommt, bieten einen guten Einstieg.

Die Shop-Software wird dabei auf bestehenden Webservern vom Anbieter gehostet, das heißt, im Internet zugänglich gemacht und auch technisch verwaltet und weiterentwickelt. Als Shop-Betreiber eröffnen Sie mit wenigen Mausklicks einen eigenen Online-Shop und können alle Funktionen nutzen. Das Shop-Layout passen Sie online mittels der bereitgestellten Grafikvorlagen (Templates) an.

Letztlich müssen Sie nur noch die Eckdaten wie Versandkosten oder Zahlungsarten festlegen und die Produktdaten eintragen, um loslegen zu können.

Kauf-Software, zum Beispiel JTL-Shop3 (*www.jtl-software.de*), wird als Software-Paket zur Verfügung gestellt oder auf Datenträger an Sie ausgeliefert. Die Installation der Software auf einem Webserver, der den fertigen Online-Shop im Internet bereitstellt, muss durch Sie oder Ihre Agentur erfolgen.

Abbildung 2-11: Screenshot www.supr.com (Juni 2014)

Übersicht Kauf- und Mietshops

Die Liste der verfügbaren Shopanbieter ist nahezu unbegrenzt. Einige der am weitesten verbreiteten Lösungen auf dem deutschen Markt finden Sie – alphabetisch sortiert – in der folgenden Liste. Die Liste erhebt keinen Anspruch auf Vollständigkeit und enthält auch keinerlei Wertung.

Auf Basis der unten genannten Kriterien sollten Sie sich einen Überblick über die Funktionalitäten und Preise der einzelnen Systeme verschaffen. Eine Auswahlhilfe bietet immer auch die Online-Fachpresse (zum Beispiel *www.t3n.de*, *www.excitingcommerce.de* oder *www.ecommerce-vision.de*), in der regelmäßig die unterschiedlichen Anbieter vorgestellt und getestet werden.

- 1&1 Online-Shop (*www.1und1.de*)
- Epages (*www.epages.com*)

- Jimdoo (*de.jimdo.com*)
- JTL-Shop3 (*www.jtl-software.de*)
- SEOShop (*www.seoShop-Software.de*)
- Shopfactory (*www.shopfactory.com/de*)
- Smartstore (*www.smartstore.com*)
- Strato Shop (*www.strato.de/webshop*)
- SUPR (*www.supr.com*)
- Wix (*www.wix.com*)

Vorteile von Kauf- und Mietshops

Die Vorteile einer gekauften oder gemieteten Lösung liegen eigentlich auf der Hand: Sie erhalten ein fertiges Shop-System, das Sie in der Regel umgehend einsetzen können.

Gerade die Mietshops sind bereits auf Webservern vorinstalliert. Sie wählen das richtige Shop-Modell aus, das sich oft an der Anzahl der Artikel im Online-Shop und einzelnen Features bemisst, geben Ihre Geschäfts- und Kontaktdaten ein, wählen eine Internetadresse (Domain) aus, unter der der Shop im Internet zu erreichen ist, und können loslegen.

Während des laufenden Shopbetriebs kümmert sich der Software-Anbieter bei den meisten Angeboten um die Wartung des Webservers und um die Weiterentwicklung des Shop-Systems.

Einige Anbieter verfügen über offene Schnittstellen zur eigenen Shop-Software, die es anderen Software-Entwicklern ermöglicht, eigene Erweiterungen für das Shop-System anzubieten.

In den Feature-Listen einiger Systeme wird auch vom »rechtssicheren Online-Shop« gesprochen, der für den Online-Handel auf dem deutschen Markt vorbereitet ist (sein soll).

Auf den ersten Blick klingt das sehr logisch und einfach umzusetzen. Der Einstieg in den Online-Handel ist sehr schnell realisiert, und Sie können direkt loslegen und erste Erfahrungen sammeln.

Spätestens nach der Lektüre dieses Buches, in dem wir die vielfältigen Möglichkeiten des Online-Handels in Kombination mit dem Online-Marketing aufzeigen, werden Sie aber feststellen, dass Sie mit einer Kauf- oder Mietlösung sehr schnell (zu schnell) an Ihre Grenzen stoßen.

Grenzen von Kauf- und Mietshops

Die Vorteile der Mietshop-Lösungen können auch problemlos als Nachteile ausgelegt werden. Es ist lediglich eine Frage des Betrachtungswinkels.

Zwar warten die meisten Shop-Systeme mit einer Reihe von Funktionalitäten auf. Sie sind als Nutzer des Shops aber auch genau an diese Funktionen gebunden.

Ist im Mietshop zum Beispiel die Nutzung von PayPal und Kreditkartenzahlung als Zahlungsarten möglich, aber keine Sofortüberweisung/Giropay oder der Kauf auf Rechnung, so müssen Sie zunächst einmal davon ausgehen, dass dies in Zukunft auch nicht möglich sein wird oder die Nutzbarkeit zumindest nicht in absehbarer Zeit vom Anbieter umgesetzt wird.

Gleiches gilt natürlich auch für individuelle Anpassungen am Layout, die über die Änderung von Farben oder den Austausch des Logos hinausgehen, die Anbindung von Warenwirtschaftssystemen und Versandhandels-Software oder der gleichzeitige Verkauf auf anderen Marktplätzen wie Amazon oder eBay.

Und auch die »Rechtssicherheit« des Online-Shops darf in Frage gestellt werden. Im Paket ist natürlich nicht die Erstellung von Allgemeinen Geschäftsbedingungen oder individuellen Widerrufsbelehrungen enthalten. Ein Blick auf mit *SUPR.com* erstellte Online-Shops offenbart schon auf der Einstiegsseite der Shops einen möglichen Verstoß gegen die Preisangabenverordnung.

Bei sich ändernden Gesetzeslagen oder bei generellen Problemen mit der Software sind Sie bei Nutzung einer Miet-/Kauf-Lösung immer auf die Arbeit und den guten Willen des Software-Anbieters angewiesen. Ist er nicht bereit, eine Lösung umzusetzen, weil sie ihm nicht wirtschaftlich erscheint oder weil er seine zeitlichen Prioritäten bei der Abarbeitung der Wünsche aller Nutzer des Shop-Systems anders gesetzt hat, müssen Sie zwangsläufig warten oder sich – im schlimmsten Fall – nach einem anderen Anbieter umsehen.

Vergessen Sie nicht: Trotz der Nutzung einer Miet- oder Kauf-Software müssen letztlich allein Sie als Betreiber des Online-Shops für alle relevanten Funktionen und die Einhaltung der gesetzlichen Vorgaben geradestehen und können gegebenenfalls auch dafür haftbar gemacht werden. Eine schnelle Anpassungsfähigkeit Ihres Shop-Systems hinsichtlich Design und Funktionalitäten ist daher nicht nur zur Verbesserung der Umsätze oder der Conversionrates sinnvoll, sondern manchmal auch aus rechtlicher Sicht kurzfristig notwendig.

Zu »guter« Letzt: Es besteht immer die Gefahr, dass ein Anbieter aufgibt und den Betrieb seiner Lösung einstellt. Sie müssen in diesem Fall sehr schnell und flexibel eine andere Lösung suchen und Ihren kompletten Online-Shop auf ein anderes System migrieren, um einen temporären Ausfall Ihrer Internetpräsenz zu vermeiden.

Wenn Sie die Nutzung einer Miet-/Kauf-Lösung dennoch in Erwägung ziehen, sollten Sie in jedem Fall überprüfen, ob das Shop-System alle von Ihnen gewünschten Optionen und Möglichkeiten in den folgenden Kategorien erfüllt:

- Zahlungsarten
- Versanddienstleister
- Anbindung von Warenwirtschaft oder Versandhandels-Software
- Anbindung an die Buchhaltung
- Anbindung an externe Marktplätze
- Import/Export von Bestelldaten

- Freie Integration von externen Marketingtools
- Freie Integration von Controlling-Diensten
- Möglichkeit zur Zertifizierung (beispielsweise Trusted Shops)
- Funktionen zur Suchmaschinenoptimierung
- Social-Media-Integration
- Individualisierbarkeit des Designs, die über die Farbanpassungen der Layout-Vorlagen hinausgehen
- Individualisierbarkeit von Produktdetailseiten
- Erstellung einer individuellen Navigation
- Erweiterung der Suchfunktion
- Rabatte und Gutschein-Aktionen
- Varianten und Attribute von Artikeln
- Steuerliche Vorgaben (0%/7%/19% Mehrwertsteuer), Export
- Shop-Internationalisierung

Pro oder contra Miet-/Kauf-Shops?

Allein die Möglichkeit, umgehend mit dem Start des Online-Shops (mit wortwörtlich »wenigen Klicks«) loslegen zu können, spricht für Anbieter wie SEOshops, SUPR oder STRATO.

Gegen diese Lösungen spricht vor allem die mangelnde Flexibilität der Software bei der Umsetzung Ihrer geplanten E-Commerce-Strategie.

Den meisten Miet-/Kauf-Shops wird es schwerfallen, mit dem Erfolg Ihres Online-Shops und den gestiegenen Anforderungen mitzuwachsen (mangelnde Skalierbarkeit). Möchten Sie Funktionalitäten in Ihren Shop integrieren, die von Haus aus nicht in der Software vorgesehen sind, werden Sie den Anbieter der Software nur schwerlich davon überzeugen können, diese Funktionalitäten zu integrieren.

Und letztlich sind Sie immer dem Risiko ausgesetzt, vom (wirtschaftlichen) Erfolg des Software-Anbieters abhängig zu sein. Scheitert sein Business-Konzept, müssen Sie sich auf die Suche nach einem neuen Anbieter machen. Die Tendenz geht daher eindeutig in Richtung »contra« bei Kauf- und Mietshop-Lösungen.

Stattdessen empfehlen wir die Entwicklung Ihres Online-Shops auf Basis einer der Open-Source-Lösungen, die wir Ihnen im folgenden Abschnitt vorstellen.

Open-Source-Online-Shops

Unter Open-Source-Software versteht man quelloffene Software. Im Vergleich zu proprietärer Software, zu der zum Beispiel Windows Betriebssysteme oder das Office Paket aus dem Hause Microsoft gehören, ist der Quellcode der Software für jeden einseh- und auch veränderbar.

Die Software ist frei erhältlich und wird oft von einer unabhängigen Entwicklergemeinde weiterentwickelt. Hintergrund des Engagements ist häufig die Begeisterung für ein gutes neues System, der Wunsch, sich selbst aktiv an seiner Entwicklung zu beteiligen, oder die Entwicklung erforderlicher Module und Funktionen für den eigenen Auftraggeber (den Online-Shop-Betreiber).

Neben bekannten Vertretern von Open-Source-Software, wie den Betriebssystemen Linux und Android oder dem Webbrowser Firefox, haben sich auch im Bereich der Online-Shops mehrere Open-Source-Projekte etabliert, die einen guten Einstieg in den E-Commerce ermöglichen. Zu den Systemen mit der weitesten Verbreitung gehören:

- Magento
- OXID eShop
- Shopware
- PrestaShop
- osCommerce
- Zen Cart
- OpenCart
- TomatoCart

Die Marktanteile der Shop-Systeme lassen sich nicht genau erfassen, da die Software von jedermann kostenlos heruntergeladen und installiert werden kann. So ist es insbesondere auch nicht möglich, zu erfassen, wie viele Shops tatsächlich aktiv betrieben werden und wie viele ungenutzt in den Weiten des Internets herumlungern.

Die ersten drei Systeme der Auflistung dürften auf jeweils mehrere zehntausend aktive Installationen/Online-Shops kommen und damit den größten Marktanteil (zumindest in der deutschen E-Commerce-Landschaft) für sich verbuchen.

Im diesem Kapitel gehen wir deshalb auf die Systeme Magento, OXID eShop und Shopware genauer ein.

Die Open-Source-Shop-Systeme zeichnen sich insbesondere durch ihre große Funktionsvielfalt aus. Was von Haus aus nicht im Shop-System als Funktion vorhanden ist, wird meist binnen kürzester Zeit durch die Entwicklergemeinde programmiert und teilweise als kostenlose, teils auch kostenpflichtige Ergänzung zum Shop-System angeboten.

Übersicht Open-Source-Shop-Systeme

Bei Magento, OXID eShop und Shopware handelt es sich um drei Systeme, die von Haus aus eigentlich alle Grundanforderungen erfüllen, die Sie für die Umsetzung Ihres E-Commerce-Projektes benötigen. Dem erfahrenen (oder zertifizierten) Entwickler bieten sie durch die Offenheit des Quellcodes viele Möglichkeiten, eigene Anpassungen vorzunehmen, die speziell in Ihrem Online-Shop erforderlich sind.

Magento. Magento (*www.magento.com*), erstmals im Jahr 2008 als Open-Source-Lösung veröffentlicht, gehört laut »W3 techs« (*http://aix.li/PECw3techs*) nicht nur zu den Shop-Systemen mit der weitesten Verbreitung, sondern ist sogar auf 1% aller Internetseiten weltweit im Einsatz.

Die Magento Inc. gehört seit 2011 zum eBay-Konzern und beschäftigt nach eigenen Angaben 375 Mitarbeiter.

Seinen Ursprung hat das System in den USA, was ihm den Einstieg in den deutschen Markt zunächst schwer machte, da einzelne Funktionen (zum Beispiel im Bereich der Zahlungsarten) gar nicht auf den deutschen Markt ausgelegt waren. Heute gibt es eine Reihe von Erweiterungen und Language-Packs, die exakt auf den deutschen Onlinemarkt abgestimmt wurden.

Zu den bekannten Referenzen auf dem deutschen Markt, die mit Magento umgesetzt wurden, zählen beispielsweise die folgenden Online-Shops:

- Polo Motorrad (*www.polo-motorrad.de*)
- Mont Blanc (*www.montblancgroup.com*)
- Kaufhaus der Sinne Ludwig Beck (*www.ludwigbeck.de*, siehe Abbildung 2-12)

Weitere Beispiele sind auf der Webseite des Herstellers aufgelistet:

www.magentocommerce.com/customer-success-stories

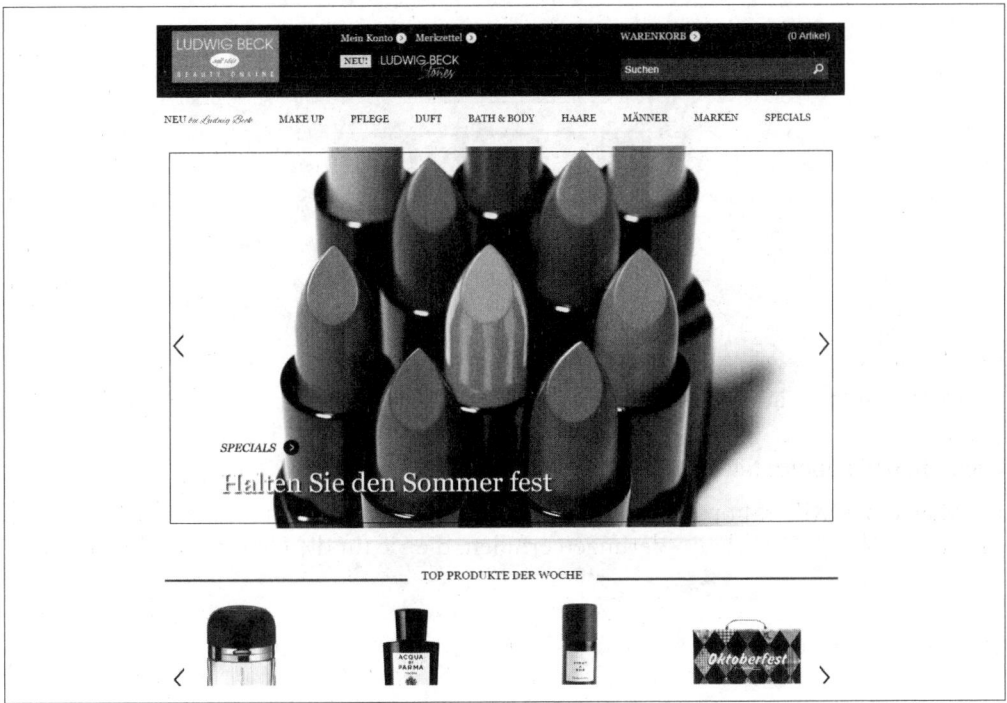

Abbildung 2-12: *Beispiel-Shop Magento, www.ludwigbeck.de (August 2014)*

OXID eShop. Die Freiburger OXID eSales AG gab ihren Quellcode ebenfalls 2008 das erste Mal für die Entwicklergemeinde als Open-Source-Software frei und öffnete sich damit dem Markt.

Als in Deutschland entwickeltes System wurde von Beginn an konsequent auf die Bedürfnisse des deutschen E-Commerce-Marktes hingearbeitet.

Im Vergleich zu Magento sind die Verbreitung und auch die Entwicklergemeinde des OXID-Systems aufgrund der Ausrichtung auf den deutschen Markt verhältnismäßig klein. Wegen eines anderen (einfacheren) Programmieransatzes und der deutschsprachigen Entwicklergemeinde hat das System aber schnell seine Fans gefunden und ist im deutschsprachigen Raum sehr weit verbreitet.

Zu den bekannten Shops, die mit OXID eShop umgesetzt wurden, zählen beispielsweise die folgenden Online-Shops:

- Porsche Design (*www.porsche-design.com*)
- SCHIESSER (*www.schiesser.de*)
- Edeka24 (*www.edeka24.de*, siehe Abbildung 2-13)

Weitere Beispiele sind auf der Webseite des Herstellers aufgelistet:

www.oxid-esales.com/de/referenzen/referenzen/highlights.html

Abbildung 2-13: Beispielshop OXID eShop: www.edeka24.de (Juli 2014)

Shopware. Im Jahr 2010 wurde die Open-Source-Version der Shop-Software Shopware zum ersten Mal vorgestellt. Wie auch OXID eShop wurde Shopware für den deutschen Markt entwickelt und hatte daher einen einfachen Einstieg in den E-Commerce-Markt im deutschsprachigen Raum.

Gerade in den letzten Jahren wurde viel für die externe Entwicklungs-Community unternommen, so dass Shopware heute über eine Vielzahl registrierter Partneragenturen und viele externe Modulentwickler verfügt.

Im Allgemeinen wird Shopware als das etwas modernere Open-Source-Shop-System (vor OXID eShop und Magento) angesehen, wobei dies in erster Linie aber dem besseren Marketing zu verdanken ist.

Bekannte Shops, die mit Shopware umgesetzt wurden:

- Stabilo (www.stabilo.com)
- Blaupunkt (www.blaupunkt-store.de)
- Fortuna Düsseldorf (shop.fortuna-duesseldorf.de)

Weitere Beispiele sind auf der Webseite des Herstellers aufgelistet:

www.shopware.de/referenzen/highlights

Abbildung 2-14: Beispiel-Shop Shopware: shop.fortuna-duesseldorf.de (Juni 2014)

Vorteile von Open-Source-Shop-Systemen

Flexibilität, Erweiterbarkeit, Zukunftsfähigkeit. Durch den offenen Quellcode und die damit einhergehende Möglichkeit (als versierter Programmierer) jederzeit Änderungen am Online-Shop vornehmen zu können, kommt man in ernstzunehmenden E-Commerce-Projekten eigentlich nicht an Open-Source-Lösungen vorbei.

Zahlreiche kleine und (sehr) große Online-Shops setzen Magento, OXID eShop, Shopware und andere quelloffene Systeme ein, weil die Starrheit geschlossener Lösungen schlicht und einfach keine Alternative für ein E-Commerce-Projekte darstellt, das alle Möglichkeiten und auch alle Erfordernisse für einen erfolgreichen Online-Shop ausspielen soll.

Unterstützung wichtiger Funktionen. Wie bei der Auswahl des richtigen Autos kommt es auch bei der Wahl des Online-Shop-Systems auf die Menge und Verfügbarkeit relevanter Funktionen an. Zusammenfassend kann man sagen, dass keines der hier genannten Shop-Systeme eine relevante Funktion, die für die meistens Online-Shops gebraucht wird, vermissen lässt. Ganz im Gegenteil: Häufig bieten die Systeme Funktionen an, die über den eigentlichen Bedarf an Funktionen, die ein Online-Shop mit sich bringen muss, weit hinausgehen.

So ist es zum Beispiel nicht nötig oder gar sinnvoll, das Marketing-Instrument Newsletter über die Shop-Software abzuwickeln. Die Shop-Systeme verfügen aber meist schon über entsprechende Funktionalitäten, die Sie nutzen könnten. Stattdessen stehen hierfür aber viel hilfreichere Tools von spezialisierten Anbietern zur Verfügung, die Sie nutzen sollten (vgl. Abschnitt »E-Mail-Marketing« auf Seite 403).

Steht eine gewünschte Funktionalität einmal nicht von Haus aus zur Verfügung, lohnt sich ein Blick auf die Erweiterungsmodule externer Anbieter.

Erweiterungsmodule. Gerade die stetig wachsenden Entwickler-Communities der Open-Source-Systeme sichert eine starke funktionelle Erweiterung der Software. Sowohl freie Entwickler als auch Anbieter externer Software und Dienstleistungen erweitern das zur Verfügung stehende Angebot stark, da es im Gegensatz zu Kauf-/Miet-Software jedem Benutzer oder Programmierer freisteht, eigene Erweiterungen für die Open-Source-Software zu programmieren und auf dem Markt anzubieten.

Sollten Sie also einmal eine Funktionalität in der Liste der offiziellen Shop-Funktionen vermissen, die Sie unbedingt benötigen, hilft häufig ein Blick in die Erweiterungsliste.

Die drei Platzhirsche auf dem deutschen Markt bieten extra entsprechende »Marktplätze« an, auf denen kostenfreie und kostenpflichtige Erweiterungsmodule anderer Anbieter inseriert werden können.

Sie finden sie unter:

- Magento Connect *www.magentocommerce.com/magento-connect*
- Shopware Community Store *store.shopware.de*
- OXID eXchange *exchange.oxid-esales.com*

Die Erweiterungen gliedern sich zum Beispiel in die folgenden Kategorien (Beispiel-Abbildung 2-15 aus dem Shopware-Community-Store) und unterscheiden sich unter anderem darin, ob sie kostenlos oder kostenpflichtig sind beziehungsweise ob sie vom Anbieter des Shop-Systems zertifiziert wurden.

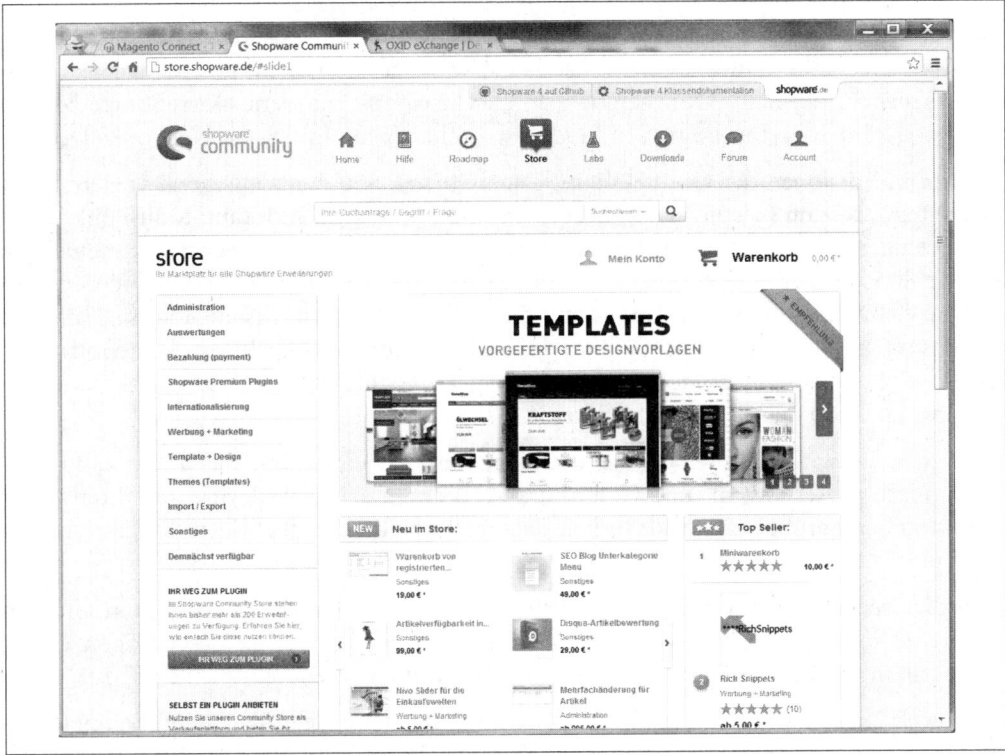

Abbildung 2-15: Shopware-Community-Store (http://store.shopware.de)

Zertifizierte Module sind vom Hersteller unter anderem auf die Codequalität und Funktionalität (tut das Modul auch wirklich das, was es vorgibt?) geprüft und sind dadurch quasi mit einem Gütesiegel versehen.

Erweiterungen gibt es zum Beispiel in den folgenden Kategorien:

- Templates
- Administration des Shop-Systems
- Auswertungen
- Bezahlung
- Internationalisierung des Online-Shops
- Werbung und Marketing
- Import und Export von Daten aus dem Shop-System
- Sonstiges

Zukunftsfähigkeit. Hinter unseren drei Anbietern Magento, OXID eShop und Shopware steht jeweils eine Firma mit einem wirtschaftlichen Zweck. Es ist also – gerade bei Magento, das inzwischen zum Weltkonzern eBay inc. gehört – nicht davon auszugehen, dass die Unterstützung für die jeweilige Open-Source-Software kurz- oder mittelfristig eingestellt wird.

Ganz im Gegenteil: Die Verbreitung der eigenen Open-Source-Lösung stellt für die Anbieter – obwohl sie kostenlos erhältlich ist – ein wichtiges Standbein für den eigenen wirtschaftlichen Erfolg dar. Denn gerade erfolgreiche Shops aus dem Open-Source-Bereich können das Interesse für die großen (und kostenpflichtigen) Enterprise-Versionen wecken.

Enterprise-Versionen der Online-Shop-Systeme bieten von Haus aus noch weitere Möglichkeiten, wie zum Beispiel Multi-Server-Installationen oder Shopping-Mall-Funktionen (vergleichbar mit Einkaufszentren finden sich in Shopping-Malls mehrere verschiedene Online-Shops unter einem einzigen technischen Dach). Sie richten sich jedoch eher an sehr große Online-Shop-Projekte, die auf diese Funktionen wirklich angewiesen sind. Im Gegensatz zur Open-Source-Variante sind die Enterprise-Versionen kostenpflichtig. Meist wird zur Software selbst auch noch ein Stundenkontingent für Installation und Support im laufenden Betrieb angeboten.

Die große Entwicklergemeinde der drei Open-Source-Varianten, die durch zahlreiche Stammtische, User-Groups und Community-Days organisiert wird, trägt mit ihren externen Modulen darüber hinaus dazu bei, dass auch die kostenpflichtigen Systeme ständig weiterentwickelt werden.

Von diversen Autoren sind zu den einzelnen Systemen Fachbücher erschienen, die sich allein mit der technischen Weiterentwicklung der Shop-Systeme beschäftigen (unter anderem im O'Reilly-Verlag) und ebenfalls ihren Teil zur Weiterentwicklung beitragen.

Im Vergleich zu Mietshops sind Sie als Shop-Betreiber übrigens nicht unbedingt vom Fortbestand des Software-Anbieters anhängig. Da Sie die Software herunterladen und auf einem eigenen Server installieren, könnte der Anbieter seinen Betrieb auch gänzlich einstellen: Sie wären hiervon zunächst nicht betroffen, da der Shop auf Ihrem eigenen Webserver autark weiterarbeiten könnte.

Gleiches gilt natürlich auch für Ihre E-Commerce-Agentur: Sind Sie auf der Suche nach einem neuen Projektpartner, dürfte es nicht schwierig sein, unter den vielen (zertifizierten) Agenturen neue Berater zu finden.

Nachteile von Open-Source-Software

Obwohl die Open-Source-Online-Shops (mit Ausnahme der Enterprise-Varianten) kostenlos sind, ist der Aufbau eines Online-Shops mit Magento, OXID eShop und Shopware mit einem nicht zu unterschätzenden Programmieraufwand verbunden.

Im Gegensatz zu den Miet-/Kauf-Lösungen können Sie eben nicht einfach loslegen und den Online-Shop mittels einiger weniger Klicks konfigurieren. Neben dem reinen Aussehen des Shop, dem Layout, müssen etliche Optionen angepasst und eingestellt werden.

Die Vielfalt der Funktionen und Möglichkeiten, die die Shop-Systeme bieten, geht auch mit einer Vielzahl an Einstellungen einher, die gemacht werden *müssen*.

Beispiel Versandkosten: Während Sie in Mietshops mitunter nur eine einzige Versand-kostenregeln definieren können (vergleiche Abbildung 2-16), ist die Anzahl der Versand-kostenregeln in Open-Source-Systemen de facto unbegrenzt. Was sie aber auch sein muss. Denn je nach Zielgruppen wollen Sie zum Beispiel Versandkosten für den einfachen und den Express-Versand, für Lieferungen ins In- und Ausland, für End- und Geschäftskunden usw. definieren.

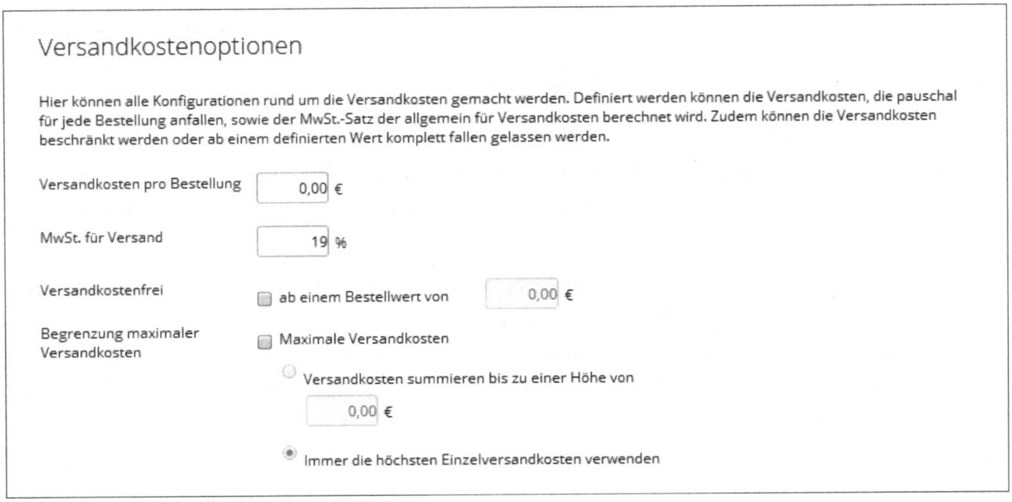

Abbildung 2-16: Versandkostenkonfiguration www.supr.com (Juni 2014)

Die Programmierung (Anpassung, Konfiguration, Layout-Änderungen) und mitunter auch die Optionseinstellungen sind zudem so kompliziert, dass Sie nicht mit einfachen HTML- und PHP-Kenntnissen auskommen werden. Nicht umsonst bieten die Software-hersteller entsprechende Schulungen an, mit denen Agenturen und Dienstleister ihre Pro-grammierer für die einzelnen Shop-Systeme zertifizieren lassen können.

Der gesamte Aufwand für Programmierung, Anpassungen und Konfigurationen (für alle möglichen Optionen) ist nicht zu unterschätzen und geht dementsprechend auch mit einigen Kosten einher.

Pro oder contra Open-Source-Shops?

Pro!!

Für ein erfolgreiches Online-Shop-Projekt werden Sie nicht an einem Open-Source-Sys-tem (oder später einer kostenpflichtigen Enterprise-Version) vorbeikommen.

Online-Shops sind so individuell wie die Kunden, die darin einkaufen sollen. Und sie (die Shops) müssen sich mit der Zeit an immer neue Trends und Vorgaben anpassen können.

Mit Miet-/Kaufshops ist das nicht möglich!

Und welches Shop-System nehme ich nun?

Das entscheidende und wichtigste Argument für oder gegen ein bestimmtes Open-Source-Shop-System ist die Meinung und die Erfahrungswerte Ihrer E-Commerce-Agentur!

Machen Sie nicht den Fehler und kommen Sie mit einer vorgefestigten Meinung zu Ihrem E-Commerce-Partner. Manche Kunden möchten zum Beispiel unbedingt einen Magento-Shop haben. Bei der Frage nach dem Warum wird dann häufig auf die Meinung eines Freundes oder Kollegen verwiesen, der (oft mit gefährlichem Halbwissen ausgestattet), »beraten« hat.

Wenn Sie sich selbst nicht auf Basis sattelfester Argumente für ein System entschieden haben, sollten Sie die Entscheidung vielleicht der Agentur überlassen, mit der Sie am liebsten zusammenarbeiten möchten (vergleiche Unterkapitel »Webdesign- und E-Commerce-Agentur« auf Seite 43).

Betrachten Sie es so: Wenn Sie sich für eine Agentur entscheiden, werden Sie langfristig mit ihr zusammenarbeiten. Sie werden sich in vielen Dingen auf die Erfahrung und Kompetenz Ihres Dienstleisters verlassen. Warum nicht auch bei der Auswahl des Shop-Systems?

Alle genannten Shop-Systeme verfügen über ein Partner- und Zertifizierungsprogramm. Die Partner werden hierbei – je nach Partner-Level – ausführlich vom Anbieter geschult oder müssen entsprechende Kenntnisse nachweisen. Wenn Sie sich also für einen zertifizierten Partner eines Shop-Systems entscheiden, wird er Sie auch entsprechend beraten und in den nächsten Jahren begleiten können.

Er kennt die Stärken und Schwächen »seines« Systems und kann Ihnen wahrscheinlich schon im Erstgespräch sagen, ob alle Funktionen aus Ihrer Wunsch- und Anforderungsliste tatsächlich erfüllt werden.

Im Vordergrund Ihres zukünftigen Online-Shops steht – im Gegensatz zu einer vielleicht emotionsbedingten Entscheidung beim Autokauf – die Meinung (sprich: Kaufbereitschaft) Ihrer Endkunden, also des Käufers im Shop, und nicht Ihre eigene. Und hier sollte in jedem Fall die Funktionalität und die Umsetzbarkeit von Anforderungen im Vordergrund stehen und nicht, als vielleicht einziges Entscheidungskriterium, die Farbgebung im Demoshop oder die Meinung eines Kollegen oder Bekannten. Verlassen Sie sich auf die Aixpertise Ihrer Agentur!

Warenwirtschaft und Versandhandels-Software

Mit steigendem Geschäftserfolg, spätestens jedoch mit der Anbindung Ihres Shops an Verkaufsplattformen wie eBay, Amazon oder Rakuten, wird Ihr Online-Shop zu einem reinen Verkaufskanal »degradiert«.

Im Multi-Channel-Betrieb, also beim Verkauf Ihrer Produkte über verschiedene Plattformen, ist der Shop nicht mehr das Herzstück Ihres E-Commerce-Projekts. Er ist dann nur noch ein Schaufenster, in dem Ihre Kunden sich über Produkte informieren und diese einkaufen können; genauso wie auf allen anderen Plattformen, über die Sie Ihre Produkte vertreiben.

Herzstück des E-Commerce-Projekts ist dann eine Warenwirtschaft oder eine komplexe Versandhandels-Software, die durch einen hohen Automatisierungsgrad die Abläufe von der Bestellung des Endkunden im Shop bis hin zur Rückzahlung des Kaufbetrags nach Abwicklung einer Rücksendung (Retoure) enorm beschleunigen kann.

Was ist ein Warenwirtschaftssystem?

Ein Warenwirtschaftssystem bietet Funktionalitäten für die Bereiche Einkauf, Lagerhaltung und Verkauf.

Im Verkauf erstellt es die notwendigen Versandbelege und Rechnungen, verwaltet die Kundenstammdaten und Bestelldaten und übergibt die Belege an die Buchhaltung.

Im Lager überwacht es die Produktbewegungen nach Lagerentnahme oder Einlagerung, reserviert Artikel nach der Bestellung und übergibt Lagerbestände an den Einkauf.

Im Bereich Einkauf erstellt das Warenwirtschaftssystem Bestellvorschläge, hilft bei der Überprüfung der eingehenden Waren im Lager (Abgleich mit der Bestellung) und unterstützt bei der Inventur.

E-Commerce-spezifische Funktionalitäten, wie zum Beispiel die Abwicklung von Retouren, die Überprüfung von Zahlungseingängen oder der automatisierte Versand von E-Mails an Endkunden gehört in der Regel nicht zum Funktionsumfang. Diese Funktionalitäten grenzen das Warenwirtschaftssystem zur Versandhandels-Software ab.

Zu den möglichen Funktionalitäten von Warenwirtschaft und Versandhandels-Software (siehe Kasten) können gehören:

- Lieferantenverwaltung (Kreditoren)
- Kundenverwaltung (Debitoren)
- Kundenservice
- Belegerstellung (Bestellungen, Rechnungen, Gutschrift, Lieferscheine)
- Auftragsabwicklung
- Finanzfunktionen (Mahnwesen, Berichterstellung, Buchhaltung)
- Lagerverwaltung und Kommissionierung

- Retourenabwicklung
- Zentrale Produktverwaltung

Es gilt folgende Faustregel: Je größer der Funktionsumfang der Software, desto größer ist auch der Automatisierungsgrad. Mit steigendem Automatisierungsgrad sinkt der Aufwand bei der Bearbeitung von Bestellungen und damit auch der Personalbedarf, der in der Regel den größten Kostenfaktor im E-Commerce darstellt.

Software-Anbieter pixi* verspricht durch den Einsatz seiner Software zum Beispiel Personaleinsparungen von bis zu 30% – unsere Erfahrung zeigt, dass das Einsparpotenzial bei Einsatz einer Versandhandelslösung im Vergleich zu einer reinen Warenwirtschaft *deutlich* höher liegt.

In der Praxis können Sie bei der Nutzung einer kompletten Versandhandels-Software mit einer einzigen Vollzeitkraft pro Tag durchaus mehrere hundert Bestellungen abarbeiten, inklusive der kompletten Bestellabwicklung, Zahlungseingangsprüfung, Kommissionierung der Bestellung im Lager, Verpackung und Versand der Bestellung.

Die Übersicht in der Tabelle 2-12 zeigt, welche Vorgänge im Vergleich zu einer einfachen Online-Shop-Installation von der Warenwirtschaft oder Versandhandels-Software automatisch übernommen werden können.

Eine vollständige Versandhandels-Software spielt ihre Stärken insbesondere in den Bereichen aus, die mit dem eigentlichen Kaufvorgang im Online-Shop nicht in erster Linie etwas zu tun haben, und nimmt Ihnen damit viel Arbeit ab.

Jeder Vorgang, der sich automatisieren lässt, beschleunigt die Versandabwicklung. Nur so ist es auch bei einem höheren Versandvolumen möglich, den Überblick über alle Vorgänge zu behalten, fehlerfrei zu versenden und eine Lieferung innerhalb kürzester Zeit zu ermöglichen.

Tabelle 2-12: Manuelle oder automatische Bearbeitung von Vorgängen mit und ohne Versandhandels-Software

Vorgang	Ohne Versandhandels-Software/WaWi	Mit Versandhandels-Software/WaWi
Bestelleingang mit Mail bestätigen	✓	✓
Zahlungseingang automatisch prüfen	(✓)	✓
Zahlungseingang mit Mail bestätigen		✓
Bestellung zur Kommissionierung freigeben		✓
Pickliste erstellen	(✓)	✓
Artikel aus dem Lagerbestand nehmen und Lagerbestand im Online-Shop angleichen		✓
Rechnung erstellen	✓	✓
Lieferschein erstellen	✓	✓
Versandetikett erstellen	(✓)	✓
Retoureneingang per Mail bestätigen		✓

Vorgang	Ohne Versandhandels-Software/WaWi	Mit Versandhandels-Software/WaWi
Artikel dem Lagerbestand hinzufügen und Lagerbestand im Online-Shop angleichen		✓
Retourengutschrift erstellen		✓
Retourenbetrag erstatten		✓
Retourenbestätigung und Gutschriftbeleg per Mail versenden		✓

Zwei Softwareprodukte als Beispiel

Aktuell tummeln sich über 50 Anbieter auf dem Markt der Warenwirtschaftssysteme und Versandhandelssoftware. Nicht alle haben ihren Ursprung im Versandhandel, oft wurden E-Commerce-Funktionen erst nachträglich hinzugefügt.

Der Funktionsumfang der erhältlichen Produkte ist dabei enorm unterschiedlich und vielfältig. Entsprechend Ihrer individuellen Anforderungen und Ihres Vertriebsmodells sollten Sie sich von Ihrer Agentur beraten lassen, welche Funktionalitäten in Ihrem Anwendungsfall wirklich benötigt werden und welche Software mit Ihrem Online-Shop-System tatsächlich harmoniert.

Hilfreich ist es natürlich, wenn Ihre Agentur bereits mit dem ein oder anderen System selbst Erfahrung gesammelt oder sich sogar auf eine Software spezialisiert hat.

Beispielhaft stellen wir hier zwei Software-Produkte vor, die in den letzten Jahren in vielen kleinen und großen Online-Shops zum Einsatz gekommen sind:

- JTL-WaWi und JTL-WMS *(www.jtl-software.de)*
- pixi* *(www.pixi.eu)*

Beide Produkte haben Ihren Ursprung im E-Commerce und setzen nicht, wie viele andere Software-Produkte, auf bestehende Warenwirtschaftssysteme auf, die eigentlich für den Offline-Handel entwickelt worden sind.

Die vorgestellten Produkte umfassen dabei originäre E-Commerce-Funktionalitäten wie zum Beispiel den Multi-Channel-Vertrieb.

JTL-WaWi und JTL-WMS

Der Ursprung der Warenwirtschaft der Hückelhovener Software-Schmiede JTL-Software liegt in der Entwicklung einer direkten eBay-Schnittstelle mit Namen »EazyAuction«, die heute noch ein Kernstück der Warenwirtschaft bildet.

In den letzten Jahren hat sich der Fokus noch weiter auf den Online-Handel verschoben. Mit »JTL-Shop3« bietet der Hersteller sogar eine eigene Shop-Software an (siehe Unterkapitel »Auswahl des Shop-Systems« auf Seite 55), die mit der Warenwirtschaft verknüpft werden kann.

JTL-WaWi richtet sich an kleine und mittelgroße Onlinehändler mit einem Versandvolumen von bis zu einigen hundert Bestellungen am Tag.

Zusammen mit dem Lagerverwaltungsmodul JTL-WMS, das die Funktionalitäten für die Lagerhaltung, Kommissionierung und den Versand am Packtisch zur Verfügung stellt, deckt die Software rund die Hälfte aller Funktionalitäten ab, die für den vollautomatisierten Online-Handel benötigt werden.

Durch Zusatzmodule externer Entwickler lässt sich das System um Funktionen ergänzen, die von Haus aus nicht Teil des Programms sind. Dazu gehören zum Beispiel eine Anbindung an DATEV oder eine lagerseitige Retourenabwicklung.

Die direkte Anbindung der JTL-Software an die Verkaufsplattformen eBay und Amazon zählt zu den großen Stärken. Nach Aussage des Herstellers wickelt JTL-EazyAuction über 5% aller eBay-Verkäufe (etwa jede 20. Bestellung) in Deutschland ab. Und auch die Verknüpfung mit allen gängigen Versanddienstleistern mit Ausdruck von Versandlabels und Einlieferungslisten ist gewährleistet.

Als Warenwirtschaftssystem fehlen JTL-WaWi jedoch einige Funktionen, die das System abrunden und zu einer vollständigen Versandhandels-Lösung werden lassen. So fehlt zum Beispiel der komplette Bereich der Finanzbuchhaltung.

Weder ist die automatische Zuordnung eingehender Zahlungen zu Bestellungen oder die automatische Erstattung von Rückzahlungen nach Retouren möglich, noch ist die direkte Übergabe in Buchhaltungssysteme oder zum Steuerberater enthalten. Beides ist für die mittelfristige Zukunft aber geplant.

Den fehlenden Funktionen gegenüber steht der günstige Preis. Die Warenwirtschaft selbst ist kostenfrei, das Modul JTL-WMS wird basierend auf der Anzahl der gleichzeitig angemeldeten Benutzer ab 100 € pro Monat und ab zwei Benutzern kostenpflichtig angeboten. Als Einzelplatzlizenz ist auch dieses Modul kostenfrei.

Im Vergleich zu pixi* ist die JTL-Software ein echtes Schnäppchen in der Anschaffung, wenn man außer Acht lässt, dass die Integration der Software in die bestehende Shop-Umgebung oder die Erstinstallation und Inbetriebnahme selbst vorgenommen werden muss. Hier bietet der Hersteller nur eingeschränkte Unterstützung.

Benötigte Hardware, wie zum Beispiel Labeldrucker oder mobile Datenerfassungsgeräte (MDE) für die Lagerhaltung und Kommissionierung der eingegangenen Bestellungen, müssen natürlich auch noch extra angeschafft werden.

JTL-Software entwickelt das System nach eigener Aussage beständig weiter. So folgen Ende 2014 weitere Funktionalitäten, und die Schnittstellen zu den Shop-Systemen Magento, Oxid und Shopware sollen das Beta-Stadium verlassen.

pixi*

pixi* richtet sich als komplexe Versandhandels-Software an »Online Pure Player«, also an Händler, die ausschließlich online unterwegs sind, sowie an Händler und Markenherstel-

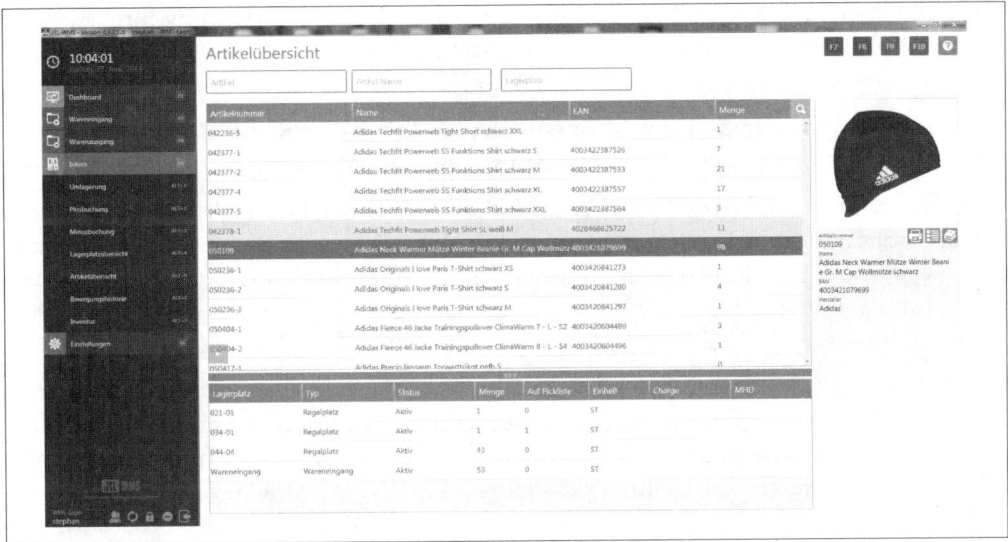

Abbildung 2-17: Artikelübersicht in JTL-WaWi, www.jtl-software.de

ler. Trotzdem ist in der Software des Münchener Herstellers pixi Software GmbH auch ein POS-Kassensystem (POS: Point-of-Sale) für den Einzelhandel oder Lagerverkauf und eine Verwaltung mehrerer Lager (auch an unterschiedlichen Standorten) enthalten. Es eignet sich also durchaus für die Nutzung im Online- und Offline-Handel, seine Stärken spielt das System aber ganz klar im E-Commerce aus.

Im nachfolgenden Praxisbeispiel zeigen wir unter anderem den »Retouren-Wizard«, der eine sehr schnelle Bearbeitung von Rücksendungen ermöglicht, und das Modul Kundenservice, mit dem vollautomatisiert die komplette Kommunikation mit den Shop-Kunden abgewickelt wird.

Im Gegensatz zu JTL-WaWi werden die Produktdaten nicht in pixi* gepflegt, sondern auf den jeweiligen Verkaufsplattformen. Im schlimmsten Fall müssen neue Produkte im Online-Shop, bei Amazon und eBay einzeln eingepflegt werden, während die Aufgabe der Verteilung der Produktdaten JTL-WaWi für Sie übernimmt und dafür Sorge trägt, dass die Produktbeschreibungen auf allen Plattformen immer gleich lauten.

Ist dies jedoch nicht gewollt, weil Sie zum Beispiel in zwei Shop-Installationen bewusst unterschiedliche Produktbeschreibungen pflegen möchten (oder müssen), können Sie dies (zum jetzigen Zeitpunkt) nicht mit JTL-WaWi/WMS, sondern nur mit pixi* (oder einer anderen Versandhandels-Software) realisieren.

Bei größeren Projekten kann sich der Einsatz sogenannter Middleware, wie zum Beispiel Brickfox, Tradebyte oder auch Afterbuy rentieren. Die Middleware steht als Software zwischen der Versandhandels-Software und den Vertriebskanälen (Onlineshop, Amazon etc.). Als zentrale Anwendung steuert sie die Informationsverteilung auf den jeweiligen Plattformen und verwaltet zum Beispiel Artikeldaten, Produktbeschreibungen und -bilder sowie die unterschiedlichen Verkaufspreise.

Auch hier ist bei der Auswahl der richtigen Software wieder die Erfahrung Ihrer Agentur gefragt: Welche Funktionen sind für Ihr Geschäftsmodell wichtig und welche davon können mit welcher Software abgedeckt werden?

Wie auch JTL-WaWi und JTL-WMS lässt sich pixi* durch eine Reihe Module und Erweiterungen externer Entwickler, hier »pixi Apps« genannt, ergänzen.

Erwähnenswert ist die kleine App »Versandsiegel«. pixi* analysiert täglich die Versanddaten des Shops und ermittelt die durchschnittliche Versanddauer. Sie kann dann als zusätzliches Siegel (siehe Abschnitt »Bewertungen« auf Seite 433) in den Online-Shop integriert werden. Da die Versandgeschwindigkeit einen deutlichen Einfluss auf die Kaufentscheidung hat, kann sich die Einbindung dieses Siegels positiv auf den Umsatz auswirken.

Preislich richtet sich die Software nicht unbedingt an Einsteiger, sondern eher an professionelle Shop-Betreiber, die vor einer entsprechenden Investition nicht zurückschrecken. Eine durchschnittliche pixi*-Installation mit zwei parallel arbeitenden Benutzern kann inklusive Hardware mit Anschaffungskosten von 15.000 bis 20.000 € zu Buche schlagen. Die monatlichen Kosten belaufen sich – auch hier ist der Preis abhängig von der Benutzerzahl – auf einen niedrigen bis mittleren dreistelligen Betrag.

Wichtig zu wissen: In den Kosten ist die Installation, Schulung und komplette Inbetriebnahme durch Techniker bei Ihnen vor Ort bereits enthalten.

Während der Implementierungsphase erhalten Sie je nach Aufwand zwei bis drei Tage Besuch von einem pixi*-Spezialisten, der die vollständige Inbetriebnahme inklusive Schulung für Sie und Ihre Mitarbeiter übernimmt. Nach der sehr kurzen Implementierungsphase können Sie im Grunde direkt und ohne weitere Vorkenntnisse produktiv mit der Versandhandels-Software arbeiten.

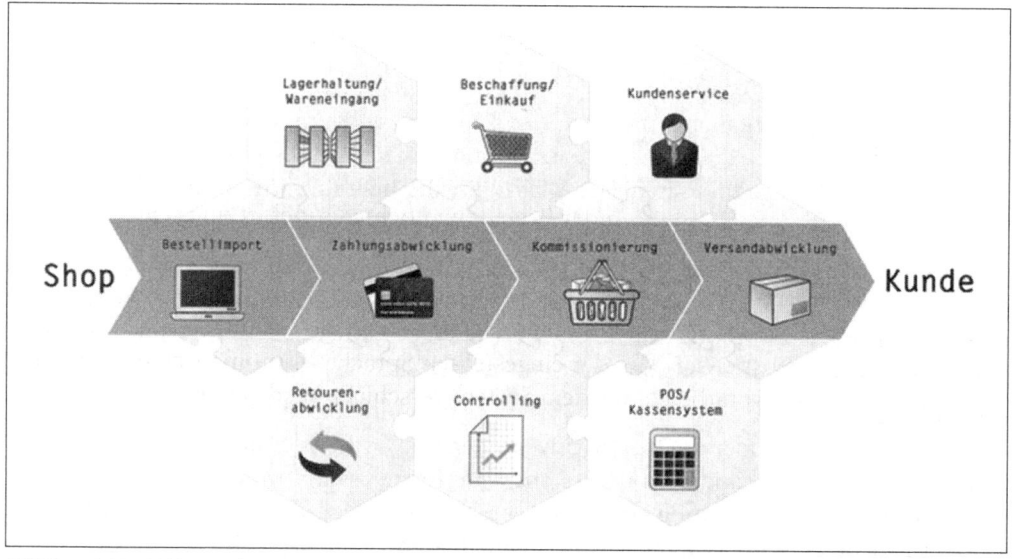

Abbildung 2-18: pixi* Prozessübersicht

Praxisbeispiel: Kundenservice mit einer Versandhandels-Software

Im folgenden Beispiel zeigen wir den Ablauf einer Bestellung, die mit einer Versandhandels-Software bearbeitet wird. Die einzelnen Schritte sind mit den Screenshots aus pixi* illustriert. Die Funktionsweise anderer Software-Produkte ist ähnlich.

Eingehende Bestellung

Die Daten aller eingehenden Bestellungen aus allen angeschlossenen Online-Shops und von allen Verkaufsplattformen (zum Beispiel Amazon oder Rakuten) werden im Kundenservice zusammengefasst und können dort eingesehen und gegebenenfalls korrigiert werden.

Sind alle Waren auf Lager und ist die Zahlung des Kunden durch den Zahlungsdienstleister geklärt, wird der Auftrag automatisch und ohne manuelles Eingreifen für den Versand freigegeben. Im Idealfall kommt man als Shopbetreiber also erst bei der Kommissionierung der Ware mit der Bestellung in Berührung.

Kunden werden im Modul Kundenservice anhand ihrer Stammdaten identifiziert. Als eindeutiges Kennzeichen wird die E-Mail-Adresse oder die Bestellnummer aus dem Shop genutzt. Bestellt ein Kunde in verschiedenen Shops unter der gleichen Mailadresse, wird er im Kundencenter nur einmal angelegt.

Die Abbildung 2-19 zeigt die Detailansicht unserer Musterbestellung. Hier werden alle Daten, die der Kunde bei dieser oder vorherigen Bestellungen eingegeben hat, aufgeführt.

Mittels der Kaufhistorie kann eingesehen werden, welche Produkte der Kunde bisher gekauft oder zurückgeschickt hat. So lassen sich zum Beispiel Dauer-Retournierer oder Kunden mit offenen Rechnungen schnell identifizieren und bei Bedarf auch sperren.

Automatische Versandsperren kommen zum Beispiel zum Tragen, wenn Kunden einen Hinweis in das Kommentarfeld bei der Bestellung eingegeben haben.

Bestellungen werden im Fall einer manuellen oder automatischen Kundensperre erst dann für den Versand freigegeben, wenn ein Mitarbeiter im Kundenservice die Bestellung manuell geprüft hat.

In der Kundenservice-Maske können Bestellungen nachträglich geändert und angepasst werden, wenn der Kunde sich nach der Bestellung nochmals meldet und seine Bestellung inhaltlich ändern, ergänzen oder stornieren möchte.

Über alle auf die Bestellung bezogenen Aktionen erhält er dann eine entsprechende Bestätigungsmail, die auf Basis von individuellen Mailvorlagen – zum Beispiel für abhängig vom Logistikdienstleister oder der eingestellten Sprache – automatisch oder manuell vom Kundenservice-Mitarbeiter aus dem System verschickt werden können.

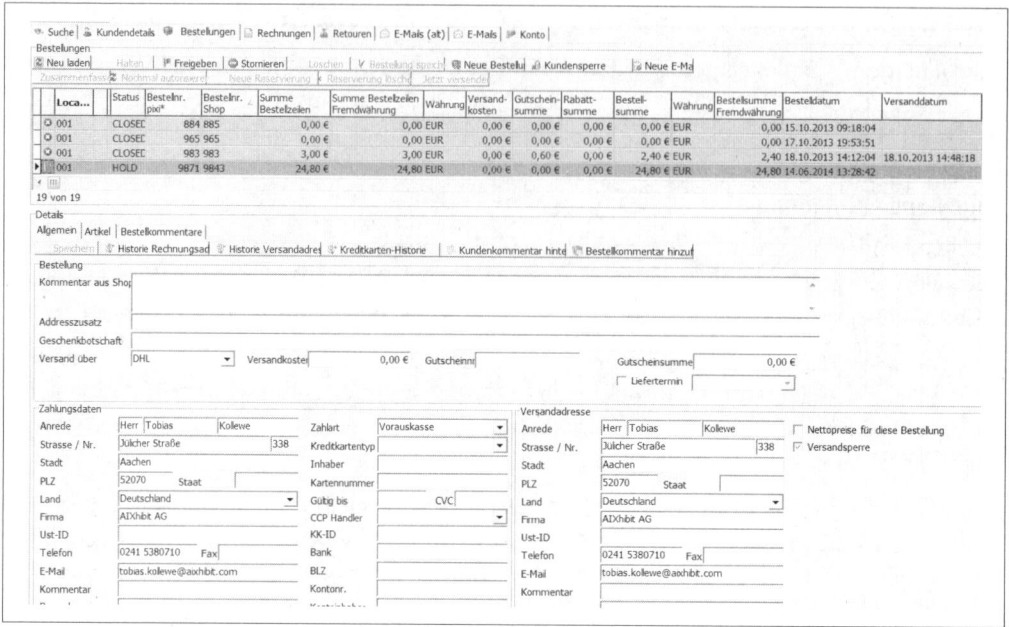

Abbildung 2-19: Überprüfung der eingehenden Bestellung

Finanzstatus des Kunden

Innerhalb des Kundenservices lässt sich der Finanzstatus des Kunden bezogen auf seine Einkäufe in Ihrem Shop überprüfen. Wichtig: Damit ist keine Bonitätsprüfung des Kunden durch Scoring-Verfahren oder SCHUFA-Auskunft gemeint.

Der interne Status des Kunden ist dann wichtig, wenn der Kunde wegen einer offenen Rechnung für weitere Bestellungen gesperrt wird oder wenn er nach einer manuellen Gutschrift eine Erstattung erhalten soll.

Grundsätzlich werden systemseitig alle Zahlungen automatisch verbucht und abgewickelt. Eingehende Zahlungen über die im Online-Shop angeschlossenen Zahlungssysteme werden automatisch der richtigen Bestellung zugeordnet, Gutschriften werden automatisch auf das bekannte Zahlungssystem erstattet.

Soweit das Kundenkonto nicht ausgeglichen ist, zum Beispiel, weil der Kunde zu viel überwiesen oder eine Gutschrift erhalten hat, empfiehlt die Software eine Erstattung oder weist deutlich auf das nicht ausgeglichene Kundenkonto hin, sodass er für weitere Lieferungen gesperrt werden kann.

Alle Buchungen werden im Bereich Kundenservice revisionssicher dokumentiert.

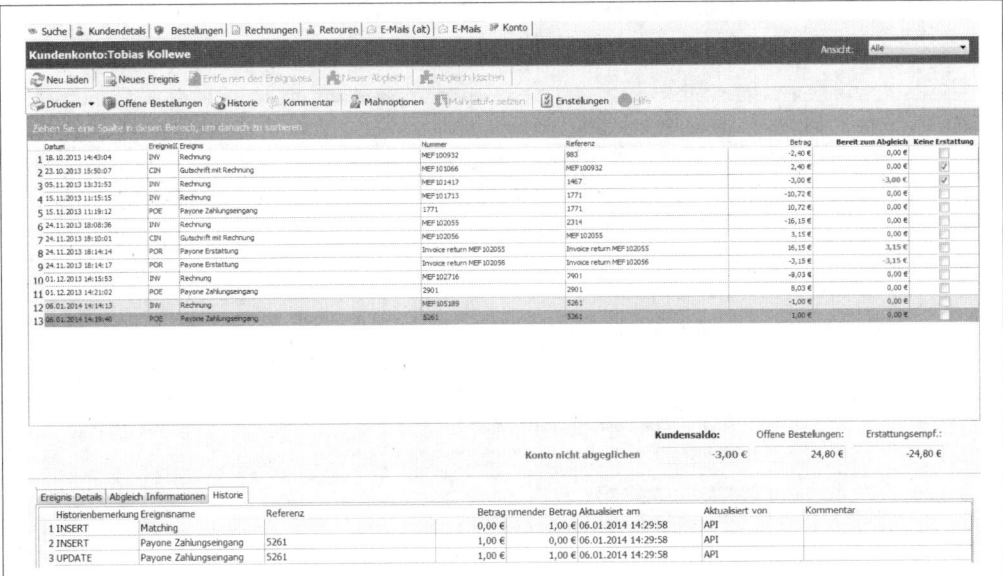

Abbildung 2-20: Finanzstatus des Kunden

E-Mail-Center

Im E-Mail-Center werden alle automatisch und manuell über pixi* verschickten Mails gespeichert. Zu den automatischen Mails gehören zum Beispiel:

- Bestätigung über den Bestelleingang (wenn sie nicht vom Online-Shop verschickt werden)
- Bestätigung über den Zahlungseingang
- Zahlungserinnerungen bei Vorkasseüberweisungen
- Stornierungsbestätigung (manuelle oder automatische Stornierungen)
- Bestätigungen über Verpackung und Versand (inklusive Trackingnummer des Versanddienstleisters)
- Bestätigung über Retoureneingang
- Gutschriftbestätigung nach Retourenbearbeitung

Alle bereits versandten Mails können hier nachgelesen oder gegebenenfalls auch neu verschickt werden. Bei Bedarf kann der Mitarbeiter im Kundenservice auch manuell E-Mails erstellen und verschicken. Sie werden ebenfalls im System gespeichert und können zum Beispiel auch von seinen Kollegen eingesehen werden.

Retouren-Bearbeitung

Eingehende Retouren können nach der Prüfung im Wareneingang ebenfalls im Modul »Kundenservice« bearbeitet werden.

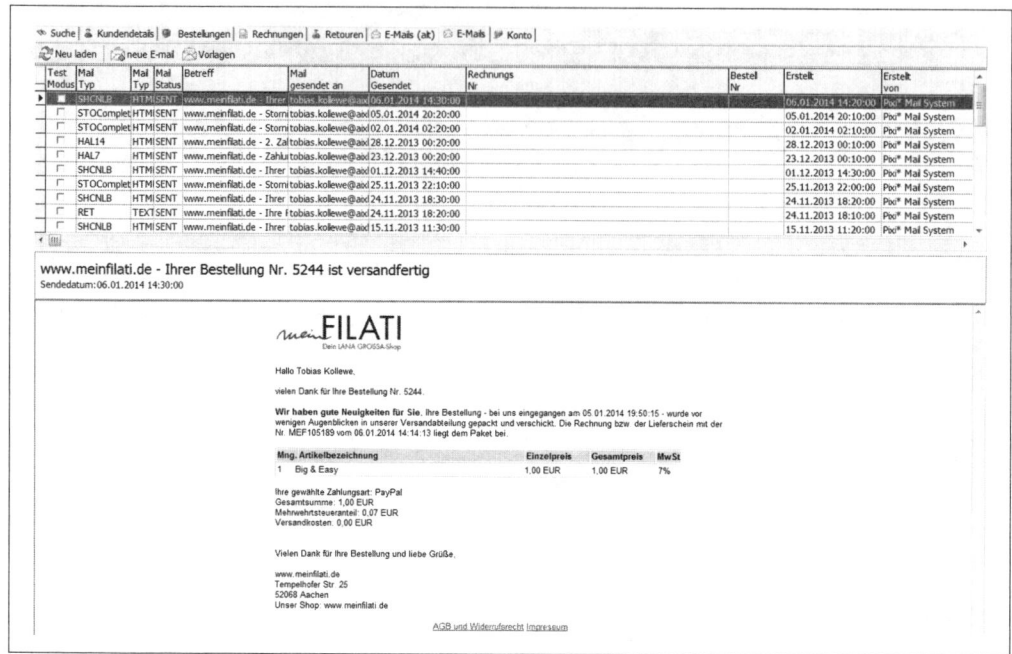

Abbildung 2-21: E-Mail-Center

Die Retourengründe werden dabei in der Software erfasst, so dass auch eine softwareseitige Auswertung der Retourengründe ermöglicht wird. Zur Erfassung der Gründe für die Rücksendung können sie vom Kunden auf dem Retourenschein (siehe Kapitel 3, *Retouren-Management,* auf Seite 222) angegeben werden.

Wichtig ist, dass nicht nur die gesamte Bestellung erstattet werden kann, sondern auch Teilbeträge. Vom Erstattungsbetrag wird ein eventuell gewährter Rabatt genauso abgezogen wie zum Beispiel Versandkosten, die nicht erstattet werden sollen. Der Mitarbeiter im Kundenservice kann die Erstattungshöhe selbst eintragen, um etwa einen Kulanzrabatt zu gewähren oder von der Software berechnen lassen.

Soweit sich die Daten des Kunden geändert haben (Zahlungs- oder Adressdaten), können sie gleichzeitig angepasst werden und werden dann bei kommenden Bestellungen automatisch wieder berücksichtigt.

Soweit erforderlich, kann neben der Gutschrift ein manueller Retourenbericht erstellt werden, der gegebenenfalls im Lager für die Wiedereinlagerung der Artikel verwendet wird.

Nach der Einlagerung der retournierten Produkte wird der geänderte Lagerbestand natürlich innerhalb weniger Minuten im Online-Shop und in den angeschlossenen Verkaufsplattformen aktualisiert, so dass die zurückgenommenen Artikel wieder zum Verkauf zur Verfügung stehen.

Nach Abschluss der Retourenabwicklung wird der zu erstattende Betrag an den Kunden überwiesen (oder zum Beispiel auf dem PayPal-Konto des Kunden gutgeschrieben).

Zusätzlich erhält der Kunde eine Mail mit der Bestätigung über die erfolgte Bearbeitung seiner Rücksendung zugeschickt.

Gerade in Online-Shops mit hohen Retourenquoten, wie etwa im Modebereich, erspart die Automatisierung viel Zeit. Für einen geübten Sachbearbeiter nimmt der ganze Prozess der Erstattung kaum mehr als zwei Minuten pro Vorgang in Anspruch, inklusive der Anweisung der Gutschrift.

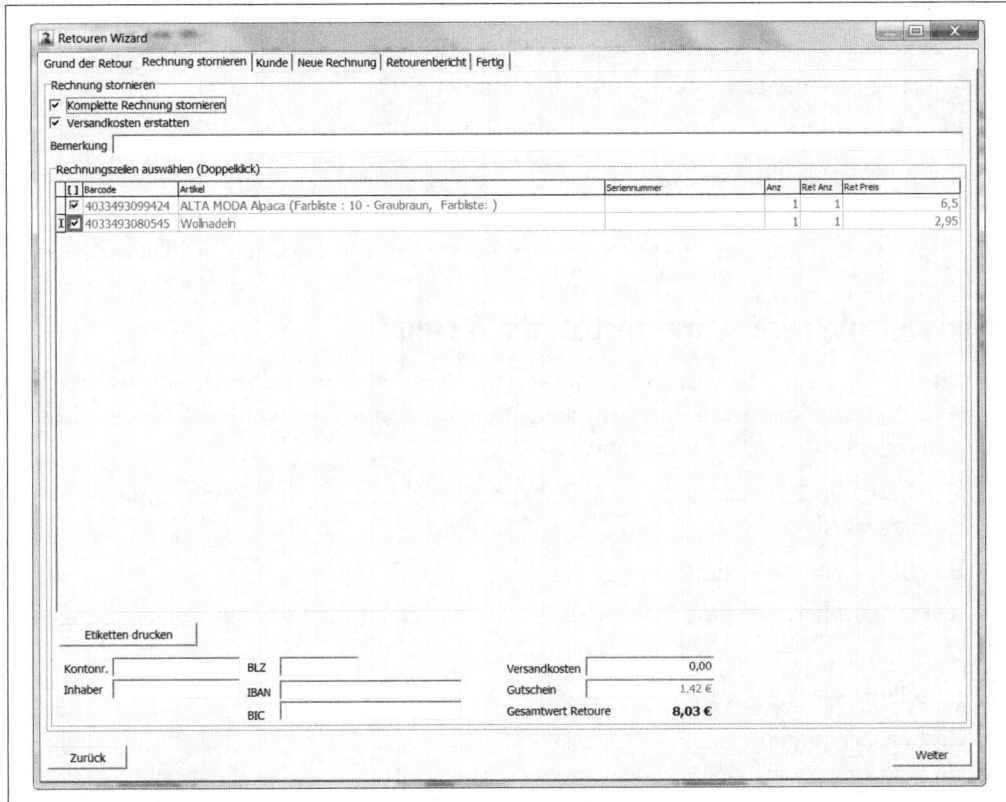

Abbildung 2-22: Retouren-Erstattung

Weitere Module

Neben den oben genannten Modulen stehen je nach Software noch viele weitere Programmteile zur Verfügung, die den Ablauf im Versandhandel unterstützen können.

Exemplarisch sei hier das Modul »Einkauf« genannt, das auf Basis der Verkaufszahlen und rechtzeitig, bevor ein Artikel nicht mehr verfügbar ist, Einkaufsvorschläge unterbreitet.

Vollautomatisiert können diese Vorschläge auch direkt an den Lieferanten verschickt werden. Bei der Einlagerung der eingehenden Ware kann dann, ebenfalls automatisch, geprüft werden, ob die Artikel auch in der Anzahl und Variante richtig und rechtzeitig geliefert wurden.

Gerade in der Kompatibilität zu den verschiedenen Shop-Systemen liegt eine der großen pixi*-Stärken.

Erweiterungen und Module

- Zahlungswesen (SEPA-Lastschrift, Gutschrift, HBCI- und Paypal-Anbindung, Mahnwesen)
- Einkauf, Disposition und Wareneingang
- Lager- und Inventurmodul
- Versand-Modul mit Live-Shopping-Funktionen
- POS-Kassenmodul
- Fulfillment-Modul
- API-Schnittstellen-Modul (SOAP- und REST-API) mit SDK-Entwicklungstool
- Apps Marketplace mit Modulen u.a. für diverse externe Anbieter und Dienstleister

Praxisbeispiel: Software-gestützter Versand

Ihre große Stärke (neben dem Kundenservice) spielen Versandhandels-Software-Produkte im Versand aus. Der komplette Vorgang wird von der Software geleitet, so dass es fast unmöglich ist, hier Fehler zu machen.

Der Versandvorgang umfasst die folgenden Arbeitsschritte, die in diesem Kapitel einzeln beschrieben werden:

- Erstellung von Picklisten
- Kommissionierung (Zusammenstellung) der Artikel für eingegangene Bestellungen
- Verteilung der Artikel auf Versandboxen
- Erstellung von Rechnung und Lieferschein
- Packen der Ware
- Erstellung des Versandetiketts

Ein typisches Lager teilt sich in drei Bereiche auf:

- Warenlager
- Pickzone
- Packplatz/-straße

Warenlager

Das Warenlager umfasst die gesamte Lager- und Verkehrsfläche. Hier werden alle Produkte gelagert, die im Online-Shop verkauft werden.

Die Mitarbeiter im Lager sind hier unterwegs, um die Artikel der eingegangenen Bestellungen mittels der Picklisten zu kommissionieren. Je nach Ausstattung erfolgt das Einsammeln der Artikel mit einem Kommissionierwagen (es funktioniert auch ein Einkaufswagen, den Sie im nächsten Supermarkt für 1 € ausleihen können) oder einem Hubwagen/Gabelstapler; in der großen Variante (Hochregallager) fährt auch ein Aufzug durch die Regale.

Die Lagerplätze sind dabei eindeutig gekennzeichnet. Jeder Gang wird zum Beispiel mit einem Buchstaben (A bis Z), jedes Regal in jedem Gang mit einer Ziffer (1 ganz vorne, x ganz hinten), jedes Fach im Regal wieder mit Buchstaben (A ganz oben, Z ganz unten) gekennzeichnet. So ergibt sich für jeden Lagerplatz eine eindeutige Bezeichnung.

Der Lagerplatz »F-7-C« kennzeichnet zum Beispiel den siebten Gang (»F«), dort das siebte Regal (»7«) und das dritte Fach von oben (»C«).

Optional führt ein LED-System die Mitarbeiter durch das Lager: Lagerplätze mit zu entnehmenden Waren blinken, weitere LED an den Regalen zeigen an, welche Regale und Regalreihen übersprungen werden können, um die Laufwege weiter zu optimieren und Zeit zu sparen.

Abbildung 2-23: Lager eines Online-Shops mit Regalbeschriftung

Pickzone

In der Pickzone werden die eingesammelten Artikel auf Versandboxen verteilt. Jede (deutlich nummerierte) Versandbox steht dabei für eine Bestellung, die am Packplatz beziehungsweise in der Packstraße versandfertig gemacht wird (siehe Abbildung 2-25).

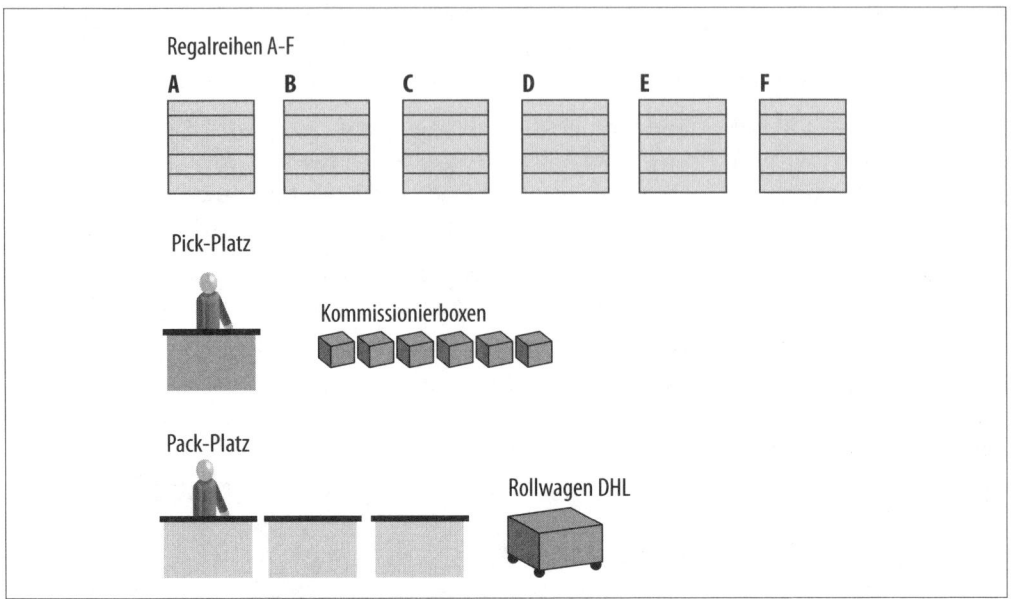

Abbildung 2-24: Schematische Darstellung des Lageraufbaus

Abbildung 2-25: Nummerierte Versandboxen in der Pickzone

Zusätzlich steht an der Pickzone ein PC mit einem Barcode-Scanner und einem Drucker, mit deren Hilfe die kommissionierten Artikel auf die Versandboxen verteilt werden.

In unserem Beispiel gehen wird davon aus, dass einzelne Artikel nicht größer als ein Schuhkarton sind. Größere oder sehr kleine Artikel werden natürlich anders gelagert und zusammengestellt. Hier ist bei der Lagereinrichtung und im Versandvorgang entsprechend anders vorzugehen.

Packplatz/Packstraße

Am Packplatz stehen alle Packmaterialien und Zugaben (Retourenschein, Gutscheine, Gummibärchen, etc.), die für den Versand der Bestellungen benötigt werden.

Hardware-technisch werden am Packplatz ein PC mit Barcode-Scanner und ein Drucker für zusätzliche Versanddokumente (zum Beispiel Zoll- und Ausfuhrerklärungen) sowie ein spezieller Labeldrucker für den Druck der Versandetiketten benötigt.

In kleineren Shops werden die Pakete manuell verschlossen, in größeren Online-Shops erfolgt selbst das Schließen der Pakete automatisch.

Das Foto zeigt eine Packstraße mit mehreren Packplätzen und einer Gesamtlänge von rund 70 Metern. Am Anfang der Packstraße werden alle Artikel und Zugaben in die Kartons gelegt. In der Abbildung 2-26 sieht man die unterschiedlich großen Kartons, die entsprechend der Menge der zu verschickenden Artikeln ausgewählt werden.

Die offenen Kartons werden auf dem Laufband automatisch weiter bis zum Ende befördert, an dem ein LKW auf die Verladung wartet.

Auf dem zurückgelegten Weg werden die Kartons von Maschinen automatisch verschlossen, verklebt und mit Umreifungsband zusätzlich gesichert.

Picklisten und Kommissionierung

Picklisten fassen alle Artikel aus den eingegangenen Bestellungen zusammen. Sie unterstützen den Picker (englisch: to pick = aufnehmen, aus dem Regal nehmen) dabei, die bestellten Artikel aus dem Lager zu holen.

Die abgebildete Pickliste fasst 13 verschiedene Artikel aus 9 Bestellungen zusammen. Für den Picker ist es dabei egal, ob der Artikel aus Zeile 4 (Lagerplatz: F-7-C, Anzahl: 6) für eine einzelne Bestellung eingesammelt oder auf mehrere Bestellungen verteilt wird. Er muss sich über diesen Vorgang keinerlei Gedanken machen.

Die in Spalte 1 angegebenen Lagerplätze sind für die Laufwege optimiert. Der Picker kann in der auf der Pickliste vorgegebenen Reihenfolge durch das Lager gehen und kommt dabei an keinem Regal mehr als einmal vorbei. In der Praxis wird die Pickliste auf einem an einem Einkaufswagen befestigten Klemmbrett durch das Lager geschoben. Picklisten können nach individuellen Profilen zusammengestellt werden. Je nach Anwendungsfall können sie beispielsweise nur Express-Bestellungen umfassen oder entsprechend der individuellen Leistung des Pickers 5 oder 30 Bestellungen auf einmal.

Abbildung 2-26: Professionelle Packstraße mit mehreren Versandplätzen

Der Picker muss am entsprechenden Lagerplatz lediglich die richtige Menge des einzelnen Artikels in seinen Einkaufswagen legen. Nimmt er eine falsche Menge oder ein falsches Produkt aus dem Regal, wird ihn die Software bei der Verteilung der Artikel auf die Versandboxen darauf hinweisen.

Pickliste Nr.   **2872**   Erstelldatum   14.06.2014 16:36:04   ‖‖‖‖‖‖‖‖‖‖‖‖   Erstellt von:
Läuft aus   15.06.2014 16:36:04   PIC2872   admin
1 of 1

Lagerplatz		Mng.	ItemNrInt	Artikelname
A-2-C	*	6	-36	4033493149303 SECONDO (Farbliste: 61 - Hellgrau)
C-4-B	*	1	1800051	4033493139502 FELTRO (Farbliste: 51 - Grege)
E-2-B	*	1	0670115	4033493111164 COOL WOOL melange (Farbliste: 115 - Taupe)
F-7-C	*	6	-16	4033493136877 ARIA (Farbliste: 16 - Blassgrün)
H-4-D	*	2	-14	4033493135597 DACAPO (Farbliste: 14 - Smaragd)
H-1-E	*	2	6190010	4033493152464 ARGENTINA (Farbliste: 10 - Blau/Petrol/Silber)
J-3-A	*	4	8040011	4033493110259 LACE Lux (Farbliste: 11 - Hellgrau meliert)
I-5-A	*	8	-2	4033493075817 SECONDO (Farbliste: 9 - Taupe)
J-7-C	*	6	-16	4033493118231 SECONDO (Farbliste: 40 - Anthrazit)
K-7-A	*	2	-22	4033493149792 DACAPO (Farbliste: 23 - Zitrusgelb)
L-2-C	*	1	1800004	4033493073318 FELTRO (Farbliste: 4 - Dunkelgrau meliert)
KOPF C-D	*	1		4191635106000 Filati Infanti 8
KOPF I-J	*	1		4033493156554 Filati Magazin 47

Abbildung 2-27: Pickliste

Anstatt die Pickliste zu nutzen, kann die Kommissionierung der Ware auch mit einem mobilen Datenerfassungsgerät (MDE, siehe Abbildung 2-28) erfolgen. Auf dem Display wird der entsprechende Lagerplatz angezeigt, an dem der Picker den Artikel einsammeln muss. Hochwertige Datenerfassungsgeräte verfügen über ein Farbdisplay, auf dem ein Bild des zu pickenden Artikels dargestellt wird. Hierdurch kann die Fehlerquote beim Picken weiter gesenkt werden, da der Lagerarbeiter den Artikel im Regal mit der benötigten Variante (zum Beispiel der Farbe) direkt vergleichen kann.

Wenn alle Artikel auf der Pickliste eingesammelt wurden, geht der Picker zum Versandplatz und verteilt die Artikel durch einen Scan des EAN-Barcodes auf die Versandboxen. Damit ist es praktisch ausgeschlossen, Artikel falschen Bestellungen zuzuordnen oder zu viele oder zu wenige Artikel eines Auftrags zu versenden.

Verteilung auf Versandboxen

In der Pickzone nimmt der Picker jeden Artikel wieder aus seinem Einkaufswagen und scannt mit dem Barcode-Scanner die EAN-Nummer des Artikels.

Auf dem Computerbildschirm wird dann angezeigt, in welche Versandbox er den Artikel legen muss, den er gerade in der Hand hält (siehe Abbildung 2-29). Zur Kontrolle ist auch noch einmal aufgeführt, um welchen Artikel es sich handelt.

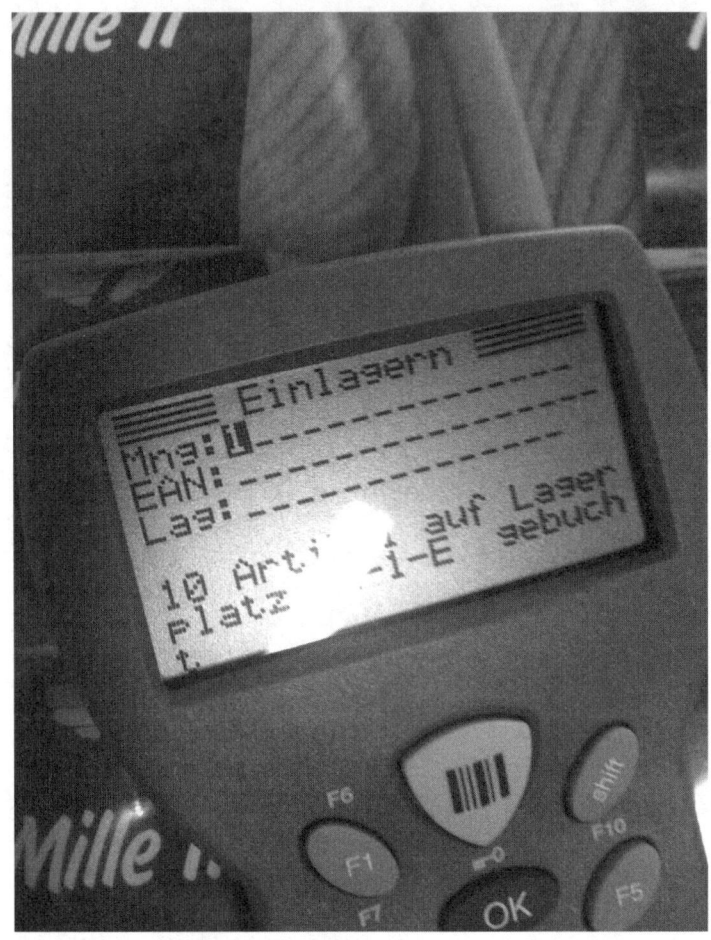

Abbildung 2-28: Mobiles Datenerfassungsgerät

Müssen mehrere gleiche Artikel auf mehrere Versandboxen verteilt werden, weil sie für unterschiedliche Bestellungen gleichzeitig kommissioniert wurden, so wird die jeweils benötigte Anzahl für die entsprechende Versandbox angezeigt.

Scannt der Picker einen falschen Artikel, weil er im Regal danebengegriffen hat, wird eine entsprechende Fehlermeldung ausgegeben.

Sobald alle Artikel, die zu einer Bestellung gehören, eingescannt und in die Versandbox gelegt worden sind, wird über den Drucker die zugehörige Rechnung und gegebenenfalls ein Lieferschein ausgedruckt, die mit in die Versandbox gelegt werden. Für den Picker ist die Bestellung an dieser Stelle abgeschlossen.

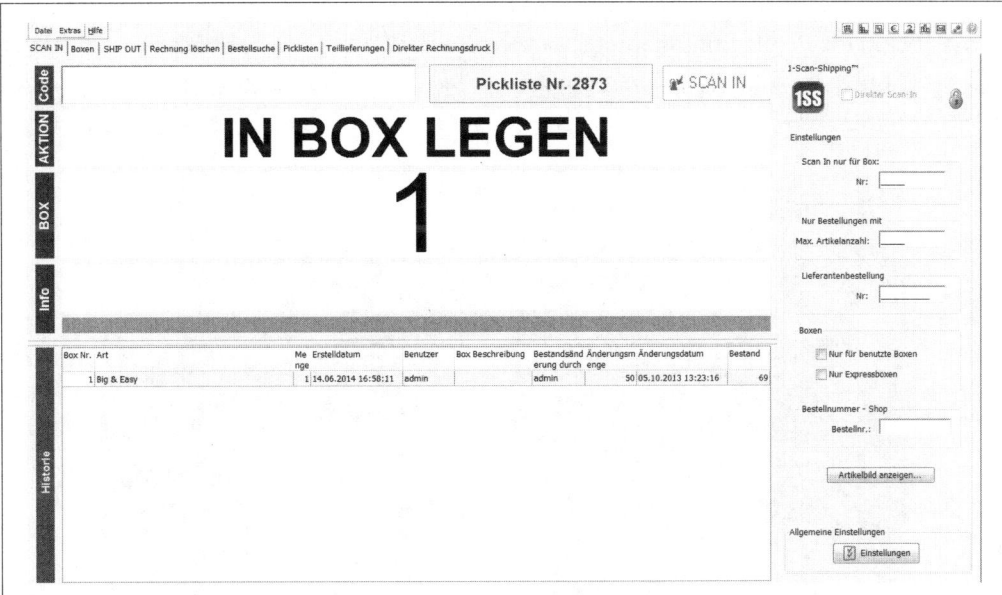

Abbildung 2-29: Anzeige der richtigen Versandbox

Packen und Verschicken

Nachdem der Picker die Versandboxen mit Artikeln und Rechnung/Lieferschein fertigge-stellt hat, nimmt der Packer die komplette Versandbox aus dem Regal und verpackt die darin befindliche Ware zusammen mit den gewünschten Zugaben und dem Retouren-schein in einen passenden Karton.

Die Versandhandels-Software kann zum Beispiel am Monitor auch anzeigen, wenn je nach Versandplattform andere Zugaben verpackt werden sollen. Hat der Käufer zum Bei-spiel über Amazon bestellt, erscheint auf dem Monitor ein Hinweis, dass ein Gutschein für den direkten Einkauf im Shop beigelegt werden soll.

Mit dem am Packplatz vorhandenen Barcode-Scanner scannt er die Rechnungsnummer auf der Rechnung.

Die Versandhandels-Software erstellt nun das für den Versand benötigte Versandetikett. Je nach Bestellvorgang werden automatisch die richtigen Etiketten für unterschiedliche Ver-sanddienstleister oder Portoklassen (Standardversand, Expressversand, Luftfracht etc.) aus-gedruckt.

Erfolgt der Versand in ein außereuropäisches Land, erstellt die Software automatisch auch die benötigten Ausfuhrdokumente und Zollerklärungen.

Wie der Picker muss sich auch der Mitarbeiter am Packplatz nicht weitergehend mit dem Inhalt der Boxen oder mit der Erstellung der richtigen Dokumente befassen. Er muss lediglich darauf achten, dass er jede Versandbox einzeln bearbeitet, um das Vermischen mehrerer Bestellungen zu vermeiden. Davon abgesehen, kann er de facto keinen Fehler machen, da er nur entsprechend der Vorgaben der Versandhandels-Software arbeitet, selbst aber keine (Fehl-)Entscheidungen treffen muss/kann.

Der Versandkarton muss nach dem Verkleben noch an den Versanddienstleister übergeben werden. Unser Foto zeigt einen DHL-Versandcontainer mit den fertig gepackten Paketen.

Abbildung 2-30: Versandcontainer fertig zur Abholung

Fazit

Der Einsatz einer Warenwirtschaft oder einer komplexen Versandhandels-Software kann die Arbeitsabläufe in Ihrem Online-Shop deutlich vereinfachen, den Versand beschleunigen und Fehler minimieren.

Je erfolgreicher Ihr Online-Shop wird oder werden soll, desto eher ist der Einsatz einer entsprechenden Lösung zu empfehlen. Je mehr Bestellungen Sie pro Tag bearbeiten müssen, desto eher droht die Gefahr, dass Sie ohne Software-Unterstützung den Überblick im laufenden Betrieb verlieren.

Ihre persönliche Arbeitskraft sollten Sie lieber auf den Einkauf oder die Produktion der Produkte, die Pflege des Warenbestands im Online-Shop und den Kundenservice konzentrieren.

Stupide Aufgaben wie das Kommissionieren und Verpacken von Sendungen können Sie problemlos an Mitarbeiter und Teilzeitkräfte übertragen. Die Software wird Fehler im Versandprozess weitestgehend verhindern.

Bei der Auswahl der richtigen Software sollten Sie sich unbedingt beraten lassen! Die Software muss auf der einen Seite an Ihre internen Abläufe angepasst oder in diese Abläufe integriert werden können. Und sie muss natürlich auch alle Anforderungen erfüllen, die in Ihrem E-Commerce-Projekt nicht nur aktuell, sondern auch in Zukunft notwendig sind und werden.

Die Beratung sowohl durch Ihre Agentur als auch durch den Software-Hersteller ist dabei unabdingbar, um eine Fehlinvestition zu vermeiden.

Lassen Sie sich in einer Praxisvorführung bei einem bestehenden Online-Händler die Stärken der jeweiligen Software zeigen. Die Software-Hersteller bieten sie zusammen mit Shop-Betreibern meist bundesweit an.

Interview mit Iris Lutz

Iris Lutz verkauft Handstrickgarne in einem Ladengeschäft, im Lagerverkauf, in drei Online-Shops, unter anderem bei *www.meinfilati.de*, und zusätzlich über mehrere Verkaufsplattformen. Der gesamte Ablauf vom Einkauf der Artikel über ihre Einlagerung bis zum Verkauf von Wolle und Nadeln über die verschiedenen Kanäle und zum Retouren-Management wird von einer Versandhandels-Software unterstützt.

Die Versandhandels-Software unterstützt alle Abläufe. Wie hat sich der Alltag als Shop-Betreiber mit Einführung der Software verändert?

Durch den Einsatz der Versandhandels-Software hat sich unser Arbeitsalltag deutlich verändert. Auf der einen Seite müssen wir deutlich weniger Zeit im Lager verbringen, weil die komplette Lagerverwaltung automatisch im Hintergrund erfolgt. Der Wareneingang wird dabei automatisch erfasst, und innerhalb weniger Minuten werden die Lagerbestände in den angeschlossenen Online-Shops und zum Beispiel auch im Amazon Marketplace aktualisiert. Das musste bisher immer manuell eingearbeitet werden.

Der Vorgang funktioniert natürlich auch umgekehrt: Wenn ein Artikel auf einer der Verkaufsplattformen abverkauft wird, wird er automatisch auch aus den anderen Shops entfernt und im Ladengeschäft reserviert. Das erspart jede Menge Arbeit.

Als jährlicher »Bonus« kommt noch die fortlaufende Inventur dazu. Statt mehrere Tage unser Lager zu bewerten, erfolgt die Inventur nun quasi auf Knopfdruck.

Wie sieht die technische Unterstützung im Bestellablauf aus?

Zwei Aspekte sind in unserem Alltag nicht mehr wegzudenken: automatische Mails und Payment.

Die Software verschickt zu jedem Schritt der Bestellung und Lieferung eine Statusmail an den Kunden. Das beginnt bei der Bestellbestätigung und geht von der Zahlungserinnerung bei Vorkasseverzug über die Pack- und Versandbestätigung mit Trackingnummer bis hin zur Erinnerung an die Bewertung bei Amazon oder Trusted Shops. Wir haben die Funktionalität durch die Einbindung der Newsletter-Software MailChimp noch erweitert und versenden zusätzliche Angebote und Erinnerungsmails. Unseren Kunden bieten wir so die größtmögliche Transparenz und haben selbst damit überhaupt keinen Aufwand, weil eben alles automatisch im Hintergrund abläuft.

Im Payment-Bereich können wir Teilretouren und Gutschriften deutlich schneller bearbeiten als bisher. Die Software berechnet automatisch die zu erstattende Summe, erstellt eine Gutschrift, die auch gleich per Mail an die Kundin verschickt wird, und erstattet den Betrag über den gleichen Zahlungsweg, der bei der Bestellung genutzt wurde. Dadurch geht auch die Retourenbearbeitung deutlich schneller.

Welche Vorteile ergeben sich für den Käufer?

Neben der Transparenz durch die Mails, die die Kundin über den Status ihrer Bestellung auf dem Laufenden hält, hat sich vor allem die Versandgeschwindigkeit verändert.

Früher haben wir Pakete in der Regel zwei bis drei Tage nach der Bestellung zum Versand gebracht. Mit dem Software-gestützten Versandprozess, der Fehler bei Lagerbestand, beim Packen und Versenden verhindert und dadurch die vorgegebenen Prozesse deutlich beschleunigt, denken wir inzwischen in anderen Kategorien: über 90% aller Bestellungen, die vor 12 Uhr bei uns eingehen, verlassen unser Lager noch am gleichen Tag, die restlichen Bestellungen werden spätestens am kommenden Vormittag an DHL übergeben.

(Domain-)Namenswahl

Amazon.de, fahrrad.de, zalando.de, jeans-shopping24.de, zooplus.de, lego-shop.de – bei all diesen Internetadressen ist sofort klar, welche Produkte im Online-Shop erhältlich sind. Entweder weil die genutzten Begriffe als Marke deutschland- oder sogar weltweit bekannt sind oder weil die generischen Begriffe (»fahrrad«, »zoo«) einen direkten Rückschluss auf die Produkte zulassen, die in diesen Online-Shops gekauft werden können.

Im Gegensatz dazu werden Sie bei den folgenden Domain-Namen nicht unbedingt sofort erkennen können, welcher Branche der Online-Shop zuzuordnen ist:

- boc24.de (Fahrräder)
- ichbinklein.de (Kinderkleidung)
- navabi.de (Kleidung)
- reichelt.de (Elektronik)

Soweit Sie nicht über eine bekannte Marke oder ein sehr großes Marketing-Budget verfügen, um einen unbekannten Kunstbegriff (wie zum Beispiel »navabi«) bekannt zu machen, sollten Sie überlegen, ob Sie nicht einen Namen wählen, der den Schlüsselbegriff Ihrer Produkte (zum Beispiel »jeans«) enthält.

Die (Domain-)Namenswahl Ihres Online-Shops ist dabei sowohl für Neukunden, für Bestandskunden und auch für Suchmaschinen wichtig (vergleiche hierzu die Abschnitte »Suchmaschinenoptimierung (SEO)« auf Seite 342 und »Google AdWords« auf Seite 353). Ein guter Domain-Name sollte möglichst viele der folgenden Kriterien erfüllen:

- Einmaligkeit
- Geringe Verwechslungsgefahr
- Leicht zu merken
- Leicht zu schreiben
- Schlüsselbegriffe sind enthalten

Sie sollten genug Zeit investieren, um einen wirklich guten Namen zu finden. Überlegen Sie dabei, dass der Domain-Name mündlich, also zum Beispiel am Telefon, weitergegeben wird und deswegen leicht zu merken sein sollte. Sobald der Begriff buchstabiert werden muss, ist er eigentlich zu kompliziert.

Er sollte kurz genug sein, damit er auf Visitenkarten oder in den schmalen Spalten eines Zeitungsberichtes nicht umgebrochen werden muss.

Er sollte unverwechselbar, eindeutig und einprägsam sein, damit Ihre Kunden immer wieder zu Ihnen zurückfinden, auch wenn ihnen der genaue Domain-Name entfallen ist und sie über Google & Co. danach suchen müssen.

Denken Sie daran, dass ein nachträglicher Wechsel des Domain-Namens und ein damit einhergehendes Rebranding des Online-Shops nur mit einem erheblichen (!) Aufwand möglich ist. Kunden müssten sich auf eine neue Domain für den Aufruf des Online-

Shops und die Mailkommunikation einstellen. Das mühsam aufgebaute Domain-Ranking in Suchmaschinen ginge unter Umständen verloren. Die mit einem Wechsel verbundenen Anpassungen in allen Bereichen des Online-Marketings kommen fast einer Neukonzeptionierung aller Maßnahmen gleich.

Es gibt eine Reihe großer Shops, die mit einem ganz einfachen Mittel nahezu perfekte Domain-Namen und Marken geschaffen haben:

- Zooplus.de
- Gartenxxl.de
- Brille24.de
- Myparfum.de

Alle oben genannten Domains enthalten den wichtigen Schlüsselbegriff und einen einfach zu merkenden Zusatz wie »my«, »24« oder »xxl«.

Haben Sie einen tollen Begriff gefunden, sollten Sie überprüfen, ob der Name als Domain unterhalb verschiedener Top-Level und in den wichtigsten sozialen Netzwerken noch verfügbar ist und ob Sie damit keine Rechte anderer verletzen.

Rechtliche Prüfung

Um zu prüfen, ob Ihre Wunschnamen die Rechte anderer Unternehmen verletzen, genügt es nicht, den Wunschnamen in die Adresszeile des Browsers einzugeben oder bei Google zu recherchieren. Diese Suche kann zwar erste Anhaltspunkte geben, doch wenn ein Name bei Google nicht auftaucht, heißt das noch lange nicht, dass er genutzt werden kann.

Im Abschnitt »Markenrecht« auf Seite 289 gehen wir auf das Thema Markenrecherche und den Schutz des eigenen Namens weiter ein.

Domain-Recherche/Top-Level-Domains

Domain-Namen setzen sich aus drei Elementen zusammen, die durch einen Punkt voneinander abgetrennt werden:

Beispiel: *www.mokaconsorten.de*

Subdomain: www

Der erste Teil des Domain-Namens, die sogenannte Subdomain, bezeichnet den Internetdienst, für den der Domain-Name genutzt wird. Für den Online-Shop oder Ihre Internetseite wird oft das Kürzel WWW (world wide web) verwendet. Denkbar sind hier aber auch andere Benennungen, die zu einem anderen Ziel führen als das Kürzel »www«. So führt zum Beispiel die Subdomain shop.mokaconsorten.com direkt in den Online-Shop, während unter www.mokaconsorten.com ein Kaffee-Literatur-Magazin des gleichen Anbieters zu finden ist. Subleveldomains müssen –

im Gegensatz zu der Kombination Domain + Top-Level-Domain – nicht bei einer Registrierungsstelle oder einem Provider registriert werden, sondern können, sofern man die eigentliche Domain registriert hat, selbst vergeben werden.

Domain: mokaconsorten

Der mittlere Teil, die Domain, ist der eigentliche Name. Er kennzeichnet Ihren Online-Shop und enthält zum Beispiel Schlüsselbegriffe oder Markenangaben. Der Domain-Name muss dabei unterschiedlichen Regeln folgen, die abhängig von der jeweiligen Top-Level-Domain sind. Dies betrifft zum Beispiel die Länge oder die Verwendung von Umlauten und Schriftzeichen.

Für .de-Domains gilt zum Beispiel, dass der Domain-Name mit einer Ziffer oder einem Buchstaben beginnen muss. Er darf nur die Buchstaben A bis Z, Umlaute oder Sonderzeichen und den Bindestrich enthalten. Der Bindestrich ist ebenfalls nicht am Ende erlaubt. Die Maximallänge für .de-Domains beträgt 63 Zeichen (+ ».de«).

Top-Level-Domain: .de

Der letzte Teil, die Top-Level-Domain, ist die Länderkennzeichnung oder eine generische Abkürzung. Bis vor wenigen Jahren waren nur die Länderendungen .de, .at, .nl, us und einige weitere Begriffe wie .com, .net, .info, .eu verfügbar.

Der zunehmend enger werdende Namensraum hat dazu geführt, dass es seit 2013 immer mehr Top-Level-Domains gibt. Sie haben mitunter einen thematischen (.xxx, .shop, .travel) oder einen lokalen Bezug (.berlin, .ruhr, .nyc).

Verfügbarkeit prüfen und Domain registrieren

Sie sollten die Verfügbarkeit Ihres Wunschnamens zunächst mit den gängigen Endungen .de und .com prüfen. Ist eine dieser beiden Top-Level-Domains bereits belegt, sollten Sie sich nach einer Alternative umsehen, da diese zu den wichtigsten Domain-Endungen auf dem deutschen Markt zählen. Shops, deren Domain auf .de enden, werden von Online-Shopkunden direkt als »deutscher Anbieter« erkannt.

Zusätzlich sollten Sie auch die Top-Level-Domains der Länder prüfen, in denen Sie zu einem späteren Zeitpunkt aktiv werden möchten. Dies kann zum Beispiel alle europäischen Länder umfassen. Weitere Informationen zur Expansion Ihres Online-Shops ins Ausland finden Sie im Abschnitt »Shop-Internationalisierung« auf Seite 509.

Bei den großen Domain-Providern können Sie selbst eine Recherche durchführen und erhalten einen guten Überblick, welche Top-Level-Domains es gibt und ob Ihre Wunschdomain noch frei ist.

- *www.internetx.de* (Abbildung 2-31 zeigt die Domain-Recherche)
- *www.united-domains.de*
- *www.domain.de*

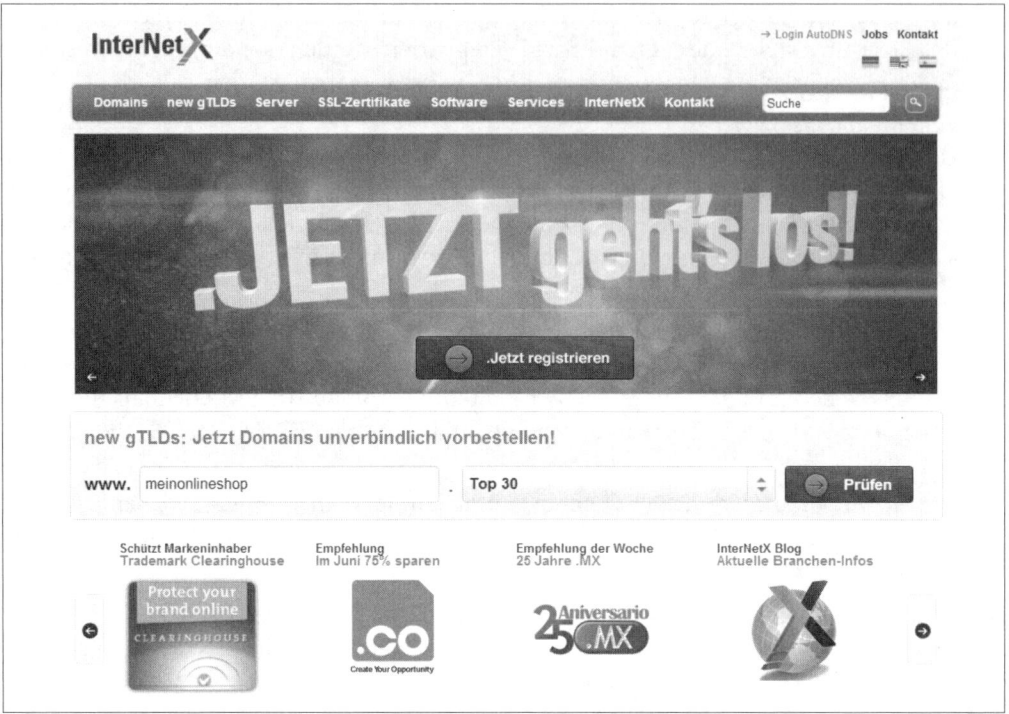

Abbildung 2-31: Domain-Recherche bei www.internetx.de (Juni 2014)

Bei den genannten Domain-Providern (und vielen anderen) können Sie die Domain auch direkt registrieren. Wir empfehlen jedoch, dies zunächst mit Ihrer Agentur zu besprechen und eine Markenrecherche durchführen zu lassen, um fehlerhafte oder unnötige Domain-Registrierungen zu vermeiden.

Die Registrierung einiger Top-Level-Domains kann an bestimmte Bedingungen gebunden sein, die erfüllt werden müssen. So ist für die Registrierung mancher Domains ein lokaler Sitz im Ausgabeland der Domain oder der Nachweis einer Handelsbeziehung in diesem Land erforderlich.

Achten Sie unbedingt darauf, dass die bei der Registrierung angegebenen Daten bei den jeweiligen Registrierungsstellen, also zum Beispiel bei DENIC für .de-Domains (*www.denic.de*), korrekt sind und auf Ihren (Firmen-)Namen lauten, da Sie als Domain-Inhaber alle Rechte an der Domain halten und auch der Ansprechpartner in rechtlichen Fragen sein sollten.

Namen in sozialen Netzwerken

Neben dem eigentlichen Domain-Namen ist es oft genauso wichtig, die sozialen Netzwerke auf die Verfügbarkeit des Wunschnamens zu prüfen.

Twitter, Facebook & Co. können für Ihre Marketingstrategie (siehe Kapitel 4, »After-Sales: Werbung und Marketing« auf Seite 305) eine wichtige Rolle spielen. Daher sollte Ihr Wunschname auch dort noch frei sein:

- *twitter.com/AIXhibit*
- *Facebook.com/AIXhibit*
- *plus.google.com/+AIXhibitDE*
- *flickr.com/AIXhibit*

Recherche mit namecheck.com

Sie können bei den sozialen Netzwerken ähnlich wie bei der Suche nach freien Domain-Namen auch bei Online-Diensten prüfen, ob der Name schon belegt ist.

Eine gute Anlaufstelle für einen schnellen Vorabcheck ist *www.namecheck.com*. Die englischsprachige Webseite bietet einen schnellen Überblick über die wichtigsten Top-Level-Domains, sozialen Netzwerke und Markendatenbanken.

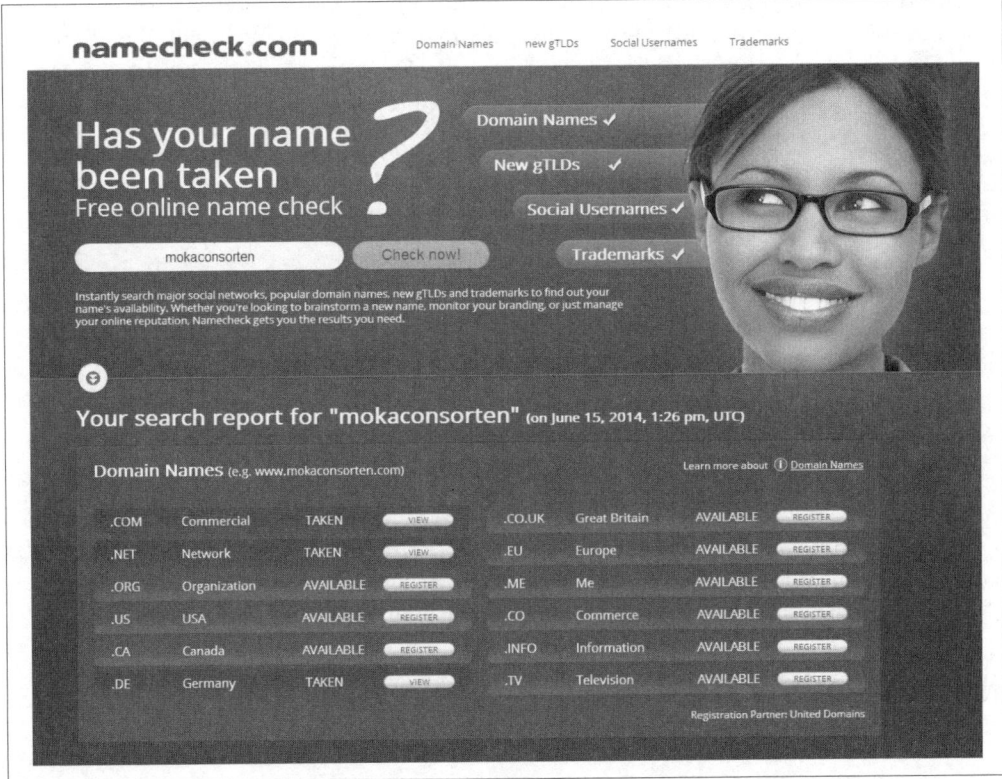

Abbildung 2-32: Namensrecherche bei namecheck.com, www.namecheck.com (Juni 2014)

Domain-Namen blockieren

Neben den tatsächlich genutzten Domain-Namen kann es strategisch klug sein, auch Domains mit anderen Schreibweisen, etwa mit Bindestrichen und häufig vorkommenden Tippfehler zu registrieren.

Dabei ist es gar nicht unbedingt wichtig, dass diese Domains ebenfalls zu Ihrem Online-Shop führen. Viel wichtiger ist es, diese Domains für die Benutzung durch Wettbewerber zu blockieren.

Nichts ist ärgerlicher, als einige Zeit nach dem erfolgreichen Start des Online-Shops feststellen zu müssen, dass ein Wettbewerber unter einem bis auf wenige Zeichen gleichen Domain-Namen oder unter einer anderen Top-Level-Domain die gleichen Produkte verkauft.

Nach dem Motto »secure all slots« kann ein Domain-Portfolio aus verschiedenen Top-Level-Domains und Schreibvarianten durchaus fünfzig oder mehr Domains umfassen, die bei Aufruf alle auf die Hauptdomain des Online-Shops weitergeleitet werden.

Für den Wollhändler Filati Retail GmbH, der einen seiner Online-Shops unter der Marke »meinFILATI« führt, haben wir neben den Hauptdomains unterhalb der verschiedenen Top-Level-Domains über 40 verschiedene Domains in folgenden Schreibweisen und Varianten registriert, um eine Nutzung durch die Konkurrenz zu verhindern: myfilati, my-filati, deinfilati, dein-filati, mein-filati und so weiter.

Zeitplan

Wie lange dauert es eigentlich, bis der Online-Shop endlich fertig ist und live gehen kann?

Die Frage lässt sich nicht so einfach beantworten, da die Antwort sehr stark davon abhängt, wie umfangreich das Shop-Projekt ist, wie viele externe Dienstleister oder Firmen in die Entwicklung involviert sind und wie schnell einzelne Teilprojekte, zum Beispiel das Design von Werbemitteln oder Installation und Programmierung des Shops, umgesetzt werden können.

Sie sollten sich – auch wenn die Zeit drängt und Sie es eigentlich überhaupt nicht erwarten können, bis der Shop endlich im Internet zu finden ist – unbedingt ein realistisches Ziel setzen.

Überstürzen Sie nichts und drängen Sie insbesondere nicht darauf, einen nur zum Teil fertigen Online-Shop live zu bringen. Der Zeitstrahl in der Abbildung 2-33 zeigt, welche Phasen bis zur Fertigstellung des Shops durchlaufen werden müssen und wie sie zusammenhängen.

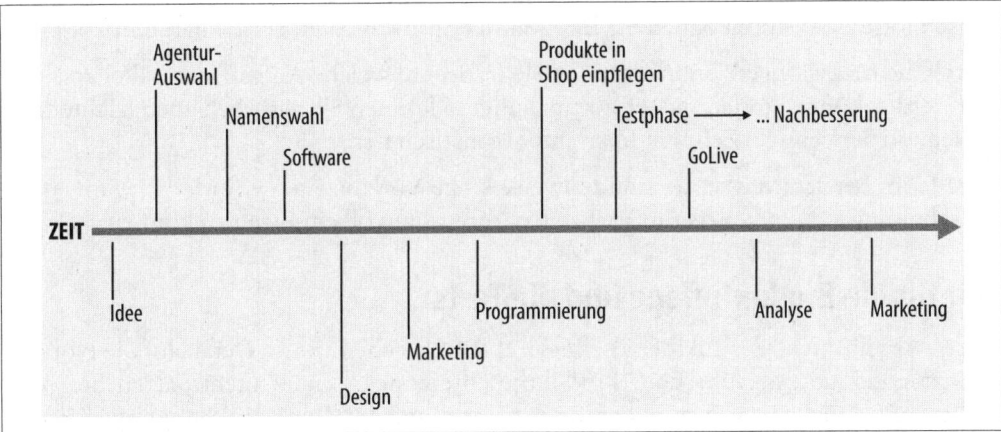

Abbildung 2-33: Zeitstrahl

Von der Idee über Marketing, Design und Programmierung bis zum Einpflegen der Produkte in den Online-Shop und die Testphase können bis zum Starttermin durchaus vier bis sechs Monate vergehen.

Planen Sie diese Zeitspanne unbedingt ein, wenn Ihr Online-Shop zu einem bestimmten Ereignis wie dem Weihnachtsgeschäft oder der Sommersaison online gehen soll, und beginnen Sie rechtzeitig mit der Umsetzung. Erfahrungsgemäß ist eine kürzere Zeitspanne zwischen dem Start und dem GoLive kaum – wenn überhaupt nur mit einem sehr großen Team – machbar.

Klären Sie mit Ihrer Agentur und mit allen Beteiligten, ob das zeitliche Ziel überhaupt realistisch ist und eingehalten werden kann. Gegebenenfalls sollten Sie diese Vereinbarungen einfach gemeinsam schriftlich festhalten.

Bei einem kritischen Zeitplan können Sie zusammen mit einer erfahrenen Agentur im Rahmen des Pflichten-/Lastenhefts (mehr dazu im Unterkapitel »Webdesign- und E-Commerce-Agentur« auf Seite 43) Teilziele festlegen. So können Sie sicherstellen, dass die wesentlichen Funktionalitäten wie der eigentliche Shop, Payment, Logistik und Marketingaktivitäten zum geplanten Termin fertiggestellt sind.

Nicht ganz so zeitkritische Komponenten wie gedruckte Gutscheine oder das Shop-Blog (vergleiche Abschnitt »Blog zum Online-Shop« auf Seite 349) können dann kurzfristig nach dem GoLive implementiert werden.

Rückwärtige Zeitplanung

Bei der rückwärtigen Zeitplanung gehen Sie von einem festen Termin für die Liveschaltung des Online-Shops aus. Zusammen mit Ihrer Agentur legen Sie einzelne Zwischenziele (Milestones) für die Entwicklung des Online-Shops bis dahin fest. Dabei schauen Sie vom geplanten GoLive-Termin aus rückwärts und kalkulieren möglichst realistisch, wie viel Zeit Sie jeweils für die einzelnen Etappen brauchen. Wenn die Zwischenziele realistisch formuliert sind, können Sie Ihre Marketing-Aktivitäten gezielt daran orientieren.

Durch die rückwärtige Planung können Sie festlegen, welche Aufgaben parallel angegangen werden können (oder müssen). Zum anderen können Sie natürlich auch leichter feststellen, ob der gesetzte Zeitplan überhaupt realistisch ist.

Gerade im Bereich Marketing sind teilweise lange Vorlaufzeiten erforderlich, um Anzeigenschaltungen oder Beileger in Fachzeitschriften sinnvoll einsetzen zu können.

Zeit für die Produktpflege und die Tests

In den Abschnitten »Produktdetailseite« und »SEO« gehen wir im Detail auf die Notwendigkeit guter und ausführlicher Produktbeschreibungen ein. Unterschätzen Sie dabei nicht den (zeitlichen) Aufwand, der bei der Erstellung der Texte und Fotografien für alle Varianten eines Artikels entsteht. Je nach Umfang des Online-Shops können leicht mehrere hundert oder tausend Fotos zusammen kommen, die gemacht und gegebenenfalls digital nachbearbeitet werden müssen.

Auch für den Test des Shops vor dem GoLive sollten Sie ausreichend Zeit einplanen. Es ist nicht damit getan, einmal den kompletten Bestellvorgang auszuführen.

Denken Sie daran, dass Ihre Agentur beziehungsweise die Programmierer nach GoLive und Abnahme davon ausgehen, dass alle Funktionen in Ordnung sind und für nachträgliche Fehlerbehebungen unter Umständen weitere Kosten anfallen können. Nehmen Sie sich die Zeit und testen Sie den Shop ausgiebig (mehr dazu im folgenden Unterkapitel »Testen Sie Ihren Online-Shop« auf Seite 101.

Marketing vor dem GoLive

Mit den festgelegten Zwischenzielen können Sie über die sozialen Netzwerke und News-letter-Anmeldungen in Kombination mit Google AdWords und Facebook-Marketing den noch nicht bestehenden Online-Shop gezielt bewerben.

Auf diese Weise können Sie schon vor dem Start eine eigene Ziel- und Interessenten-gruppe aufbauen. Kombinieren Sie die Werbeaktionen mit einem Einkaufsgutschein zum Start des Shops, um den Umsatz anzukurbeln.

Die folgende Abbildung 2-34 zeigt einen Beispiel-Newsletter, der zum Start eines neuen Online-Shops schon mehrere Monate vor dem GoLive an einen über Facebook aufgebau-ten Verteiler verschickt wird.

Auf Basis eines festen Redaktionsplans (siehe Kapitel 4, »After-Sales: Werbung und Mar-keting« auf Seite 305) können Sie die Themen der regelmäßig erscheinenden Newsletter oder Facebook-Postings vorab festlegen.

Von der Kunst der Geduld

Die Entwicklung eines professionellen Online-Shops nimmt in all ihren Facetten sehr viel Zeit in Anspruch. Und auch die Umsetzung von Anpassungen oder Änderungen nach dem GoLive wird dauern.

Mitunter werden einzelne Teilprojekte länger dauern, als Ihnen lieb ist. Manchmal liegt das an der Zahl der Beteiligten, manchmal auch an der Sache.

So können zum Beispiel vom Zeitpunkt der Beantragung der Kreditkartenzahlung bis zur tatsächlichen Freischaltung in Ihrem Online-Shop bis zu 16 Wochen vergehen. Erst muss alles beim Payment Service Provider vertraglich vereinbart werden, die Anträge müssen vom Akquirer genehmigt und dorthin zurückgeleitet und schließlich muss die Zahlungs-art im Online-Shop implementiert und getestet werden.

Ähnlich viel Zeit müssen Sie auch für Programmierung und Design des Shop-Systems oder für die Implementierung eines Warenwirtschaftssystems veranschlagen.

Und nicht zuletzt werden die Marketing-Aktionen, die Sie auf den unterschiedlichen Kanälen starten werden, nicht sofort Früchte tragen.

Für den langfristigen Erfolg Ihres Online-Shops benötigen Sie von Beginn an eine gute Idee, eine Strategie, eine perfekte Umsetzung und jede Menge Geduld.

Betrachten Sie Ihren Online-Shop als langfristiges E-Commerce-Projekt!

Liebe LANG YARNS-Freundin,

heute senden wir Dir unser erstes und ganz besonders herzliches Willkommen aus dem LANG YARNS Shop. Schön, dass Du den Weg zu uns gefunden hast. Mit dem Newsletter halten wir Dich von nun an regelmäßig auf dem Laufenden und berichten aktuell aus dem Onlineshop. Außerdem verlosen wir unter allen Leserinnen unseres Newsletters **111 Einkaufsgutscheine** zum Shopstart. Lade doch auch Deine Strickfreundinnen zu unserem Newsletter ein und shoppt bald gemeinsam im LANG YARNS Shop!

Während Du draußen strickst oder liest und das schöne Wetter genießt, stehen wir noch ganz am Anfang und vor einem großen Berg Arbeit. Bis zur **Eröffnung am 15. September** müssen noch viele Regale aufgebaut und eingeräumt werden – langweilig wird uns nicht. Nur unser Hund kann faul rumliegen.

Damit auch bei Dir keine Langeweile aufkommt, versorgen wir Dich außerdem bei Facebook mit vielen Infos und interessanten Updates aus dem Onlineshop. Wirf einen exklusiven Blick hinter die Kulissen und sei live dabei. Dort hast Du die Möglichkeit, Fragen zu stellen und Dich mit uns auszutauschen. Teile unsere Facebook-Seite auch mit Deinen Freunden!

Wollige Grüße sendet Dir

Marie

vom LANG YARNS Shop-Team

Besuch uns auf Facebook »

Abbildung 2-34: Newsletter vor dem Start des Online-Shops

Testen Sie Ihren Online-Shop

Der Shop ist fertig? Denkste! Sobald Sie glauben, dass Sie alles erledigt haben, sollten Sie Ihren Shop einmal richtig unter die Lupe nehmen.

Mittels eigener Tests und den Tests, die Ihre E-Commerce-Agentur durchgeführt hat, können Sie feststellen, ob Sie Ihren Online-Shop wirklich schon auf den Markt loslassen können. Je nach Umfang und Komplexität der Tests werden in der Software-Entwicklung 30% der veranschlagten Zeit für die anschließenden Tests und die Korrektur aufgedeckter Fehler eingeplant.

Eigene Tests

Erstellen Sie ausreichend viele Testfälle und lassen Sie Verwandte und Bekannte auf Ihren Online-Shop los. Sie können durch ein paar einfache Fragen feststellen, ob an alles gedacht worden ist und ob alle Angaben und Vorgänge logisch aufgebaut sind.

Testfragen können zum Beispiel sein:

- Finde heraus, wie hoch die Versandkosten des Artikels X per Express nach Österreich sind.
- Mit welchen Zahlungsmitteln kann ich bezahlen?
- Welche Varianten gibt es vom Artikel Y?
- und so weiter ...

Lassen Sie von allen Ungereimtheiten und bei allen noch so belanglos erscheinenden Auffälligkeiten einen Screenshot erstellen. Es ist dabei wichtig zu wissen, wie der Tester auf die fehlerhafte Seite gekommen ist und was er dort angeklickt oder ausgefüllt hat. Ihre Probanden sollten alles in kurzen Stichworten festhalten. Für die Erstellung der Screenshots können Sie unter Windows das mitgelieferte Tool »Snipping Tool« verwenden.

Achten Sie insbesondere darauf, dass der komplette Checkout-Prozess und die Verarbeitung der Zahlungen einwandfrei funktionieren.

Sie können dies auch selbst testen, indem Sie einen günstigen Testartikel im Online-Shop anlegen und bestellen. Günstig sollte der Testartikel sein, damit Sie Ihr eigenes Konto nicht mit zu großen Beträgen belasten müssen. Ist der Testartikel als »Testartikel« im Shop angelegt, können Sie die Testeinkäufe später besser von den echten Einkäufen unterscheiden.

Funktioniert die Zahlung mittels PayPal? Was passiert, wenn Sie als Benutzer die Eingabe der Kreditkartendaten abbrechen? Wie verhält sich der Shop, wenn Sie nach dem Kaufabschluss mit der Zurück-Schaltfläche des Browsers zwei Schritte zurückgehen? Können Sie sich den Shop auch in alten Browsern ansehen und dort eine komplette Bestellung ausführen? Klappt der Bestellvorgang auf verschiedenen Tablet-PCs und auf dem Smartphone?

Versuchen Sie ganz bewusst, Ihren Shop kaputtzumachen! Nur so werden Sie spätere Kaufabbrüche wegen Fehlfunktionen im Shop vermeiden. Gehen Sie dabei von den ungewöhnlichsten Konstellationen aus, die Ihnen einfallen. Sie ahnen nicht, auf welche Ideen Ihre späteren Kunden bei der Benutzung des Shops kommen werden.

 Tipp   In allen Shops, die wir für Kunden erstellen oder auditieren, gibt es Testartikel, die nur über die Suchfunktion und bei Eingabe einer bestimmten Zeichenkette aufrufbar sind.

Die Testartikel umfassen alle im Shop möglichen Optionen (Attribute und Varianten, Mini-Preise, sehr hohe Preise, Rabattierungen). Damit testen wir fortlaufend auch nach dem GoLive nahezu jede Änderung am Shop-System und die Funktionsfähigkeit.

Schatten-Shop als Testsystem

Auch beim bestehenden Shop sollten Sie nicht auf Tests verzichten. Im Laufe der Zeit wird es immer wieder kleine und größere Änderungen am Online-Shop geben, um neue Funktionen einzuspielen oder Sicherheits-Updates am Shop-System zu installieren.

Selbst kleinste Änderungen können, wenn der Programmierer nicht aufpasst, zu einem unbemerkten Ausfall des ganzen Shops führen.

Es hat sich daher bewährt, einen zweiten Online-Shop, der nur über eine nicht-öffentliche Adresse und kennwortgeschützt im Internet aufzurufen ist, als Testsystem einzurichten.

In diesem Schatten-Shop sind alle Artikel und Einstellungen exakt gleich wie im produktiven Shop eingestellt.

Sollen nun Änderungen am Shop vorgenommen werden, werden sie zuerst im Schatten-Shop eingespielt und dort ausgiebig getestet. Erst wenn diese Tests erfolgreich verlaufen sind, werden sie in das Produktivsystem übertragen und – natürlich – hier auch nochmals ausführlich überprüft.

Der Aufwand für die Nutzung eines Schatten-Shops ist nicht zu unterschätzen. Allein die Tests müssen ja je einmal auf beiden Systemen vorgenommen werden. Letztlich ist der Aufwand aber gerechtfertigt, da ein nicht sofort entdeckter Ausfall wesentlicher Funktionen im produktiven Online-Shop deutlich schwerer wiegt.

TEIL II

Sales: Rund um den Kaufprozess

- Shop-Design und -Struktur
- Navigation
- Startseite
- Kategorieseite
- Produktdetailseite
- Produktsuche
- Checkout-Prozess
- Logistik
- Retouren-Management
- Dropshipping
- Zahlungsabwicklung
- Zahlungen annehmen
- Zahlungsausfall
- Rechtliche Aspekte

Sales: Rund um den Kaufprozess

Der eigentliche Kaufprozess ist das Herzstück des E-Commerce-Projekts. Durch Werbung in Online- und Offline-Medien locken Sie den potenziellen Kunden in Ihren Online-Shop. Nun liegt es an der richtigen Aufbereitung der Informationen, an der Preisgestaltung, an der Produktdarstellung und nicht zuletzt am gesamten Checkout-Prozess – vom Warenkorb über Adressangaben, Auswahl der Zahlungsarten und der letzten Bestätigungsseite –, ob der Interessent zum Kunden wird.

Vergleichen Sie es mit dem Kauferlebnis im Einzelhandel: Der Kunde betritt das Geschäft, sucht und findet das gewünschte Produkt (oder eine Alternative), geht zur Kasse, bezahlt und verlässt das Ladenlokal.

Bei jedem Schritt, sowohl im Einzelhandel als auch im Online-Shop, hat der Interessent die Möglichkeit, das Produkt wieder ins Regal zu legen bzw. die Webseite zu verlassen und sich gegen den Kauf zu entscheiden.

Im Vergleich zum Einzelhandel ist die Kaufabbruchquote im E-Commerce deutlich höher. Nur 3% der Besucher von Online-Shops kaufen im Schnitt auch dort. Die restlichen 97% werden abgelenkt, sind mit der Darstellung, den gelieferten Informationen oder den angebotenen Versand- und Zahlungsoptionen nicht zufrieden und machen sich trotz der vorhandenen Kaufbereitschaft auf die Suche nach einem Alternativanbieter, der meist nur wenige Klicks entfernt ist.

Die Aufgabe des Shop-Betreibers besteht darin, möglichst viele Interessenten innerhalb kürzester Zeit durch den Checkout-Prozess zu lotsen und zu Käufern zu machen.

Das folgende Kapitel widmet sich daher dem Shop-Design, der Produktdarstellung und dem Checkout-Prozess.

Shop-Design und -Struktur

Dem Design des Shops kommt eine entscheidende Rolle beim Erfolg Ihres E-Commerce-Projekts zu. Der Online-Shop soll nicht nur schön aussehen – wobei die subjektive Schönheit von Online-Shops natürlich im Auge des Betrachters liegt –, er muss vor allem funktionell sein und dem vom Käufer gelernten Verhalten entsprechen, zum Beispiel durch die Positionierung von Logo, Warenkorb und Buybox.

Das Design Ihres Online-Shops muss dem Shop-Besucher die Orientierung ermöglichen, Vertrauen in Sie, Ihre Produkte und Ihre Verlässlichkeit als Verkäufer schaffen und den sprichwörtlichen ersten Eindruck vermitteln.

Die subjektive Schönheit des Webdesigns ist an dieser Stelle nicht gemeint. Ganz objektiv lässt sich messen, dass bestimmte Elemente, Anordnungen oder Farben die Conversionrate also die Anzahl der abgeschlossenen Kaufvorgänge im Verhältnis zur Anzahl der Besucher im Online-Shop, deutlich beeinflussen können. Der allgemeine Leitspruch »form follows function« (erst die Funktionalität, dann das Design) ist gerade im E-Commerce mit Zahlen belegbar.

Zusammen mit Ihrer Agentur sollten Sie ein Layout entwickeln, dass den allgemeinen Regeln der Shop-Gestaltung und der Usability folgt und vor allem einen professionellen Eindruck hinterlässt. Natürlich soll das Design auch Ihnen persönlich gefallen. Wichtiger als Ihr eigener Geschmack ist aber der Eindruck, den der Shop bei Ihren Shop-Besuchern hinterlässt, denn aus den Besuchern sollen Käufer und aus Käufern sollen Stammkunden werden.

Klare Strukturierung

Zur Disziplin der Informationsarchitektur gehört der Aufbau des Online-Shops und die Struktur und Anordnung der Navigationselemente. Wir unterscheiden hierbei zwischen dem Kopfbereich (Header), dem Produktdarstellungsbereich (Body) und dem Fußbereich (Footer). Inhaltlich sind drei Bereiche gefüllt mit der Hauptnavigation und (mindestens) einer Meta-Navigation sowie allen verfügbaren Produktinformationen.

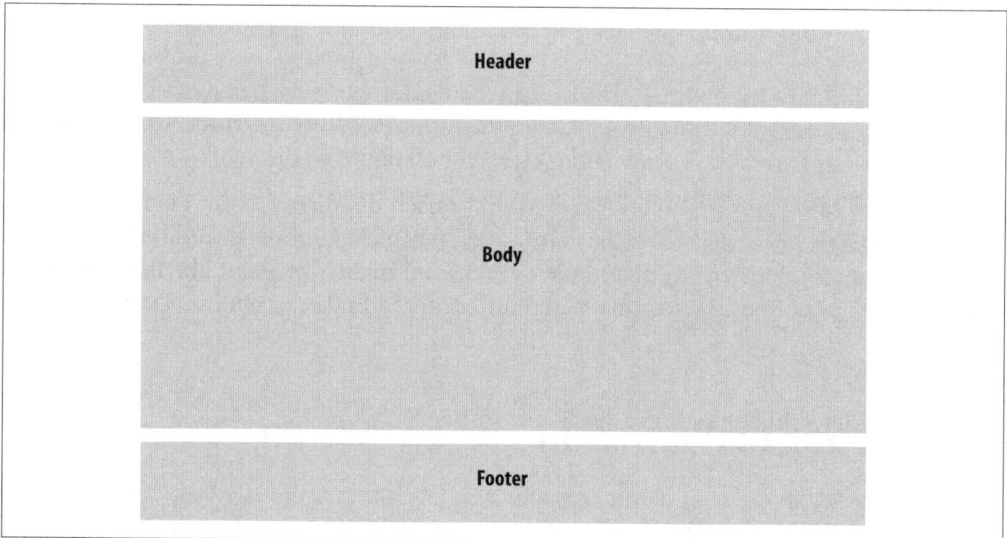

Abbildung 3-1: Header, Body, Footer

Header

Der Header des Online-Shops (siehe Abbildung 3-2) beinhaltet die Hauptnavigation, die Metanavigation, Meta-Informationen aus dem Servicebereich (schnelle Lieferung, Qualitätssiegel, Versandkostenfreiheit), Logo, Warenkorb, eine direkte Kontaktmöglichkeit und die Suchfunktion.

Abbildung 3-2: Header-Bereich www.mvg-ahk.de

Gerade die deutlich erkennbare Angabe einer Telefonnummer kann hilfreich sein und als Trust-Element den Verkaufsprozess unterstützen. Mehr dazu finden Sie im Abschnitt »Telefonische Bestellannahme« auf Seite 197.

Während des Checkout-Prozesses also ab dem nächsten Schritt nach der Warenkorbansicht, werden wesentliche Teile des Headers und Footers ausgeblendet, um den Käufer nicht vom eigentlichen Kaufvorgang abzulenken. Weitere Informationen hierzu finden Sie im hinteren Bereich dieses Kapitels.

Navigation und Meta-Navigation. Die (Haupt-) Navigation beinhaltet alle produktbezogenen Links. Es kann sich dabei um Links auf Produktkategorien, auf Produktdetailseiten oder auch um Links zu weiterführenden Produktinformationen handeln.

Als Meta-Navigation bezeichnet man eine weitere Navigationsebene, die keine direkten Links zu Produkten, sondern zu Informationen aus dem Servicebereich des Online-Shops beinhaltet. Links führen zum Beispiel zu Versandkostentabellen, zum Newsletter oder zum Impressum und den Allgemeinen Geschäftsbedingungen des Online-Shops.

Meist sind die Elemente der Meta-Navigation optisch deutlich von der Hauptnavigation (Produktnavigation) abgegrenzt. Sie kann zum Beispiel durch eine andere Schriftfarbe und -größe in den Hintergrund gerückt werden, um nicht vom Kauf abzulenken. Meta-Navigationen befinden sich oft am oberen und unteren Ende der Online-Shopseite.

Body

An den Header schließt sich der Body an. In der Regel sind beide Bereiche durch eine farblich deutlich abgesetzte Navigation voneinander getrennt. Der Body umfasst den kompletten Bereich der Produktdarstellung und den eigentlichen Kaufvorgang.

Footer

Der Footer wird mit weiteren Elementen der Meta-Navigation für den Kundenservice, für Social-Media-Elemente und auch für die Suchmaschinenoptimierung genutzt. Meist anders als in der Hauptnavigation benannte Links führen dabei zu den gleichen Zielen im Produktkatalog. Der Footer ist, wie auch der Header (manchmal farblich, vergleiche Abbildung 3-3) deutlich vom Bereich der Produktdarstellung abgesetzt.

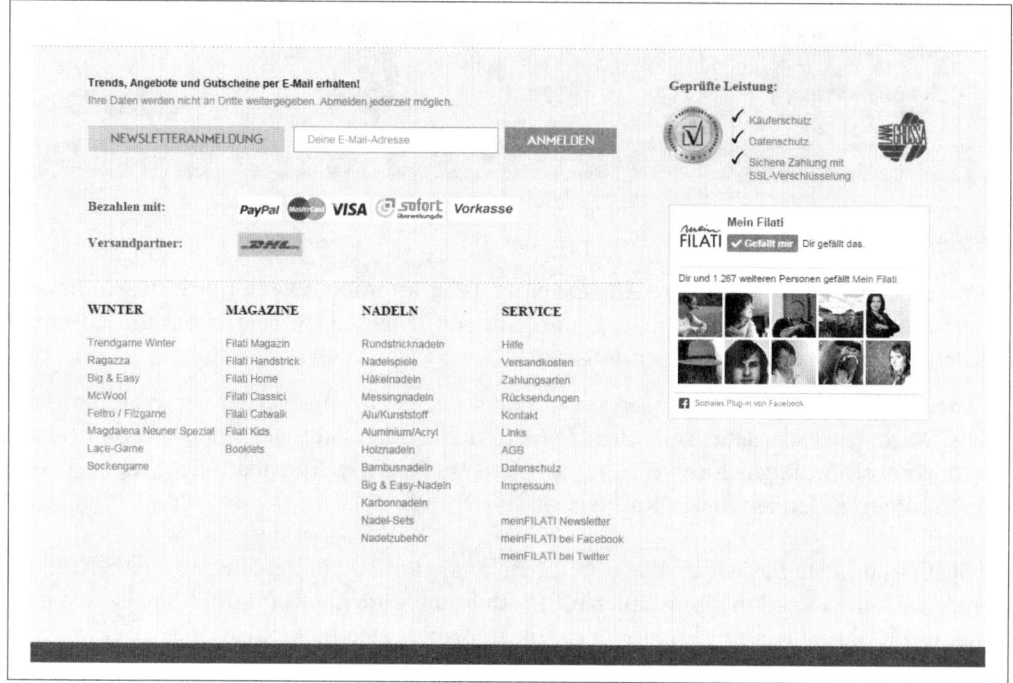

Abbildung 3-3: Footer www.meinfilati.de

Basis-Shop-Layout

Kunden haben im Laufe der Jahre gelernt, wie Online-Shops zu bedienen und wo (voraussichtlich) alle wichtigen Elemente auf der Internetseite zu finden sind. Shop-Besucher bewegen sich und klicken in Online-Shops ebenso intuitiv, wie Sie beim Autofahren das Kupplungspedal treten, um zu schalten.

Alle wesentlichen Elemente befinden sich – wenn man den erlernten Bewegungsmustern der Käufer folgt – immer am gleichen Platz. Links oben oder mittig befindet sich das Shop-Logo, ein Klick hierauf führt zur Startseite zurück. Rechts oben befindet sich die Darstellung und der Link zum Warenkorb in den unterschiedlichsten Formen, zum Beispiel in Form einer Einkaufswagen-Grafik oder als Abbildung eines Paketes mit Logo-Aufdruck.

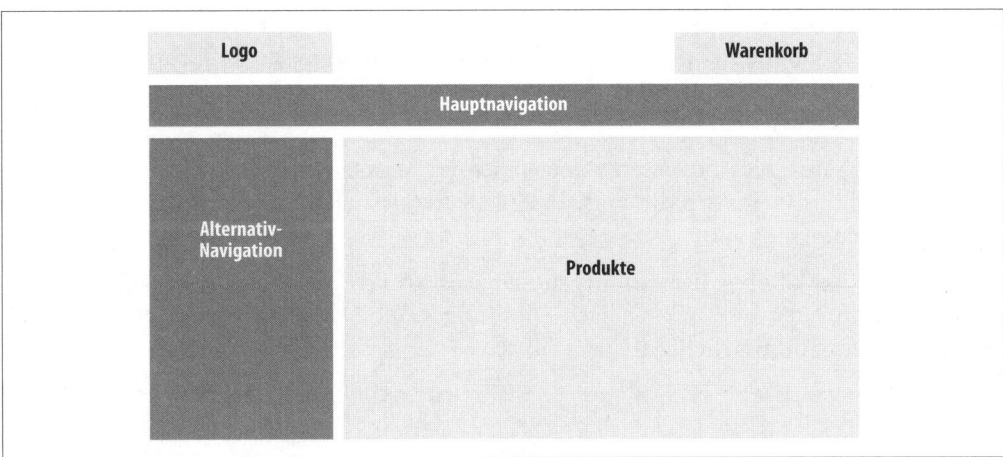

Abbildung 3-4: Schematische Darstellung Shop-Layout

Die Produktdarstellung ist durch die Hauptnavigation vom Kopfbereich (Header) des Online-Shops abgetrennt. In der Regel klappen bei Mausberührung die Menüs der Navigation nach unten auf, entweder auf die Breite des Navigationspunktes beschränkt oder als Mega-Dropdown über die gesamte Shop-Breite.

Unterhalb der Haupt- und Metanavigation beginnt der Bereich der Produktdarstellung, der bei einigen Online-Shops noch durch eine Alternativ-Navigation am linken Rand ergänzt wird.

Diesem Muster folgen die meisten Online-Shops. Der E-Commerce-Platzhirsch Amazon hat hier Standards gesetzt, die er in den vergangenen Jahren nur unwesentlich geändert hat. Und obwohl Amazons Shop-Layout von vielen als unübersichtlich empfunden wird, bewegen sich Käufer im Shop intuitiv.

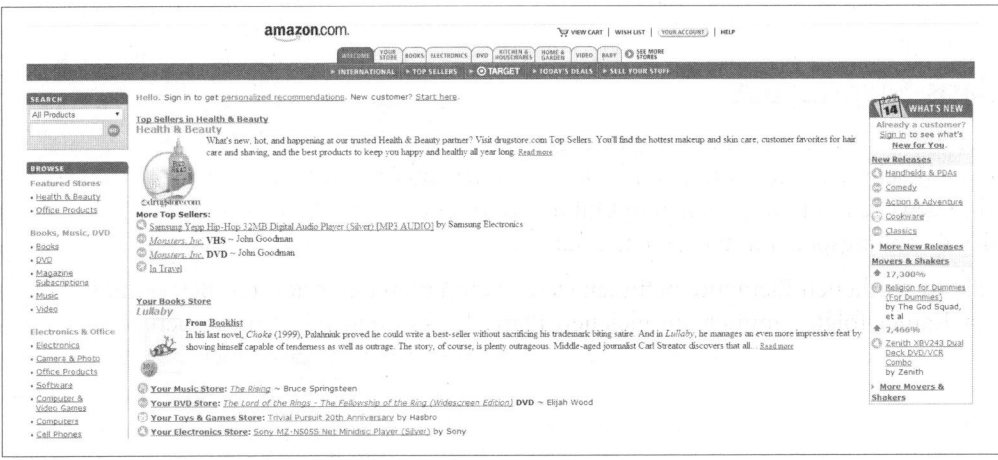

Abbildung 3-5: Screenshot Amazon.com von 2002, Quelle: waybackmachine.org

Individualität im Design lässt sich so zwar nur bedingt erzeugen, aber zur Erinnerung: Erstes Ziel des Online-Shops sollte der Umsatz sein. Werfen Sie kein funktionierendes Bedienkonzept über Bord, nur damit sich Ihr Online-Shop vom Wettbewerber deutlicher (grafisch) unterscheidet!

Wenn Sie sich aus den folgenden Screenshots der Startseiten unterschiedlicher Online-Shops jeweils das Logo und die Bilder wegdenken, lässt sich dieses Prinzip sehr einfach nachvollziehen.

Etablierte Online-Shops folgen immer dieser Grobstruktur. Die folgenden Beispiel-Shops lassen sich mitunter nur am jeweiligen Shop-Logo unterscheiden und wären funktionell untereinander nahezu beliebig austauschbar.

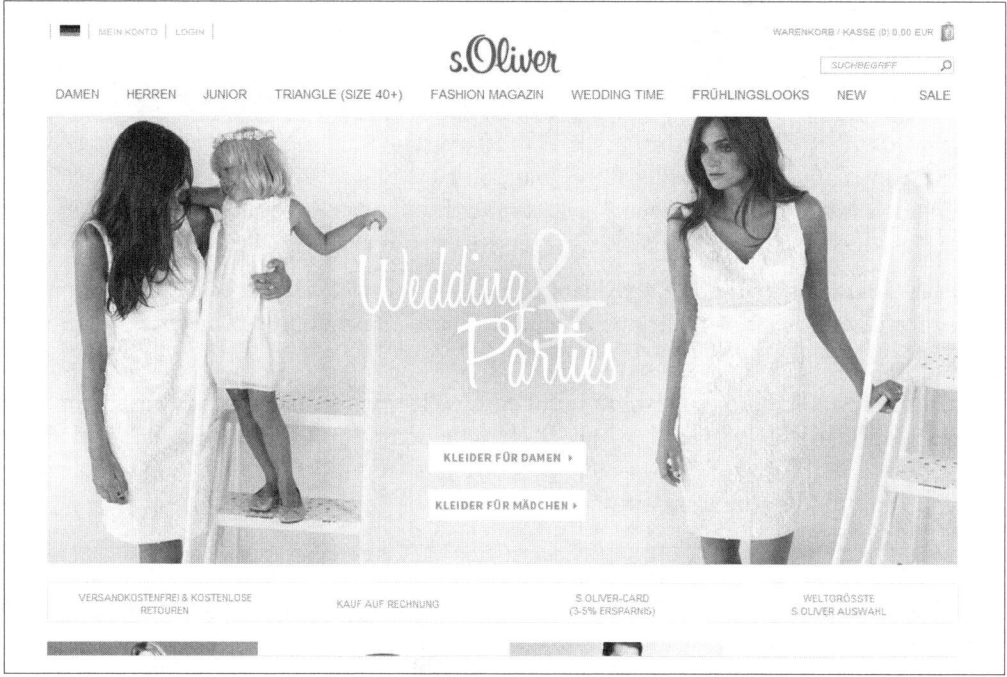

Abbildung 3-6: Screenshot www.soliver.de, Mai 2014

Weicht man von diesem Prinzip ab, kann dies leicht dazu führen, dass Kunden sich nicht mehr auf Anhieb im Online-Shop zurechtfinden. Die folgende Abbildung 3-10 zeigt einen Screenshot von *www.storq.com*. Zwar befinden sich auch hier Logo und Warenkorb an der gewohnten Position.

Dadurch, dass die einzelnen Elemente durch das große Produktfoto im Hintergrund aber nahtlos ineinander übergehen, ist eine klare Trennung zwischen Produktinformation, Navigation und den wesentlichen Elementen der Meta-Navigation, soweit überhaupt vorhanden, nicht mehr möglich. Die weiße Schrift auf hellem Hintergrund trägt zusätzlich dazu bei, dass der Shop-Besucher nicht intuitiv klicken kann.

Abbildung 3-7: Screenshot www.esprit.de, Mai 2014

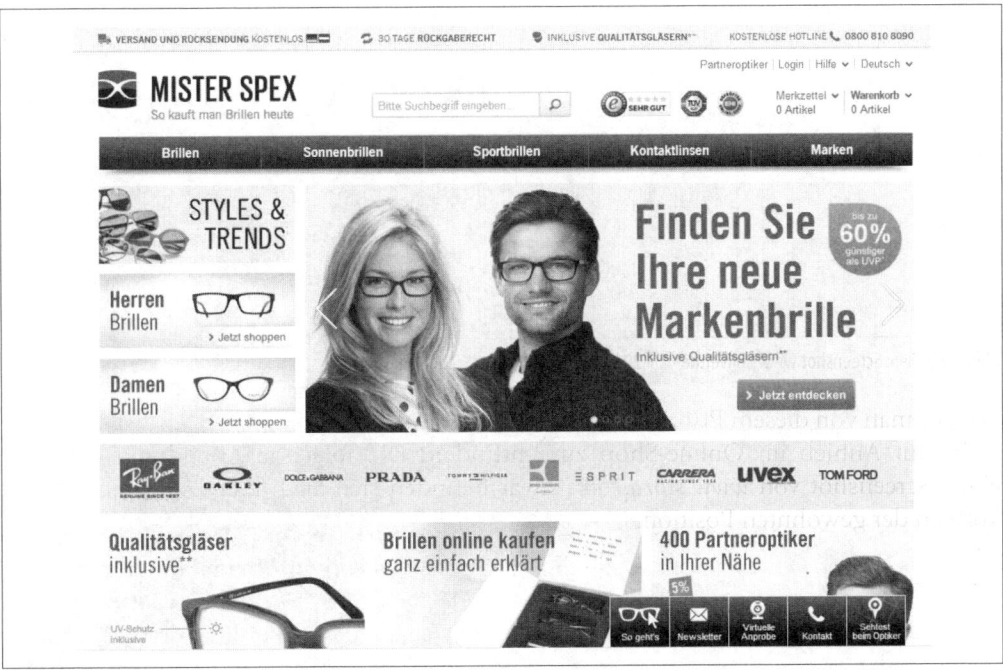

Abbildung 3-8: Screenshot www.misterspex.de, Mai 2014

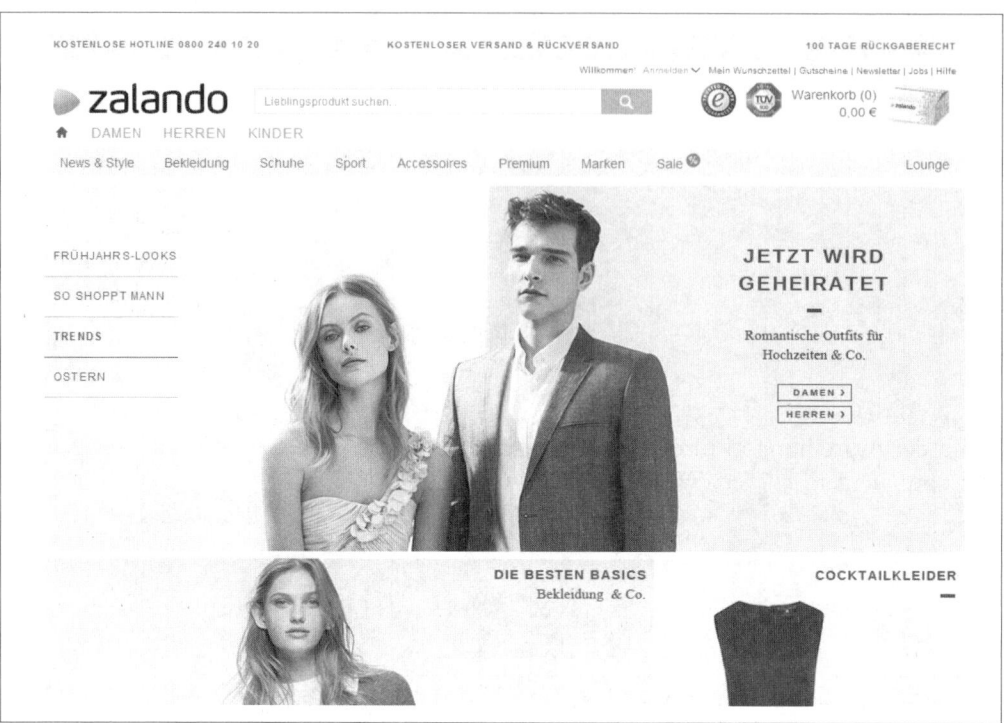

Abbildung 3-9: Screenshot www.zalando.de, Mai 2014

Abbildung 3-10: Screenshot www.storq.com, Mai 2014

Navigation

Die Navigation im Online-Shop bietet dem Shop-Besucher die erste Möglichkeit, sich in Ihrem Online-Shop zu orientieren und sich einen Überblick über Ihr Produktsortiment zu verschaffen.

Je breiter Ihr Produktsortiment gefächert ist, desto größer wird die Herausforderung, die Inhalte für den Kunden aufzubereiten. Natürlich können Sie die Produktsuche technisch und vom Design her in die Shop-Navigation integrieren, um sie dem Kunden als Hilfestellung bei der Suche nach Produkten an die Hand zu geben. Genauso wichtig wie die Suchfunktion ist aber die inhaltlich korrekte Wiedergabe Ihrer Produktpalette in der Navigation.

Versuchen Sie auf jeden Fall, sich in die Lage und Sichtweise Ihrer Kunden zu versetzen. Die Gefahr besteht, dass Sie die Navigation in Ihrem Online-Shop zum Beispiel entsprechend der Aufreihung in Ihrem Lager nachbilden oder zu sehr aus dem Blickwinkel des Produktmanagers agieren. Wie würde Ihr Kunde suchen?

Anstatt einer strikt linearen Aneinanderreihung von Warengruppen empfehlen wir mehrdimensionale Navigationen, die sich am jeweiligen Nutzungszweck oder den speziellen Anforderungen des Kunden orientieren. Bauen Sie Ihre Navigation nicht einfach wie ein Regal auf, sondern bieten Sie dem Kunden die Möglichkeit, auch nach Anwendungszweck, Zielgruppe oder Größe zu navigieren.

Beispiel Herrenmode

Nehmen wir an, Sie betreiben einen Online-Shop für Herrenmode und haben aktuell ausschließlich Hosen im Angebot.

Natürlich ist es naheliegend, die Navigation einfach anhand der Warengruppen aufzubauen. Alle Hosen werden dabei, unabhängig davon, welcher Unterkategorie eine Hose zuzuordnen ist, in die Kategorie »Hosen« einsortiert.

• HOSEN

Soweit Ihr Sortiment nur wenige Hosen umfasst, werden Sie keine Probleme mit der Übersichtlichkeit in der Navigation bekommen.

Sobald Sie Ihr Hosensortiment aber ausweiten, müssen Sie unter Umständen Unterkategorien einfügen und über die Navigationselemente abbilden.

• HOSEN
• Anzughosen
• Jeans
• Baumwoll- & Stoffhosen
• Cargohosen
• Chinohosen
• Cordhosen
• Komforthosen
• Lederhosen
• Leinenhosen
• Trachtenhosen
• Kurze Hosen/Shorts
• Badehosen
• Trekkinghosen

Je nach Sichtweise des Kunden können die Kategorien dabei mehr oder minder umfangreich ausfallen. Sie werden einzelne Artikel aus unserem Beispiel wahrscheinlich auch mehreren Kategorien zuordnen wollen, da es ja beispielsweise auch Shorts gibt, die als Badehosen genutzt werden, Lederhosen durchaus den Trachtenhosen zuzuordnen sind und die Stoffhosen auch die Anzughosen umfassen können.

Da die Navigation so aufbereitet werden muss, dass sich die Shop-Besucher möglichst schnell und problemlos zurechtfinden, wäre zu überlegen, ob die Kategorisierung nicht nach der Warengruppe, sondern beispielsweise nach dem Anwendungszweck erfolgt. Hierbei gehen wir ebenso davon aus, dass einzelne Artikel mehreren Kategorien zugeordnet sind. Anstatt den Kunden auf die Suche über die Warengruppe zu schicken, holen wir ihn bei seinem Anwendungszweck ab. Die bisherige Navigation wird dabei einer weiteren Navigationsebene untergeordnet.

- LEGERE OUTFITS
- Jeans
- Chinohosen
- Cordhosen
- Komforthosen
- BUSINESS
- Anzughosen
- FREIZEIT
- Jeans
- Cargohosen
- Trachtenhosen
- Lederhosen
- Shorts
- Badehosen
- OUTDOOR
- Cargohosen
- Trekkinghosen

Zusätzlich zur Kategorisierung nach Gebrauch können Sie die Navigation beispielsweis um eine Kategorisierung nach Größen ergänzen. In diese Kategorie fügen Sie alle Artikel ein, die Sie in Übergrößen-Varianten führen. Zur besseren Orientierung können Sie hier natürlich auch weitere Unterkategorien nutzen:

- LEGERE OUTFITS
- Jeans
- Chinohosen
- Cordhosen
- Komforthosen
- BUSINESS
- Anzughosen
- FREIZEIT
- Jeans
- Cargohosen
- Trachtenhosen
- Lederhosen
- Shorts
- Badehosen
- OUTDOOR
- Cargohosen
- Trekkinghosen
- GROSSE GRÖSSEN
- Freizeithosen
- Anzughosen
- Jeans
- KLEINE GRÖSSEN
- Freizeithosen
- Anzughosen
- Jeans

Mit der Zeit werden Sie gegebenenfalls Ihr Produktsortiment erweitern und neben den Hosen auch Schuhe, Hemden und Accessoires anbieten. Die Erweiterung Ihrer Navigation ist problemlos möglich. Sie können die einzelnen Produkte ebenfalls in eine oder mehrere Kategorien, je nach Anwendungszweck, einsortieren. Die Navigation könnte in unserem Beispiel dann so aussehen:

- LEGERE OUTFITS
- - Hosen
- -- Jeans
- -- Chinohosen
- -- Cordhosen
- -- Komforthosen
- - Hemden
- - Pullover
- - Schuhe
- -- Sneaker
- -- Slipper
- -- Schnürschuhe
- BUSINESS
- - Anzughosen
- - Anzughemden
- - Businessschuhe
- FREIZEIT
- - Hosen
- -- Jeans
- -- Cargohosen
- -- Trachten- und Lederhosen
- -- Shorts
- -- Badehosen
- - Hemden
- - Shirts
- -- T-Shirts
- -- Polo-Shirts
- - Pullover
- - Schuhe
- -- Sneaker
- -- Slipper
- -- Schnürschuhe
- OUTDOOR
- - Outdoorhosen
- -- Cargohosen
- -- Trekkinghosen
- - Outdoorjacken
- -- Fleecejacken
- -- Regenjacken
- - Schuhe
- -- Trekkingschuhe
- -- Wanderschuhe
- -- Bergstiefel
- -- Wasserdichte Schuhe
- GROSSE GRÖSSEN
- Freizeithosen
- Anzughosen
- Jeans
- KLEINE GRÖSSEN
- Freizeithosen
- Anzughosen
- Jeans

Mit dem wachsenden Sortiment wird die Navigation immer umfangreicher. Ihre Aufgabe als Shop-Betreiber besteht darin, die Navigation so aufzubauen, dass der Kunde sich zurechtfindet und sich in Ihrem Shop sofort orientieren kann. Versuchen Sie, sich in den Bedarf Ihres Kunden hineinzuversetzen. Lassen Sie sich dabei von Ihrer Konkurrenz inspirieren und schauen Sie sich die guten Konzepte ab!

Beispiel Anhängerkupplungen

Im folgenden Beispiel des Shops für Anhängerkupplungen und Heckfahrradträger (*www. mvg-ahk.de*) wurde die Navigation klassisch anhand des Produktsortiments aufgebaut.

Über den Hauptnavigationspunkt »Anhängerkupplung« wird zunächst der Fahrzeughersteller ausgewählt. Auf der folgenden Kategorieseite kann dann das Modell, nachfolgend das Baujahr des eigenen Fahrzeugs ausgewählt werden. Als Ergebnis wird die passende Anhängerkupplung zum ausgewählten Fahrzeug angezeigt.

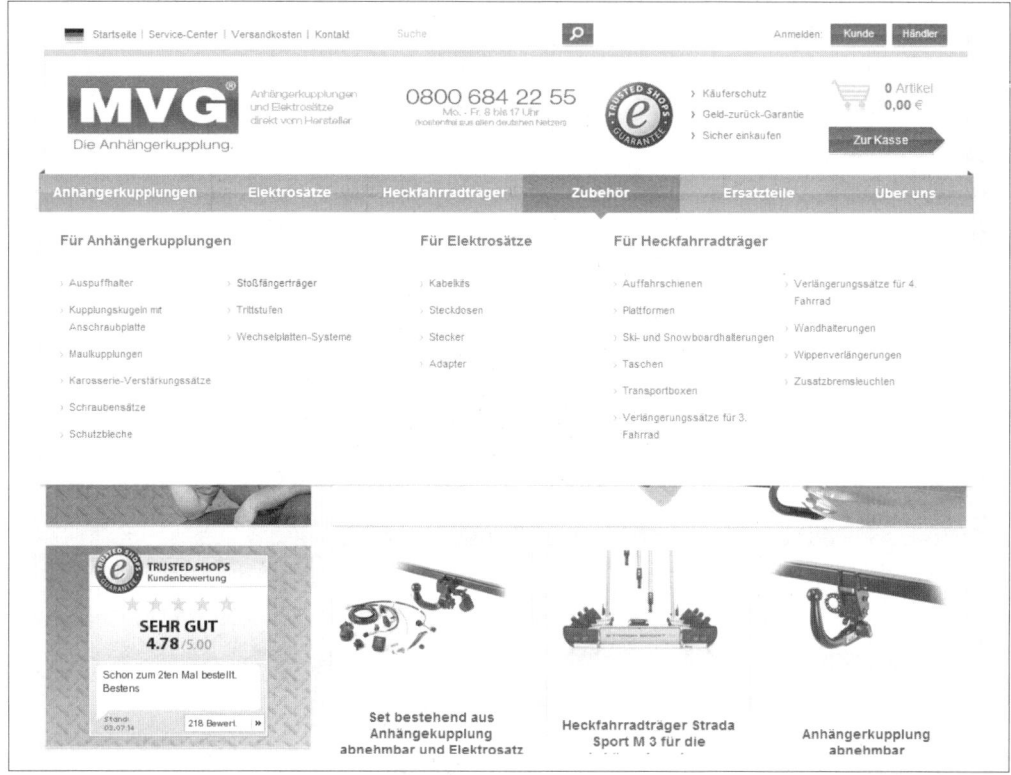

Abbildung 3-11: Navigation mit klassischem Klickweg, www.mvg-ahk.de (April 2014)

Neben der klassischen Navigation wurde auf allen wichtigen Seiten des Online-Shops auch der »Fahrzeug-Finder« integriert. Benutzer können hier in drei Pull-down-Menüs oder alternativ über die Registerkarte »HSN / TSN« mittels der Herstellernummern aus dem Fahrzeugschein ihr Auto auswählen. Im Gegensatz zur klassischen Navigation werden nach der Auswahl jedoch nicht nur die Anhängerkupplungen, sondern auch passende Elektrosätze oder Produktsets angezeigt.

Die zwei unterschiedlichen Navigationswege sind auf Basis der Nutzeranforderungen entwickelt worden und werden nahezu gleich oft genutzt.

Abbildung 3-12: Alternative Navigation, www.mvg-ahk.de (April 2014)

Das Beispiel Ernsting's Family (*www.ernstings-family.de*) zeigt gut, wie Sie die Navigation durch eingebundene Grafiken visuell unterstützen können. Hierbei werden, je nach Hauptkategorie, Vorschaubilder, Kategoriebilder, Angebotsstörer oder bekannte Markenlogos eingebunden, um die Orientierung zu verbessern. Werfen Sie einen Blick auf die Webseite von Ernsting's Family, um die unterschiedlichen Kategoriemenüs in der Navigation zu sehen.

Abbildung 3-13: Navigation mit eingebundenen Grafiken, www.ernstings-family.de (Mai 2014)

Startseite

Startseiten von Online-Shops sollten grundsätzlich immer den bekannten Regeln des Shop-Aufbaus folgen. Von der schematischen Aufteilung (siehe oben) sollten Sie dabei nicht abweichen.

Welche Elemente Sie auf der Startseite Ihres Online-Shops nutzen, hängt, wie auch schon beim Aufbau der Navigation, stark von Ihrem Produktsortiment ab. In jedem Fall muss die Startseite dem wiederkehrenden Kunden und auch dem Erstbesucher die Orientierung über Ihr Produktsortiment ermöglichen. Gerade wegen der Fülle an Informationen, die Sie auf der Startseite unterbringen können (nicht müssen!), sollten Sie die Übersichtlichkeit im Auge behalten. Zu viel Information kann den Besucher genauso vom Kauf abhalten wie zu wenig.

Neben Produktfotos und den Elementen, die einen Online-Shop wie einen Online-Shop aussehen lassen, widmen wir uns im folgenden Abschnitt auch den Produktboxen, die Sie auf verschiedenen Seiten des Shops nutzen können – natürlich auch auf der Startseite.

Überlegen Sie zusammen mit Ihrer Agentur, welche Informationen auf der Startseite wichtig sind und wie die Elemente übersichtlich aufbereitet werden können.

Wohin der Kunde schaut

Forschung mittels Eyetracking zeigt die Elemente eines Online-Shops, die sich der Shop-Besucher am Bildschirm zuerst oder besonders intensiv ansieht. Je roter (wärmer) ein Punkt auf dem Screenshot eingefärbt ist, desto länger und intensiver wird der Bereich vom Shop-Besucher betrachtet. Diese Karten werden Heatmaps oder Aufmerksamkeitskarten genannt.

Die Erstellung von Heatmaps ist sehr aufwendig und teuer, da hierfür sowohl das richtige Equipment als auch entsprechende Probanden zur Verfügung stehen müssen. Alternativ können Heatmaps auf der Basis von Algorithmen berechnet werden. Die Heatmap aus unserem Beispiel wurden von *www.scoreweb.de* erstellt.

Das folgende Beispiel zeigt gut, dass die Bereiche rund um das Shop-Logo, Warenkorb und Siegel sowie der Produktbereich mit den vorhandenen Störern deutlich intensiver beobachtet und damit viel besser wahrgenommen werden als die anderen Bereiche.

Die elementaren Regeln des Shop-Aufbaus sollten daher immer beachtet werden, nur in Ausnahmefällen sollte davon abgewichen werden.

Zwar folgen die Design-Elemente in Online-Shops grundsätzlich immer den gleichen Regeln, es ist aber wichtig, die einzelnen Elemente des Online-Shops schon während der Entwicklung und nach wichtigen Design-Änderungen regelmäßig zu überprüfen. Dienste, die die Maps auf Basis von Algorithmen erreichen, sind dabei eine praktikable Alternative zu den teuren manuell erstellten Varianten.

Fotos auf der Startseite, Teaser

Fotos spielen nicht nur auf der Produktdetailseite, auf die wir später in diesem Kapitel detailliert eingehen, eine wesentliche Rolle. Gute Fotos auf der Startseite können dem Shop-Besucher auf den ersten Blick zeigen, ob er in diesem Online-Shop das von ihm gewünschte Produkt findet.

Wichtig ist dabei, unbedingt professionelle Fotos zu nutzen. Fotos, die Sie mit Ihrem Smartphone oder der Digitalkamera machen, reichen – zumindest ohne professionelle Nachbearbeitung – in der Regel nicht aus.

Abbildung 3-14: Ausgangs-Screenshot www.mokaconsorten.com

Abbildung 3-15: Heatmap www.mokaconsorten.com

Abbildung 3-16: Opacity Map www.mokaconsorten.com

Wenn Sie schlecht ausgeleuchtete oder unscharfe Fotos verwenden, suggerieren Sie dem potenziellen Käufer einen falschen Eindruck. Unbewusst zieht er Rückschlüsse auf Ihre Servicequalität oder die Qualität Ihrer Produkte.

Die beiden nachfolgenden Online-Shops verkaufen das gleiche Produkt. Allein schon die Fotos auf der Startseite, aber auch die Farbwelt und die grundsätzliche Shopaufteilung vermitteln dem Käufer einen gänzlich unterschiedlichen Eindruck hinsichtlich Professionalität und Service.

Im zweiten Beispiel (*www.meinfilati.de*) werden die großen Startseitenbilder, die sogenannten Teaser, durchgewechselt. Nach einem vorgegebenen Rhythmus wird jeweils ein neues Bild angezeigt, das auf einen anderen Artikel, eine andere Kategorie oder auf ein spezielles Sonderangebot hinweist.

Durch die rollierenden Teaserbilder wird für Abwechslung gesorgt. Zusätzlich kann man den Shop-Besucher bei seinem Einstieg über die Startseite unmittelbar auf neue Produkte und Aktionen im Shop hinweisen.

Produktbox

Neben der Startseite werden Sie Produktboxen auch auf vielen anderen Seiten Ihres Online-Shops einsetzen.

Abbildung 3-17: Screenshot www.angelasmasche.de, April 2014

Abbildung 3-18: Screenshot www.meinfilati.de, September 2014

Die Boxen (siehe Abbildung 3-19) enthalten dabei die wesentlichen Informationen, durch die sich der Besucher einen kurzen Überblick über ein Produkt verschaffen kann. Die Boxen werden häufig auf den folgenden Seitentypen als wiederkehrendes Element eingesetzt:

- Startseite
- Kategorieseite
- Produktdetailseite
- Suchergebnisseite

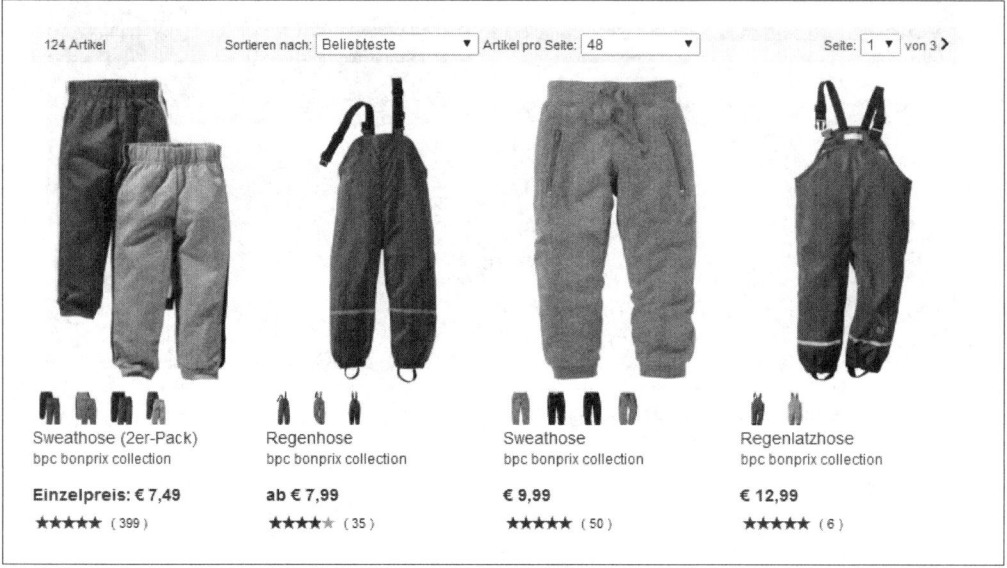

Abbildung 3-19: Produktboxen auf Kategorieseite, www.bonprix.de (Mai 2014)

Auf der Startseite bietet es sich zum Beispiel an, auf Produkte hinzuweisen, die neu in den Online-Shop eingepflegt wurden oder die Sie zu einem vergünstigten Preis anbieten.

Bei den verschiedenen Einsatzzwecken sollten Sie bedenken, welche Informationen für den Besucher tatsächlich wichtig sein können. Je weniger Klicks der Kunde machen muss, desto geringer ist die Wahrscheinlichkeit, dass er seinen Kauf abbricht. Wenn Sie also beispielsweise die Produktverfügbarkeit auf der Produktdetailseite verstecken und der Kunde mehrfach hin und her klicken muss, um ein Produkt zu finden, das in seiner gewünschten Variante (Größe oder Farbe) lieferbar ist, wird er unter Umständen frustriert zum Mitbewerber surfen.

Produktboxen können zum Beispiel die folgenden Elemente enthalten:

- Produktbild
- Produktname
- Preisinformation

- Verfügbarkeitsanzeige
- Produktbewertungen
- Produktvarianten
- Banderole zur Kennzeichnung von Angeboten oder neuen Artikeln

Das Beispiel aus der folgenden Abbildung 3-20 von *www.esprit.de* zeigt, wie man wichtige Informationen mit einer Detailansicht schon in den Produktboxen verknüpfen kann.

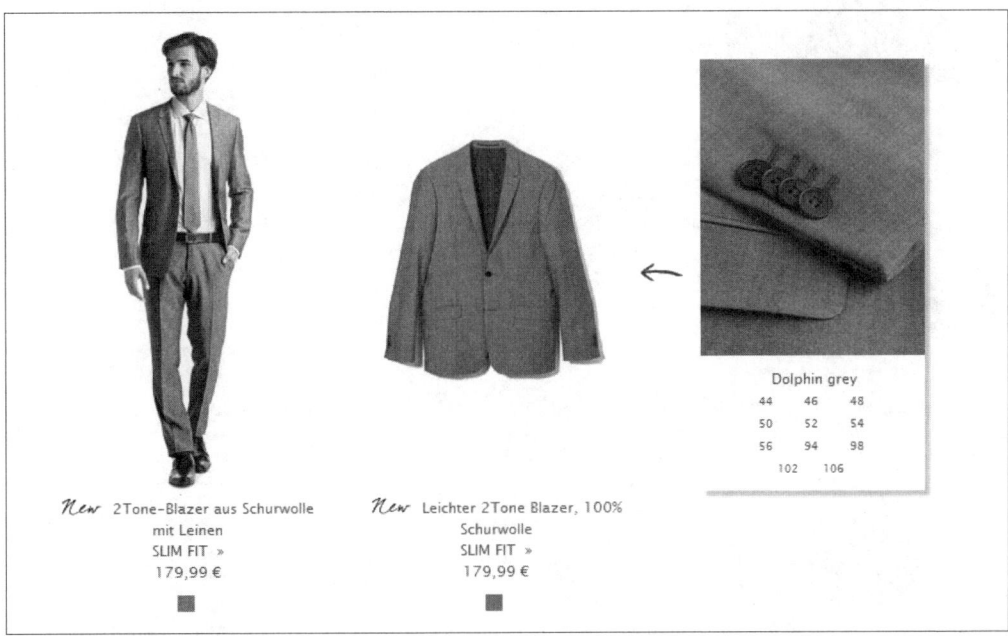

Abbildung 3-20: Produktboxen auf der Kategorieseite, www.esprit.de (Mai 2014)

Fährt der Benutzer mit der Maus über eine Produktabbildung (in diesem Beispiel der Blazer in der Mitte) wird das daneben liegende Produkt mit einer vergrößerten Detailansicht und den verfügbaren Größen überlagert. Unterhalb der Produktabbildung findet der Kunde Informationen über die Produktzusammensetzung, den Preis und die verfügbaren Farben. Schon vor einem Klick auf die Produktdetailseite kann sich der Interessent ein umfassendes Bild über die relevanten Informationen machen.

Je nach Anwendungszweck und Produktgruppe können die Produktboxen unterschiedlich ausführlich mit Informationen befüllt werden. Beim Verkauf von Elektronikprodukten (vergleiche nächste Abbildung 3-21) kann es sinnvoll sein, an dieser Stelle bereits technische Details aufzuführen, die einen Vergleich mit anderen Produkten der gleichen Kategorie oder aus dem Suchergebnis vereinfachen.

Überlegen Sie, welche Informationen für Sie wichtig wären, wenn Sie als Kunde Ihr eigenes Produkt suchen würden. Nehmen Sie die relevanten Informationen, die für den Shop-Besucher wichtig sind und die eine Vergleichbarkeit der einzelnen Produkte möglich machen, in die Produktboxen mit auf.

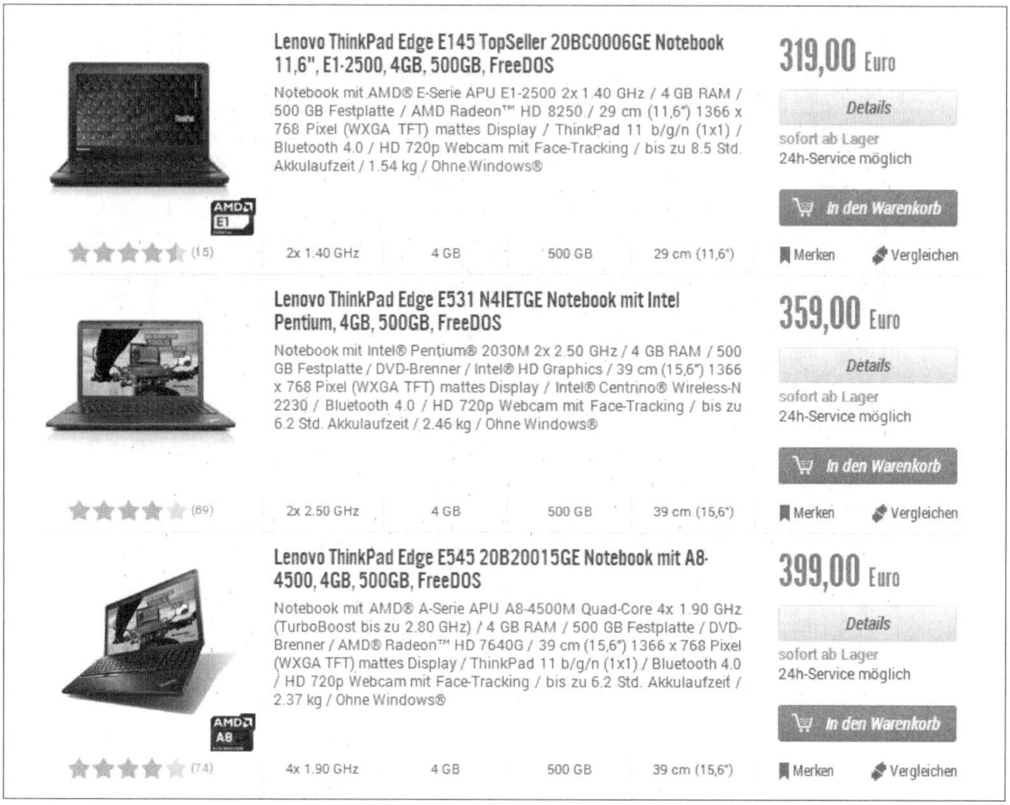

Lenovo ThinkPad Edge E145 TopSeller 20BC0006GE Notebook 11,6", E1-2500, 4GB, 500GB, FreeDOS

Notebook mit AMD® E-Serie APU E1-2500 2x 1.40 GHz / 4 GB RAM / 500 GB Festplatte / AMD Radeon™ HD 8250 / 29 cm (11,6") 1366 x 768 Pixel (WXGA TFT) mattes Display / ThinkPad 11 b/g/n (1x1) / Bluetooth 4.0 / HD 720p Webcam mit Face-Tracking / bis zu 8.5 Std. Akkulaufzeit / 1.54 kg / Ohne Windows®

319,00 Euro

Details

sofort ab Lager
24h-Service möglich

In den Warenkorb

(15) | 2x 1.40 GHz | 4 GB | 500 GB | 29 cm (11,6") | Merken | Vergleichen

Lenovo ThinkPad Edge E531 N4IETGE Notebook mit Intel Pentium, 4GB, 500GB, FreeDOS

Notebook mit Intel® Pentium® 2030M 2x 2.50 GHz / 4 GB RAM / 500 GB Festplatte / DVD-Brenner / Intel® HD Graphics / 39 cm (15,6") 1366 x 768 Pixel (WXGA TFT) mattes Display / Intel® Centrino® Wireless-N 2230 / Bluetooth 4.0 / HD 720p Webcam mit Face-Tracking / bis zu 6.2 Std. Akkulaufzeit / 2.46 kg / Ohne Windows®

359,00 Euro

Details

sofort ab Lager
24h-Service möglich

In den Warenkorb

(69) | 2x 2.50 GHz | 4 GB | 500 GB | 39 cm (15,6") | Merken | Vergleichen

Lenovo ThinkPad Edge E545 20B20015GE Notebook mit A8-4500, 4GB, 500GB, FreeDOS

Notebook mit AMD® A-Serie APU A8-4500M Quad-Core 4x 1.90 GHz (TurboBoost bis zu 2.80 GHz) / 4 GB RAM / 500 GB Festplatte / DVD-Brenner / AMD® Radeon™ HD 7640G / 39 cm (15,6") 1366 x 768 Pixel (WXGA TFT) mattes Display / ThinkPad 11 b/g/n (1x1) / Bluetooth 4.0 / HD 720p Webcam mit Face-Tracking / bis zu 6.2 Std. Akkulaufzeit / 2.37 kg / Ohne Windows®

399,00 Euro

Details

sofort ab Lager
24h-Service möglich

In den Warenkorb

(74) | 4x 1.90 GHz | 4 GB | 500 GB | 39 cm (15,6") | Merken | Vergleichen

Abbildung 3-21: Produktboxen www.notebooksbilliger.de (Mai 2014)

Ein Online-Shop muss wie ein Online-Shop aussehen

Schnelle Klickgewohnheiten beim Surfen, kurze Aufmerksamkeitsspannen und die vielfältige Konkurrenz verlangen es von Online-Shops, schon auf den ersten Blick den richtigen Eindruck zu hinterlassen. Der durchschnittliche Online-Shop-Kunde verlässt eine Internetseite schnell wieder, wenn er nicht das findet (oder unterbewusst wahrnimmt), was er sucht.

Ihr Online-Shop muss sich daher unmittelbar als Online-Shop zu erkennen geben. Hierzu gehören unter anderem

- Preisangaben (Zahlen)
- Symbol für den Warenkorb
- Produktfotos

Gerade diese drei Elemente lassen den Besucher sofort wissen, dass er sich über die angebotenen Produkte hier nicht nur informieren, sondern er sie auch kaufen kann.

Das Beispiel aus der Abbildung 3-22 zeigt die Startseite eines Online-Shops für Anhängerkupplungen und Heckfahrradträger aus dem Jahr 2011. Die wesentlichen Elemente, die dazu beitragen, dass die Seite auch als Shop wahrgenommen wird, wurden weggelassen. Zudem ist auf den ersten Blick für den Laien nicht erkennbar, dass es sich bei dem Produkt um eine Anhängerkupplung handelt, da es nicht in seinem »natürlichen Lebensraum« also montiert an einem Auto, gezeigt wird.

Abbildung 3-22: Startseite ohne Erkennungsmerkmale eines Online-Shops

Unter anderem durch die grundlegende Erneuerung des Shop-Layouts konnte die Absprungquote schon auf der ersten Seite des Shops dramatisch gesenkt werden.

Im Rahmen des ReDesigns wurden neben den oben genannten Elementen auch das inzwischen weit verbreitete und bekannte Qualitätssiegel Trusted Shops in den Header sowie das Trusted-Shops-Bewertungswidget im Content-Bereich eingebunden. Dies unterstreicht zusätzlich den Charakter der Seite als Online-Shop. Weitere Informationen zu Trusted Shops finden Sie im gleichnamigen Kapitel.

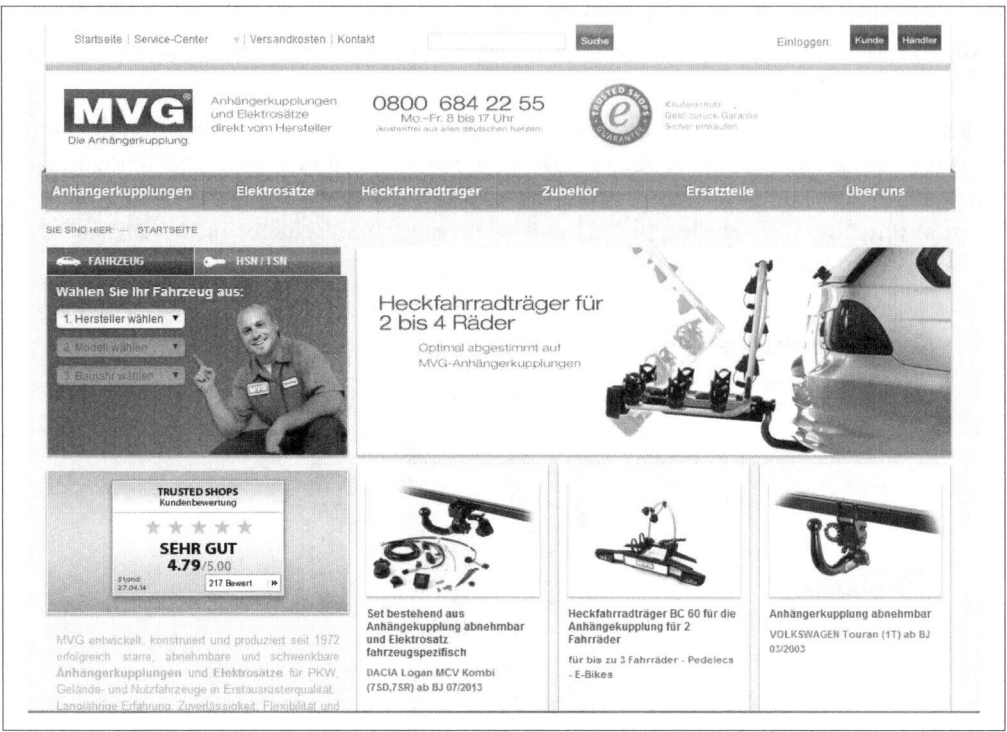

Abbildung 3-23: Startseite www.mvg-ahk.de nach dem ReDesign

Kategorieseite

Die Kategorieseite des Online-Shops bietet einen Überblick über alle Produkte, die in der ausgewählten Kategorie enthalten sind. Dabei kann es sich um Kategorien nach Warengruppen (Hosen, Jacken, Schuhe), nach Unterkategorien (Jeanshosen, kurze Hosen, Anzughosen) oder um thematische Zusammenstellungen (Outdoorbekleidung) handeln. Die Kategorien und Unterkategorien legen Sie über die Navigation (siehe Kapitel 3, *Navigation,* auf Seite 113) fest.

Wie der gesamte Shop oder die Produktdetailseite muss auch eine Kategorieseite unmittelbar einen Überblick über die angebotenen Produkte ermöglichen. Visuell lässt sich das durch ein thematisch passendes Headerbild, ähnlich dem Teaser auf der Startseite, und eine Kategorieüberschrift realisieren. Das folgende Beispiel zeigt die Kategorieseite für Elektrogrills (*www. weber.com*). Die Header-Grafik zeigt die Abbildung 3-24 eines Elektrogrills, die deutliche Überschrift »Elektrogrill« weist den Besucher eindeutig auf den Inhalt der Seite hin. Zusätzlich nutzt der Shop-Betreiber den Platz unterhalb der Überschrift mit einer Werbebotschaft für die Kategorie der Grills (hier: »Auch echte Profis schmecken keinen Unterschied«).

Unterhalb des Headerbildes beginnt die Auflistung der einzelnen Produkte. Die Auflistung kann dabei in Listenform (ein Produkt pro Zeile) oder in Form einer Matrix

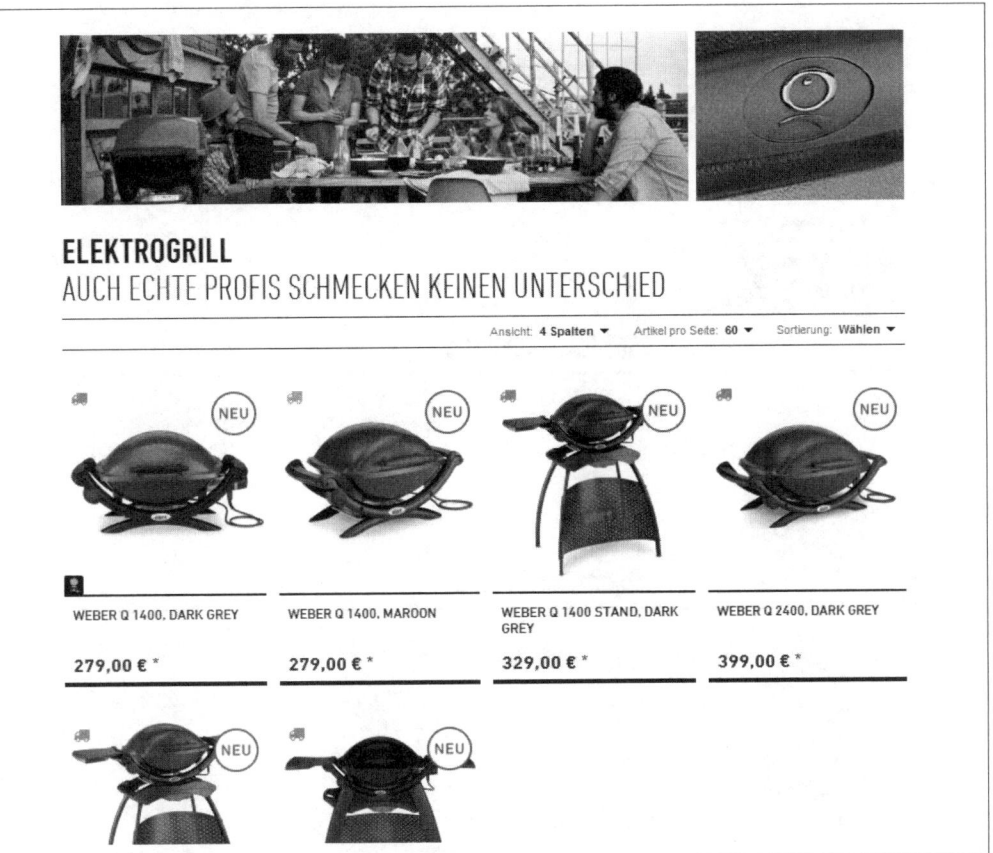

Abbildung 3-24: Kategorieseite, www.weber.com (Mai 2014)

(mehrere Produkte pro Zeile) erfolgen. In vielen Shop-Systemen hat der Benutzer die Möglichkeit, zwischen den beiden Formen zu wechseln. Die Listenform kann dabei deutlich mehr Informationen enthalten als die Matrixansicht, die ihrerseits einen besseren Überblick über den gesamten Inhalt der Kategorie bietet. Die nächste Abbildung 3-25 zeigt die Produktboxen in Listenform. Neben den Abbildungen hätte man weitere technische Informationen oder Produktbeschreibungen hinzufügen können, die dem Benutzer den Vergleich der einzelnen Produkte erleichtert.

Die Anzeige der Produkte erfolgt dabei über die im gleichnamigen Kapitel beschriebenen Produktboxen. In dem Elektrogrill-Beispiel enthalten die Produktboxen neben Abbildung und Produktbezeichnung auch den Produktpreis, die Produktfarbe als Bestandteil der Bezeichnung, Informationen über die Lieferbarkeit, einen Hinweis auf die Aktualität der Produkte im Online-Shop (»Neu«) und einen Hinweis auf eine »exklusive« Produktlinie (als kleines Icon am ersten Produkt).

Wenn Ihre Kategorie viele Artikel enthält, kann dies leicht dazu führen, dass die Seite unübersichtlich wird. Sie können die einzelnen Produkte nun zum Beispiel auf weitere

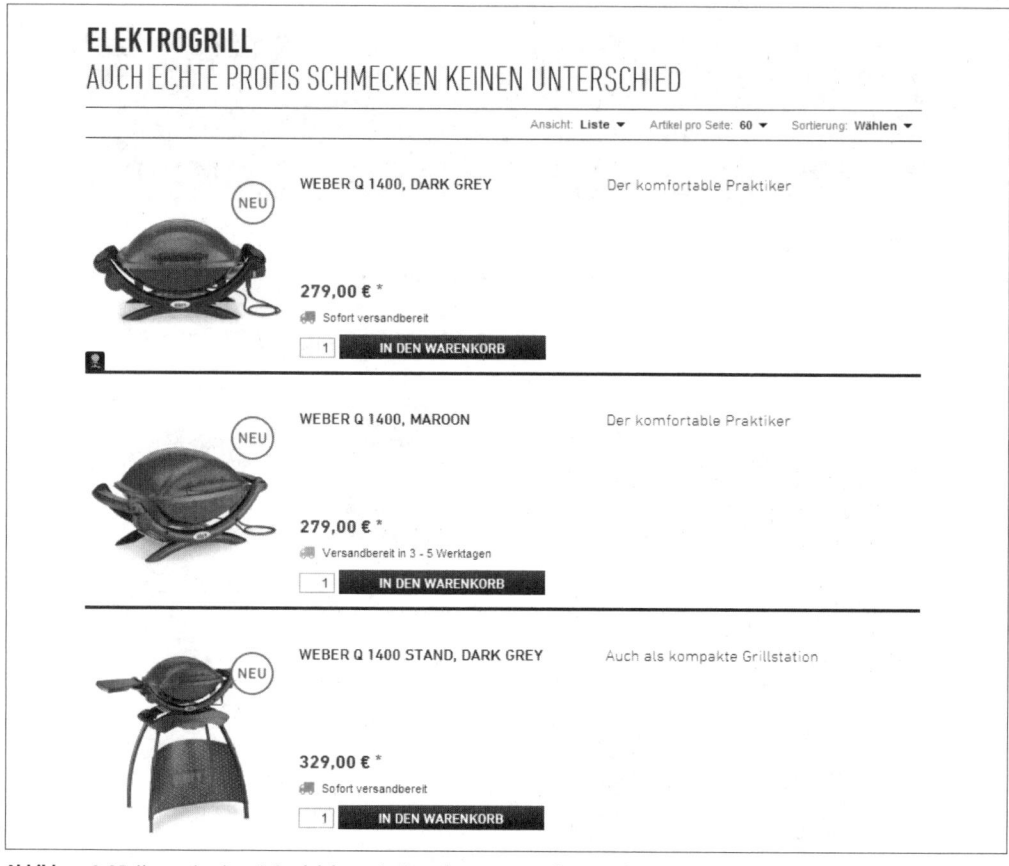

ELEKTROGRILL
AUCH ECHTE PROFIS SCHMECKEN KEINEN UNTERSCHIED

Ansicht: **Liste** ▼   Artikel pro Seite: **60** ▼   Sortierung: **Wählen** ▼

WEBER Q 1400, DARK GREY — Der komfortable Praktiker

279,00 € *

Sofort versandbereit

| 1 | **IN DEN WARENKORB** |

WEBER Q 1400, MAROON — Der komfortable Praktiker

279,00 € *

Versandbereit in 3 - 5 Werktagen

| 1 | **IN DEN WARENKORB** |

WEBER Q 1400 STAND, DARK GREY — Auch als kompakte Grillstation

329,00 € *

Sofort versandbereit

| 1 | **IN DEN WARENKORB** |

Abbildung 3-25: Kategorieseite mit Produktboxen in Listenform, www.weber.com (Mai 2014)

Unterkategorien aufteilen oder dem Shop-Besucher Werkzeuge an die Hand geben, die ihm die Orientierung erleichtern. Dies können entweder Funktionen zur Sortierung oder zur Filterung der angezeigten Artikel sein.

Sortierung

Die Sortierung der Produkte auf einer Kategorieseite kann nach den unterschiedlichsten Kriterien erfolgen, die Sie vom jeweiligen Produkt abhängig machen sollten. Sortierkriterien können sein:

- Produktname (alphabetische Sortierung)
- Produkttypennummer (zum Beispiel BMW 520, 525, 535)
- Produktpreis
- Produktgröße (zum Beispiel Größe von Bilderrahmen)
- Leistungsfähigkeit (zum Beispiel kWh bei Staubsaugern)

- Beliebtheit der Produkte
- Produktbewertungen
- Relevanz

Die Beliebtheit der Produkte kann natürlich der tatsächlichen Beliebtheit entsprechen, etwa gemessen an der Anzahl der Aufrufe der Produktdetailseite oder den Verkaufszahlen oder vom Shop-Betreiber vorgegeben werden. So können Sie Produkte, die Sie in den Fokus der Shop-Besucher rücken wollen, gezielt an den Anfang der sortierten Auflistung stellen.

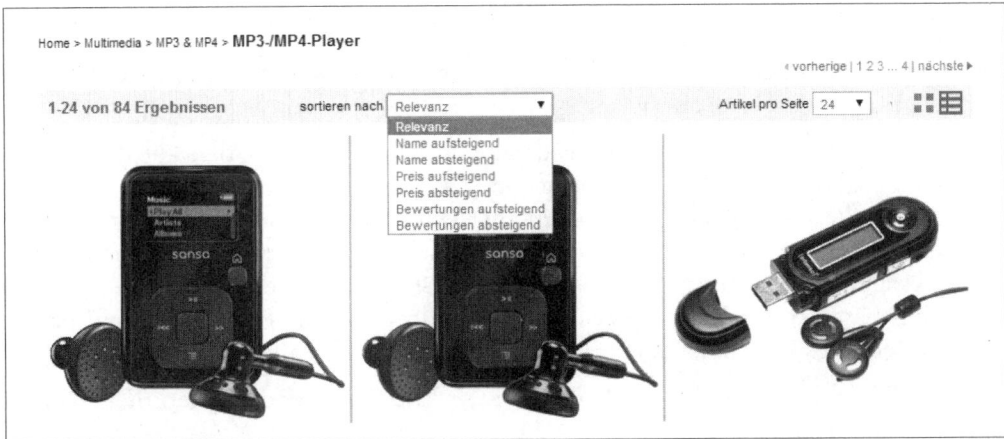

Abbildung 3-26: Produktsortierung, www.conrad.de

Tipp Versehen Sie ein Produkt, dessen Verkauf Sie fördern wollen, mit dem deutlichen Hinweis »beliebtes Produkt«. Ähnlich wie im Empfehlungsmarketing gilt auch hier der Anreiz »Wenn andere das Produkt so toll finden, dann kaufe ich das auch«.

Für alle Kategorieseiten empfiehlt es sich, eine Standard-Sortierreihenfolge festzulegen, die beim Aufruf der Kategorie berücksichtigt wird. So vermeiden Sie es, den Shop-Besucher zu verwirren, wenn unterschiedliche Produktkategorien bei Aufruf der Seite nach unterschiedlichen Kriterien sortiert sind.

Filterung

Filter auf der Kategorieseite helfen dem Shop-Besucher, sich besser zu orientieren und die Produktauswahl nach seinen eigenen Kriterien einzuschränken. Produkte, die den Filterkriterien nicht entsprechen, werden auf der Seite ausgeblendet.

Als Filterkriterien können dabei alle Produktattribute dienen, die den angezeigten Produkten im Shop-System zugeordnet sind. Versetzen Sie sich auch hier wieder in die Lage Ihres Kunden: Nach welchen Kriterien erfolgt die Produktauswahl? Was unterscheidet Ihre Produkte voneinander?

Mögliche Kriterien für Filter auf Kategorieseiten können sein:

- Produktpreis (oder Preisspanne)
- Hersteller/Marke
- Produktfarbe
- Leistung (zum Beispiel kWh)
- Größe (zum Beispiel Bildschirmdiagonalen oder Kleidergrößen)
- Benutzer-Bewertungen (nach Sternen)
- Zubehör

Filterkriterien können vom Benutzer in der Regel auch miteinander kombiniert werden. Er kann sich zum Beispiel Produkte einer bestimmten Marke innerhalb einer von ihm vorgegebenen Preisspanne anzeigen lassen.

Sie sollten bei der Nutzung von Filtern auf jeden Fall darauf achten, dass alle Produkte in Ihrem Online-Shop auch über entsprechende Attribute verfügen. Wenn Sie zum Beispiel nach Farbe filtern, bei einigen Produkten aber keine Farbe hinterlegt ist, werden diese Produkte bei einer Filterung durch den Shop-Besucher überhaupt nicht angezeigt. Gleiches gilt auch für Bewertungen: Produkte ohne Bewertungen durch Benutzer würden durch das Filter-Raster fallen. Testen Sie daher unbedingt alle Filter durch und prüfen Sie, ob auch jedes Produkt entsprechend seiner Eigenschaften angezeigt wird.

Wichtig: Sehen Sie eine einfache Möglichkeit vor, einzelne oder alle Filterkriterien deaktivieren zu können.

Das folgende Beispiel zeigt eine Filterfunktion, die Amazon für Fernseher verwendet. Hinter den jeweiligen Attributen ist zusätzlich die Anzahl der Produkte angegeben, die diesem Filterkriterium entsprechen. Amazon verdeutlicht hiermit die Größe der Auswahl im eigenen Shop.

Blätterfunktion

Viele Shop-Systeme bieten die Möglichkeit, für Auflistungen mit Produktboxen eine maximale Anzahl von Artikeln festzulegen, die auf einer Seite angezeigt werden. Enthält die Kategorie mehr Artikel als dort festgelegt, werden die Produkte auf einer oder mehreren weiteren Seiten angezeigt, durch die der Shop-Benutzer blättern kann/muss.

Die Blätterfunktion ist ein Relikt aus vergangenen Jahren. Mit der heute verfügbaren Bandbreite (auch mobil) und den größeren Bildschirmen können eigentlich alle Produkte einer Kategorie auf einer einzelnen Seite angezeigt werden.

Auch die sich ändernden Nutzungsgewohnheiten, zum Beispiel Wischgesten auf Tablets und Smartphones, machen aus einer Blätterfunktion eher ein Benutzungshindernis, weil die Icons für die Blätterfunktion oft so klein sind, dass sie auf einem Tablet überhaupt nicht benutzt werden können.

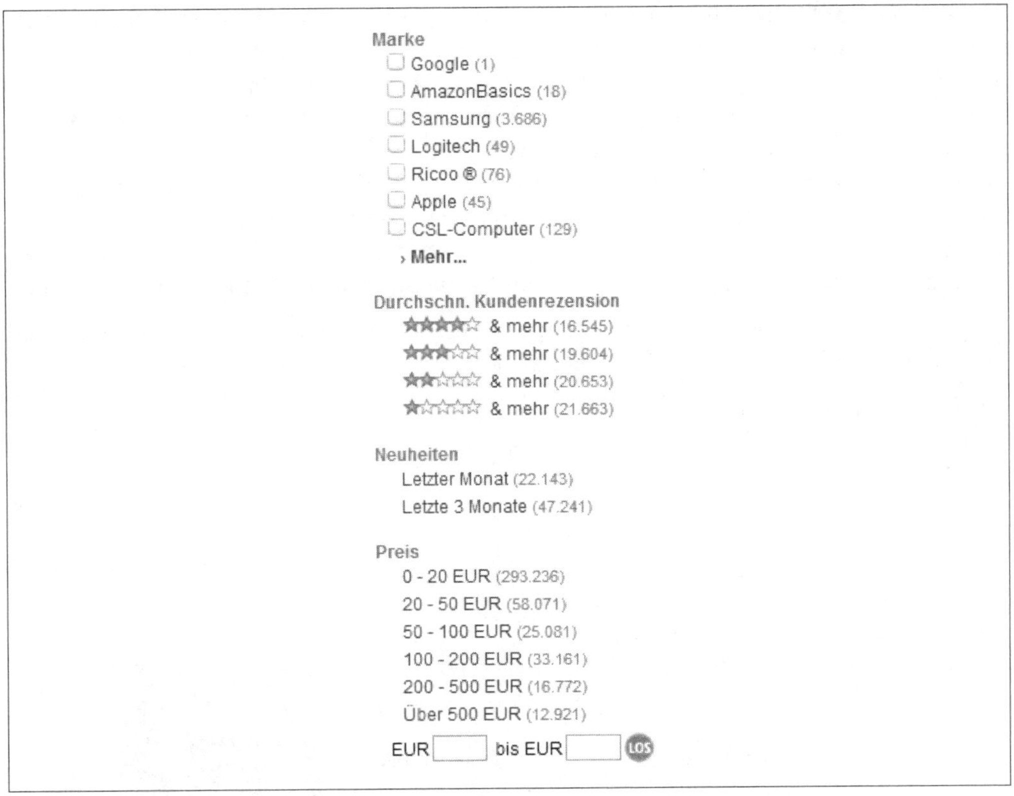

Marke
- ☐ Google (1)
- ☐ AmazonBasics (18)
- ☐ Samsung (3.686)
- ☐ Logitech (49)
- ☐ Ricoo ® (76)
- ☐ Apple (45)
- ☐ CSL-Computer (129)

› **Mehr...**

Durchschn. Kundenrezension

⭐⭐⭐⭐☆ & mehr (16.545)

⭐⭐⭐☆☆ & mehr (19.604)

⭐⭐☆☆☆ & mehr (20.653)

⭐☆☆☆☆ & mehr (21.663)

Neuheiten

Letzter Monat (22.143)

Letzte 3 Monate (47.241)

Preis

0 - 20 EUR (293.236)

20 - 50 EUR (58.071)

50 - 100 EUR (25.081)

100 - 200 EUR (33.161)

200 - 500 EUR (16.772)

Über 500 EUR (12.921)

EUR [   ] bis EUR [   ] (LOS)

Abbildung 3-27: Filter für Produkte, www.amazon.de (Mai 2014)

Wenn Sie aus Ihrer Sicht zu viele Artikel innerhalb einer Kategorie haben, sollten Sie eher über eine Änderung der Kategorisierung nachdenken als über eine Blätterfunktion.

Wenn Sie Bandbreite also die Menge der beim Laden der Seite übertragenen Daten, einsparen möchten, würde sich als Alternative das sogenannte Infinite Scrolling anbieten. Hierbei werden beim Aufruf der Seite nur die Bilder und Daten geladen, die auf der aktuellen Bildschirmseite angezeigt werden. Scrollt oder wischt der Benutzer die Seite weiter nach oben, werden innerhalb kürzester Zeit die Produktdaten und Abbildungen für eine weitere Bildschirmseite geladen. Wie dies funktioniert, können Sie sich beispielsweise auf den Kategorieseiten von *www.jeans-shopping24.de* ansehen.

Produktdetailseite

Der häufigste Einstiegspunkt in Online-Shops ist nicht zwangsläufig die Startseite. Viel häufiger werden gerade die Besucher, die nicht zur Stammkundschaft eines Online-Shops zu zählen sind, über Suchmaschinen, Produktempfehlungen auf anderen Webseiten oder auf sozialen Plattformen, Affiliate-Links oder Deeplinks von anderen Internetseiten direkt auf die Produktdetailseiten geführt.

Damit fallen der Produktdetailseite gleich zwei Aufgaben zu. Auf der einen Seite muss sie den Shop-Besucher, egal auf welchem Weg er in den Shop gekommen ist, ausführlich über das Produkt informieren und ihn dazu bewegen, es in den Warenkorb zu legen und zu kaufen. Auf der anderen Seite muss sie es dem Besucher ermöglichen, alle Metadaten zum Kauf auf einen Blick zu erfassen, so dass er diese Seite nicht mehr verlassen muss, um Informationen zu finden. Hierzu gehören zum Beispiel die Informationen zu Versandkosten, Lieferzeiten und -gebiete, Informationen zum Shop-Betreiber und den möglichen Zahlungsarten. Je mehr Informationen der Interessent auf dieser Seite bekommen kann, desto weniger wird er vom Produkt und vom eigentlichen Kaufvorgang abgelenkt.

Die folgende schematische Darstellung zeigt den Aufbau einer typischen Produktdetailseite. Der Produktbereich teilt sich dabei in vier wesentliche Elemente auf:

- Produktfotos
- Produktdetails
- Buybox
- Weiterführende Produktinformationen

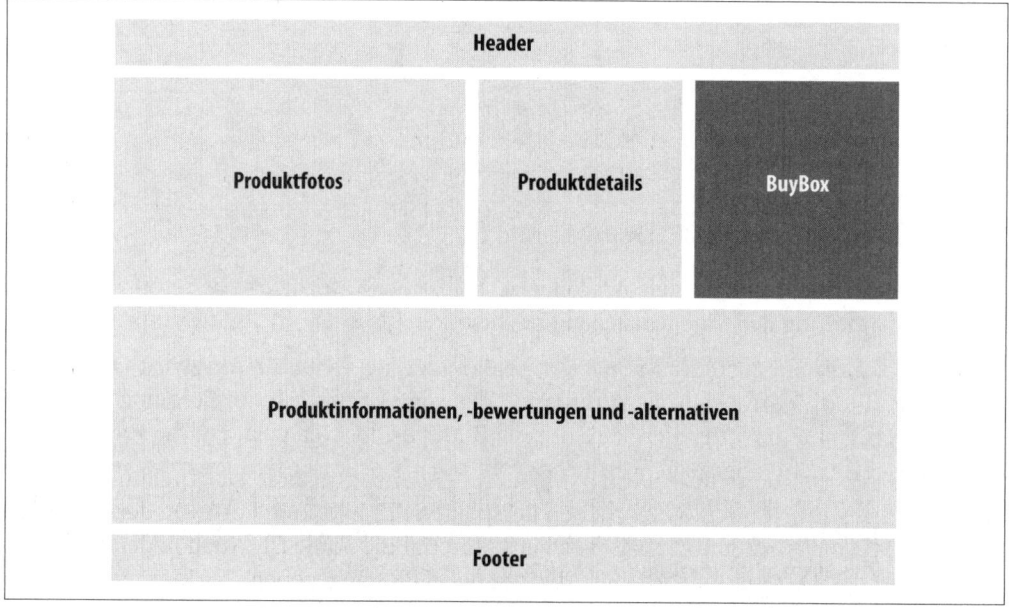

Abbildung 3-28: Schematische Darstellung Produktdetailseite

Die bewährte Anordnung wird seit Herbst 2013 von einigen Online-Shops umgestellt. Als erster (und bisher einziger unter den TOP 10 Online-Shops in Deutschland) Shop tauscht Zalando die Reihenfolge der Produktfotos und Produktdetails gegeneinander aus, da laut Zalando die zentrierte Darstellung der Produktfotos zu höheren Konversionsraten führt. Hier bleibt abzuwarten, ob dies auch in anderen Online-Shops umgesetzt wird. Wir konnten die höheren Konversionsraten bei A/B-Tests bisher nicht eindeutig belegen.

Tipp Online-Shop-Systeme werden meist mit allen verfügbaren Funktionen installiert. Die Produktdetailseite ist dann vollkommen überladen. Wir empfehlen, gerade auf der Produktdetailseite die Funktionalitäten auf das Wesentliche zu beschränken. Überlegen Sie sich, welche Funktionen für Ihre Kunden wirklich relevant sind, und deaktivieren Sie die überflüssigen.

Beispiel: Standardmäßig werden Online-Shops oft mit einer Wunschlistenfunktion installiert. Die Funktion soll – ähnlich dem Hochzeitstisch – eine Geschenkanregung für Freunde und Verwandte darstellen. Wirklich durchgesetzt hat sich die Wunschliste im E-Commerce-Alltag jedoch nicht. Stellen Sie sich die Frage, ob diese (und andere) Funktionalitäten nicht zugunsten einer übersichtlicheren Produktdarstellung wegfallen können.

Produktfotos

Im Gegensatz zum Ladenlokal hat der Kunde im Online-Shop keine Möglichkeit, das angebotene Produkt zu erfahren. Er kann es nicht fühlen, er kann es nicht riechen, er kann es nicht drehen und näher herangehen, um es in allen Details zu betrachten. Diesen Nachteil müssen Sie als Shop-Betreiber aufwiegen. Daher sind erstklassige Produktfotos unablässig für den Erfolg Ihres Online-Shops.

Zu den Produktfotos gehört dabei nicht nur eine einzelne Abbildung des Produkts aus einer Perspektive. Neben der Gesamtansicht des Produkts (von vorne) empfehlen wir auch Fotos von allen Details und Seiten, soweit sie wesentlich für die Kaufentscheidung des Kunden sein können.

Neben den eigentlichen Fotos gehört dazu eine entsprechende Zoomfunktion, durch die Produktdetails genau erkennbar sind.

Die folgende Abbildung 3-29 zeigt die Produktdetailseite von *www.deichmann.com* mit dem Zoom eines Produktfotos. Während der Zoombereich auf dem linken Bild mit der Maus markiert wird (weißer Bereich über dem Schuh), wird exakt dieser Bereich rechts stark vergrößert angezeigt. Das Zoombild nutzt dabei den Platz der Produktdetails und der Buybox und legt sich darüber.

Der Ansatz, den Deichmann hier verfolgt, ist grundsätzlich richtig, jedoch ist das Zoomfoto bei den meisten Produkten im Deichmann-Shop unscharf. Ein genauer Blick auf die Produktdetails ist somit nur bedingt möglich. Zudem verzichtet Deichmann auch auf Fotos aus einer für Kunden wesentlichen Perspektive: Es gibt kein Foto von der Sohle des Schuhs. Es ist nicht erkennbar, aus welchem Material die Sohle ist. Auch in den Produktdetails wird das Material nur mit der Abkürzung »TPR« angegeben.

Bei technischen Geräten – egal, ob Fernseher, Notebooks oder Smartphones – bietet es sich an, Fotos auch von der Seite und der Rückseite zu machen, auf denen alle Anschlüsse detailliert zu erkennen sind, wie in der folgenden Abbildung 3-30 zu sehen. So kann der Interessent ohne Blick in die technischen Spezifikationen direkt erkennen, ob die von ihm genutzten Kabel, Stecker und Adapter unterstützt werden

Bieten Sie Ihre Produkte in verschiedenen Varianten wie etwa Farbe, Form oder Größe an, sollten Sie sie mit einem Foto je Variante darstellen. Gerade im Bereich Farbe ist dies

Abbildung 3-29: Produktfoto Zoom, www.deichmann.com, Mai 2014

Abbildung 3-30: Produktdetails auf dem Foto, www.gravis.de (Juli 2014)

ausgesprochen wichtig, da Farben von Menschen unterschiedlich wahrgenommen und interpretiert werden. So stellen sich viele Menschen unter »Pink« ganz verschiedene Ausprägungen der Farbe vor – die reine Farbbezeichnung ist daher nicht ausreichend. Trotz unterschiedlicher Monitoreinstellungen können Variantenfotos Fehlinterpretationen durchaus vermindern helfen.

Für den Shop-Besucher ist es relativ einfach: Findet er auf der Produktdetailseite bzw. auf den Produktfotos nicht die von ihm gewünschte Information, wird er nach einer anderen Informationsquelle suchen. Ihr Mitbewerber ist in der Regel nur einen Klick entfernt. Wenn der Interessent Ihren Online-Shop verlässt, können Sie davon ausgehen, dass Sie einen Kunden verloren haben. Deswegen sollten Sie insbesondere bei den Produktfotos, die der Nutzer viel schneller erfassen kann als Beschreibungen in Textform, auf eine große Vielfalt, Detailreichtum und sehr gute Qualität achten!

Im Idealfall verhindert ein gutes Produktfoto so manch unliebsame Retoure.

Praxistipp: Eigene Produktfotos

Sofern Sie die Produktfotos selbst machen möchten, achten Sie neben der richtigen Perspektiven und der Schärfe unbedingt auch auf eine gute Ausleuchtung. Fotografieren Sie die Produkte mit ausreichend Schärfe und Kontrast und vermeiden Sie Schattenwurf und Spiegelungen. Fotografieren Sie auch immer ohne direkten Blitz.

Nutzen Sie für die Fotos ein kleines Fotozelt und passende Scheinwerfer. Beides erhalten Sie (im Internet) für rund 150 €. Die Kamera positionieren Sie dauerhaft auf einem Stativ. Verändern Sie dabei möglichst selten die Position der Kamera, um bei allen Produkten die aus den gleichen Winkeln, Entfernungen und Perspektiven zu fotografieren. Um die richtige Entfernung einzuhalten, können Sie die Position des Produkts im Fotozelt mit einem aufgeklebten Punkt markieren.

360°-Fotos

Rundum-Ansichten von Produkten bieten dem Shop-Besucher einen guten Blick auf das Produkt. Sie sind jedoch in der Produktion relativ teuer. Gute und detailreiche Produktfotos aus den wichtigsten Perspektiven erzielen oft den gleichen Effekt bei deutlich weniger Aufwand und geringeren Kosten.

Verwendung fremder Produktbilder

Die Versuchung ist groß, bei fehlenden Produktfotos auf das Internet als Quelle für gute Fotos zurückzugreifen. Bitte denken Sie daran, dass alle Fotos dem Urheberrecht unterliegen und eine Weiterverwendung in Ihrem Shop nur gestattet ist, wenn der Urheber oder Rechteinhaber (Fotograf oder Auftraggeber) dies ausdrücklich gestattet. Insbesondere sollten Sie darauf verzichten, Fotos aus den Shops Ihrer Wettbewerber zu kopieren. Die unberechtigte Nutzung fremder Fotos kann schnell zu einer kostenpflichtigen Abmahnung und gegebenenfalls zu einer Schadenersatzforderung führen. Allein für die Abmahnung müssen Sie mit Lizenz- und Rechtsanwaltsgebühren im vierstelligen Bereich rechnen.

Hersteller von Markenprodukten gehen vermehrt dazu über, ihren Händlern einen eigenen Bilderpool zur Verfügung zu stellen, den jeder Händler auch für seinen Online-Shop nutzen kann. Die Produktfotos sind meist sehr professionell und hochwertig. Fragen Sie, welche Produktfotos Sie für welchen Anwendungszweck (Online-Shop, Amazon, eBay u. a.) verwenden dürfen.

Produktvideos

Gerade in der Modebranche ist es wichtig, ein Produkt möglichst live zu erleben. Auf Fotos ist es beispielsweise nicht möglich, zu erkennen, wie ein Kleid fällt oder wie ein Mantel sich bewegt, wenn man damit läuft. Auch der Kaufprozess für erklärungsbedürftige Produkte oder Produkte, die vor Gebrauch durch den Käufer montiert werden müssen, lässt sich durch Produktvideos unterstützen.

Der britische (und international agierende) Modehändler asos (*www.asos.de*, siehe Abbildung 3-31) bindet auf der Produktdetailseite aufwendig produzierte Laufsteg-Videos einzelner Produkte ein. Durch die Bewegung des Models werden Kleider oder Anzüge in ihrem »natürlichen Umfeld« gezeigt und können die Kaufentscheidung positiv unterstützen, die Rücksendequote mitunter auch senken, da Käufer besser beurteilen können, wie das Kleidungsstück sitzt.

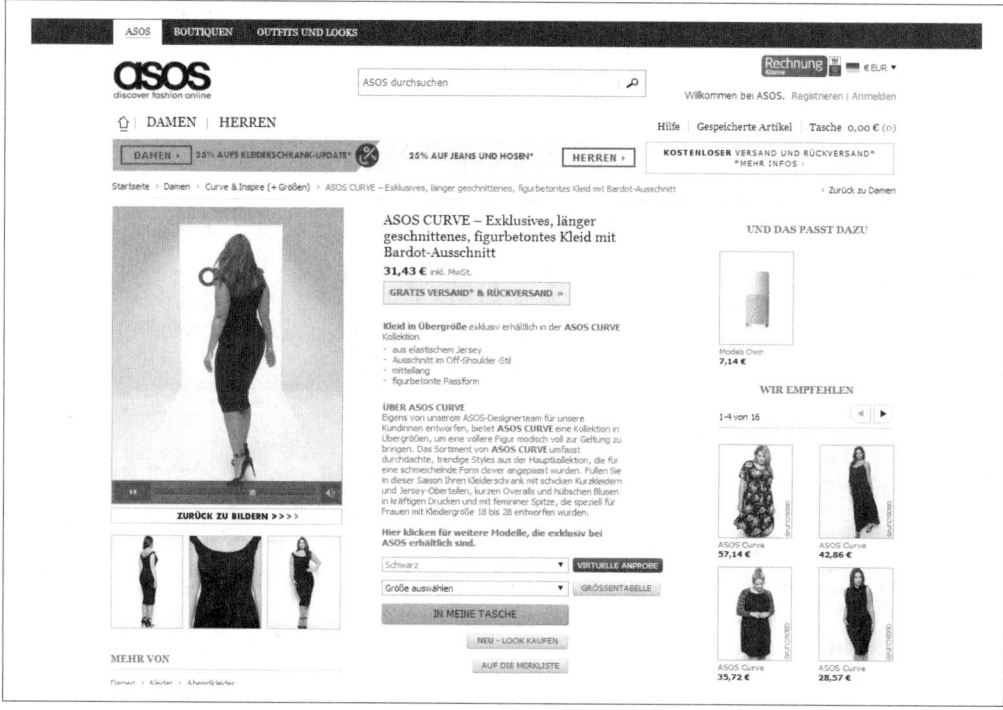

Abbildung 3-31: Produktvideos auf der Produktdetailseite, www.asos.de (August 2014)

Natürlich stehen die Kosten für die Produktion eigener Videos gerade zu Beginn des Online-Shop-Projekts in keinem sinnvollen Verhältnis zum Ertrag. Hier bietet es sich aber beispielsweise an, bestehende Produktvideos – soweit dies erlaubt ist – in den eigenen Shop einzubinden.

Der schwedische Spezialist für Autozubehör THULE zeigt in seinem YouTube-Channel (*https://www.youtube.com/ThuleBringYourLife*), wie einfach seine Produkte zu montieren und zu bedienen sind. Händler können diese Produktvideos im eigenen Online-Shop einblenden und den Kunden vom jeweiligen Produkt überzeugen und begeistern, ohne dass er den Online-Shop verlassen muss.

Das Bild zeigt ein Produktvideo mit dem Einbettungscode. Diesen Code-Schnipsel fügen Sie an der gewünschten Stelle in der Produktbeschreibung des Artikels im Online-Shop ein. Bei Aufruf der Seite kann der Shop-Besucher das Video direkt dort abspielen.

Wichtig: Bitte beachten Sie, dass die Produktvideos (wie auch Produktfotos) dem Urheberrecht unterliegen. Binden Sie die Videos nicht in Ihren Shop ein, wenn Sie nicht sicher sind, ob Sie dies auch dürfen!

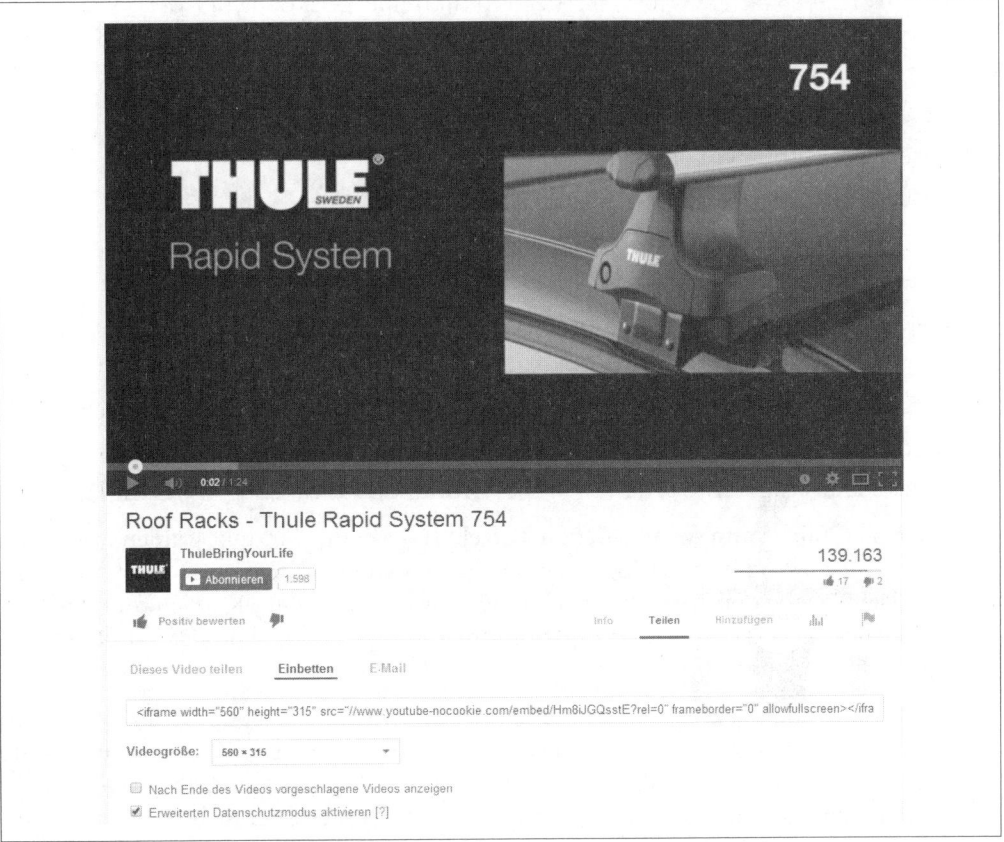

Abbildung 3-32: YouTube-Video mit Einbettungscode

Produkttitel

Der Produkttitel wird an vielen Stellen im Online-Shop verwendet. Sie sollten daher überlegen, welche Informationen an welcher Stelle relevant sein können.

Der Produkttitel wird zum Beispiel an folgenden Stellen angezeigt:

- Auf der Produktdetailseite neben dem Produktfoto
- In der Titelzeile des Browserfensters
- In der Produktsuche
- Im Warenkorb
- Auf der Bestellbestätigungsseite
- In der Bestätigungs-E-Mail
- In der URL der Produktseite
- Zusammen mit vergleichbaren Produkten auf Kategorie-Übersichtsseiten

Überlegen Sie, welche Informationen wichtig sind. Wenn Sie beispielsweise einen Rasenmäher-Roboter der Firma Wiper aus der Produktreihe EcoRobot mit der Typbezeichnung Joy XE verkaufen, könnten Sie den Produkttitel wie in den folgenden Beispielen formulieren:

- Rasenmäher-Roboter
- Rasenmäher-Roboter von Wiper
- Rasenmäher-Roboter Joy XE
- Rasenmäher-Roboter Joy XE von Wiper
- Rasenmäher-Roboter Joy XE von Wiper EcoRobot

Darüber hinaus können Sie den Titel auch um wesentliche Details ergänzen, die eine Vergleichbarkeit der Produkte möglich macht.

- Rasenmäher-Roboter Joy XE von Wiper EcoRobot, für ca. 600 m² Rasenfläche
- Rasenmäher-Roboter Joy XK von Wiper EcoRobot, für ca. 1200 m² Rasenfläche
- Rasenmäher-Roboter Joy XH von Wiper EcoRobot, für ca. 2200 m² Rasenfläche

Auf den ersten Blick kann so auch der Laie direkt das richtige Produkt wählen, ohne sich genauer mit den Produktbezeichnungen »XE«, »XK« und »XH« auseinandersetzen zu müssen. Die Angabe der Produktbezeichnung hilft hingegen dem Kunden, der das Produkt bereits kennt, bereits bei den Ergebnissen von Suchmaschinen oder bei der Orientierung in Ihrem Online-Shop.

Denken Sie auch daran, dass der Kunde auf der letzten Seite vor dem Kaufabschluss in Ihrem Online-Shop noch einmal eine Übersicht über die Produkte erhält. Auch hier sollte der Käufer direkt erfassen können, ob er das richtige Produkt kauft. Die wichtigen (!) Unterscheidungskriterien oder Produktangaben sollten hier nochmals aufgeführt werden. Der einfachste Weg führt dabei meist über den Produkttitel.

Produktbeschreibung und Detailinformationen

Die Produktbeschreibung erfüllt zwei Zwecke. Auf der einen Seite dient sie natürlich der Information des Kunden. Er kann sich über das Produkt informieren und technische Details nachlesen. Zudem kann die Produktbeschreibung – neben anderen Faktoren auf der Produktdetailseite – die Kaufentscheidung des Kunden positiv beeinflussen.

Auf der anderen Seite dient die Produktbeschreibung auch der Suchmaschinenoptimierung. Hierbei geht es aber weniger um die Beschreibung in schönen Worten, sondern um unverwechselbare Angaben, wie zum Beispiel EAN-Nummern (die Sie zusammen mit einem Barcode auf nahezu jedem Produkt finden), Produktnummern und -bezeichnungen, nach denen Kunden (oder Suchmaschinen) suchen können.

European Article Number (EAN)

Alle in Europa industriell hergestellten Waren verfügen über eine eindeutige Identifikationsnummer, die European Article Number, abgekürzt EAN. Sie wird durch die Organisation GS1 (Global Standards One) zentral vergeben, wobei die Hersteller jeweils Gebühren für die Zuteilung von EAN-Nummern entrichten müssen.

In Form von Barcodes findet sich die EAN auf nahezu jedem Produkt und erlaubt so eine eindeutige Identifizierung sowohl des Produkts als auch des Herstellers. Zahlreiche E-Commerce-Systeme nutzen die EAN daher als Basis für die Produktidentifizierung.

Die Beantragung von EAN kann online über die Website von GS1 Germany (*www.gs1-germany.de*) erfolgen und steht grundsätzlich allen Herstellern von Waren offen.

Denken Sie daran, Suchbegriffe so im Produkttext unterzubringen, wie der Shop-Besucher sie kennt. Beispiel Anhängerkupplung: Technisch korrekt heißt das Produkt »Anhängekupplung« also ohne »r«. Im allgemeinen Sprachgebrauch wird jedoch »Anhängerkupplung« benutzt. Auch hier bietet die Google-Suche wieder eine gute Hilfestellung. Bei Eingabe von »Anhängekupplung« schlägt Google automatisch die Variante mit »r« vor. Sie sollten also überlegen, ob Sie – um bei unserem Beispiel zu bleiben – die technisch falsche Beschreibung in den Produkttext mit einfließen lassen. Unabhängig von der Suchmaschinenoptimierung wird natürlich auch der Besucher Ihrer Seite über den für ihn ungewohnten (aber technisch richtigen) Begriff stolpern.

Tipp Der Google-Dienst »Google Trends« kann erste Hinweise für Ihre Produkttexte liefern. Sie können hier die Suchhäufigkeit bestimmter Begriffe im Vergleich zu anderen Suchbegriffen und im zeitlichen Verlauf abfragen.

Dazu erhalten Sie Hinweise zu verwandten Suchanfragen, regionalem Interesse und sogar Schlagzeilen aus der überregionalen Presse, die in Zusammenhang mit dem Suchbegriff stehen könnten.

Die Abbildung 3-33 zeigt die Google Trends zu den beiden Anhängerkupplungs-Anfragen.

http://google.de/trends

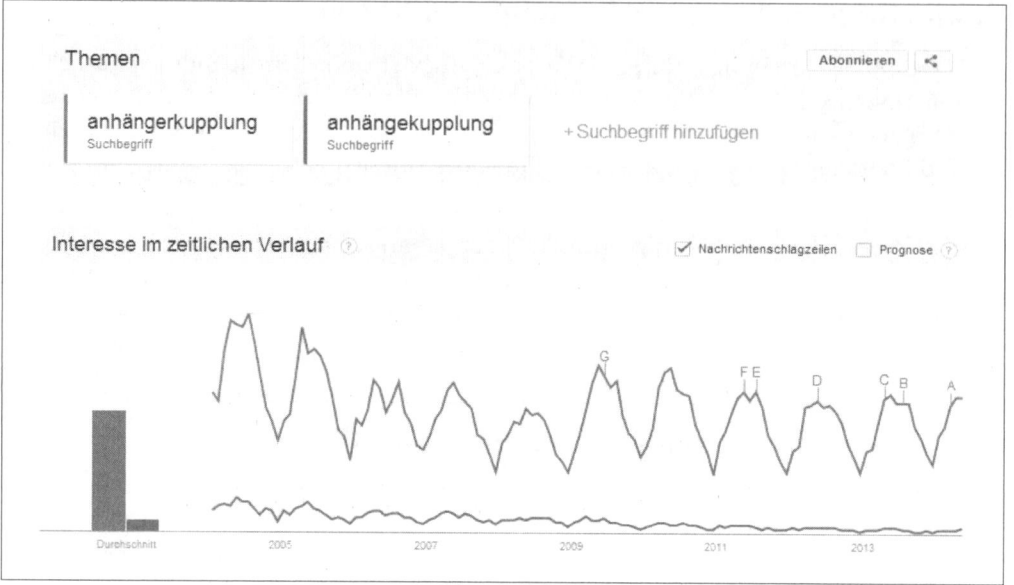

Abbildung 3-33: Google Trends

Neben der eigentlichen Produktbeschreibung gibt es eine Reihe von Details, die für den Besucher Ihres Online-Shops und damit natürlich auch für Suchmaschinen interessant sind. Jede Information, die der Benutzer auf Ihrer Produktdetailseite erhält, muss er nicht auf einer anderen Seite suchen. Und jede Information zum Produkt, die ein möglicher Käufer bei Google oder Bing sucht, kann ihn auf Ihren Online-Shop führen. Und letztlich auch zum Kauf.

Zur Produktbeschreibung zählen zum Beispiel auch die folgenden Informationen:

- Produktbeschreibung in Textform
- Auflistung der Produktvorteile
- Lieferumfang und Zubehör
- Modell- und Artikelnummer des Herstellers
- Artikelnummer im Online-Shop (wenn abweichend)
- EAN- oder ISBN-Nummern
- Name des Designers
- Positive Artikelattribute (»wetterfest«, »leicht aufzubauen«, »UV-beständig«, »aus nachhaltiger Produktion« etc.)
- Empfohlene Einsatzumgebung (»nicht draußen«, Temperaturbereich und Ähnliches)
- Abmessungen
- Gewicht
- Technische Details (benötigte Batterien, Länge des Anschlusskabels, Geräuschpegel etc.)

- Pflegehinweise
- Form der gelieferten Bedienungsanleitung (gedruckt oder digital)

Sie sehen: Die Produktbeschreibung kann sehr vielfältig sein und ist ein gesunder Mix aus technischen Details und Prosa. Wichtig ist, dass Sie die Produktinformationen sinnvoll und übersichtlich aufbereiten und darstellen. Neben der Lesbarkeit durch Suchmaschinen muss natürlich auch die Lesbarkeit für den Benutzer gegeben sein. Der folgende Screenshot von *www.gartenxxl.de* zeigt, wie die Produktbeschreibung zusammen mit technischen Details und weiteren Informationen auf einer Produktdetailseite aufbereitet werden können.

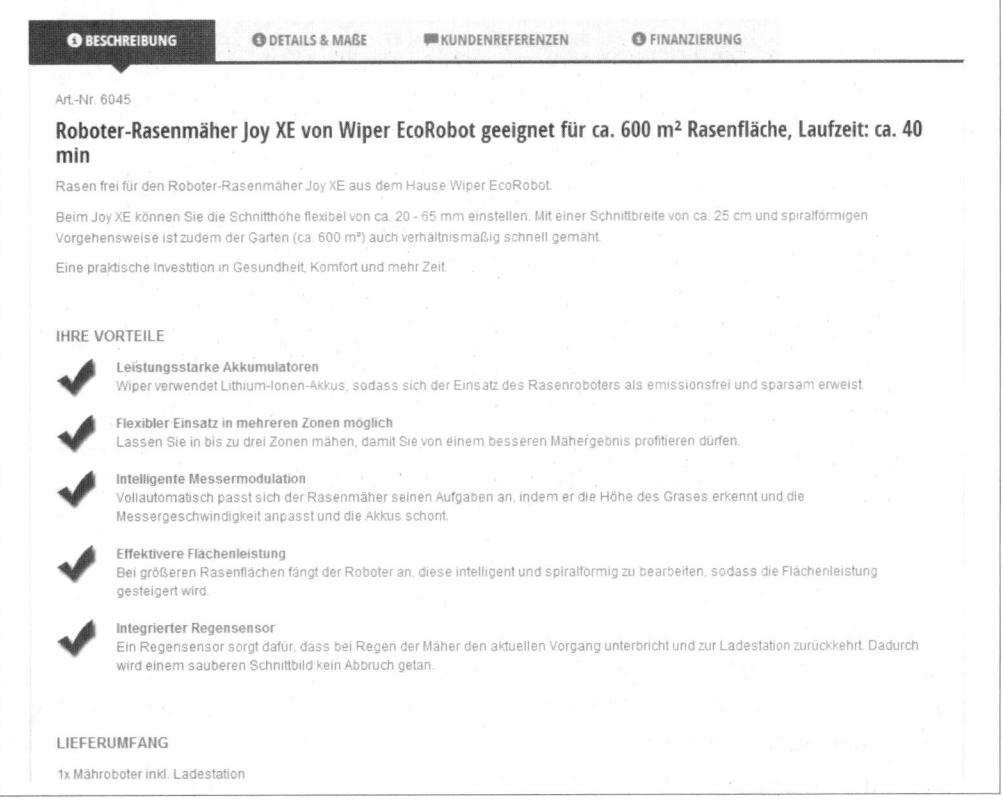

Abbildung 3-34: Produktdetails bei www.gartenmoebel.de (Mai 2014)

Neben dem werblichen Aspekt der Produktbeschreibung zählt (spätestens) seit dem Inkrafttreten der Verbraucherrechterichtlinie der Europäischen Union im Juni 2014 auch der rechtliche Aspekt.

Sie *müssen* den Kunden über alle wesentlichen Eigenschaften des Produkts informieren. Wesentlich ist die Angabe dann, wenn sie die Kaufentscheidung des Kunden beeinflussen kann. Dazu gehören zum Beispiel Angaben zur tatsächlichen Verfügbarkeit der

Ware, zu Lieferzeiten und -wegen, Zusammensetzung und Beschaffenheit, Art und Ausführung des Produktes und letztlich auch ein Produktbild (soweit verfügbar).

Beim Verkauf digitaler Inhalte also zum Beispiel Software, ist zusätzlich über etwaige Systemvoraussetzungen und Kompatibilitäten zu informieren, wie sie auch auf einer Verkaufsbox anzugeben sind.

Für einzelne Produktgruppen gibt es eine Reihe von Pflichtangaben, die sich aus nationalen und internationalen Gesetzen und Richtlinien ergeben. Dazu gehören zum Beispiel Artikel aus den folgenden Bereichen:

- Textilien
- Elektroartikel
- Elektroartikel mit Batterien
- Lebensmittel
- Alkohol
- Arzneimittel
- Heilmittel
- Filme und Computerspiele mit Altersbeschränkung
- Dauerschuldverhältnisse

Bei sogenannten Dauerschuldverhältnissen, zu denen auch das Abo von Zeitschriften, Socken oder Windeln gehören, ist zusätzlich über die Laufzeit, die Mindestlaufzeit sowie die Kündigungsbedingungen des Vertrags zu informieren, soweit er sich automatisch verlängert.

Wenn Sie Ihre Produkte in diese Auflistung einsortieren können, sollten Sie sich hinsichtlich der Produktkennzeichnungspflichten und der Angaben im Online-Shop anwaltlich beraten lassen.

Natürlich dürfen Sie bei der Angabe von Details nicht unter- oder übertreiben. Jedwede fehlerhafte Angabe kann im schlimmsten Fall wettbewerbswidrig und damit durch Wettbewerber abmahnfähig sein.

Produkttexte und -beschreibungen unterliegen, wie auch Produktfotos und -videos, dem Urheberrecht. Verzichten Sie unbedingt darauf, die Texte Ihrer Konkurrenten zu kopieren. Versichern Sie sich beim Hersteller, ob Sie seine Texte im eigenen Online-Shop verwenden dürfen. Im Idealfall schreiben Sie eigene Texte.

Varianten

Der Darstellung von Artikelvarianten also Unterschiede beispielsweise in Größe, Form und Farbe, kommt eine besondere Rolle zu. Die Praxis zeigt, dass sich Kunden bei der Variantenauswahl gerne allein von den Produktfotos leiten lassen.

Es ist daher wichtig, dem Kunden die Variantenauswahl auf unterschiedlichen Wegen zu ermöglichen. Das folgende Beispiel zeigt das gleiche Produkt in zwei unterschiedlichen Online-Shops.

Im folgenden Screenshot sieht der Kunde das Produkt in einer Variante und kann die anderen Farbvarianten nur über die Farbbezeichnungen im Pull-down-Menü (1) und in der Auflistung (2) erkennen. Bilder anderer Produktvarianten (Farben) sind nicht vorhanden. Als unterstützendes Element kann er mit Klick auf den Link »Farbkarte« (3) eine Übersicht mit Ausschnitten in einem neuen Fenster öffnen. Welche Variante des Produktes er in den Warenkorb legen möchte, kann er nur über das Menü (1) wählen.

Abbildung 3-35: Variantenauswahl, www.filati.cc (Mai 2014)

Im nächsten Screenshot wird das gleiche Produkt angeboten. Der Kunde kann die über ein Pull-down-Menü in der Buybox (1), über eine Auflistung der Farbnummern (2), über ein Produktfoto pro Farbe (3) und über eine weitere Farbliste (4) erkennen, welche Farben angeboten werden.

Die Auswahl der Farbe, die er in den Warenkorb legen möchte, erfolgt dabei über die Buybox (1), die Farbnummern (2) oder die Variantenfotos (3).

Sobald er eine Auswahl getroffen hat, wird das Variantenfoto als Hauptfoto (5) angezeigt und kann mit einer Mausberührung zusätzlich vergrößert werden.

Zur weiteren optischen Unterstützung sind die nicht mehr erhältlichen Varianten bei den Variantenfotos durch den Zusatz »ausverkauft« markiert. In der Farbauswahl (2) ist die Zahl durchgestrichen, im Pull-down-Menü (1) ist die Variante ausgegraut und nicht wählbar.

Der Kunde wird hier auf vielen Wegen bei der Auswahl der richtigen Variante durch optische und technische Hilfsmittel unterstützt.

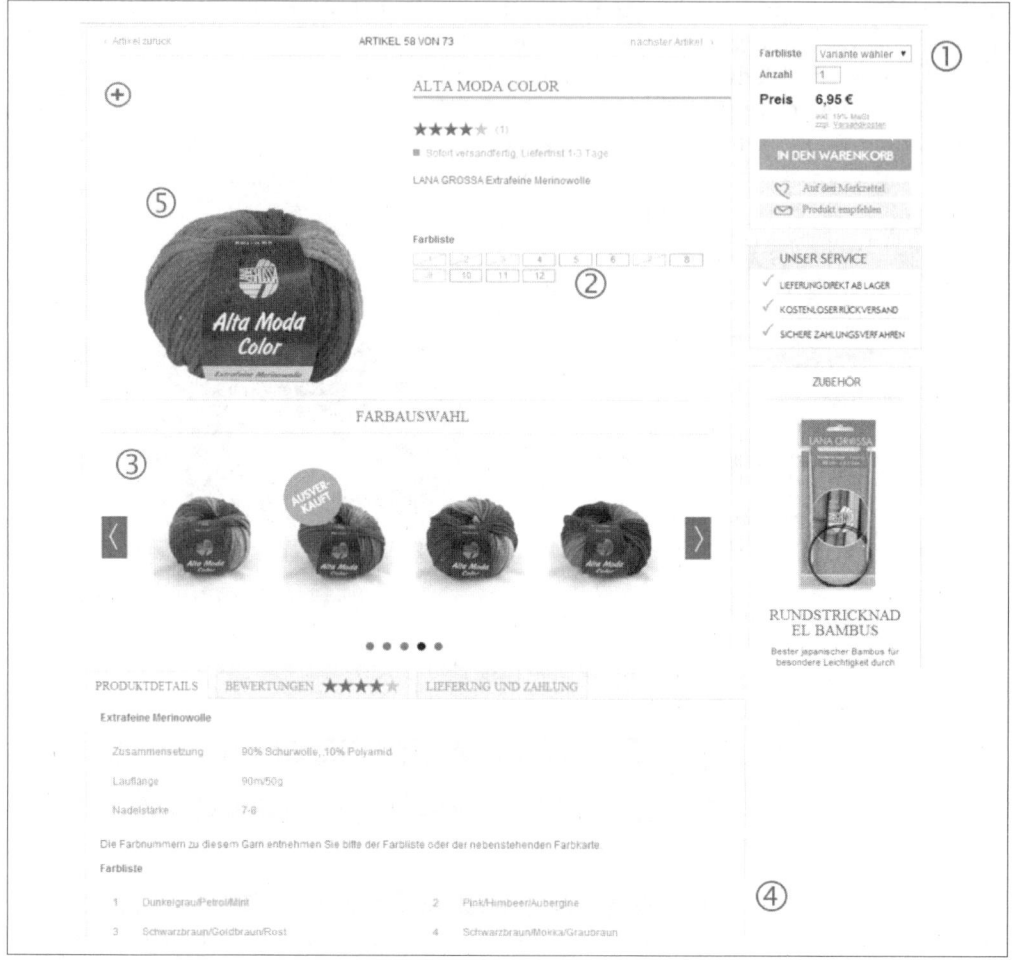

Abbildung 3-36: Variantenauswahl, www.meinfilati.de (Mai 2014)

Buybox

Die Buybox ist der erste Schritt zum Kauf Ihres Produktes und eines der zentralen Elemente der Produktdetailseite. Durch die optische Abgrenzung vom Rest der Seite, meist über eine andere Farbgebung oder Trenner realisiert, trägt sie zum Ersteindruck der Seite bei und sollte die wichtigste Elemente für die Kaufentscheidung beinhalten:

- Variantenauswahl (Farbe, Größe, Modell etc.)
- Verfügbarkeit, Lieferintervalle, Lieferzeitpunkt
- Menge
- Preis (Gesamtpreis + Versandkosten)
- Call-to-Action (zum Beispiel: »In den Warenkorb legen«)

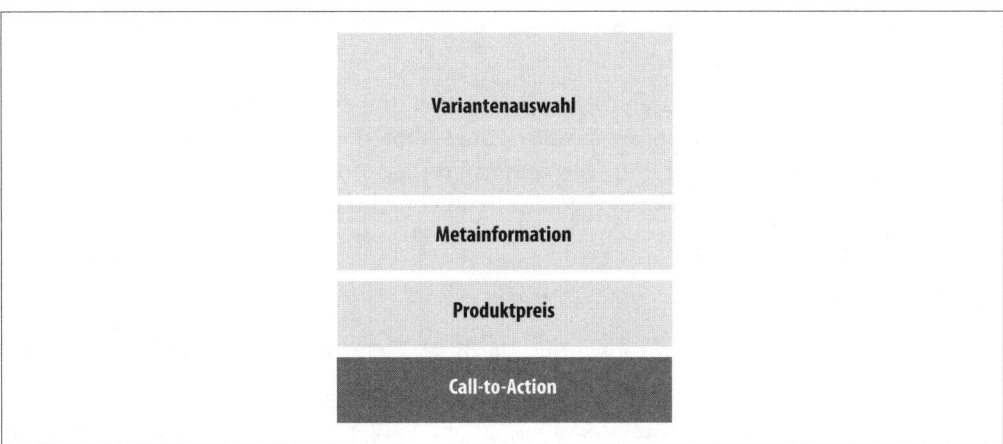

Abbildung 3-37: Schematische Darstellung der Buybox

Gerade der Buybox wird in der Verkaufspsychologie eine große Rolle zugesprochen. Sie werden in Online-Shops die unterschiedlichsten Varianten finden. Teilweise finden Sie sogar innerhalb eines Online-Shops mehrere verschiedenen Umsetzungsformen. Die oben genannten Elemente sind jedoch in allen Varianten enthalten.

Die folgende Abbildung 3-38 zeigt drei unterschiedliche Buyboxen, die Amazon gleichzeitig für verschiedene Produktgruppen verwendet. Wie alle großen Online-Händler versucht Amazon durch ständige Verbesserungen und Auswertungen die Konversionsrate in Online-Shops zu optimieren. Eine Anpassung der Buybox gehört dazu.

Abbildung 3-38: Buyboxen von Amazon.de (Mai 2014)

Auffällig ist, dass sich das Call-to-Action-Element also der Button, über den man das Produkt in den Warenkorb legt, farblich und typografisch deutlich vom Design der restlichen Seite abhebt und beim Betrachten sofort ins Auge fällt. Allein die Änderung der

Schriftart und -größe oder der Farbe des Buttons können dabei einen enormen Einfluss auf die Konversionsrate haben.

Leider lässt sich hier keine pauschale Aussage treffen. Ob ein orangefarbener Button besser funktioniert als ein grüner oder roter, hängt zum Beispiel vom Gesamtdesign des Online-Shops genauso ab wie vom verkauften Produkt oder dem Geschmack des Käufers. In jedem Fall sollte sich dieses Element deutlich abheben, um dem Käufer direkt ins Auge zu springen.

Angepasste Buyboxen

Bei manchen Produkten ist es notwendig, die Buyboxen programmier-technisch weiter an die Produkte anzupassen.

Die Abbildung 3-39 zeigt die Buybox eines Online-Shops für den Verkauf von Laminat (*www.floorshop24.de*). Die Angabe des Verkaufspreises und die Verkaufsmenge werden im Online-Shop – allein der Usability wegen – in Quadratmetern angegeben werden, da der Kunde, wenn er ein Zimmer mit Laminat auslegen möchten, die benötigte Menge Bodenbelag in Quadratmetern berechnet.

In der Buybox erwartet der Kunde demnach auch nicht die Mengenauswahl nach Paketen (so wie der Händler sie ausliefert), sondern in vollen Quadratmetern.

Herstellerabhängig ist die Quadratmetermenge pro Verpackungseinheit unterschiedlich. Im Hintergrund des Shop-Systems muss also in dem Moment, in dem der Kunde eine bestimmte Anzahl Quadratmeter Laminat in den Warenkorb legt, eine individuelle Berechnung erfolgen, wie vielen Verpackungseinheiten diese Menge entspricht.

Abbildung 3-39: Auf Quadratmeter angepasste Buybox, www.floorshop24.de

Preisangabe

Die Preisangabe muss – nicht nur in der Buybox, sondern an allen Stellen im Online-Shop – den rechtlichen Grundsätzen (unter anderem der Preisangabenverordnung PAngV) entsprechen. Der Gesamtpreis muss für den Endverbraucher mit allen Preisbestandteilen benannt sein. Dies ist der Preis des Produktes inklusive Mehrwertsteuer und Versandkosten. In der Buybox sind die tatsächlichen Versandkosten in der Regel noch nicht genau bezifferbar, da nicht klar ist, in welches Land oder mit welchen Versandoptionen (Express oder Standardversand) verschickt werden soll. Daher ist bei allen Preisangaben der mit einem Link auf eine Versandkostenübersicht versehene Text »inkl. MwSt., zzgl. Versandkosten« in der allgemeinen Rechtsprechung geduldet. Soweit Sie grundsätzlich keine Versandkosten berechnen, können Sie auf den Hinweis natürlich verzichten. Noch besser: Weisen Sie auch bei der Preisangabe nochmals auf die Versandkostenfreiheit hin.

Weitere Preisbestandteile also zum Beispiel Zölle und Einfuhrabgaben, müssen ebenfalls benannt werden. Bei Abgaben, die vom Zielland abhängig sind, sollte dies spätestens bei Auswahl der Versandadresse erfolgen. Besser ist es jedoch, schon auf der allgemeinen Informationsseite zu den Versandkosten darauf hinzuweisen und die Angabe bei der Adressauswahl zusätzlich zu wiederholen.

Beim Verkauf von Abonnements müssen Sie die Gesamtkosten pro Abrechnungseinheit (also zum Beispiel pro Jahr) und zusätzlich die Kosten der monatlich zu zahlenden Beträge (soweit dies zutrifft) gesondert ausweisen.

Soweit Sie Waren verkaufen, die sich in Maßeinheiten bemessen lassen, müssen Sie neben dem eigentlichen Verkaufspreis zusätzlich den Grundpreis pro Maßeinheit angeben. Hierzu zählen Preisangaben nach Gewicht, Volumen, Fläche oder Länge. Verkaufen Sie in Ihrem Online-Shop zum Beispiel Mineralwasser, so müssen Sie neben dem Verkaufspreis pro Flasche auch den Verkaufspreis pro 1 Liter Mineralwasser angeben. Die Grundpreisangabe für Waschmittel kann dagegen in »einer übliche Anwendung« also einer Waschmaschinenladung erfolgen.

Die Preisangabenverordnung PAngV (*www.gesetze-im-internet.de/pangv/*) enthält eine Reihe von Vorschriften, die Sie beachten müssen. In jedem Fall gilt sie für alle Nennungen in Ihrem Online-Shop-Projekt, d. h. sowohl auf der Produktdetail- oder Übersichtsseite im Online-Shop selbst als auch Angebotsflyern oder in Newslettern. Um sicherzugehen, sollten Sie die Umsetzung der Anforderung laut deutscher Preisangabenverordnung und Verbraucherrechterichtlinie der Europäischen Union von einem Anwalt überprüfen lassen.

Natürlich gibt es auch für durchgestrichene Preise im Online-Shop (und in allen Werbemitteln) eine Regelung. Hier muss für den Käufer klar sein, mit welchem ehemals gültigen Preis der Kaufpreis verglichen wird. Dies kann zum Beispiel die ehemalige unverbindliche Preisempfehlung des Herstellers (UVP) oder der eigene ehemalige Verkaufspreis sein. Dieser Hinweis darf in keinem Fall fehlen. Auf den Vergleich mit Phantasiepreisen sollten Sie verzichten.

Lieferbarkeit und Lieferfrist

Ob und wann ein Produkt lieferbar ist, ist in erster Linie natürlich für den Käufer interessant. Der akute Kaufimpuls kann jäh unterbrochen werden, wenn das Produkt nicht rechtzeitig geliefert werden kann. Wenn Ihr Kunde für das kommende Wochenende eine Grillparty plant und noch einen neuen Gartengrill kaufen möchte, ist es für den Kauf ausschlaggebend, welche Lieferzeit im Online-Shop angegeben ist. Es kann in einigen Produktgruppen für den Erfolg Ihres Online-Shops also grundlegend wichtig sein, schnell liefern zu können.

Um enttäuschte Verbraucher und Retouren wegen verspäteter Lieferung zu vermeiden, sollten Sie immer konkrete Angaben zu den tatsächlichen Lieferzeiten machen. Das Ampelsystem hat sich dabei sehr bewährt. Grün zeigt an, dass der Artikel auf Lager ist und direkt geliefert werden kann. Eine gelbe Ampel zeigt, dass sich der Artikel zum Beispiel im Zulauf befindet und bald wieder vorrätig ist. Eine rote Ampel zeigt an, dass der Artikel erst nachbestellt werden muss oder erst nach der Bestellung durch den Endkunden produziert wird. Wie Sie das Ampelsystem gestalten, bleibt Ihnen überlassen. Bedenken Sie jedoch, dass der Endkunde bei einer grünen Ampel eigentlich auch eine direkte Lieferung erwartet und bei einer roten Ampel davon ausgeht, dass das Produkt nicht geliefert werden kann.

Neben der Visualisierung der Lieferzeit über ein Ampelsystem gibt es auch für diesem Bereich genaue Vorgaben, wie die Lieferzeit als Text angegeben werden muss.

Es gibt inzwischen reihenweise Gerichtsentscheidungen, weil (offensichtlich) falsche Angaben wettbewerbswidrig sind und somit von Wettbewerbern abgemahnt werden können und vielfach auch abgemahnt werden.

Vorweg: Die Angabe der Lieferzeit an sich ist zwingend vorgeschrieben und kann in keinem Fall weggelassen werden. Die Angabe, wann die Ware versandbereit ist, ist nicht ausreichend, da der Endverbraucher daraus nicht schließen kann, wann die Ware tatsächlich bei ihm eintrifft.

Der Endverbraucher muss sich das Eintreffen der Ware selbst berechnen können. Daher müssen Sie eine Fristangabe auch gleichzeitig an ein Ereignis zu Beginn der Frist also zum Beispiel den Eingang der Bestellung im Online-Shop oder die Gutschrift der Vorkasseüberweisung auf dem Konto des Händlers, knüpfen.

Sie müssen konkret benennen, wie lange es dauert, bis der Käufer seine Ware nach den zu erwartenden Lieferzeiten in Empfang nehmen kann. Dies gilt für Beginn, Dauer und Ende der Lieferfrist. Die Lieferzeit selbst darf nicht zu ungenau sein. Zusätze wie »ca.«, »in der Regel« oder »voraussichtlich« sind nicht zulässig.

Soweit Sie nicht nur innerhalb Deutschlands liefern, müssen Sie den Kunden natürlich auch über alle möglichen Lieferzeiten in andere Länder informieren. Dies auf der Produktdetailseite zu tun, ist nicht praktikabel. Daher empfehlen wir, diese Angaben – ähnlich wie die Angaben zu den Versandkosten – auf eine eigene Informationsseite auszulagern und die Lieferzeitangabe auf der Produktdetailseite mit Anmerkungssternchen zu versehen. Die Lieferzeitangabe könnte dann zum Beispiel wie folgt lauten: »Lieferzeit 3–5 Tage*«. Der Anmerkungstext am unteren Ende der Produktbeschreibung oder des Online-Shops kann dann lauten: »Die Lieferzeitangabe gilt für Lieferungen nach Deutschland. Lieferzeiten in weitere Länder siehe hier.« Dieser Text könnte mit der allgemeinen Informationsseite zur Lieferzeitberechnung verlinkt werden.

Wenn Sie auf Ihrer Produktdetailseite mehr Platz haben und Informationen zur Lieferzeit in einen Tab der Produktbeschreibung/-informationen (siehe oben) einfügen können, bietet es sich an, diesen Text gleichzeitig für die Suchmaschinenoptimierung zu verwenden und mit dem Artikelnamen zu kombinieren. Beispiel: »Die Lieferzeit für den Joy XE von Wiper EcoRobot beträgt 3–5 Tage«.

Lagerbestand

Für den Kunden als Jäger und Sammler ist es immer interessanter, begehrte und in geringer Menge verfügbare Produkte zu ergattern als Produkte aus einer unbegrenzten Menge einzukaufen. Bei geringer Verfügbarkeit also einem augenscheinlich geringen Lagerbestand im Online-Shop ohne Nachkaufgarantie, kann dies dazu führen, dass sich Kunden allein durch die absehbare Nicht-Verfügbarkeit zu Spontankäufen verführen lassen. Amazon lässt diese Information nicht nur in die Produktdetailseite einfließen, sondern macht diese Angaben bereits auf Übersichtsseiten und bei der Produktsuche.

Samsung Galaxy S5 Smartphone (12,95 cm (5,1 Zoll)
~~EUR 699,00~~ **EUR 558,00**
Nur noch 9 Stück auf Lager - jetzt bestellen.

Andere Angebote
EUR 529,90 neu (83 Angebote)
EUR 480,00 gebraucht (8 Angebote)

Abbildung 3-40: Angabe Lagerbestand bei Amazon (Mai 2014)

In Kombination mit der Handlungsaufforderung »Jetzt bestellen« kann diese Angabe den Kauf unterstützen.

Generell sollten Sie Lagerbestände aber nur dann angeben, wenn nicht alle Artikel im Shop in einer nur geringen Stückzahl vorhanden sind. Sonst können Sie leicht den gegenteiligen Effekt erzeugen. Kunden könnten Ihren Online-Shop dann als »kleinen Laden mit geringen Lagerbeständen« wahrnehmen.

Wie in vielen Bereich ist auch hier der richtige Mix wichtig. Geben Sie die exakte Lagermenge zum Beispiel nur bei sehr knappen Lagerbeständen an.

Alternativ können Sie auch alle Lagerbestände in Echtzeit anzeigen und sich durch die reelle Lagergröße von der Konkurrenz distanzieren. Das Gefühl oder das Wissen, beim Markführer mit dem größten Lagerbestand einzukaufen, kann sich ebenso positiv auf die Kaufentscheidung auswirken.

Künstliche Verknappung

Künstliche Verknappung lässt sich sowohl durch den Lagerbestand als auch durch eine zeitliche Limitierung erreichen. Egal ob Discounter oder Shoppingclubs: Viele Händler spielen mit dem Käufer, indem sie ein Angebot nur zeitlich begrenzt verfügbar machen. Dies kann sowohl für den Preis als auch für das angebotene Produkt selbst gelten. Soweit Ihr Artikel nur für einen bestimmten Zeitraum im Online-Shop zu finden ist, sollten Sie dies Ihren Kunden auch deutlich mitteilen.

Produktbewertungen mit Sternen

Empfehlungsmarketing gehört mit zu den erfolgreichsten Marketingformen. Mit Einführung von Produktbewertungen im E-Commerce haben Händler das Empfehlungsmarketing nahezu gänzlich den eigenen Kunden überlassen und machen sie so zu Marketingmitarbeitern. Dies gilt sowohl für die Bewertung eines ganzen Online-Shops oder Kaufvorgangs mit Gütesiegeln wie Trusted Shops als auch für die Bewertung einzelner Produkte.

Der Einfluss von Produktbewertungen auf das Kaufverhalten ist enorm. Machen Sie den Selbsttest: Würden Sie bei Amazon ein Produkt kaufen, das nur mit drei Sternen bewertet ist?

Ganz unabhängig von den Gründen für gute oder schlechte Bewertungen folgen Kunden gerne den Empfehlungen Unbekannter und lassen sie mit einem hohen Stellenwert in die eigene Kaufentscheidung mit einfließen.

Dies können Sie sich als Shop-Betreiber natürlich zunutze machen. Gute Stern-Bewertungen sollten Sie unbedingt neben Produkttitel und Produktbild einblenden, da sie vom Besucher unmittelbar wahrgenommen werden und die Kaufentscheidung positiv beeinflussen.

Soweit die Besucher Ihres Online-Shops eher als bewertungsfaul einzustufen sind, steht es Ihnen natürlich frei, diese Bewertungen selbst vorzunehmen. Achten Sie jedoch darauf, dass sich nicht nur 5-Sterne-Top-Produkte in Ihrem Online-Shop finden. Gleiches gilt natürlich ebenso für Kundenmeinungen.

 Tipp   Soweit Sie diesen Vorschlag in die Tat umsetzen, sollte Ihnen bewusst sein, dass die Fälschung von Bewertungen (auch im eigenen Online-Shop) wettbewerbswidrig sein kann.

Kundenmeinungen in Textform

Kundenmeinungen und -bewertungen in Textform sind nicht nur ein notwendiges Übel. Zunächst müssen Sie natürlich davon ausgehen, dass Kunden eher dazu neigen, ihre schlechten Erfahrungen zu teilen als die guten. Sei es, weil sie andere Käufer vor schlechten Produkten warnen oder weil sie den Shop-Besitzer ärgern wollen. Negative Bewertungen erhalten Sie auch, ohne dazu gesondert aufzufordern.

Sie können positive Bewertungen aber ganz einfach forcieren, indem Sie Ihre Kunden um eine ehrliche Meinung bitten. Dies können Sie zum Beispiel über eine automatisierte Mail einige Tage oder Wochen nach der Bestellung tun. Bitten Sie Ihren Kunden freundlich, seine Erfahrungen mit dem Produkt zu teilen. Im Textilbereich können Sie z. B. neben eine reine Textabfrage gleichzeitig eine Frage nach Passform und Länge setzen.

Mustertext Bewertungsanfrage-Mail

Sehr geehrter Max Mustermann,

vielen Dank für Ihren Einkauf in unserem Online-Shop vom 11.07.2014.

Mittlerweile ist einige Zeit vergangen – wir hoffen, Sie sind nach wie vor mit unserem Produkt zufrieden! Sollten irgendwelche Probleme aufgetreten sein, antworten Sie bitte auf diese Mail oder rufen Sie unsere Hotline unter (0123) 12345678 an.

Kaufen im Internet ist nach wie vor Vertrauenssache. Wir freuen uns, dass Sie uns dieses Vertrauen ausgesprochen haben. Lassen Sie auch andere von Ihren Erfahrungen mit uns wissen. Über die Bewertungsplattform www.veristore.de können Sie uns in den Kategorien Lieferung, Ware und Kundenservice bewerten.

Eine ehrliche Bewertung hilft uns, eventuelle Schwachstellen zu identifizieren und unsere Servicequalität weiter zu verbessern.

Falls Sie es noch nicht getan haben, würden wir uns daher sehr über eine Bewertung Ihres Einkaufs freuen. Ein Klick auf den Button führt Sie direkt zur Bewertungsmöglichkeit.

Bestellzusammenfassung:
Bestelldatum: 11.07.2014
Bestellnummer: 0854236
Artikel: AIX-Testartikel

JETZT BEWERTEN

Vielen Dank
Ihre Walburga Kilian
Leiterin Kundenservice

Wenn Sie diese Informationen wiederum auf der Produktdetailseite teilen, erhalten Sie auf der einen Seite mehr Produktbewertungen, die Ihre Conversionrate steigern können, andererseits können zukünftige Kunden die Erfahrungswerte in die eigene Größenauswahl einfließen lassen. Bestenfalls sinkt sogar Ihre Retourenquote, weil es weniger Fehlbestellungen wegen größer oder kleiner ausfallender Kleidungsstücke gibt. Ein Beispiel hierzu zeigt die folgende Abbildung 3-41 von *www.bonprix.de*.

Sie können dafür sorgen, dass sich Ihre Kunden noch stärker für Ihr Anliegen engagieren: Bieten Sie Besuchern der Internetseite an, die Produktrezensionen zu bewerten. Hilfreiche Rezensionen können Sie dann an den Anfang der Kundenbewertungen sortieren, weniger hilfreiche ans Ende. Amazon blendet beispielsweise häufig die jeweils beste und die schlechteste Produktbewertung ein.

★★★★★ von Daniel am 13.05.2014 (Gekaufte Größe 104)
Weite: Zu weit, Länge: Passt genau, Körpergröße: 95-99cm

Ideal für Sport und Spiel. Einfach nur bequem. Schön weich und mal andere Farben als das ewige grau. Mein Sohn ist etwas dürre, deshalb ist der Bund etwas weit. Aber ansonsten gut.

War diese Rezension für Sie hilfreich? Ja Nein Rezension melden

Abbildung 3-41: Produktbewertung mit Hinweis zur Passform, www.bonprix.de (Mai 2014)

Es ist ein offenes Geheimnis, dass auch die großen Online-Shops Kunden- und Produktbewertungen manipulieren. Sie sollten jedoch im Hinterkopf behalten, dass gefälschte Produktbewertungen in Ihrem Online-Shop einen Verstoß gegen das Wettbewerbsrecht darstellen.

Fragen zum Produkt

Gerade bei technischen Produkten oder bei Produkten, die vom Kunden zusammengebaut oder montiert werden müssen, sollten Sie dem Kunden schon auf der Produktdetailseite die Möglichkeit bieten, Fragen zum Produkt zu stellen. Natürlich kann der Kunde sich über die Kontaktseite oder das Impressum Ihre Telefonnummer suchen. Es ist aber viel charmanter, über eine Schaltfläche ein Kontaktformular zur Verfügung zu stellen, das eine direkte Rückfrage zu dem angezeigten Produkt ermöglicht.

In das Formular trägt der Kunde seine Mail-Adresse und seine Frage ein. Die Anfrage wird nach Absenden durch den Kunden per Mail an den Shop-Betreiber und – zusammen mit einem Deeplink zum Produkt – in Kopie auch an den Shop-Besucher geschickt. Je schneller Sie nun die Anfrage des Kunden beantworten, desto schneller wird er auch bereit sein, das Produkt bei Ihnen zu kaufen.

Chat mit dem Kundenservice

Noch schneller als bei der Anfrage per Mail-Formular erhält der Kunde eine Antwort auf seine Frage, wenn Sie ihm einen Chat mit einem Mitarbeiter Ihres Kundenservices auf der Produktdetailseite zur Verfügung stellen.

Für die Umsetzung wird ein Chat-Modul in die Produktdetailseite eingebunden. Sobald der Shop-Besucher einen Chat eröffnet und eine Frage stellt, wird sie auf dem Monitor des Shop-Betreibers angezeigt, und er kann die Anfrage beantworten. Der Screenshot zeigt die Implementierung des Live-Chats des Anbieters Userlike (*www.userlike.com*), der für viele Shop-Systeme entsprechende Plug-ins zur Verfügung stellt, die eine einfache Integration in den Online-Shop erlauben.

Der Mehrwert für den Kunden ist mit einem nicht unerheblichen Aufwand auf Seiten des Shop-Betreibers verbunden. Zumindest während der auf der Webseite angekündigten Verfügbarkeitszeiten muss genügend Personal zur Verfügung stehen, um den Chat ausreichend bedienen zu können. Je nach Zielgruppe des Online-Shops sollte sich die Verfügbarkeit an den gängigen Ladenöffnungszeiten orientieren; in Stoßzeiten wie vor Weihnachten, sollte er auch am Wochenende und in den späten Abendstunden erreichbar sein.

Für Menschen, die – aus welchen Gründen auch immer – nicht gerne telefonieren, bauen Sie durch das Angebot des Chats Nutzungsschwellen ab und bieten die Möglichkeit, einen direkten, aber distanzierten Kontakt zu Ihrem Kundenservice aufzubauen.

Die Chat-Inhalte und die dort gestellten Fragen lassen zudem Rückschlüsse auf fehlende Informationen auf den Produktdetailseiten zu. Sammeln Sie diese Anregungen und bauen Sie das Informationsangebot in Ihrem Online-Shop sukzessive weiter aus.

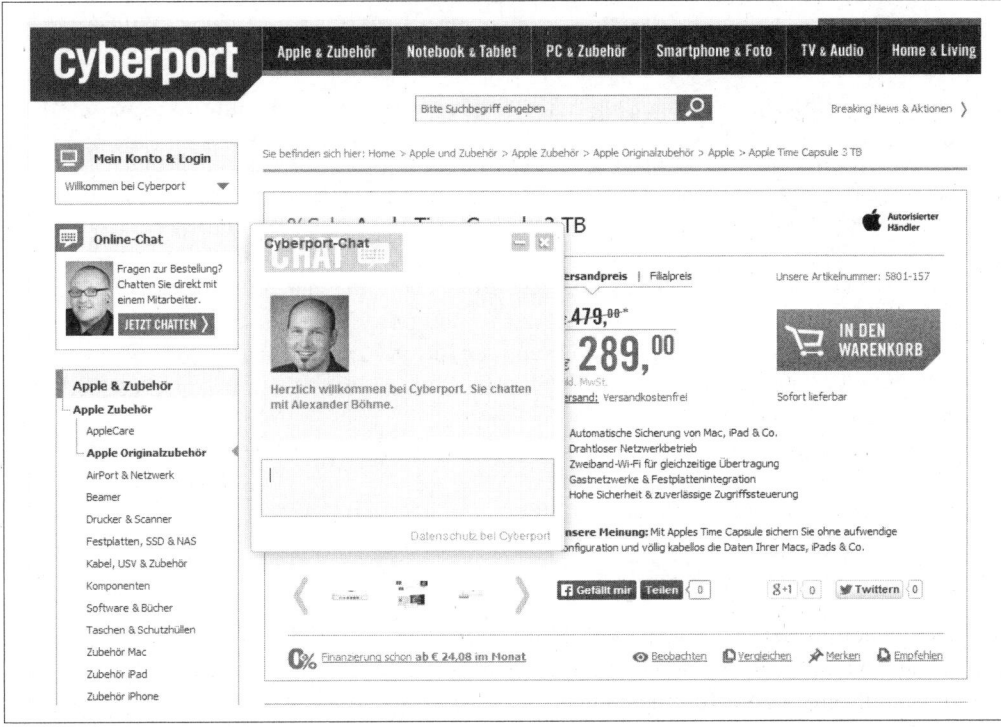

Abbildung 3-42: Live-Chat, www.cyberport.de (Mai 2014)

Social Links

Soziale Netzwerke sind auch aus dem E-Commerce nicht mehr wegzudenken: auf der einen Seite als Marketinginstrument mit Auftritten auf unterschiedlichsten Social-Media-Kanälen wie Google+, Facebook oder Twitter, auf der anderen Seite als Instrument des Empfehlungsmarketings.

Wie schon bei Produkt- und Kundenbewertungen erläutert, spielt das Empfehlungsmarketing eine große Rolle. Dabei ist keine Empfehlung einfacher auszusprechen und wird beim Empfänger glaubwürdiger wahrgenommen als Empfehlungen der eigenen Freunde bei Facebook und Co.

Klickt jemand auf den Like-Button auf der Produktdetailseite, wird diese Empfehlung zum Beispiel auf der Facebook-Seite aller seiner Freunde angezeigt.

»Max Mustermann gefällt Rasenmäher-Roboter Joy XE von Wiper EcoRobot, für 600 m² Rasenfläche«. Diese Meldung ist mit einem Link zum Posting bzw. mit einem Link zu Ihrem Online-Shop verknüpft.

Die jeweiligen Plattformen bieten verschiedene Arten von Social-Media-Plug-ins an. Diese Code-Schnipsel lassen sich mit wenig Programmieraufwand in den Online-Shop integrieren und stellen verschiedene Funktionen, wie zum Beispiel das Teilen, Liken oder Kommentieren von Artikeln, zur Verfügung. Dabei wird (mindestens) das Logo der jeweiligen Plattform eingeblendet. Ein einfacher Klick auf das Logo öffnet ein Fenster mit weiteren Funktionen oder empfiehlt den Link direkt in den sozialen Netzen.

Datenschutzrechtlich sind diese Plug-ins jedoch umstritten, da sie automatisch eine Verbindung zwischen Online-Shop und Social-Media-Plattform aufbauen und die URL des Online-Shops mit dem auf der Plattform eingeloggten Benutzer verbinden können.

Zu den Empfehlungen über soziale Medien rechnen wir auch die Empfehlung via E-Mail (siehe Abbildung 3-43). Ein Klick auf die Schaltfläche oder das Mail-Symbol führt auf ein meist schon mit einem Text vorausgefülltes Mail-Formular, in das der Benutzer nur noch seine Absenderdaten und die Daten des Empfängers eintragen muss. Ein Klick auf »Absenden« verschickt eine Mail im Namen des Empfehlenden. Diese Funktion wird oft nicht nur für das Verschicken von Empfehlungen an andere, sondern auch als Gedächtnisstütze für den Shop-Besucher selbst verwendet. Auf diese Funktionalität sollten Sie daher nicht verzichten.

Weitersagen

Hier können Sie das gewählte Produkt weiterempfehlen.

Ihr Name*   Ihre E-Mail-Adresse*

Freund Name*   Freundes E-Mail-Adresse*

Nachricht

```
ich habe folgenden Artikel auf www.butlers.de
entdeckt und denke, er könnte Dir gefallen.
Klicke einfach auf das Bild oder auf die
Beschreibung und Du gelangst direkt auf die
Artikeldetailseite.
```

EMPFEHLEN

*Pflichtfeld

Abbildung 3-43: Artikelempfehlung per E-Mail, www.butlers.de (Mai 2014)

Andere Produkte auf der Detailseite (Cross-Selling)

Neben dem eigentlich zu verkaufenden Produkt auf der Produktdetailseite können dort weitere Produkte abgebildet werden. Dies können ergänzende Produkte oder ersetzende Produkte sein. Dem Kunden weitere zu seinem Produkt passende Artikel anzubieten, wird Cross-Selling genannt.

Ergänzende Produkte

Unter die ergänzenden Produkte fällt meist Zubehör, das dem Shop-Besucher zusätzlich zum eigentlichen Produkt verkauft werden soll. Vergleichen Sie dies mit dem Besuch im Fachgeschäft. Wenn der Kunde ein Kanu kaufen möchte, liegt es nahe, ihm gleichzeitig ein Paddel, eine Spritzdecke und eine Rettungsweste anzubieten. Über diesen Mitnahmeeffekt lassen sich auch im E-Commerce deutlich höhere Warenkorbwerte generieren.

Welche Artikel der Shop-Besucher angezeigt bekommt, können Sie in der Shop-Software selbst festlegen. Dies kann zum Beispiel auf Basis von Einzelartikeln oder von ganzen Artikelgruppen erfolgen.

Amazon stellt die ergänzenden Produkte nicht in Form von zwei Einzelprodukten vor, sondern als Produkt-Bundle. Unter der Überschrift »Wird oft zusammen gekauft« werden Bilder vom Hauptartikel und einem oder mehreren weiteren Artikeln nebeneinander dargestellt und können mit einem einzigen Klick auf ein Call-to-Action-Element außerhalb der Buybox gemeinsam in den Warenkorb gelegt werden.

Abbildung 3-44: »Wird oft zusammen gekauft«, www.amazon.de (Mai 2014)

Alternative Produkte

Zusätzlich können dem Kunden Alternativprodukte angezeigt werden. Dabei kann es sich um Produkte desselben Herstellers in anderen Variationen oder um ein gleiches Produkt eines anderen Herstellers handeln. Durch diese Funktion fangen Sie den unentschlossenen Interessenten ein und können vielleicht seinen Absprung aus dem Online-Shop verhindern.

Kunden, die dieses Produkt gekauft haben ... »Kunden, die dieses Produkt gekauft haben, haben auch diese Produkte gekauft«. Auch hierbei handelt es sich um eine anonyme Form des Empfehlungsmarketings. Die angezeigten Produkte können durch den Shop-

Betreiber festgelegt werden und entsprechen damit weniger einer echten Empfehlung, sondern eher dem Süßigkeitenregal an der Supermarktkasse. Alternativ werden die angezeigten Produkte tatsächlich automatisch durch die Shop-Software mit dem angezeigten Hauptprodukt verknüpft.

Zuletzt angesehene Artikel

Aus dem Browserverlauf des Shop-Besuchers, der auch vom Shop-System während des Shop-Besuchs ermittelt werden kann, lässt sich eine Liste der zuletzt besuchten Produkte generieren. Diese Funktion ist insbesondere dann für den Kunden nützlich, wenn er unentschlossen mehrere Produkte im Shop miteinander vergleicht und auf schnellem Weg wieder zurück zu einem vorher angesehenen Produkt kommen möchte.

Artikel dieser Serie

Wenn Sie mehrere Artikel einer Serie anbieten – denken Sie an das Beispiel mit den Rasenmäher-Robotern von Wiper EcoRobot – können Sie die weiteren Produkte dieser Serie mit Bild und den wesentlichen Informationen wie Preis, Produktname und Verfügbarkeit in einer Produktbox anzeigen. Sie unterstützen damit den Kunden, der die Produkte miteinander vergleichen möchte.

Welchen anderen Artikel kauften Kunden, nachdem sie diesen Artikel angesehen haben

Auf Basis des im Online-Shop erhobenen Datenbestandes können Sie auch Artikel anzeigen, die Kunden gekauft haben, nachdem sie den aktuell angezeigten Artikel angesehen haben. Auch hier kann der Kunde der Empfehlung anderer Kunden folgen.

Hier bietet es sich zum Beispiel an, die Auflistung auf teurere Artikel oder Artikel mit einer höheren Marge künstlich zu beschränken. Sieht der Kunde beispielsweise einen 40-Zoll-Fernseher an, bekommt er in dieser Rubrik Fernseher des gleichen Herstellers und Typs, jedoch mit einer größeren Bildschirmdiagonale angezeigt. Der Gedanke »Wenn andere einen größeren Fernseher kaufen, mache ich das jetzt auch« ist dabei durchaus nachvollziehbar.

Produktvergleiche

Wenn Sie einen Artikel in mehreren Varianten anbieten, kann es wichtig sein, alle Varianten auf den jeweiligen Produktdetailseiten vergleichbar zu machen. Hierfür eignen sich am besten Tabellen mit den wichtigsten Unterscheidungsmerkmalen.

Verzichten Sie in der Vergleichstabelle aber bitte auf die Attribute, die bei allen Varianten gleich sind. Diese Auflistung ist für den Betrachter überflüssig und macht die Tabelle nur unübersichtlich.

Der Benutzer muss auf den ersten Blick erfassen können, worin sich die Produkte unterscheiden. Dies können die wesentlichen Attribute sein; mit Sicherheit ist es der Produktpreis.

Aus verkaufspsychologischer Sicht ist es zudem interessant, einzelne Produkte in der Tabelle optisch zu gewichten. Heben Sie das Top-Produkt leicht hervor, um es deutlicher von den anderen Produkten abzugrenzen.

Die Produktvergleichstabelle sollten Sie auf allen Produktdetailseiten einbinden, die in der Tabelle aufgeführt sind. Jede Produkt-Spalte sollte zudem ein Call-to-Action-Element (»Jetzt kaufen!« oder Ähnliches) enthalten, das Sie, genauso wie den Produktpreis, bei längeren Tabellen wiederholen können. Sie sparen dem Besucher unnötige Klicks und führen ihn schneller zum Kaufabschluss.

Bei der Farbangabe bietet es sich an, die Farben nicht in Worten (weiß oder schwarz) zu beschreiben, sondern in kleinen Farbflächen abzubilden. Die Farbauswahl kann so vom Betrachter viel schneller erfasst werden.

Die folgende schematische (und fiktive) Darstellung gibt einen direkten Überblick über die Varianten der Gartenliege Amigo. Auf den ersten Blick ist erkennbar, wo die Unterschiede in den Produkten liegen und dass der höhere Preis für die Variante Amigo XXL wegen des enthaltenen Zubehörs gerechtfertigt ist.

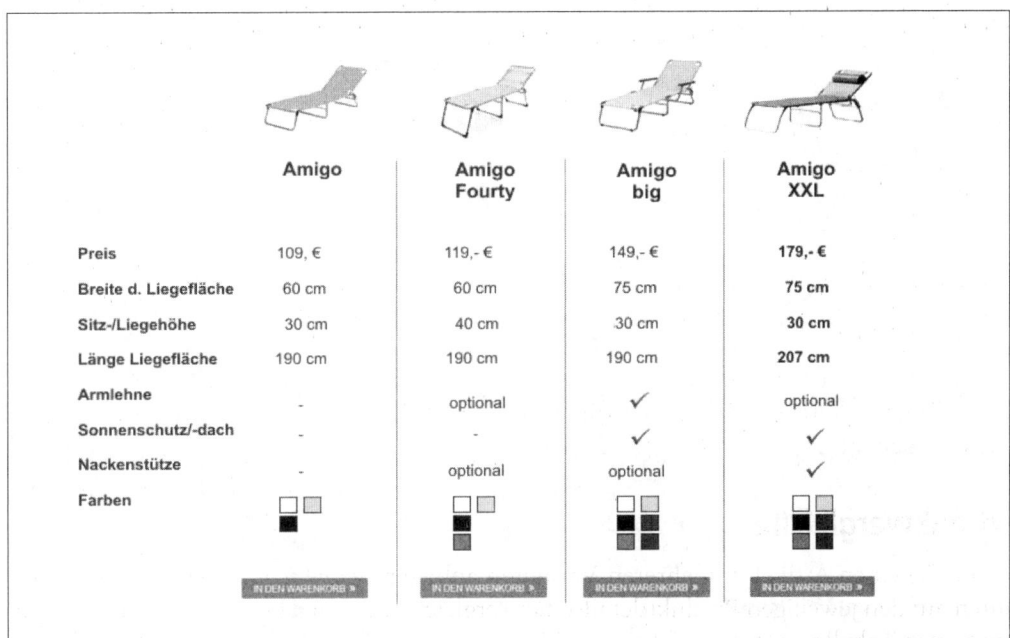

	Amigo	Amigo Fourty	Amigo big	Amigo XXL
Preis	109, €	119,- €	149,- €	179,- €
Breite d. Liegefläche	60 cm	60 cm	75 cm	75 cm
Sitz-/Liegehöhe	30 cm	40 cm	30 cm	30 cm
Länge Liegefläche	190 cm	190 cm	190 cm	207 cm
Armlehne	-	optional	✓	optional
Sonnenschutz/-dach	-	-	✓	✓
Nackenstütze	-	optional	optional	✓
Farben				

Abbildung 3-45: Produktvergleichstabelle (fiktiv)

Hersteller-Logo

Gerade bei Markenprodukten ist die Einbindung des Hersteller-Logos unabdingbar. Hersteller-Logos haben einen hohen Wiedererkennungswert und bieten dem Kunden eine schnelle Orientierung.

Platzieren Sie das Logo in unmittelbarer Nähe zum Produktfoto und zum Produktnamen, um eine Verbindung zwischen diesen Elementen herzustellen.

Im folgenden Beispiel kann man gut erkennen, wie man ohne den Text zu lesen auf den ersten Blick den Hersteller des Produkts erfassen kann.

Das Hersteller-Logo sollte im Wert jedoch nicht das eigentliche Produktfoto überlagern. Platzieren Sie es daher nicht im Mittelpunkt der Produktdetailseite, sondern lieber dezent im Hintergrund.

Abbildung 3-46: Hersteller-Logo auf der Produktdetailseite, www.zalando.de (Mai 2014)

Im Idealfall verlinken Sie das Logo mit einer Übersichtsseite mit allen Produkten dieses Herstellers in Ihrem Shop. Kunden, die verstärkt Wert auf Markenprodukte legen, können Sie so das breite Spektrum Ihres Angebots vorstellen.

Test- und Gütesiegel

Wenn die von Ihnen angebotenen Produkte mit Test- oder Gütesiegeln ausgezeichnet wurden, sollten Sie diese Siegel unbedingt auch auf der Produktdetailseite darstellen.

Achten Sie hierbei bitte auf die Richtlinien, die für die Werbung mit dem jeweiligen Siegel gelten. Darüber hinaus sollten Sie die Siegel ausschließlich bei Produkten einbinden, die auch tatsächlich ausgezeichnet wurden. Wurde nur eine bestimmte Variante ausgezeichnet, und Sie verwenden das Logo für den Stammartikel, kann ebenso ein Wettbewerbsverstoß vorliegen, wie wenn Sie mit einem veralteten Produkttest werben.

Wie in vielen Bereichen des E-Commerce gelten auch hier vielfältige Regelungen, die Ihnen ein auf Wettbewerbsrecht spezialisierter Rechtsanwalt erläutern kann.

Bester Preis

Das Internet macht den Preisvergleich für Produkte sehr einfach. Da ein niedriger Preis eines der wichtigsten Verkaufsargumente ist, bietet es sich an, soweit es die eigene Kalkulation zulässt, Kunden eine »Bester Preis«-Funktion anzubieten.

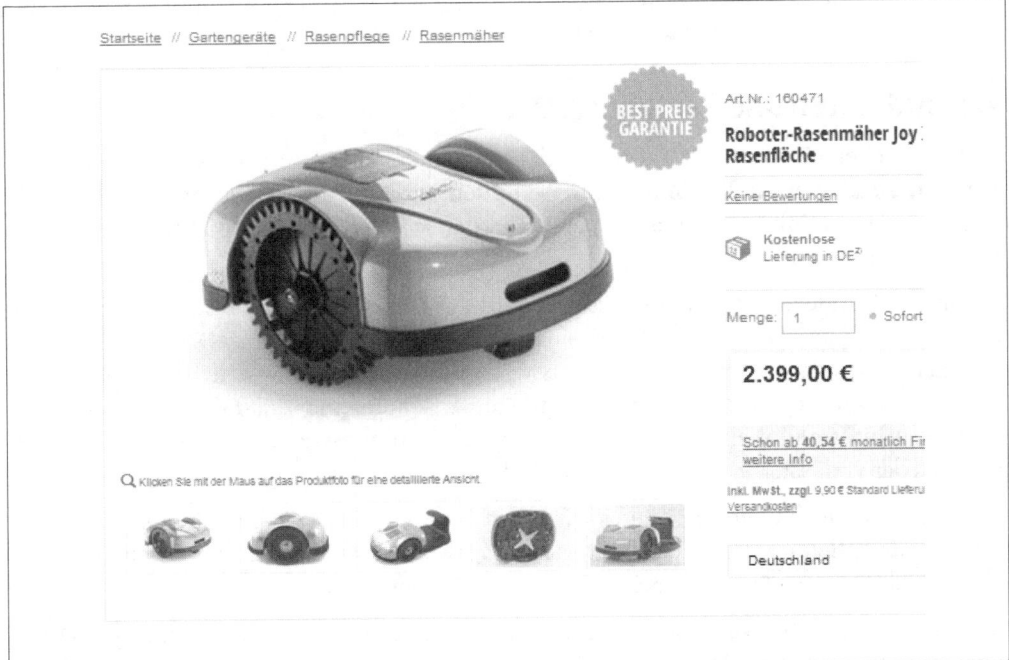

Abbildung 3-47: Preisgarantie, www.gartenmoebel.de (Mai 2014)

Sofern Ihr Kunde das gewünschte Produkt in einem anderen Online-Shop zu einem günstigeren Gesamtpreis also inkl. Versandkosten und aller weiterer Preisbestandteile, gefunden hat, kann er Ihnen dies mitteilen und Sie um ein günstigeres Angebot bitten.

Ein Klick auf das eingeblendete »Best-Preis-Garantie«-Siegel aus dem folgenden Screenshot öffnet ein Fenster, in dem der Interessent seine Kontaktdaten, die Webadresse des anderen Angebotes und den dortigen Preis einträgt.

Da die Preise im Internet transparent sind, haben Sie so unter Umständen die Gelegenheit, einen Kunden zum Kauf in Ihrem Shop zu bewegen, der allein wegen des Preises bei Ihrer Konkurrenz bestellen würde. Bedenken Sie, dass der Kunden einen wichtigen Grund haben muss, der ihn davon abhält, in dem anderen Shop einzukaufen, wenn er bei Ihnen eine Preisanfrage startet. Diese Chance sollten Sie sich nicht entgehen lassen!

Auch für Kunden, die keine Preisvergleiche anstellen, hat dieses Siegel eine Aussage: »Sie können die Suche nach einem günstigeren Preis einstellen – wir haben das beste Angebot!«

 Tipp Wenn Sie tatsächlich einmal mit einem günstigeren Preis konfrontiert werden, müssen Sie nicht zwangsläufig den Produktpreis im Online-Shop nach unten korrigieren. Stellen Sie dem Kunden lieber einen Gutschein aus, der Ihren Artikelpreis mindestens um die Differenz zum Konkurrenzpreis senkt, besser noch ihn unterbietet.

Auf diese Weise machen Sie den Interessenten zum Kunden und geben ihm gleichzeitig das Gefühl, ein besonderer Kunde zu sein, da offensichtlich nur ihm dieses Angebot gemacht wird. Mit etwas Glück investiert der Kunde den Rabatt in Mitnahmeartikel (Quengelware), die den Wert des Rabatts übersteigen.

Versandkosten und Zahlungsarten

Viele Besucher Ihres Online-Shops werden nicht über die Startseite, sondern über eine Kategorieseite oder die Produktdetailseite in den Shop gelangen. Dies passiert beispielsweise über Deeplinks, Empfehlung per Mail oder soziale Netze und natürlich auch über das Suchmaschinenmarketing.

Wenn der Kunde sich spontan für ein Produkt entscheidet, muss er noch in Erfahrung bringen, wie hoch die Versandkosten sind und wie er bezahlen kann. Da Sie den Kunden von der Produktdetailseite aus möglichst schnell durch den Bestellvorgang schleusen wollen, sollten Sie vermeiden, dass er die gewünschten und für die Kaufentscheidung wichtigen Informationen erst suchen muss und – schlimmstenfalls – die Produktdetailseite wieder verlässt.

Daher sollten Sie alle für den Käufer wichtigen Informationen auch unabhängig von Ihrer Informationspflicht gemäß der europäischen Verbraucherrechterichtlinie (siehe Unterkapitel »Rechtliche Aspekte« auf Seite 273) zur Verfügung stellen.

Sie können diese Informationen auf einem zusätzlichen Reiter bei den Produktdetails unterbringen. In jedem Fall sollten Sie dies aber (nochmals) im Footer des Online-Shops wiederholen. Gerade für die Zahlungsarten bietet sich hierbei die Nutzung der Logos der Zahlungsarten an, da sie schneller durch den Shop-Besucher erfasst werden als Hinweise in Textform.

Benefits

Es schadet nicht, auf der Produktdetailseite in kurzen Stichpunkten zu wiederholen, welche Vorteile der Kunde hat, wenn er in Ihrem Online-Shop bestellt.

Diese Vorteile müssen sich dabei keineswegs von der Konkurrenz unterscheiden. Vielmehr geht es darum, den Kunden positiv bei seiner anstehenden Kaufentscheidung zu unterstützen. Daher dürfen die Vorteile (aus Ihrer Sicht) so selbstverständlich wie das gesetzlich vorgeschriebene 14-tägige Widerrufsrecht oder eine kostenfreie Hotline sein.

Ortler Van Dyck kelly green
(Artikel Nr.: 333772)

★★★★★ <u>17 Kundenmeinungen</u>

Mehr: <u>Ortler Hollandräder</u> |
<u>Ortler Cityräder</u> | <u>Ortler Fahrräder</u> | <u>Ortler</u>

 Hotline: 0800 55 0000 1
Mo-Fr: 9-18 Uhr, Sa: 9-15 Uhr

 100 Tage Rückgaberecht

 Kauf auf Rechnung
Bezahlen Sie bequem später

Abbildung 3-48: Benefits auf der Produktdetailseite, www.fahrrad.de (Mai 2014)

Produkte in den Warenkorb legen

Legt ein Shop-Besucher einen Artikel in den Warenkorb, wird er entweder direkt auf die Seite »Warenkorb« im Online-Shop weitergeleitet oder der Online-Shop bestätigt das Hineinlegen mittels Visualisierung. Dies kann eine Animation des Warenkorb-Icon im Header-Bereich sein oder – wie auf unserer Abbildung 3-49 – ein Warenkorb-Layer, der die Wahl zwischen »Einkauf fortsetzen« oder »zur Kasse gehen« lässt. Der Layer schiebt sich dabei über die eigentliche, nun abgedunkelte Produktdetailseite.

Die direkte Weiterleitung auf die Warenkorbseite verhindert, dass der Besucher von der Produktdetailseite aus seinen Einkauf fortsetzt und weitere Produkte in den Warenkorb legt. Vergleichen Sie es mit dem Einkauf im Supermarkt: Unmittelbar, nachdem Sie ein Produkt aus dem Regal in den Einkaufswagen gelegt haben, kommt ein Angestellter und begleitet Sie zur Kasse und von dort aus zum Ausgang. Sie haben weder die Möglichkeit, weitere Produkte, die Sie vielleicht kaufen wollten, anzusehen, noch können Sie sich am Regal an der Kasse spontan zur Mitnahme einer Packung Kaugummi entschließen.

Wenn der Besucher Ihres Online-Shops auf der Produktdetailseite bleiben kann, nachdem er ein Produkt in den Warenkorb gelegt hat, können Sie ihm zum Beispiel via Cross-Selling weitere passende Produkte anbieten.

Unser Beispiel zeigt, wie die Empfehlung zum Kauf weiterer, ergänzender Artikel auch im Warenkorb-Layer genutzt werden kann.

Verkaufen Sie Artikel, die wegen ihres Preises oder ihrer Beschaffenheit typischerweise nicht durch andere Produkte ergänzt werden können, bietet es sich an, den Kunden direkt auf die Warenkorbübersicht zu leiten und damit den ersten Schritt in den Check-out-Prozess zu forcieren.

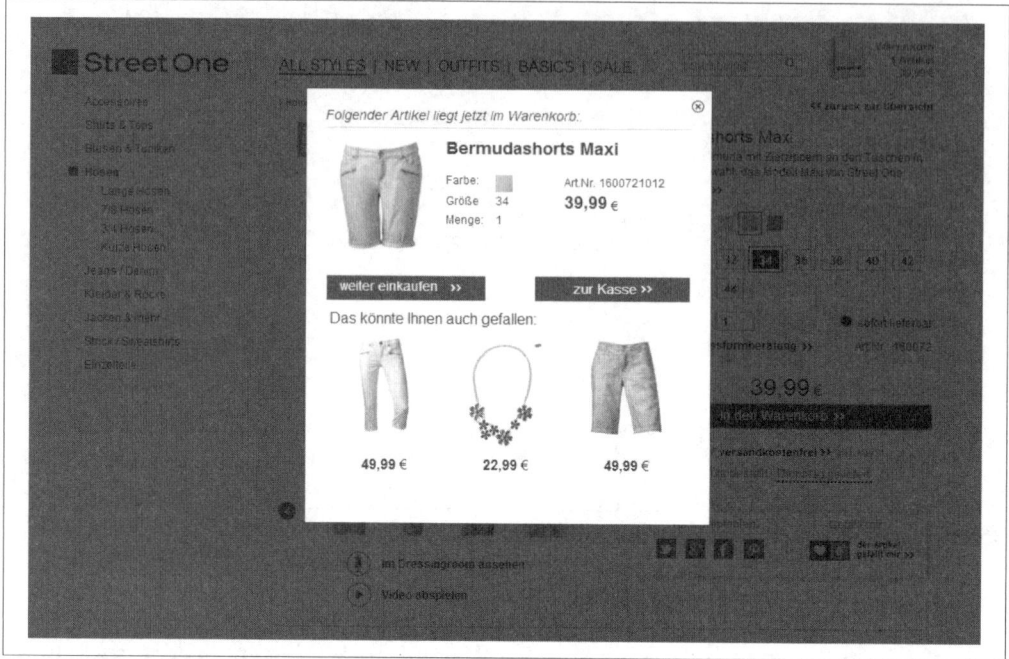

Abbildung 3-49: Warenkorb-Layer, www.street-one.de (Mai 2014)

Fazit

Die Produktdetailseite bietet als Informationsseite und Einstieg in den Kaufvorgang viele Möglichkeiten. Nicht alle hier vorgestellten Features und Ideen sollten gleichzeitig umgesetzt werden.

Nicht weniger wichtig als die Funktionalität dieser Seite ist die klare Struktur und die Übersichtlichkeit aller Informationen. Nur wenn der Kunde sich auf den ersten Blick zurechtfindet und alle gewünschten Informationen erhält, die er bewusst oder unbewusst sucht, wird er den Kaufvorgang starten und nicht zu Ihrer Konkurrenz wechseln.

Die »Big Player« des E-Commerce optimieren ihre Produktdetailseiten fortlaufend und ermitteln zum Beispiel mittels A/B-Tests, welche Button-Farben zu mehr Verkäufen führen und welche Anordnung den Klickweg optimiert und die Kaufabbruchrate senkt.

Wahrscheinlich wird Ihnen in der Startphase Ihres Online-Shop für derartige Tests die Datenbasis, d. h. die Menge der Klicks, Käufe und Kaufabbrüche, fehlen. Sie können sich aber immer wieder von den besten Shops inspirieren lassen. Verfolgen Sie die Fachpresse oder die Publikationen, die Sie in unseren Linktipps finden.

Zusammen mit Ihrer Agentur können Sie die Vor- und Nachteile der Features abwägen und prüfen, ob sich die Ideen auf Ihre Produktpalette und Ihren Online-Shop anwenden lassen.

Produktsuche

Die Produktsuche unterstützt den Kunden bei der Orientierung in Ihrem Online-Shop.

Soweit Sie den Besucher nicht über die Shop-Navigation oder über eine externe Quelle zur Produktdetailseite gebracht haben, die der Kunde sucht, wird er die Suchfunktion in Ihrem Shop nutzen.

Die Aufgabe besteht nun darin, den Kunden auf dem kürzesten Weg zur Produktdetailseite zu führen, auf der er den Kaufvorgang starten kann.

Was wird gesucht?

Um dem Kunden das gewünschte Ergebnis präsentieren zu können, sollten Sie zunächst überlegen, wonach der Kunde suchen könnte. Denkbare Suchen sind zum Beispiel:

- Artikelname
- Herstellername
- Artikelnummer
- Artikelvariante
- EAN-Nummer
- Eigenschaften und Attribute der Artikel
- Prüf- und Ökosiegel

Darüber hinaus müssen Sie überlegen, welche Felder des Produkt-Datensatzes in Ihrem Online-Shop standardmäßig durchsucht werden. Wird beispielsweise nur der Artikelname durchsucht, führt die Suche nach der Artikelnummer oder einer bestimmten Eigenschaft natürlich zu keinem relevanten Suchergebnis. Stattdessen wird der Kunde »0 Suchergebnisse« angezeigt bekommen und schlimmstenfalls die Suche bei Google oder in einem anderen Online-Shop fortsetzen.

Die bekannten Shop-Systeme verfügen in der Regel über ein eigenes Datenbankfeld für Suchbegriffe, die Sie jedem einzelnen Artikel zuordnen können. An dieser Stelle können Sie Eigenschaften und Begriffe eintragen, die in Ihrer Produktbeschreibung oder in den durchsuchbaren Feldern nicht vorkommen, um sicherzugehen, dass dieser Artikel auch angezeigt wird, wenn der entsprechende Begriff in die Suche eingegeben wird.

Fehlertoleranz

In der Standardfunktionalität der Shop-Systeme ist keine Fehlertoleranz bei der Suchfunktion implementiert. Auf jeden Fall sollten Sie auch die Suche nach Schreibfehlern abdecken.

Dies können Sie beispielsweise erreichen, indem Sie die falsche Schreibweise in die Liste der suchbaren Begriffe aufnehmen. Überlegen Sie, wie Ihr dümmster anzunehmender

Kunde den Namen Ihres Artikels schreiben würde, egal, für wie unwahrscheinlich Sie selbst diese Schreibweise halten.

Neben der Grundfunktionalität der Suche im Shop-System können Sie auch Module von Anbietern einsetzen, die auf die Suche in Online-Shops spezialisiert sind. Wie das funktioniert, zeigen wir im Abschnitt »Externe Anbieter von Suchfunktionen« auf Seite 167.

Auto-Fill

Die Auto-Fill-Funktion wurde spätestens durch Google bekannt. Während der Suchende Buchstaben in das Suchfeld eintippt, baut sich direkt unterhalb des Eingabefeldes dynamisch eine Liste mit Begriffen oder Artikelnamen auf, die sich mit jedem eingetippten Buchstaben verändern kann.

Die Auflistung generiert sich dabei zum Beispiel aus den Artikelnamen in Ihrem Online-Shop. Der Shop-Besucher kann, sofern ihm das gewünschte Produkt nun in der Auflistung auffällt, diesen Artikel direkt mit der Maus anklicken und die Suche damit abkürzen. Nach dem Klick wird er direkt auf die Produktdetailseite geleitet.

Unterstützt wird die Auflistung im Idealfall durch eine kleine Abbildung links vom Produktnamen. Kommt der Suchbegriff in mehreren unterschiedlichen Artikeln vor, kann der Suchende schon anhand des Produktbildes eingrenzen, welches das richtige ist.

Ist das von ihm gesuchte Produkt nicht in der Vorschlagsliste enthalten, klickt er auf den mit »Suche« oder ähnlich benannten Button und wird auf die Suchergebnisseite geführt.

Das folgende Beispiel zeigt eine ausführliche Vorschlagsliste. Auf Basis des Suchbegriffs »weber« werden nicht nur relevante Artikelgruppen, sondern auch Hersteller und Produktkategorien, jeweils mit passendem Bild, angezeigt, soweit sie dem Suchbegriff entsprechen. Je mehr Buchstaben des Suchbegriffs in das Suchfeld eingetippt werden, desto kürzer wird die Liste der angezeigten Produkte. Die Aktualisierung der Liste erfolgt dabei automatisch im Hintergrund.

Suchergebnisseite

Sofern der Shop-Besucher keine Auswahl über die vorhandene Auswahlliste der Auto-Fill-Funktion getroffen hat, landet er auf der Suchergebnisseite. Diese Seite liefert dem Kunden entweder das gesuchte Produkt oder lässt ihn in eine Sackgasse laufen, weil ihm keine oder die falschen Produkte angezeigt werden (siehe Abbildung 3-51). In letzterem Fall können Sie davon ausgehen, dass der Kunde den Kauf in Ihrem Shop abbricht.

Sie sollten also, wenn Sie Ihrem Kunden nicht das gewünschte Produkt anzeigen können, Alternativen in Form anderer Produkte oder Kundenservice anbieten.

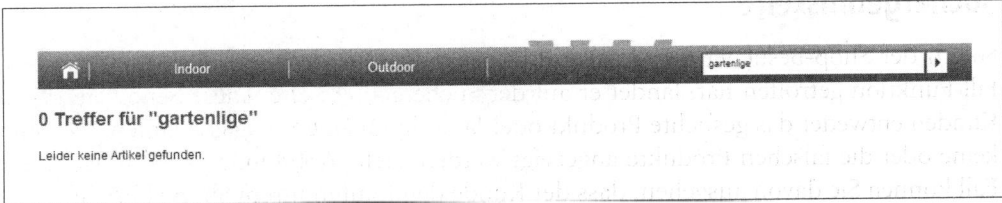

Abbildung 3-50: Vorschlagsliste, www.grillfuerst.de (Mai 2014)

| ⌂ | Indoor | Outdoor | | gartenlige | ▶ |

0 Treffer für "gartenlige"

Leider keine Artikel gefunden.

Abbildung 3-51: Schlechte Suchergebnisseite

Im folgenden Beispiel wird das gesuchte Produkt zwar auch nicht gefunden, der Kunde hat aber die Möglichkeit, auf mehreren Wegen weiter im Shop zu agieren.

Neben einem zusätzlichen Navigationselement im linken Bereich findet er mehrere Produktboxen im Abschnitt »Häufig gesucht«. Die Artikel in diesem Abschnitt können tatsächlich häufig gesucht werden und einer automatischen Auswertung des Datenbestandes entstammen oder von Ihnen im Shop-System manuell zusammengestellt werden.

Häufig von Endkunden genutzt wird die direkte Kontaktaufnahme. Ein sehr kurzes Kontaktformular mit nur zwei Feldern, eines davon schon ausgefüllt mit dem vom Shop-Besucher eingegebenen Suchbegriff, bietet die Möglichkeit, eine Suchanfrage direkt an den Shop-Betreiber zu schicken. Der Suchende muss in dieses Feld nur noch seine E-Mail-Adresse eintragen und das Formular absenden.

Der Shop-Betreiber hat nun die Möglichkeit, direkt mit dem Kunden in Kontakt zu treten und ihm den Link zum gesuchten Produkt zu schicken oder ihm ein Alternativprodukt anzubieten.

Neben dem Kundenservice haben Sie als Shop-Betreiber eine zusätzliche Informationsquelle, welche Produkte in Ihrem Online-Shop gesucht werden.

Abbildung 3-52: Suchergebnisseite mit Auswahlmöglichkeiten

Auswertung der Suchbegriffe

Statistische Auswertungstools wie Google Analytics oder econda zeigen Ihnen auf den ersten Blick, welche Produkte in Ihrem Online-Shop beliebt sind und welche Seiten häufig besucht werden. Kein Standard-Statistiktool bietet aber eine Auswertung dazu, welche Produkte in Ihrem Online-Shop nicht gefunden werden.

Die Auswertung der Suchfunktion in Ihrem Online-Shop bietet Ihnen wertvolle Hinweise, welche Produkte Sie verkaufen könnten, wenn Sie sie in Ihr Produktportfolio aufnehmen würden.

Machen Sie eine regelmäßige Auswertung der eingegebenen Suchbegriffe und der E-Mails, die Sie gegebenenfalls über die Suchergebnisseite erhalten, und überlegen Sie, ob Sie Ihr Angebot nicht um diese Artikel erweitern können.

Die Abbildung 3-53 zeigt eine tabellarische Auswertung der eingegebenen Suchbegriffe, die zu keinem Ergebnis führten, mit Angabe der exakten Uhrzeit und des genutzten Browsers. Mit Hilfe dieser Angabe lassen sich Suchanfragen von Suchmaschinen, beispielsweise vom Google AdWords Robot (*www.google.com/adsbot.html*), gezielt ausfiltern.

Diese Auswertungsfunktion ist keine Standard-Shopfunktion und muss von Ihrer Agentur entsprechend entwickelt oder bereitgestellt werden.

Externe Anbieter von Suchfunktionen

Rund um die Suchfunktion in Online-Shops haben sich in den vergangenen Jahren einige Anbieter externer Services etabliert, die erweiterte Suchfunktionen in Online-Shops als Software-as-a-Service anbieten. Hierbei wird die Suche des Online-Shops durch die Suche des Anbieters ersetzt bzw. durch weitere Funktionen ergänzt:

- Fehlertoleranz bei Rechtschreibfehlern und Vertippern
- Lernfähigkeit
- Suche in anderen Sprachen
- Steuerbares Produkt-Ranking innerhalb der Suchergebnisse
- Analyse der Suchbegriffe

Einen Teil der Funktionen können Sie, wie in den Abschnitten »Fehlertoleranz« und »Auto-Fill« auf Seite 164 beschrieben, selbst bzw. mit Hilfe Ihrer Agentur über Module für Ihren Online-Shop realisieren. Dies ist jedoch mit einem fortlaufenden Aufwand bei der Produktpflege und Auswertung der Suchbegriffe verbunden.

FACT-Finder (*www.fact-finder.de*), einer der führenden Anbieter externer Suchfunktionen von Online-Shops, spricht von bis zu 33% Mehrumsatz durch den Einsatz erweiterter Suchfunktionalitäten.

Mozilla/5.0 (Linux; U; Android 4.0.3; de-de; HTC_SensationXE_Beats Build/IML	12.06.2014 15:43	dovino
Mozilla/5.0 (Linux; U; Android 4.2.2; de-de; GT-P5110 Build/JDQ39) AppleWebk	12.06.2014 16:55	babygarne peddy
AdsBot-Google (+http://www.google.com/adsbot.html)	12.06.2014 16:57	bicolore
Mozilla/5.0 (Macintosh; Intel Mac OS X 10_9_1) AppleWebKit/537.73.11 (KHTML	12.06.2014 17:33	evanto
Mozilla/5.0 (Macintosh; Intel Mac OS X 10_9_1) AppleWebKit/537.73.11 (KHTML	12.06.2014 17:33	evato
Mozilla/5.0 (Windows NT 6.1; WOW64; rv:29.0) Gecko/20100101 Firefox/29.0	12.06.2014 18:56	inside
Mozilla/5.0 (Windows NT 6.1; WOW64; rv:29.0) Gecko/20100101 Firefox/29.0	12.06.2014 18:56	inside
Mozilla/5.0 (Windows NT 6.1; WOW64; rv:30.0) Gecko/20100101 Firefox/30.0	12.06.2014 19:18	setanova
Mozilla/5.0 (Macintosh; Intel Mac OS X 10_9_1) AppleWebKit/537.73.11 (KHTML	12.06.2014 19:26	casual
Mozilla/5.0 (iPad; CPU OS 7_1_1 like Mac OS X) AppleWebKit/537.51.1 (KHTML	12.06.2014 19:35	Nuvola
Mozilla/5.0 (Windows NT 5.1; rv:29.0) Gecko/20100101 Firefox/29.0	12.06.2014 20:42	evito
Mozilla/5.0 (Windows NT 6.2; WOW64; rv:29.0) Gecko/20100101 Firefox/29.0	12.06.2014 20:59	safari stil
Mozilla/5.0 (Windows NT 6.2; WOW64; rv:29.0) Gecko/20100101 Firefox/29.0	12.06.2014 21:04	knöpfe
Mozilla/5.0 (Windows NT 6.2; WOW64; rv:29.0) Gecko/20100101 Firefox/29.0	12.06.2014 21:05	knopf
Mozilla/5.0 (Windows NT 6.2; WOW64; rv:29.0) Gecko/20100101 Firefox/29.0	12.06.2014 21:05	knöpfe
Mozilla/5.0 (Windows NT 6.3; WOW64; rv:29.0) Gecko/20100101 Firefox/29.0	12.06.2014 21:11	lampone
Mozilla/5.0 (iPad; CPU OS 7_1_1 like Mac OS X) AppleWebKit/537.51.2 (KHTML	12.06.2014 21:26	giava
Mozilla/5.0 (Windows NT 6.1; WOW64; rv:30.0) Gecko/20100101 Firefox/30.0	13.06.2014 00:11	FELPA
Mozilla/5.0 (Windows NT 6.3; WOW64; rv:29.0) Gecko/20100101 Firefox/29.0	13.06.2014 09:01	trachten
Mozilla/5.0 (Windows NT 6.1; WOW64; rv:29.0) Gecko/20100101 Firefox/29.0	13.06.2014 09:06	florida
Mozilla/5.0 (compatible; MSIE 10.0; Windows NT 6.1; WOW64; Trident/6.0)	13.06.2014 09:34	strickmodelle
Mozilla/4.0 (compatible; MSIE 8.0; Windows NT 6.1; Trident/4.0; SLCC2; .NET C	13.06.2014 11:36	
Mozilla/5.0 (Windows NT 6.1; WOW64; rv:29.0) Gecko/20100101 Firefox/29.0	13.06.2014 11:43	grumpelwortz
Mozilla/5.0 (Windows NT 6.1; WOW64; rv:29.0) Gecko/20100101 Firefox/29.0	13.06.2014 11:49	mgfdy
Mozilla/5.0 (iPhone; CPU iPhone OS 7_1_1 like Mac OS X) AppleWebKit/537.51	13.06.2014 12:03	Inside
Mozilla/5.0 (Macintosh; Intel Mac OS X 10.9; rv:29.0) Gecko/20100101 Firefox/29.0	13.06.2014 13:44	samea
Mozilla/5.0 (Windows NT 6.2; WOW64) AppleWebKit/537.36 (KHTML, like Gec	13.06.2014 13:54	
Mozilla/5.0 (Windows NT 6.1; WOW64; rv:30.0) Gecko/20100101 Firefox/30.0	13.06.2014 14:34	Garnnadeln
Mozilla/5.0 (Windows NT 5.1; rv:29.0) Gecko/20100101 Firefox/29.0	13.06.2014 16:47	casual
Mozilla/5.0 (Windows NT 6.3; WOW64; Trident/7.0; rv:11.0) like Gecko	13.06.2014 16:54	Inside

Abbildung 3-53: Tabellarische Auswertung von Suchanfragen

Es ist nicht von der Hand zu weisen, dass es zu Kaufabbrüchen kommt, wenn der Kunde über die Suche nicht die Produkte findet, die er ansehen möchte. Dem Mehr an Konversionen und Weniger an Pflegeaufwand stehen die Kosten für die Integration der Software-Module der externen Anbieter und die laufenden Kosten im Betrieb – meist Grundgebühr plus eine von der Anzahl der Suchabfragen abhängige Gebühr – gegenüber.

Lassen Sie sich von Ihrer E-Commerce-Agentur beraten, welches externe Modul in Ihren Online-Shop integriert werden kann, welche Vorteile dies mit sich bringt und mit welchen (laufenden) Kosten das Modul des externen Anbieters verbunden ist.

Checkout-Prozess

Geschafft! Der Kunde hat eines oder mehrere Produkte in den Warenkorb gelegt und kann das Produkt jetzt kaufen. Die Warenkorbansicht ist der erste Schritt in den Checkout-Prozess, der mit dem eigentlichen Kauf auf der »Thank you-Page« (»Vielen Dank für Ihren Einkauf!«) abschließt.

In den folgenden Schritten registriert sich der Kunde mit einem persönlichen Konto oder meldet sich im Shop mit Benutzernamen und Kennwort an, um seine Daten aufzurufen. Er entscheidet über Zahlungsarten und Versandwege und schließt – im Idealfall – seinen Kauf ab.

Gerade für Kunden, die zum ersten Mal in Ihrem Online-Shop einkaufen, bieten sich hier zahlreiche Möglichkeiten, um den Kauf abzubrechen. Für den Shop-Betreiber bietet der Checkout-Prozess dagegen erhebliches Optimierungspotential, um die Besucher vom Kaufabbruch abzuhalten.

Mittels gängiger Analyse-Tools, wie zum Beispiel Google Analytics oder econda Web Analytics lassen sich die Besucherströme und insbesondere die Ausstiegsseiten im Checkout-Prozess sehr gut visualisieren.

Google hat mögliche Gründe für Kaufabbrüche in einem (englischsprachigen) Video ein wenig überspitzt, aber anschaulich zusammengefasst: *aix.li/checkout-video*

Die wichtigsten Regeln, die Sie bei der Optimierung des Checkout-Prozesses beachten sollten, stellen wir in diesem Abschnitt vor.

Conversion-Funnel

Die Warenkorbansicht ist der erste Schritt in den Checkout-Prozess, der mit dem Kauf abschließt. An dieser Stelle beginnt der Albtraum jedes Shop-Betreibers: der Conversion-Funnel.

Der Konversionstrichter bezeichnet die Reihenfolge der Webseiten, die der Shop-Besucher durchlaufen muss, bevor er das Produkt tatsächlich gekauft hat.

Der Trichter beginnt mit der Warenkorbseite und endet mit der Danke-Seite, auf der der Kauf abgeschlossen ist und dem Käufer bestätigt wird.

Mit jeder einzelnen Seite steigt dabei die Zahl der Kaufabbrüche und sinkt die Anzahl der Kunden, die zum nächsten Schritt gehen. Keine Sorge, das ist ganz normal. Manche Kunden möchten den Online-Shop einfach ausprobieren, nicht jeder Kunde besucht Ihren Shop mit einer konkreten Kaufabsicht, manche fühlen sich durch Design oder Optionen gestört – Ihre Aufgabe besteht darin, Besucher durch Optimierung vom Kaufabbruch abzuhalten.

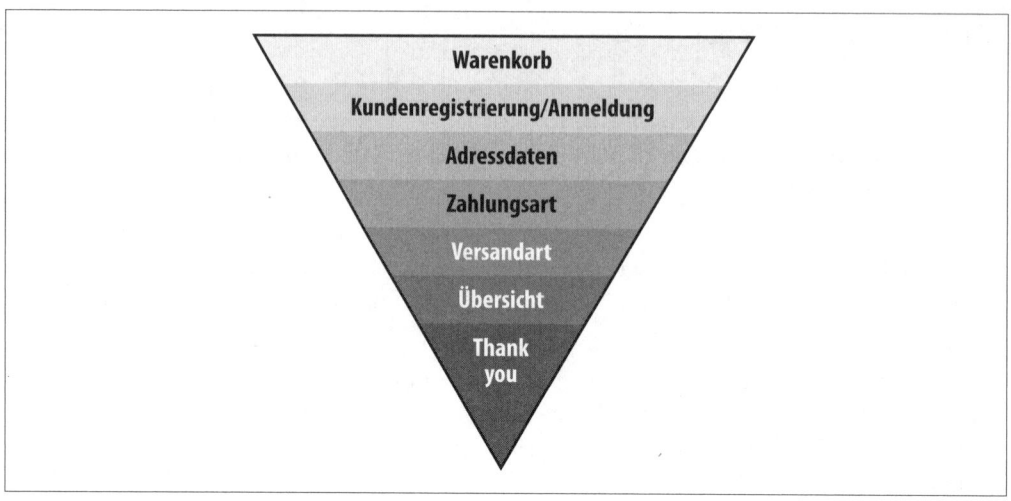

Abbildung 3-54: Der Weg vom Warenkorb zum Verkauf

Um den Verlauf zu optimieren und die Anzahl der Kaufabbrüche zu senken, gelten ähnliche Regeln, wie bei der Optimierung des gesamten Online-Shops:

- Übersichtlichkeit schaffen
- Vertrauen aufbauen
- Zweifel minimieren
- Aufwand senken

Design des Checkout-Prozesses

Ein erster Weg, um Übersichtlichkeit zu schaffen, ist das Ausblenden der für den Checkout unwesentlichen Elemente des Online-Shops. Mit Beginn des Kaufvorgangs nach der Warenkorbansicht gilt es, den Besucher möglichst wenig vom eigentlichen Kaufvorgang abzulenken und durch den Kaufvorgang zu begleiten.

Die beiden folgenden Screenshots zeigen gut, wie viele Elemente des Online-Shops im Beispiel *www.conrad.de* wegfallen. Nachdem der Kunde aus dem Warenkorb heraus »Zur Kasse gehen« angeklickt hat, reduziert sich die Ansicht auf das Wesentliche. Unter anderem verschwindet die komplette Shop-Navigation. Der Shop-Besucher hat so zumindest auf den ersten Blick keine Möglichkeit mehr, zum Shop zurückzukehren oder einzelne Positionen im Warenkorb zu verändern. Die hier vorgenommene Bevormundung des Kunden durch die Wegnahme von Klickmöglichkeiten dient allein der Optimierung und Steigerung von Konversionsraten. Amazon agiert noch wesentlich aggressiver und verzichtet fast ganz auf Informationen und andere Elemente, die vom Kaufvorgang ablenken könnten.

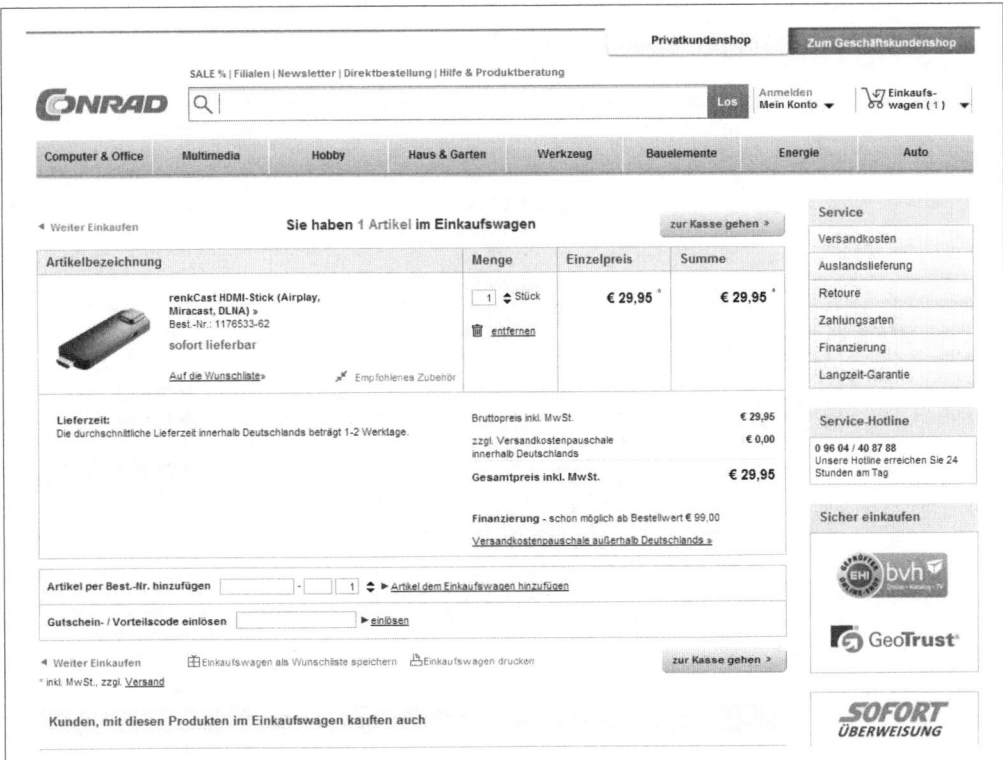

Abbildung 3-55: Warenkorbansicht, www.conrad.de (Mai 2014)

Warenkorbansicht

Der Warenkorb zeigt alle Artikel, die der Shop-Kunde in seinen virtuellen Einkaufswagen gelegt hat. In erster Linie soll sich der Kunde noch einmal einen Überblick verschaffen können. Für den Shop-Betreiber ist es wichtig, dass der Kunde hier in den Kaufvorgang einsteigt.

Call-to-Action-Element

Ähnlich wie auf der Produktdetailseite geschieht dies über ein Call-to-Action-Element also die Aufforderung, etwas zu tun. »Zur Kasse« oder »Zur Kasse gehen« hat sich als übertragene Begrifflichkeit aus dem Supermarkt in Online-Shops etabliert. Der »Zur Kasse«-Button sollte sich dabei deutlich vom restlichen Design abheben und für den Kunden direkt zu erfassen sein.

Fortschrittsanzeige

Als neues Element im Online-Shop kommt ab dem Warenkorb, spätestens aber ab der folgenden Seite »Kundenregistrierung/Anmeldung« eine Fortschrittsanzeige hinzu. Unter

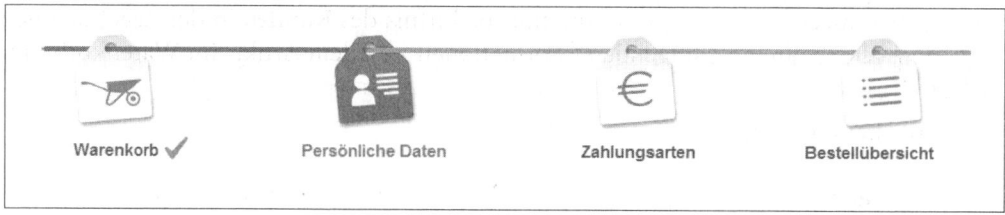

Abbildung 3-56: Adresseingabe, www.conrad.de (Mai 2014)

oder häufig anstelle der horizontalen Shop-Navigation tritt ein neues Navigationselement, das in der Abfolge die weiteren Schritte bis zum Ende des Kaufvorgangs skizziert. Der Kunde hat so die Möglichkeit, sich unmittelbar zu informieren, wie viele Seiten und Formulare noch auf ihn zukommen. Zudem kann er einfach per Klick einen oder mehrere Schritte im Bestellvorgang zurücknavigieren, um seine Eingaben zu kontrollieren oder zu korrigieren.

Ein grünes Häkchen, im folgenden Beispiel hinter dem Warenkorb, gibt dem Kunde eine direkte visuelle Bestätigung über die Vollständigkeit und Richtigkeit seiner Angaben.

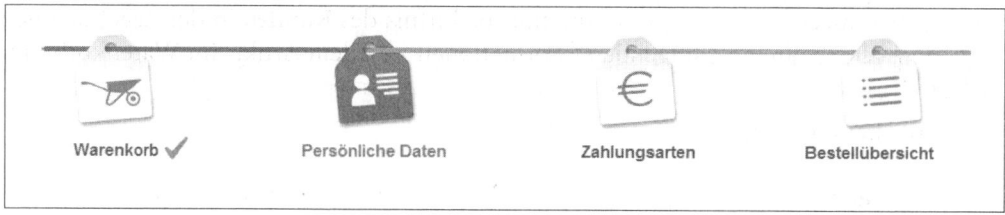

Abbildung 3-57: Fortschrittsanzeige im Checkout-Prozess, www.gartenxxl.de (Mai 2014)

Direkte Kontaktmöglichkeit

Im Warenkorb sollten Sie dem Kunden nochmals gesondert alle Möglichkeiten der Kontaktaufnahme mit dem Kundenservice vor Augen führen. Zu Beginn des Bestellvorgangs haben Kunden oft noch einmal Detailfragen, die geklärt werden müssen. Um den Kaufvorgang jedoch nicht zu unterbrechen, sollten Sie auf die Angabe von Kontaktmöglichkeiten verzichten, die keine direkte Rückantwort zulassen. Letztlich bleibt an dieser Stelle nur die deutliche Angabe der Telefonnummer oder die Einbindung des Live-Chats.

Trust-Elemente und Kundeninformation

Um die Zweifel des potenziellen Käufers zu minimieren, sollten Sie im Warenkorb alle Punkte herausstreichen, die aus der Sicht des Kunden für den Einkauf in Ihrem Online-Shop sprechen. Dies können sein:

- Qualitätssiegel
- Sicherheitshinweis (SSL-Verschlüsselung)
- Gewährleistung und Garantie
- Kurze Lieferzeit
- Versandkostenfreiheit (soweit gegeben)

Tipp   Neben der Auflistung der Vorteile als Text oder in Form von Grafiken können Sie auch längere Texte auf anderen Informationsseiten verlinken. Achten Sie jedoch unbedingt darauf, dass dies in einem neuen Fenster möglichst ohne Navigationselemente und Browserschaltflächen geschieht. Sie sollten auf jeden Fall verhindern, dass der Shop-Besucher den Kaufvorgang abbricht, indem er die aktuelle Bildschirmseite verlässt!

An dieser Stelle sollten Sie den Kunden nochmals darüber informieren, mit welchen Zahlungsmitteln er bezahlen kann und welche Versanddienstleister bzw. Versandoptionen ihm zur Verfügung stehen. Blenden Sie die Symbole Ihrer Zahlungsarten und Ihrer Logistikpartner daher am Fuß der Seite ein.

Postenauflistung

Im Allgemeinen wird der Postenauflistung im Warenkorb zu wenig Aufmerksamkeit von Seiten der Shop-Betreiber geschenkt. Der Umfang der Standardangaben, die Ihr Shop-System hier anzeigt, ist für das Informationsbedürfnis des Kunden in der Regel deutlich zu gering. Hier sollten die folgenden Informationen zu jedem Artikel im Warenkorb hinterlegt werden:

- Artikelname
- Hersteller und/oder Marke
- Artikelvariante (Farbe, Größe etc.)
- Artikelnummer
- Bild des Artikels in der ausgewählten Variante (insbesondere in der richtigen Farbe!)

- Lieferbarkeit
- Einzelpreis des Artikels
- Anzahl der Artikel im Warenkorb
- Gesamtpreis der Artikelzeile

Die unterschiedlichen Artikel im Warenkorb sollten zusätzlich durch einen deutlichen Trenner (Strich oder Farbwechsel) voneinander abgegrenzt sein. Dies erleichtert gerade bei umfangreichen Warenkörben die Übersicht.

Gutschein einlösen

Der Warenkorb ist auch der Ort, an dem Kunden vorhandene Gutscheine einlösen können. Entweder ist hier ein entsprechendes Eingabefeld bereits vorhanden oder es wird durch einen Klick auf einen Button oder Text eingeblendet.

Nach Eingabe des Gutscheincodes wird der Gutschein eingelöst und der Gutschriftbetrag als fester Wert oder prozentual vom Warenkorbwert abgezogen.

Tipp Prüfen Sie vor dem GoLive Ihres Shops nicht nur, ob Gutscheine eingelöst werden können und ob die Berechnung korrekt erfolgt. Sie sollten auch prüfen, was passiert, wenn der Gutschein nicht eingelöst werden kann, weil der Gutschein bereits einmal benutzt wurde oder weil der Gutscheincode falsch ist.

Bei falschen Gutscheincodes sollten Sie den Nutzer durch eine eindeutige Fehlermeldung auf den möglichen Fehler hinweisen und eine direkte Hilfestellung, im Idealfall per Telefon, anbieten!

Wenn der Kunde sicher ist, alles richtig gemacht zu haben, die Einlösung des Gutscheins aber nicht funktioniert, müssen Sie nicht nur mit einem Kaufabbruch rechnen, sondern auch mit einem sehr frustrierten Kunden, der nicht noch einmal bei Ihnen einkaufen wird.

Voraussichtlicher Liefertermin

Durch zuverlässigere Lieferdienste und einen höheren Automatisierungsgrad ist es heute durchaus möglich, eine Prognose für den voraussichtlichen Liefertermin abzugeben.

Durch die Angabe dieses Termins schon im Warenkorb können Sie bestehende Zweifel beim Einkauf in Ihrem Shop weiter ausräumen und mit Zuverlässigkeit punkten. Sie sollten aber sicherstellen können, dass die angegebenen Termine bei Ihnen organisatorisch wirklich machbar sind.

Preisauszeichnung

Sowohl auf den Produktdetailseiten als auch auf den Seiten des Checkouts sollten Sie auf die richtige Form der Preisauszeichnung entsprechend der Preisangabenverordnung achten.

Preise sind immer als Gesamtpreis anzugeben, wobei dem Kunden klar sein muss, dass alle Preisbestandteile also auch die Mehrwertsteuer, enthalten sind. Ein deutlicher Hinweis hierauf und ein Ausweis der enthaltenen Mehrwertsteuer als Betrag sollten daher auf der Warenkorbseite nicht fehlen.

Achten Sie insbesondere auf die Angabe der richtigen Mehrwertsteuersätze. Sobald Sie Waren mit dem normalen und dem verminderten Mehrwertsteuersatz gleichzeitig anbieten, müssen die Mehrwertsteuersätze auch getrennt voneinander angegeben werden, und es muss gleichzeitig klar erkennbar sein, welche Produkte welchem Mehrwertsteuersatz unterliegen.

Sofern Sie im Warenkorb Streichpreise anzeigen, sollten Sie unbedingt den Hinweis auf den Bezugspreis also zum Beispiel »*Durchgestrichene Preise beziehen sich auf unseren ehemaligen Verkaufspreis*« einfügen.

Versandkosten

Mit Blick auf die Pflichtangaben sollten Sie auch im Warenkorb die Versandkosten angeben. Soweit Sie dies noch nicht können, weil Ihre Versandkosten vom Zielland oder der Versandart (zum Beispiel Standard oder Expressversand) abhängig sind, sollten Sie zumindest die Kosten für den Standardversand innerhalb Deutschlands angeben und auf abweichende Versandkosten hinweisen.

Dies kann durch einen mit der Versandkosteninformation verlinkten Hinweis oder Sternchen-Text (*) in der Form »*Standardversandkosten innerhalb Deutschlands. Die tatsächlich anfallenden Versandkosten werden im Laufe des Bestellvorgangs berechnet*« erfolgen.

Quengelware

Der Bereich unterhalb des Warenkorbs bietet sich – vergleichbar mit dem Regal an der Supermarktkasse – dafür an, Produkte im Rahmen des Cross-Sellings zu präsentieren. Wie auf der Produktdetailseite ist es möglich, ähnliche Produkte oder von Ihnen festgelegte Sonderangebote einzublenden.

Um den Kaufvorgang nicht zu unterbrechen, sollten Sie hier jedoch ausschließlich günstige und nicht erklärungsbedürftige Mitnahmeartikel anbieten, die durch Klick auf das Call-to-Action-Element direkt dem Warenkorb hinzugefügt werden. Verzichten Sie darauf, den Kunden zurück auf die Produktdetailseite zu navigieren.

Registrierung/Anmeldung

Nach der Warenkorbansicht folgt oft die Benutzerregistrierung und/oder Anmeldung für Benutzer mit bestehendem Kundenkonto. Achten Sie darauf, dass Sie Ihren Kunden auch einen Kauf als Gast, d. h. ohne Kundenkonto, ermöglichen. In Zeiten umfassender Diskussionen über den Datenschutz möchten Kunden immer häufiger kein Kundenkonto anlegen, im Glauben, dass damit keinerlei Daten im Online-Shop gespeichert werden. Natürlich müssen Sie als Shop-Betreiber alle für die Erfüllung des Geschäfts notwendigen Daten im Rahmen der gesetzlichen Vorgaben langfristig speichern. Es geht hierbei also allein um den psychologischen Effekt, der sich für Kunden oft in der Angabe eines Kennworts manifestiert.

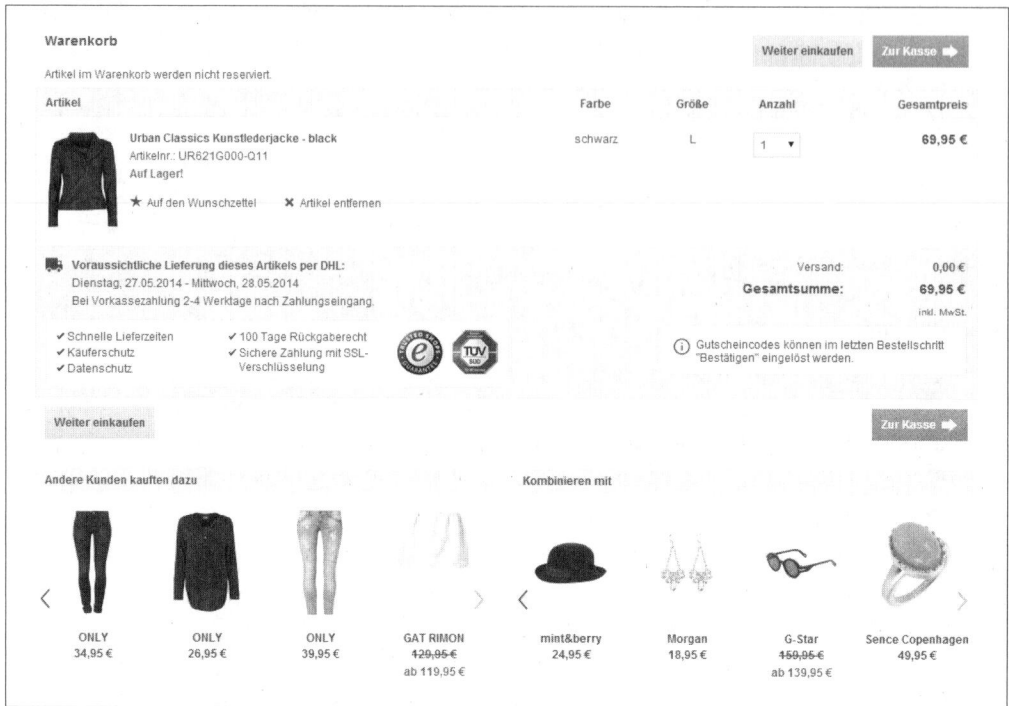

Abbildung 3-58: Warenkorbansicht mit Quengelware, www.zalando.de (Mai 2014)

Verkaufen Sie Produkte, bei denen absehbar kein erneuter Kauf in Ihrem Shop erfolgen wird – oder zumindest nicht in einem Zeitraum, in dem man davon ausgehen kann, dass der Kunde seine Zugangsdaten vergessen haben wird –, sollten Sie überlegen, ob Sie den Schritt der Benutzerregistrierung nicht komplett deaktivieren. Jeder zusätzliche Schritt im Bestellvorgang und jedes zusätzliche Feld in Eingabemasken erhöht die Wahrscheinlichkeit eines Kaufabbruchs.

 Tipp Die Deaktivierung des Zwischenschritts ist in den meisten Shop-Systemen nur durch einen Eingriff in die Programmierung möglich. Sprechen Sie den erforderlichen Aufwand mit Ihrer Agentur ab.

Bei der Eingabe des Benutzernamens, der E-Mail-Adresse und des Kennworts sollten Sie überlegen, ob das Kennwort wie in den meisten Shops maskiert also mit Sternen oder Punkten anstatt der tatsächlichen Eingabe, angezeigt werden soll. Einige Shops bieten heute schon die Möglichkeit an, dies anzuschalten. Wir empfehlen genau die umgekehrte Vorgehensweise, die wesentlich nutzerfreundlicher ist: Lassen Sie den Benutzer sehen, was er in das Kennwortfeld eingibt und bieten Sie ihm die Option, die Eingabe zu maskieren, für den Fall, dass er das Kennwort in der Öffentlichkeit oder mit Begleitung vor dem Bildschirm eingibt.

Die »Kennwort vergessen«-Funktion darf hier natürlich nicht fehlen. Bieten Sie dem Kunden die Möglichkeit, sich ein neues Kennwort per E-Mail zuschicken zu lassen oder via zugeschicktem Link ein neues Kennwort zu vergeben. Beachten Sie dabei bitte die folgenden beiden Regeln:

Das neue Kennwort oder der Link zur Vergabe eines neuen Kennwortes sollte sofort verschickt werden. Wenn Sie den Benutzer zu lange warten lassen, wird er den Kaufvorgang höchstwahrscheinlich nicht fortsetzen.

Wenn Ihr Kunde ein neues Kennwort vergeben hat, sollte er nach der Neuvergabe direkt eingeloggt auf die Seite der Adressangabe weitergeleitet werden. Viele Online-Shops führen den Kunden nach der Neuvergabe zur Startseite des Shops oder zur Warenkorbübersicht. Diese Seiten hat der Kunde bereits besucht und sich für einen Kauf in Ihrem Online-Shop entschieden. Es ist daher nicht nachvollziehbar, warum er nicht auf der Seite landet, die er ursprünglich aufrufen wollte.

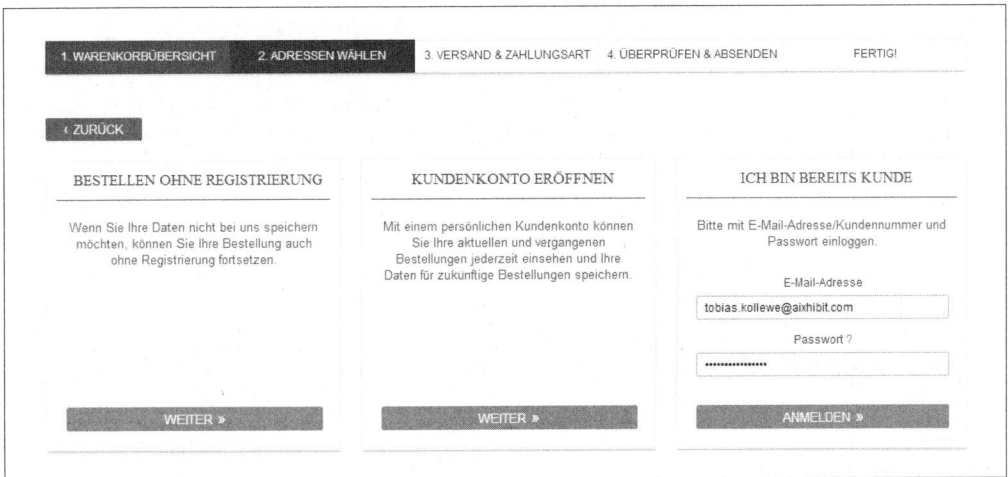

Abbildung 3-59: Anmeldung/Benutzerregistrierung

Adressangabe

Unabhängig davon, ob der Kunde bereits vorhandene Daten aus einem bestehenden Kundenkonto lädt, ein neues Kundenkonto anlegt oder als Gast bestellt, landet er beim nächsten Schritt bei der Adresseingabe. Die Seiten unterscheiden sich dabei nur durch die Angabe eines Kennwortes für das Kundenkonto. Bei Gastkonten wird es nicht abgefragt.

Wenn Ihr Kunde an dieser Stelle ein Kennwort vergeben muss, hindern Sie ihn bitte nicht daran, ein Kennwort seiner Wahl anzugeben. Natürlich ist ein Kennwort umso sicherer, je komplizierter es aufgebaut ist. Viele Surfer benutzen aber gerade einmal drei verschiedene Kennwörter für alle Internetseiten. Lassen Sie Ihren Kunden kein Frustpotenzial aufbauen, indem Sie ihm Mindestlänge, zu verwendende Zeichen oder – noch schlimmer

– eine Maximallänge für das Kennwort vorgeben. Wie bei der vorherigen Checkout-Seite gilt die Empfehlung, das Eingabefeld nicht zu maskieren, sondern die Maskierung nur als mögliche Option anzubieten.

Abbildung 3-60: Vorgaben bei der Kennworteingabe, www.gartenxxl.de (Mai 2014)

Bei der Angabe der Adressdaten stehen sich die unterschiedlichen Interessen von Käufer und Verkäufer wieder einmal entgegen. Der Shop-Betreiber möchte möglichst viele Daten erheben, der Käufer möchte möglichst wenige Angaben machen.

In den Standardeinstellungen vieler Shop-Systeme werden dabei für den deutschen Markt vollkommen unnötige Felder abgefragt. Für die Lieferung innerhalb Deutschlands ist die Angabe des Bundeslandes nicht erforderlich. Warum also diese Angabe abfragen?

Eigentlich benötigen Sie für die Bestellung von Privatkunden ausschließlich die folgenden Angaben:

- Vor- und Nachname
- Straße
- Hausnummer (soweit vorhanden)
- Postleitzahl
- Ort
- Land
- E-Mail-Adresse (für die Bestellbestätigung)

Die Angabe der folgenden Felder ist nicht zwingend erforderlich, kann aber für die Abwicklung oder für den Kundenservice hilfreich sein:

- Anrede, Titel
- Telefonnummer
- Firma (für die Lieferung an den Arbeitsplatz)

Versetzen Sie sich in die Lage Ihrer Kunden. Möchten oder könnten Sie als Privatkunde die folgenden Angaben machen bzw. sind sie für die Lieferung tatsächlich erforderlich?

- Geburtsdatum
- Faxnummer
- Umsatzsteueridentifikationsnummer
- Bundesland

Pflichtfelder

Machen Sie Felder nur dann zu Pflichtfeldern, wenn Sie die Angaben unbedingt benötigen. Wenn Sie Daten erheben möchten, die für die Lieferung nicht zwingend erforderlich sind also zum Beispiel die Telefonnummer, erklären Sie kurz, warum Sie um die Angabe der Daten bitten. Ein kurzer Hinweis in der Form »*für eventuelle Rückfragen zur Bestellung*« oder »*zur Abstimmung eines Liefertermins*« kann die Ausfüllquote des Telefonnummernfeldes deutlich erhöhen.

Überprüfen Sie zudem, ob die Pflichtfelder inhaltlich zusammenpassen. Im folgenden Beispiel wird bei der Angabe einer Firmenadresse die Umsatzsteueridentifikationsnummer abgefragt, obwohl ein Versand offensichtlich (wegen der fehlenden Länderauswahl) nur innerhalb Deutschlands möglich ist. Für den Handel innerhalb Deutschlands hat die Umsatzsteueridentifikationsnummer jedoch keinerlei Relevanz.

Zusätzlich wird hier das Geburtsdatum abgefragt mit dem Hinweis, dass eine Bestellung erst ab 18 Jahren möglich sei. Für die Lieferung an Firmen dürfte dies jedoch in aller Regel unwichtig sein. Im Gegenteil: Wenige Kunden, die im Auftrag Ihres Arbeitgebers bestellen, werden ihr tatsächliches Geburtsdatum angeben wollen. Der Shop-Betreiber erhält somit eher falsche Angaben.

Persönliche Angaben

Anrede:*	○ Frau ○ Herr ☑ Firmenkunde
Firma*	
USt-IdNr.:*	z. B. DE999999999 (DE zzgl. 9 Ziffern deren erste größer 0 sein muß).
Vorname:*	
Name:*	
Adresszusatz:	z.B. "c/o" oder "z.Hd. Schmidt"
Straße/Hausnummer:*	
PLZ*, Ort:*	Lieferung erfolgt nur innerhalb Deutschlands.
Telefon:*	Für Rückfragen, wie z.B. die Vereinbarung von Lieferterminen bei Speditionsartikeln.
Geburtsdatum:*	TT.MM.JJJJ (Eine Bestellung ist erst ab 18 Jahren möglich)

Abbildung 3-61: Adresseingabe mit unpassenden Feldern, www.gartenxxl.de (Mai 2014)

Anrede

Wenn Ihr Publikum größtenteils weiblich ist, bietet es sich an, im Feld Anrede »Frau« zur Standardauswahl zu machen. Sie kommen Ihren Kundinnen damit insofern entgegen als dass Sie der Mehrzahl aller Shop-Besucherinnen einen Klick ersparen.

Hausnummer

Überlegen Sie, ob Sie die Angabe der Hausnummer zu einem Pflichtfeld machen. Nicht alle Häuser, gerade in kleinen Straßen oder auf Dörfern, verfügen über eine Hausnummer.

Land

Beschränken Sie die Angabe im Pull-down-Menü »Land« auf die Angabe der Länder, in die Sie auch tatsächlich versenden. So vermeiden Sie Probleme bei Auslandskunden, die trotz Ihrer Beschränkungen des Liefergebietes nicht belieferbare Länder auswählen.

Wenn Sie in viele oder gar in alle Länder der Welt verschicken, können Sie Ihren Stammkunden, die zunächst vielleicht aus Deutschland stammen, die Auswahl ihres Landes vereinfachen, indem Sie die am häufigsten genutzten Länder im alphabetisch sortierten Auswahlmenü zusätzlich nochmals an den Beginn der Liste setzen.

Wenn Sie nur innerhalb Deutschlands versenden, sollten Sie das Auswahlmenü durch eine feststehende Angabe ersetzen.

Abbildung 3-62: Adresseingabe mit optimierter Länderauswahl, www.meinfilati.de (Mai 2014)

Felder für andere Liefergebiete

Für den Versand innerhalb Deutschlands werden Sie die Angabe des Bundeslandes nicht benötigen. Überlegen Sie jedoch, welche Angaben Sie für den Versand in andere Länder von Ihren Kunden abfragen müssen.

Hier kann die Angabe eines Bundeslandes oder der Umsatzsteueridentifikationsnummer (bei Firmenkunden und Versand innerhalb der EU) durchaus von Interesse oder zwingend erforderlich sein. Dies gilt auch für die inhaltliche Prüfung der Felder.

Felder für Packstationsadressen

Wenn Ihr Kunde eine Adresse in den inzwischen weit verbreiteten Packstationen angeben möchte, können Sie ihm hierzu gesonderte Felder zur Verfügung stellen. (Dies sollten Sie natürlich nur dann tun, wenn Sie auch mit DHL versenden. Andere Paketdienste können Packstationen nicht beliefern!) Anstatt weitere Felder einzublenden, können Sie mit entsprechender Benutzerführung und Hilfestellung auch die vorhandenen Felder nutzen. Das folgende Beispiel zeigt die Ausfüllhilfe für die Belieferung an eine Packstation bei *www.meinfilati.de*.

Über der Angabe der Rechnungsadresse wird ein nicht zu übersehender Layer eingeblendet, der mittels Hilfetext und visueller Hilfsmittel wie farbliche Markierung und Pfeil, dem Benutzer zeigt, welche Angaben der Packstationsadresse er in welches Feld eintragen muss. Mit Einführung dieser Benutzerhilfe wurde die Quote der fehlerhaften Angaben bei Packstationsadressen von über 60% auf unter 2% gesenkt.

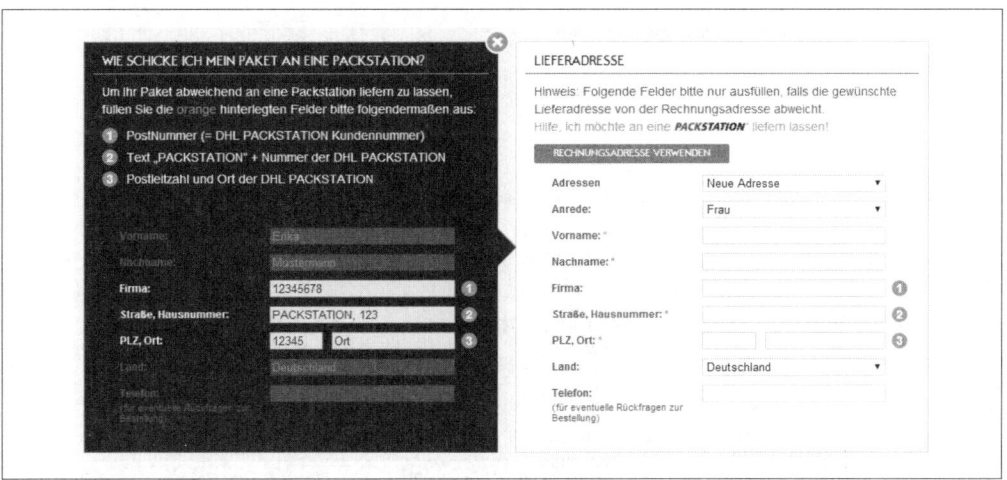

Abbildung 3-63: Ausfüllhilfe Packstationsadresse, www.meinfilati.de (Mai 2014)

Automatische Überprüfung der Feldinhalte

Spätestens mit Absenden der Seite durch Klick auf den mit »Weiter« oder ähnlich beschrifteten Button durchlaufen die Eingaben im Hintergrund zunächst einige Plausibilitätsprüfungen. Unter anderem wird geprüft, ob alle Pflichtfelder ausgefüllt worden sind und ob die Vorgaben für die einzelnen Felder erfüllt wurden.

Besser ist es, wenn die Benutzer schon während der Eingabe ein Feedback über die Richtigkeit der Angaben erhalten. Das im folgende Beispiel leer gelassene Feld »PLZ« wird rot markiert und hinterlegt, während alle richtigen Angaben mit grünem Hintergrund bestätigt werden. Zur Unterstützung bei der Eingabe kann der Benutzer sich durch Berührung der eingekreisten Fragezeichen mit dem Mauszeiger Tipps für das Ausfüllen des Feldes holen.

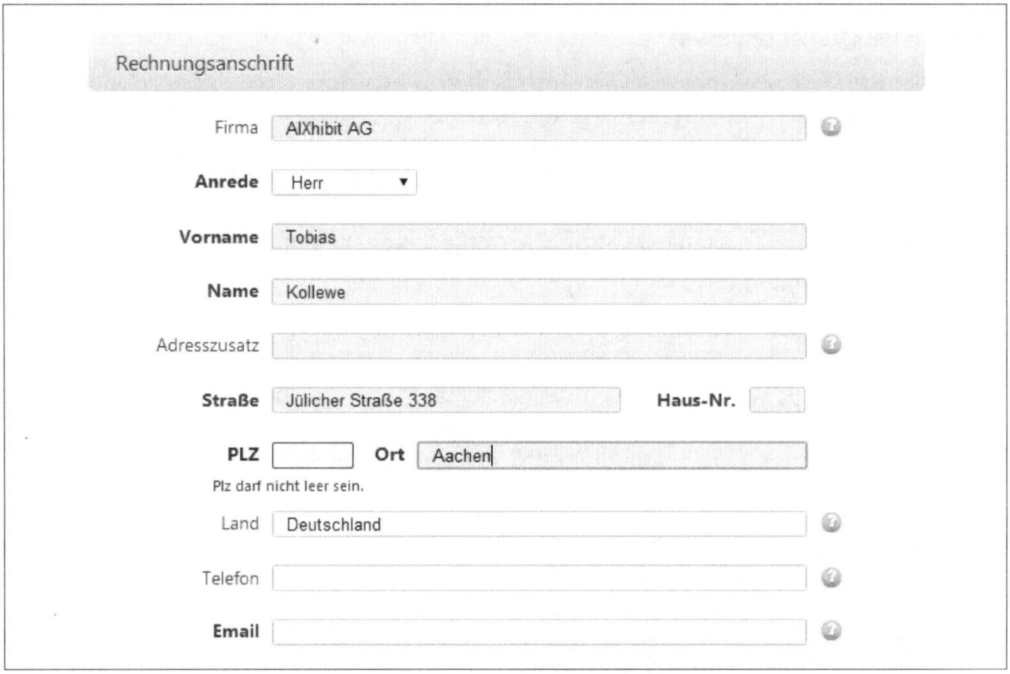

Abbildung 3-64: Prüfung der Angaben bei Eingabe, www.eset-onlineshop.de (August 2014)

Achten Sie bei der Vergabe der Ausfüllbedingungen unbedingt darauf, dass Sie Adressangaben, wie sie im Ausland üblich sind, nicht als falsch abweisen. So enthalten niederländische Postleitzahlen zum Beispiel auch Buchstaben.

Das folgende Beispiel zeigt gut, wie man Daten nicht abfragen sollte. Weder die Telefaxnummer noch das Geburtsdatum oder der Stadtteil sind für die Lieferung benötigte Daten. Die Hilfestellung (»*UstID nur für Deutschland und EU!*«) ist weder sachlich korrekt noch für den Kunden nachvollziehbar. Dem Kunden wird so wenig Service geboten, dass nicht einmal die Länderangabe »Germany« übersetzt wurde. Zudem scheinen die Plausibilitätsprüfungen willkürlich zusammengestellt worden zu sein.

Denken Sie daran: Je weniger Felder Sie abfragen und je weniger Sie Ihre Kunden bei der Eingabe drangsalieren, desto weniger Kaufabbrüche werden Sie verzeichnen.

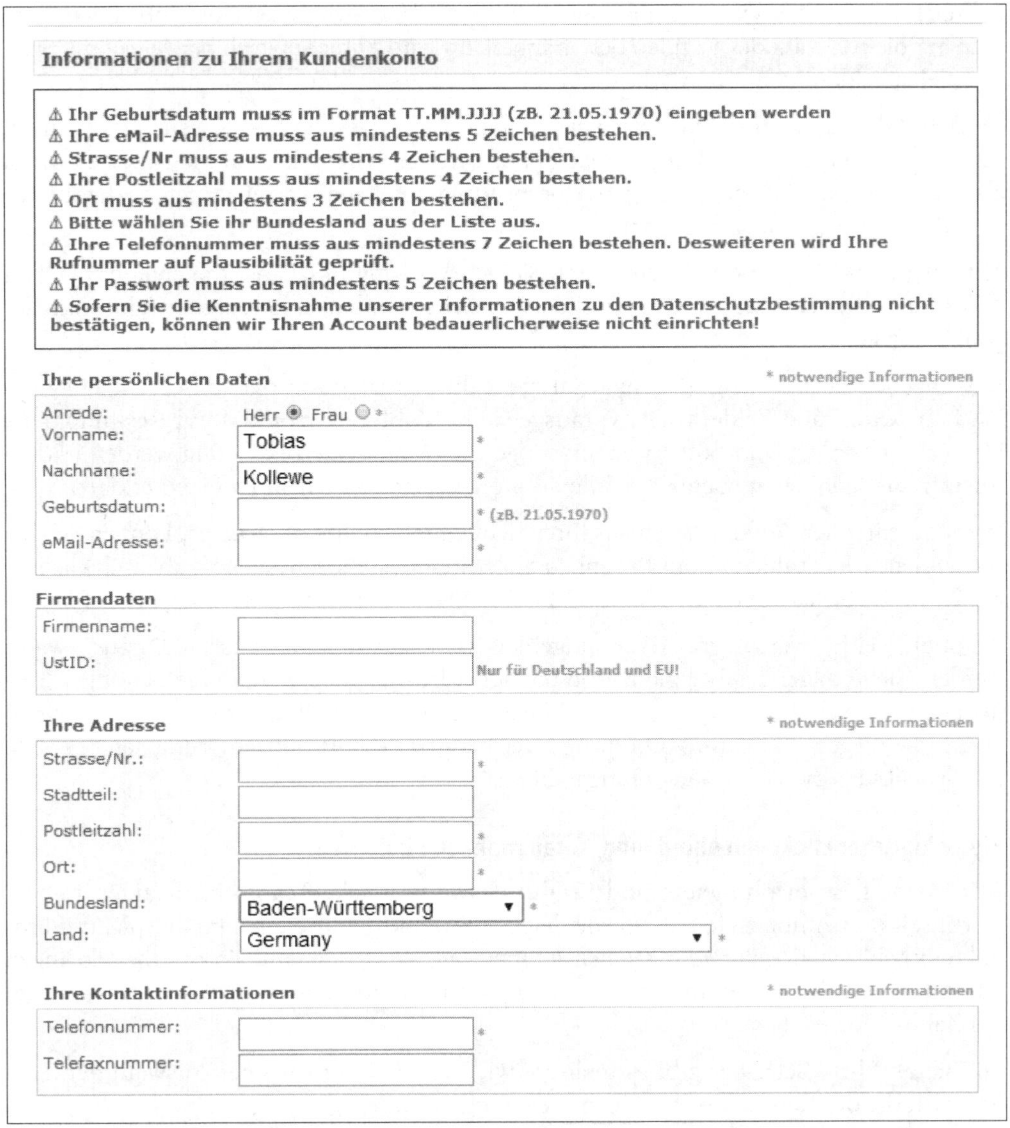

Informationen zu Ihrem Kundenkonto

⚠ Ihr Geburtsdatum muss im Format TT.MM.JJJJ (zB. 21.05.1970) eingeben werden
⚠ Ihre eMail-Adresse muss aus mindestens 5 Zeichen bestehen.
⚠ Strasse/Nr muss aus mindestens 4 Zeichen bestehen.
⚠ Ihre Postleitzahl muss aus mindestens 4 Zeichen bestehen.
⚠ Ort muss aus mindestens 3 Zeichen bestehen.
⚠ Bitte wählen Sie ihr Bundesland aus der Liste aus.
⚠ Ihre Telefonnummer muss aus mindestens 7 Zeichen bestehen. Desweiteren wird Ihre
Rufnummer auf Plausibilität geprüft.
⚠ Ihr Passwort muss aus mindestens 5 Zeichen bestehen.
⚠ Sofern Sie die Kenntnisnahme unserer Informationen zu den Datenschutzbestimmung nicht
bestätigen, können wir Ihren Account bedauerlicherweise nicht einrichten!

Ihre persönlichen Daten   * notwendige Informationen

Anrede:	Herr ● Frau ○ *
Vorname:	Tobias	*
Nachname:	Kollewe	*
Geburtsdatum:		* (zB. 21.05.1970)
eMail-Adresse:		*

Firmendaten

| Firmenname: | |
| UstID: | | Nur für Deutschland und EU! |

Ihre Adresse   * notwendige Informationen

Strasse/Nr.:		*
Stadtteil:		
Postleitzahl:		*
Ort:		*
Bundesland:	Baden-Württemberg ▼	*
Land:	Germany ▼	*

Ihre Kontaktinformationen   * notwendige Informationen

| Telefonnummer: | | * |
| Telefaxnummer: | | |

Abbildung 3-65: Negativbeispiel Adresseingabe, www.wollstudio.com (Mai 2014)

Auswahl der Zahlungsart

Das Design der Seite zur Auswahl der Zahlungsarten hängt stark von der Anzahl der angebotenen Zahlungsarten ab. Je mehr Zahlungsarten Sie anbieten, desto wichtiger ist es, sie übersichtlich zu präsentieren.

Hilfreich ist es dabei, wenn Sie die Eingabemasken nicht alle gleichzeitig einblenden, sondern auf die Auswahl des Kunden beschränken. So wird er nicht gleich bei Aufruf der Seite von vielen Feldern überfordert, die er für seine gewählte Zahlungsart gar nicht benötigt.

Je nach Zahlungsart und Shop-System ist es möglich, dass der Shop-Besucher erst nach oder schon während des Bestellvorgangs auf externe Seiten von Zahlungsdienstleistern also zum Beispiel auf die 3D-Secure-Überprüfung der Kreditkartenanbieter oder zu seinem PayPal-Konto, umgeleitet wird.

Mit entsprechenden Erklärungen sollten Sie den Vorgang möglichst transparent machen und den Benutzer über die erforderlichen Schritte und den jeweiligen Zeitpunkt der Umleitung genau informieren.

Das folgende Beispiel zeigt die Auswahl der Zahlungsarten mit dynamisch eingeblendeten Hilfetexten und Feldern. Die vorausgewählte Zahlungsart »Kauf auf Rechnung« ist blau-grau unterlegt und fällt sofort ins Auge. Bei Mauszeigerberührung werden andere Auswahlmöglichkeiten ebenfalls farblich unterlegt und mit einem Hilfetext erklärt.

Wenn zu einer der Zahlungsarten aus Ihrer Sicht einmal nichts zu sagen ist, können Sie den vorhandenen Platz nutzen, um Bedenken auf Seiten des Shop-Besuchers abzuschwächen. Ein Hinweis »*Sicherheit durch SSL-verschlüsselte Datenübertragung*« ist nie fehl am Platz.

Benötigte Felder werden erst dann eingeblendet, wenn sie auch tatsächlich ausgewählt werden (siehe folgendes Beispiel). Wie bei der Adresseingabe werden die benötigen Felder auch hier schon während der Eingabe auf Plausibilität (Pflichtfelder, Länge der Felder, zurückliegendes Datum) überprüft. Der Benutzer erhält vor dem Verlassen der Seite ein visuelles Feedback zu seinen Eingaben.

Psychologischer Effekt von Anordnung, Vorauswahl und Rabatten

Allgemeine Lesegewohnheiten und Erfahrungswerte machen es leicht, Kunden in eine gewünschte Richtung zu leiten. So wie dies auf Produktdetailseiten zum Beispiel mit Produktempfehlungen (»*Andere Kunden kauften auch...*«) oder mit Produktbewertungen durch die Vergabe von Sternsymbolen möglich ist, funktioniert es auch bei der Auswahl der Zahlungsarten.

Für Sie als Shop-Betreiber gibt es mehrere wichtige Faktoren bei der Auswahl der Zahlungsart, die der Käufer aus Ihrer Sicht bevorzugen sollte:

- Risiko des Zahlungsausfalls
- Kosten der Zahlungsart
- Manueller Aufwand bei der Zahlungsabwicklung

Ist eine Zahlungsart mit weniger Kosten oder weniger manuellem Aufwand bei der Abwicklung der Zahlung verbunden als andere, dann haben Sie als Shop-Betreiber ein berechtigtes Interesse daran, dass Ihre Kunden genau diese Zahlungsart bevorzugt auswählen.

Abbildung 3-66: Auswahl der Zahlungsarten, www.eset-onlineshop.de (Mai 2014)

Abbildung 3-67: Eingeblendete Eingabefelder, www.eset-onlineshop.de (Mai 2014)

Machen Sie sich dabei drei Aspekte zunutze, die die Entscheidung des Kunden durchaus beeinflussen können:

- Vorauswahl
- Reihenfolge
- Rabatt (Skonto)

Vorausgewählte Zahlungsarten helfen dem Kunden bei seiner eigenen Wahl. Durch die optische Aktivierung einer Zahlungsart nehmen Sie dem Kunden die Entscheidung quasi ab. Die Hemmschwelle, diese vorausgewählte Zahlungsart zu ändern, ist deutlich größer als bei einer nicht vorausgewählten Zahlungsart eine freie Entscheidung zu treffen. Wenn Sie also eine bestimmte Zahlungsart bevorzugen, wählen Sie genau die für den Endkunden vorab aus.

Wir sind es gewohnt, von links nach rechts und von oben nach unten zu lesen. Dementsprechend wird das links oder oben Stehende unbewusst immer als das Höherwertige wahrgenommen. Zahlungsarten, die Sie bevorzugen, sollten Sie daher bei einer horizontalen Auflistung links anordnen, bei einer vertikalen Auflistung oben. Die für Sie ungünstigen Zahlungsarten stehen dementsprechend ganz links oder unten in der Auflistung.

Wollen Sie einen zusätzlichen Anreiz schaffen, damit Ihre Kunden eine bestimmte Zahlungsart wählen, können Sie sie zusätzlich mit einem Rabatt versehen.

Ursprünglich wird Skonto als Rabatt für die kurzfristige Bezahlung einer Rechnung innerhalb weniger Tage verwendet, in Ihrem Online-Shop können Sie aber z. B. einen Skonto-Rabatt für die Bezahlung beim Kauf auf Rechnung anbieten. Sofern Sie den Kauf auf Rechnung nicht über einen Factoring-Dienstleister anbieten, ist diese Zahlungsart für Sie – im Gegensatz zu PayPal oder Kreditkarte – mit keinen weiteren Transaktionskosten verbunden. So könnten Sie Ihren Kunden einen für Sie kostenneutralen Rabatt in Höhe von 2–3% anbieten und den Kauf auf Rechnung damit forcieren.

Hier liegt natürlich die Überlegung nahe, anstatt einen Rabatt für den Kauf auf Rechnung anzubieten, die Transaktionskosten anderer Zahlungsarten auf den Kunden umzulegen und quasi eine Art Strafgebühr für die Benutzung zu erheben. Sie könnten beispielsweise einen Aufschlag in Höhe von 1,5% des Warenwerts für die Bezahlung per Kreditkarte oder eine feste Gebühr von 1,50 € für die Benutzung von PayPal erheben. Hiervon können wir nur dringend abraten. Ihr Kunde kalkuliert ab dem Moment, in dem er einen Artikel in den Warenkorb legt, mit dem bekannten Produktpreis. Allenfalls die anfallenden Versandkosten können aus seiner Sichtweise den Gesamtpreis noch erhöhen. Jede weitere Verteuerung seiner Bestellung und jeder zusätzliche Aufschlag für Zahlungsarten, Transportversicherungen oder Ähnliches, was im Laufe des Checkout-Prozesses dazukommt, erhöht die Wahrscheinlichkeit eines Kaufabbruchs deutlich!

Die obige Beispielabbildung zeigt, wie durch Vorauswahl (mit grau-blauer Hinterlegung als visuelle Unterstützung) und Reihenfolge der Anordnung Zahlungsarten in den Fokus gerückt werden können. In der Praxis hatte die Änderung der Reihenfolge und der Vorauswahl von »Kauf auf Rechnung« eine Änderung der vom Kunden getroffenen Auswahl von knapp 30% zur Folge.

Auswahl der Versandart

Für die Auswahl der Versandart gelten grundsätzlich die gleichen Regeln wie für die Auswahl der Zahlungsart.

Auch hier hilft die Reihenfolge der Auswahlmöglichkeiten oder die Vorauswahl, die Präferenzen des Shop-Kunden zu beeinflussen.

Die Abbildung 3-68 zeigt, wie die Kombination von Versandart »TNT (Nachnahme)« und Zahlungsart kombiniert wurde. Wählt der Kunde diese Option, werden gleichzeitig die weiteren Zahlungsarten deaktiviert, um keine ungültige Auswahlkombination zuzulassen.

Durch Hinweise zum voraussichtlichen Lieferzeitpunkt wird der Kunde bei seiner Auswahl unterstützt: Er kann relativ genau ermessen, wie lange es dauert, bis die bestellte Ware bei ihm eintrifft.

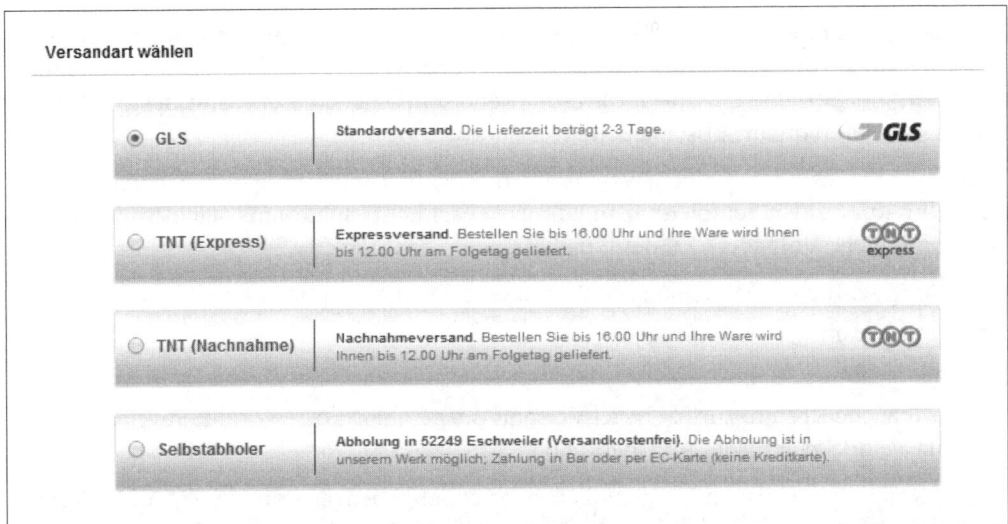

Abbildung 3-68: Versandart auswählen, www.mvg-ahk.de (Mai 2014)

Übersichtsseite

Die Übersichtsseite zeigt die Zusammenfassung der Angaben und Optionen, die der Shop-Besucher innerhalb des Checkout-Prozesses gemacht hat.

Die Angaben sollten hierbei wieder übersichtlich angeordnet werden, um dem Kunden die Erfassung aller Daten auf einen Blick zu ermöglichen.

Für die gewählte Zahlungsart und Versandoption bietet es sich an, die Darstellung durch das Anbieter-Logo zu unterstützen. Stimmen Rechnungs- und Lieferadresse des Kunden überein, sollte sie nicht zweimal unter der jeweiligen Überschrift angezeigt werden. Eine zusammenfassende Auflistung unter der Überschrift »Rechnungs- und Lieferadresse« verschlankt die Übersicht deutlich.

Die Darstellung der Artikel im Warenkorb muss alle Angaben inkl. Attribute und Varianten umfassen, die auch in der Warenkorbansicht enthalten sind, damit sich der Käufer einen letzten bestätigenden Überblick über die Artikel verschaffen kann. Auch hier hilft wieder der Vergleich mit dem Kauf im Supermarkt, um das Verhalten der Kunden im Checkout-Prozess zu verstehen. Wenn Sie Ihre Artikel auf das Transportband an der Supermarktkasse gelegt haben, werden Sie nochmals einen prüfenden Blick auf alle Artikel werfen, um sich zu bestätigen, dass Sie nichts vergessen haben und dass Sie auch wirklich alle Artikel kaufen möchten.

Bei allen Bestelloptionen und bei den Positionen im Warenkorb sollte der Kunde die Möglichkeit haben, sie nach Prüfung nochmals ändern zu können. Änderungen in den einzelnen Bereichen sollten jedoch ausschließlich mit einem Rückschritt (zum Beispiel in den Warenkorb) und nicht direkt auf der Übersichtsseite möglich sein, da die letzte Seite ja eine nicht veränderbare Zusammenfassung anzeigt.

Insbesondere für die Artikel im Warenkorb gilt: Je mehr Informationen Sie dem Kunden an dieser Stelle zur Verfügung stellen, desto seltener wird er diese letzte Seite nochmals verlassen, um Einzelheiten auf der Produktdetailseite nachzulesen. Und desto schneller wird er den Kaufvorgang abschließen.

Natürlich gibt es auch zu den wesentlichen Angaben auf der letzten Übersichtsseite, bevor Ihr Kunde den Kaufvertrag mit Ihnen abschließt, spätestens seit dem 1. August 2012 gesetzliche Vorgaben. Zu den Pflichtangaben gehören:

- Alle wesentlichen Merkmale der Waren oder Dienstleistungen
- Mindestlaufzeit (bei Verträgen)
- Gesamtpreis
- Zusätzliche Kosten, zum Beispiel Versand oder Zahlartkosten und Hinweise auf evtl. anfallende Steuern und Abgaben

Auch hier gelten wieder die Regelungen der Preisangabenverordnung (PAngV). Achten Sie insbesondere auf den richtigen Mehrwertsteuerausweis, wenn Sie Produkte verkaufen, die dem normalen und dem verminderten Mehrwertsteuersatz unterliegen! Es ist zwar kein Mehrwertsteuerausweis pro Einzelposten im Warenkorb erforderlich, aber der Gesamtmehrwertsteueranteil pro Steuerklasse muss ausgewiesen und eine Zuordnung zu den Artikeln im Warenkorb möglich sein.

Als zusätzlichen Service können Sie die wichtigsten Fakten der Produktdetailseite beispielsweise in einem gesonderten Layer bei Mausberührung des Artikelbildes einblenden oder die Produktdetailseite in einem neuen Fenster – möglichst ohne Browsernavigation – anzeigen.

Auf der Übersichtsseite können Sie Ihren Kunden in einem Textfeld eine Mitteilung an Sie machen lassen. Die Praxis zeigt, dass dieses Feld oft dafür genutzt wird, Wünsche und Forderungen hinsichtlich der Artikel, der Lieferung oder der Zahlung, die im Online-Shop nicht ausgewählt werden können, zu äußern oder gar zur Bedingung der Bestellung zu machen.

Hinweise wie »*Abbuchung bitte erst in 4 Wochen*« oder »*Liefern Sie den Artikel bitte in Gelb*« werden in der Praxis schnell übersehen oder sind nicht realisierbar und führen dann zu enttäuschten Kunden, die im schlimmsten Fall auch noch eine schlechte Bewertung abgeben. Wir empfehlen daher, dieses Feld nicht zu nutzen und auszublenden.

Neben den bereits gewählten Optionen müssen Sie zusätzlich Angaben zum Widerrufsrecht und zu den – soweit überhaupt vorhanden – Allgemeinen Geschäftsbedingungen Ihres Unternehmens oder Ihres Online-Shops machen. Inhaltlich gehen wir auf die rechtlichen Aspekte noch im »Rechtliche Aspekte« ein.

Entgegen landläufiger Meinung ist es nicht notwendig, die Einbeziehung der Allgemeinen Geschäftsbedingungen oder die Kenntnisnahme des Widerrufsrechts mittels einer Checkbox vom Käufer bestätigen zu lassen, sofern die Texte dem Kunden vor dem Abschluss des Kaufvertrags in geeigneter Form also als verlinkte Seite oder als Volltextversion auf der Übersichtsseite, zur Verfügung gestellt werden.

Der »Jetzt kaufen«-Button

Mit Einführung der sogenannten Button-Lösung im August 2012 bekam der »Jetzt kaufen«-Button seine eigene gesetzliche Regelung. Zwischen den Pflichtinformationen zu den Artikeln und dem Button sind demnach keine weiteren Angaben, auch keine grafischen Trennelemente oder die Informationen zu Allgemeinen Geschäftsbedingungen, erlaubt. Der Button darf zudem nur einmal – als Abschluss unter der Artikel- und Preisauflistung – eingeblendet werden, vergleichbar mit der Unterschrift unter einem Vertrag.

Auch die Beschriftung des Buttons ist relativ klar vorgeben. Für den Käufer muss der Abschluss eines Kaufvertrags mit dem Klick auf den Button eindeutig sein. Es darf kein Zweifel bestehen, dass ein für den Kunden kostenpflichtiger Vertrag zustande kommt.

Durfte der Button bis Ende Juli 2012 noch mit »Bestellen« oder »Bestellung absenden« beschriftet sein, so sind Sie als Online-Shop-Betreiber heute nur noch mit den folgenden Texten auf der sicheren Seite:

- »Zahlungspflichtig bestellen«
- »Kostenpflichtig bestellen«
- »Zahlungspflichtigen Vertrag abschließen«
- »Kauf abschließen«
- »Jetzt kaufen«

Wir empfehlen die Reihenfolge auf der Übersichtsseite wie auf der folgenden Abbildung 3-69 einzuhalten.

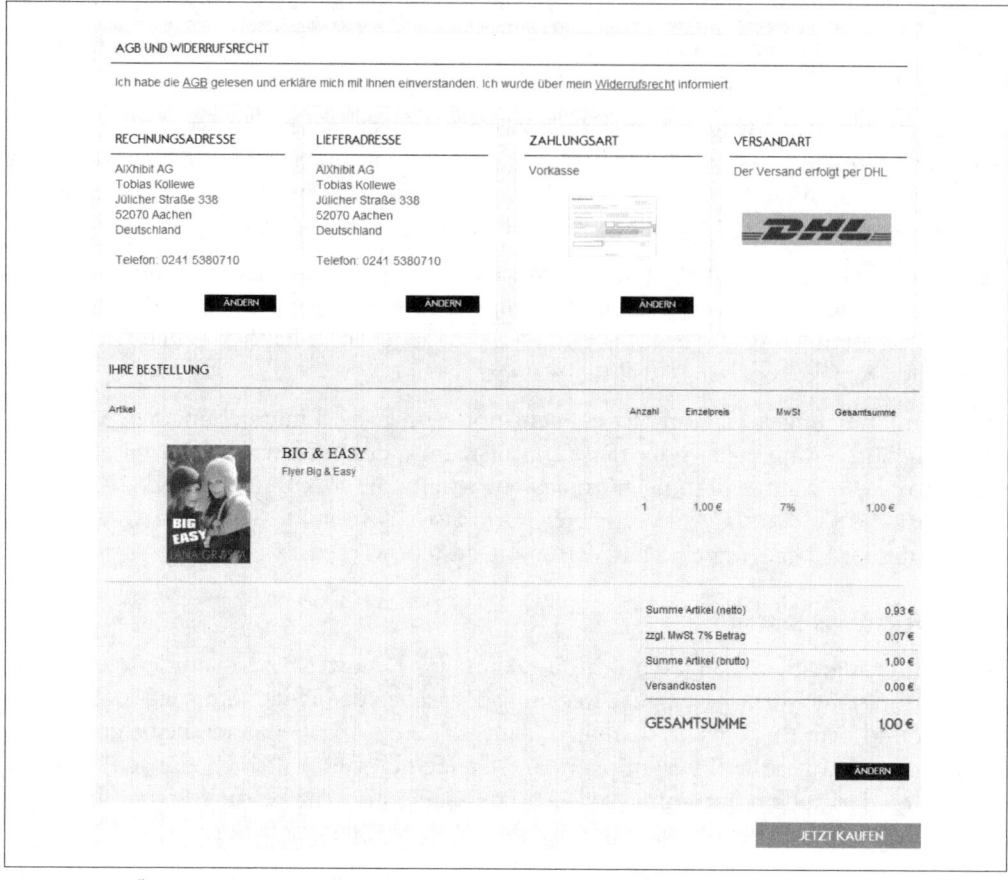

Abbildung 3-69: Übersichtsseite Beispiel (Mai 2014)

Danke-Seite/Kaufabschluss

Der Kunde hat auf den »Jetzt kaufen«-Button geklickt und ist mit Ihnen einen kostenpflichtigen Vertrag eingegangen. Nun ist es an der Zeit, sich für das entgegengebrachte Vertrauen zu bedanken.

Nach der Pflicht des Online-Shoppings beginnt nun die Kür. Anstatt den Kunden in dieser Sackgasse optionslos stehen zu lassen, können Sie die gute Stimmung des Kunden für weitere Kundenbindungsmaßnahmen, für Empfehlungsmarketing oder die Anmeldung zu Ihrem Newsletter nutzen.

Die vielfältigen Möglichkeiten, die sich Ihnen nun bieten, haben wir im Abschnitt »Checkout-Marketing« auf Seite 394 für Sie zusammengefasst.

Multistep- oder One-Page-Checkout

Im Allgemeinen gilt die Regel: Je aufwendiger der Checkout-Prozess, je mehr Seiten er umfasst, je mehr Felder ausgefüllt werden müssen, desto weniger wird gekauft. Von dieser Annahme ausgehend hat sich der sogenannte One-Page-Checkout entwickelt, bei dem die einzelnen Angaben nicht mehr auf mehrere Seiten zwischen Warenkorb und Danke-Seite verteilt. Entgegen der herkömmlichen Vorgehensweise werden alle Angaben auf einer Seite zusammengefasst.

Herkömmlicher Multistep-Checkout:

- Warenkorb
- Registrierung / Anmeldung
- Adressdaten
- Zahlungsarten
- Versandoptionen
- Übersicht
- Danke-Seite

Vereinfachter One-Page-Checkout:

- (Warenkorb)
- Adressdaten, Zahlungs- und Versandoptionen
- Übersicht
- Danke-Seite

Bei Einzelprodukten bietet es sich unter Umständen sogar an, alle Angaben inklusive des Warenkorbs auf einer Seite zusammenzufassen.

Die Verschlankung des Checkout-Prozesses verspricht, zumindest in der Theorie, mehr Kaufabschlüsse, da von weniger Kaufabbrüchen auszugehen ist. In der Praxis sollten Sie die Entscheidung zwischen Multistep- und One-Page-Checkout aber von Ihren Produkten und von der Menge der zu erhebenden Daten anhängig machen.

Je mehr Daten Sie erheben müssen (oder wollen), desto eher sollten Sie sie allein der Übersichtlichkeit halber auf mehrere Seiten verteilen, aber in der Aufteilung optimieren. Zum Beispiel könnte es sich anbieten, die Optionsauswahl für Versand und Zahlung auf einer Seite zusammenzufassen, wenn es insgesamt wenige Auswahlmöglichkeiten gibt.

Die folgende Abbildung 3-70 zeigt einen One-Page-Checkout, bei dem alle erforderlichen Daten auf einer einzelnen Seite zusammen abgefragt werden. Da es sich um nur ein Produkt handelt, das gekauft werden kann, erübrigt sich auch die Warenkorbseite.

Schnellerer Checkout mittels PayPal-Express

Der Zahlungsdienstleister PayPal bietet mit seinem Angebot PayPal-Express die Möglichkeit, Kundendaten, die bei PayPal hinterlegt sind, automatisch in den Online-Shop zu übernehmen. Mittels eines PayPal-Moduls wird dabei vor dem eigentlichen Checkout-Prozess

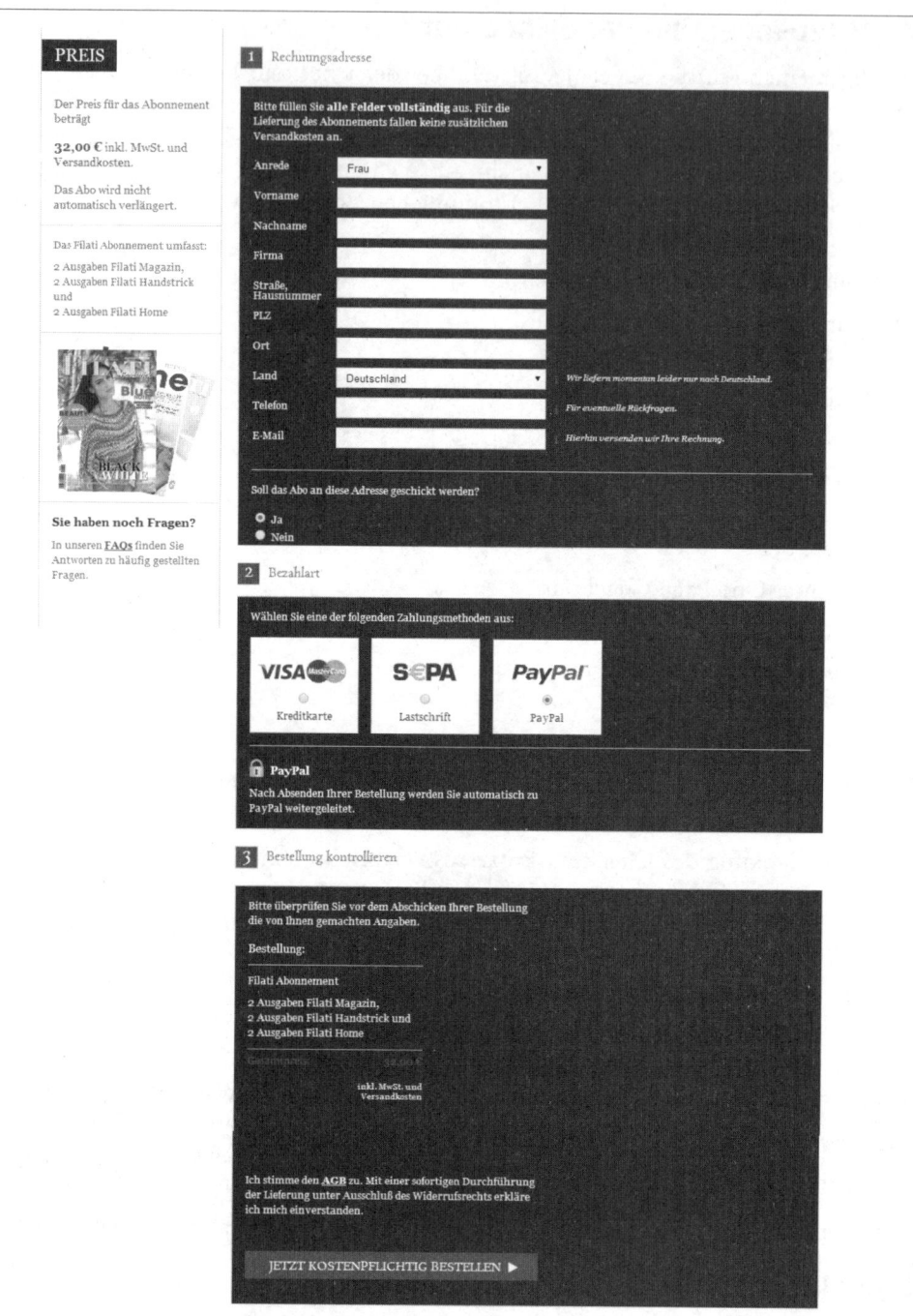

Abbildung 3-70: One-Page-Checkout, www.filati-abo.de (April 2014)

eine weitere Schaltfläche eingefügt, die den Kunden umleitet. Dies kann zum Beispiel im Warenkorb oder bereits auf dem Layer erfolgen (siehe Abbildung 3-71), der bestätigt, dass das gewünschte Produkt in den Warenkorb gelegt wurde.

Abbildung 3-71: PayPal-Express-Button, www.freivonso.de (Mai 2014)

Statt zur Registrierung oder Anmeldung im Online-Shop wird der Kunde direkt zu PayPal weitergeleitet. Auch hier kann er seinen aktuellen Warenkorb noch einmal einsehen. Er meldet sich nun mit seinen bei PayPal hinterlegten Zugangsdaten an (siehe nächste Abbildung 3-72), bestätigt dort den Kauf und die bei PayPal hinterlegten Adress- und Zahlungsdaten und wird wieder zurück zum Online-Shop geleitet.

Ziel der Weiterleitung ist die Übersichtsseite im Checkout-Prozess also die letzte Seite vor dem eigentlichen Kauf. Der Online-Shop übernimmt automatisch die Kundendaten (Versand- und Rechnungsadresse) und legt PayPal als Zahlungsart fest. Der Kunde muss den Kauf nur noch durch einen Klick auf den »Jetzt kaufen«-Button bestätigen.

Der Shop-Besucher spart sich durch die Umleitung über PayPal die Eingabe der Daten. Der Kaufprozess wird damit entscheidend verkürzt, jedoch auf die Zahlungsart PayPal beschränkt.

PayPal geht in seinen eigenen Marketing-Videos von bis zu 30% Mehrumsatz aus, unter anderem wegen schnellerer Kaufentscheidungen und vermehrten Impulskäufen.

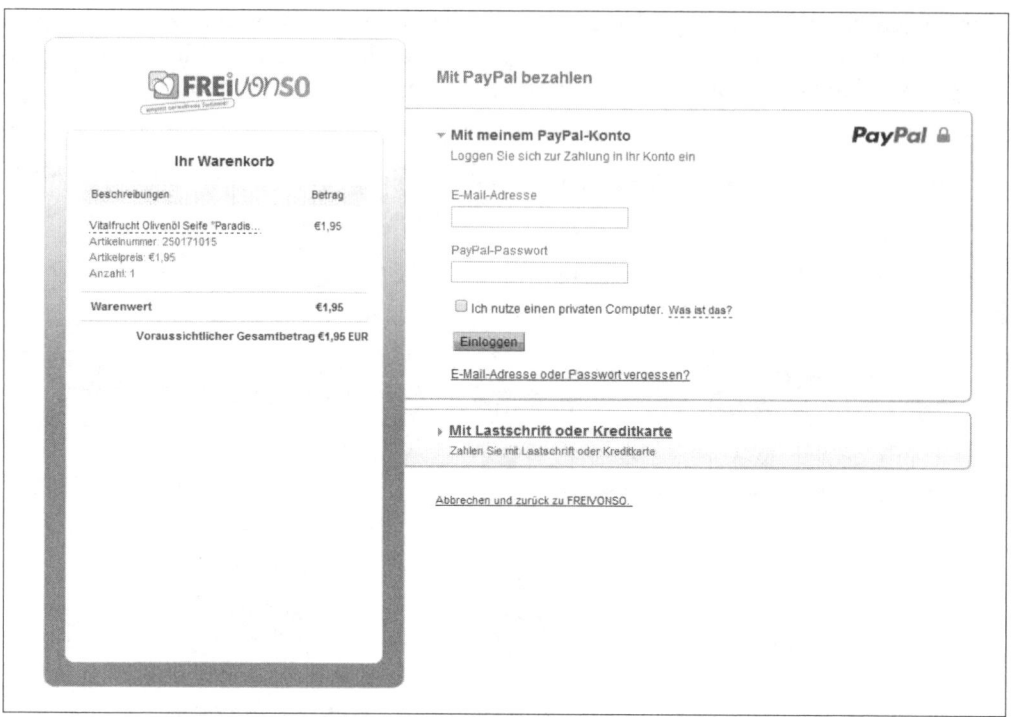

Abbildung 3-72: Anmeldung bei PayPal (Mai 2014)

Bedenken Sie, dass PayPal dieses Verfahren nicht aus reiner Freundlichkeit eingeführt hat. Auch für den Zahlungsanbieter steht der Mehrumsatz durch Verdrängung anderer Zahlungsarten im Vordergrund.

Auf den ersten Blick ist PayPal-Express für den privaten Endkunden als durchaus positiv zu bewerten, wenn die bei PayPal hinterlegten Adressdaten inklusive der E-Mail-Adresse immer auf dem aktuellen Stand sind. Der Kunde hat jedoch keinen Einfluss darauf, ob für ihn im Online-Shop ein Kundenkonto angelegt wird, und er erhält während des Checkout-Prozesses keinen Einblick in alternative Zahlungs- und Versandarten.

Amazon und Apple stellen mit »Amazon Payments« beziehungsweise »Apple Pay« ähnliche Services zur Verfügung, die die Datenübernahme aus den jeweiligen Kundenaccounts ermöglichen. Apple bietet dabei das überzeugendere Konzept für das mobile Bezahlen. Ob sich eines der beiden Systeme mittelfristig in Online-Shops anderer Anbieter etablieren kann, wird die Zukunft zeigen.

Bestelleingang per Mail bestätigen

Nach dem erfolgten Kauf erhält der Kunde vom Shop-System eine automatisch generierte Mail, die die Eckdaten seiner Bestellung noch einmal zusammenfasst.

Kunden neigen dazu, davon auszugehen, dass eine Bestellung nicht funktioniert hat, wenn sie keine Eingangsbestätigung erhalten. Viele bestellen dann ein zweites Mal in Ihrem oder gar in einem anderen Online-Shop. Daher kommt der Eingangsbestätigung und der korrekten Zustellung dieser Mail eine hohe Bedeutung zu.

Grundsätzlich enthält diese Mail die gleichen Inhalte wie die Zusammenfassung auf der letzten Übersichtsseite am Ende des Bestellvorgangs.

Hier hat der Kunde nochmals die Möglichkeit, seine Bestellung zu überprüfen und sich gegebenenfalls bei gewünschten Änderungen mit dem Shop-Betreiber in Verbindung zu setzen, bevor die Bestellung ausgeliefert wird. In der Praxis zeigt sich, dass gut aufbereitete und detaillierte Eingangsbestätigungen die Retourenquote senken können.

Zu den wichtigen Inhalten gehören:

- Auflistung aller Produkte mit allen wesentlichen Angaben (Farbe, Größe, Preis etc.)
- Produktfoto
- Liefer- und Rechnungsadresse
- Zahlungsart
- Widerrufsbelehrung
- Allgemeine Geschäftsbedingungen
- Anbieterkennzeichnung

In der Mail sollten Sie die rechtlichen Texte zum Widerruf der Bestellung (inklusive Link zum Widerrufsformular), Allgemeine Geschäftsbedingungen und vor allem die Anbieterkennzeichnung (siehe Kapitel 3, *Rechtliche Aspekte*, auf Seite 273) nicht vergessen, da auch diese Mail die Pflichtangaben beinhalten muss.

Tipp   Auch wenn der Gedanke naheliegt: Verzichten Sie in dieser Mail auf das Wort »Bestellbestätigung« und auf Formulierungen, die darauf schließen lassen, dass mit dieser Mail der Auftrag durch den Online-Shop (rechtlich) bereits angenommen wurde.

Haben Sie Produkte nicht mehr auf Lager oder haben Sie versehentlich einen viel zu niedrigen Verkaufspreis im Online-Shop hinterlegt, könnte Ihr Kunde im schlimmsten Fall auf die Durchführung der Bestellung zu den von Ihnen »bestätigten« Konditionen bestehen.

Besser ist es daher, lediglich den Eingang der Bestellung zu bestätigen. Dies kann zum Beispiel mit der folgenden Formulierung geschehen:

»Vielen Dank! Wir haben Ihre Bestellung erhalten!«

Wann der Kaufvertrag zwischen Ihnen und dem Kunden zustande kommt, sollten Sie in den Allgemeinen Geschäftsbedingungen klar formulieren (vergleiche Experten-Interview mit Rechtsanwalt Christoph Schmitz-Schunken im Kapitel 3, *Rechtliche Aspekte*, auf Seite 273).

Angabe der Bankverbindung bei Vorkasseüberweisung

Die Angabe der Zahlungsart in der Mail zur Bestätigung des Eingangs der Bestellung ist insbesondere für die Zahlungsart »Vorkasseüberweisung« wichtig, da der Kunde hier die Angabe Ihrer Bankdaten bekommt, um den Rechnungsbetrag überweisen zu können.

Achten Sie bei der Angabe Ihrer Bankverbindung darauf, dass der Kunde alle notwendigen Daten direkt erfassen und durch Kopieren (Strg+C) und Einfügen (Strg+V) direkt in sein Online-Banking-Programm übertragen kann.

So vermeiden Sie Fehler bei der Übertragung der Daten. Gleichzeitig können Sie sicherstellen, dass bei der Überweisung der Verwendungszweck richtig angegeben wird.

Bei der Angabe der IBAN und BIC sollten Sie auf Leerzeichen verzichten, da sie das Einfügen im Banking-Programm oft verhindern (siehe Abbildung 3-73)

Zu den notwendigen Daten gehören:

- Empfänger
- IBAN
- BIC
- Rechnungsbetrag
- Verwendungszweck (zum Beispiel Bestellnummer)

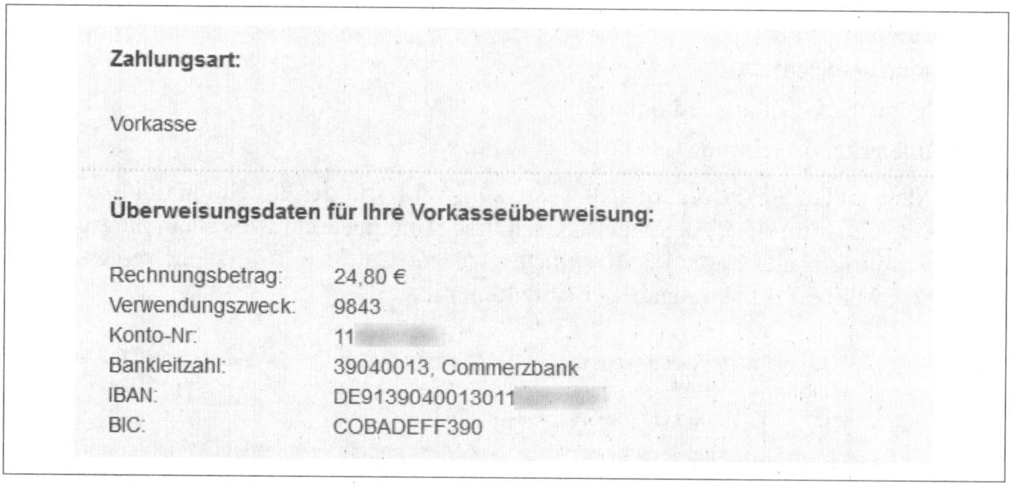

Zahlungsart:

Vorkasse

Überweisungsdaten für Ihre Vorkasseüberweisung:

Rechnungsbetrag:	24,80 €
Verwendungszweck:	9843
Konto-Nr:	11
Bankleitzahl:	39040013, Commerzbank
IBAN:	DE9139040013011
BIC:	COBADEFF390

Abbildung 3-73: Angabe der Überweisungsdaten

Nicht zustellbare E-Mail

Ist die Mail nicht an den Kunden zustellbar, z. B. weil er eine falsche E-Mail-Adresse angegeben hat oder weil sein Postfach wegen Überfüllung keine weiteren Mails mehr annehmen kann, sollten Sie versuchen, sich auf anderem Weg mit ihm in Verbindung zu setzen.

Wenn eine Mail an Ihren Kunden nicht zustellbar ist, erhalten Sie eine Nicht-Zustellbarkeits-Benachrichtigung von Ihrem E-Mail-Provider per Mail zurückgeschickt. Aus der Fehlermeldung lässt sich schließen, woran die Zustellung gescheitert ist. (Weitere Informationen zu den Fehlermeldungen finden Sie auch im Abschnitt »Bounce Rate« auf Seite 426.)

Bei falschen E-Mail-Adressen lässt sich aus der falschen Angabe oft die richtige E-Mail-Adresse herleiten. Beliebte Fehler sind zum Beispiel »mustermann@-online.de« (richtig: mustermann@t-online.de) oder »www.mustermann@gmx.de« (richtig: mustermann@gmx.de). Sie sollten die Mail dann noch einmal an die korrigierte Adresse senden.

Bei unklaren Fehlermeldungen oder überfüllten Postfächern können Sie sich – soweit der Kunde die Telefonnummer angegeben hat – telefonisch mit dem Besteller in Verbindung setzen und die richtige E-Mail-Adresse abfragen.

Wichtig ist die Zustellung der Mail vor allem dann, wenn der Kunde die Vorkasseüberweisung als Zahlungsart gewählt hat und Sie ihm in der Eingangsbestätigung Ihre Kontodaten mitteilen, ohne die der Kauf nicht zustande kommt.

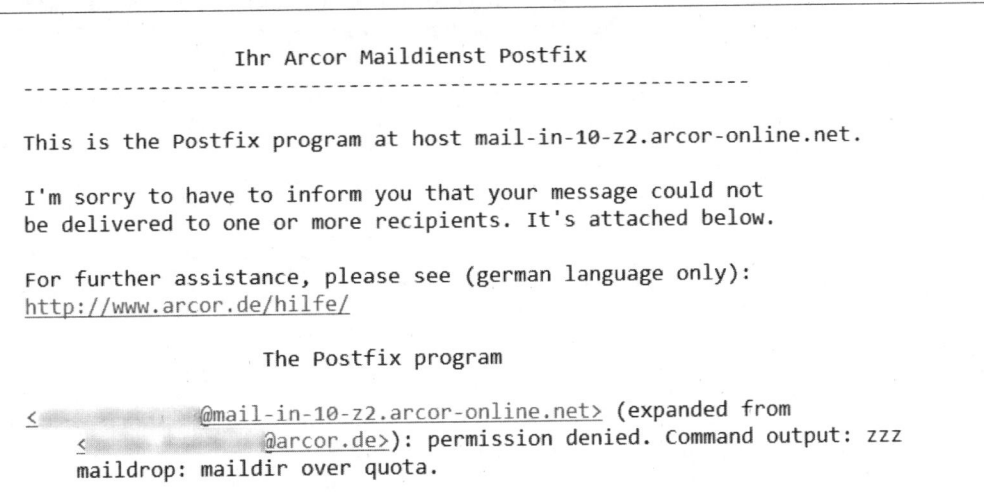

```
                    Ihr Arcor Maildienst Postfix
--------------------------------------------------------------

This is the Postfix program at host mail-in-10-z2.arcor-online.net.

I'm sorry to have to inform you that your message could not
be delivered to one or more recipients. It's attached below.

For further assistance, please see (german language only):
http://www.arcor.de/hilfe/

                    The Postfix program

<             @mail-in-10-z2.arcor-online.net> (expanded from
    <         @arcor.de>): permission denied. Command output: zzz
    maildrop: maildir over quota.
```

Abbildung 3-74: Nicht zustellbare Mail

Telefonische Bestellannahme

Telefonische Bestellannahme – ist das wirklich wichtig? Eindeutig: Ja!

Viele Kunden, gerade aus der älteren Generation, die nicht mit dem Internet aufgewachsen sind, sind unsichere Online-Kunden und möchten sich vor dem Kauf in einem unbekannten Online-Shop der Seriosität des Shop-Betreibers versichern.

Ein Anruf bietet natürlich nur eine scheinbare Sicherheit. Trotzdem spielt die telefonische Erreichbarkeit im Online-Shop eine immense Rolle.

Daher sollten Sie, wie im Abschnitt »Header« auf Seite 107 beschrieben, eine Telefonnummer nicht nur auf den Seiten »Kontakt« und »Impressum« angeben, sondern deutlich sichtbar im Header Ihres Online-Shops.

Neben der Beantwortung von Fragen vor dem Kauf können Sie den unsicheren Kunden auch am Telefon durch den Kaufvorgang in Ihrem Online-Shop begleiten und ihm Hilfestellung beim Ausfüllen der Formulare geben.

Im schlimmsten Fall fragen Sie die benötigten Daten von Ihrem Kunden am Telefon ab und übernehmen das komplette Ausfüllen der Formulare im Checkout-Prozess. So können Sie relativ sichergehen, dass der Bestellvorgang nicht vor dem Kaufabschluss abgebrochen wird.

 Tipp

Wenn Sie für Ihren Kunden am Telefon die Formulardaten eintragen und den Kaufvorgang im Online-Shop abschließen, sollten Sie unbedingt darauf verzichten, Bank- oder Kreditkartendaten abzufragen. Bieten Sie Ihrem Kunden mit Hinweis auf die Seriosität und die Sicherheit seiner Daten bei der telefonischen Bestellannahme lieber den Kauf auf Rechnung oder, wenn dies nicht möglich ist, die Vorkasseüberweisung an.

Vor Abschluss der Bestellung sollten Sie Ihren Kunden zusätzlich auf das bestehende Widerrufsrecht hinweisen und ihm eine umgehende und kulante Rückabwicklung anbieten, wenn er mit dem gekauften Produkt nicht zufrieden sein sollte. Das schafft zusätzliches Vertrauen in Sie und Ihren Online-Shop!

Logistik

Erfahrungsgemäß ist das Shop-Design in der Wahrnehmung von zukünftigen Shop-Betreibern einer der wichtigsten Aspekte. Das ist verständlich, denn dies ist ja der einzige Teil Ihres Online-Business, den der Kunde zu Gesicht bekommt. Für einen reibungslosen Betrieb ist das Shop-Frontend aber nur ein Teil unter vielen.

Mindestens genauso wichtig sind die Abläufe im Hintergrund, die dafür sorgen, dass die Zahlungen zuverlässig beim Händler und die bestellten Produkte sicher beim Käufer ankommen.

Wie wichtig eine schnelle Warenlieferung für Kunden ist, zeigt eine Studie der Unternehmensberatung McKinsey. In einer repräsentativen Umfrage wurden Online-Käufer nach der Attraktivität von »Same Day Delivery« – also Zustellung von Waren noch am gleichen Tag – gefragt. Dabei zeigte sich, dass mehr als 70% der Befragten bis zu 4,50 € extra zahlen würden, wenn die Bestellung noch am gleichen Tag zugestellt würde.

Die Lieferung am gleichen Tag wird sich in den kommenden Jahren höchstens in den großen Ballungszentren wie Berlin, Hamburg, Ruhrgebiet oder München realisieren lassen. Die zügige Lieferung innerhalb von zwei bis drei Werktagen ist bei vernünftiger Prozessplanung hingegen schon Alltag.

Die komplette Warenlogistik ist für den Online-Händler ein wettbewerbsentscheidender Bereich. Kunden achten zunehmend auf die Versandgeschwindigkeit und die Versandkosten und machen nicht selten davon ihre Kaufentscheidung abhängig.

Umgekehrt stellt die Abwicklung von Retouren für den Händler eine logistische Herausforderung dar, die zwar durch jüngste Gesetzesänderungen etwas leichter geworden ist, in der Planung des Shops aber unbedingt berücksichtigt werden muss.

Dieser Abschnitt widmet sich dem komplexen Thema Logistik: Von der Auswahl des Versanddienstleisters bis zur Rückabwicklung eingehender Retouren.

Versanddienstleister

Wenn Sie nicht gerade immaterielle Güter wie Software oder Musik-Downloads verkaufen, muss die bestellte Ware auch den Weg zum Kunden finden. Es sind durchaus Szenarien denkbar, in denen Sie die Waren selbst ausliefern oder die Kunden sie abholen, dies sind jedoch absolute Nischenfälle. In der Praxis werden Sie nahezu immer die Dienste eines Versanddienstleisters in Anspruch nehmen.

Auch hier gibt es zahlreiche Dinge zu beachten und im Vorfeld zu überlegen. Gerade wenn Versanddaten elektronisch zum Versanddienstleister übermittelt werden sollen, ist ein nicht unerheblicher Aufwand mitsamt finanziellem Investment nötig. Hier sollte man sicher sein, dass der Versanddienstleister nicht nach wenigen Monaten gewechselt werden muss.

Kriterien zur Versandart

Es gibt zahlreiche Versandarten, angefangen vom klassischen Brief, der durchaus seine Daseinsberechtigung im Online-Shop hat, über Warensendung, Päckchen, Paket bis hin zum Versand über eine Spedition.

War bis vor noch nicht allzu langer Zeit die Zustellung von Briefen und Paketen hoheitliches Monopol der Deutschen Bundespost, so wurde zunächst der Markt der Warenbeförderung und seit einiger Zeit – mit Einschränkungen – auch der Markt für Briefzustellungen liberalisiert, so dass sich nunmehr eine ganze Reihe Anbieter in diesen Bereichen betätigt.

Transport per Spedition nimmt nach wie vor eine Sonderstellung ein. Bei jedem Beförderungsauftrag an eine Spedition handelt es sich um eine individuell vereinbarte Leistung, die je nach Ziel, Lieferzeitpunkt und möglicherweise sogar Wochentag unterschiedlich berechnet wird. Dennoch führt gerade bei größeren Waren oft kein Weg an einer Spedition vorbei. Haben Sie häufiger große Lieferungen, ist unter Umständen das Abschließen eines Rahmenvertrags eine gute Lösung.

Neben den Kosten unterscheiden sich die diversen Versandarten in der Liefergeschwindigkeit und der Sicherheit der Zustellung.

Liefergeschwindigkeit

Die Zustelldauer einer Lieferung wird für Kunden zunehmend zu einem Entscheidungskriterium bei der Auswahl des Online-Shops. Ist die Ware im Shop auf Lager, entscheidet oft die Liefergeschwindigkeit darüber, welcher Shop den Zuschlag bekommt.

Bei vergleichbaren Preisen ist man mit einer Lieferzeitangabe »2–3 Tage« deutlich wettbewerbsfähiger als ohne Angabe. Das geht so weit, dass die Angabe einer schnelleren Lieferung beim Kunden mitunter sogar einen geringfügig höheren Preis rechtfertigt.

Eine prompte Lieferung hat auch einen psychologischen Faktor. Der Kunde freut sich, was sich gerne in guten Bewertungen (siehe Unterkapitel »Bewertungen« auf Seite 433) und Empfehlungen im Bekanntenkreis niederschlägt.

Als Faustregel gilt: Je höher die Versandkosten, desto schneller die Lieferung. Dies trifft in besonderem Maße auf die von der Deutschen Post AG angebotene Warensendung zu, die zwar ausgesprochen günstig ist, aber auch eine sehr lange Zustellzeit hat.

Für Shop-Betreiber ist die Zustellgeschwindigkeit daher ein entscheidendes Kriterium. In aller Regel lohnen sich die Mehrkosten für den schnelleren Versand. So kostet eine Warensendung bei der Deutschen Post zwar nur 0,90 €, der vergleichbare Großbrief kostet mit 1,45 € lediglich 0,55 € mehr – dafür ist die Zustellung am nächsten oder übernächsten Tag deutlich schneller als die Warensendung, die durchaus eine Woche unterwegs sein kann.

Sicherheit der Zustellung

Ja, Lieferungen gehen auch mal verloren. Lastwagen werden in Unfälle verwickelt, und es gibt auch eine gewisse Zahl von Diebstählen – sowohl auf dem Versandweg als auch nach der Zustellung, wenn die Sendung beispielsweise im Hausflur steht. Im Jahr 2010 wurden über 3000 Fälle von verschwundenen Lieferungen bei der Polizei zur Anzeige gebracht (Quelle: *www.aix.li/verschwundene-pakete*), die Dunkelziffer dürfte erheblich höher liegen. Ein weiterer Unsicherheitsfaktor sind unehrliche Empfänger, die behaupten, eine Sendung nie erhalten zu haben (siehe mehr dazu weiter unten).

Grundsätzlich sind zwei Zustellarten zu unterscheiden: Bei Briefen, Warensendungen und Päckchen wird weder der Transportweg – also wann die Sendung wo welche Stationen durchlaufen hat – noch die erfolgreiche Zustellung dokumentiert. Beim Versand als Paket kann man hingegen jederzeit online den aktuellen Aufenthaltsort einer Sendung nachverfolgen (siehe Bild). Zudem muss für die Annahme einer Paketsendung eine Unterschrift geleistet werden. Das gleiche gilt für die Zustellung per Spedition, bei der der Spediteur jederzeit die Position des Zustellfahrzeugs kennt und bei dem die Ware ebenfalls nur gegen Unterschrift ausgehändigt wird.

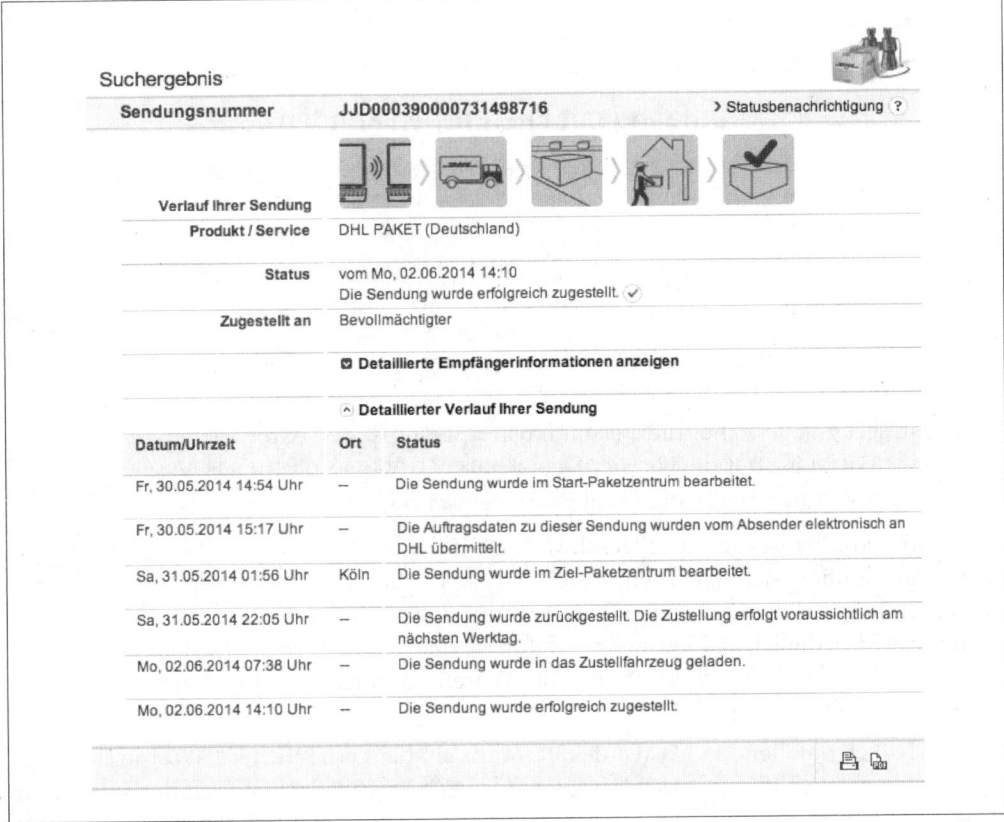

Abbildung 3-75: DHL Sendungstracking

Ein weiterer Vorteil: Diese Art der Sendung beinhaltet eine Transportversicherung, die im Falle von Beschädigungen oder Verlust einspringt.

Weder die Nachverfolgung der Sendung (Tracking) noch die Unterschrift bei Empfang schützen komplett vor Verlust durch Diebstahl. In unserer täglichen Praxis ist es mehr als einmal passiert, dass Sendungen im Tracking plötzlich nicht nachvollziehbar stoppten und trotz Recherche nicht mehr auffindbar waren. Auch wurden Sendungen mitunter gegen Unterschrift von Personen angenommen, die niemand kannte und wo im Nachhinein niemand nachvollziehen konnte, wer das gewesen sein sollte.

Unehrliche Empfänger. Tatsächlich helfen ein nachverfolgbarer Versand und eine Empfangsquittung gegen die größte Ursache verschwundener Sendungen: unehrliche Empfänger.

Die Anzahl der als »nie angekommen« reklamierten Sendungen ist bei den Versandarten Brief, Warensendung und Päckchen überproportional hoch. Für einige unserer Mitmenschen scheint es zu verlockend zu sein, schlicht zu behaupten, die Ware sei nie angekommen, um dann entweder eine zweite Belieferung zu erhalten oder den Kaufpreis zurückzuverlangen. Dem kann man mit den teureren Versandarten recht erfolgreich einen Riegel vorschieben.

Umgang mit unehrlichen Kunden

Ein Online-Shop-Betreiber berichtet, dass regelmäßig einzelne Teile einer Bestellung als fehlend reklamiert werden. Da er eine Versandhandels-Software einsetzt, die durch den vorgegeben Arbeitsablauf Packfehler nahezu verhindert und das packende Personal definitiv als Verlustquelle ausscheidet, bat er uns um Rat, wie mit dieser Situation umzugehen sei.

Die Analyse der Arbeitsabläufe, die Sichtung der Versanddokumente mit Picklisten und Packprotokollen und ein Abgleich der Lagerbestände ergab keinen Anhaltspunkt, dass die Pakete tatsächlich falsch gepackt wurden. Die naheliegende Erklärung war daher ein bewusster Betrugsversuch seitens der Besteller.

Wir empfahlen dem Shop-Betreiber, sich bei den Bestellern für den vermeintlichen Fehler beim Verpacken zu entschuldigen und ihnen den reklamierten Artikel kostenfrei nachzuliefern.

Der negative Effekt, den eine Weigerung und die – letztendlich nicht beweisbare – Anschuldigung des Betrugs nach sich ziehen könnte, wäre zu risikoreich. Schon einige wenige negative Bewertungen im Stile von »Erst schlampen sie beim Packen, dann werfen sie mir noch Betrug vor«, reichen, um die Reputation eines Händlers nachhaltig zu beschädigen.

Kosten/Nutzen Risikoabwägung

Die tatsächlich anfallenden Kosten des Versands sind ein erheblicher Faktor in der Wirtschaftlichkeitsberechnung eines Shops. Gerade bei sehr günstigen Waren muss daher das Risiko des Verlusts gegen die Kosten des Versands abgewogen werden. Die gute Nachricht ist: Die meisten Menschen sind ehrlich – wenn man sie nicht zu starken Versuchungen aussetzt.

Beispiel Zeitschriftenversand

Einer unserer Kunden versendet Zeitschriften mit einem Warenwert von um die 4 €. Sie als versicherte, nachverfolgbare Paketsendung zu verschicken, wäre nicht ökonomisch, zumal aus Marketinggründen der Versand ohne Kosten für den Besteller bleiben soll. Der Shop-Betreiber hat sich daher für den Versand als Briefsendung entschieden und zieht die 1,45 € pro Versand von seiner Marge ab. Der Anteil an verschwundenen Zeitschriften hält sich in vertretbar geringem Rahmen. Die Ersatzlieferungen, die er so leisten muss, werden durch die Einsparungen bei den Versandkosten und das Mehrgeschäft durch das Angebot des kostenlosen Versands mehr als kompensiert.

Je wertvoller die Ware ist, je teurer Ersatz und Neulieferung sind, desto eher sollten Sie auf Versandverfahren zurückgreifen, die zusätzliche Sicherheit und eine Transportversicherung enthalten. So passen Goldmünzen zwar in einen A5-Umschlag und könnten als Warensendung auf den Weg gebracht werden – die Wahrscheinlichkeit, dass der Kunde den Empfang aber anschließend verleugnet oder die Sendung durch unehrliches Zustellpersonal abgegriffen wird, ist aber leider sehr hoch.

Ist eine Lieferung tatsächlich einmal verschwunden, haftet bei einem Verkauf an Privatkunden zunächst einmal der Betreiber des Online-Shops. Der Kaufvertrag ist erst erfüllt, wenn der B2C-Kunde die Ware in Händen hält. Pikanterweise gilt dies auch, wenn der Paketbote die Lieferung beim Nachbarn abgegeben oder einfach im Hausflur abgestellt hat. In jedem dieser Fälle sind Sie als Versender verpflichtet, dem Käufer den Kaufpreis zu erstatten. Eine Verpflichtung zur (kostenlosen) Neulieferung besteht hingegen nicht. Der Shop-Betreiber kann den Verlust bei versicherten Paketen wiederum beim Transportdienstleister geltend machen.

Anders gelagert ist die Situation im B2B-Bereich also wenn der Käufer selbst Gewerbetreibender ist. In diesem Fall trägt – soweit in Ihren Allgemeinen Geschäftsbedingungen nichts Gegenteiliges vereinbart ist – der Käufer das Risiko des Versands; der Verkäufer hat seine Verpflichtung mit der Übergabe an den Versanddienstleister erfüllt. Diese Übergabe muss aber entsprechend dokumentiert sein. Auch hier kann der Verlust eines Paketes wieder beim Versanddienstleister geltend gemacht werden – nur dieses Mal vom Käufer.

DHL ist bei der Verfolgung von Rücksendungen inzwischen sehr zuverlässig. Durch den hohen Automatisierungsgrad im Logistikbereich ist sehr schnell festzustellen, wo ein Paket verloren gegangen ist.

Nach der Verlustanzeige, für die Sie in der Regel den Rechnungsbeleg und den Einlieferungsnachweis vorlegen müssen, erfolgt die Erstattung des Betrags meist innerhalb von ein bis zwei Wochen.

Lieferung an eine Packstation

Seit einigen Jahren gehören die gelben Packstationen von DHL zum Bild unserer Innenstädte. Sie stehen gerne neben Tankstellen oder auf Supermarktparkplätzen – also an zentralen, leicht zu erreichenden Orten mit Parkmöglichkeit. Gerade für Berufstätige, die tagsüber keine Sendungen entgegennehmen und sich die Lieferung nicht an den Arbeitsplatz bringen lassen können oder wollen, sind die rund um die Uhr verfügbaren Packstationen eine erhebliche Erleichterung. Im Oktober 2012 gab es 2500 Packstationen in Deutschland und die Deutsche Post AG verkündet stolz, dass 90% aller Bundesbürger eine Packstation in nur 10 Minuten Fußentfernung verfügbar haben.

Abbildung 3-76: DHL-Packstation vor einem Supermarkt

Das Prinzip ist ganz einfach: Statt der eigenen Adresse gibt man als Lieferadresse die nächstgelegene Packstation ein. Dazu bekommt man von der DHL eine Kundennummer, die man ebenfalls bei der Angabe der Lieferadresse hinterlegt. Der Paketbote legt dann die Sendung in eines der Fächer der Packstation. Sobald der Empfänger Zeit hat – und sei es mitten in der Nacht –, kann er das Paket an der Packstation abholen. Die Identifizierung erfolgt über einen Zugangscode, der direkt aufs Handy des Empfängers per SMS übermittelt wird, sobald das Paket in der Packstation hinterlegt wird.

Das Abliefern an eine Packstation ist nur beim Versand über DHL möglich – andere Versanddienstleister sind von dieser Möglichkeit ausgeschlossen. Da Packstations-Lieferungen aber gerade bei berufstätigen Privatkunden und Single-Haushalten ausgesprochen beliebt sind, sollte man sich sehr überlegen, ob man auf diese Möglichkeit verzichten will.

Paketkästen

Nach 2-jährigem Test in Bonn und Ingolstadt sind die DHL-Paketkästen seit Mai 2014 bundesweit verfügbar. Dabei handelt es sich um eine Art Mini-Packstation, die parallel zum Briefkasten vor dem eigenen Haus aufgestellt wird.

Die Kästen sind deutlich größer als ein Briefkasten und können je nach Ausfertigung mehrere Pakete aufnehmen. Der DHL-Zusteller und der Paketkasten-Besitzer verfügen über einen speziellen Zugangsschlüssel, mit dem der Kasten geöffnet werden kann.

Ab einmalig 99 € (Kauf) oder ab monatlich 1,99 € (Miete) kann jeder Interessent einen Paketkasten erwerben. DHL hat vor allem Besitzer von Ein- oder Zweifamilienhäusern in Blick, schließt aber auch Mehrfamilienhäuser nicht aus. Man verspricht sich gerade im ländlichen Raum davon einen deutlichen Komfortgewinn für die Kunden.

In seltener Einigkeit haben DPD, Hermes, GLS und UPS angekündigt, zum Jahresende 2014 einen ähnlichen Service anzubieten, da DHL sein System exklusiv nutzen möchte.

Umweltaspekte

Derzeit legt der Paketversand jährlich um rund 7% zu. Bereits Ende 2012 hat DHL die Grenze von 7 Millionen Sendungen pro Tag überschritten – wobei natürlich das Weihnachtsgeschäft eine Rolle spielt. Schon jetzt sind die Fahrzeuge von DHL, DPD, Hermes, UPS & Co permanent im Straßenbild präsent. Das Heer der Fahrzeuge im innerstädtischen Stop-and-go-Verkehr benötigt erhebliche Mengen Treibstoff und stößt entsprechende Schadstoffmengen aus.

DHL hat die bisher am weitesten beachtete Kampagne zum Klimaschutz gestartet. Ziel ist, die CO_2-Bilanz bis 2020 um 30% zu verbessern. Unter dem Label »GoGreen« können Paketsendungen klimaneutral versandt werden. Was für Privatkunden kostenlos ist, muss von Geschäftskunden – also auch von Online-Shop-Betreibern – mit einigen Cent pro Sendung zusätzlich bezahlt werden. Leider stoßen die Lieferfahrzeuge dadurch nicht weniger Schadstoffe aus – DHL investiert die Mehreinnahmen in zertifizierte Klimaschutzprojekte. Je nach Kundenstamm wird der Versand mit GoGreen-Label aber als positives Engagement wahrgenommen.

Konkurrent DPD hat mit »TotalZero« ein ähnliches Programm im Einsatz, bewirbt es aber nicht so offensiv wie DHL, so dass es in der Wahrnehmung der Kunden nahezu nicht ankommt. Auch das »carbon neutral shipment« von UPS und das »WE DO!«-Programm von Hermes sind kaum bekannt.

Möchte man als Online-Shop-Betreiber vom positiven Image eines der Programme profitieren, bietet sich derzeit nur DHL mit GoGreen an.

Versteckte Kosten

Bei den Versanddienstleistern ist es zwar noch nicht ganz so schlimm wie im Mobilfunk, die Preisgestaltung der einzelnen Dienste kann einem aber schon die Haare zu Berge stehen lassen. Lassen Sie sich nicht von den Tarifen für Privatkunden täuschen – sie sind in aller Regel übersichtlich und bis zu einem gewissen Grad vergleichbar.

Die Tarife für Geschäftskunden unterscheiden sich deutlich und sind durchaus verhandelbar – was die Sache nicht einfacher macht. Die verschiedenen Anbieter lassen sich bei diesen Tarifen nicht gerne in die Karten schauen. Vergleichsportale sucht man vergeblich. Für Shop-Betreiber und große Versender sind günstige Tarife ein Wettbewerbsvorteil, so dass sie sich ungern in die Karten schauen lassen. Als Empfehlung können wir Ihnen lediglich mit auf den Weg geben, möglichst hartnäckig zu verhandeln.

Vorsicht muss man bei versteckten Kosten walten lassen. So erhebt unter anderem GLS einen Inselzuschlag von 13,95 € (Stand März 2014), der beim Versand auf Nord- und Ostseeinseln zusätzlich zu den Paketkosten anfällt.

Ein anderes Beispiel ist der Treibstoffzuschlag, den diverse Versanddienstleister erheben. So kalkuliert DPD im März 2014 mit 8,10% Aufschlag für Geschäftskunden-Sendungen. Diese Kosten werden einem Online-Shop-Betreiber auf den monatlichen Rechnungen separat ausgewiesen und nicht etwa als Anteil je Sendung.

Prüfen Sie deshalb bei Verhandlungen mit einem Versanddienstleister genau das Kleingedruckte und berechnen Sie die versteckten Kosten in die Versandkostenplanung mit ein.

Übermittlung der Versanddaten an den Logistiker

Jede Lieferung benötigt Versandunterlagen. Jeder der großen Dienstleister stellt dafür Paketaufkleber zur Verfügung, in die Absender und Empfänger eingetragen werden. Beim Einliefern der Sendung erhalten Sie einen Durchschlag des Aufklebers als Beleg für Ihre Buchführung. Wenn Sie nur eine Handvoll Pakete am Tag versenden, ist diese Art der Sendungsauszeichnung gerade noch vertretbar, wobei schon bei wenigen Sendungen das Risiko der Verwechslung entsteht, wenn zum Beispiel der Stapel mit den vorbereiteten Paketscheinen verrutscht. Passt man nicht auf, ist schnell ein Paket mit einem falschen Aufkleber versehen.

Spätestens ab 20–30 Paketen am Tag ist diese Arbeit kaum noch ökonomisch und sicher zu leisten. Manche Anbieter stellen Webdienste oder Programme für den Computer zur Verfügung, die Paketscheine ausdrucken können. Abgesehen davon, dass hier Verwechslungsgefahr droht, wenn man die Paketscheine »auf Vorrat« druckt, stößt auch diese Vorgehensweise schnell an ihre logistischen Grenzen.

Um die Abläufe beim Versand im Hinblick auf zukünftiges Wachstum von vornherein optimal zu gestalten, sollte eine Software zur automatischen Übermittlung der Sendungsdaten an den Versanddienstleister eingesetzt werden.

Bei unseren Kunden haben wir sehr gute Erfahrungen mit der Software Easylog von DHL gemacht. Easylog beherrscht zwei verschiedene Anwendungsmodi. Im interaktiven Modus werden alle Empfängerangaben vom Benutzer in eine Eingabemaske eingetragen. Im Pollingmodus empfängt Easylog diese Daten automatisch von einer Versandhandels-Software oder Warenwirtschaft, wie in der Abbildung 3-77 zu sehen. Hierbei wird Easylog im Hintergrund ausgeführt und überwacht die Schnittstelle zur Versandhandels-Software. Werden neue Daten von dort übermittelt, werden diese automatisch von Easylog übernommen und ein Versandetikett gedruckt. Im Gegensatz zum interaktiven Modus ist keinerlei Eingabe durch den Benutzer erforderlich.

So sind Übermittlungsfehler ausgeschlossen, denn die Adresse wird exakt wie vom Kunden eingegeben ins System übernommen. In beiden Fällen wird unmittelbar im Anschluss ein Paketschein von einem angeschlossenen Drucker ausgegeben. Die selbstklebenden Laser- oder Thermoetiketten kann man kostenfrei über das DHL-Geschäftskundenportal beziehen.

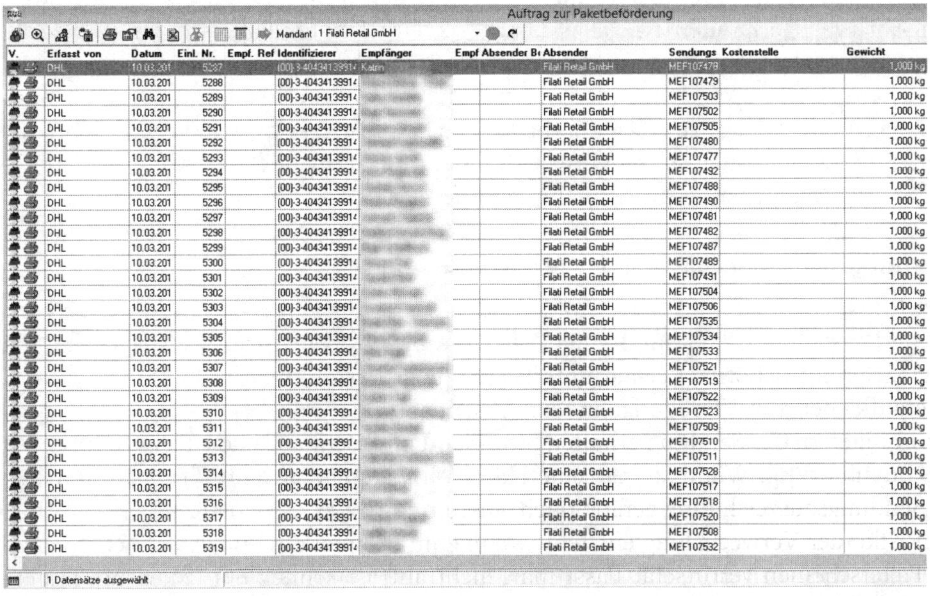

Abbildung 3-77: EasyLog Paketscheindruck

Gerade im automatischen Pollingbetrieb spielt das System seine Stärken aus. Beim Einsatz einer entsprechenden Versandhandels-Software wird unmittelbar im Anschluss an das Packen einer Lieferung das Versandetikett vom angeschlossenen Drucker ausgegeben. Mit dem Verschließen des Pakets wird das Etikett aufgeklebt – Verwechslungen sind nicht mehr möglich.

Nachdem alle Pakete gepackt und alle Etiketten gedruckt sind, löst man über Easylog den sogenannten Tagesabschluss aus. Hierbei werden alle Sendungen samt Empfängeradressen elektronisch an DHL übermittelt. Im Gegenzug übermittelt DHL die individuellen Paketscheinnummern an Easylog, die im Anschluss entweder manuell oder wiederum über eine Versandhandels-Software an die Kunden übermittelt werden, die dann online die Sendung verfolgen können.

Zuletzt druckt Easylog eine Sendungsübersicht aus, die der DHL-Abholer abzeichnet, wenn die Pakete abgeholt werden.

Easylog wird von einem durch DHL beauftragten Techniker von T-Systems vor Ort installiert. Dieser Techniker erteilt auch eine Einweisung ins System. Die individuell mit DHL ausgehandelten Versandtarife werden ebenfalls vom T-Systems-Techniker in Easylog hinterlegt.

Die Nutzung von Easylog bedarf eines Geschäftskunden-Rahmenvertrags mit DHL über mindestens 20.000 Paketsendungen im Jahr und einer Freigabe durch den Geschäftskundenvertrieb. Die Nutzung ist kostenfrei, auch das Verbrauchsmaterial wird kostenfrei zur Verfügung gestellt. Es sollte aber nicht verschwiegen werden, dass der Einsatz mit einigem Aufwand verbunden ist. So müssen 1–2 Drucker für Paketscheine und Einlieferungslisten möglicherweise zusätzlich angeschafft werden. Die hohen Kosten eines Thermodruckers für die Versandetiketten rechnen sich kurzfristig durch die Einsparung an Toner im Vergleich zur Lasermethode. Auch spielt Easylog seine Stärken besonders beim Einsatz mit einer Warenwirtschaft oder Versandhandels-Software aus, die wiederum ein entsprechendes Investment nach sich zieht.

Die wichtigsten Versanddienstleister im Überblick

Ende 2013 teilen sich fünf große Anbieter den Markt für Versanddienstleistungen an Privatkunden untereinander auf. Einige weitere Anbieter beliefern ausschließlich Geschäftskunden. In dieser Übersicht sind Speditionen nicht erfasst.

DHL. Im Jahr 2002 hat die Deutsche Post AG den amerikanischen Paket-Expressdienst DHL Worldwide Express und die bereits 1999 übernommene deutsche Spedition Danzas zusammengelegt und fortan als Tochtergesellschaft DHL International GmbH mit der Marke DHL Express – kurz DHL – das operative Paketgeschäft übernehmen lassen. Mit Niederlassungen in über 220 Ländern gilt DHL heute als einer der umsatzstärksten Transportkonzerne weltweit.

DHL bietet den weltweiten Versand von Päckchen (unversichert, ohne Sendungsverfolgung) und Paketen (versichert, mit Sendungsverfolgung) an. Die Versandformen Brief und Warensendung werden vom Mutterkonzern Deutsche Post AG angeboten.

Als Betreiber eines Online-Shops gilt man als Geschäftskunde, wenn man mindestens 50 Pakete pro Jahr versendet. Ab 300 Paketen im Jahr kann man erweiterte Dienstleistungen teils kostenlos, teils kostenpflichtig in Anspruch nehmen. Ab dieser Grenze können die Versandentgelte individuell verhandelt werden.

Paketsendungen können in Postfilialen und Briefzentren abgegeben werden. Gegen Aufpreis können Abholungen beauftragt werden. Ab einem bestimmten Volumen bietet DHL auch Regelabholungen ohne Aufpreis an. Versandinformationen können elektronisch an DHL übermittelt werden.

In Deutschland bietet DHL als einziger Anbieter die Lieferung an Packstationen an. Nicht zustellbare Sendungen können in zahlreichen Post-Filialen abgeholt werden. DHL bietet Samstagszustellung an.

DPD. Im Jahr 2001 übernahm die DPD Dynamic Parcel Distribution GmbH & Co. KG, ein seit 1976 existierendes gemeinsames Tochterunternehmen einiger deutscher Speditionen, 83% der französischen GeoPost, einem Tochterunternehmen der ehemals staatlichen französischen La Poste. Dadurch kann DPD nunmehr in über 40 Länder weltweit versenden.

Pakete können in über 5000 Paketshops deutschlandweit aufgegeben werden. Diese Paketshops werden als Franchise-Unternehmen geführt und befinden sich meist in Schreibwarenläden, Kiosken oder Buchhandlungen. Der Paketshop-Betreiber handelt auf eigene Rechnung und rechnet monatlich mit DPD ab.

Ebenso wie die Paketshops sind die überregionalen DPD-Depots im Franchise-Verfahren vergeben. Geschäftskunden und Großkunden können daher mit dem nächstgelegenen Depot eigene Preise und Konditionen aushandeln, die ab 500 Paketen im Jahr gültig sind.

Gegen Aufpreis stellt DPD auch am Samstag zu, für 2015 ist die deutschlandweite Samstagszustellung ohne Aufpreis geplant. Die Website von DPD erlaubt das Umleiten von Paketen an andere Adressen durch den Empfänger. Mitunter nehmen auch die DPD-Paketshops Sendungen für die Haushalte der näheren Umgebung an.

GLS. Bereits 2002 kaufte die britische Royal Mail die 1989 von deutschen Speditionen gegründete German Parcel. Die europäischen Aktivitäten werden von der General Logistics Systems B.V. von Amsterdam aus koordiniert.

International hat GLS Niederlassungen in 36 Ländern und gilt nach DHL und UPS als drittgrößter Paketversender Deutschlands.

In Deutschland können Privatkunden in gut 5000 Paketshops Sendungen aufgeben. Die Paketshops befinden sich meist in Schreibwarenläden, Mobiltelefon-Geschäften oder Kiosken.

GLS bietet in Deutschland in vielen Regionen die Samstagszustellung an.

Geschäftskunden ab 500 Paketen im Jahr haben die Wahl zwischen verschiedenen Lösungen für die elektronische Versanddatenübermittlung.

Hermes. Der Hermes-Versand wurde bereits 1972 gegründet und ist bis heute unter den Namen Hermes Logistik Gruppe eine 100% Tochter der Otto Group, der auch der gleichnamige Versand angehört. Die Hermes Transport Logistics GmbH koordiniert über 59 Niederlassungen und mehr als 500 Kooperationsdepots den Paketversand in Deutschland. Die Sendungen werden selbstständigen Subunternehmern übergeben, die die Auslieferung übernehmen.

In Deutschland gibt es über 14.000 Hermes-Paketshops, die sich meist in Schreibwaren-läden, Tankstellen oder Kiosken befinden.

Hermes bietet Geschäftskundenservices ab 300 Paketen im Jahr inklusive Abholung an, wobei pro Abholung mindestens 4 Pakete bereitliegen müssen, sonst wird ein Aufschlag fällig. Abholung von Sendungen ist auch am Samstag möglich, wenn bis 21 Uhr des Vortags beauftragt. Darüber hinaus bietet Hermes mit der es:shop-Lösung eine Integration in bestehende Online-Shop-Lösungen an. Hermes strebt die Tiefpreis-Position im Paket-markt an.

In Deutschland bietet Hermes die Samstagszustellung an. Hermes-Subunternehmer liefern oft bis in die Abendstunden aus und machen wiederholte Zustellversuche, da sie nach erfolgreichen Auslieferungen bezahlt werden.

UPS. 1976 eröffnete die 1907 in den USA gegründete und 1919 in United Parcel Service umbenannte Firma ihre Niederlassung in Deutschland. Als zweitgrößter Pakettransporteur weltweit standen lange Zeit primär Geschäftskunden im Fokus, seit einiger Zeit kümmert sich UPS auch zunehmend um Privatkunden.

Ab 10 Paketen pro Tag können Geschäftskunden die Software UPS Worldship nutzen, die den Druck der Versandetiketten und die elektronische Verarbeitung der Versandda-ten automatisiert.

UPS möchte in den nächsten Jahren insgesamt 4500 Paketshops in Deutschland errichten. Sie befinden sich bevorzugt an Tankstellen, in Mobilfunkgeschäften und in Kiosken. Zusätzlich können Pakete in den konzerneigenen Franchise-Filialen des Büroservice-Dienstleisters Mail Boxes Etc. aufgegeben werden.

Versandkosten

Ob sich ein Online-Käufer für Ihren Shop oder doch lieber den des Mitbewerbers entscheidet, hängt von zahlreichen Faktoren ab. Neben dem Warenangebot, der Lieferzeit und dem generellen Vertrauensfaktor in den Shop ist natürlich der Produktpreis ein wichtiges Kriterium. Die Versandkosten, quasi der kleine Bruder des Produktpreises, erlangen dabei zunehmend eine zentrale Rolle.

Mit Ihrem Online-Shop treten Sie in ein Wettbewerbsverhältnis zu anderen Anbietern im stationären Handel und im Online-Handel. In aller Regel wird Ihr Produkt vergleichbar mit Waren eines anderen Anbieters sein. Selbst wenn der Kunde sich schon für Ihr Produkt entschieden hat, können ungünstige Versandkosten diese Entscheidung wieder kippen lassen.

Für den Online-Shop gibt es drei mögliche Strategien für Versandkosten:

- Generelle Versandkostenfreiheit
- Versandkostenfrei ab x € Warenwert
- Immer Versandkosten

Versandkostenpsychologie

Um es direkt vorwegzunehmen: Die idealen Versandkosten betragen 0 €. Es ist nicht nur der Schnäppchenjäger in uns, der von der Aussage »frei Haus« angezogen wird. Jeder Kunde, der auch nur eine Sekunde nachdenkt, wird sich im Klaren darüber sein, dass es einen kostenlosen Versand nicht geben kann. Die Leistung, dass eine Sendung von Aachen nach Zwickau transportiert wird, dabei durch zahllose Hände geht, von ausgeklügelten Maschinen sortiert, elektronisch nachverfolgt und unzählige Kilometer auf der Straße oder gar in der Luft befördert wird, muss bezahlt werden. Wenn dem Kunden keine Versandkosten berechnet werden, müssen die tatsächlichen Kosten des Transports aus anderer Quelle bezahlt werden. Als Kunde muss ich annehmen, dass die Versandkosten in den Produktpreis eingerechnet werden.

Woher kommt also die Fixierung auf 0 € Versandkosten? Wieso schneiden versandkostenfreie Angebote meist besser ab als Angebote mit Versandkosten – selbst wenn der Preis geringfügig höher ist?

Die Wirkung des Schnäppchenfaktors hat sicher einen gewichtigen Anteil daran. Gerade mit dem Wissen um faktisch existierende Kosten des Transports fühlt man sich clever, wenn man den Shop und den Anbieter gefunden hat, der keine Versandkosten berechnet. In unseren Köpfen ist vielfach noch der Nachhall der »Ich bin doch nicht blöd«-Werbekampagne zu hören. Versandkosten? Zahl' ich nicht!

Das ist aber nur ein Teil der Wahrheit. Wir können davon ausgehen, dass nahezu jeder Kunde eines Online-Shops selbst bereits einmal ein Paket, Päckchen oder zumindest einen größeren Brief versandt hat. Somit ist jedem die Bandbreite an Versandarten und die damit verbundene Problematik bewusst. Sende ich das jetzt als Päckchen? Oder doch lieber als Paket? Versichere ich es zusätzlich? Kommt es im wattierten Umschlag an? Die gleichen Überlegungen, die Sie als Shop-Betreiber im Großen haben, hat jeder private Paketversender im Kleinen. Erheben Sie in Ihrem Shop Versandkosten – stellen Sie gar verschiedene Versandarten mit verschiedenen Kosten zur Auswahl –, dann konfrontieren Sie Ihren Kunden wieder mit genau der gleichen Problematik!

Der Verzicht auf die Berechnung von Versandkosten wird psychologisch als Akt von Großzügigkeit interpretiert. Sie »erlassen« dem Kunden eine Verpflichtung, nehmen diese »Schuld« freiwillig auf sich und »erlösen« den Kunden von Komplexität und Verantwortung. Sie als Händler, schultern im psychologischen Sinne die Verantwortung. Der Kunde kann sich in aller Ruhe auf die Produktauswahl konzentrieren und hat mit den gesamten Komplexitäten der Logistik nichts zu tun. Letztlich ist genau das auch der Grund, warum ein Kunde online einkauft.

Versandkosten im Wettbewerb

So attraktiv Versandkostenfreiheit für den Kunden ist, umso problematischer wird es für den Händler, besonders wenn er sich in einem Marktsegment mit geringen Margen und/oder starken Mitbewerbern tummelt. In unserer Agenturpraxis beobachten wir bei nahezu jedem Neukunden die Tendenz, die Versandkosten nach Möglichkeit zu 100% dem Besteller aufzuerlegen. Auch der Wunsch, aus den Versandkosten noch zusätzliche Marge zu gewinnen, kommt häufig.

Dieser Wunsch ist durchaus verständlich. Wer einen Online-Shop neu aufbaut, sieht sich mit einer riesigen Menge Kosten konfrontiert (siehe das Kapitel 2, *Business-Plan,* auf Seite 14 im ersten Drittel des Buches), ohne eine Garantie, dass sie auch wieder hereinkommen. Jeden Kostenfaktor, den man kompensieren kann, macht die Rechnung etwas günstiger. Letztendlich läuft es beim Punkt der Versandkosten meist auf einen Kompromiss hinaus, der insbesondere die Mitbewerber-Situation berücksichtigen muss.

Tabelle 3-1: Wettbewerbsübersicht bei Versandkosten (Beispiel)

Shop	Einkaufspreis	Verkaufspreis	Versand	Kunde zahlt	Gesamt	Gewinn
Ihr Shop	192,00 €	200,00 €	3,60 €	3,60 €	203,60 €	8,00 €
Mitbewerber 1	192,00 €	200,00 €	3,60 €	0,00 €	200,00 €	4,40 €
Mitbewerber 2	192,00 €	199,00 €	2,40 €	0,00 €	199,00 €	4,60 €
Mitbewerber 3	189,00 €	199,00 €	3,60 €	2,00 €	201,00 €	8,40 €

Die Tabelle 3-1 zeigt einen exemplarischen Marktüberblick. Neben Ihrem Online-Shop gibt es drei Mitbewerber. Sie haben sich entschieden, die tatsächlich anfallenden Versandkosten komplett auf den Kunden umzulegen. Mit 203,60 € ist ihr Angebot daher das teuerste im Vergleich. Mitbewerber 1 hat sich für die komplette Übernahme der Versandkosten aus der eigenen Marge entschieden.

Mitbewerber 2 geht noch einen Schritt weiter, indem er den Verkaufspreis auf einen psychologischen 9er Preis setzt. Da Mitbewerber 2 seinen Online-Shop schon lange betreibt, hat er bessere Konditionen mit dem Versanddienstleister ausgehandelt und kann deswegen deutlich günstiger verschicken. Daher ist sein Angebot unterm Strich das billigste für den Käufer.

Mitbewerber 3 hat ein anderes Instrument genutzt und seine Einkaufspreise besser verhandelt. Deswegen legt er nur einen Teil der Versandkosten auf den Kunden um. Im Endeffekt ist das Produkt aber das zweitteuerste nach Ihrem Shop.

Für den Endkunden ergibt sich eine Preisspanne von 4,60 € zwischen dem teuersten und dem billigsten Angebot. Was letztlich die Kaufentscheidung auslöst, hängt von vielen verschiedenen Aspekten ab. Die Erfahrung zeigt, dass Mitbewerber 2 vermutlich die meisten Bestellungen für diesen Artikel bekommen wird. Dies lässt sich aber nicht nur auf den günstigsten Gesamtpreis zurückführen. Die Versandkostenfreiheit spielt hierbei ebenfalls eine nicht zu unterschätzende Rolle.

Mischkalkulation

Interessant wird das Ganze, wenn wir verschiedene Produktgruppen im Shop betrachten. So haben Sie zum Beispiel Artikel mit guten Margen und Artikel mit geringen Margen im Shop.

Tabelle 3-2: Artikel-Margen und Versandkosten

Verkaufspreis	Marge	Gewinn	Versandkosten
50,00 €	30%	15,00 €	2,40 €
200,00 €	4%	8,00 €	3,60 €
380,00 €	12%	45,60 €	7,90 €

Die Tabelle 3-2 zeigt eine solche Übersicht, die zusätzlich dadurch verkompliziert wird, dass durch Größe und Gewicht der Artikel verschiedene Versandkosten anfallen.

Nun ist es häufig so, dass nicht nur ein Artikel, sondern mehrere Artikel in einer Bestellung gekauft werden. Die tatsächlich anfallenden Versandkosten steigen dabei nicht linear, sondern in Stufen, je nachdem, wie schwer/voluminös die Gesamtsendung wird. Eine beliebte Gewichtsklasse bei Paketen geht beispielsweise bis 3 kg. Versendet man in dieser Klasse zwei Pfund Kaffee statt einem, halbieren sich effektiv die anteiligen Versandkosten pro Produkt. Dies erlaubt in gewissen Grenzen die Beeinflussung des Kunden hin zu größeren Warenkörben mit dem Lockmittel günstigerer Versandkosten.

Ein Beispiel: Unser Kunde Moka Consorten verkauft hochwertigen Genießer-Kaffee. Die 500g-Packung kostet rund 13 € (je nach Sorte), die typische Warenkorbgröße liegt bei zwei Päckchen. Um den Warenkorb-Wert zu steigern, wurde die Schwelle für kostenlosen Versand auf 30 € gesetzt und entsprechend beworben (siehe Abbildung 3-78). Da es sich um ein Verbrauchsprodukt handelt, hat dies dazu geführt, dass inzwischen typischerweise 3 Packungen im Warenkorb landen. Gerne wird auch ein Zubehör-Artikel wie Kaffeefilter genommen oder die Kunden probieren die 250g-Packung einer anderen Kaffeesorte aus. Insgesamt hat die Zahl der Bestellungen mit über 30 € Warenkorbwert deutlich zugenommen.

Eine andere Gestaltungsmöglichkeit ist, die Versandkosten für den Kunden sichtbar zu subventionieren. Das klassische DHL-Paket kostet einen Privatkunden derzeit 4,99 €. Dem Kunden die Versandkosten pauschal für 2,95 € anzubieten, wird psychologisch als großzügiger Vorteil angesehen. Je nachdem, wie Sie die Preise mit DHL verhandeln (siehe Abschnitt »Versanddienstleister« auf Seite 199), beläuft sich der Betrag, den Sie zuschießen, auf weniger als 1,50 € pro Sendung.

Abbildung 3-78: Label »Versandkostenfrei ab 30 €« im Shop-Header, www.mokaconsorten.com (Juni 2014)

 Tipp
Durch die Technik des Cross-Sellings (siehe Abschnitt »Andere Produkte auf der Detail-seite (Cross-Selling)« auf Seite 155) wird der Kunde animiert, zusätzliche, zum ausgewähl-ten Artikel passende Produkte zu kaufen. So kann auch eine zweite Auswahl von margenstarken »Mitnahmeprodukten« als digitales Äquivalent der »Quengelware« im Supermarkt unmittelbar vor dem Kaufabschluss platziert werden. Durch geschickte Aus-wahl dieser Produkte kann die Marge des Gesamt-Warenkorbs einer Bestellung mitunter deutlich gehoben werden

Premiumversand als Abo-Modell

Bereits seit einiger Zeit verfolgen manche Online-Shops einen interessanten Ansatz in Bezug auf die Versandkosten. Gegen Zahlung einer meist geringen Jahresgebühr erhält der Kunde bei sämtlichen Bestellungen die Versandkosten erlassen oder erhält Express-versand statt Standardversand. Prominentestes Beispiel ist – wie so oft – das Angebot Amazon Prime, das neben der Lieferung am nächsten Tag inzwischen auch das Strea-ming von Filmen und das Ausleihen von Büchern für den Kindle-Reader beinhaltet.

Die folgende Abbildung 3-79 zeigt das entsprechende Angebot des Online-Shops *www.asos.de*. Unter dem Label Asos Premier räumt der Versender bei Zahlung einer Jahresge-bühr von 19 € auf sämtliche Sendungen die Express-Option statt des langsameren Stan-dardversands ein.

KOSTENLOSER VERSAND* & RÜCKVERSAND**

<u>INTERNATIONALE VERSANDOPTIONEN ANSEHEN</u>

DEUTSCHLAND

Standardversand (Innerhalb von 4 Werktagen)	***Kostenlos (ab einem Bestellwert über 15 €)**
Expressversand (Innerhalb von 2 Werktagen)	**6,00 €**
1 Jahr lang kostenloser Expressversand (Innerhalb von 2 Werktagen)	**19 € Premier Mitgliedschaft**
Kostenloser Expressversand (Innerhalb von 3 Werktagen)** Wenn Sie für 100 € oder mehr shoppen	**KOSTENLOS mit Rabattcode EXPRESSVERSAND**
Rückversand	**KOSTENLOS**

**Kostenloser Rückversand gilt nur für Deutschland.

Abbildung 3-79: Immer Expressversand für nur 19 € im Jahr

Für den Endkunden bleiben die Kosten überschaubar. Die Investition von 19 € wie bei Asos oder 29 € wie bei Amazon Prime werden im Kopf des Kunden psychologisch rationalisiert. Man rechnet die Ersparnis hoch, die man schon nach wenigen Käufen erzielt, und freut sich des guten Schnäppchens, das man gemacht hat. Wurde das Versandkosten-Abo aber erst einmal getätigt, fühlt sich der Kunde oft unter Zugzwang, es zu nutzen. Daraus resultiert eine Zunahme der Bestellungen und somit mehr Umsatz für den Shop-Betreiber.

Für den Shop-Betreiber ist das Modell besonders attraktiv, wenn der Versand generell schon kostenfrei angeboten wird. Durch das Offerieren eines Vorteils – beispielsweise dem besonders schnellen Versands – kann man Käufer wiederum motivieren, nun doch einmal etwas für den Versand zu bezahlen. Jeder €, der über dieses Modell wieder hereinkommt, hilft die subventionierten Versandkosten quer zu finanzieren. Wenn nur 300 Kunden im Jahr einen Premiumversand zu 19 € abonnieren, sind das schon 5.700 €, die gegen die tatsächlich anfallenden Versandkosten verrechnet werden können.

Dabei müssen Sie nicht zwingend bei Ihrem Versanddienstleister einen teuren Expressversand für diese Sendungen beauftragen. Die meisten Paketversender haben sowieso sehr kurze Transportzeiten, wenn der Empfänger nicht gerade in einem entlegenen Gebiet wohnt. Oft sind explizit per Express aufgegebene Pakete nicht schneller als Pakte mit regulären Paketlaufzeiten. Uns ist aus der Praxis ein Fall bekannt, bei dem der Händler Bestellungen im Standardversand absichtlich einen Tag lang liegen lässt, nur damit sie nicht genauso schnell wie Expresslieferungen zugestellt werden.

Wenn Sie eine Versandhandels-Software benutzen, können Sie zum Beispiel spezielle Picklisten für die Express-Kunden definieren. Die Bestellungen dieser Kunden werden dann zuerst bearbeitet und stehen schon bereit, wenn der Paketbote die Lieferungen abholt. Die Sendungen der Standardversandkunden werden dann erst mit der nächsten Fuhre abgeholt.

Doch auch wenn Sie Versandkosten berechnen, kann das Modell für Sie attraktiv sein. Bieten Sie dem Kunden über ein Premiumversand-Abo die Möglichkeit, grundsätzlich alle Sendungen ohne Versandkosten zu beziehen. Dies erscheint als sehr hochwertiges Angebot und wird viele Kunden zum Abschluss des Versandkosten-Abos motivieren. Im Gegenzug streichen Sie den Expressversand aus Ihren Versandoptionen. Die folgende Tabelle 3-3 zeigt die Ausgangslage an.

Tabelle 3-3: Subventionierte Versandkosten ohne Premium-Modell

	Tatsächliche Versandkosten	Versandkosten für den Kunden	Anzahl Bestellungen	Summe
Standard	6,90 €	6,90 €	80	0,00 €
Express	12,90 €	12,90 €	20	0,00 €
Versandkosten				**0,00 €**

Bietet man nun ein Premium-Modell an, das den Expressversand ersetzt, sieht das Modell ganz anders aus, wie die folgende Tabelle 3-4 zeigt. Hier gehen wir davon aus, dass 20 Kunden auf das Premium-Modell umsteigen und darüber insgesamt 50 Bestellungen abwickeln.

Tabelle 3-4: Versandkostenmodell mit Expressversand-Flatrate

	Tatsächliche Versandkosten	Versandkosten für den Kunden	Anzahl Bestellungen	Summe
Standard	6,90 €	6,90 €	50	0,00 €
Premium	6,90 €	0,00 €	50	-345,00 €
Einnahmen Premium			20 * 29 €	580 €
Endsumme				**235,00 €**

Durch das Ersetzen einer teuren Versandart durch den – für den Kunden psychologisch gleichwertigen – Premiumversand, werden so sogar zusätzliche Einnahmen erzeugt.

Das Vorhandensein einer solch attraktiven Versandlösung motiviert die Kunden, zusätzliche Bestellungen zu tätigen. Auch ist die Kundenbindung höher, denn hat man einmal ein Versandkosten-Abo abgeschlossen, wechselt man nicht mehr so schnell zu einem anderen Shop.

Versandkostentabelle

Lassen Sie Ihre Kunden nicht nachdenken! Überall in Ihrem Online-Shop – auch bei der Angabe der Versandkosten – sollten Sie für Ihre Kunden alles so einfach wie möglich halten.

Wann immer ein Kunde nachdenken oder gar rechnen muss, kommt es zu Störungen im Kaufprozess und im schlimmsten Fall zu Kaufabbrüchen. Die Frage »Was kostet mich der Versand nach...« ist eine der drängendsten Fragen des Kunden, nachdem er sich für ein bestimmtes Produkt entschieden hat. Machen Sie es dem Kunden einfach, die Antwort darauf zu finden!

Wenn sie generell versandkostenfrei versenden, gehört diese Information groß und unübersehbar auf die Startseite des Shops und auf alle Produktseiten. Dies gilt ebenso für eine bestimmte Schwelle, ab der der Versand kostenlos ist.

Je komplizierter Ihre Versandkosten sind, desto schwieriger wird es für den Kunden, herauszufinden, was ihn der Versand kostet.

In der Abbildung 3-80 ist die Versandkostentabelle eines Anbieters von Kfz-Zubehör zu sehen. Es handelt sich um die Tabelle *nach* einer ersten Optimierung, bei der viele einzelne Preise schon zusammengefasst wurden. Eine weitere Optimierung ist zum Jahresende 2014 vorgesehen, um die positiven Auswirkungen der ersten Optimierung weiter auszubauen.

Um die voraussichtlichen Versandkosten zu ermitteln, muss der Kunde zunächst das Gewicht des von ihm gewünschten Produkts herausfinden und sich dann noch zwischen drei möglichen Versandarten (in Deutschland) entscheiden. Zusätzlich wird das Vertrauen durch den Preis von 4,50 € für die Briefsendung erschüttert – die Kunden wissen, dass eine Briefsendung maximal 2,40 € kostet, und werden misstrauisch, ob die Versandkosten nicht generell zu hoch sind.

Ein weiteres Problem dieser ausufernden Tabelle wird erst auf den zweiten Blick ersichtlich. Alle diese Preise müssen gepflegt und kontrolliert werden. Jeder einzelne dieser Preise muss im Shop-System hinterlegt sein, teilweise durch mehrere Regeln definiert. Fehler passieren dabei leicht, Formeln und Werte müssen mehrfach kontrolliert werden, um sicherzustellen, dass alles korrekt ist.

Tabelle 3-5: Vereinfachte Versandkostentabelle

Versandgewicht	Versandkosten
Briefsendung	3 €
bis 100 kg	40 €
über 100 kg	versandkostenfrei

Auch hier zeichnet sich Einfachheit wieder aus. Eine Staffelung wie in der Tabelle 3-5, die mit drei Bereichen auskommt, ist sowohl für den Kunden übersichtlich als auch deutlich einfacher im Shop zu pflegen. Neben den vereinfachten Gewichtsklassen wurde auch der Preis für die Briefsendung näher an die tatsächlichen Portokosten gerückt. Die Differenz von 0,60 € zum Porto eines Maxibriefes wird kaum ein Kunde bemängeln.

In ähnlicher Art und Weise sollten in diesem Beispiel auch die europäischen Versandkosten in 2, maximal 3 Zonen eingeteilt werden und sich ebenfalls an maximal 3 Gewichtsklassen orientieren. Auch dann sind es immer noch stolze 12 Regeln, die insgesamt gepflegt und in der Shop-Software hinterlegt und getestet werden müssen!

Versandkosten

Versandkosten Deutschland — Alle Preise inkl. ges. MwSt.

Versandart	bis 0,5kg	bis 10kg	bis 35kg	bis 56kg	bis 85kg	bis 120kg	bis 200kg	ab 200.01kg
Briefsendung	4,50€	**	**	**	**	**	**	**
GLS	**	6,60€	9,40€	18,80€	28,20€	37,60€	47,00€	frei
TNT Express	**	10,50€	14,90€	29,80€	44,70€	59,60€	74,50€	frei
TNT Nachnahme	**	19,00€	21,00€	42,00€	63,00€	84,00€	105,00€	frei

** kein Versand möglich! Alle Preise inkl. ges. MwSt.

Versandkosten International — Alle Preise inkl. ges. MwSt.

Land	Briefsendung bis 0,5kg	bis 10kg	bis 35kg	bis 56kg	bis 85kg	bis 120kg	bis 160kg
BeNeLux, Dänemark	6,50€	9,90€	17,80€	35,60€	53,40€	71,20€	89,00€
Estland, Lettland, Litauen	6,50€	44,70€	51,80€	103,60€	155,40€	207,20€	259,00€
Schweden, Finnland	6,50€	36,70€	44,90€	89,80€	134,70€	179,60€	224,50€
Grossbritannien (ohne Nordirland)	6,50€	26,80€	33,50€	67,00€	100,50€	134,00€	167,50€
Irland	6,50€	42,20€	48,80€	97,60€	146,40€	195,20€	244,00€
Frankreich, Italien, Slowenien	6,50€	24,40€	30,90€	61,80€	92,70€	123,60€	154,50€
Österreich	6,50€	13,80€	19,80€	39,60€	59,40€	79,20€	99,00€
Polen	6,50€	28,20€	31,20€	62,40€	93,60€	124,80€	156,00€
Spanien, Portugal	6,50€	58,60€	66,29€	132,58€	198,87€	265,16€	331,45€
Slowakei, Tschechien, Ungarn, Rumänien	6,50€	37,40€	48,40€	96,80€	145,20€	193,60€	242,00€
Griechenland	6,50€	81,21€	129,81€	259,62€	389,43€	519,24€	649,05€

Alle Preise inkl. ges. MwSt.

Abbildung 3-80: Versandkostentabelle www.mvg-ahk.de (Juli 2014)

Mit unserem Kunden meinFLATI (*www.meinfilati.de*) haben wir eine besonders einfache Versandkostentabelle erarbeitet. Basierend auf den Erfahrungen des durchschnittlichen Warenkorbs im stationären Handel fiel die Entscheidung, grundsätzlich versandkostenfrei innerhalb Deutschlands zu liefern und die tatsächlich anfallenden Transportkosten aus der Marge der Artikel zu finanzieren.

Der Anteil der Sendungen, bei denen diese Mischkalkulation ins Negative umschlägt, ist vergleichsweise gering. Der reelle Verlust, der bei diesen Sendungen gemacht wird, wird durch den Effekt der Kundenbindung und Kundenzufriedenheit wieder wettgemacht. Durch die Möglichkeit, Angebotsflyer (siehe Abschnitt »Paketbeileger« auf Seite 316) beizulegen können diese im Endeffekt geringen Kosten quasi als Werbeausgaben gesehen werden.

DHL

Wir liefern alle Artikel direkt ab Lager. Alle Artikel sind sofort versandfertig und Sie erhalten Ihr Paket schon 1-3 Tage nach Ihrer Bestellung. Wir liefern dabei per DHL, u. a. auch an Packstationen.

Deutschland

Die Lieferung innerhalb Deutschlands ist immer **versandkostenfrei**: 0,00 €

EU + Schweiz

In die folgenden EU-Länder und die Schweiz liefern wir gegen eine Versandpauschale von 7,90 €. Ab 100,- € Warenwert ist auch hier die Bestellung versandkostenfrei.

Belgien, Bulgarien, Dänemark, Estland, Finnland, Frankreich, Griechenland, Irland, Italien, Kroatien, Lettland, Litauen, Luxemburg, Malta, Niederlande, Österreich, Polen, Portugal, Rumänien, Schweden, Schweiz, Slowakei, Slowenien, Spanien, Tschechische Republik, Ungarn, Vereinigtes Königreich, Zypern

USA, Kanada und Australien

Die Kosten für die unserer LANA GROSSA-Garne Lieferung nach Kanada, Australien und in die USA betragen 38,- €. Die Lieferung erfolgt mehrwertsteuerfrei.

Abbildung 3-81: Versandkosten in drei verschiedenen Versandzonen

In das europäische Ausland liefert meinFILATI pauschal für 7,90 €, ab 100 € Warenwert sogar ganz ohne Berechnung von Versandkosten. Für diese Länder sind die tatsächlich anfallen Transportkosten zu hoch als dass sie der Shop-Betreiber komplett subventionieren wollte. Hier wurde zum Zwecke der Vereinfachung wieder eine Mischkalkulation angewendet und nicht die komplexe Preisstruktur des Versanddienstleisters weitergegeben.

Zusammen mit dem Versand nach Nordamerika und Australien sind so im Shop-System lediglich vier Versandkostenregeln zu hinterlegen und zu testen – ein nicht zu unterschätzender Vorteil!

Berechnung zum kostenfreien Versand

Bereits 2006 ermittelte die Wharton University of Pennsylvania Erstaunliches zum Thema Versandkosten. In einem Beispielszenarium wurden den Probanden wahlweise die Versandkosten erlassen oder ein prozentualer Nachlass auf den Einkaufswert eingeräumt. Die Versandkosten beliefen sich dabei auf 6,99 US$, der prozentuale Nachlass hätte fast 10 US$ ausgemacht. Dennoch entschied sich der überwiegende Teil der Befragten für den kostenfreien Versand.

Nach wie vor ist das Werben mit dem Wegfall von Versandkosten ein sehr attraktives Marketinginstrument (siehe oben). Ein kompletter Wegfall kommt aber nur für Händler mit entsprechenden Margen in Frage. Eine Alternative zur generellen Versandkostenbefreiung ist das Erlassen der Versandkosten ab einem bestimmten Mindestbestellwert.

Neben dem psychologischen Effekt kann ein geschicktes Auswählen des Mindestbestellwertes sogar zu einer Steigerung des Umsatzes führen, wenn Kunden noch ein- oder zwei Artikel zusätzlich einkaufen, um die Schwelle zum kostenfreien Versand zu erreichen.

Dass dies tatsächlich weit verbreitet ist zeigt eine Studie von comScore vom Juni 2013, nach der 75% aller befragten Online-Käufer schon einmal so verfahren sind.

Sie selbst kennen das vielleicht von einem Einkauf bei Amazon. Es ist für Käufer sehr verlockend, noch schnell einen zusätzlichen Artikel, der im Alltag immer gebraucht wird, in den Warenkorb zu legen, um die 20-Euro-Versandkostenschwelle zu überschreiten.

Das Ermitteln der Versandkostenschwelle ist jedoch schwierig. Setzen Sie den Wert zu niedrig an, wird ihn der Großteil der Kunden von vornherein erreichen. Sie erzielen also keinen zusätzlichen Nutzen durch diese Maßnahme.

Setzen Sie ihn zu hoch an, fällt für viele Kunden der Anreiz weg. Wenn Sie die versandkostenfreie Lieferung ab 30 € anbieten, die durchschnittliche Warenkorbgröße aber bei 10 € liegt, werden nur die wenigsten noch weitere Produkte hinzufügen, um diese Schwelle zu erreichen.

Der ideale Wert ist daher in der Nähe der durchschnittlichen Warenkorbgröße zu suchen. Nah genug dran, um aus psychologischer Sicht erreichbar und erstrebenswert zu sein, weit genug weg, dass ein- oder zwei zusätzliche Produkte die Lücke füllen.

Zur Ermittlung des Idealwertes müssen Sie zunächst über eine gewisse Zeit die durchschnittlichen Warenkorbgrößen ermitteln. Als ideal haben sich 12 Monate erwiesen, da in diesem Zeitraum auch saisonale Schwankungen ausbalanciert sind. Wenn Sie einen kürzeren Zeitraum für die Erfassung wählen möchten, schließen Sie unbedingt das Weihnachtsgeschäft ab dem Black Friday (siehe Kasten) mit ein. Lassen Sie Ihre Shop-Software, Versandhandels-Software oder Warenwirtschaft alle Bestellungen in dieser Zeit in eine Tabelle für Microsoft Excel oder die Cloud-Lösung Google Docs (*http://docs.google. com*) exportieren.

In einem ersten Schritt können Sie nun den Mittelwert über alle Bestellungen bilden. Das liefert einen ersten Ansatzpunkt, berücksichtig aber nicht die Unterschiede zwischen kleinen und großen Bestellungen. Sinnvoller ist es, mehrere typische Warenkorbgrößen zu definieren. Diese Muster-Warenkörbe orientieren sich an Ihrem Produktprogramm. Wenn Sie Schreibwaren verkaufen, bewegen sich die Warenkorbgrößen möglicherweise zwischen 5 und 30 € – Muster-Warenkörbe in 5-€-Abständen würden diese Artikel gut erfassen. Verkaufen Sie teure Weine, dann liegen die Warenkörbe eher zwischen 20 und 200 € – hier kann man über Abstände von 20 € nachdenken.

In der Tabelle 3-6 sieht man ein Beispiel für die Zuordnung der tatsächlichen Bestellungen in die Muster-Warenkörbe. Die Zuordnung erfolgt immer in den Muster-Warenkorb, dessen Wert erreicht ist. Es wird also nicht kaufmännisch gerundet, sondern in jedem Fall abgerundet. Das Beispiel zeigt, dass die meisten Bestellungen im Muster-Warenkorb für 5 € gelandet sind.

Den kostenfreien Versand ab 5 € anzubieten, würde in diesem Fall also nicht sinnvoll sein. Von den 5 Bestellungen im Beispiel sind jedoch zwei recht nahe am 10-€-Muster-Warenkorb. Legt man die Schwelle für versandkostenfreie Lieferung auf 10 €, dann ist die Wahrscheinlichkeit groß, dass mindestens in zwei Fällen zusätzliche Artikel eingekauft werden, um die Schwelle zu erreichen.

Nehmen Sie sich etwas Zeit, um mit den Daten zu experimentieren. Probieren Sie verschiedene Staffelungen von Muster-Warenkörben aus, um ein Gespür dafür zu bekommen, welche Schachtelung sinnvoll ist. Erst nachdem Sie einen kompletten Einblick bekommen haben, sollten Sie die Erkenntnisse ausprobieren.

Falls Sie bislang noch keine versandkostenfreie Lieferung angeboten haben, können Sie die ermittelten Daten im Rahmen einer Sonderaktion ausprobieren. Kündigen Sie den kostenfreien Versand zunächst als Promotion für einen Monat an. Beobachten Sie in der Zeit genau, wie sich das Angebot auf die Warenkorbgröße und die Gesamtmenge der Bestellungen im Vergleich zum gleichen Zeitraum des Vorjahres auswirkt. Ist es erfolgreich, können Sie die »Aktion« weiterlaufen lassen. Enttäuschen die Ergebnisse, dann können Sie unter Wahrung der Glaubwürdigkeit die Aktion wie geplant beenden.

Ebenfalls problemlos ist es, wenn der bisherige Mindestbestellwert höher war als der neu ermittelte Wert. Auch hier empfiehlt sich zunächst das Hilfsmittel der Sonderaktion, um im Zweifelsfall ein natürliches Ende des Experiments zu haben.

Schwierig wird es lediglich, wenn der neu ermittelte Wert über dem bisherigen Limit für versandkostenfreie Bestellungen liegt. Während Neukunden davon nicht betroffen sind, kann es bei Bestandskunden durchaus zu Irritationen führen. Eine Möglichkeit ist hier eine transparente und ehrliche Darlegung der Beweggründe für die Versandkostenänderung, zum Beispiel im eigenen Blog. Kunden, die sich dennoch beschweren, können im Bedarfsfall mit einem Gutschein milde gestimmt werden.

Tabelle 3-6: Warenkorbgröße und Muster-Warenkörbe

Echter Warenkorb	Passt zu Muster-Warenkorb
7,50 €	5 €
11,25 €	10 €
5,20 €	5 €
17,30 €	15 €
8,87 €	5 €

Black Friday

Der Black Friday (Schwarzer Freitag) hat seinen Ursprung in den USA und bezeichnet den Freitag nach Thanksgiving. Er fällt immer auf den vierten Freitag im November und leitet die Weihnachtssaison im (amerikanischen) Einzel- und Online-Handel ein.

Traditionell nehmen viele Amerikaner am Freitag nach dem gesetzlichen Feiertag Thanksgiving frei und beginnen ihre Weihnachtseinkäufe. Amerikanische Händler forcieren den Start in die Kaufsaison mit enormen Rabatten und Werbedreingaben. Ladenlokale öffnen Ihre Türen bereits in den sehr frühen Morgenstunden. Der Black Friday ist der umsatzstärkste Tag im nordamerikanischen Einzel- und Online-Handel.

→

Wie viele amerikanische Traditionen wird auch versucht, den Black Friday auf dem europäischen Markt zu etablieren. Unabhängig vom Erfolg bietet der Zeitraum von Ende November bis kurz vor Weihnachten jedoch einen guten zeitlichen Rahmen zur Definition des Weihnachtsgeschäfts.

Retouren-Management

»Schrei vor Glück, oder schick's zurück!« – so hat noch vor nicht allzu langer Zeit das E-Commerce-Schwergewicht Zalando Werbung in Print und Fernsehen geschaltet. Mittlerweile wurde der Slogan fast schamhaft auf den ersten Teil reduziert. Genaue Zahlen sucht man leider vergeblich, Branchen-Insider munkeln von Rücksendequoten weit über 50%. Das Handelsblatt attestierte Kunden mit Rücksendequoten von über 80% sogar »Kauf-Bulimie« (*http://aix.li/1m4ZAnG*).

Retouren sind die ungeliebte Seite des Online-Handels. Tatsächlich hat Deutschland schon sehr früh eine ausgesprochen verbraucher-freundliche Gesetzgebung zum Thema Widerruf und Rücksendung verabschiedet. Alle diese Regelungen betreffen jedoch nur den Handel mit Privatpersonen – im Business-to-Business Handel (B2B) mit Firmen gibt es keine solche Regelung.

Rechtliche Situation

Zum Juni 2014 wurden die rechtlichen Vorgaben zum Widerruf von Bestellungen im E-Commerce europaweit vereinheitlicht. Egal, in welches EU-Land Sie versenden (natürlich auch innerhalb Deutschlands), gelten die gleichen Regelungen und Fristen für die Rücksendung und die Erstattung des Kaufpreises.

Artikelumtausch

Mitunter möchte ein Kunde gar nicht von seinem Widerrufsrecht Gebrauch machen, sondern lediglich einen Artikel umtauschen.

Dies ist für den Online-Shop-Betreiber zwar grundsätzlich gut, denn der Kunde ist prinzipiell mit dem Shop und dem Warenangebot zufrieden. Gleichzeitig stellt der Umtausch aber einen arbeitsintensiven Sonderfall dar, der gerade bei margenschwachen Produkten unter Umständen unterm Strich einen Verlust darstellt, bezieht man die Arbeitszeit und den Aufwand in die Rechnung mit ein.

Ein bewährter Ansatz ist, den Umtauschwunsch als regulären Widerruf zu behandeln und dem Kunden den (anteiligen) Kaufpreis zu erstatten und ihn gleichzeitig zu bitten, den Ersatzartikel ganz regulär zu bestellen. Somit bürden Sie dem Kunden etwas mehr Aufwand auf, haben den Umtauschwunsch dafür aber mit den Standard-Werkzeugen des Retouren-Handlings abgedeckt.

Auf die Voraussetzungen für den erfolgreichen Widerruf durch den Kunden und was der Verkäufer beachten muss, um den Kunden richtig zu informieren, gehen wir im Kapitel 3, *Rechtliche Aspekte,* auf Seite 273 ein.

Ablauf einer Retoure

Egal, ob der Kunde seine Bestellung ganz oder teilweise widerruft, die einzelnen Schritte der Retoure sind die gleichen.

Zunächst muss der Kunde seinen Widerruf äußern. Dies kann er auf jedem Kommunikationsweg tun oder er kann das seit Juni 2014 vorgeschriebene Widerrufsformular verwenden, das der Shop-Betreiber zur Verfügung stellen muss (vergleiche Kapitel 3, *Rechtliche Aspekte,* auf Seite 273). Die unangekündigte Rücksendung des Pakets reicht hingegen nicht aus. Das müsste der Händler nicht akzeptieren – wobei es natürliche eine Frage des Kundenservices ist, diese Rücksendungen trotzdem anzunehmen.

Die weitere Vorgehensweise hängt davon ab, ob der Kunde die Rücksendekosten tragen muss oder ob der Shop-Betreiber die Rücksendung kostenfrei anbietet.

Im ersten Fall wird der Kunde die Ware einfach zurückschicken. Soweit Sie als Händler die Rücksendekosten übernehmen, können Sie dem Kunden den Retourenaufkleber oder den Link zum Retourenportal zusenden (siehe unten).

Nach Erhalt der Rücksendung sollte der Shop-Betreiber die Ware prüfen (siehe Kasten) und, soweit alles in Ordnung ist, das Produkt wieder inventarisieren, damit es im Shop erneut bestellt werden kann.

Gleichzeitig müssen Sie dem Kunden den (Teil-)Betrag sowie die Versandkosten für die Hinsendung erstatten. Achten Sie hierbei bitte auf die gesetzlichen Fristen. Der Kunde muss die Erstattung innerhalb von 14 Tagen nach Eingang der Rücksendung beim Verkäufer erhalten.

Tipp	Geht die Ware auf dem Rückweg zu Ihnen verloren, müssen Sie die Erstattung ebenfalls innerhalb von 14 Tagen vornehmen. Die Frist beginnt in diesem Fall ab dem Zeitpunkt, an dem der Kunde die Rücksendung nachweislich an einen Versanddienstleister übergeben hat.
	Sendet der Kunde die Ware auf einem nicht versicherten Weg zurück also zum Beispiel als Päckchen, ist er nachweispflichtig, dass die Ware an Sie zurückgeschickt wurde. Da dies de facto nicht möglich ist, werden Sie in der Regel nichts erstatten müssen. Auch hier gilt die Empfehlung, zwischen Verlust des Warenwerts und dem verärgerten Kunden abzuwägen.

Prüfung der Rücksendung

Neben der Vollständigkeit der Rücksendung müssen Sie natürlich auch die Unversehrtheit der zurückgeschickten Produkte prüfen. Für Sie steht der Wiederverkauf der Ware im Vordergrund. Leider können nicht alle vom Kunden zurückgeschickten Produkte wieder verkauft werden, wenn Kunden sie über das zugestandene Maß hinaus »geprüft« haben.

Als Faustregel gilt hier, dass der Kunde alles, was er auch in einem stationären Ladenlokal ausprobieren kann, mit den online bestellten Waren machen darf. Dazu gehört definitiv das Auspacken und in Augenschein nehmen. Kleidung darf anprobiert, Elektrogeräte in Betrieb genommen werden. Der Kunde ist aber gehalten, sorgsam mit der Ware umzugehen.

Wurde die Ware nicht nur probiert, sondern zum Beispiel beschädigt, muss der Kunde hierfür Wertersatz leisten. Dazu heißt es im Gesetz (BGB, § 357 Abs. 7):

»Der Verbraucher hat Wertersatz für einen Wertverlust der Ware zu leisten, wenn [...] der Wertverlust auf einen Umgang mit den Waren zurückzuführen ist, der zur Prüfung der Beschaffenheit, der Eigenschaften und der Funktionsweise der Waren nicht notwendig war.«

Über die Höhe des Wertersatzes gibt es (natürlich) keine Regelungen. Sie ist von Fall zu Fall festzulegen.

In der Praxis ist zu überlegen, ob sich der Streit mit dem Kunden über die Höhe des Wertersatzes (oder über den Wertersatz überhaupt) wirklich lohnt. Sie müssen davon ausgehen, dass der Kunde, den Sie einmal verärgert haben, nicht mehr bei Ihnen einkaufen wird.

Warum also nicht – auch wenn es schwerfällt – den »zerprüften« Artikel anstandslos zurücknehmen und als B-Ware weiterverkaufen. Entpuppt sich der Käufer später als Dauerrücksender, können Sie ihn immer noch sperren.

Retourenschein zur Vereinfachung

Zwar unterscheiden sich die Retourenraten je nach Produktgruppe teilweise erheblich, gänzlich ohne Retouren wird Ihr Online-Shop aber vermutlich nicht auskommen. Ihre Kunden haben ein gesetzliches Recht auf Widerruf und wissen dies auch – den Vorgang kompliziert zu gestalten, hilft daher nicht, Retouren zu vermeiden, sondern verhärtet nur die Fronten.

In der Praxis hat es sich bewährt, dem Kunden den Widerruf und die Retoure möglichst einfach zu machen. Das Werkzeug dafür ist der Retourenschein! Der Retourenschein ist kein rechtliches Dokument und sollte auch nicht mit einem Rückversand-Aufkleber (Retourenlabel) verwechselt werden. Vielmehr handelt es sich um eine Mischung aus Merkblatt und Formular, das dem Kunden und Ihnen den Ablauf der Retoure vereinfacht.

In Bild sehen Sie den Retourenschein von *www.meinfilati.de*. Er ist optisch im gleichen Erscheinungsbild gehalten wie die restlichen Dokumente des Shops – weist aber unübersehbar darauf hin, dass wichtige Informationen enthalten sind. Der Retourenschein hat das Format eines 4-seitigen Heftes und liegt jeder Sendung bei.

RÜCKSENDESCHEIN (Bitte mit Kugelschreiber ausfüllen.)

NAME _____   E-MAIL _____

DATUM _____   RECHNUNGSNUMMER _____

Grund der Rücksendung   Anmerkung

○ Artikel ist fehlerhaft/beschädigt   _____
  → Ersatz gewünscht? ○ ja ○ nein   _____
○ Artikel gefällt nicht   _____
○ Artikel entspricht nicht der Beschreibung _____
○ Lieferung erfolgte zu spät
○ Falschlieferung

www.meinfilati.de – Dein LANA GROSSA-Shop

Abbildung 3-82: Rücksendeschein als Paketbeileger

Auf der linken Innenseite findet der Kunde eine Schritt-für-Schritt-Anleitung, wie er im Falle des Widerrufs zu verfahren hat. Im meinFILATI-Shop wird um Kontaktaufnahme per E-Mail gebeten, und der Kunde wird darüber informiert, dass er per E-Mail ein DHL-Retourenlabel erhält, mit dem er die Rücksendung kostenfrei in jeder DHL-Filiale abgeben kann. Die Formulierungen sind freundlich und konstruktiv gehalten – so wird die Kooperationsbereitschaft des Kunden gesteigert.

Auf der rechten Innenseite findet sich ein Formular, auf dem der Kunde die Produkte, die er retournieren möchte, aufzählt. Ebenfalls erhält er die Möglichkeit, einen Grund für die Retoure anzugeben. Eine gesetzliche Verpflichtung zur Angabe eines Retourengrundes besteht nicht.

Trotzdem empfiehlt es sich, den Kunden dazu zu befragen. Zum einen erhalten Sie so möglicherweise wichtiges Feedback zu ihren Produkten. Gerade wenn Sie als Zwischenhändler auftreten, ist es für zukünftige Bestellungen bei Ihren Lieferanten wichtig zu wissen, welche Produkte vom Kunden aus welchen Gründen bevorzugt zurückgesendet werd.en Zum anderen geben Sie unzufriedenen Kunden die Möglichkeit, ihrem Ärger Luft zu machen. Dies verhindert unter Umständen negative Äußerungen auf Bewertungsplattformen oder in sozialen Netzen.

Weiterhin findet sich nochmals ein Feld für Adressangaben und Rechnungsnummer – dies erleichtert Ihnen die Zuordnung der Retoure zur ursprünglichen Bestellung. Auf der Rückseite des Retourenscheins finden sich dann nochmals die Kontaktangaben zum Shop.

Die Erfahrung zeigt, dass die große Mehrheit der Kunden den vorgegebenen Abläufen auf dem Retourenschein folgt. Je klarer Sie vermitteln, wie Sie sich den Ablauf der Retoure wünschen, und je bequemer das für den Kunden ist, desto weniger Abweichler wird es in der Praxis geben.

Retourenversand und Retourenlabel

Retournierte Waren müssen zum Betreiber des Online-Shops zurückkommen. Leider erlaubt es die rechtliche Situation nicht, dem Kunden vorzuschreiben, wie er die Ware zurücksendet. Grundsätzlich kann der Kunde jeden Weg wählen, der ihm praktikabel erscheint. Übermäßig hohe Rückversand-Gebühren müssen Sie als Händler entweder akzeptieren oder eine – möglicherweise juristische – Auseinandersetzung mit dem Kunden in Kauf nehmen, wenn Sie die Erstattung der Rücksendekosten ganz oder teilweise ablehnen. Es empfiehlt sich daher, dem Kunden die Rücksendung so einfach wie möglich zu machen, damit er den von Ihnen bevorzugten Weg wählt.

Die meisten Versanddienstleister bieten den Retourenversand als zusätzliche Option an. Ein spezielles Retourenlabel dient der Versandfreimachung. Der Kunde klebt es auf die Rücksendung, die er in einer Filiale des Versanddienstleisters kostenlos abgibt, im Gegenzug erhält er eine Versandquittung. Der Versanddienstleister transportiert das Paket zu einer vorher festgelegten Adresse, in aller Regel die Postadresse Ihres Lagers. Die Kosten für den Retourenversand variieren je nach Versanddienstleister und Verhandlungsgeschick als Faustregel sollten sie mit 6 € rechnen.

Zuvor muss der Kunde das Label jedoch erhalten. Dazu gibt es drei Möglichkeiten:

Retourenlabel in jeder Sendung

Jedes Retourenlabel enthält üblicherweise einen individuellen Identifikationscode des Versanddienstleisters, Sie müssen aber nur die Label bezahlen, die tatsächlich zum Versand genutzt wurden. Es spricht also nichts dagegen, für jede Sendung, die Ihr Lager verlässt, ein Retourenlabel vom Versanddienstleister zu beziehen und der Sendung beizulegen. Dies ist für den Kunden natürlich die bequemste Möglichkeit – oft hat der Shop-Betreiber aber die Befürchtung, dieses Maß an Bequemlichkeit würde die Retourenquote steigen lassen. Empirische Daten liegen dazu unseres Wissens nach jedoch nicht vor. Ab einem bestimmten Versandvolumen ist diese Lösung aber sehr praktisch – das Retourenlabel wird digital generiert und zusammen mit den Rechnungsdokumenten ausgedruckt und der Lieferung beigelegt. Eine eventuell erhöhte Retourenquote wird durch den Wegfall eines manuellen Schritts im Kundenservice ausgeglichen.

Retourenlabel per E-Mail

In diesem Fall muss der Kunde zunächst Kontakt mit Ihnen aufnehmen. Dies eröffnet einerseits die Chance, die Retoure im Gespräch bzw. Mailkontakt mit dem Kunden unter Umständen abzuwenden, erfordert aber andererseits Zeit im Kundenservice. Bleibt der Retourenwunsch bestehen, erstellt der Kundenbetreuer ein Retourenlabel und sendet es dem Kunden per E-Mail zu. Hierzu gibt es üblicherweise eine Funktion auf der Website des Versanddienstleisters, mit der ein Label erstellt werden kann. Der Kunde druckt das Retourenlabel aus und klebt es auf die Rücksendung.

Retourenlabel per Weblink

Stellt der Versanddienstleister ein Web-Portal für Retourenlabel bereit, kann der entsprechende Link dem Kunden wahlweise vom Kundenservice-Mitarbeiter übermittelt werden oder sogar direkt auf den Retourenschein aufgedruckt oder von der Website des Shops aus verlinkt sein. Dies unterscheidet sich von Option 1 dadurch, dass der Kunde selbst aktiv werden muss, indem er das Label ausdruckt.

Abbildung 3-83: Im Retourenportal können sich Ihre Kunden das Rücksendelabel selbst ausdrucken. Die Empfängeradresse ist dabei vorgegeben.

In der Abbildung 3-83 sieht man die Benutzeransicht des DHL-Retourenportals. Vom Shop-Betreiber können verschiedene Retourenlager angelegt werden. So könnten Sie zum Beispiel Retouren als kleine Pakete in ein anderes Retourenlager liefern lassen als Produkte, die per Spedition zurückgeschickt werden müssen. Je nach Anwendungsfall erhält der Kunde einen anderen Link, über den er das Retourenlabel erstellen kann. Er muss nur noch seine eigenen Absenderangaben eintragen. Auf die Empfängeranschrift also Ihre Lieferadresse, hat der Kunde keinen Einfluss. Über die Portalfunktionen wird dann der Aufkleber generiert, den der Kunde nur noch ausdrucken und aufkleben muss.

Retourenempfang

Früher oder später erreicht die erste Retoure Ihr Versandlager. Sie haben nun drei Aufgaben: Retoure prüfen, Beträge erstatten und entscheiden, was mit der Ware weiter passiert.

Wie bereits oben ausgeführt, ist das Prüfen der Waren in Ihrem ureigensten Interesse. Unberechtigte Retouren sind leider an der Tagesordnung. Sei es, dass die Ware beschädigt ist, sei es, dass sie übermäßig genutzt wurde. Ohne die Ware zu prüfen, können Sie die Rechtmäßigkeit der Retoure nicht feststellen.

Was tun bei unberechtigten Retouren?

Ein ungeliebter Fall im Versandhandel: Die Ware wird zurückgesendet, ist aber beschädigt oder übermäßig benutzt oder gehört zu einer Produktgruppe, bei der die Bestellung gar nicht widerrufen werden kann (zum Beispiel Individualanfertigungen). Gerade bei neuen Shop-Betreibern ist immer wieder zu beobachten, dass sie diesen Fall persönlich nehmen und – je nach Naturell – auf Konfrontationskurs gehen oder auf stur schalten.

Nehmen Sie Retouren – insbesondere unberechtigte – keinesfalls persönlich! Betrachten Sie sie lieber rein wirtschaftlich. In dieser Gleichung spielen vier Variablen eine Rolle: der Wert des retournierten Produkts bzw. der Restwert nach der Retoure, die Bestellhistorie des Kunden und eine realistische Schätzung über das weitere Kaufverhalten, der potenzielle Schaden von schlechten Shop-Bewertungen oder anderen negativen Äußerungen und letztendlich die eigene Zeit und der eigene Aufwand, den ein Streit mit dem Kunden erfordern würde.

In vielen Fällen wissen die Kunden um die Fragwürdigkeit der Retoure. Akzeptieren Sie die Retoure und erstatten den Preis, haben Sie oftmals einen treuen Kunden gewonnen, der auch noch fleißig Werbung für den Shop macht.

$\rightarrow$

Sollte die Ware jedoch nicht in wiederverkaufsfähigem Zustand sein (oder von der Art der Ware her nicht für den Wiederverkauf geeignet), hilft oft das – bevorzugt telefonische – Gespräch mit dem Kunden. Hier kann das Angebot einer kostenfreien Rücksendung der Ware an den Kunden ein Trostpflaster sein, das die Enttäuschung mindert.

Zumindest am Anfang führt eine harte Konfrontation nicht zum Ziel. Hüten Sie sich davor, selbst wenn es Ihnen noch so eindeutig erscheint, dem Kunden Betrugsabsicht zu unterstellen. Solche Aussagen finden sich schneller in sozialen Netzwerken oder Bewertungsforen wieder als sie glauben – und Dementieren hilft dann nicht mehr. Im Zweifel also: Ärger und Stolz zurückstellen und die Reputation des Shops im Auge behalten.

Nachdem die Ware geprüft wurde, müssen Sie dem Kunden den (Teil-)Betrag und die Versandkosten (bei vollständiger Rücksendung) zurückerstatten.

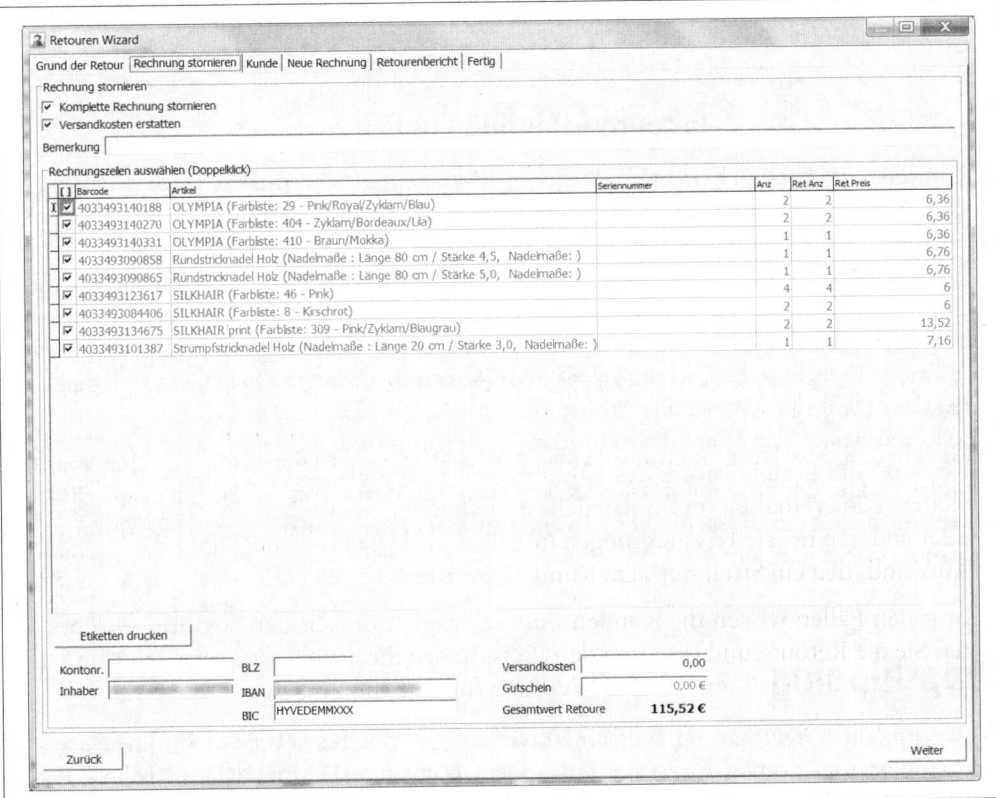

Abbildung 3-84: Retouren-Bearbeitung

Eine Versandhandels-Software (siehe Abbildung 3-84) unterstützt Sie dabei, indem sie die ursprüngliche Bestellung des Kunden auflistet und Sie per Mausklick die Positionen auswählen, die zurückgesandt wurden. Die Software errechnet automatisch den Retourenbetrag und kann ihn sogar über Datenaustausch mit der Bank automatisch erstatten.

Verwalten Sie die Retouren manuell, müssen Sie die Berechnungen selbst vornehmen und den Betrag per Online-Banking an den Kunden überweisen.

Zum Schluss steht die Überlegung, was mit der zurückgesandten Ware passiert. Im Idealfall können sie sie einfach re-inventarisieren, so dass sie erneut bestellt werden kann. Dies ist insbesondere bei Produkten ohne Umverpackung oder in neutraler Verpackung problemlos möglich. Schwierig wird es bei Produkten in spezieller Verpackung, die entweder nicht zerstörungsfrei zu öffnen ist (zum Beispiel vollflächig verschweißte Kunststoff-Verpackungen, sogenannte Blister) oder bei der die Verpackung sehr hochwertig ist (zum Beispiel teure Unterhaltungselektronik). In Streitfällen haben die Gerichte bislang meist zugunsten des Privatkunden entschieden. Im Zweifelsfall sollten solche Produkte mit einem Preisabschlag in einer speziellen Rubrik im Shop angeboten werden. Hier wären zum Beispiel Restposten, Sonderangebote oder Ausstellungsstücke als Rubrik denkbar. Haben Sie neben dem Online-Shop auch einen Ladenverkauf, können diese Produkte auch darüber veräußert werden.

Retouren-Handling outsourcen

Um das ungeliebte Thema des Retouren-Managements herum haben sich zahlreiche Firmen angesiedelt, die Teilbereiche oder die gesamte Abwicklung als Dienstleistung anbieten. Neben einigen Versanddienstleistern sind hier vor allem Speditionen und Tochterfirmen von großen Versandhändlern zu finden, die in unterschiedlichen Ausbaustufen Retouren-Services anbieten. Im einfachsten Fall ist dies die reine Retouren-Annahme und fachgerechte Lagerung. Als Shop-Betreiber können Sie regelmäßig die eingegangenen Retouren abholen. Dies bietet sich insbesondere für große Waren wie Möbel an.

Darüber hinaus kann auch die Prüfung von Waren als Dienstleistung eingekauft werden. Die Mitarbeiter des Logistikers werden dann von Ihnen darin geschult, worauf sie achten müssen. Dies ist verständlicherweise nur bei großen Retourenvolumina wirtschaftlich.

Dropshipping

Wareneinkauf, Lagerhaltung, Versandabwicklung – der Betrieb eines Online-Shops ist mit einigem logistischen Aufwand verbunden, vom unternehmerischen Risiko bei Einkauf und Lagerhaltung ganz zu schweigen. Wie schön wäre es doch, wenn man mit diesen mühsamen Tätigkeiten nichts zu tun hätte und doch mit einem Online-Shop Geld verdienen könnte! Dieser Wunsch kann in Erfüllung gehen – die Lösung heißt Dropshipping.

Bei dieser Variante des Online-Handels treten Sie als Zwischenhändler auf. Ihr Online-Shop enthält wie gewohnt die Produkte, die Sie anbieten möchten, der Kunde kauft wie üblich bei Ihnen ein, und auch die Zahlungsabwicklung findet über Ihren Shop statt. Die Produkte selbst lagern aber nicht bei Ihnen, sondern bei einer zweiten Firma – meist dem Hersteller oder Importeur der Waren.

Sobald nun eine Kundenbestellung vorliegt, übermitteln Sie die Daten an Ihren Lieferanten. Dort wird das Produkt verpackt und an den Endkunden versandt – Ihnen aber unmittelbar oder auf einer Monatsrechnung in Rechnung gestellt.

Was verlockend klingt, muss allerdings wohlüberlegt sein, denn es beinhaltet einige Fallstricke. Zwar vermeiden Sie Einkaufs- und Lagerhaltungsrisiken, Sie geben aber auch ein beträchtliches Stück Autonomie ab.

Lieferant und Produkteinkauf

Durch das Dropshipping erhält Ihr Lieferant einen kompletten Einblick in Ihre Produktumsätze, denn er liefert ja jede Bestellung selbst aus. Strategisches Bestellen (und Lagern) von Produkten, um höhere Rabattstaffeln zu erhalten, ist nicht mehr möglich. Ihr Lieferant sieht genau, wie viele Produkte Sie verkaufen. Darüber hinaus sieht er auch, an wen Sie die Produkte verkaufen, da er ja den Versand für Sie erledigt. Verkauft Ihr Lieferant seinerseits ebenfalls an Endkunden, besteht die Gefahr, ihm Interessenten-Adressen frei Haus zu liefern. Letztendlich haben Sie auch kaum Kontrolle darüber, wie die Sendung aussieht, die Ihr Kunde erhält – insbesondere, was zusätzliche Beilagen und Werbungen angeht (siehe Abschnitt »Paketbeileger« auf Seite 316).

Bei sorgfältig getroffenen Absprachen und einem vertrauensvollen Verhältnis zum Lieferanten ist Dropshipping aber eine interessante Möglichkeit, den Online-Shop mit geringem Aufwand für Einkauf und Lagerhaltung zu betreiben. Insbesondere bei großen und sperrigen Waren ist es oftmals die einzige Möglichkeit, sinnvoll online zu handeln.

Dropshipping-Retouren

Das Widerrufsrecht ist auch im Bereich des Dropshippings ohne Einschränkungen gültig. Sie haben daher auch hier mit Retouren zu rechnen und müssen sich entscheiden, wie Sie damit umgehen möchten.

Naheliegend ist die Idee, den Lieferanten ebenfalls als Empfänger der Retouren zu nehmen. Dies setzt auf Seiten des Lieferanten den Willen voraus, Retouren entgegenzunehmen. Der Lieferant hat mit Ihnen eine Geschäftspartnerschaft, für die das Widerrufsrecht nicht gilt. Auch wenn der Lieferant an Ihren Endkunde liefert – Vertragspartner sind ausschließlich Sie. Der Lieferant kann also problemlos jegliche Einbeziehung in den Retourenprozess ablehnen.

Doch selbst wenn der Lieferant zustimmt als Empfänger der Retouren zu agieren (auch hier wieder bei sehr großen Waren durchaus sinnvoll), muss sichergestellt sein, dass der Retourenprozess vernünftig abläuft. Dazu gehört die prompte Information an Sie, dass eine Retoure eingetroffen ist. Ebenfalls gehört die Kontrolle der retournierten Ware dazu. Diese Möglichkeit geben Sie damit vollständig aus der Hand – müssen aber dennoch Ihren Endkunden die Retouren erstatten.

Meist ist es daher sinnvoll, die Rücksendung zu Ihnen liefern zu lassen. Je nach Größe der Produkte und Anzahl der Retouren müssen Sie in diesem Fall ein eigenes kleines Lager unterhalten. Im Gegenzug haben Sie aber die volle Kontrolle über die Retouren, was im Hinblick auf unberechtigte Retouren hilfreich ist. Sollten Produkte wegen Produktionsmängeln retourniert werden, können Sie unter Umständen Ihren Lieferanten in Haftung nehmen.

Achten Sie darauf, Ihr Retourenlager nicht zu voll werden zu lassen. Versuchen Sie vielmehr, die retournierten Produkte – sofern möglich – bald wieder zu veräußern.

Zahlungsabwicklung

Wie geben Sie am liebsten Ihr Geld im Internet aus? Wahrscheinlich gar nicht. So geht es den meisten, und so geht es auch Ihren Kunden. Geld ist gerade in Deutschland ein heikles Thema und jedes Mal, wenn Ulrich Meyer auf Sat 1 eine neue »Akte« aufmacht und über schwarze Schafe im Internet »aufklärt«, werden Sie sich als Shop-Betreiber wünschen, dass die Sendung sofort abgesetzt wird, weil sich wieder reihenweise Kunden über die angeblich nicht vorhandene Sicherheit ihrer Daten in Ihrem Online-Shop Gedanken machen.

Zugegeben: Das Thema »Zahlungsabwicklung« ist heikel. Nicht nur für Ihre Kunden, sondern auch für Sie als Shop-Betreiber. Denn ob Kunden in Ihrem Online-Shop den Kauf abschließen, hängt in wesentlichen Teilen davon ab, ob sie die Zahlungsarten vorfinden, die sie gerne nutzen würden oder einfach nur erwarten.

Und: Die Liquidität in Ihrem Online-Shop kann davon abhängen, welche Zahlungsart Sie anbieten. Denn wenn ein Kunde per Kreditkarte bei Ihnen bezahlt, heißt das noch lange nicht, dass Sie das Geld auch umgehend erhalten.

Welche Zahlungsarten Sie in Ihrem Shop anbieten sollten und was zu tun ist, wenn das Geld nicht kommt, erläutern wir in diesem Kapitel.

Zahlungsarten

Die nachfolgenden Zahlungsarten gehören zu den Zahlungsarten mit der höchsten Akzeptanz und der größten Verbreitung in Deutschland.

Kauf auf Rechnung

Der Kauf auf Rechnung ist der ungekrönte Spitzenreiter im Online-Handel. Er ist bei Privat- und Geschäftskunden gleichermaßen beliebt und birgt für sie das geringste Risiko, da sie erst bezahlen, wenn die Ware eingetroffen ist und ggfs. geprüft wurde. Insbesondere im Modebereich (Business-to-Customer, B2C) und im gesamten Business-to-Business-Bereich (B2B) ist er in Online-Shops de facto Standard und hat einen Anteil von bis zu 80%.

Der Zahlungsvorgang ist relativ einfach. Nach Bestellung im Online-Shop wird dem Kunden gleichzeitig mit der Ware eine Rechnung per E-Mail, Post oder als Beileger zur Lieferung zugeschickt. Der Käufer hat nun eine vorgegebene Frist, meist 14–30 Tage, den Rechnungsbetrag auf das Konto des Händlers zu überweisen. Schickt der Kunde die Ware ganz oder teilweise zurück, überweist er nur den Teil der Rechnungssumme, der dem Wert der behaltenen Ware entspricht.

Was für den Endkunden bequem ist, geht mit einem hohen Zahlungsausfallrisiko für den Händler einher (siehe Unterkapitel »Zahlungsausfall« auf Seite 260). Je nach Branche wird die Ware verspätet oder überhaupt nicht bezahlt, und der Händler muss den Kunden anmahnen oder sogar ein (gerichtliches) Mahnverfahren einleiten.

Neben dem Ausfallrisiko ist der Kauf auf Rechnung zudem auf beiden Seiten mit einem hohen Aufwand verbunden. Der Käufer muss nach dem Erhalt der Ware den Kaufpreis mittels Online-Banking oder Überweisungsträger an den Online-Shop-Betreiber überweisen. Der Händler hingegen muss bis zum Eingang des Kaufpreises auf dem Konto den Zahlungseingang überwachen und bei (drohendem) Zahlungsausfall Maßnahmen ergreifen, die ihm die Kaufpreiszahlung sichern. Die folgende Tabelle 3-7 zeigt die Risiken im Vergleich zur Zahlungsart.

Tabelle 3-7: Schnell-Check Zahlungsart: Kauf auf Rechnung

Schnell-Check	
Risiko für den Händler	Hoch
Risiko für den Käufer	Sehr gering
Akzeptanz beim Käufer	Sehr hoch
Kosten pro Transaktion	Überweisungsgebühr der Hausbank
Manueller Aufwand für den Händler	Hoch
Manueller Aufwand für den Kunden	Hoch
Verbreitung	Hoch

Kauf auf Rechnung (Factoring)

Unter Factoring versteht man die Abtretung der eigenen Forderung an einen Dritten gegen Gebühr. In der Praxis wird dabei zum Beispiel eine Forderung in Höhe von 100 € an einen Factoring-Dienstleister abgetreten. Als ursprünglicher Forderungsinhaber erhält man einen Teil der Forderung ausbezahlt.

Der Kauf auf Rechnung gehört zu den beliebtesten Zahlungsarten im Internet. Für den Online-Shop-Betreiber ist diese Zahlungsart jedoch mit einem erheblichen Ausfallrisiko verbunden. Spezielle Factoring-Dienstleister für den E-Commerce-Bereich, wie zum Beispiel BillSAFE oder Klarna übernehmen dieses Risiko für den Händler. Der Endkunde überweist den Rechnungsbetrag nicht mehr auf das Konto des Shop-Betreibers, sondern auf das Konto des Factoring-Dienstleisters.

Um Zahlungen auf das Konto des Shop-Betreibers zu verhindern, müssen für alle Kunden, die dieses Zahlungsmittel verwenden, die erstellten Rechnungen angepasst werden.

Angepasst werden müssen zum Beispiel:

- Zahlungsziel (bis wann muss bezahlt werden)
- Verwendungszweck
- Bankverbindung (des Factoring-Unternehmens)

Darüber hinaus muss der Käufer in der Rechnung auch darüber informiert werden, an wen die Forderung des Online-Shops abgetreten wurde. Bei Nutzung des Dienstleisters BillSAFE, der inzwischen auch zum PayPal-Konzern gehört, lautet dieser Hinweis folgendermaßen:

> Die MusterOnline-Shop GmbH hat die Forderung gegen Sie im Rahmen eines laufenden Factoringvertrages an die PayPal (Europe) S.à r.l. et Cie, S.C.A. abgetreten. Zahlungen mit schuldbefreiender Wirkung können nur an die PayPal (Europe) S.à r.l. et Cie, S.C.A. geleistet werden.

Wie beim Kauf auf Rechnung entsteht für den Käufer kein Risiko, da er die Ware erhält und den Rechnungsbetrag danach überweisen kann. Auch für den Online-Shop-Betreiber ist das Risiko überschaubar, da er vom Factoring-Dienstleister eine Zahlungsgarantie erhält. Er trägt lediglich die Gebühren, die der Dienstleister in Rechnung stellt. Sie beträgt circa 3% Provision zzgl. 1 € pro Transaktion.

Durch die Anpassungen der Rechnungen ist die Integration in Shop-Systeme nicht so einfach wie bei anderen Zahlungsarten. So kann sich zum Beispiel die Kontonummer, die auf der Rechnung angegeben wird, bei jeder Bestellung ändern. Die jeweils aktuelle Kontonummer wird während des Bestellvorgangs zwischen dem Online-Shop und dem Payment Service Provider ausgetauscht. Auch wenn die meisten Payment Service Provider inzwischen Module für die Implementierung im Online-Shop anbieten, sollten Sie trotzdem mit Ihrer Agentur vorher klären, ob sie bereits Erfahrung bei der Implementierung von BillSAFE & Co. gesammelt hat.

Tabelle 3-8: Schnell-Check Zahlungsart: Kauf auf Rechnung (Factoring)

Schnell-Check	
Risiko für den Händler	Gering
Risiko für den Käufer	Gering
Akzeptanz beim Käufer	Hoch
Kosten pro Transaktion	3% Provision zzgl. 1 € pro Transaktion
Manueller Aufwand für den Händler	Hoher Integrationsaufwand
Manueller Aufwand für den Kunden	Hoch
Verbreitung	Mittel

Ratenzahlung mittels Factoring

Interessant ist das Factoring insbesondere, wenn Sie Ratenzahlung anbieten möchten. Die meisten Factoring-Anbieter ermöglichen Online-Shop-Kunden die Bezahlung größerer Summen in Monatsraten. Gerade bei teuren Artikeln kann dieses Angebot kaufentscheidend sein und sollte in die Überlegungen mit einbezogen werden.

Tipp Ohne Factoring-Dienstleister ist vom Angebot der Ratenzahlung absolut abzuraten, da das Risiko des Zahlungsausfalls für Shop-Betreiber viel zu hoch ist. Factoring-Dienstleister hingegen geben auch bei Ratenzahlung eine Garantie für die Auszahlung an den Händler.

Vorkasseüberweisung

Obwohl sie für Händler und Käufer mit Aufwand, für den Käufer zudem mit einem gewissen Risiko verbunden ist, gehört die Vorkasseüberweisung zu den meistgenutzten Zahlungsarten im deutschen Online-Handel.

Nach der Bestellung im Online-Shop erhält der Käufer eine Zahlungsaufforderung per Überweisung. Meist ist sie bereits in der Bestellbestätigungs-E-Mail enthalten. Die E-Mail enthält den Kaufpreis, die Kontodaten des Shop-Betreibers und den Verwendungszweck (meist die Bestellnummer), damit die Zahlung der Bestellung eindeutig zugeordnet werden kann.

Der Kunde überweist den kompletten Kaufbetrag auf das Konto des Händlers. Dieser wiederum überprüft regelmäßig den Zahlungseingang und versendet die Ware, sobald der Betrag auf seinem Konto gutgeschrieben wurde.

Wie auch beim Kauf auf Rechnung ist der manuelle Aufwand auf beiden Seiten relativ hoch. Zusätzlich entsteht für den Händler der Aufwand der Rücküberweisung bei teilweisem oder gänzlichem Retournieren der Ware.

Ein Ausfallrisiko ist für den Händler fast nicht vorhanden, da er die Ware erst nach Gutschrift auf seinem Konto an den Kunden verschickt. Es besteht lediglich das Risiko, dass der Kunde die Bestellung nicht bezahlt. Je nachdem, wie Sie Ihre Allgemeinen Geschäftsbedingungen formulieren, ist der Kunde zwar bereits einen verbindlichen Kaufvertrag mit Ihnen eingegangen und somit auch zur Bezahlung der bestellten (und noch nicht gelieferten Ware) verpflichtet. In der Regel lohnt es jedoch den Aufwand nicht, die Nichtzahler unter den Vorkassebestellern zu verfolgen. Verkaufen Sie die Ware lieber an einen Kunden, der sie wirklich haben möchte.

 Tipp

Wenn Sie Vorkasseüberweisung anbieten, reservieren Sie die gekaufte Ware für Ihre Kunden für einen bestimmten Zeitraum und informieren Sie den Käufer darüber! Auf der einen Seite kann der Kunde so sichergehen, dass er die Ware auch wirklich erhält (und sie nicht zwischenzeitlich abverkauft wird). Auf der anderen Seite geht der Kunde damit quasi eine »moralische Verpflichtung« ein, die bestellte Ware auch wirklich zu bezahlen.

Sofern Ihr Shop-System oder Ihre Versandhandels-Software über diese Funktionalität verfügt, sollten Sie den Käufer im Abstand von mehreren Tagen informieren, wenn die Vorkasseüberweisung noch nicht bei Ihnen eingetroffen ist. Diese mehrfache Erinnerung erhöht den Zahlungsdruck auf den Kunden.

Natürlich sollten Sie den Kunden auch informieren, wenn die Bestellung auf Grund der ausbleibenden Zahlung von Ihnen storniert wurde. So können Sie die reservierte Ware wieder in den Verkauf geben und müssen keine Überweisung nach mehreren Wochen fürchten.

Für den Kunden hingegen besteht theoretisch das Risiko einen Ausfalls, wenn der Online-Händler sein Lager nicht im Griff hat (Lagerfehlbestände), von Haus aus mit betrügerischer Absicht agiert, die Ware zwischen dem Zeitpunkt der Bestellung und dem Eingang der Überweisung auf seinem Konto bereits an andere Kunden verkauft hat oder zahlungsunfähig wird.

Tabelle 3-9: Schnell-Check Zahlungsart: Vorkasseüberweisung

Schnell-Check	
Risiko für den Händler	Gering
Risiko für den Käufer	Gering
Akzeptanz beim Käufer	Mittel

Schnell-Check	
Kosten pro Transaktion	Überweisungsgebühr der Hausbank
Manueller Aufwand für den Händler	Hoch
Manueller Aufwand für den Kunden	Hoch
Verbreitung	Hoch

Kreditkarte

In rund der Hälfte aller Online-Shops in Deutschland wird der Kauf per Kreditkarte angeboten. Bei Käufern ist die Kreditkarte relativ beliebt, für die Händler ist sie jedoch verhältnismäßig teuer und mit einem erheblichen Integrationsaufwand verbunden.

Der Kunde gibt bei der Bestellung im Online-Shop (siehe Abbildung 3-85) seine Kreditkartendaten (Karteninhaber, Kartennummer, Ablaufdatum und den Sicherheitscode (CVC)) ein. Diese Daten werden an einen Payment Service Provider übermittelt, der in Echtzeit Plausibilitätsprüfungen und Sicherheits-Checks vornimmt. Seit 2008 ist bei Mastercard und Visa das »3D-Secure-Verfahren« im Einsatz, das eine weitere Sicherheitsstufe darstellt und das Zahlungsausfallrisiko für den Online-Händler deutlich senkt.

Nach der automatisierten Rückmeldung über die erfolgreiche Transaktion an den Online-Shop wird die Bestellung technisch abgeschlossen und die bestellte Ware kann direkt verschickt werden.

Der manuelle Aufwand ist auf beiden Seiten – Händler und Käufer – eher gering, da sowohl die Zahlung als auch die spätere Erstattung bei Retouren durch die tiefe Integration in den Online-Shop weitestgehend automatisiert abläuft.

Tipp

Bei der Integration der Kreditkartenzahlung können Sie in der Regel zwischen der Belastung der Kreditkarte bei Bestellung oder einer späteren Belastung wählen.

Bei der späteren Belastung wird der Zahlungsbetrag zunächst auf dem Kreditkartenkonto reserviert (und steht nicht mehr für andere Zahlungen zur Verfügung). Die Belastung der Kreditkarte erfolgt dann zum Beispiel erst beim tatsächlichen Versand der Ware.

Dies hat den Vorteil, dass Kreditkartenzahlungen nicht erstattet werden müssen, wenn der Händler zum Beispiel nicht oder nur teilweise liefern kann oder der Käufer die Bestellung nachträglich storniert.

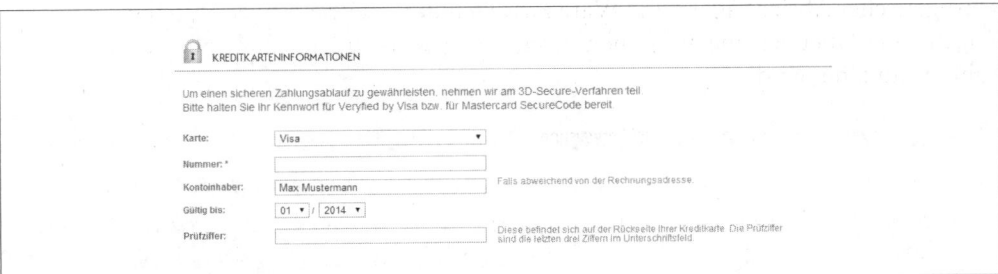

Abbildung 3-85: Eingabe der Kreditkartendaten im Bestellvorgang

Ein Ausfallrisiko für den Händler besteht dank der umfangreichen Sicherheitsprüfungen nur in sehr geringem Umfang. Hartnäckig hält sich das Gerücht, dass Kreditkartenzahlungen für Käufer mit einem Risiko verbunden sind. Bei Verlust einer Kreditkarte haftet der Inhaber grundsätzlich überhaupt nicht ab dem Zeitpunkt der Anzeige des Verlustes gegenüber seiner Bank. Selbst davor haftet er mit maximal 50 € (außer bei grober Fahrlässigkeit). Da alle Anbieter von Kreditkartenzahlungen inzwischen erhebliche technische Sicherheitsstandards vorweisen müssen, ist das Missbrauchsrisiko auch für den Karteninhaber gering. Die hohen Sicherheitsstandards spiegeln sich dabei in den Zahlungsgebühren für den Shop-Betreiber wider.

Tabelle 3-10: Schnell-Check Zahlungsart: Kreditkartenzahlung

Schnell-Check	
Risiko für den Händler	Gering
Risiko für den Käufer	Gering
Akzeptanz beim Käufer	Mittel
Kosten pro Transaktion	0,10–0,25 € pro Transaktion + 3–5% Provision. Je nach Branche des Online-Shops kann die Provision zwischen 1% und 10% schwanken.
Manueller Aufwand für den Händler	Gering
Manueller Aufwand für den Kunden	Gering
Verbreitung	Hoch

Sicherheit von Kreditkartenzahlungen

Bei den Prüfungen wird zum Beispiel die Richtigkeit der Kreditkartennummer und des Sicherheitscodes überprüft. Zudem können die Übereinstimmung vom Ausstellungsland der Kreditkarte und dem Ort des Online-Shops überprüft werden. Vereinfacht: Bei der Vielzahl von Prüfkriterien wird pro zutreffendem Kriterium eine bestimmte Punktzahl addiert (Scoring). Überschreitet die Gesamtpunktzahl eine festgelegte Grenze, wird die Zahlung per Kreditkarte abgelehnt und der Käufer erhält eine Fehlermeldung.

Das von Mastercard und Visa genutzte 3D-Secure-Verfahren ist seit 2008 verfügbar. Hierbei wird während des Zahlungsvorgangs ein Kreditkartenkennwort abgefragt, das der Karteninhaber bei seiner Hausbank selbst vergeben oder von der Hausbank mitgeteilt bekommen hat (siehe Abbildung 3-86). Es ist nicht zu verwechseln mit der drei- oder vierstelligen Prüfziffer auf der Rückseite der Karte. Da das Kennwort nicht auf der Karte gespeichert wird, ist die Missbrauchswahrscheinlichkeit des Verfahrens sehr gering. Shop-Betreibern wird deshalb der Zahlungseingang bei genutztem 3D-Secure-Verfahren garantiert.

Online-Überweisung mit Sofortüberweisung.de oder Giropay

Seit 2006 steht mit der Online-Überweisung ein auf die Bedürfnisse des Online-Handels zugeschnittenes Überweisungsverfahren zur Verfügung. Der nicht vorhandene Medienbruch also der vollständig in den Kaufvorgang integrierte Zahlungsabschluss, ist die sinnvolle Weiterentwicklung der Vorkasseüberweisung. Auf der einen Seite bietet sie für den

Verified by VISA

ING DiBa

Geben Sie Ihr *Verified by VISA* Passwort ein.
Diese Information wird dem Händler nicht mitgeteilt.

Händler	Filati Retail GmbH
Betrag	€ 1.00
Datum	Mrz. 24, 2014
Kreditkartennummer	**** **** **** 6024
Persönliche Begrüßung	Willkommen beim Internet Bezahlsystem der ING-DiBa
Passwort	

‹ Abbrechen   Senden ›

→ Neues Passwort bestellen?
→ FAQ

Abbildung 3-86: 3D-Secure Sicherheitsabfrage beim Online-Shopping

Käufer ein hohes Maß an Bequemlichkeit, auf der anderen Seite ist sie als Pseudo-Vorkassezahlung bei Händlern sehr beliebt.

Während des Bestellvorgangs gibt der Kunde seine Kontonummer und Bankleitzahl ein und wird dann auf die Seite der Bank bzw. des Zahlungsdienstleisterns weitergeleitet. Er sieht dort ein ausgefülltes Überweisungsformular, das er inhaltlich nicht mehr verändern kann. Die Zahlungsautorisierung erfolgt mittels PIN und TAN des Kontoinhabers. Die Überweisung wird bei entsprechendem Kontostand umgehend ausgeführt, und der Online-Shop erhält eine Bestätigung über die erfolgreiche Zahlung, so dass der Kaufvorgang abgeschlossen werden kann.

Im Vergleich zum Kauf auf Rechnung bzw. zur Vorkasseüberweisung ist der Aufwand für beide beteiligten Seiten überschaubar, da keine manuelle Überweisung ausgeführt und der Zahlungseingang nicht gesondert überwacht werden muss.

Das Risiko für den Händler ist gering, da die Überweisung direkt erfolgt – auch wenn sie in der Regel nicht vertraglich garantiert wird. Der Online-Shopper ist durch die Nutzung der seinem Konto zugehörigen PIN und TAN einem erhöhten Phishing-Risiko ausgesetzt. Von ihm wird verlangt, die Echtheit der Zahlungsseiten zu überprüfen, was bei gut gemachten Phishing-Seiten mitunter gar nicht so einfach möglich ist. Im Hinblick auf den Kauf im Online-Shop entsteht für ihn das gleiche Risiko wie bei der Vorkasseüberweisung, da er mit der Zahlung unmittelbar in Vorleistung tritt und die erfolgte Buchung von ihm nicht rückgängig gemacht werden kann.

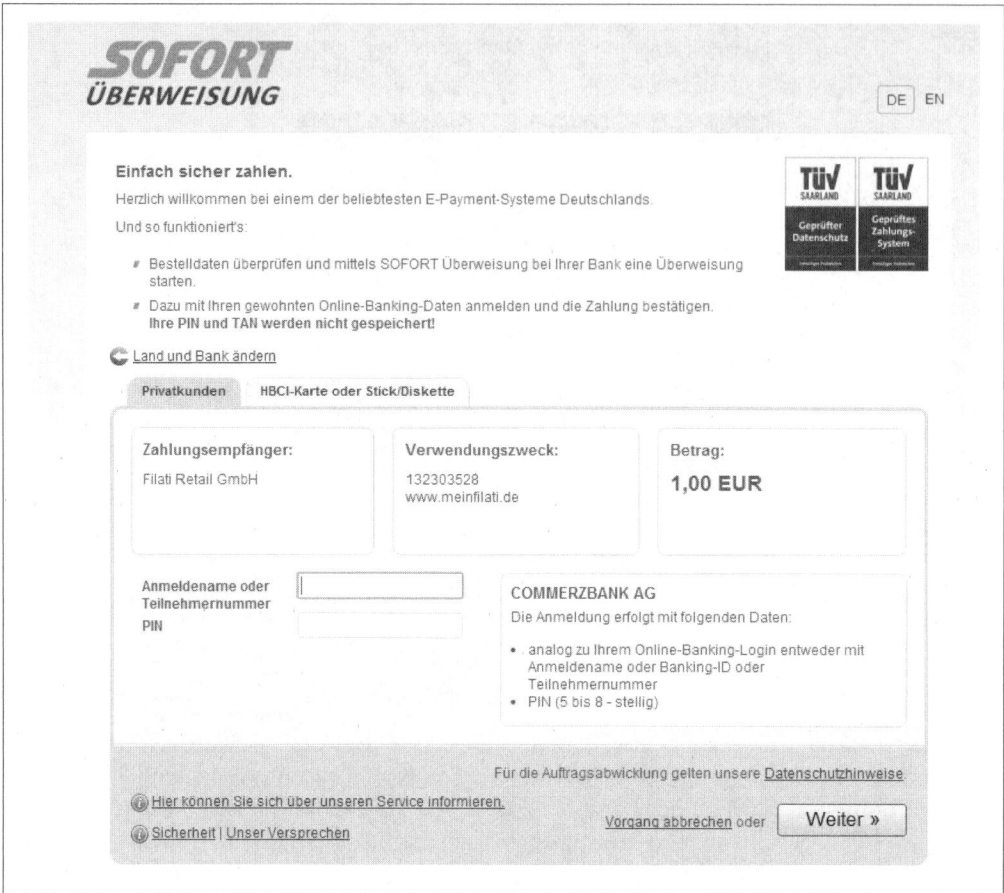

Abbildung 3-87: Eingabe von PIN und TAN bei sofortueberweisung.de

PHISHING

Unter Phishing (sprich: fisching) versteht man den Versuchs, mittels gefälschter Webseiten Zugangs- oder Kreditkartendaten auszuspähen.

Oft bekommen Phishing-Opfer E-Mails mit der Aufforderung, die PIN und TAN ihrer Bankverbindung auf einer Webseite einzugeben oder die Zahlungsdaten Ihrer Kreditkarten online prüfen zu lassen.

Die Webseiten, die sie dann aufrufen, sehen genauso aus wie die Webseiten von Banken und Sparkassen.

Die Daten, die die Opfer eingeben, werden an die Hintermänner der gefälschten Seiten weitergeleitet und von diesen verkauft oder selbst missbraucht.

Aktuelle Informationen und Warnungen zu Phishing finden Sie zum Beispiel bei der Verbraucherzentrale NRW: *www.vz-nrw.de/phishing*

Da Sofortüberweisung.de beziehungsweise Giropay als zwei konkurrierende Bezahlsysteme nicht von allen Banken angeboten oder akzeptiert werden, ist zu überlegen, ob beide Zahlungsarten parallel im Online-Shop angeboten werden sollen. Zusammen erreichen beide Zahlungsarten rund 73 Millionen Kontoinhaber (Stand: Anfang 2013), die meisten davon in Deutschland, aber auch in Österreich, der Schweiz, den Niederlanden, Italien, Belgien und Großbritannien.

Tipp   Wenn Sie zunächst nur ein Online-Überweisungssystem nutzen und die Akzeptanz bei Ihren Kunden testen möchten, empfehlen wir Sofortüberweisung.de.

Sofortüberweisung.de erreicht deutlich mehr Nutzer als das auf Postbank, Sparkassen, PSD- und Volks- und Raiffeisenbanken und einige Privatbanken beschränkte Giropay.

Nach einer erfolgreichen Testphase – mindestens 10% aller Bestellungen in Ihrem Shop sollten über Online-Überweisung abgewickelt werden – können Sie Giropay als weiteres Modul hinzufügen.

Bei einer geringeren Quote sollten Sie überlegen, ob sich die Zahlungsart auf Grund der monatlichen Fixkosten (vergleiche Unterkapitel »Laufende und variable Kosten« auf Seite 25) rentiert.

Tabelle 3-11: Schnell-Check Zahlungsart: Online-Überweisung

Schnell-Check	
Risiko für den Händler	Gering
Risiko für den Käufer	Gering
Akzeptanz beim Käufer	Mittel
Kosten pro Transaktion	Rund 1% Provision, Transaktionsgebühr 0,15–0,25 €
Manueller Aufwand für den Händler	Gering
Manueller Aufwand für den Kunden	Gering
Verbreitung	Mittel

SEPA-Lastschrift

Die SEPA-Lastschrift (**S**ingle **E**uro **P**ayments **A**rea), seit Anfang 2014 der Nachfolger der klassischen Lastschrift, vereinheitlicht das europäische Lastschriftverfahren. Bei Käufern ist es relativ beliebt, für den Händler ist es mit einem erheblichen Risiko verbunden, da erfolgte Zahlungen ohne Angabe von Gründen bis zu 8 Wochen nach der Lastschrift zurückgebucht werden können.

Online-Händler sollten sehr genau überlegen, ob Sie unbekannten Kunden diese Zahlungsart anbieten wollen. Es spricht jedoch wenig dagegen, das Verfahren bereits bekannten Kunden also zum Beispiel registrierten Händlern, anzubieten. Gerade im gewerblichen Bereich reduziert es auf beiden Seiten den Aufwand deutlich.

Während des Bestellvorgangs gibt der Kunde seine Bankverbindung in Form der IBAN und BIC (**I**nternational **B**ank **A**ccount **N**umber und **B**ank **I**dentifier **C**ode; ehemals Kontonummer und Bankleitzahl) an. Der Rechnungsbetrag wird – je nach Payment Service

Provider-Vertrag – direkt bei Bestellung oder bei Versand vom Konto des Käufers eingezogen. Die spätere Belastung bei Versand hat – wie auch bei Kreditkarten- und PayPal-Zahlung – den Vorteil, dass nur der Betrag eingezogen wird, der auch in Rechnung gestellt wird. Teil- oder Vollstornierungen können so noch berücksichtigt werden. Bei der direkten Lastschrift muss ein Teilbetrag oder bei Vollstornierung der komplette Betrag erstattet werden.

Anhand der IBAN und BIC kann während des Bestellvorgangs zumindest die formelle Richtigkeit der eingegebenen Daten überprüft werden, da die dritte und vierte Stelle der IBAN eine Prüfziffer bildet und die BIC wiederum zur IBAN passen muss. Es wird aber nicht geprüft, ob die Kontodaten auch tatsächlich zum Besteller passen.

Warnung

Allein die Google-Suche nach »Unsere Bankverbindung« bringt eine Vielzahl von offenen im Internet angegebenen Bankverbindungen zutage, die theoretisch für den Einkauf im Internet genutzt werden können.

Für den Händler besteht das Risiko, dass eine falsche Bankverbindung angegeben wird oder der Inhaber des Kontos die Abbuchung zurückbuchen lässt. Dies kann natürlich nicht nur der Kunde machen, dessen Bankverbindung missbraucht wurde. Dies kann auch der Kunde machen, der tatsächlich bestellt und die Ware erhalten hat.

Der Händler muss dann nicht nur die Kosten für die Rückbuchung (je nach Vertrag bis zu 15 €) tragen. Er hat zudem keinen Zugriff mehr auf die Ware und kein Geld.

Dem hohen Risiko für den Händler steht die Bequemlichkeit für den (ehrlichen) Online-Shop-Kunden gegenüber. Gerade bei langfristigen Geschäftsbeziehungen und im Business-to-Business-Bereich (B2B) erfährt die SEPA-Lastschrift eine hohe Akzeptanz. Sowohl für den Kunden als auch für den Online-Shop-Betreiber ist der Aufwand der Zahlungsabwicklung relativ gering.

Tipp

Die im Unterkapitel »Auswahl des Shop-Systems« auf Seite 55 genannten Shop-Systeme bieten die Möglichkeit, die Zahlungsarten nach Kundengruppen zuzuordnen. Wenn Sie nicht auf die SEPA-Lastschrift verzichten möchten, können Sie sie zum Beispiel der Kundengruppe »registrierte Händler« oder Kunden mit mehr als drei Bestellungen zuordnen. Neukunden wird diese Zahlungsart dann nicht angeboten.

Tabelle 3-12: Schnell-Check Zahlungsart: SEPA-Lastschrift

Schnell-Check	
Risiko für den Händler	Sehr hoch
Risiko für den Käufer	Gering
Akzeptanz beim Käufer	Hoch
Kosten pro Transaktion	Buchungsgebühr der Bank, Transaktionsgebühr 0,15–0,25 € bei Lastschrift über PSP.
Manueller Aufwand für den Händler	Gering
Manueller Aufwand für den Kunden	Gering
Verbreitung	Mittel

PayPal

PayPal hat in einigen Branchen den größten Marktanteil im Online-Handel. Inzwischen wagt das 1998 gegründete Unternehmen auch den Schritt in den lokalen Einzelhandel und bietet wegen der hohen Verbreitung auch Zahlungen am Point of Sale an. Seit 2002 gehört PayPal zum eBay-Konzern, wie auch der Factoring-Dienstleister BillSAFE. Daher verknüpft PayPal seit einigen Jahren seinen Bezahlservice auch mit dem Kauf auf Rechnung.

Um mit PayPal bezahlen zu können, benötigt man ein PayPal-Konto. Dieses ist wiederum mit einem herkömmlichen Bankkonto oder einer Kreditkarte verknüpft. Verfügt der Kunde beim Bestellvorgang über kein eigenes PayPal-Konto, kann es im gleichen Vorgang initial angelegt werden.

Als Online-Shop-Betreiber benötigen Sie ein PayPal-Geschäftskonto, das mit Ihrem Bankkonto verknüpft ist. Zwischen PayPal-Konten können Gelder transferiert werden. Für jede Transaktion erhält PayPal eine Transaktionsgebühr.

Während des Bestellvorgangs im Online-Shop wird der Käufer auf die PayPal-Bezahlseite weitergeleitet und muss dort den Bezahlvorgang durch Eingabe seines PayPal-Benutzernamens (verifizierte E-Mail-Adresse) und seines PayPal-Kennworts bestätigen. Nach erfolgter Bezahlung wird er auf die Webseite des Online-Shops zurückgeleitet, wo der Kauf auf Seiten des Händlers abgeschlossen wird.

Für den Benutzer stellt sich das PayPal-Konto wie ein Bankkonto dar. Entweder kann er das bei PayPal verfügbare Guthaben für den Kauf nutzen oder, sofern der Kaufbetrag das PayPal-Guthaben übersteigt, den Gegenwert von seinem Bankkonto oder seiner Kreditkarte abbuchen lassen.

Dem Händler wird der Rechnungsbetrag abzüglich der PayPal-Gebühren auf sein PayPal-Konto gutgeschrieben. Von dort aus kann er das Guthaben auf sein Konto überweisen.

Wie auch bei der Kreditkartenzahlung kann die Belastung des PayPal-Kontos mit dem Rechnungsbetrag zunächst vorgemerkt (autorisiert) werden. Das verfügbare Guthaben auf dem Konto wird dann bis zur tatsächlichen Belastung »gesperrt«. Der Händler kann den Betrag bei der Belastung (wg. Teil- oder Komplettstornierung) aber noch nach unten korrigieren.

Tipp PayPal verfügt zwar in Luxemburg über eine Banklizenz, die Guthaben unterliegen aber nicht dem Einlagensicherungsfond und den Regeln, die für deutsche Banken gelten. Zudem ist PayPal für seine rigide Sicherheitspolitik bekannt und erlaubt sich, Konten bei Sicherheitsbedenken für den Zeitraum der Prüfung einzufrieren. Sie können Zahlungen dann zwar noch via PayPal erhalten, diese aber nicht auf Ihr Bankkonto ausbezahlen.

In unserem Agenturalltag sind schon häufiger Fälle vorgekommen, bei denen PayPal-Guthaben von Shop-Betreibern über mehrere tausend € mehrere Tage nicht verfügbar waren, weil PayPal Handelsregisterauszüge oder Telefonrechnungen zur Verifizierung der Geschäftsadresse nachgefordert hat und bis zur Vorlage und Prüfung der Unterlagen das Konto eingefroren wurde. Für PayPal ist dieses Vorgehen durch die Vertragsbedingungen eindeutig geregelt und zulässig. Online-Händler kann dies jedoch in arge Bedrängnis bringen.

Im Gegensatz zu anderen Zahlungssystemen werden die via PayPal vereinnahmten Entgelte nicht automatisch auf Ihr Bankkonto überwiesen. Überweisen Sie daher Guthaben, das sich auf Ihrem PayPal-Konto ansammelt, in regelmäßigen Abständen selbst auf Ihr Bankkonto. In der Praxis hat es sich bewährt, dies alle ein bis zwei Tage oder bei Guthaben über 500 € zu tun.

Für den Käufer ist die Bezahlung über PayPal sehr bequem. Sie ist schnell, er muss sich keine IBAN und BIC merken und zudem kann er die Auszahlung des Betrags an den Händler im Rahmen eines PayPal-Konflikts widerrufen. Der Vorgang wird dann von PayPal geprüft und im für den Händler schlimmsten Fall trotz verschickter Ware wieder von dessen Konto zurückgebucht und dem Kundenkonto gutgeschrieben.

Unsere Erfahrung zeigt, dass dies in weniger als 1% der Fälle tatsächlich passiert. Diese Zahlungskonflikte sind für Händler sehr ärgerlich und umständlich zu lösen, da ggfs. mehrere Dokumente, wie zum Beispiel Versandnachweise, bei PayPal eingereicht werden müssen und sich der Vorgang über mehrere Wochen hinziehen kann.

Auf Grund der hohen Akzeptanz beim Endkunden und der hohen Verbreitung in anderen Online-Shops zählt PayPal inzwischen zum Muss für jeden Online-Shop-Betreiber.

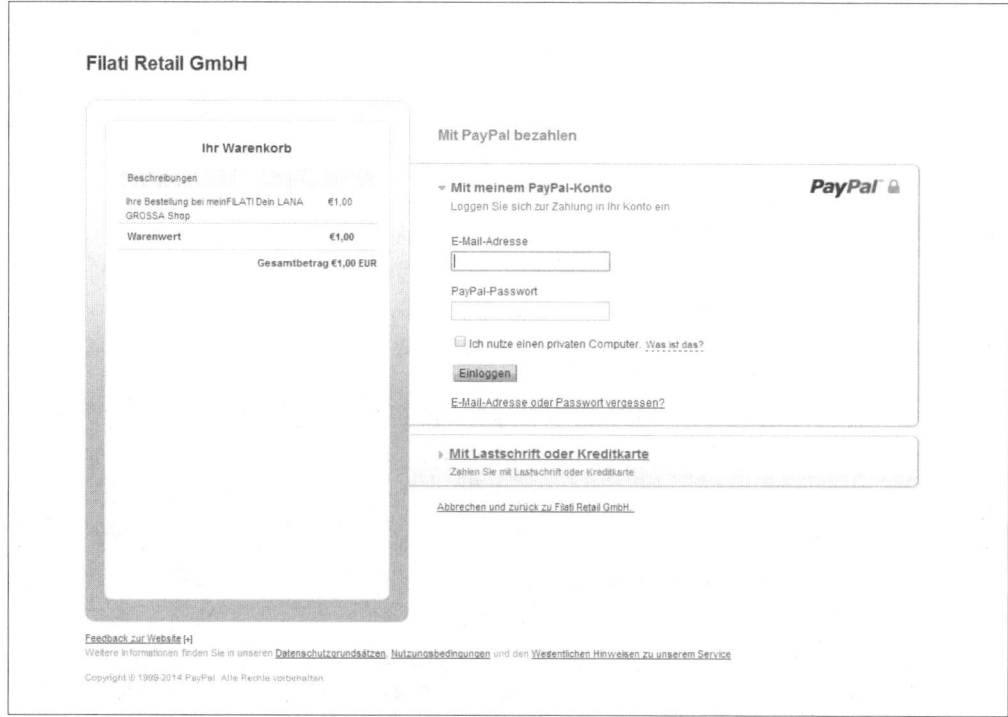

Abbildung 3-88: PayPal-Bezahlseite während des Bestellvorgangs

Tabelle 3-13: Schnell-Check Zahlungsart: PayPal

Schnell-Check	
Risiko für den Händler	Mittel
Risiko für den Käufer	Gering
Akzeptanz beim Käufer	Hoch
Kosten pro Transaktion	1,5–1,9% Provision, 0,35 € Transaktionsgebühr, rund 0,15 € bei Nutzung eines PSP (optional)
Manueller Aufwand für den Händler	Gering
Manueller Aufwand für den Kunden	Gering
Verbreitung	Sehr hoch

Nachnahme

Nachnahme, in den Kindertagen des deutschen Online-Handels eines der beliebtesten Zahlungsverfahren, verliert immer mehr an Bedeutung – hauptsächlich, weil es mit zusätzlichen Kosten verbunden ist, da der Zustelldienst als Inkassostelle auftritt und hierfür bezahlt werden will, und weil es die Anwesenheit des Käufers bei Zustellung des Pakets erforderlich macht.

Bei der Nutzung der Nachnahme als Zahlungsoption findet quasi ein Zug-um-Zug-Austausch Ware gegen Geld statt, wobei ein Zustelldienstleister also DHL, UPS und Co. als Mittelsmann auftritt. DHL beispielsweise berechnet zusätzlich zum normalen Paketpreis einen Aufschlag von 4,90 € pro Nachnahmesendung.

Für den Händler besteht bei der Nachnahmesendung kein Risiko, da das Paket nur zugestellt wird, wenn der Rechnungsbetrag auch an den Zusteller bezahlt wird.

Der Käufer kann die Ware erst in Empfang nehmen, wenn er sie bezahlt hat. Für ihn entsteht somit ein ähnliches Risiko wie bei der Vorkasseüberweisung. Zumindest kann er sichergehen, im Austausch gegen die Bezahlung an den Zusteller ein Paket bekommen zu haben, auch wenn er den Inhalt nicht kennt.

Da Nachnahme für den Händler und den Besteller Nachteile mit sich bringt, ist der Anteil der Nachnahmesendungen in den letzten Jahren drastisch gesunken. Es ist damit zu rechnen, dass Nachnahme als Zahlungsart in den kommenden Jahren komplett verschwinden wird.

Tabelle 3-14: Schnell-Check Zahlungsart: Nachnahme

Schnell-Check	
Risiko für den Händler	Gering
Risiko für den Käufer	Gering
Akzeptanz beim Käufer	Sehr gering
Kosten pro Transaktion	2,00–4,90 € pro Paket
Manueller Aufwand für den Händler	Hoch
Manueller Aufwand für den Kunden	Hoch

Weitere Zahlungssysteme

Auf dem deutschen Markt existieren mehr als 30 unterschiedliche Zahlungssysteme. Die meisten davon führen sowohl hinsichtlich des Umsatzes als auch hinsichtlich der Akzeptanzstellen also der Anzahl der Online-Shops, die diese Zahlungsart anbieten, ein Nischendasein.

Skrill beispielsweise (bis 2013 moneybookers) hat in den letzten Jahren deutlich Marktanteile verloren und findet sich fast nur noch bei Spezialangeboten wie Erotik oder Online-Casinos.

Amazon Payments

Das noch relativ junge Amazon Payments funktioniert ähnlich wie PayPal, nutzt jedoch bereits bestehende Amazon-Kundenkonten. Online-Shopper melden sich während des Kaufvorgangs mittels ihrer Amazon-Zugangsdaten an und wählen aus den bei Amazon hinterlegten Zahlungsarten und der Rechnungs- und Lieferadresse.

Die Gebührenstruktur für Händler entspricht der Struktur bei PayPal. Amazon Payments wird aktuell noch von wenigen Händlern angeboten, entsprechend gering ist die Verbreitung bei Käufern.

Apple Pay

Im September 2014 stellte Apple seine lang erwartete Zahlungslösung vor, die das Zeug hat, insbesondere im Bereich des »mobile commerce« etablierte Zahlungsarten umzukrempeln.

Apple Pay verwaltet dabei die Kundendaten und die Zahlungsinformationen zentral. Der Kunde autorisiert die Zahlung per Fingerabdruck an seinem iPhone oder iPad. Der Onlinehändler bekommt lediglich die Bestätigung über die erfolgte Zahlung, zusammen mit den Bestelldaten, übermittelt.

Apples System zeichnet sich durch eine sehr große Einfachheit und – aus der Sicht des Kunden – sehr hohe Sicherheit aus. Die installierte Basis von weltweit über 500 Millionen iPhone-Geräten, auf denen die neue Zahlungsart kostenlos zur Verfügung steht, macht Apple Pay zu einer Alternative, die Online-Händler im Auge behalten sollten.

Click & Buy

Click & Buy hat sich einen Namen insbesondere mit der Abwicklung von Kleinstbeträgen gemacht. Dabei können – im Gegensatz zu anderen Anbietern, die je nach Vertrag Mindestumsatzgrößen von beispielsweise 1 € pro Transaktion voraussetzen – auch Beträge im Centbereich transferiert werden.

Für den Online-Shopper funktioniert Click & Buy ähnlich wie das PayPal-System. Voraussetzung für die Nutzung ist ein bestehendes Click-&-Buy-Konto, das entweder mit einem Bankkonto oder einer Kreditkarte verknüpft ist oder ein aufgeladenes Prepaid-

Guthaben. Während der Bestellung wird der Käufer auf die Click-&-Buy-Internetseite weitergeleitet und verifiziert seine Angaben mittels hinterlegter E-Mail-Adresse und seinem Kennwort. Nach Bestätigung der Zahlung wird er zurück zum Online-Shop geleitet, wo er den Bestellvorgang abschließen kann.

Je nach Online-Shop-Segment werden bei Zahlungen im Micropayment-Bereich (bis 1 €) Gebühren von 11% Provision zuzüglich 0,10 € Transaktionsgebühr fällig. Dennoch kann sich die vermeintlich hohe Provisionsrate lohnen, wenn zum Beispiel digitale Güter wie Zeitschriftenartikel oder Ähnliches verkauft werden. Mit steigender Warenkorbgröße sinkt der Provisionssatz.

Zahlungen annehmen

Welche Zahlungssysteme für Ihren Online-Shop die richtigen sind, ist keine leicht zu beantwortende Frage. Auf der einen Seite stehen für den Händler Entscheidungskriterien wie Kosten, Ausfallrisiko und Bequemlichkeit. Für den Endkunden zählen die Akzeptanz der Zahlungsart, Bequemlichkeit und die (vermutete) Sicherheit.

Insbesondere das Risiko des Zahlungsausfalls für den Händler und das (angenommene) Risiko des Lieferausfalls für den Endkunden stehen sich dabei diametral gegenüber. Was die Zahlungsmöglichkeiten in Online-Shops betrifft, herrscht auf beiden Seiten in der Regel ein gesundes Misstrauen.

Für den deutschen E-Commerce-Markt stehen viele verschiedene Zahlungsarten zur Verfügung. Bevor wir im nächsten Kapitel auf die am weitesten verbreiteten Zahlungsarten eingehen, zeigen wir in diesem Kapitel die Voraussetzungen für die Annahme von Zahlungen in Online-Shops.

Voraussetzungen für die Annahme von Zahlungen

Um Zahlungen in Ihrem Online-Shop akzeptieren zu können, müssen Sie – mit Ausnahme der Barzahlung bei Abholung – für jede Zahlungsart einen Vertrag mit dem jeweiligen Dienstleister abschließen. Überweisungen für Zahlung auf Rechnungen können Sie, das Geschäftskonto bei Ihrer Hausbank vorausgesetzt, natürlich ohne Sondervereinbarung mit der Bank akzeptieren, für die Lastschrift gilt dies jedoch schon nicht mehr. Für PayPal-Zahlungen müssen Sie genauso ein eigenes PayPal-Konto anlegen, wie Sie einen Akzeptanzvertrag für Kreditkarten mit einem sogenannten Akquierer abschließen müssen (dazu gleich mehr).

Je nach Zahlungsart und Online-Shop-System müssen Sie darüber hinaus auch Verträge mit Payment Service Providern abschließen, die die Zahlungen in Ihrem Online-Shop abwickeln und entweder an Sie direkt oder zunächst an den Akquierer weiterleiten.

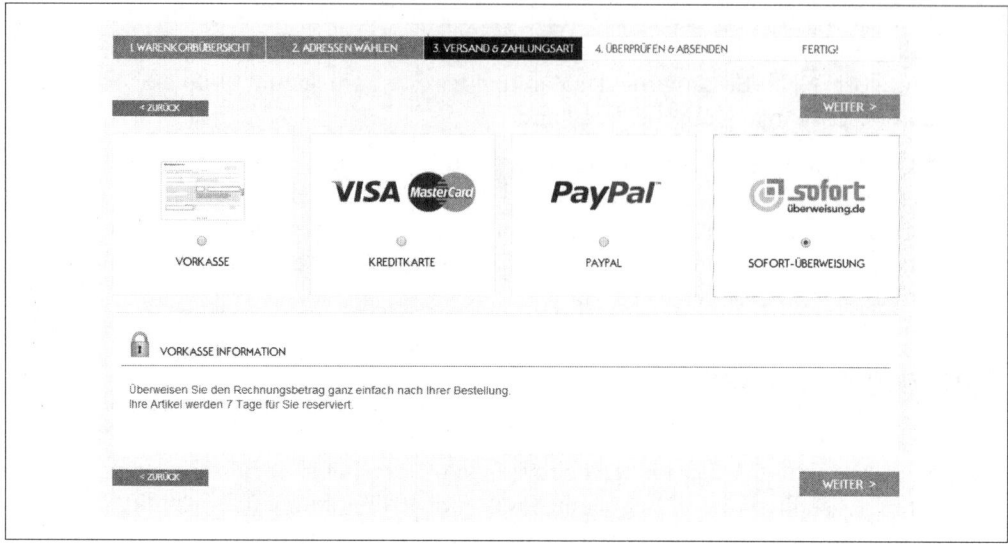

Abbildung 3-89: Auswahlmenü für Zahlungsarten im Online-Shop

Payment Service Provider (PSP)

Payment Service Provider, wie zum Beispiel PAYONE, Ogone oder SIX Payment, vermitteln die Verträge mit Acquirern, übernehmen die Koordination der einzelnen Zahlungsarten, stellen Module für die einfache Integration in Online-Shop-Systeme zur Verfügung und entwickeln zusammen mit den Zahlungsanbietern Lösungen für zukünftige Zahlungstrends. In der täglichen Praxis wickeln Sie die Zahlungen in Ihrem Online-Shop ab und leiten die vereinnahmten Entgelte an Sie weiter.

Durch die Nutzung von Payment Service Providern können Online-Shop-Betreiber zum Beispiel auch die für Kreditkartenzahlung notwendige PCI-DSS-Zertifizierung (siehe Kasten) umgehen, die für die Verarbeitung von Kreditkartentransaktionen erforderlich und mit erheblichen technischen wie finanziellen Belastungen verbunden ist. Payment Service Provider gewährleisten außerdem den sicheren Umgang mit sensiblen Daten. Da der Shop-Betreiber durch die Nutzung der Payment Service Provider-Shopmodule nicht mit Kreditkartendaten und Änlichemin Berührung kommt (die Daten werden nicht temporär auf dem Server, auf dem der Online-Shop gehostet wird, gespeichert), ist eine einzelne Zertifizierung nicht notwendig.

Neben der reinen Zahlungsabwicklung bieten Payment Service Provider weitere Dienstleistungen wie Bonitätsprüfungen, Betrugsprävention und wiederkehrende Zahlungen an (zum Beispiel für Zeitschriften-Abonnements).

Die entstehenden Kosten für die Nutzung der Payment-Services werden durch entschieden mehr Komfort und die Bereitstellung der PCI-konformen Zahlungs-APIs für den Händler aufgewogen.

Umgang mit Kreditkarten- und Bankdaten

Alle Firmen, die im Abrechnungsprozess von Kreditkarten mit Kreditkartendaten in Kontakt kommen, unterliegen dem PCI-Standard (Payment Card Industrie). In diesem Standard ist unter anderem festgelegt, dass Händler, um Missbrauch zu vermeiden, selbst keine Kreditkartendaten speichern dürfen.

Wenn Sie dies – aus welchem Grund auch immer – jedoch tun möchten, müssen Sie sich als Händler selbst zertifizieren lassen. Hierbei müssen Sie für organisatorischen, personellen und technischen Aufwand mit mehreren zehntausend € pro Jahr kalkulieren. Sie sollten also gute Gründe haben, wenn Sie den Abrechnungsprozess in die eigenen Hände nehmen wollen.

Auch aus Datenschutzgründen ist die Beauftragung eines Payment Service Providers, der die Kreditkartenzahlung in Ihrem Online-Shop PCI-konform abwickelt, empfehlenswert. Gleiches gilt für die Verarbeitung von Bankdaten für SEPA-Lastschriften.

Entsprechend §42a Bundesdatenschutzgesetz sind Sie als Shop-Betreiber im Fall eines mutmaßlichen Datenlecks (Einbruch in Ihren Online-Shop oder ggfs. auch in Ihre Büroräume) verpflichtet, sowohl die Aufsichtsbehörden als auch die Betroffenen über den möglichen Verlust der personenbezogenen Daten zu Bank- oder Kreditkartenkonten zu informieren. Dies kann zum Beispiel »durch Anzeigen, die mindestens eine halbe Seite umfassen, in mindestens zwei bundesweit erscheinenden Tageszeitungen« geschehen. Neben dem finanziellen Aufwand, der erforderlich ist, um der Informationspflicht nachzukommen, dürfte auch der darauf folgende Imageverlust für den Online-Shop existenzbedrohend sein.

Dieses Risiko sollten Sie dem Payment Service Provider überlassen.

Weitere Informationen zur PCI-Zertifizierung finden Sie unter:

http://de.wikipedia.org/wiki/Payment_Card_Industry_Data_Security_Standard

Tipp

Unsere Erfahrung zeigt, dass das erste Angebot des Payment Service Providers als Vorschlag gewertet werden kann. Sowohl die Transaktionsgebühren als auch die monatlichen Grundgebühren sind in der Regel verhandelbar.

Je nachdem, wie lange Ihre E-Commerce-Agentur bereits mit einem bestimmten Payment Service Provider zusammenarbeitet, kann die Agentur deutlich bessere Konditionen für Sie aushandeln.

Wie bei allen Verträgen bietet sich auch bei den PSP-Verträgen nach einer gewissen Laufzeit und positiver Geschäftsentwicklung die Möglichkeit der Nachverhandlung über die zu Beginn des Online-Shops ausgehandelten Konditionen.

Kosten für den Payment Service Provider. Der Payment Service Provider berechnet, wie jeder indirekt an Ihrem Geschäftsmodell beteiligte Partner, Gebühren für seine Dienstleistung. In der Regel fallen monatliche Grundgebühren für die Bereitstellung der Services, API-Gebühren, Transaktionsgebühren und Disagio an.

Die Kosten für Payment Service Provider hängen von der Anzahl der genutzten Zahlungsarten und der Menge der Transaktionen pro Monat ab. Sie bewegen sich für kleine Online-Shops im Bereich von 50–150 € pro Monat.

API

API (Application Programming Interface), übersetzt »Schnittstelle zur Anwendungsprogrammierung«, nennt man die Schnittstelle zur Kommunikation zwischen zwei voneinander unabhängigen Programmen.

So kommuniziert Ihr Online-Shop über eine API mit den Programmen des Payment Service Providers oder mit Google für die Nutzung Ihrer Online-Shop-Daten im Werbeprogramm Google AdWords (siehe dazu Abschnitt »Google AdWords« auf Seite 353).

Je nach Anbieter können für die Bereitstellung der API Gebühren anfallen.

Akquirer

Wenn Sie Kreditkartenzahlung in Ihrem Online-Shop anbieten möchten, benötigen Sie einen Akzeptanzvertrag. Ihr Payment Service Provider wird Ihnen auf Basis Ihres Geschäftsmodells bei der Vermittlung behilflich sein.

Kreditkartenanbieter wie Visa und Mastercard schließen nämlich keine direkten Verträge mit Akzeptanzstellen (Händlern) ab, sondern überlassen die Prüfung auf Tragfähigkeit und Risiko des Geschäftsmodells den sogenannten Akquirern, die Akzeptanzverträge für die Kreditkartenindustrie vermitteln.

Auf dem deutschen Markt sind unter anderem folgende Akquirer aktiv:

- ConCardis
- Elavon
- B+S Card Service
- Wirecard
- SIX Payment Services

Entscheidungskriterien

Die Frage, welche Zahlungsarten Sie in Ihrem Online-Shop anbieten sollten, hängt von einer Reihe Kriterien ab. Sie müssen hierbei die Vor- und Nachteile, die Ihnen als Händler entstehen, sorgsam gegen die Vor- und Nachteile für den Käufer abwägen. In diesem Abschnitt beleuchten wir die einzelnen Aspekte.

Immer an die Zielgruppe denken

Achten Sie bei der Auswahl der richtigen Zahlungsart unbedingt darauf, die Wünsche Ihrer Zielgruppe also Ihrer zukünftigen Kunden, im Auge zu behalten. Rund ein Viertel aller Online-Käufer haben den Kauf im Online-Shop schon einmal wegen einer fehlenden Zahlungsart abgebrochen.

Tipp Überlegen Sie sich, über welche Zahlungsmittel Ihre Zielgruppe verfügen könnte. Dabei spielen oft die folgenden Kriterien eine Rolle: Alter der Käufer, Business- oder Privatkunde, digitales oder analoges Produkt, verfügbares Einkommen der Zielgruppe.

Beispiel: Teenager verfügen in der Regel nicht über eine Kreditkarte. Richtet sich Ihr Shop ausschließlich an Jugendliche, können Sie wahrscheinlich auf Kreditkartenzahlung verzichten. Teure Gartenmöbel werden dagegen eher von einer kaufkräftigeren Kundschaft erworben. Hier bietet sich die Kreditkartenakzeptanz dagegen sehr an.

Risiko des Zahlungsausfalls

Beim Einkaufsbummel im lokalen Einzelhandel ist der Kauf und Verkauf von Ware unmittelbar an den Austausch von Artikeln und Gegenleistung (Geld) gebunden. Für beide Seiten des Handels besteht de facto kein Risiko, dass Zahlung oder Lieferung ausfallen, da der Austausch Zug um Zug erfolgt. Der Händler überreicht die Ware, der Käufer überreicht im Gegenzug das Geld – sei es in bar oder mit einem anderen akzeptierten Zahlungsmittel.

Im Online-Shop liegt zwischen dem Austausch der Ware gegen Geld zunächst der Versand der gekauften Artikel. Sowohl der Käufer als auch der Händler möchten sichergehen, zunächst ihren Teil des Tauschgeschäfts zu behalten und den Teil des Gegenübers zu bekommen: Der Händler möchte die Ware erst dann verschicken, wenn er sicher über den Kaufpreis verfügen kann. Der Käufer möchte am liebsten erst dann den Kaufpreis entrichten, wenn er die Ware erhalten und ausgiebig geprüft hat.

Für denjenigen Handelspartner, der zuerst seinen Teil des Geschäfts erfüllt, besteht immer ein gewisses Ausfallrisiko. Fälle, in denen (gewerbliche) Händler im Internet nach Zahlungseingang keine Ware verschicken, kommen – soweit es sich nicht um Betrug oder Insolvenz handelt – eher selten vor. Viele Verbraucher haben von derartigen Fällen aber schon gehört oder gelesen. Deshalb wäre es ungeschickt, zum Beispiel die Vorkasseüberweisung als alleinige Zahlungsmethode anzubieten.

Für den Verkäufer hingegen birgt der Kauf auf Rechnung tatsächlich ein erhebliches Risiko. Nicht selten werden Artikel nach dem Kauf weder bezahlt noch zurückgeschickt. Für manche Kunden scheint das ein wohl kalkuliertes Risiko zu sein, denn nicht bei jedem Artikel scheint es sich für Händler zu lohnen, die notwendigen Schritte einzuleiten. Je geringer der Warenwert, desto häufiger wird auf eine Nachverfolgung verzichtet.

Die folgende Tabelle 3-15 zeigt, wie hoch das Risiko für Zahlungsausfälle bei den unterschiedlichen Zahlungsarten ist:

Tabelle 3-15: Risiko Zahlungsausfall

Zahlungsart	Ausfallrisiko
Vorkasse	–
Kauf auf Rechnung	Hoch
Kauf auf Rechnung (Factoring)	Gering
SEPA-Lastschrift	Hoch
Kreditkarte	Gering
Online-Überweisung	Gering
PayPal	Gering

Vorsortierung im Online-Shop. Bevor Kundendaten während des Bestellvorgangs automatisiert an externe Dienstleister übermittelt werden, um das Ausfallrisiko zu minimieren, können Sie im Online-Shop selbst Vorkehrungen treffen, um das Risiko zu verringern. Dabei gilt: Je teurer die Ware, mit desto weniger Risiko darf die Zahlungsart behaftet sein.

Während des Bestellvorgangs können Sie zum Beispiel im Shop-System überprüfen lassen, wie hoch der Warenkorbwert ist. Übersteigt er einen bestimmten Wert, werden die Zahlungsoptionen »Kauf auf Rechnung« und »Lastschrift« für Neukunden nicht angeboten, da sie mit einem höheren Ausfallrisiko verbunden sind.

Diese Funktionalität gehört nicht zu den Standardfunktionen in Shop-Systemen. Bei Bedarf sollten Sie in Erwägung ziehen, eine entsprechende Funktion programmieren/integrieren zu lassen.

 Tipp
Die Erfahrung zeigt, dass sich die Zahlungsmoral von Kunden tendenziell sogar an der E-Mail-Adresse erkennen lässt. Kunden mit E-Mail-Adressen der Free-Mailer von @yahoo.com oder @mail.ru zahlen aus unserer Erfahrung eher nicht als Kunden mit einer @t-online-Adresse.

Durch die Vorsortierung nach Mail-Endungen können Sie bestimmte Kundengruppen schon während des Bestellvorgangs von risikoreichen Zahlungsarten fernhalten.

Manuelle Blacklist führen. Mitunter kann es sinnvoll sein, einzelne Kunden manuell von einzelnen Zahlungsarten oder ganz vom Kauf im Online-Shop auszuschließen. Soweit Sie keine Versandhandels-Software nutzen, die diese Möglichkeit vorsieht, könnte dies auch durch ein externes Modul im Online-Shop realisiert werden.

Die Abbildung 3-90 zeigt beispielhaft eine sogenannte Blacklist, die Kunden anhand der E-Mail-Adresse identifiziert und von einzelnen Zahlungsarten ausschließt.

Bonitäts- und Adressprüfung durch Dienstleister. Über externe Dienstleister, Auskunfteien und auch über Payment Service Provider, die damit zusammenarbeiten, können Sie während des Checkout-Prozesses Bonitätsprüfungen automatisiert vornehmen. Dabei werden die vom Kunden eingegebenen Daten während des Bestellvorgangs an den Dienstleister übermittelt.

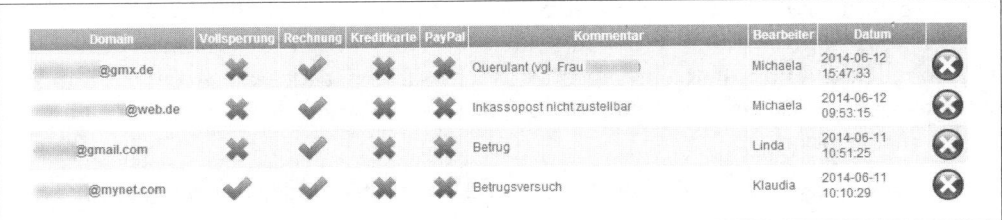

Domain	Vollsperrung	Rechnung	Kreditkarte	PayPal	Kommentar	Bearbeiter	Datum	
@gmx.de	✖	✔	✖	✖	Querulant (vgl. Frau)	Michaela	2014-06-12 15:47:33	✖
@web.de	✖	✔	✖	✖	Inkassopost nicht zustellbar	Michaela	2014-06-12 09:53:15	✖
@gmail.com	✖	✔	✖	✖	Betrug	Linda	2014-06-11 10:51:25	✖
@mynet.com	✔	✔	✖	✖	Betrugsversuch	Klaudia	2014-06-11 10:10:29	✖

Abbildung 3-90: Manuell gepflegte Kunden-Blacklist

Der Dienstleister kann auf Basis seiner eigenen Daten überprüfen, ob der Besteller bereits im Rahmen von Zahlungsausfällen auffällig geworden ist oder ob Informationen über ihn in öffentlichen Registern verfügbar sind. Dabei kann es sich sowohl um Insolvenzdaten als auch um außergerichtliche oder gerichtliche Inkassovorgänge handeln.

Darüber hinaus hat der Dienstleister die Möglichkeit, anhand weiterer Kriterien einen möglichen drohenden Zahlungsausfall zu bewerten (Scoring). Dies kann sich zum Beispiel schon aus der Postleitzahl des Bestellers ergeben.

Nach erfolgter Bonitätsprüfung des Kunden wird an den Online-Shop eine Risikoeinschätzung zurückgemeldet – zum Beispiel in Form eines Ampelsystems. Je nachdem, welche Entscheidungslogik nun im Online-Shop hinterlegt ist, wird dem Kunden die für den Händler risikoreiche Zahlungsart angeboten oder nicht.

Die Bonitätsprüfung während des Bestellvorgangs ist aus datenschutzrechtlicher Sicht nicht unumstritten, da für eine entsprechende Abfrage ein berechtigtes Interesse des Abfragenden also des Händlers, bestehen muss. Fraglich ist, ob dieses »berechtigte Interesse« bereits bei einem Kaufvorgang mit einem Wert von zum Beispiel 5 € besteht.

Darüber hinaus ist auch die automatische Bonitätsprüfung mit Kosten verbunden. Die Abfragen sind stark volumenabhängig und bewegen sich im Bereich von 0,50 € bis 1 € zzgl. einer monatlichen Grundgebühr.

Tipp Bonitätsprüfungen lassen sich auch vom Warenkorbwert abhängig machen. Lassen Sie Bestellungen über 500 € durch externe Dienstleister prüfen. Bei geringem Einkaufswert können Sie auf die Prüfung verzichten und damit die Abfragekosten sparen.

Neben der Bonitätsauskunft bieten die Dienstleister meist auch eine Adressauskunft an. Dabei wird die eingegebene Lieferadresse mit den vorhandenen Daten abgeglichen und kann ggfs. automatisch korrigiert werden. Dies kann die Retourenquote wegen falscher Adressangaben senken.

Passt das Zahlungsmittel zur Zielgruppe und zum Produkt?

Jede Käufergruppe hat ihre bevorzugte Zahlungsart. In jungen Käuferschichten finden bequeme und schnelle Zahlungsarten eher Anklang als Zahlungsarten, die mit Aufwand, insbesondere in der »analogen Welt«, verbunden sind. Bieten Sie in Ihrem Online-Shop Produkte für Käufer an, die mit dem Medium Internet und Online-Shop aufgewachsen sind, so gehört PayPal beispielsweise als Standardzahlungsmittel in Ihr Anbieterportfolio. In eher konservativen Käufergruppen sollten Sie indes über ebenso konservative Zahlungsmittel wie Kauf auf Rechnung oder Nachnahme nachdenken. Generell gilt: Die junge Generation ist bei der Verwendung von Zahlungsarten deutlich risikobereiter als die Elterngeneration.

Zudem sollten Sie auch zwischen Privat- und Geschäftskunden unterscheiden. Noch immer verfügen Geschäftskunden eher selten über PayPal-Geschäftskonten. Sie sind es vielmehr gewohnt, auf Rechnung mit einem langen Zahlungsziel zu bezahlen. Kann Ihr Online-Shop mit Kauf auf Rechnung nicht aufwarten, kann dies zum Kaufabbruch führen, selbst wenn Sie den günstigsten Preis für das gewünschte Produkt anbieten. Umgekehrt verfügen junge Käuferschichten nicht zwangsläufig über eine Kreditkarte.

Gleiches gilt für den Zusammenhang zwischen Zahlungsmittel und angebotenem Produkt: Je teurer das Produkt, desto (gefühlt) hochwertiger die Zahlungsart. Kreditkartenzahlung und Kauf auf Rechnung sind dabei eher den höherwertigen Produkten zuzuordnen. PayPal und Lastschrift spielen bei niedrigpreisigen Produkten eine größere Rolle.

Laufende Kosten (Disagio und Zahlungsgebühren)

Zahlungsmittel, die über einen Drittanbieter abgewickelt werden, sind für den Online-Shop-Betreiber immer mit Kosten verbunden. Lediglich beim Kauf auf Rechnung – sofern er nicht über einen Factoring-Anbieter abgewickelt werden – fallen keine zusätzlichen Gebühren für den Händler an (von den Buchungsgebühren der Hausbank einmal abgesehen). Die Kosten für die Zahlungsgebühren setzen sich dabei häufig aus einer Transaktionsgebühr (fester Betrag pro Zahlung) und einer vom Kaufpreis abhängigen Provision zusammen. Je nach Zahlungsart und Zahlungsausfallrisiko für den Drittanbieter unterscheiden sie sich mitunter um mehrere Prozentpunkte.

Darüber hinaus entstehen bei Payment Service Providern und einigen Zahlungsarten wie Kreditkarten oder Sofortüberweisung.de und Giropay weitere monatliche Grundgebühren, die unabhängig von der Anzahl der Transaktionen anfallen.

Die jeweiligen Kosten haben wir für Sie im Abschnitt »Payment Service Provider (PSP)« auf Seite 248 weiter oben in diesem Kapitel und im Abschnitt »Zahlungsarten« auf Seite 233 aufgeschlüsselt.

Integrationskosten

Die im Unterkapitel »Auswahl des Shop-Systems« auf Seite 55 besprochenen Lösungen verfügen von Haus aus über integrierte Module für verschiedene Zahlungsarten. Dazu zählen zum Beispiel Kauf auf Rechnung oder PayPal. Insbesondere bei der Integration der Module von Drittanbietern, wie zum Beispiel Kreditkartenzahlung oder Module zur Bonitätsprüfung, müssen sie aber programmtechnisch und wahrscheinlich auch im Design angepasst und in den Online-Shop eingebaut werden. Hierbei entstehen für Agentur und Programmierer weitere Kosten, die Sie in Ihrer Kalkulation berücksichtigen sollten.

Je nach Erfahrung der beteiligten Programmierer und den programmiertechnischen Voraussetzungen müssen Sie einen Aufwand von zwei bis zehn Stunden für die Integration der Zahlungsmodule einkalkulieren.

Betrugsrisiko und Prävention

Nicht jedes Zahlungsmittel bietet für Online-Shop-Betreiber das gleiche Ausfallrisiko. Die Erfahrung zeigt, dass insbesondere das (SEPA)-Lastschriftverfahren gerne benutzt wird, um in Online-Shops in betrügerischer Absicht einzukaufen. Der Betrug ist dabei denkbar einfach: Sie benötigen lediglich eine fremde Kontonummer/IBAN und Bankleitzahl/BIC. Verkaufen Sie digitale Güter, wie zum Beispiel MP3 oder Softwarelizenzen, ist darüber hinaus nicht einmal eine gültige Lieferanschrift notwendig, da die Lieferung per E-Mail/Downloadlink erfolgt. Der Kontoinhaber der gestohlenen Bankdaten wird die Abbuchung bei Entdeckung durch seine Bank zurückgehen lassen; der Online-Shop-Betreiber hat das Nachsehen.

Zwar lässt sich das Risiko durch Plausibilitätsprüfungen und Betrugsprävention verringern, zum Beispiel durch die Kopplung von Zahlungsarten an bestimmte E-Mail-Dienstleister (keine Lastschrift oder Kreditkartenzahlung für Benutzer von E-Mail-Adressen, die auf @hotmail.com oder @mail.ru enden), ganz auszuschließen ist ein Ausfall der Zahlung jedoch nie.

Insbesondere bei der Kreditkartenzahlung spielt die automatisierte Betrugsprävention eine große Rolle, da durch die Kombination von Kreditkartennummer, Ausstellungsland, Sicherheits-Code (CVC) und 3D-Secure-Verfahren mehrere Einzelprüfungen kombiniert werden können. Mehr zum Thema »Sicherheit von Kreditkartenzahlungen« finden Sie im Abschnitt »Kreditkarte« auf Seite 237.

Anzahl der Zahlungsarten im Online-Shop

Am einfachsten erscheint es, möglichst viele Zahlungsarten im Online-Shop anzubieten, frei nach dem Motto: Bei vielen Zahlungsarten wird für jeden Kunden etwas dabei sein. Studien zeigen, dass die meisten Kunden mit zu vielen Zahlungsarten überfordert sind und dies genauso zum Kaufabbruch führen kann wie zu wenige oder das Fehlen der vom Kunden erwarteten Zahlungsart.

Sie sollten aus den im Abschnitt »Zahlungsarten« auf Seite 233 beschriebenen Zahlungsarten drei bis vier auswählen, die für Sie und Ihre Zielgruppe relevant sind. Auf alle anderen sollten Sie der Übersichtlichkeit halber verzichten!

Der folgende Screenshot zeigt ein Beispiel, bei dem insgesamt 13 verschiedene Zahlungsarten angeboten werden, einige davon sind für den deutschen Markt uninteressant (American Express, JCB), andere werden sogar nur mit einem für den Kunden verbundenen Aufschlag (Lastschrift) angeboten. Durch die unübersichtliche Darstellung wird der Kunde eher vom Kauf abgehalten als zu einem schnellen Kaufabschluss animiert.

Abbildung 3-91: Zu viele Zahlungsarten können zu Kaufabbrüchen führen

Wie hoch ist der Aufwand für die Erstattung bei Retouren?

Je nach Branche müssen Online-Shop-Betreiber mit mehr oder minder hohen Rücksendequoten rechnen. Neben dem eigentlichen Aufwand des Retouren-Handlings sollte auch der Aufwand für die ganze oder teilweise Erstattung von Zahlungen eingeplant werden. Der Aufwand hängt in erster Linie natürlich vom Automatisierungsgrad des gesamten Bestellablaufs ab. In der Regel gilt jedoch: Je bequemer die Zahlung für Käufer und Händler ist, desto bequemer ist auch die Erstattung von Zahlungen. Gerade die Erstattung von Vorkasseüberweisungen kann bei niedrigem Automatisierungsgrad für den Händler sehr umständlich sein, weil Beträge mittels HBCI- oder PIN/TAN-Banking zurück an den Besteller überwiesen werden müssen. Wenn Sie als Händler diesen höheren Aufwand vermeiden möchten, müssen Sie entweder einen höheren Automatisierungsgrad anstreben – zum Beispiel durch die Nutzung einer Versandhandels-Software, die mit Ihrem Online-Shop gekoppelt ist und die wichtigsten Aufgaben für Sie übernimmt – oder die aufwendigen Zahlungsarten aus der Liste der angebotenen Zahlungsarten streichen.

Zusammenhang zwischen Zahlungsart und Liefergeschwindigkeit

Oft haben Käufer in Online-Shops den Wunsch, ihre Bestellung möglichst rasch zu erhalten. Auch hier kann die Zahlungsart eine entscheidende Rolle bei der Kaufentscheidung spielen. Dem Käufer ist klar, dass er bei Vorkassezahlung seine Ware meist erst eine Woche nach der eigentlichen Bestellung erhalten kann, wenn man die Laufzeit für Banküberweisung und den eigentlichen Versand zusammenrechnet.

Da der Trend immer mehr zum sog. »next-day-delivery«, also der Lieferung am Werktag nach der Bestellung geht, sollten Sie in jedem Fall auch Zahlungsarten anbieten, die eine umgehende Auslieferung möglich machen.

Wann ist das Geld für den Händler verfügbar?

Häufig unbeachtet bleibt die Frage, wann das Geld bei den verschiedenen Zahlungsarten für den Händler überhaupt verfügbar ist. Nicht bei jeder Zahlungsart kann der Shop-Betreiber das eingenommene Geld auch direkt wieder ausgeben, da Zahlungsdienstleister die Gelder oft nur zeitversetzt an den Händler ausschütten, um sich selbst gegen das Risiko eines Zahlungsausfalls zu schützen (oder sich auf günstigem Weg eine hohe Liquidität zu verschaffen).

Gerade am Anfang drohen Online-Händler selbst in eine Liquiditätsfalle zu tappen, wenn sie Ware verschickt haben, das Geld hierfür aber trotz direkter Zahlung erst mit zeitlichem Verzug erhalten.

Die Tabelle 3-16 zeigt, wie lange es dauern kann, bis das Geld auf dem Konto des Händlers eingeht.

Tabelle 3-16: Zahlungseingang und Ausschüttung an den Händler

Zahlungsart	Zahlungseingang	Ausschüttung
Kauf auf Rechnung	Je nach Zahlungsziel 14–30 Tage	Direkt bei Eingang auf dem Konto
Kauf auf Rechnung (Factoring)	Je nach Zahlungsziel ca. 14 Tage	1–2 Wochen nach Eingang auf dem Konto des Factoring-Dienstleisters, also meist 3–4 Wochen nach der Teilzahlung
Vorkasseüberweisung	Vor dem Versand der Ware	Direkt bei Eingang auf dem Konto
SEPA-Lastschrift	Bei Kauf oder Versand	Ca. 3 Banktage später, bei erstmaliger Lastschrift nach 2 Wochen, 2–4 Wochen bei Lastschrift über einen Payment Service Provider
Kreditkarten	Bei Kauf oder Versand	2–4 Wochen nach dem Kauf
Sofortüberweisung.de / Giropay	Bei Kauf	Ca. 1–2 Banktage später
Nachnahme	Bei Erhalt der Ware	Ca. 3 Tage bis 2 Wochen nach Auslieferung, je nach Zustelldienst

Zahlungsmittel für Auslandskunden

So wie die fast nur in Deutschland bekannte Nachnahme gibt es in vielen Ländern Zahlungsarten, die nur dort verfügbar sind. Das Online-Zahlungsverfahren iDeal (vergleichbar mit Sofortüberweisung.de und Giropay) wird beispielsweise ausschließlich in den Niederlanden verwendet und hat dort die größte Verbreitung aller Zahlungsarten im Online-Handel. Je nach Payment Service Provider (PSP) ist es auch möglich, diese Zahlungsarten als Online-Shop-Betreiber mit Sitz in Deutschland anzubieten, wenn zum Beispiel die Niederlande zu Ihrem Zielgebiet gehören.

▶▶ **Tipp** Wie iDeal in den Niederlanden gibt es nahezu in jedem Land lokale Zahlungspräferenzen. Informieren Sie sich über den Zielmarkt und prüfen Sie vor Vertragsabschluss, ob Ihr Payment Service Provider diese Zahlungsart anbietet. Dies gilt auch für andere Kreditkarten neben Mastercard und Visa.

Für den Einstieg kann es aber auch reichen, im Ausland Kreditkartenzahlung und PayPal als Zahlungsart anzubieten. Beide Zahlungsmittel werden fast weltweit akzeptiert und sind teilweise noch weiter verbreitet als in Deutschland. Beide Zahlungsarten erlauben eine nahezu problemlose grenzüberschreitende Zahlungsabwicklung. Achtung: Mitunter werden in anderen Ländern andere Kreditkarten benutzt. American Express, Diners Club, Discover Card und JCB sind nur einige der in Deutschland unüblichen Kreditkarten, die in anderen Ländern weit verbreitet sein können.

Einmalige oder wiederkehrende Zahlungen

Die meisten Verkäufe im Internet werden als Einmalzahlungen abgewickelt. Insbesondere im Bereich der Abonnements (Zeitschriften, Socken, Kaffee etc.) kann es aber notwendig sein, wiederkehrende Zahlungen abwickeln zu können.

Bei wiederkehrenden Zahlungen wird der Bestellvorgang nur einmal im Online-Shop ausgelöst. Die Rechnungsstellung und Zahlung erfolgt jedoch in einem vorgegebenen Rhythmus, bei monatlicher automatischer Kaffeelieferung beispielsweise ebenfalls monatlich, entweder bis zur Kündigung des Abonnementvertrag oder bis zum Erreichen eines vorher vereinbarten Ablaufdatums.

Als Shop-Betreiber können Sie wiederkehrende Zahlungen nur in bestimmten Fällen selbst manuell auslösen. Da Sie aber beispielsweise selbst nicht in Kontakt mit Kreditkartendaten kommen (bzw. kommen sollten!), ist eine Abo-Lösung mit Kreditkarten nur möglich, wenn Sie diesen Service bei einem Payment Service Provider nutzen.

Hierbei wird beim Kauf im Online-Shop neben den üblichen Daten zur Kreditkartenzahlung auch der monatliche Belastungsbetrag, der Belastungstag im Kalendermonat, der Rhythmus (monatlich, quartalsweise, halbjährlich etc.) und gegebenenfalls das Ablaufdatum des Abonnements an den Payment Service Provider übermittelt. Dieser belastet die Kreditkarte dann entsprechend der übermittelten Vorgaben.

▶▶ **Tipp** Wickeln Sie Abo-Zahlungen immer über einen Payment Service Provider ab. So können Sie sichergehen, dass die Zahlungen regelmäßig und pünktlich erfolgen – auch wenn Sie im Urlaub sind.

Wiederkehrende Zahlungen/Abonnementzahlungen sind bei Payment Service Providern in der Regel mit allen angebotenen Zahlungsarten, also auch mit PayPal oder Kauf auf Rechnung, möglich.

Durchschnittliche Transaktionshöhe

Nicht jede Zahlungsart ist für jeden Bestellbetrag geeignet. Kreditkartenzahlungen sind beispielsweise oft an einen Mindestumsatz pro Bestellung gekoppelt. Genauso können Kontolimitierungen für PayPal-Konten oder Kreditkarten den Kauf teurer Produkte verhindern. Klären Sie mit dem jeweiligen Zahlungsanbieter bzw. dem Payment Service Provider vor Vertragsabschluss, wie hoch der durchschnittliche Preis einer Bestellung sein wird und ob eine Zahlung in diesem Preissegment möglich ist.

Um das eigene Risiko zu begrenzen, führen Payment Service Provider mitunter Obergrenzen für Transaktionen (Summe der eingezogenen Gelder und/oder Anzahl der Transaktionen) ein. Diese Grenzen werden meist auf Basis einer Befragung zu Vertragsbeginn ermittelt. Der PSP befragt den Shop-Betreiber nach den zu erwartenden Umsätzen und legt die Grenzen fest.

Auch wenn es beim Start des Online-Shops schwierig sein wird, konkrete Zahlen festzulegen, sollten Sie die Transaktionsmenge und Durchschnittsgröße der Transaktion nicht zu gering einschätzen. Im schlimmsten Fall erreichen Sie während des laufenden Shop-Betriebs ein festgelegtes Limit, und die entsprechende Zahlungsart steht nicht mehr zur Verfügung.

Die erforderlichen Nachverhandlungen mit dem Payment Service Provider sind ärgerlich und lassen sich durch positive Schätzungen im Vorfeld vermeiden.

Prüfen Sie im Laufe der Zeit immer wieder, ob ein bestehendes Transaktionslimit angepasst werden muss.

Fazit

Die Auswahl des richtigen Zahlungsmittels hat Einfluss auf die Anzahl der Kaufabbrüche. Findet der Kunde das bevorzugte oder erwartete Zahlungsmittel nicht, besteht eine hohe Wahrscheinlichkeit, dass er seinen Einkauf nicht fortsetzt.

Dem Wunsch des Kunden gegenüber steht das Bedürfnis des Shop-Betreibers, sein Geld möglichst schnell und sicher zu erhalten.

Hier muss ein ausgewogenes Mittelmaß gefunden werden, das die Wünsche beider Parteien berücksichtigt.

Zwar lässt sich die Fragen nach den richtigen Zahlungsarten für *Ihren* Online-Shop pauschal nicht beantworten, Sie sollten dennoch die folgenden Zahlungsarten in die nähere Auswahl nehmen:

- PayPal
- Kreditkarten
- Kauf auf Rechnung
- Giropay/Sofortüberweisung

Mit diesen vier Zahlungsarten erreichen Sie in der Regel die meisten Ihrer potenziellen Kunden.

Zahlungsausfall

Die in Studien erhobenen Zahlen zum Zahlungsausfall im E-Commerce schwanken. Abhängig von der Branche bewegen sie sich zwischen 1 und 5% des Umsatzes. Mitunter leben Online-Händler sogar mit Zahlungsausfällen von bis zu 10% des Gesamtumsatzes.

Auch wenn die Zahl der Zahlungsausfälle im E-Commerce in den vergangenen Jahren durch automatisiertes Risikomanagement und Änderungen bei den in den Online-Shops angebotenen Zahlungsarten zurückgegangen sind, ist die Gesamtzahl der Ausfälle immer noch beträchtlich.

In diesem Kapitel zeigen wir, was Sie bei (drohendem) Zahlungsausfall tun können.

Risikomanagement

Bevor es zu einem Zahlungsausfall kommt, können Online-Shop-Betreiber eine Reihe von Maßnahmen ergreifen, die den Zahlungsausfall verhindern (können).

Wie Sie bereits im Abschnitt »Risiko des Zahlungsausfalls« auf Seite 251 erfahren haben, zählt hierzu zum Beispiel die Auswahl der richtigen Zahlungsarten für den Online-Shop, die Bonitätsprüfung während des Bestellvorgangs oder ein Betragslimit für Neukunden. In jedem Fall lassen sich durch gezielte Maßnahmen vor und während des Bestellvorgangs die Weichen für eine geringe Ausfallquote stellen.

Den Zusammenhang zwischen Zahlungsarten und -ausfall sowie mögliche Präventionsmaßnahmen haben wir im Unterkapitel »Zahlungen annehmen« auf Seite 247 aufgezeigt.

Was tun bei (drohendem) Zahlungsausfall

Drohender Zahlungsausfall ist nicht nur mit dem Verlust der Ware und dem Verlust der Einnahme verbunden, sondern auch mit jeder Menge Aufwand, der durch Zahlungserinnerungen, Mahnungen und das (außer-)gerichtliche Mahnverfahren entsteht. Sie können das Risiko des Zahlungsausfalls zwar minimieren, aber nicht gänzlich verhindern.

So vielfältig wie die Zahlungsarten im Online-Shop sind, so vielfältig können auch die Gründe für den Zahlungsausfall sein.

Beim Kauf auf Rechnung ist es wahrscheinlich, dass die Zahlung einfach nur vergessen wurde. Hier hilft oft schon eine freundliche Zahlungserinnerung per E-Mail. Im Idealfall sollte dies natürlich auch automatisiert erfolgen, um möglichst wenig personellen und finanziellen Aufwand zu verursachen.

Zahlungsausfall bei SEPA-Lastschriften passiert bei entweder ungedecktem Konto oder wegen Widerspruchs gegen die Lastschrift.

Die Rückbuchung einer Kreditkartenzahlung (Chargeback) erfolgt in der Regel auf Weisung des Karteninhabers. Er ist sich also der Zahlungsrückbuchung bewusst. Zudem verursacht eine Kreditkartenrückbuchung auf Händlerseite meist Kosten in Höhe von 10 bis 40 €.

Auch bei PayPal-Rückbuchungen liegt meist eine Aktion des Käufers vor. Oft haben Kunden dann bei PayPal einen »Zahlungskonflikt« eingeleitet. Der Käufer kann hierbei die Auszahlung des Kaufbetrags an den Händler blockieren und eine Prüfung durch PayPal beantragen. Oft reicht hierfür eine einfache Begründung.

Der Käufer befindet sich bei Zahlungsausfall (soweit dies in Ihren Allgemeinen Geschäftsbedingungen nicht anders formuliert ist) allerspätestens mit Ihrer Mahnung im Zahlungsverzug und muss den entstandenen Schaden (Rücklast- und Chargeback-Gebühren, Verzugszinsen, Mahnkosten) ersetzen.

Schritte des Mahnverfahrens

Das Mahnverfahren gliedert sich in zwei Phasen. Die erste Phase, das außergerichtlichen Mahnverfahren, beginnt schon mit Ihrer Zahlungserinnerung oder Mahnung, die Sie dem säumigen Schuldner schicken und ihn damit auffordern, seiner Zahlungsverpflichtung nachzukommen. In dieser Phase können selbst tätig werden und den Zahlungsdruck auf Ihren Kunden stetig ausbauen. Mitunter empfiehlt es sich, ein auf E-Commerce spezialisiertes Inkasso-Unternehmen zur Durchsetzung Ihrer Forderungen zu beauftragen.

Sind alle außergerichtlichen Möglichkeiten erschöpft, gehen Sie in die zweite Phase über. Im gerichtlichen Mahnverfahren wird zunächst ein gerichtlicher Mahnbescheid beantragt, der im Idealfall mit der Zwangsvollstreckung des Rechnungsbetrags durch den Gerichtsvollzieher und der Auszahlung auf Ihr Konto endet.

In der Regel fallen hierbei Kosten an (Mahngebühren, Verzugszinsen, Inkassogebühren, Gerichtskosten, Gebühren) an, die vom Schuldner als sogenannter Verzugsschaden zu tragen sind.

Die einzelnen Schritte des Mahnverfahrens schildern wir in den folgenden Abschnitten.

Außergerichtliches Mahnverfahren

Das außergerichtliche Mahnverfahren ist im Vergleich zum gerichtlichen Mahnverfahren nicht so stark reglementiert. Es gibt keine Vorschrift, ob Sie Ihrem Schuldner vor der Mahnung eine (freundliche) Zahlungserinnerung schicken sollen oder ob Sie ein Inkasso-Unternehmen beauftragen müssen.

Sofern Sie den säumigen Zahler angemahnt haben (ob dies erforderlich ist, erklären wir in diesem Abschnitt) und aus rechtlicher Sicht der Zahlungsverzug eingetreten ist, könnten Sie eigentlich direkt Klage erheben und alle nachfolgend skizzierten Schritte überspringen.

Im Normalfall umfasst das außergerichtliche Mahnverfahren die folgende Phase, wobei der Druck auf den Schuldner schrittweise erhöht wird:

1. Zahlungserinnerung
2. Erste Mahnung
3. Zweite (letzte) Mahnung
4. Inkasso-Unternehmen

Zahlungserinnerung. Die Zahlungserinnerung ist die erste, freundliche Aufforderung, doch an die Überweisung des Rechnungsbetrags zu denken.

Da Sie die Kundebeziehung möglichst nicht beschädigen wollen und nicht wissen, ob die Zahlung schlichtweg vergessen wurde oder ob – schlimmstenfalls – auf Ihrer Seite die eingegangene Zahlung nicht zugeordnet werden konnte, sollten Sie (noch) freundliche Töne anschlagen.

Muster Zahlungserinnerung

Sehr geehrter Max Mustermann,

wir möchten uns noch einmal für Ihre Bestellung in unserem Online-Shop vom 12.05.2014 bedanken.

Leider konnten wir noch keinen Zahlungseingang bei uns feststellen. Sicherlich haben Sie nur vergessen, den Betrag in Höhe von 29,95 € zu überweisen.

Wir möchten Sie daher freundlich bitten, dies bis zum 15.06.2014 nachzuholen und den Betrag auf unser Konto bei der Sparkasse Musterstadt (IBAN111111111111, BIC SPKMSTDXXX) zu überweisen.

Wenn Sie den Betrag bereits überwiesen haben, möchten wir Sie bitten, sich kurz mit uns in Verbindung zu setzen. Offensichtlich konnten wir dann die Zahlung nicht der offenen Rechnung zuordnen.

Mit freundlichen Grüßen nach Musterdorf

Ihr Mustershop-Team
buchhaltung@mustershop.de
Tel. (0123) 4567890

(weitere Pflichtangaben nach HGB).

Anstatt oder zusätzlich zur Zahlungserinnerung hilft häufig auch ein freundliches Telefonat, in dem Sie den Kunden an die offene Rechnung erinnern.

Die Zahlungserinnerung ist im Gegensatz zur Mahnung ein freundlicher Service des Händlers. Die Mahnung ist hingegen gesetzlich verankert und dient nicht nur der Erinnerung an eine offene Rechnung.

Mahnung. Die Mahnung erfüllt zwei Zwecke. Auf der einen Seite soll Sie den Schuldner eindringlich an seine Zahlungsverpflichtung erinnern und ihm mögliche Konsequenzen aufzeigen. Auf der anderen Seite dient sie dazu, den Schuldner nach § 286 BGB (»Verzug des Schuldners«, *http://dejure.org/gesetze/BGB/286.html*) in Verzug zu setzen, soweit dies noch nicht anderweitig geschehen ist.

Muster Mahnung

Sehr geehrte Frau Mustermann,

leider konnten wir den Rechnungsbetrag zu Ihrer Bestellung Nr. 12345 vom 01.04.2014 nicht von Ihrem Konto abbuchen. Die Lastschrift wurde von Ihrer Bank wegen mangelnder Konto-deckung an uns zurückgegeben. Entsprechend unserer Allgemeinen Geschäftsbedingungen sind die Rücklastschriftgebühren von Ihnen zu tragen. Sie befinden sich in Zahlungsverzug!

Bitte beachten Sie: Wir bitten Sie, den unten genannten fälligen Gesamtsaldo inkl. der Mahn- und Rücklastgebühren unter Angabe der Rechnungsnummer nun bis

spätestens 15.06.2014

eingehend auf unser Konto Nr. IBAN111111111111, BIC SPKMSTDXXX, zu überweisen.

Posten Betrag
Rechnungsbetrag 32,00 €
Rücklastgebühren (Bank, Payment Service Provider) 8,60 €
Mahngebühren 6,00 €
Gesamtsumme 46,60 €

Bei Rückfragen stehen wir Ihnen per E-Mail unter buchhaltung@mustershop.de gerne zur Verfügung.

Mit freundlichen Grüßen nach Musterdorf

Ihr Mustershop-Team
buchhaltung@mustershop.de
Tel. (0123) 4567890

(weitere Pflichtangaben nach HGB).

In unserem Musterbeispiel (siehe dazu den Kasten »Muster Mahnung«) fordern wir den Schuldner zur Zahlung auf, nachdem eine Lastschrift geplatzt ist.

Mitunter kann es sinnvoll sein, den Schuldner – soweit notwendig – in einer zweiten Mahnung auf die Konsequenzen der Nichtzahlung hinzuweisen:

Muster letzte Mahnung

Sehr geehrte Frau Mustermann,

leider haben Sie auch auf unsere Mahnung bisher nicht reagiert.

Wir setzen Ihnen hiermit eine letzte Frist zum Ausgleich unserer offenen Forderungen. Wir erwarten den Eingang der unten genannten Gesamtsumme

spätestens am 05.07.2014

eingegangen auf unserem Konto Nr. IBAN111111111111, BIC SPKMSTDXXX.

Posten Betrag

Rechnungsbetrag 32,00 €

Rücklastgebühren (Bank, Payment Service Provider) 8,60 €

Mahngebühren 6,00 €

Gesamtsumme 46,60 €

Sollten Sie die genannte Frist wiederum fruchtlos verstreichen lassen, werden wir die Forderung zur weiteren Bearbeitung an einen Inkassodienstleister übergeben, wodurch Ihnen weitere Kosten entstehen werden. Dies umfasst auch die Kosten für die Beauftragung von Gerichtsvollziehern und den Erlass von Vollstreckungstiteln.

Sparen Sie sich diesen (finanziellen) Aufwand und überweisen Sie den Betrag innerhalb der von uns gesetzten letzten Frist!

Mit verbindlichem Gruß

Ihr Mustershop-Team
buchhaltung@mustershop.de
Tel. (0123) 4567890

(weitere Pflichtangaben nach HGB).

Tipp   Führen Sie in Ihrer Zahlungserinnerung und Mahnung alle Eckpunkte der eigentlichen Bestellung auf. Dies können Sie im Mahnschreiben selbst oder durch die Beifügung einer Rechnungskopie tun. In jedem Fall können Sie so unnötigen Rückfragen vorbeugen.

Setzen Sie dem Schuldner in der Mahnung eine angemessene Frist, die durch ein Datum bestimmt ist. Verwenden Sie also anstatt der Formulierung »innerhalb von 10 Tagen« lieber »bis spätestens zum TT.MM.JJJJ«. Als angemessene Frist für die erste Mahnung gelten rund 10 Tage. Eine zweite Mahnung kann eine Frist von 5 Tagen beinhalten.

Je deutlicher der Ton Ihrer Mahnung, desto eher riskieren Sie es, den Kunden als Kunden zu verlieren. Zudem sollten Sie bedenken, dass eine unfreundliche Mahnung auch in die Bewertung des Kunden in Bewertungsportalen einfließen kann. Das sollte Sie jedoch nicht von einer Mahnung abhalten. Schließlich möchten Sie ja das Geld für die verschickte Ware erhalten.

Sie können Ihre Mahnung gegen eine geringe Gebühr auch durch den örtlichen Gerichtsvollzieher zustellen lassen. Dies kann – je nach Klientel – durchaus seine Wirkung zeigen.

Senden Sie die Mahnung einfach an die Gerichtsvollzieher-Verteilerstelle des zuständigen Amtsgerichts und bitten Sie um Zustellung und Rücksendung des Zustellvermerks.

Verzugszinsen berechnen

Natürlich können Sie vom Schuldner auch Verzugszinsen verlangen. Sie berechnen sich – sofern dies in Ihren Allgemeinen Geschäftsbedingungen nicht anders geregelt ist – nach den Vorgaben des Bürgerlichen Gesetzbuches (§ 288, Verzugszinsen).

Für Geschäfte mit Verbrauchern sind dies 5 Prozentpunkte über dem sogenannten Basiszinssatz; für Geschäfte, an denen Endverbraucher nicht beteiligt sind, also zwischen Geschäftsleuten, 9 Prozentpunkte über dem Basiszinssatz.

Der Basiszinssatz ist ein veränderlicher Zinssatz, der von der Bundesbank jeweils zum 1. Januar und zum 1. Juni jeden Jahres neu festgelegt wird. Die Höhe des Basiszinssatzes richtet sich nach dem Refinanzierungszinssatz der Europäischen Zentralbank.

Aktuell liegt der Basiszinssatz bei -0,73% (Juli 2014). Somit wird der Verzugszinsberechnung bei Verbrauchern ein Zinssatz von 4,27%, bei Geschäftsleuten 8,27% (seit Juni 2014) zugrunde gelegt (Basiszinssatz + x Prozentpunkte)

Die anfallenden (und täglich steigenden) Verzugszinsen können zum Beispiel unter der folgenden Adresse berechnet werden: *www.zinsen-berechnen.de/verzugszinsrechner.php*

Hierbei werden die geänderten Zinssätze der vergangenen Zinsperioden automatisch berücksichtigt.

Neben den Verzugszinsen haben Sie seit einer Änderung des § 288 BGB im Juni 2014 zusätzlich Anspruch auf eine Zahlung von pauschal 40 € pro Verzugsfall.

Mahnerfordernis. Gesetzlich ist geregelt, wann eine Mahnung überhaupt notwendig ist. Lt. § 286, Abs. 3 BGB kommt der Schuldner spätestens in Verzug, »*wenn er nicht innerhalb* *von 30 Tagen nach Fälligkeit und Zugang einer Rechnung oder gleichwertigen Zahlungs-aufstellung leistet; dies gilt gegenüber einem Schuldner, der Verbraucher ist, nur, wenn auf diese Folgen in der Rechnung oder Zahlungsaufstellung besonders hingewiesen worden ist. Wenn der Zeitpunkt des Zugangs der Rechnung oder Zahlungsaufstellung unsicher ist, kommt der Schuldner, der nicht Verbraucher ist, spätestens 30 Tage nach Fälligkeit und Empfang der Gegenleistung in Verzug.«*

Für Geschäfte mit Endverbrauchern heißt das, dass auf eine gesonderte Mahnung ver-zichtet werden kann, wenn auf den Eintritt des Zahlungsverzugs schon in der Rechnung hingewiesen wurde.

Wurde ein genauer Termin für die Zahlung vereinbart, kommt der Schuldner ebenfalls ohne weitere Mahnung in Verzug. Der Leistungszeitpunkt muss durch eine Datumsan-gabe auf der Rechnung vermerkt werden.

Für die Praxis empfehlen wir daher (gerade bei Kauf auf Rechnung), den Käufer mit der Rechnungsstellung zugleich über die Zahlungsbedingungen zu informieren. Ein Hinweis in den Allgemeinen Geschäftsbedingungen ist zumindest bei Geschäften mit Endverbrau-chern nicht ausreichend.

Beispiel:
Bitte überweisen Sie den Rechnungsbetrag ohne Abzug bis zum 15. Juni 2014 auf unser Konto.

 Tipp   Auch wenn eine Mahnung eigentlich nicht erforderlich ist (wenn auf den eintretenden Zahlungsverzug in der Rechnung hingewiesen wurde), empfehlen wir, dennoch eine Mahnung zu senden.

Sie ersparen sich damit unnötige Diskussionen mit dem Schuldner, ob Sie eine Mahnung hätten schicken müssen oder nicht.

Inkasso. Inkassounternehmen übernehmen im Mahnwesen eine wichtige Aufgabe. Sie kennen die rechtlichen Grundlagen und verfügen über ausreichende technische und per-sonelle Ressourcen sowie Erfahrung, um professionell zwischen Lieferant und Käufer vermitteln zu können, bevor das gerichtliche Mahnverfahren eröffnet wird.

Einige Inkassounternehmen wie Inpago Inkasso (*www.inpago.de*) oder Mediafinanz (*www.mediafinanz.net*) haben sich auf die Belange von Online-Shop-Betreibern fokus-siert und bieten Ihre Dienstleistungen für Shop-Betreiber kostenfrei an.

Die Kosten für den Inkassovorgang berechnen sich nach dem Rechtsanwaltsvergütungs-gesetz und sind – da es sich um einen Verzugsschaden handelt – vom Schuldner, also von Ihrem Kunden, zu tragen. Beide Dienstleister berechnen keine Fall- oder Grundgebüh-ren, erfordern keine Mitgliedschaft und stellen auch bei komplettem Zahlungsausfall dem Auftraggeber keine Gebühren in Rechnung. Kurz: Sie arbeiten erfolgsabhängig.

Der komplette Inkassovorgang wird über das Internet-basierte Inkassosystem der Anbie-ter komplett online abgewickelt. Nach der Registrierung können Sie über eine gesicherte Plattform die Daten des Kaufs (Rechnungsdaten, Forderungsgrund und Mahndaten) sowie die Adressdaten des Schuldners in ein Formular eintragen und das Inkassounternehmen mit den weiteren Schritten beauftragen.

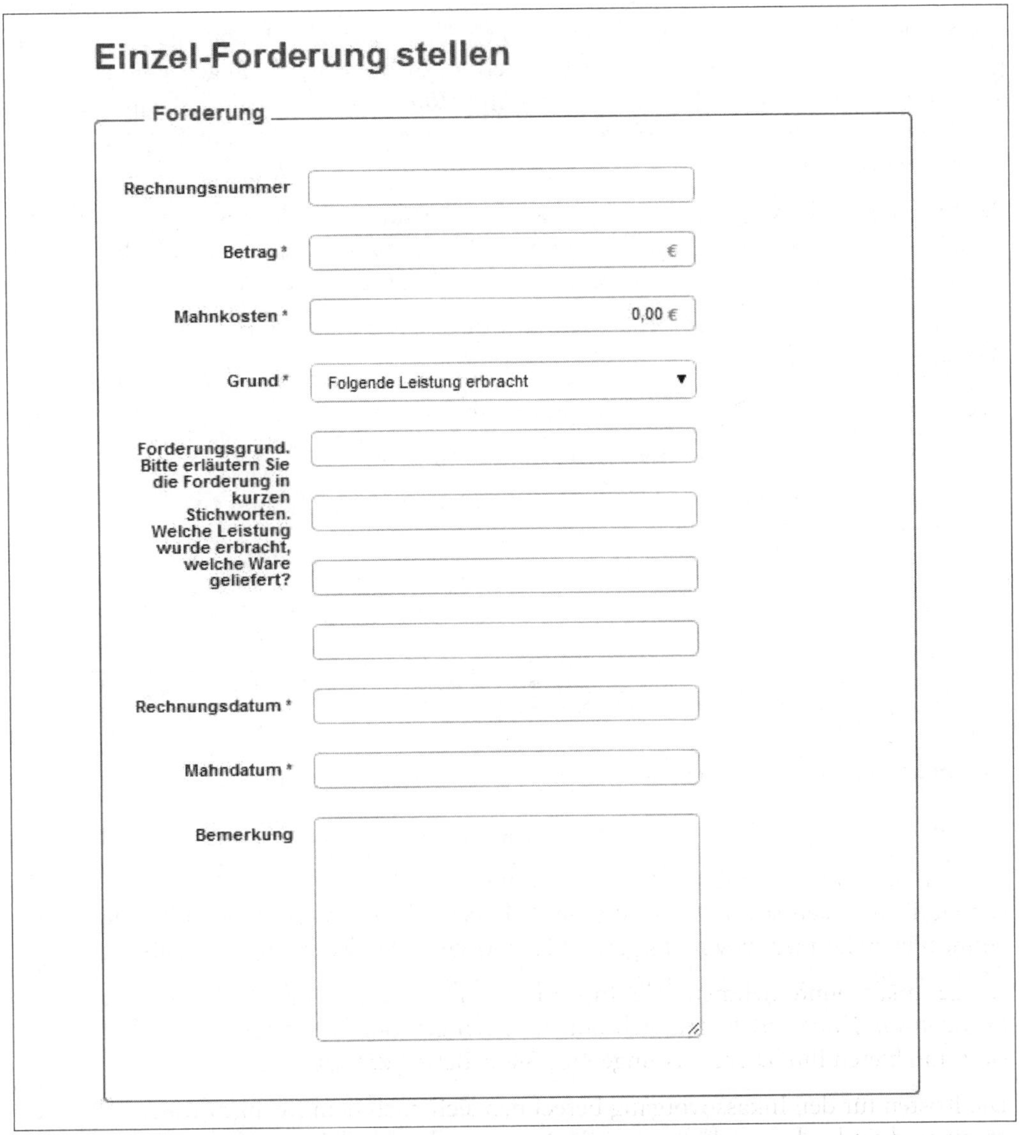

Einzel-Forderung stellen

Forderung

Rechnungsnummer	
Betrag *	€
Mahnkosten *	0,00 €
Grund *	Folgende Leistung erbracht ▼
Forderungsgrund. Bitte erläutern Sie die Forderung in kurzen Stichworten. Welche Leistung wurde erbracht, welche Ware geliefert?	
Rechnungsdatum *	
Mahndatum *	
Bemerkung	

Abbildung 3-92: Eingabemaske Einzelforderung Inpago Inkasso

Das Inkassounternehmen wird den Schuldner mit E-Mails, SMS, Briefen und Anrufen an die Gesamtforderung, die sich aus der Forderung des Shop-Betreibers und der Forderung des Inkassounternehmens zusammensetzt, erinnern und ihn zur Zahlung auffordern. Je nach Forderungshöhe kann mit dem Schuldner auch eine Ratenzahlungsvereinbarung ausgehandelt werden.

Nach der erfolgten Zahlung überweist das Inkassounternehmen den kompletten Rechnungsbetrag und Ihre Mahngebühren auf Ihr Konto.

Mengeninkasso. Für Online-Shop-Betreiber mit vielen offenen Forderungen ist das Mengeninkasso besonders interessant. Dabei werden mehrere Forderungen entweder über eine programmierte Schnittstelle (API) zwischen Online-Shop und Inkassounternehmen ausgetauscht oder der Shop-Betreiber kann eine sogenannte CSV-Datei auf die Inkassoplattform hochladen.

Bei Dateien im CSV-Format (Comma-separated values) handelt es sich um einfache Textdateien, die jeweils einen Datensatz pro Zeile enthalten. Jede Zeile ist in Felder (oft) unterschiedlicher Länge unterteilt, wobei jedes Feld durch ein eindeutiges Zeichen, zum Beispiel ein Semikolon, eingegrenzt ist.

Beispiel:

```
Name;Vorname;Straße;Hausnummer;PLZ;Ort
Mustermann;Max;Musterstrasse;14;12345;Musterstadt
von Mustermann;Maximiliane;Musterallee;1;98765;Musternhausen
```

CSV-Dateien lassen sich zum Beispiel ganz einfach mit Excel erstellen. Sie müssen die Datei lediglich als CSV-Datei abspeichern.

	A	B	C	D	E	F
1	Name	Vorname	Straße	Hausnummer	PLZ	Ort
2	Mustermann	Max	Musterstrasse	14	12345	Musterstadt
3	von Mustermann	Maximiliane	Musterallee	1	98765	Musternhausen
4						

Abbildung 3-93: CSV-Datei in Excel erstellen

Wie in Abbildung 3-93 zu sehen ist, wird jeweils pro Spalte ein Wert angegeben. Die Spaltenreihenfolge ergibt sich aus den Vorgaben des Inkassodienstleisters.

Über den Excel-Dialog »Datei speichern -> Excel Arbeitsmappe« können Sie den Dateityp »CSV (Trennzeichen-getrennt) (*.csv)« festlegen. Die Datei wird dann als reine Textdatei gespeichert, wobei die Spalten durch Semikolons unterteilt werden.

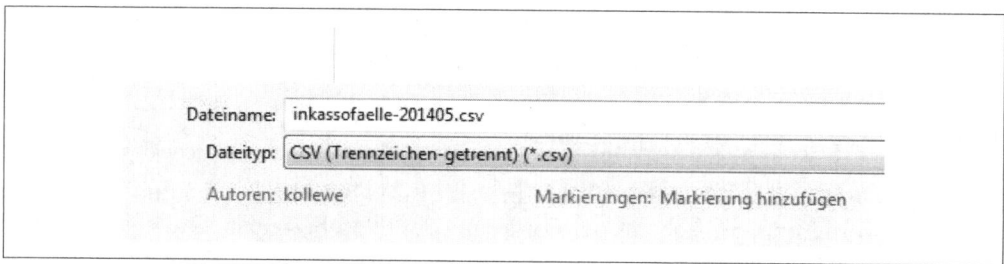

Dateiname: inkassofaelle-201405.csv

Dateityp: CSV (Trennzeichen-getrennt) (*.csv)

Autoren: kollewe   Markierungen: Markierung hinzufügen

Abbildung 3-94: Excel-Datei als CSV-Datei speichern

Übergang ins gerichtliche Mahnverfahren. Inkassounternehmen bieten meist auch den einfachen Übergang zum gerichtlichen Mahnverfahren an, wenn die Forderungsbeitreibung erfolglos geblieben ist.

Hierbei beauftragen Sie das Inkassounternehmen, beim zuständigen Amtsgericht einen Mahnbescheid zu beantragen, der dem Schuldner vom Gericht zugestellt wird.

Sie können den Mahnbescheid alternativ auch selbst beantragen. Inkassounternehmen berechnen für den Antrag auf den Erlass eines gerichtlichen Mahnbescheides eine Gebühr, die von der Höhe der Grundforderung abhängig ist. Meist lohnt sich der Aufwand nicht, dies selbst zu tun, da das Verfahren auch nach vielen Jahren immer noch recht unübersichtlich ist.

Dem gerichtlichen Mahnbescheid folgt, sofern der Schuldner dem Mahnbescheid widerspricht, in der Regel die Klage. Das Inkassounternehmen wird Sie daher bei Beantragung des Mahnbescheids fragen, ob Sie im Falle eines Widerspruchs Klage gegen den Schuldner erheben möchten. Sofern Sie ernsthaftes Interesse an der Begleichung der Forderung haben, sollten Sie dies natürlich bejahen. Sie müssen sich jedoch bewusst sein, dass die Klage vor einem deutschen Gericht für Sie zunächst mit Kosten verbunden ist, da Sie mit den Gerichtskosten in Vorleistung treten müssen. Dies gilt ebenso für die Kosten der anwaltlichen Vertretung.

Gerichtliches Mahnverfahren

Das gerichtliche Mahnverfahren teilt sich in die folgenden Schritte:

1. Mahnbescheid
2. Vollstreckungsbescheid (Titel)
3. Gegebenenfalls Klage
4. Zwangsvollstreckung

Die folgenden Abschnitte zeigen den Weg vom Antrag auf Erlass eines gerichtlichen Mahnbescheides bis zur Zwangsvollstreckung.

Gerichtlicher Mahnbescheid. Der Antrag auf Erlass eines gerichtlichen Mahnbescheides wird beim für Mahnsachen zuständigen Amtsgericht gestellt (zum Beispiel Euskirchen in Nordrhein-Westfalen). Hierbei handelt es sich zunächst um ein Formular, das ausgefüllt an das zuständige Gericht geschickt wird. Sie können den Antrag bundesweit zentral unter der Adresse *www.online-mahnantrag.de* stellen.

Tipp	Zwar können Sie den Antrag auf Erlass eines gerichtlichen Mahnbescheides unter *www.online-mahnantrag.de* selbst stellen. Der Vorgang ist auf Grund der schlecht zu nutzenden Eingabemasken und der notwendigen Angaben aber sehr aufwendig.
	Fehlerhafte Angaben im Antrag werden vom Mahngericht moniert und müssen so lange korrigiert werden, bis alle Daten stimmig sind. Im schlimmsten Fall vergeht so wertvolle Zeit, die Sie vom Ziel der vollständigen Begleichung Ihrer Forderung entfernt.

Wir empfehlen daher, Ihre Forderungen zunächst über ein auf E-Commerce spezialisiertes Inkassounternehmen, zum Beispiel *www.inpago*.de, bearbeiten und dort den Antrag auf Erlass eines Mahnbescheides stellen zu lassen.

Nachdem Sie den Antrag ausgefüllt haben, senden Sie die Unterlagen unterschrieben an das angegebene Mahngericht. Sofern alle Daten schlüssig und die Angaben vollständig sind, erhalten Sie vom Mahngericht eine Kostennote, die von Ihnen beglichen werden muss. Erst nach Bezahlung der Gerichtskosten wird der Vorgang weiter bearbeitet.

Sind im Antrag fehlerhafte Angaben enthalten, zum Beispiel eine fehlerhafte Adresse oder eine unzureichende Angabe zum Forderungsgrund (Hauptforderung) mittels der Katalognummern aus dem Mahnverfahren, wird der Antrag vom Gericht moniert und an Sie zur Korrektur zurückgeschickt.

Nach Zustellung des Mahnbescheids an den Schuldner – dies erfolgt durch Postzustellungsurkunde des Mahngerichts – hat der Empfänger zwei Wochen Zeit, Widerspruch gegen den Mahnbescheid einzulegen. Er muss den Widerspruch nicht begründen.

Als Antragsteller erhalten Sie in diesem Fall die Widerspruchsnachricht vom Mahngericht und, soweit beantragt, die Kostennote für die Durchführung des streitigen Verfahrens. Sobald die Gerichtskosten bezahlt sind, kann das Gerichtsverfahren durchgeführt werden.

Wenn der Empfänger des Mahnbescheids keinen Widerspruch einlegt, müssen Sie als Gläubiger innerhalb von sechs Monaten nach Zustellung des Mahnbescheids den Vollstreckungsbescheid beantragen. Lassen Sie diese Frist verstreichen, verliert der Mahnbescheid seine Wirkung.

Vollstreckungsbescheid. Sofern der Schuldner gegen den Mahnbescheid keinen Widerspruch eingelegt hat, haben Sie sechs Monate Zeit, den Vollstreckungsbescheid zu beantragen.

Auch der Vollstreckungsbescheid wird mittels Formular beim zuständigen Mahngericht beantragt. Der Vollstreckungsbescheid wird nachfolgend erlassen und dem Gegner zugestellt.

Als Gläubiger erhalten Sie den Vollstreckungsbescheid (den sogenannten Titel) und den Vermerk über die Zustellung an den Schuldner. Der Vollstreckungsbescheid ist die Grundlage für die Pfändung durch den Gerichtsvollzieher.

 Tipp   Ein Vollstreckungsbescheid ist 30 Jahre gültig. Sie müssen also nicht unbedingt sofort pfänden lassen. Selbst wenn der Schuldner momentan über kein Vermögen verfügt, kann es sich lohnen, einen Titel zu beantragen und die Pfändung erst in einigen Jahren vorzunehmen.

Nach Zustellung des Vollstreckungsbescheids hat der Empfänger wiederum zwei Wochen Zeit, Widerspruch einzulegen. Der Widerspruch führt zwar unmittelbar zur Durchführung des gerichtlichen Verfahrens (Klage), hat aber keinen Einfluss auf die Vollstreckbarkeit des Titels.

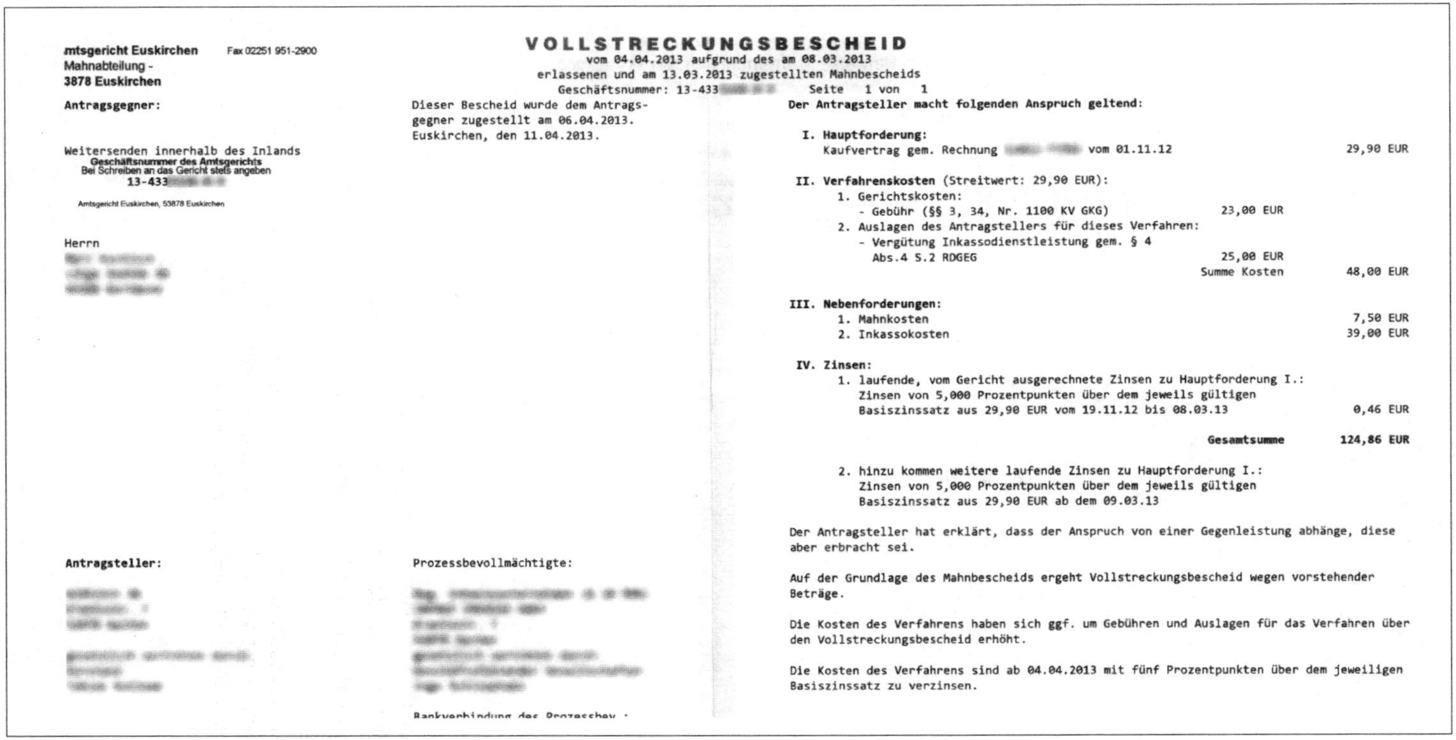

mtsgericht Euskirchen   Fax 02251 951-2900
Mahnabteilung -
3878 Euskirchen

Antragsgegner:

Weiterl senden innerhalb des Inlands
Geschäftsnummer des Amtsgerichts
Bei Schreiben an das Gericht stets angeben
13-433

Amtsgericht Euskirchen, 53878 Euskirchen

Herrn

Antragsteller:

Prozessbevollmächtigte:

VOLLSTRECKUNGSBESCHEID

von 04.04.2013 aufgrund des am 08.03.2013
erlassenen und am 13.03.2013 zugestellten Mahnbescheids
Geschäftsnummer: 13-433   Seite 1 von 1

Der Antragsteller macht folgenden Anspruch geltend:

Dieser Bescheid wurde dem Antragsgegner zugestellt am 06.04.2013.
Euskirchen, den 11.04.2013 .

I. Hauptforderung:
   Kaufvertrag gem. Rechnung ▬▬▬ vom 01.11.12   29,90 EUR

II. Verfahrenskosten (Streitwert: 29,90 EUR):
   1. Gerichtskosten:
      - Gebühr (§§ 3, 34, Nr. 1100 KV GKG)   23,00 EUR
   2. Auslagen des Antragstellers für dieses Verfahren:
      - Vergütung Inkassodienstleistung gem. § 4
        Abs.4 S.2 RDGEG   25,00 EUR
                                    Summe Kosten   48,00 EUR

III. Nebenforderungen:
   1. Mahnkosten   7,50 EUR
   2. Inkassokosten   39,00 EUR

IV. Zinsen:
   1. laufende, vom Gericht ausgerechnete Zinsen zu Hauptforderung I.:
      Zinsen von 5,000 Prozentpunkten über dem jeweils gültigen
      Basiszinssatz aus 29,90 EUR vom 19.11.12 bis 08.03.13   0,46 EUR
                                         Gesamtsumme   124,86 EUR

   2. hinzu kommen weitere laufende Zinsen zu Hauptforderung I.:
      Zinsen von 5,000 Prozentpunkten über dem jeweils gültigen
      Basiszinssatz aus 29,90 EUR ab dem 09.03.13

Der Antragsteller hat erklärt, dass der Anspruch von einer Gegenleistung abhänge, diese
aber erbracht sei.

Auf der Grundlage des Mahnbescheids ergeht Vollstreckungsbescheid wegen vorstehender
Beträge.

Die Kosten des Verfahrens haben sich ggf. um Gebühren und Auslagen für das Verfahren über
den Vollstreckungsbescheid erhöht.

Die Kosten des Verfahrens sind ab 04.04.2013 mit fünf Prozentpunkten über dem jeweiligen
Basiszinssatz zu verzinsen.

Abbildung 3-95: Ausschnitt aus einem Vollstreckungsbescheid (im Original ca. DIN A3)

Zwangsvollstreckung. Die Zwangsvollstreckung auf Basis eines erlassenen Vollstreckungs-bescheides (Titel) erfolgt durch den Gerichtsvollzieher.

Den Gerichtsvollzieher können Sie wiederum selbst beauftragen. Senden Sie Ihren Pfän-dungsauftrag zusammen mit dem Vollstreckungsbescheid (im Original) einfach an die Gerichtvollzieher-Verteilerstelle des zuständigen Amtsgerichts.

 Tipp Der Gerichtsvollzieher tut tatsächlich nur das, wozu Sie ihn beauftragen. Eine Taschen-pfändung wird zum Beispiel nur dann vorgenommen, wenn Sie auch im Pfändungsauf-trag angegeben ist.

Wir empfehlen daher, sich vor der Beauftragung des Gerichtsvollziehers beraten zu las-sen. Dies kann durch einen Anwalt oder durch das örtliche Amtsgericht erfolgen.

Fazit

Zahlungsausfälle haben einen direkten Einfluss auf Ihre Liquidität und Ihre Laune. Es ist deutlich einfacher, dem Zahlungsausfall vorzubeugen (wie im Abschnitt »Was tun bei (dro-hendem) Zahlungsausfall« auf Seite 260 beschrieben), als der nicht bezahlten Rechnung hin-terherzulaufen.

Wenn es doch einmal soweit gekommen ist, empfehlen wir, die einzelnen Schritte des außergerichtlichen und gerichtlichen Mahnverfahrens konsequent durchzuziehen und den säumigen Schuldner nicht einfach davonkommen zu lassen.

Rechtliche Aspekte

Das Internet ist genauso wenig und genauso viel ein »rechtsfreier Raum« wie der Augsburger Marktplatz oder die Zugspitze. Im E-Commerce gelten die gleichen Rechte und Gesetze wie im realen Leben – mit Ausnahme der Gesetze natürlich, die sich auf einen der beiden Bereiche beschränken.

Was vor 20 Jahren wettbewerbswidrig war oder gegen Marken- oder Urheberrechte verstoßen hat, ist heute – wenn man eine inzwischen eventuell geänderte Gesetzeslage einmal außer Betracht lässt – immer noch wettbewerbswidrig oder verstößt gegen die Rechte anderer.

Das Internet hat es lediglich einfacher gemacht, Rechtsverstöße aufzudecken und zu verfolgen. Und der Gesetzgeber hat es lange Zeit versäumt, den sich ändernden Gegebenheiten entsprechende Bedeutung zuzumessen und Gesetze und Verordnungen an die neuen Anforderungen anzupassen. In Teilen ist dies bis heute immer noch nicht geschehen.

Neben den Vorgaben auf nationaler Ebene spielen in Zeiten wortwörtlich grenzenloser Shopping-Möglichkeiten internationale RegelungeE, sei es nationales Recht in anderen EU-Staaten, EU-Recht oder Recht im EU-Ausland, eine nicht zu vernachlässigende Rolle. So einfach der weltweite Handel ist, so sehr müssen Shop-Betreiber sich um die rechtlichen Belange des jeweiligen Landes kümmern, in das sie liefern wollen.

»Wo kein Kläger, da kein Richter« – das Internet hat dieses Sprichwort aktueller denn je gemacht. Der nächste Kläger ist aber oft nur einen Mausklick entfernt.

In diesem Kapitel widmen wir uns den rechtlichen Aspekten des E-Commerce, wobei ausdrücklich darauf hingewiesen sei, dass es sich hierbei um keinerlei rechtliche Beratung handelt. Allein wegen des breiten Spektrums und der Einzelfallkriterien können wir Themenbereiche nur oberflächlich behandeln.

Jedem Online-Shop-Betreiber empfehlen wir die Inanspruchnahme einer rechtlichen Beratung zu allen nachfolgenden Themen.

Abmahnung

Die vor einigen Jahren aufgekommene Abmahnwelle ist bis heute nicht richtig abgeebbt.

Natürlich hat das rechtliche Mittel der Abmahnung seine Daseinsberechtigung. Es wurde geschaffen, um rechtliche Streitigkeiten zwischen zwei Parteien zu regeln, ohne zwingend eine Gerichtsverhandlung notwendig zu machen. Zunächst einmal ist eine Abmahnung nichts anderes als die Aufforderung an eine andere Partei, etwas zu unterlassen – sei es die Verbreitung urheberrechtlich geschützter Dokumente oder der Verstoß gegen das Wettbewerbsrecht.

Wenn Sie mit Ihrem Online-Shop oder mit Ihrem Marketing-Aktivitäten also gegen Rechte anderer verstoßen, müssen Sie damit rechnen, von der Gegenpartei abgemahnt zu werden.

Sie erhalten dann in der Regel ein anwaltliches Schreiben – wobei die anwaltliche Beteiligung an der Abmahnung nicht zwingend erforderlich ist – verbunden mit der Aufforderung, den Verstoß umgehend zu beseitigen. Gegenstand der Aufforderung ist oft auch eine Unterlassungserklärung. Schriftlich sollen Sie bestätigen, dass Sie den begangenen Verstoß nicht wiederholen werden. Für den Fall einer Wiederholung verpflichten Sie sich zur Zahlung einer entsprechenden Strafe. Dazu erhalten Sie (natürlich) auch noch eine Rechnung des gegnerischen Anwalts, da Sie als Verursacher für den Schaden (also die Anwaltskosten) haften müssen.

Dieses Haftungsprinzip gibt es in vielen anderen Ländern übrigens nicht. In Österreich zum Beispiel müssen Abmahnende die Kosten ihres Anwalts selbst tragen und können sie außergerichtlich nicht auf den Gegner abwälzen. Im Ergebnis ist die Anzahl der Abmahnungen wegen Bagatellen deutlich geringer als in Deutschland.

Da Abmahnungen nicht auf Rechtmäßigkeit oder Sinn und Unsinn geprüft werden, können Sie auch (kostenpflichtig) abgemahnt werden, obwohl überhaupt kein Rechtsverstoß vorliegt. Die Kosten Ihrer Zurwehrsetzung können Sie zwar vor Gericht vom Abmahnenden zurückfordern (und einklagen), müssen sie aber zunächst einmal selbst bezahlen.

Unsere Agentur wurde vor einigen Jahren von einer anderen Agentur abgemahnt, weil unsere Internetseite über kein Impressum verfügte; das behauptete zumindest die abmahnende Gegenpartei. Sie hatte jedoch lediglich einen Blick auf unsere Seite »Kontakt« geworfen. Die Seite »Impressum« hatte sie außer Acht gelassen.

Hätten wir auf diese unbegründete Abmahnung zum damaligen Zeitpunkt nicht reagiert, hätte der Gegner, ebenfalls ohne Bewertung durch ein Gericht, eine einstweilige Verfügung gegen uns erwirken können, die uns gerichtlich gezwungen hätte, einen Umstand zu beseitigen, der gar nicht vorhanden war.

Wir können Ihnen nur raten, umgehend anwaltliche Beratung in Anspruch zu nehmen, wenn Sie abgemahnt werden. Es handelt sich bei einer Abmahnung keineswegs nur um eine freundliche Aufforderung, sondern oft um den ersten Schritt in eine konkrete und kostspielige rechtliche Auseinandersetzung.

 Tipp

Als Online-Shop-Betreiber müssen Sie die rechtliche Inanspruchnahme durch Wettbewerber in Betracht ziehen. Die dabei entstehenden Kosten werden Sie, sobald die Abmahnung einmal eingegangen ist, nur schwerlich abwenden können.

Wir empfehlen Ihnen daher, frühzeitig einen Betrag zurückzulegen, der diese Kosten deckt. Inklusive eigener Anwaltskosten können je nach Streitwert durchaus 2000 € fällig werden.

Für bilanzierungspflichtige Unternehmen liegt die Überlegung nahe, für drohende Abmahnungen und Rechtsberatungskosten eine Rückstellung zu bilden. Rückstellungen, also die Berücksichtigung zukünftig entstehender Kosten, können immer dann gebildet werden, wenn mit einer konkreten Belastung in den kommenden Geschäftsjahren zu rechnen ist. Die bloße Möglichkeit einer Abmahnung ohne konkreten Anlass fällt in der Regel nicht darunter. Lassen Sie sich zu diesem Thema von Ihrem Steuerberater beraten!

Allgemeine Geschäftsbedingungen

Allgemeine Geschäftsbedingungen regeln, soweit sie erfolgreich in den Vertragsabschluss mit einbezogen werden, vertragliche Besonderheiten zwischen den Vertragsparteien.

Vorweg: Kein Unternehmen ist verpflichtet, Allgemeine Geschäftsbedingungen zu haben. Grundsätzliche gelten immer die Regelungen des Gesetzgebers, in vielen Fällen werden dies das Bürgerliche Gesetzbuch (BGB) oder das Handelsgesetzbuch (HGB) sein. Allgemeine Geschäftsbedingungen dienen dazu, Abweichungen von den gesetzlichen Regelungen festzulegen oder Umstände zu regeln, die durch den Gesetzgeber bis dato noch nicht in Gesetzen oder Verordnungen geregelt wurden.

Folgende Aspekte können in den Allgemeinen Geschäftsbedingungen Ihres Online-Shops geregelt werden:

- Vertragsschluss
- Liefergebiet
- Rückgabebedingungen (Achtung: Hiermit ist nicht das Widerrufsrecht gemeint!)
- Umgang mit Mängeln
- Gewährleistung
- Lieferung und Lieferfähigkeit
- Versandkosten
- Zahlungskonditionen
- Eigentumsvorbehalt
- Haftungsausschluss
- Datenschutz
- Urheberrecht

Diese und viele andere Themen können (nicht müssen) Sie mit Ihren Allgemeinen Geschäftsbedingungen abdecken.

Jede Regelungen birgt jedoch auch wieder die Gefahr, dass sie, wenn falsch formuliert, gegen geltendes Recht verstößt und damit wettbewerbswidrig und abmahnfähig ist.

In jedem Fall sollten Sie hier anwaltliche Unterstützung in Anspruch nehmen. Machen Sie nicht den Fehler, die Geschäftsbedingungen von anderen Online-Shops zu kopieren. Auch sie können dem Urheberrecht unterliegen! Darüber hinaus ist natürlich nicht sichergestellt, dass die kopierten Geschäftsbedingungen Rechtssicherheit bieten und vor der befürchteten Abmahnung wegen enthaltener Fehler schützen.

Tipp   Schon häufig wurden Online-Shop-Betreiber von Wettbewerbern abgemahnt, weil sie keine Allgemeinen Geschäftsbedingungen in ihrem Online-Shop bereitgestellt hatten.

Wie im Abschnitt »Abmahnung« auf Seite 273 beschrieben, kommt hier wieder der Umstand zum Tragen, dass Abmahnungen in der Regel nicht auf ihre Sinnhaftigkeit geprüft werden; oft nicht einmal vom abmahnenden Anwalt.

> Wenn Sie wirklich keine Allgemeinen Geschäftsbedingungen nutzen, sollten Sie auf diesen Umstand in Ihrem Online-Shop deutlich hinweisen, um den falschen Abmahnungen vorzubeugen.

In der Praxis hat es sich bewährt, nicht auf die Allgemeinen Geschäftsbedingungen zu verzichten. Der Gesetzgeber hat in den vergangenen Jahren umfassende Informationspflichten für den Fernabsatzhandel erlassen. Die Informationen, die Sie Ihren Kunden ohnehin zur Verfügung stellen müssen, lassen sich darin am besten zusammenfassen. Allgemeine Geschäftsbedingungen erfüllen also keinesfalls einen Selbstzweck, nur weil der Gesetzgeber durch die vielfältigen Informationspflichten eine De-facto-AGB-Verpflichtung eingeführt hat – sie regeln das Verhältnis zwischen Ihnen als Shop-Betreiber und Ihren Kunden.

Muster-AGB

Im Internet werden oft sogenannte Muster-AGB angeboten. Sie sollen alle Feinheiten des Online-Handels für alle Online-Shops gleichzeitig abdecken. Dass diese Muster-AGB keine Rechtssicherheit bieten können, versteht sich eigentlich von selbst, da sie auf die Besonderheiten Ihres Online-Shops ja nicht eingehen können. Allein die Frage, ob sich Ihr Angebot an Privatkunden, an Gewerbetreibende oder an beide Zielgruppen gleichzeitig richtet, ist für die Ausgestaltung der AGB wichtig und kann von Mustertexten nicht beantwortet werden.

Von Muster-AGB können wir daher nur abraten.

Impressum

Das Thema Impressum, eigentlich die »Anbieterkennzeichnung«, ist im Online-Handel in Deutschland fast genauso alt wie der Online-Handel selbst. Seinen Ursprung hat es in Druckerzeugnissen und der Verpflichtung zur Angabe von Verlag und Redaktion.

Im Bereich des Fernabsatzes, worunter der Online-Handel fällt, sind die Angaben im Telemediengesetz, § 5, Allgemeine Informationspflichten, geregelt. Grob zusammengefasst umfasst die Anbieterkennzeichnung ähnliche Pflichtangaben, wie die, die Sie laut Handelsgesetzbuch, GmbH-Gesetz, Aktien-Gesetz oder der für Ihren Berufsstand geltenden Gesetzgebung oder Verordnung beispielsweise auch auf Ihrem Briefpapier machen müssen.

Die zu machenden Angaben sind sehr klar und eindeutig geregelt. Zu den Angaben zählen:

- Vollständiger Name inkl. mindestens einem Vornamen
- (Ladungsfähige) Anschrift (kein Postfach)
- Rechtsform und Vertretungsberechtigte
- E-Mail-Adresse und Telefonnummer

- Angaben zur Aufsichtsbehörde (wenn zutreffend)
- Register und Registernummer (wenn zutreffend), also Handelsregister, Vereinsregister, Partnerschaftsregister oder Genossenschaftsregister
- Zuständige Kammer (wenn zutreffend)
- Berufsbezeichnung und Staat, in dem die Berufsbezeichnung verliehen worden ist (wenn zutreffend)
- Umsatzsteuer-Identifikationsnummer (wenn vorhanden; nicht zu verwechseln mit der Steuernummer!)
- Wirtschafts-Identifikationsnummer (wenn vorhanden)
- Information über die Liquidation (bei Kapitalgesellschaften; wenn zutreffend)

Explizit weist das Gesetz darauf hin, dass weitergehende Informationspflichten nach anderen Rechtsvorschriften davon unberührt bleiben und damit zusätzlich zu machen sind.

Dies kann zum Beispiel die Angabe einer Berufshaftpflichtversicherung oder die Nennung des Aufsichtsratsvorsitzenden bei Aktiengesellschaften sein.

Fehlende Angaben im Impressum können nicht nur wettbewerbsrechtlich problematisch sein. Darüber hinaus stellen sie eine Ordnungswidrigkeit dar, die (zumindest in der Theorie) mit einem Bußgeld von bis zu 50.000 € geahndet werden kann.

Auch hier gilt wieder der Rat, die Angaben in Ihrem Impressum anwaltlich überprüfen zu lassen.

Was ist an einem unvollständigen Impressum eigentlich wettbewerbsrechtlich relevant?

Betrachtet man diese Frage nicht aus der Sicht von Juristen, sondern aus der von Online-Shop-Betreibern oder Endverbrauchern: wahrscheinlich nichts.

Es ist in der Praxis kaum vorstellbar, dass sich Online-Shop-Besucher zum Beispiel wegen der fehlenden Angabe der Umsatzsteuer-Identifikationsnummer im Impressum für oder gegen den Kauf in einem Online-Shop entscheiden. Den wenigsten Endverbrauchern dürfte die Existenz dieser Nummer und ihr Verwendungszweck überhaupt bekannt sein.

In der juristischen Theorie geht man aber davon aus, dass sich derjenige, der die Angabe weglässt, hierdurch einen Wettbewerbsvorteil verschafft haben könnte.

Impressums-Generator

Gerade weil die Angaben, die in Ihr Impressum gehören, so eindeutig definiert sind, ist die Erstellung eines rechtlich korrekten Impressums nicht sonderlich kompliziert. Im Internet bieten viele Dienstleister und Rechtsanwälte sogenannte »Impressums-Generatoren« (siehe Abbildung 3-96) an.

Im Rahmen einer interaktiven Frage-Antwort-Sequenz werden dabei Informationen zu Ihrem Unternehmen abgefragt, die Sie in die Formulare auf der Internetseite eintragen können. Als Ergebnis erhalten Sie ein fertiges Impressum, das Sie nur noch in Ihre Internetseite und Ihren Online-Shop einfügen müssen.

Einen Impressums-Generator finden Sie zum Beispiel auf der Internetseite der IT-Recht Kanzlei München oder bei e-recht24.de.

- *http://www.it-recht-kanzlei.de/Tools/Impressum/generator.php*
- *http://www.e-recht24.de/impressum-generator.html*

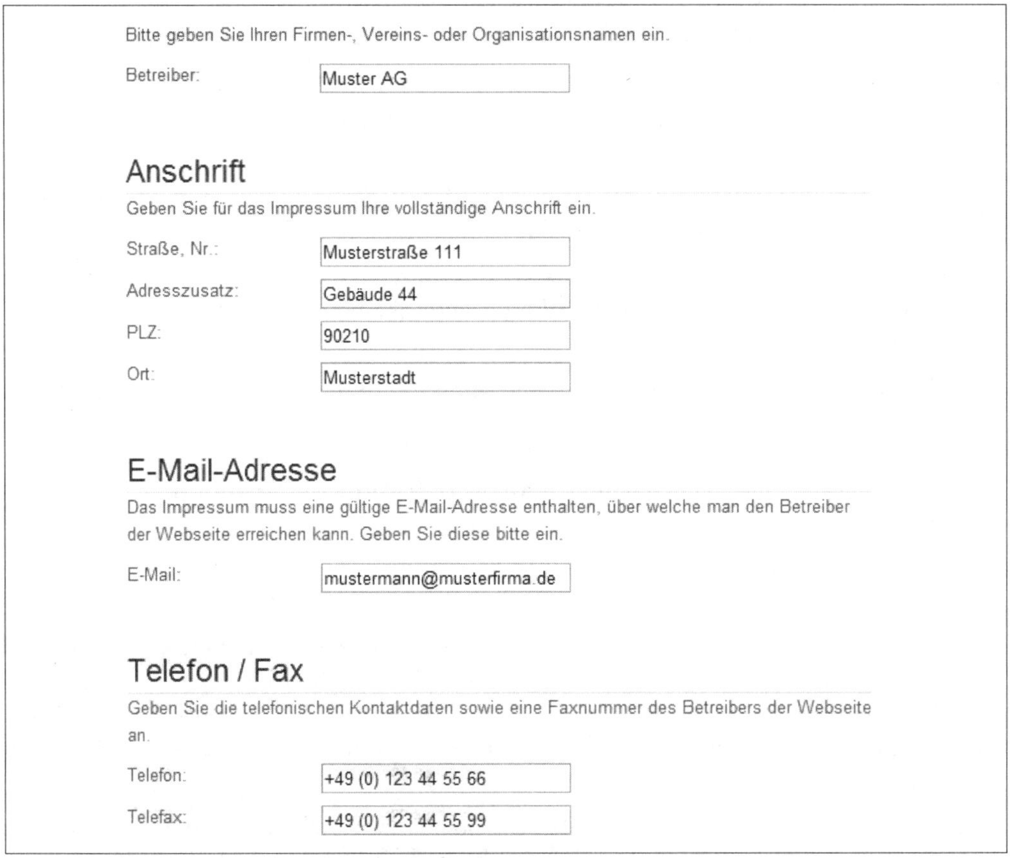

Bitte geben Sie Ihren Firmen-, Vereins- oder Organisationsnamen ein.

Betreiber: `Muster AG`

Anschrift

Geben Sie für das Impressum Ihre vollständige Anschrift ein.

Straße, Nr.: `Musterstraße 111`

Adresszusatz: `Gebäude 44`

PLZ: `90210`

Ort: `Musterstadt`

E-Mail-Adresse

Das Impressum muss eine gültige E-Mail-Adresse enthalten, über welche man den Betreiber der Webseite erreichen kann. Geben Sie diese bitte ein.

E-Mail: `mustermann@musterfirma.de`

Telefon / Fax

Geben Sie die telefonischen Kontaktdaten sowie eine Faxnummer des Betreibers der Webseite an.

Telefon: `+49 (0) 123 44 55 66`

Telefax: `+49 (0) 123 44 55 99`

Abbildung 3-96: Impressums-Generator, www.e-recht24.de (Juni 2014)

Wo Sie ein Impressum benötigen

Die Annahme, mit der Einbindung des Impressums in Ihrem Online-Shop wäre der Informationspflicht Genüge getan, ist natürlich falsch.

Als Online-Händler müssen Sie auf allen von Ihnen genutzten Kanälen, auf denen Sie mit Ihren zukünftigen Kunden kommunizieren oder Ihre Angebote unterbreiten, die Pflichtinformationen vorhalten.

Ein Impressum benötigen Sie daher beispielsweise auch

- auf Landingpages für AdWords-Anzeigen
- in E-Mails und im Newsletter
- in sozialen Netzwerken wie Facebook, Twitter, Instagram, Xing etc.
- in Preissuchmaschinen
- auf anderen Verkaufsplattformen wie Amazon, eBay, Rakuten etc.
- auf Drucksachen

Auf allen Plattformen und Webseiten gelten dabei die folgenden Regeln zur Platzierung des Impressums:

- leicht erkennbar
- unmittelbar erreichbar
- ständig verfügbar

In der allgemeinen Praxis bietet es sich daher an, das Impressum tatsächlich mit dem Begriff »Impressum« zu verlinken und den Link auf jeder (!) Seite des eigenen Internetangebots am Ende der jeweiligen Seite klar erkennbar einzufügen.

Abbildung 3-97: Verlinkung zum Impressum bei Twitter (Juni 2014)

Auf Social-Media-Plattformen haben Sie in der Regel keinen Einfluss auf die Seitengestaltung und damit auch nicht auf die Positionierung des Links zu Ihrem Impressum. Sofern der Anbieter, wie zum Beispiel Facebook seit Anfang 2014, kein eigenes Feld für das Impressum anbietet, sollten Sie daher dafür Sorge tragen, dass ein entsprechender Link auf das Impressum Ihres Online-Shops oder Ihrer Internetseite leicht erreichbar im »Über uns«-Bereich oder im Nutzerprofil (siehe Abbildung 3-97) der Social-Media-Plattform dargestellt wird und von allen Seiten aus mit maximal zwei Klicks erreichbar ist.

Datenschutzerklärung

In der Datenschutzerklärung muss der Besucher Ihres Online-Shops (nicht nur der Käufer) über die Erhebung und Nutzung der Daten informiert werden, die im Rahmen seines Besuchs Ihrer Internetseiten oder eines Kaufs in Ihrem Online-Shop erhoben werden.

Die Informationspflicht umfasst dabei nicht nur die Daten, die Sie selbst durch die Eingabe des Kunden in Formularfeldern erheben, sondern auch die Daten, die zum Beispiel während des Besuchs im Online-Shop in Server-Logfiles oder in Cookies auf dem Computer des Shop-Besuchers gespeichert werden; so zum Beispiel auch die IP-Adresse des Internetanschlusses, über den der Shop-Besucher mit dem Internet verbunden ist.

Zusätzlich sind davon alle Daten betroffen, die von Ihnen bzw. von Ihrem Online-Shop automatisch an andere Webdienste und Social-Media-Plattformen übermittelt werden.

Damit nicht genug: Im Rahmen der Bestellabwicklung übermitteln Sie die Daten auch an andere Dienstleister, die mittelbar oder unmittelbar am Verkauf beteiligt sind.

Überlegen Sie einmal, an wen Sie die Daten Ihrer Shop-Besucher und Kunden übermitteln. Dazu können gehören:

- Auskunftei (für die automatisierte Bonitätsprüfung)
- Payment Service Provider
- Akquirer
- Kreditkartenunternehmen, PayPal und andere Zahlungsdienstleister
- Hausbank
- Logistikpartner
- Bewertungsplattformen wie Trusted Shops
- Social-Media-Plattformen wie Facebook, Twitter, Google+
- Statistik-Software-Anbieter wie Google Analytics oder econda
- Anbieter von eingebundener Newsletter-Software
- Anbieter von Onlinewerbung wie Google AdWords
- Anbieter von Affiliate-Netzwerken

Nicht zu allen Unternehmen, die an der Verarbeitung der Daten beteiligt sind, müssen Ihre Kunden informiert werden. Die Informationspflicht beschränkt sich in der Regel auf alle Unternehmen, die nicht im unmittelbaren Zusammenhang mit der Erfüllung des

Kaufvertrags stehen. Hier ist eine Übermittlung der Daten an beteiligte Unternehmen ohne Zustimmung des Kunden möglich, da die Datenweitergabe zur Erfüllung des Kaufvertrags zwingend erforderlich ist. Der Paketdienst kann das Paket nur ausliefern, wenn er von Ihnen die vollständige Anschrift des Empfängers erhält.

Bei allen Verwendungszwecken, die nicht mit dem Kauf in Verbindung stehen, muss der Shop-Besucher aber in der Datenschutzerklärung über die Übermittlung seiner Daten informiert werden.

Zudem steht dem Shop-Besucher ein erweitertes Auskunftsrecht über Art, Umfang und Zweck der Erhebung, Verarbeitung oder Nutzung der personenbezogenen Daten zu. Ebenso muss er über ein bestehendes Widerspruchsrecht hinsichtlich der Nutzung und Verarbeitung seiner personenbezogenen Daten ausdrücklich informiert werden.

Datenschutzerklärungs-Generator

Auch zur Erstellung einer Datenschutzerklärung gibt es zahlreiche mehr oder minder interaktive Generatoren, zum Beispiel unter *http://www.e-recht24.de/muster-datenschutzerklaerung.html*, die Sie zur Erstellung Ihrer Datenschutzerklärung nutzen können.

Bedenken Sie aber bitte, dass dabei nur allgemeingültige Umstände berücksichtigt werden. Überlegen Sie zusammen mit Ihrem Anwalt, auf welche Formen der Datenverarbeitung und -weitergabe, die speziell in Ihrem Online-Shop erfolgen, Sie Ihre Shop-Besucher und Käufer hinweisen müssen.

Datenschutzanfragen beantworten

Gemäß Bundesdatenschutzgesetz haben Kunden und Besucher Ihrer Internetseite einen Anspruch darauf, zu erfahren, welche Daten über sie bei Ihnen gespeichert sind.

In der Datenschutzerklärung sollten Sie daher erklären, wie Benutzer die Daten bei Ihnen abfragen können. Fügen Sie dazu am einfachsten eine entsprechende (E-Mail)Adresse in die Datenschutzerklärung ein, an die diese Anfragen gerichtet werden können. Die Anfrage muss für den Anfragenden kostenfrei sein.Sie dürfen weder Gebühren noch Porto für die Beantwortung verlangen (sofern Sie per Brief antworten möchten).

Sie sollten die Anfragen zügig und ehrlich beantworten. Es handelt sich bei der Beantwortung nicht (nur) um eine lästige Verpflichtung, sondern um eine gesetzliche Regelung. Die offene Beantwortung der Anfragen zum Datenschutz ist natürlich auch aus der Sicht des Kundenservice zu betrachten: Erhält der Kunde eine zügige und aus seiner Sicht vollständige Antwort, wird er Ihrem Unternehmen gegenüber eher positiv eingestellt sein, als wenn Sie die Antwort hinauszögern oder unzureichend beantworten.

Wenn der Anfragende die Löschung seiner Daten bei Ihnen beantragt, hat er natürlich auch hierauf ein Recht, sofern Sie nicht verpflichtet sind, die Daten, die den Kauf im Online-Shop betreffen, selbst aufzubewahren. Nach der aktuellen Gesetzgebung sind Daten zwischen sechs und zehn Jahren aufzubewahren. Der Anfragende sollte über die eigene Verpflichtung zur Speicherung höflich informiert werden.

Beispielantwort Datenschutzabfrage

Auskunft über gespeicherte Daten

Sehr geehrte(r) Herr/Frau Mustermann,

vielen Dank für Ihr Schreiben, das wir Ihnen gerne beantworten.

Ihre Daten stammen aus Ihrem Einkauf in unserem Online-Shop am 01.01.1970.

Aktuell sind die folgenden personenbezogenen Daten bei uns gespeichert (Stand der Abfrage: 15.06.2014):

E-Mail-Adresse:	max@mustermann.de
Firma:	–
Vorname:	Max
Nachname:	Mustermann
Adresszusatz:	–
Straße:	Maximilianstraße
Hausnummer:	123
Postleitzahl:	12345
Ort:	Musterstadt
Telefon:	–

Ihre Daten werden für unsere eigene Werbung in einer Datenbank für Bestandskunden geführt. Ihre Adressdaten haben wir ab sofort für die weitere werbliche Nutzung gesperrt.

Soweit wir die Daten für die Erfüllung unserer gesetzlichen Pflichten vorhalten müssen, ist eine Löschung der Daten erst nach Ablauf der gesetzlichen Fristen vorgesehen.

Sollten Sie noch weitere Fragen haben, können Sie mich gerne direkt kontaktieren.

Mit freundlichen Grüßen
Muster-Online-Shop

Martha Haslbeck (Datenschutzbeauftragte)

Wir empfehlen die Beantwortung von Anfragen über gespeicherte Daten per Briefpost. Der Antwortbrief hat einen etwas offizielleren Charakter als eine formlose E-Mail und unterstreicht Ihre Ernsthaftigkeit bei der Beantwortung der Anfrage. Zudem können Sie eine Kopie des Briefes aufbewahren, um im (unwahrscheinlichen) Fall der Nachfrage durch den zuständigen Landesdatenschutzbeauftragten, an den der Kunde den Vorgang möglicherweise ebenfalls weitergeleitet hat, die Beantwortung vorlegen zu können.

Ein Datenleck – und nun?

Von Datenpannen und Einbrüchen in Computersysteme bei Online-Shops ist immer wieder zu hören und zu lesen. Gestohlene Daten haben sich in den letzten Jahren zu einem Wirtschaftsgut entwickelt, das Sie wie Schuhe oder Bücher im Internet kaufen können. Je aktueller die Daten sind, desto wertvoller sind sie für den Verkäufer. »Wertvoll« meint: Für mehrere tausend aktuelle Kreditkarten-Datensätze müssen Sie nicht mehr als 50 € bezahlen.

Da die Daten durch Sicherheitslücken in Online-Shops und einfach zu knackende Passwörter leicht zu bekommen sind, sind die Preise hierfür auch entsprechend niedrig. Meist bleibt der Datendiebstahl unbemerkt. Die Täter versuchen, ihre digitalen Spuren zu verwischen, um die Quelle nach einiger Zeit nochmals anzuzapfen. Die meisten Datenlecks werden inzwischen durch Online-Shop-Kunden enttarnt, die für jeden Einkauf in einem Online-Shop eine andere E-Mail-Adresse verwenden. Erhalten Sie auf dieser E-Mail-Adresse zum Beispiel Spam-Mails, kann davon ausgegangen werden, dass die Daten durch den Shop-Betreiber zweckentfremdet oder weitergegeben wurden oder bei einem Einbruch in den Online-Shop abhanden gekommen sind.

Wenn Daten aus Ihrem Online-Shop entwendet wurden, müssen Sie natürlich dafür Sorge tragen, dass die vorhandene Sicherheitslücke so schnell wie möglich geschlossen wird und der Vorgang sich nicht wiederholen kann.

Bitten Sie Ihren Provider, die aktuellen Logfiles zu sichern und soweit möglich auch eine Spiegelung der Server-Festplatten anzufertigen, die Sie den ermittelnden Behörden zur Beweissicherung aushändigen können.

Das Bundesdatenschutzgesetz sieht vor, dass Sie alle Nutzer, die vom Datendiebstahl betroffen sind, und die zuständigen Aufsichtsbehörden über den Datendiebstahl informieren müssen, wenn Daten betroffen sind, die

- einem Berufsgeheimnis unterliegen,
- sich auf Ordnungswidrigkeiten oder Straftaten beziehen
- Bank- oder Kreditkartenkonten betreffen.
- als personenbezogene Daten folgende Merkmale betreffen: rassische und ethnische Herkunft, politische Meinungen, religiöse oder philosophische Überzeugungen, Gewerkschaftszugehörigkeit, Gesundheit oder Sexualleben.

Die Betroffenen müssen einzeln informiert werden. Soweit dies einen zu großen Aufwand bedeuten würde, müssen Sie öffentlich »*in mindestens zwei bundesweit erscheinenden Tageszeitungen oder durch eine andere, in ihrer Wirksamkeit hinsichtlich der Information der Betroffenen gleich geeignete Maßnahme«* informieren (BDSG, § 42a Informations-pflicht bei unrechtmäßiger Kenntniserlangung von Daten).

Abgesehen vom Aufwand ist ein Datenleck solchen Ausmaßes natürlich der PR-Gau schlechthin. Nur wenigen Unternehmen und Online-Shops dürfte es gelingen, aus den »bad news« »good news« zu machen.

Für Sie als Online-Shop-Betreiber sind die oben genannten Regelungen wahrscheinlich nur dann relevant, wenn Sie Kontoverbindungen oder Kreditkartendaten in Ihrem Online-Shop oder in angeschlossenen Systemen speichern. Wie im Unterkapitel »Zah-lungen annehmen« auf Seite 247 beschrieben, empfiehlt es sich daher, Payment Service Provider in den Zahlungsprozess einzubinden, die für Sie das Handling und die Verarbei-tung der Zahlungsdaten übernehmen. Sie kommen dabei zu keiner Zeit mit den sensiblen Daten in Verbindung und sind somit von der Informationspflicht zumindest per Gesetz nicht betroffen.

 Tipp   Datensparsamkeit: Daten können nur dann aus Online-Shops entwendet werden, wenn sie auch tatsächlich vorhanden sind.

Löschen Sie die Daten aus Ihrem Online-Shop, wenn Sie sie nicht mehr für die Erstellung von Rechnungen, E-Mails oder Lieferscheinen oder für statistische Zwecke benötigen und Sie die gesetzlichen Aufbewahrungspflichten für Belege und Kaufdaten anderweitig erfüllen können. Je weniger Daten Sie in System speichern, das dauerhaft mit dem Inter-net verbunden ist, desto besser schläft Ihr Datenschutzbeauftragter.

Brauche ich einen Datenschutzbeauftragten?

Ein Datenschutzbeauftragter muss ernannt werden, sobald in einem Unternehmen mehr als neun Mitarbeiter mit der automatisierten Verarbeitung von personenbezogenen Daten (Kundendaten, Personaldaten, Interessentendaten) beschäftigt sind oder auf die Daten Zugriff haben.

Sofern Sie in diese Kategorie fallen, sollten Sie den Datenschutzbeauftragten in der Datenschutzerklärung (siehe oben) namentlich benennen. Datenschutzbeauftragte kön-nen aus dem Unternehmen selbst kommen oder als externe Dienstleister beauftragt wer-den.

Informationspflichten seit Juni 2014

Am 13. Juni 2014 trat die Europäische Verbraucherrechterichtlinie, die den Fernabsatz europaweit neu und einheitlich regelt, in Kraft. Neben dem Widerrufsrecht sind in der Richtlinie auch Änderungen in den folgenden Bereichen neu gefasst bzw. beschlossen worden:

- Informationen zu den wesentlichen Eigenschaften der angebotenen Waren/Dienst-leistungen
- Impressum

- Preisangaben (Gesamtpreis inkl. Steuern und Abgaben)
- Zusätzliche Kosten für Versand- und Zahlungsmittelkosten
- Zahlungs- und Lieferbedingungen
- Belehrung über das Widerrufsrecht
- Gewährleistungsansprüche

Die neue Richtlinie bringt für Online-Shop-Betreiber eine Reihe von Änderungen mit sich. Insbesondere die Informationspflichten zu den wesentlichen Produkteigenschaften erfordern eine genaue Beschreibung aller angebotenen Artikel und die Berücksichtigung von Deklarationspflichten (Beispiele hierzu in unserem Experten-Interview mit Rechtsanwalt Christoph Schmitz-Schunken). Eigentlich kann hier nur auf die tagesaktuelle Rechtsprechung verwiesen werden: Sie müssen sich jederzeit darüber informieren, welche Regelungen, Gesetze und Verordnung für Sie wichtig sind.

Informationspflichten zu den Eigenschaften

Die Verbraucherrechterichtlinie regelt die wesentlichen Angaben zu den Produkten in Ihrem Online-Shop. Wesentlich ist die Angabe dann, wenn sie die Kaufentscheidung des Kunden beeinflussen kann. Dazu gehören zum Beispiel Angaben zur tatsächlichen Verfügbarkeit der Ware, zu Lieferzeiten und Lieferwegen, Zusammensetzung und Beschaffenheit, Art und Ausführung des Produkts und letztlich auch ein Produktbild (soweit verfügbar).

Beim Verkauf digitaler Inhalte, also zum Beispiel von Software, Musik oder E-Books, müssen Sie zusätzlich über etwaige Systemvoraussetzungen und Kompatibilitäten informieren; so, wie diese Daten auch auf einer Verkaufsbox anzugeben sind.

Impressum

Die Impressumspflicht war in Deutschland bereits geregelt. Auf europäischer Ebene hat sie sich nur unwesentlich geändert. Neben der Pflichtangaben nach § 5 TMG wird nun auch die Telefonnummer zur Pflichtangabe. Sie darf jedoch keine kostenpflichtige Mehrwertdienstnummer (0900, 0180 etc.) sein. Eine Faxnummer müssen Sie angeben, sofern tatsächlich eine existiert.

Handeln Sie als Shop-Betreiber nicht im eigenen Namen, also zum Beispiel als Reisebüro oder als Vermittler von Mobilfunkverträgen, dann müssen Sie den dritten Vertragspartner ebenfalls mit allen Pflichtangaben benennen.

Wichtig: Wenn Ihr Unternehmen nicht im Handelsregister eingetragen ist, zum Beispiel bei Einzelunternehmern oder GbR, müssen Sie alle Unternehmer mit vollständigen Vor- und Zunamen nennen.

Gesamtpreis

Nach wie vor gilt, dass Sie den Gesamtpreis inklusive aller Bestandteile angeben müssen. Bei Geschäften mit Endverbrauchern darf der Hinweis nicht fehlen, dass der Gesamtpreis auch die Mehrwertsteuer enthält.

Verkaufen Sie in Ihrem Online-Shop Abonnements, dann müssen Sie die Gesamtkosten pro Abrechnungseinheit (also zum Beispiel pro Jahr) und zusätzlich die Kosten der monatlich zu zahlenden Beträge (soweit dies zutrifft) gesondert ausweisen. Dies gilt natürlich nicht nur für Zeitschriften, sondern für alle Artikel, die Sie auf Basis eines einzelnen Bestellvorgangs innerhalb eines bestimmten Zeitraums mehrfach liefern (zum Beispiel auch Socken- oder Kaffee-Abos).

Bei sogenannten Dauerschuldverhältnissen, zu denen u. a. das Abonnement gehört, müssen Sie zusätzlich über die Laufzeit, die Mindestlaufzeit sowie die Kündigungsbedingungen des Vertrages informieren, wenn er sich automatisch verlängert.

Kosten für Versand und Zahlung

Wie bisher müssen Sie den Endkunden über die Versandkosten informieren. Sofern sie nicht konkret berechnet werden können – zum Beispiel bevor das Gewicht der Gesamtlieferung oder das Zielland der Lieferung feststehen – reicht eine Übersichtsseite. Hier reicht der gängige Hinweis »inkl. MwSt. zzgl. Versandkosten« neben jeder Preisangabe aus, wobei das Wort »Versandkosten« mit der Übersichtsseite verlinkt sein muss.

Gleiches gilt für Zusatzkosten, die durch die Nutzung von bestimmten Zahlungsarten anfallen (zum Beispiel Preisaufschläge für Kreditkartenzahlungen). Hier dürfen Sie allerdings keine prozentuale Angabe machen; der Wert muss in € angegeben werden. Zuschläge für Zahlungsarten sind mit Einführung der Europäischen Verbraucherrechterichtlinie nur dann zulässig, wenn mindestens eine gängige Zahlungsart ohne Mehrkosten angeboten wird.

Spätestens kurz vor Abschluss des Bestellvorgangs müssen die Angaben aber konkret angeben werden. Wenn Sie Ihren Kunden nicht entsprechend dieser Richtlinie über die Kosten für Zahlung und Versand informieren, können Sie diese Kosten auch nicht vom Kunden einfordern. Er hat dann de facto einen Erstattungsanspruch.

Zahlungs- und Lieferbedingungen

Die Angabe der Lieferzeit entspricht mit Einführung der europäischen Richtlinie den bisherigen Vorgaben nach deutschem Recht. Sie ist zwingend vorgeschrieben, wobei wir den Wortlaut »Lieferzeit ca. x bis y Tage« empfehlen. Die Angabe, wann die Ware versandbereit ist, ist nicht ausreichend, da der Endverbraucher daraus nicht schließen kann, wann die Ware tatsächlich bei ihm eintrifft.

Eine Besonderheit ergibt sich bei Vorkasse-Zahlung, da die Lieferzeit davon abhängig ist, wann der Kunde den Betrag überweist und wie viele Tage die Überweisung bei den Banken ein Anspruch nimmt. Rechtsanwalt Arndt Joachim Nagel (*www.it-recht-kanzlei.de*) rät zu folgender Formulierung:

»Die Lieferung erfolgt spätestens innerhalb von 5 Arbeitstagen (Montag bis Freitag, Feiertage ausgenommen) nach Erteilung des Zahlungsauftrags an das überweisende Kreditinstitut (bei Vorkasse) bzw. nach Vertragsschluss (bei Nachnahme oder Rechnungskauf).«

Zusätzlich zur Angabe der Lieferzeit muss der Online-Shop-Betreiber auch über den Lieferweg, konkret über das mit der Lieferung beauftragte Unternehmen, informieren.

Über die angebotenen Zahlungsarten muss der Händler spätestens mit dem Beginn des Checkout-Prozesses informieren, ebenso über die jeweiligen Zahlungsbedingungen. Hierunter fällt wohl auch die Angabe, wann die Kreditkarte oder das PayPal-Konto des Kunden belastet wird: bereits bei Bestellung oder erst bei tatsächlicher Lieferung.

Quengelware

Untersagt ist die Vorauswahl von kostenpflichtiger Zusatzleistungen, der sogenannten Quengelware. Bieten Sie also zur verkauften Software einen Backup-Datenträger als kostenpflichtiges Zusatzprodukt an, so darf es nicht schon vorausgewählt sein (etwa durch eine aktivierte Checkbox) oder automatisch mit dem Hauptprodukt in den Warenkorb gelegt werden. Neben der Tatsache, dass dies aus wettbewerbsrechtlicher Sicht angreifbar wäre, dürfte der Verbraucher die Zusatzleistung behalten, da der Kaufvertrag wirksam bleibt, hinsichtlich der Kosten für das Zusatzprodukt bestünde jedoch ein Erstattungsanspruch gegen den Händler.

Gewährleistungsansprüche nach dem Gesetz

Entgegen der bisherigen Rechtsprechung muss der Shop-Betreiber nun über die gesetzlichen Gewährleistungsansprüche (nicht zu verwechseln mit Garantien) informieren. Diese Information kann sowohl auf den Produktdetailseiten als auch (hier ausnahmsweise pauschal) in den Allgemeinen Geschäftsbedingungen erfolgen. Die Musterformulierung könnte etwa so lauten: »Bei allen angebotenen Waren bestehen die gesetzlichen Gewährleistungsansprüche.«

Garantiebedingungen

Sofern der Online-Shop-Betreiber eine Garantie für die angebotenen Produkte anbietet, muss er den Verbraucher vor Abschluss der Bestellung hierüber detailliert informieren. Die Angabe, dass eine Garantie besteht, genügt nicht. Vielmehr muss der Händler über die Art der Garantie, die Bedingungen und Fristen, eventuelle Garantie-Ausschlüsse usw. informieren. Der Kunde muss schon vor dem Kauf ebenfalls informiert werden, wie er die Garantie geltend machen kann.

Widerrufsrecht

Zu guter Letzt die Änderungen im Widerrufsrecht. Unterschieden wird zwischen Waren, Dienstleistungen und digitalen Inhalten.

In den vergangenen Jahren hat sich immer wieder gezeigt, dass gerade die Widerrufsbelehrung Gegenstand von Abmahnungen ist. Darüber hinaus ist die seit dem 13. Juni

2014 geltende Regelung aus unserer Sicht nicht abschließend. So ist zum Beispiel nicht klar, welche Regelungen gelten, wenn Bestellungen sowohl Waren als auch digitale Inhalte umfassen. Nach dem aktuellen Stand würden beispielsweise Kaufgutscheine, die per Post verschickt werden, anders behandelt als Gutscheine, die per E-Mail verschickt werden.

Insofern können wir nur dringend raten, anwaltliche Beratung in Anspruch zu nehmen, die die tagesaktuelle Rechtsprechung berücksichtigt.

Die wichtigsten Änderungen, die über die Formulierung der Widerrufsbelehrung hinausgehen, haben wir nachfolgend zusammengefasst.

Rücksendekosten. Die bisher für alle Beteiligten verwirrende 40-Euro-Klausel gibt es nicht mehr. Stattdessen ist klar geregelt, dass der Käufer die Kosten für die Rücksendung an den Händler zu tragen hat. Natürlich muss der Händler den Kunden vor Vertragsabschluss hierüber in der Widerrufsbelehrung informieren. Dem Händler steht es natürlich frei, dem Kunden diese Kosten zu erstatten oder eine kostenfreie Rücksendung mittels Freimachung anzubieten. In der Praxis des deutschen Marktes ist damit zu rechnen, dass die Rücksendung für die Kunden – zumindest bei den großen Online-Shops – aus Marketingzwecken kostenfrei bleiben wird.

Wenn der Händler die Rücksendekosten nicht übernimmt und die Rücksendekosten die gängigen zu erwartenden Kosten überschreiten, zum Beispiel bei Sperrgut oder Rücksendung per Spedition, muss der Händler den Kunden vor Vertragsabschluss auch über die zu erwartenden Rücksendekosten informieren.

Bei erfolgtem Widerruf muss der Händler weiterhin die Kosten für die Hinsendung erstatten. Entgegen der bisherigen Regelung müssen dabei jedoch nur die Kosten für den günstigsten im Shop angebotenen Versandweg erstattet werden. Aufschläge für In-Time-Delivery oder Express-Zuschläge müssen nicht erstattet werden.

Widerrufserklärung. Entgegen der bisherigen Praxis muss der Verbraucher den Widerruf eindeutig erklären. Es reicht nicht mehr aus, die Ware kommentarlos zurückzusenden oder die Annahme zu verweigern (wobei dies auch unter das Thema Annahmeverzug fallen würde). Es ist dem Verbraucher freigestellt, welchen Weg der Widerrufserklärung er wählt. Die durch den Shop-Betreiber vorgegebenen Kommunikationswege sind weiterhin in der Widerrufsbelehrung anzugeben und dürfen nicht unverhältnismäßig eingeschränkt werden.

Widerrufsformular. Neu ist die Verpflichtung zur Bereitstellung eines Widerrufsformulars (siehe Abbildung 3-98). Das standardisierte Formular muss dem Verbraucher auf einem dauerhaftem Datenträger zur Verfügung gestellt werden und in Teilen vom Unternehmen vorausgefüllt sein. Zwar ist die Nutzung des Formulars für den Endverbraucher keineswegs vorgeschrieben, der Händler muss es dem Verbraucher jedoch zwingend zur Verfügung stellen. Wir empfehlen daher, das Formular der Bestätigung über den Eingang der Bestellung beizufügen.

Vom Händler vorausgefüllt werden muss der Teil mit der eigenen Adresse bzw. den eigenen Kontaktdaten. Alle anderen Inhalte, also zum Beispiel die Adresse des Endkunden oder die Artikelauflistung, müssen nicht vorausgefüllt sein.

Widerrufsformular

Wenn Sie den Vertrag widerrufen wollen, dann füllen Sie bitte dieses Formular aus und senden Sie es zurück.

An

Musterfirma AG
Musterallee 123
12345 Musterstadt

eMail: widerruf@musterfirma.de
Fax (0123) 45678-9

Hiermit widerrufe(n) ich/wir (*) den von mir/uns (*) abgeschlossenen Vertrag über den Kauf der folgenden Waren (*)/die Erbringung der folgenden Dienstleistung (*)

_____

_____

_____

Bestellt am (*) _____ /erhalten am (*) _____

Name des/der Verbraucher(s)

_____

Anschrift des/der Verbraucher(s)

_____

Unterschrift des/der Verbraucher(s) (nur bei Mitteilung auf Papier)

_____

Datum

_____

(*) Unzutreffendes streichen

Abbildung 3-98: Muster Widerrufsformular, Stand: Mai 2014

Markenrecht

Ganz zu Beginn Ihres Online-Shop-Projektes machen Sie sich Gedanken über den Namen des Online-Shops, über Logos und Slogans. Sie suchen sich einen Namen aus, der bisher noch nicht von einem Wettbewerber genutzt wird.

Ausführliche Informationen zum Thema Marken und Namenssuche aus Sicht des Marketings finden Sie im Abschnitt »(Domain-)Namenswahl« auf Seite 91.

Wichtig ist hierbei, dass Sie auf der einen Seite keine bestehenden Rechte anderer Marktteilnehmer verletzten. Auf der anderen Seite möchten Sie natürlich sicherstellen, dass zukünftig niemand auf den gleichen Zug aufspringt und seinen Online-Shop genauso oder so ähnlich nennt, wie Sie Ihren.

Fremde Marken

Die Markenrecherche fremder Marken und die Markeneintragung Ihrer Wettbewerber spielen eine wesentliche Rolle bei den Überlegungen zur Namenswahl.

Geschützt werden bzw. geschützt sein können:

- Namen/Begriffe
- Bilder
- Kombinationen aus Begriffen und Bildern

Natürlich sind darüber hinaus viele weitere Formen des Schutzes, wie zum Beispiel für Geschmacksmuster, Titel usw., möglich. Sie sind aber für den Bereich E-Commerce wenig relevant. Wir beschränken uns daher auf obige Auflistung.

In Deutschland genießen nicht nur in Deutschland eingetragenen Marken Schutzrechte, sondern:

- Deutsche Marken
- Europäische Gemeinschaftsmarken
- Internationale Marken

Verletzen Sie mit Ihrem Online-Shop zum Beispiel durch die Registrierung eines (auch ähnlichen) Domainnamens oder durch die Nutzung eines (auch ähnlichen) Logos bestehende Markenrechte, hat der Markeninhaber in der Regel einen Anspruch auf Unterlassung.

Im schlimmsten Fall heißt das für Sie, dass Sie nicht nur Ihrem Online-Shop einen neuen Namen geben müssen, sondern dass Sie auch Briefpapiere und Visitenkarten, Werbeanzeigen und Radio- oder TV-Spots ändern müssen – praktisch müssen alle Vorkommen der verletzten Marke umgehend geändert werden. Rechtsberatungskosten, gegebenenfalls sogar Schadenersatzforderungen kommen noch hinzu.

Es empfiehlt sich daher, neben der Namensrecherche (vergleiche Abschnitt »(Domain-)-Namenswahl« auf Seite 91) eine professionelle Markenrecherche durchführen zu lassen. Die Recherche umfasst neben den oben genannten Markengebieten auch ähnliche Marken (ähnliche Schreibweisen, ähnlicher Klang bei Aussprache usw.), da schon allein eine Verwechslungsgefahr mit bestehenden Marken kritisch ist.

Einen ersten Anhaltspunkt, ob der von Ihnen gewünschte Name fremde Rechte verletzen könnte, bietet die Recherche bei Google. Mit sinkender Trefferanzahl sinkt auch die Wahrscheinlichkeit einer Rechtsverletzung. Auch die Abfrage der Markendatenbanken beim Deutschen Patent- und Markenamt (siehe Abbildung 3-99, *https://register.dpma.de/DPMAregister/marke/einsteiger*) kann hilfreich sein.

Beachten Sie aber, dass Sie mit der Suche nach einem Begriff weder eine Ähnlichkeitsrecherche durchführen, noch dass Sie selbst eine rechtliche Bewertung der Kollisionsgefahr mit bestehenden Marken vornehmen können. Liefert Ihre Suche als Ergebnis eine fremde Markeneintragung, heißt das nicht zwingend, dass Sie den gleichen Begriff nicht für Ihren Online-Shop verwenden können, da der Markenschutz nur für die eingetragenen Markenklassen gilt.

So wäre es zum Beispiel denkbar, dass Sie die Marke »ARAL« für den Verkauf von Unterwäsche nutzen könnten, wenn der eingetragene Schutz nur für den Verkauf von Mineralölen bestehen würde (Achtung: Das ist ein rein fiktives Beispiel!).

Eigene Marken schützen

Haben Sie den Namen Ihres Online-Shops und Ihr Logo festgelegt und entworfen, sollten Sie überlegen, ob Sie sie nicht schützen möchten.

Der Schutz eines Namens entsteht mitunter schon durch die bloße Nutzung. Dies kann zum Beispiel bei Ihrem Firmennamen so sein. Der Name einer im Handelsregister eingetragenen Firma bietet bereits im Bezirk der zuständigen Industrie- und Handelskammer einen gewissen Schutz. Andere Firmen können dort nicht mehr mit einem gleichen Namen gegründet werden. Für den weltweiten Online-Handel ist dies natürlich nicht genug. Daher sollten Sie überlegen, ob Sie Ihren Namen markenrechtlich schützen lassen.

Die Eintragung einer Marke beim Deutschen Patent- und Markenamt können Sie grundsätzlich selbst vornehmen. Unter *https://direkt.dpma.de/marke/* finden Sie den Einstieg in die Markenregistrierung. Die Kosten für die Grundeintragung in drei Markenklassen (die Definition der Waren und Dienstleistungen, für die die Marke geschützt werden soll) für die ersten zehn Jahre betragen 290 €.

Die Gebühren werden auch dann fällig, wenn die Eintragung wegen absoluter Schutzhindernisse nicht vollzogen werden kann. So könnten Sie beispielsweise die Marke »Apfel« eintragen, wenn Sie den Schutz für den Bereich »Computer« oder »Software« beantragen würden (sofern er noch nicht von anderen Firmen geschützt wurde). Eine Eintragung für den Warenbereich »Obst« wäre jedoch nicht möglich, da »Apfel« lediglich eine Beschreibung für »Obst« darstellt.

Anstatt die Eintragung selbst vorzunehmen, empfehlen wir die Beauftragung von Markenrecherche und -eintragung bei einem spezialisierten Anwalt. Er kann Ihnen am ehesten sagen, ob eine Kollisionsgefahr besteht und ob eine Eintragung überhaupt möglich ist.

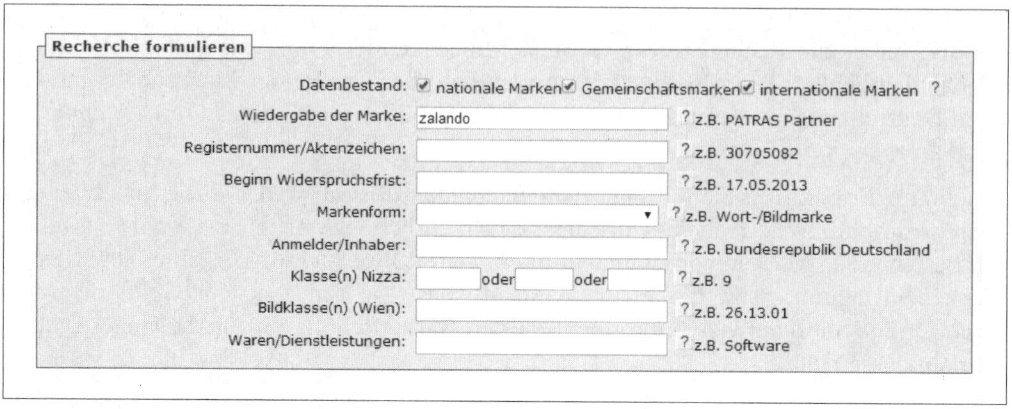

Abbildung 3-99: Markenrecherche Deutsches Patent- und Markenamt

Internationalisierung

Grenzüberschreitender Handel ist mit Online-Shops nicht nur sehr einfach umzusetzen, er ist, wenn ein Kunde aus dem Ausland bestellt, mitunter gar nicht zu verhindern, da man nur mit einigem technischen Aufwand Barrieren errichten kann, die den Kauf aus dem Ausland im eigenen Online-Shop unmöglich machen.

Mit der Einführung der Europäischen Verbraucherrechterichtlinie im Juni 2014 wurde hinsichtlich der Informationspflichten auf Seiten des Shop-Betreibers und auch im Widerrufsrecht vieles vereinfacht, da im Allgemeinen immer das Recht des Landes gilt, in das geliefert wird.

Das betrifft nicht nur die Informationspflichten oder das Widerrufsrecht, sondern letztlich alle Rechtsgebiete, die auch für den Handel innerhalb Deutschlands zu beachten sind.

Natürlich gibt es einen deutlichen Unterschied zwischen der juristischen Theorie und der Praxis im täglichen Online-Handel. Nur weil Sie Ihre AdWords-Werbung auf Österreich ausweiten, heißt das noch lange nicht, dass Sie gleich von einem Konkurrenten aus Österreich abgemahnt werden. Aber Sie müssen sich im Klaren darüber sein, dass diese Gefahr besteht! Je offensiver Sie auf einem Markt auftreten, desto eher werden Sie nicht nur von potenziellen Kunden, sondern auch von den Wettbewerbern vor Ort wahrgenommen.

Wenn Sie die Ausweitung des Online-Handels in andere Länder ernsthaft in Erwägung ziehen und dort am Markt auftreten wollen, sollten Sie sich unbedingt mit den gesetzlichen Gegebenheiten vor Ort auseinandersetzen.

Fazit

Der rechtliche Aspekt des Online-Handels nimmt einen großen Raum ein. Nicht zuletzt wegen vieler unterbeschäftigter Rechtsanwälte und nicht immer durchdachter gesetzlicher Regelungen schwappen immer wieder Abmahnwellen durch die E-Commerce-Landschaft.

Wenn Sie als Online-Händler alles richtig machen wollen, bleibt Ihnen nichts anderes übrig, als sich umfassend in die jeweiligen Themen einzuarbeiten. Sie müssen eigentlich alle, wirklich alle Gesetze und Verordnungen kennen, die die Produkte betreffen, die Sie in Ihrem Online-Shop anbieten. Und Sie müssen in allen Themen fit sein, die den Online-Handel an sich in Deutschland und in jedem Land betreffen, in das Sie theoretisch liefern können.

Oder Sie müssen eine derartige Marktmacht und Positionierung aufbauen, dass sich niemand mehr traut, rechtlich gegen Sie vorzugehen. Wenn Sie nach der Lektüre dieses Kapitels einen Blick auf Amazon.de werfen, werden Sie schnell feststellen, dass Amazon in irgendeiner Form gegen so ziemlich alle Verordnungen und Gesetze verstößt, die wir hier aufgeführt haben. Aber, wie schon in der Einleitung geschrieben, »Wo kein Kläger, da kein Richter«. Es ist quasi unvorstellbar, dass Händler gegen Amazon vorgehen werden. Dann schon eher gegen kleinere Händler, die Amazon.de als Verkaufsplattform nutzen.

Es gibt immer wieder Bereiche, die prädestiniert dafür sind, abgemahnt zu werden. Hierzu zählen sicherlich die Informationspflichten zu den Produkteigenschaften, die Anbieterkennzeichnung (Impressum), die Preisangabenverordnung (PAngV) und das Widerrufsrecht mit der Widerrufsbelehrung und dem neuen Widerrufsformular.

Immer wenn sich die Gesetzgebung ändert, geistert das Damoklesschwert der Abmahnindustrie durch das Internet.

Machen Sie sich und Ihren Online-Shop fit in den wesentlichen Punkten und lesen Sie sich nach und nach in die unterschiedlichen Themengebiete ein. Hilfreiche Links zu den Rechtsthemen im E-Commerce finden Sie im Anhang.

Und lassen Sie sich von einem spezialisierten Anwalt beraten. Wahrscheinlich kennen sich die meisten Anwälte mit den Grundzügen des Online-Handels aus oder lesen sich bei Bedarf in die Materie ein. Die Erfahrung zeigt aber, dass Sie nur bei einem auf IT-Recht und Online-Handel spezialisierten Anwalt wirklich gut aufgehoben sind, weil das Themenspektrum derart komplex ist, dass dies kaum als gleichberechtigtes Thema neben Miet- oder Arbeitsrecht zu bewältigen ist.

Interview mit Rechtsanwalt Christoph Schmitz-Schunken

Christoph Schmitz-Schunken ist Rechtsanwalt und Steuerberater (*www.ecommerce.ac/berater-ecommerce/christoph-schmitz-schunken*). Mit den Schwerpunkten Wirtschaftsrecht und Steuerrecht berät er Unternehmen auch in den Bereichen E-Commerce und Recht im Internet.

Abmahnungen im E-Commerce gehören inzwischen zum Unternehmeralltag. Gibt es Punkte, auf die Online-Shop-Betreiber besonders achten müssen?

Einzelne Punkte als besondere herauszustellen, hat an dieser Stelle keinen Sinn. Der Online-Shop-Betreiber muss sicherstellen, dass er alle für ihn relevanten Vorschriften erfüllt, denn die Verletzung einer der vielen relevanten Normen und Anforderungen im Bereich Online-Handel können Abmahnungen nach sich ziehen.

Dies erklärt sich letztendlich vor dem Hintergrund der Regelungen des Gesetzes gegen den unlauteren Wettbewerb (UWG). Der Gesetzgeber hat dieses Gesetz als Marktordnungsgesetz erlassen, das den »Mitbewerber«, den »Verbraucher«, aber auch die »sonstigen Marktteilnehmer« vor unlauteren geschäftlichen Handlungen schützen soll.

Wer sich im Sinne dieses Gesetzes unlauter verhält, kann auf Auskunft, Beseitigung, Unterlassung und Schadenersatz in Anspruch genommen werden. Er muss aber in den allermeisten Fällen vorher abgemahnt werden (vgl. § 12 UWG). Dieser Umstand, der sich als Regel durch alle Gesetze, die in Summe das Gebiet des gewerblichen Rechtsschutzes ausmachen (so auch bspw. das Urhebergesetz oder das Markengesetz), wiederfindet, ist die Grundlage für das rege Abmahnverhalten in der Republik.

Der Online-Shop-Betreiber (wie allerdings jeder andere Gewerbetreibende auch) sollte sich daher zumindest einmal die Mühe machen und das überschaubare UWB durchblättern. Er ist danach zwar nicht viel schlauer, hat aber eine Idee davon bekommen, was der Gesetzgeber hierzu meinen könnte, wenngleich sich sehr vieles erst durch das Studium der zu dem Gesetz mannigfaltig ergangenen Urteile und der einschlägigen wissenschaftlichen Literatur dazu ergibt. Die Hinzuziehung eines entsprechend spezialisierten Beraters ist daher in der Regel anzuraten, um die vielen Klippen in diesem Bereich umschiffen zu können. Man kann sich eine erste gute Orientierung aber auch schon im Internet selbst besorgen, wenn man ausreichend Zeit in die Recherche investiert. Allerdings weiß man natürlich nie, ob das dort Geschriebene auch richtig ist, und muss insoweit etwas Vertrauen aufbringen. Der Berater dagegen kann für Falschauskünfte haftbar gemacht werden, kostet aber auch Geld.

Einige allgemeine Punkte möchte ich an dieser Stelle trotzdem vorstellen, die sehr häufig in der Praxis vorkommen:

1) Impressum

Nach §§ 5 und 6 Telemediengesetz (TMG) muss der Shop ein gut gekennzeichnetes Impressum beinhalten, dessen Mindestinhalte sich aus den benannten Paragraphen ergeben.

In der Regel handelt es sich dabei um die folgenden Angaben:

* Vorname, Name, Rechtsform, Anschrift, Niederlassung
* Grund-/Stammkapital und ggfs. Liquidationsvermerk

- Kontaktangaben (Telefon, Mail-Adresse oder Kontaktformular, wenn sichergestellt ist, dass auf eine Anfrage eines Verbrauchers in einer Zeitspanne von 30–60 Minuten geantwortet wird)
- Ggfs. vorhandene Aufsichtsbehörden
- Registerangaben
- Umsatz- oder Steueridentifikationsnummer
- Berufsrechtliche Angaben
- Berufshaftpflichtversicherung
- Ggfs. Angaben zum V. i. S. d. P., wenn journalistisch-redaktionelle Inhalte angeboten werden

Wenn man ein richtiges Impressum erstellt hat, muss man es aber auch richtig verlinken (2-Klick-Regel zur unmittelbaren Erreichbarkeit), ständig verfügbar halten und leicht erkennbar auf der Seite positionieren. Hier gilt es, Farbe zu bekennen und kein Versteckspiel zu betreiben.

Problematisch ist hier auch, das Impressum als Grafik darzustellen, um das Auslesen von Daten zu erschweren. Die Rechtsprechung hält dies für eine abmahnfähige Praxis, da die Impressumspflicht auch für Nutzer erfüllt sein soll, die mit reinen Textbrowsern unterwegs sind.

Der Teufel steckt hier in vielen Details. Unzweifelhaft ist jedoch, dass ein Online-Shop ein eigenes Impressum, das heißt eine eigene Anbieterkennung haben muss, auch wenn der Shop als Unterseite zu einer anderen bestehenden Seite angelegt ist.

2) Informationspflichten / Widerrufsbelehrung

Auf der Grundlage der mit Wirkung zum 13.06.2014 umgesetzten EU-Verbraucherrechterichtlinie (RL 2011/83/EU) in deutsches Recht sind alle Online-Händler gehalten, jedenfalls in allen Fällen, in denen an Verbraucher im Sinne der EU-Richtlinie geliefert werden soll, einen vorgegebenen Katalog an Informationspflichten zu erfüllen:

a) Neben der Angabe von Name, Anschrift und E-Mail-Adresse des Unternehmers ist nun auch die Angabe einer Telefonnummer verpflichtend.

b) Die genaue Angabe der akzeptierten Zahlungsmittel ist verpflichtend, wobei für den Verbraucher zumindest eine »gängige und zumutbare« kostenfreie Zahlungsmöglichkeit zur Verfügung stehen muss.

c) Es ist ein Liefertermin anzugeben.

d) Es sind Informationen zum gesetzlichen Mängelhaftungsrecht zur Verfügung zu stellen sowie ggf. Informationen zu einem bestehenden Kundendienst, zu Kundendienstleistungen sowie zu Garantien.

e) Zudem ist ein Musterwiderrufsformular zur Verfügung zu stellen, das auf der Basis der erwähnten EU-Richtlinie europaweit nunmehr einheitlich aussieht und grundsätzlich ein

14-tägiges Widerrufsrecht beschreibt. Der genaue Inhalt dieser Belehrung ist in Art. 246a EGBGB zu finden.

Unabhängig von der Frage, ob und wie rechtliche Einschränkungen zu diesen Belehrungen zulässig sind (bspw. für den Bereich des Downloads digitaler Inhalte), eröffnet die Nichtbeachtung dieser Informationsanforderungen Angriffspunkte für Abmahnungen durch Wettbewerber.

3) Datenschutzbelehrung und Datenverwendung

Ohne Erhebung personenbezogener Daten kann kein Online-Shop betrieben werden. Insoweit kommt der Online-Shop-Betreiber unweigerlich mit den Vorschriften der einschlägigen nationalen und internationalen Datenschutzbestimmungen in Berührung. Abmahnfähig ist dabei ein Umgang mit den erhobenen und ggfs. gespeicherten personenbezogenen Daten dann, wenn eine ordnungsgemäße Belehrung über die Art, den Umfang und den Zweck der Erhebung, Verarbeitung und Nutzung der personenbezogenen Daten unterlassen wird. Abmahnfähig ist es auch, wenn diese Daten nicht vor dem Zugriff Dritter geschützt werden.

Es ist daher an dieser Stelle dringend zu empfehlen, in den Online-Shop-Prozess die Kenntnisnahme einer Datenschutzerklärung einzubauen. Sind im Rahmen des Online-Shops mehr als neun Mitarbeiter mit der Erhebung der Daten beschäftigt, muss zudem ein Datenschutzbeauftragter benannt werden.

4) Preisangabenverordnung

Im Online-Shop-Betrieb muss die Preisangabenverordnung (PAngV) beachtet werden, deren Markenkern aus den Begriffen »Preisklarheit« und »Preiswahrheit« besteht. Danach dürfen einem Kunden gegenüber keine Kosten verheimlicht werden. So müssen beispielsweise die fälligen Liefer-/Versandkosten und die Mehrwertsteuer getrennt angezeigt werden. Dies muss leicht nachvollziehbar und für den Kunden verständlich erfolgen. Nicht vernachlässigt werden darf die Angabe der Grundpreise und dies bezogen auf die bezogene Mengeneinheit.

5) Marken- und Urheberrechte

Verwendet der Online-Shop Darstellungen, die einen Marken- oder Urheberrechtsschutz Dritter genießen (bspw. Bilder, Texte, Grafiken, Musik, Videos etc.), muss dies kenntlich gemacht werden. Darüber hinaus sollte man im Vorhinein eine entsprechende Nutzungslizenz vom Rechteinhaber eingeholt haben, um eine Abmahnung des Rechteinhabers zu vermeiden

6) Allgemeine Geschäftsbedingungen, AGB

Die Verwendung fehlerhafter AGB-Texte ist abmahnfähig, da sie geeignet sind, den Verbraucher über seine ihm gesetzlich zustehenden Rechte zu täuschen. Unabhängig davon, ob die AGB wirksam in den Vertrag mit dem Kunden einbezogen werden, kann alleine ihre Verwendung auf der Shop-Seite abmahnfähig sein.

Da die Abfassung »richtiger« AGB keine einfache Angelegenheit ist, sollte man hierzu stets einen Rechtsanwalt zu Rate ziehen.

7) Jugendschutzbestimmungen

Sollten Produkte vertrieben werden, die unter das Jugendschutzgesetz fallen, müssen entsprechende Kennzeichnungen auch im Online-Handel vorgehalten werden.

8) Besondere produktspezifische Angabepflichten

Im Übrigen gilt es, die jeweiligen besonderen Gesetze zu studieren, die für die jeweils vertriebenen Produkte maßgebend sind. Ein Beispiel sind Lebensmittel. Derzeit steht noch nicht fest, ob die Angaben laut Lebensmittelkennzeichnungsverordnung auch im Online-Handel beachtet werden müssen, da dort nur von Verpackungsangaben gesprochen wird. Nach der Zusatzstoff-Zusatzverordnung, vgl. dort § 9 Abs.6 Nr.4, müssen aber die neun wichtigsten Klassenbezeichnungen auch im Versandhandel angeben werden. Es können sich im Sinne des Verbraucherschutzes in diesem Zusammenhang noch weitere Informationen aufdrängen, deren Angabe notwendig ist (bspw. MHD oder Nährwerte oder, oder …). Es empfiehlt sich, die tagesaktuelle Rechtsprechung zu beachten, um nicht in eine Abmahnfalle zu laufen.

Aber auch für Batterien, Textilien, Lampen, Holz, Kosmetika, Arzneien, elektronische Haushaltsgeräte usw. sind besondere Kennzeichnungsvorschriften zu beachten, deren Verletzung zu Abmahnungen führen können. Hier spielen insbesondere diverse Verordnungen der Europäischen Union eine bedeutende Rolle. Auf die jeweiligen Einzelgesetze und EU-Verordnungen wird an dieser Stelle verwiesen.

Im Juni 2014 trat die Verbraucherrechterichtlinie der EU in Kraft. Welche Änderungen sind hier besonders relevant?

Die wesentlichen relevanten Änderungen sind folgende:

1. Änderung des Verbraucherbegriffs

Verbraucher ist nunmehr im Sinne der Richtlinie jeder, dessen Rechtsgeschäft »überwiegend« weder einer gewerblichen noch einer selbstständigen beruflichen Tätigkeit zugeordnet werden kann. Früher gab es den Begriff »überwiegend« in der Definition nicht. Es wird also künftig schwieriger, einer Person das Widerrufsrecht abzusprechen.

2. Informationspflichten

Künftig werden Unternehmern weitergehende Informationspflichten auferlegt. Die wichtigsten diesbezüglichen Änderungen sind:

a) Neben der Angabe von Name, Anschrift und E-Mail-Adresse des Unternehmers ist nun auch die Angabe einer Telefonnummer verpflichtend.

b) Die genaue Angabe der akzeptierten Zahlungsmittel ist verpflichtend, wobei für den Verbraucher zumindest eine »gängige und zumutbare« kostenfreie Zahlungsmöglichkeit zur Verfügung stehen muss.

c) Es ist ein Liefertermin anzugeben.

d) Es sind Informationen zum gesetzlichen Mängelhaftungsrecht zur Verfügung zu stellen sowie ggf. Informationen zu einem bestehenden Kundendienst, zu Kundendienstleistungen sowie zu Garantien.

e) Zudem ist ein Musterwiderrufsformular zur Verfügung zu stellen, dessen Inhalt durch die Richtlinie nunmehr europaweit vereinheitlicht ist.

f) Die Widerrufsfrist beträgt bei ordnungsgemäßer Widerrufsbelehrung weiterhin 14 Tage. Neu ist, dass das Widerrufsrecht in jedem Fall (also auch bei unterbliebener oder nicht ordnungsgemäßer Belehrung) spätestens nach 12 Monaten und 14 Tagen erlischt und nicht mehr – wie bisher – »unendlich« gilt.

g) Eine weitere wesentliche Änderung ist, dass die bloße Rücksendung der Ware in Zukunft nicht mehr zur Ausübung des Widerrufsrechts genügt, sondern dass eine ausdrückliche Erklärung gegenüber dem Unternehmer zu erfolgen hat. Gibt der Online-Händler dem Verbraucher die Möglichkeit, ein Widerrufsformular zum Beispiel auf der Online-Shop-Seite auszufüllen und elektronisch an den Händler zu übermitteln, ist der Händler nach dem Gesetz verpflichtet, dem Verbraucher den Zugang des Widerrufs unverzüglich (also wohl binnen 24 Stunden) per E-Mail zu bestätigen.

h) Nach erklärtem Widerruf hat der Verbraucher die Ware binnen 14 Tagen zurückzusenden. Diese neue 14-Tages-Frist gilt grundsätzlich auch für den Unternehmer hinsichtlich der Rückzahlung des ggf. schon gezahlten Kaufpreises. Dem Unternehmer steht jedoch ein Zurückbehaltungsrecht zu, bis er die Ware zurückerhalten hat oder der Verbraucher den Nachweis erbracht hat, dass er die Waren abgesandt hat.

i) Auch hinsichtlich des Themas »Hin- und Rücksendekosten« sieht die Richtlinie Neuregelungen vor. Bezüglich der Hinsendekosten verbleibt es grundsätzlich bei der alten Regelung, dass sie im Falle des Widerrufs dem Verbraucher vom Unternehmer zu erstatten sind. Neu ist jedoch, dass diese Kosten für den Händler »gedeckelt« werden. Der Online-Händler muss nämlich nach dem neuen Gesetz nicht mehr zwingend die gezahlten Hinsendekosten erstatten, sondern »nur« noch diejenigen, die bei dem von ihm angebotenen günstigsten Standardversand angefallen wären. Hinsichtlich vom Verbraucher ggf. gezahlter Express-Zuschläge oder Ähnlichem besteht keine Erstattungspflicht des Händlers. Diese Mehrkosten verbleiben beim Verbraucher.

Die Rücksendekosten können nach erfolgtem Widerruf nun dem Verbraucher auferlegt werden. Die bisherige »40-Euro-Regelung« fällt ersatzlos weg. Alleinige Voraussetzung hierfür ist, dass der Unternehmer den Verbraucher von dieser Pflicht vor Vertragsschluss ordnungsgemäß unterrichtet hat. Dies kann im Rahmen der Widerrufsbelehrung erfolgen. Problematisch ist dies jedoch dann, wenn auch Waren vertrieben werden, die aufgrund ihrer Beschaffenheit nicht auf dem normalen Postwege zurückgesandt werden können. In diesem Fall schreibt das Gesetz nämlich vor, dass die Kosten der Rücksendung angegeben werden müssen oder zumindest eine Obergrenze. Eine derartige für alle Waren gültige Angabe in der Widerrufsbelehrung dürfte in der Praxis bereits schwierig sein. Hinzu kommt, dass die neue Muster-Widerrufsbelehrung nach ihrem Wortlaut keine Kombination dieser Gestaltungsmöglichkeiten zulässt (also etwa eine Unterteilung in paketversandfähige und nicht-paketversandfähige Waren). Dies führt bei strenger Auslegung des neuen Gesetzes dazu, dass Online-Händlern, die sowohl paketversandfähige als auch nicht-paketversandfähige Waren vertreiben, eine gesetzeskonforme Belehrung und damit eine wirksame Abwälzung der Rücksendekosten auf den Verbraucher nicht möglich ist. In der Praxis wird vielen Online-Händlern daher nichts andere übrig bleiben, als von den Gestaltungshinweisen der Muster-Widerrufsbelehrung teilweise abzuweichen. Ob sich das damit verbundene Risiko realisiert, werden erst die Gerichtsentscheidungen der nächsten Jahre zeigen.

j) Erwähnt werden sollen noch drei weitere Änderungen:

- Einen Anspruch des Unternehmers auf Wertersatz für durch den Verbraucher bis zur Rücksendung der Ware gezogene Nutzungen der Ware schließt das Gesetz nun explizit aus. Der Verbraucher hat nur Wertersatz für evtl. Wertverlust der Ware zu erstatten, wenn der Wertverlust auf einen Umgang mit der Ware zurückzuführen ist, der zur Prüfung der Beschaffenheit, der Eigenschaften und der Funktionsweise der Waren nicht notwendig war, und wenn der Verbraucher hierüber vor Vertragsschluss ordnungsgemäß belehrt wurde.

- Online-Händler, die Hygiene-Artikel anbieten, werden in Zukunft besser gestellt, da den Verbrauchern künftig kein Widerrufsrecht bei Verträgen zur Lieferung versiegelter Waren zusteht, die aus Gründen des Gesundheitsschutzes oder der Hygiene nicht zur Rückgabe geeignet sind und deren Versiegelung nach der Lieferung entfernt wurde.

- Erlöschen des Widerrufsrechts bei Downloads

Die Verbraucherrechterichtlinie vereinheitlicht Widerrufsrecht und Informationspflichten in der gesamten EU. Steht der Online-Shop-Expansion ins Ausland nun nichts mehr im Wege?

Nur weil Widerrufsrecht und Informationspflicht nunmehr EU-weit vereinheitlich sind, bedeutet dies noch lange nicht, dass in jedem Mitgliedsstaat der EU oder gar darüber hinaus ähnliches oder gleiches Recht herrscht.

Während die Gedanken frei sein, ist es Werbung noch lange nicht.

Häufig geistert dabei Artikel 3 der E-Commerce-Richtlinie durch die Köpfe der Beteiligten. Diese Vorschrift verankert das Herkunftsland im E-Commerce. Eine Website ist von allen Punkten der Erde, die mit dem Internet verbunden sind, abrufbar. Es liegt auf der Hand, dass ein Unternehmen, das einen Werbeauftritt im Internet hat, keine Werbung betreiben kann, die in allen Ländern der Welt mit dem dortigen nationalen Werberecht konform geht. Deshalb bestimmt Artikel 3 der E-Commerce-Richtlinie für die EU, dass ein Internetauftritt den Bestimmungen des Landes zu entsprechen hat, in dem das Unternehmen seinen Sitz hat. Das heißt aber nur, dass das deutsche Unternehmen in Deutschland nach deutschem Recht werben kann und zum Beispiel kein belgischer Wettbewerber, der sich den Internetauftritt ansieht, aufgrund der theoretischen Möglichkeit des Abrufs der Internetseiten in Belgien dort eine Klage erheben könnte, indem er behauptet, die Werbung verstoße gegen belgisches Recht.

Anders jedoch, wenn das jeweilige Unternehmen seine Werbung auf das Ausland ausrichtet.

Geschieht dies, handelt es sich nicht mehr um einen Inlandssachverhalt mit der theoretischen Möglichkeit des Abrufs der Internetseite im Ausland, sondern wir reden von dem gewollten Abruf der Internetseite im Ausland, weil das Unternehmen dort Werbung betreibt und um Kunden wirbt.

Dann jedoch liegt ein Fall vor, bei dem Interessen der Mitbewerber im Ausland aufeinandertreffen und auf die Entschließung der umworbenen Kunden dort eingewirkt werden soll. Dieser Ort wird als sogenannter Marktort bezeichnet.

Gemäß Rechtsprechung ist das anwendbare Sachrecht dann das Recht des ausländischen Marktortes. Dies entspricht Artikel 6 Rom-II-Verordnung. In diesem Fall muss die Werbung mit dem belgischen Recht konform gehen. Richtet ein Unternehmen seine Werbung auf mehrere oder sogar alle Mitgliedsstaaten der EU (oder darüber hinaus) aus, müssen die jeweils dort anwendbar Rechtsvorschriften beachtet werden. Denn ob die Werbung irreführend ist, richtet sich in rechtlicher Hinsicht nach den am Marktort geltenden nationalen Regelungen.

Es gibt also noch genug Hindernisse für die Expansion ins Ausland!

Thema Steuern: Die Schweiz ist ein attraktiver Markt für den Online-Handel. Was muss ich beim Verkauf an Endverbraucher und Unternehmer in der Schweiz beachten?

Zunächst einmal ist zu beachten, dass die Schweiz kein Mitgliedsstaat der EU ist. Die Lieferung durch den Online-Händler selbst oder über einen Paketdienst in die Schweiz ist mithin eine Lieferung ins EU-Ausland.

Sie ist unabhängig davon, ob der Abnehmer ein Endverbraucher oder Unternehmer ist, von der Umsatzsteuer befreit. Es handelt sich um eine steuerfreie Ausfuhrlieferung gem. § 4 Nr.1 lit.a, § 6 UStG. Umsatzsteuer darf daher auf der Rechnung nicht ausgewiesen werden. Auf ihr ist vielmehr zu vermerken, dass es sich um eine steuerfreie Ausfuhrlieferung in einen sog. Drittstaat handelt.

Da die Lieferung aber auch Zollgrenzen überschreitet, ist die Ware ordnungsgemäß über das Ausfuhrzollsystem der EU zu erfassen und sodann durch den Schweizer Zoll »zu verzollen und zu versteuern«.

Da die Schweiz Mitgliedsstaat der Europäischen Freihandelszone ist, werden in der Regel auf die allermeisten Güter, die aus der EU eingeführt werden, keine oder geringere Zölle erhoben, als es der allgemeine Zolltarif vorschreibt. Einzelheiten sind mit dem Schweizer Zoll zu klären.

Neben dem möglicherweise wegfallenden Zoll ist aber darüber hinaus noch eine Einfuhrumsatzsteuer (Einfuhrsteuer gem. Schweizer MWSTG; 8% auf den Warenwert) zu entrichten.

Schließlich ist auf inländischer Seite die Ausfuhr buch- und belegmäßig zu erfassen. Der Online-Händler muss daher sowohl in der Buchführung als auch in der Beleglage die Voraussetzungen der steuerfreien Ausfuhrlieferung aus deutscher Sicht abbilden. Hierzu ist zwingend der Ausfuhrbeleg zur Akte zur nehmen. Geschieht dies nicht, droht dem

Online-Händler im Rahmen einer Umsatzsteuerprüfung der nachträgliche Wegfall der Umsatzsteuerbefreiung auf diese Umsätze.

Da die vorstehende Darstellung nur den Grundfall abbildet und Umsatzsteuer- und Zollrecht aber diverse Sonderfälle betrifft, ersetzt diese Auskunft in keinem Fall eine qualifizierte Beratung!

Gelten die gleichen Regelungen auch für den weltweiten Versand, also zum Beispiel in die USA oder die Türkei?

Grundsätzlich ja, da auch die Türkei oder die USA nach den Maßstäben des Umsatzsteuerrechts und des Europäischen Zollrechts Drittstaaten sind.

Zwischen der EU und der Türkei besteht ein zollrechtliches Freihandelsabkommen, nicht jeodch zwischen der EU und den USA, das wird derzeit politisch heiß thematisiert.

Umsatzsteuerrechtlich werden aber beide Länder wie der Schweiz-Fall behandelt. Zollrechtlich können sich Unterschiede ergeben. Sie aufzuklären, ist viel zu detailspezifisch. Hier wäre eine Beratung im Einzelfall geboten.

TEIL III

After-Sales: Werbung und Marketing

- Customer-Lifecycle-Management
- Kundenservice im Online-Shop
- Werbung und Marketing
- Offline-Werbung
- Online-Werbung

KAPITEL 4
After-Sales: Werbung und Marketing

In diesem Kapitel:
- Kundenservice
- Flyer und Mailings
- Suchmaschinenmarketing
- Affiliate-Netzwerke
- Bewertungen
- E-Mail-Marketing

Der Shop ist fertig – und nun? Ihr neuer Online-Shop hat den GoLive überstanden und kann nun verkaufen. Ähnlich wie ein Ladenlokal im Außenbezirk einer Großstadt, das gerade seine Pforten geöffnet hat, ist ein bestehender Online-Shop noch kein Garant für den großen Reichtum. Was Ihnen zu Ihrem Online-Shop fehlt, sind die Kunden.

Ohne Werbung in der regionalen Presse, in Anzeigenblättern oder per Flugblatt, das Sie in den Briefkästen der Nachbarschaft verteilen, werden Sie keine Kunden für Ihren Laden finden. Genauso ist das mit dem Online-Shop.

Nach und nach werden sich durch die organischen Suchergebnisse – also die unbezahlten, »natürlichen« Rankings bei Google & Co. – Besucher in Ihren Online-Shop verirren. Diese Besucher werden aber kaum ausreichen, um Ihre Investition auch nur annähernd wieder einzuspielen.

Mit dem GoLive des Online-Shops beginnt ein nicht unwesentlicher Teil Ihrer Arbeit als Online-Shop-Betreiber. Sie werden den Online-Shop fortlaufend optimieren, neue Funktionen erweitern, das Produktprogramm und die Produktbeschreibungen ausbauen.

Neben der Arbeit am Online-Shop, die in wenigen Jahren voraussichtlich im Relaunch des jetzigen Shops enden wird, werden Sie den Service in Ihrem Online-Shop verbessern, um Einmalkäufer zu echten, wiederkehrenden Kunden zu machen, und jede Menge Marketingaktionen starten.

In diesem Kapitel haben wir Ihnen viele Ideen und Vorschläge zusammengestellt, die den Besucherzustrom in Ihren Online-Shop und damit auch den erzielten Umsatz deutlich und langfristig steigern werden.

Customer-Lifecycle-Management

Der Lebenszyklus einer Kundenbeziehung besteht in der Regel aus den drei Phasen

- Marketing
- Vertrieb
- Kundenservice

Mit dem Verkauf im Online-Shop und dem anschließenden Kundenservice beginnt der Kreislauf von vorne.

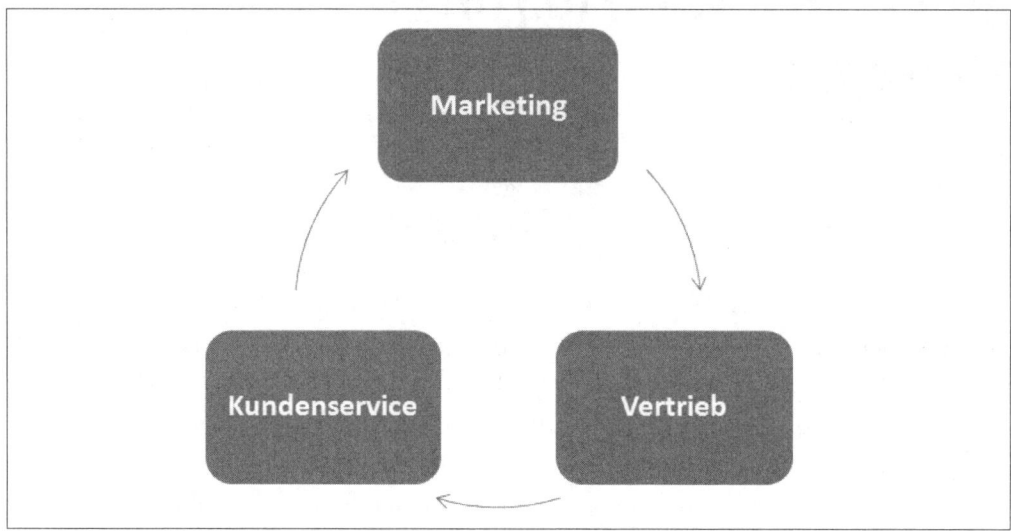

Abbildung 4-1: Customer-Lifecycle-Management

Marketing

Ziel des klassischen Marketings ist die Gewinnung von Besuchern in Ihrem Online-Shop. Da nicht jeder Besucher in Ihrem Shop auch zum Käufer wird, ist es wichtig, die Qualität der Besucher zu steigern und möglichst nur die Surfer in den Shop zu locken, die später auch zu Kunden werden.

Im Abschnitt »Google AdWords« auf Seite 353 zeigen wir anhand von Beispielen, wie Sie dabei die Kosten für die Akquisition von Kunden senken können, indem Sie den Zustrom in den Online-Shop qualifizieren.

Im Customer-Lifecycle-Management gilt die Kundenakquisition als die teuerste Phase. Es ist deutlich günstiger, einen vorhandenen Kunden als Kunden zu behalten und zu einem weiteren Kauf zu bewegen, als einen Nicht-Kunden von einem Erstkauf zu überzeugen.

Daher kommt dem großen Feld des Marketings nicht nur bei der Akquise von Neukunden, sondern auch bei der Kundenpflege eine große Rolle zu. Mit den Mitteln des Marketings müssen aus Einmal-Käufern Dauerkunden, im besten Fall sogar Botschafter für Ihren Online-Shop gemacht werden.

Vertrieb

Der Vertrieb umfasst den eigentlichen Verkaufsvorgang in Ihrem Online-Shop; er macht gerade einmal ein Drittel des Lebenszyklus Ihrer Kundenbeziehung aus.

Für Sie als Shop-Betreiber heißt es, die Konversionsrate zu steigern und den durchschnittlichen Warenkorbwert zum Beispiel durch Cross-Sellings zu erhöhen.

Kundenservice

Der Kundenservice ist das letzte Segment des Vorgangs, bevor er wieder von vorne beginnen sollte. Die Kundenzufriedenheit direkt nach dem Kauf gilt es auszunutzen. Ihre Kunden können in den sozialen Netzwerken über die Kauferfahrungen sprechen und positive Bewertungen in den Bewertungsportalen abgeben.

Bei Reklamationen und Serviceanfragen können Sie durch einen geschickten Umgang mit den Anliegen Ihrer Kunden bereits den Grundstein für eine lange Verkäufer-Käufer-Beziehung legen.

Mittels gezielter Kampagnen und Angebote, die Sie nur Ihren Bestandskunden unterbreiten, können Sie die Kosten für die Aufrechterhaltung der Verkäufer-Käufer-Beziehung unter die Kosten für die Neukundenakquise senken. Sie können Ihre Kunden zum Wiederkauf animieren und auch ganz bewusst um eine Empfehlung an Freunde und Bekannte bitten.

Kundenservice im Online-Shop

Der Kunde im Online-Shop »tickt« ein wenig anders als der Kunde im lokalen Geschäft. Durch großzügig gehandhabte Regelungen (100 Tage Rückgaberecht, keine Versandkosten, Geld-zurück-Garantie, und Ähnliches) hat der deutsche Online-Handel sich eine Kundschaft herangezogen, die durchweg verhätschelt wird und inzwischen auf ihre »Rechte« besteht.

Die Konkurrenz ist oft nur einen Mausklick weit entfernt, und Anfragen nach großzügigen Rabatten werden Ihnen immer wieder begegnen.

Kunden fragen schon nach Rabatt, wenn sie zwei Stück eines Artikels kaufen möchten (Mengenrabatt) oder bereits zum zweiten Mal in Ihrem Shop einkaufen.

Diese und vergleichbare Anfragen bringen Sie in eine Zwickmühle: Auf der einen Seite möchte man dem Kunden nicht unbedingt nachgeben, weil jeder Rabatt den Ertrag schmälert. Zudem sollten Sie das Feilschen auch nicht unbedingt fördern, indem Sie dem Kunden das Erfolgserlebnis geben.

Auf der anderen Seite möchten Sie den Kunden auch nicht unbedingt wegen des Verkaufspreises an den Wettbewerber verlieren.

Rabattanfragen

Rabattanfragen Ihrer Online-Shop-Besucher können Sie, wenn Sie keinen Rabatt in Form eines Abschlags auf den Verkaufspreis gewähren wollen, auch mit den bestehenden Möglichkeiten des Online-Marketings kombinieren.

Wenn Sie allen Ihren Kunden zum Beispiel einen Gutschein für die Anmeldung zu Ihrem Newsletter anbieten, können Sie dies auch dem Kunden anbieten, der Sie gezielt nach einem Rabatt fragt. Gleiches gilt für den Rabatt, den Sie für Rückhol-Mailings anbieten. Beide Gutscheinarten werden wir in diesem Kapitel noch besprechen.

Wenn Sie Ihren Kunden eine Best-Price-Garantie anbieten (siehe Abschnitt »Bester Preis« auf Seite 159), sollten Sie natürlich reagieren und einen entsprechenden Preisnachlass offerieren, wenn Ihr Kunde in einem anderen Online-Shop das gleiche Produkt zu einem besseren Preis gefunden hat.

Grundsätzlich gilt: Egal, ob Sie für den Verkauf über externe Marktplätze wie Amazon oder eBay einen prozentualen Anteil des Verkaufspreises an den Betreiber der Plattform abführen müssen, Kosten für die Bewerbung Ihres Online-Shops bei Google entstehen oder ob Sie einen Rabatt in Form von Gutscheinen oder Prozenten anbieten: Sie sollten immer einen entsprechenden Betrag in den Verkaufspreis Ihrer Produkte mit einberechnen. So lassen sich auch die Rabattanfragen eher positiv beantworten.

Umgang mit Beschwerden und Retouren

Regel Nummer 1: Ihr Kunde hat immer recht. Regel Nummer 2: Hat Ihr Kunde einmal nicht recht, tritt Regel Nummer 1 in Kraft.

Die Anzahl der Beschwerden wird mit dem zunehmenden Erfolg Ihres Online-Shops steigen und die Art der Beschwerden wird mitunter immer absurder. Wahrscheinlich wird es Ihnen bei den ersten Malen schwerfallen, Ihren Kunden nicht zu widersprechen.

Am häufigsten wird man sich bei Ihnen darüber beschweren, dass bei Bestellungen, die mehrere Artikel umfassen, einzelne Artikel fehlen. Das wird selbst dann vorkommen, wenn Sie sich absolut sicher sind, keine Fehlmengen eingepackt zu haben oder dies sogar belegen könnten. Auch gerne genommen: Die Lieferung ist – soweit sie nicht über einen Paketdienst nachverfolgbar ist – überhaupt nicht angekommen.

Verstehen Sie uns nicht falsch: Natürlich sind nicht alle Käufer in Online-Shops so. Aber die Anonymität des Online-Handels, also der fehlende direkte Kontakt zwischen Käufer und Verkäufer, verführt zu den seltsamsten Ideen. Die Erfahrung zeigt, dass die Dreistigkeit mitunter keine Grenzen kennt. Selbst wenn der Käufer mit der offensichtlichen Lüge konfrontiert wird, wird gelogen, dass sich die Balken biegen.

Artikel, die im Rahmen des Widerrufsrechts retourniert werden, weisen deutliche Gebrauchsspuren auf und der Käufer wird behaupten, dass das Hochzeitskleid bereits verschmutzt oder die Schuhsohle bereits abgelaufen war, als er die Lieferung bekommen hat.

Sie werden diese und ähnlich schlechte Erfahrungen sicherlich machen und wir können Ihnen nur den Rat geben: Akzeptieren Sie die Lüge Ihres Kunden, soweit Ihre Kalkulation dies zulässt. Sie sollten unberechtigte Retouren und Lagerverluste einfach einkalkulieren.

Der Ärger über den Verlust des Artikels wird noch gesteigert, wenn Sie anfangen, sich mit dem Kunden über die Wahrheit seiner Aussage zu streiten, und er als Konsequenz eine schlechte Bewertung in einem Bewertungsportal über Sie abgibt. Verärgerte Kunden neigen dazu, schlechte Bewertungen abzugeben und dabei zu übertreiben, auch wenn hierzu (wie in unserer Abbildung 4-2) überhaupt kein Anlass besteht.

2/5: "Die Wolle wurde pünktlich geliefert, entsprach aber gar nicht den Farben, die angezeigt wurden. Der Verkäufer akzeptierte sofort die Rücksendung, was hier nicht nötig war, denn jemand anderes zeigte Interesse für diese Farben, so dass ich etwas anderes daraus stricke. "

Lieselotte, 19. Januar 2014

Abbildung 4-2: Shop-Bewertung bei Amazon.de

Im Gegensatz zum lokalen Einzelhandel spielen Bewertungen für Sie als Händler im Internet eine enorme Rolle. Und es wird dem Endkunden schwerlich nachzuweisen sein, dass seine abgegebene Bewertung inhaltlich falsch ist.

Erst im April 2014 hat ein Händler seinen Kunden für eine schlechte Bewertung bei Amazon vor dem Landgericht Augsburg auf 70.000 € Schadenersatz verklagt. Der Kunde hatte seinen Fliegengitter-Kauf (Kaufpreis: 22,51 €) wie folgt bewertet:

»Die Lieferung erfolgte schnell. Das war das Positive. In der Anleitung steht ganz klar, man muss den Innenrahmen messen. Das ist falsch. Damit wird das Ganze zu kurz! Die Ware selbst macht guten, stabilen Eindruck. Der Verkäufer nie wieder!«

Der (in Teilen) negativen Bewertung ist ein längerer E-Mail- und Telefonkontakt zwischen Käufer und Verkäufer vorausgegangen. Hätte der Verkäufer dem Kunden einen Umtausch oder einen großzügigen Rabatt gewährt, auch wenn der Kunde vielleicht im Unrecht war, hätten sich beide Seiten unnötigen Aufwand und Ärger erspart. Von negativen Schlagzeilen, die der Online-Shop durch Berichterstattung in Presse und Fernsehen macht, einmal ganz abgesehen.

Mitunter können sich drei Überlegungen für Sie rentieren:

1. Stundenlohn versus Ertrag

Wie hoch ist Ihr Stundenlohn und wie viel verdienen Sie mit dem Kauf, über den sich Ihr Kunde beschwert hat? Stellen Sie die beiden Zahlen gegenüber und vergleichen Sie, wie viel Zeit Sie zur Lösung des Problems in den Reklamationsfall investieren können.

2. Nehmen Sie es nicht persönlich

Die Erfahrung zeigt, dass Online-Händler die Rücksendung von Artikeln oder den offensichtlichen Betrug des Endkunden persönlich nehmen. Die Kritik an der eigenen Ware und Dienstleistung, in die man so viel Zeit und Engagement investiert hat, kann an die Nieren gehen.

Distanzieren Sie sich von diesen Gedanken, denn Ihr Kunde meint es nicht persönlich. Egal, ob zu Recht oder Unrecht, versucht der Käufer nur das für ihn Beste herauszuschlagen. Es geht dabei nicht um Sie persönlich. Sie werden nicht herausfinden, was den Käufer zu seinem Verhalten bewegt. Investieren Sie Ihre Energie daher lieber in die positiven Seiten des Online-Handels.

3. Machen Sie den Nörgler zum Fan

Womit der Kunde, gerade wenn er sich im Unrecht befindet, nicht rechnet, ist Ihre Freundlichkeit und Ihr Entgegenkommen. Zäumen Sie das Pferd vom Schwanz her auf und begegnen Sie dem Kunden mit purer Freundlichkeit. Als »Dankeschön« für seine Kritik oder seine Reklamation schenken Sie ihm einen Gutschein.

Sie denken, dass das keine gute Idee ist? Nun, der Kunde fühlt sich in der – aus seiner Sicht – berechtigen Kritik ernst genommen. Die »Leiterin Kundenservice« (siehe untenstehende Muster-E-Mail) hat sich des Vorgangs angenommen und sich entschuldigt. Jegliche weitere Kritik seitens des Kunden läuft nun (in der Regel) ins Leere. Zusätzlich erhält er als »Wiedergutmachung« einen Einkaufsgutschein.

Was auf den ersten Blick absurd klingt, ist ein einfaches Rechenbeispiel. Verkaufsprovisionen auf Plattformen oder Anzeigenschaltungen bei Google AdWords können leicht einen ähnlich hohen Anteil am Verkaufspreis ausmachen, wie der angebotene 20%-Gutschein.

Warum also nicht aus dem unzufriedenen Kunden einen zufriedenen Kunden machen, indem man ihn mit einem Köder lockt? Vielleicht wird aus dem Einmal-Käufer ein Dauerkunde. Sie werden es nicht herausfinden, wenn Sie es ihm nicht anbieten. Vermutlich werden Sie zumindest keine negative Bewertung erhalten, wenn der Kunde neben der Entschuldigung einen Gutschein für den nächsten Einkauf erhält.

Beispiel Entschuldigungs-Mail

»Sehr geehrter Max Mustermann,

es tut uns sehr leid, dass Sie mit dem Kauf in unserem Online-Shop nicht zufrieden sind.

Selbstverständlich nehmen wir den Artikel zurück und erstatten Ihnen den vollen Kaufpreis. Anliegend finden Sie ein Rücksendelabel, mit dem Sie den Artikel einfach in jeder DHL-Filiale abgeben und an uns zurücksenden können. Wir werden Ihnen den Kaufpreis innerhalb von drei Werktagen nach Eingang der Rücksendung erstatten.

Als kleine Entschuldigung für unser Missgeschick schenken wir Ihnen einen Einkaufsgutschein in Höhe von 20% des Einkaufswerts. Sie können den Gutschein-Code bei Ihrer nächsten Bestellung in unserem Online-Shop im Warenkorb eintragen. Der Betrag wird dann automatisch von der Gesamtsumme abgezogen.

Wir möchten uns gerne für Ihren Hinweis bedanken. Nur durch Ihre berechtigte Kritik können wir jeden Tag ein bisschen besser werden.

Herzliche Grüße, auf bald!

Maximiliane Mustermann
Leiterin Kundenservice
www.mustershop.de«

Produkt-Support anbieten

Was den Kauf im Online-Shop vom Kauf im Ladenlokal unterscheidet, ist der Produkt-Support. Oft ist der Lebenszyklus eines Kunden für den Shop-Betreiber mit dem Kauf abgeschlossen; im lokalen Handel werden vor und auch nach dem Kauf Hilfestellung und Produkt-Support angeboten. Der Kunde kann bei Fragen wieder in das Fachgeschäft gehen und den Händler um Rat fragen.

Im Online-Shop (wie natürlich auch im lokalen Handel) beginnt nach dem Kauf eine wichtige Phase im Customer-Lifecycle-Management. Der freundliche Umgang mit Unterstützungsanfragen ist der erste Schritt zum Wiederkauf in Ihrem Online-Shop.

Wenn der Kunde Unterstützung bei der Benutzung oder Anwendung eines Produktes benötigt, sollten Sie ihn hierbei unterstützen. Sie haben so die Chance, den Kauf in Ihrem Online-Shop weiterhin positiv zu beeinflussen und von der Empfehlung Ihres Kunden zu profitieren.

Geschlossene Support-Kanäle

Der Weg der Anfrage ist davon abhängig, welche Kommunikationskanäle Sie dem Käufer anbieten. Die Unterstützung per Telefon oder im Chat ist für Sie am aufwendigsten, da beide Wege sehr personalintensiv sind und Sie umgehend auf das klingelnde Telefon oder den eingehenden Chat reagieren müssen.

Alternativ bietet sich der Support per E-Mail an. Hier bestimmen Sie die Reaktionszeit. Sie sollte natürlich relativ kurz sein. Sie können die eingehende elektronische Post aber auch erledigen, wenn einmal weniger zu tun ist.

Nachteilig sind alle drei Wege, da die Kommunikation immer nur zwischen Ihnen und dem einzelnen Kunden stattfindet. Wiederkehrende Anfragen müssen Sie immer wieder neu beantworten und gegebenenfalls auch neu formulieren.

Offene Support-Kanäle

Der Produkt-Support in einem von jedermann einsehbaren Kanal spart Ihnen im Vergleich zu den geschlossenen Kanälen auf Dauer jede Menge Arbeit. Dabei ist es zunächst egal, ob Sie extra ein Kundenforum anbieten, in dem Sie Fragen beantworten, oder ob Sie den Support auf Ihrem Facebook-Profil leisten.

Die Fragen und Antworten können von jedem Interessenten und Käufer eingesehen werden, und Sie können zum Beispiel schon auf der Produktdetailseite des Online-Shops auf die produktspezifischen Fragen in Ihrem Forum hinweisen.

Kundenforum. Die Firma Junghans Wollversand aus Aachen betreibt mit dem »Junghans-Wolle-Forum« ein eigenes Forum basierend auf der frei zugänglichen Forensoftware phpBB (*www.phpbb.de*). In über 350.000 Einzelbeiträgen wird dabei nicht nur über die Junghans-Produkte diskutiert, sondern händlerübergreifend über viele Produkte und Shops aus dem Handarbeitsbereich.

Neben dem Produkt-Support entlasten Sie mit einem Forum den Kundenservice am Telefon und bei der Beantwortung von E-Mail-Anfragen, da Ihre Kunden das Forum als erste Anlaufstelle nutzen können und entweder in schon einmal beantworteten Fragen nachlesen oder andere Kunden befragen können. Sie machen Ihre Kunden damit gleichzeitig zu Markenbotschaftern Ihres Online-Shops.

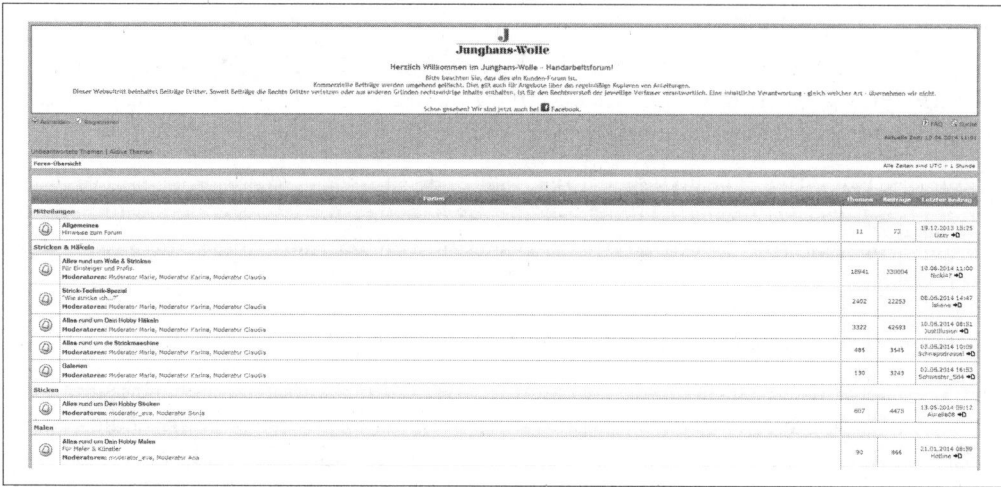

Abbildung 4-3: Kundenforum, forum.junghanswolle.de (Juni 2014)

FAQ-Liste/Knowledge-Base. Gerade im technischen Bereich bietet es sich an, eine sogenannte Knowledge-Base oder eine FAQ-Liste (FAQ: Frequently Asked Questions = häufig gestellte Fragen) anzulegen.

Innerhalb der Wissensdatenbank werde häufig vorkommende Fragen aufgenommen und beantwortet. Unterstützt durch Grafiken und Anleitungen können Kunden die Fragen durchstöbern und nach den Antworten suchen. Der Support über Telefon, Chat und E-Mail kann gleichzeitig auf die jeweiligen Artikel in der Knowledge-Base verweisen.

Der Software-Hersteller ESET hat weite Teile seines Produkt-Supports in einer Knowledge-Base (*http://kb.eset.com/esetkb*, siehe Abbildung 4-4) abgebildet.

Neben der schnellen Beantwortung der Fragen ergibt sich durch den zusätzlichen Content ein positiver Effekt auf die Inhalte in Suchmaschinen. Und auch aus den Produktdetailseiten heraus kann direkt auf die produktspezifischen Artikel in der Knowledge-Base verwiesen werden oder einzelne Artikel aus der Wissensdatenbank können automatisch auf der Produktdetailseite eingeblendet werden.

Innerhalb der Knowledge-Base bietet es sich gerade bei technischen Produkten an, die Hilfetexte durch Produktvideos zu ergänzen. Schwierige Vorgänge, wie zum Beispiel der Aufbau von Möbeln oder die richtige Verkabelung von Satellitenschüsseln, lassen sich mittels Video einfacher erläutern und veranschaulichen als durch lange Texte.

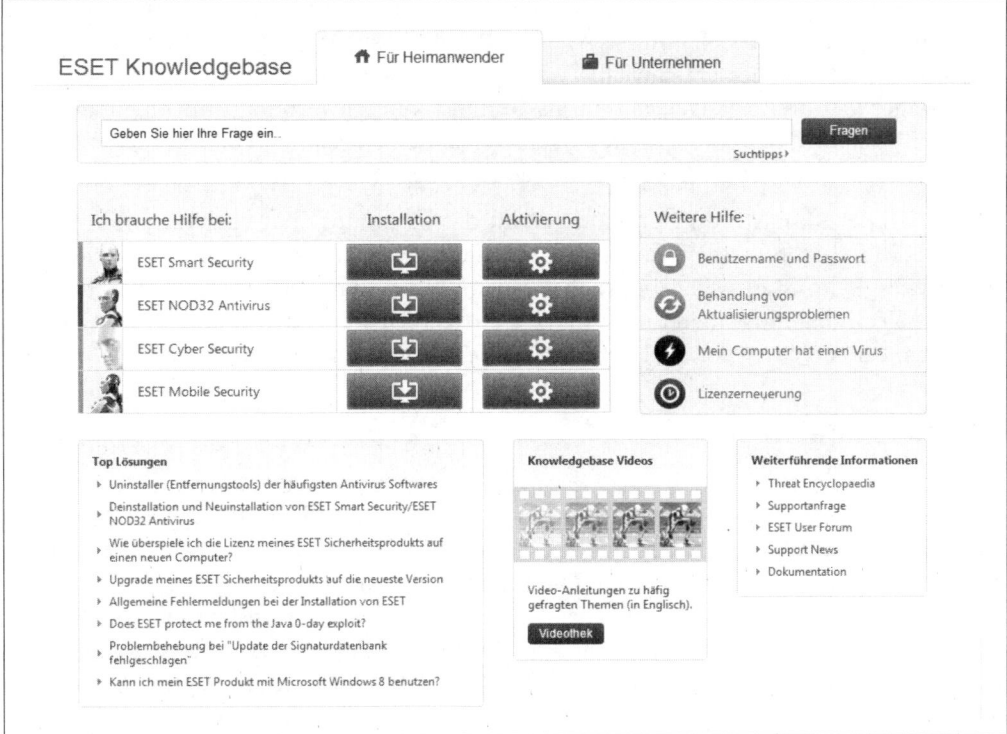

Abbildung 4-4: Knowledge-Base, http://kb.eset.com/esetkb (Juni 2014)

Werbung und Marketing

Außer Ihrem unmittelbaren Umfeld weiß niemand, dass es Ihren Online-Shop gibt. Selbst die aussagekräftigste Webadresse wird nicht mehr als ein paar Zufallsbesucher bringen, wenn Sie nicht entsprechend Werbung für Ihren Shop machen. Die Definition von Werbung fassen wir dabei recht weit. Die Formen klassischer Werbung in Zeitungen, Zeitschriften, Magazinen, Rundfunk und Fernsehen sind im Bereich des E-Commerce meist im Hintergrund – neue Formen des Online-Marketings und der Online-Werbung, wie Newsletter, Banner- und Suchmaschinenwerbung oder Social Media, sind dafür umso wichtiger.

Neukunden

Gerade in der Startphase eines Online-Shops kommt den Neukunden die größte Bedeutung zu. Aber auch wenn schon eine gewisse Zahl von Bestandskunden existiert, ist jedes Unternehmen auf einen stetigen Strom von Neukunden angewiesen, da mit der Zeit Bestandskunden wegfallen.

Der potenzielle Neukunde ist für den Shop-Betreiber am schwierigsten zu erfassen, da am wenigsten über ihn bekannt ist. Welche Produkte sucht er? Welche Qualitäten und Ausstattungen? Welches Preisniveau? Wie schnell entscheidet er? Neukunden-Werbung muss daher viel breiter angelegt sein als Bestandskundenwerbung, um möglichst viele Chancen zu haben, den Interessenten in einen Kunden zu verwandeln. Ein breiterer Werbeauftritt bedeutet aber auch höhere Kosten und mehr Streuverluste.

Gerade bei der Akquise von Neukunden trifft das berühmte Zitat von Automobilpionier Henry Ford in besonderer Weise zu: »Fünfzig Prozent bei der Werbung sind immer rausgeworfenes Geld. Man weiß aber nicht, welche fünfzig Prozent.« Bei der Nutzung von digitaler Werbung muss man diese Aussage etwas relativieren – zumindest hat man größere Chancen, effektive von nicht effektiver Werbung zu unterscheiden.

Bestandskunden

Eine alte Vertriebsweisheit besagt, dass es 7-mal schwieriger (und damit teurer) ist, Umsatz mit Neukunden zu generieren als mit Bestandskunden. Die Logik dahinter ist klar: Ein Bestandskunde hat bereits mindestens einmal Geld ausgegeben und Ihnen damit das Vertrauen ausgesprochen. Die Schwelle für einen erneuten Einkauf ist niedriger, da die prinzipielle Kaufbereitschaft vorhanden ist. Weiterhin ist bekannt, welches Produkt erworben wurde. Dadurch sind Rückschlüsse auf die Interessen/Bedürfnisse des Käufers möglich, und es können gezielt Produkte aus dem gleichen Segment, verwandten- oder ergänzenden Segmenten angeboten werden. Letztendlich ist über den Warenwert und die Produktauswahl der vorherigen Bestellung auch ein Rückschluss auf das Budget des Kunden möglich. Wurde das billigste Produkt einer Kategorie gekauft oder die Nobelmarke? Wurde ein Einzelstück erworben oder war der Warenkorb gut gefüllt?

Wichtig ist, die Art des Warensortiments zu beachten: Dem Käufer eines Kühlschranks einen weiteren Kühlschrank anzubieten, dürfte sich als nicht zielführend erweisen. Ihm aber eine Mikrowelle des gleichen Herstellers anzubieten, könnte eher zu einem Nachfolgekauf führen. Anders bei Genussmitteln: Der Käufer eines edlen Single Malt Whisky wird sicherlich auch an Abfüllungen anderer Distillerien interessiert sein, kann sich dafür aber vielleicht nicht unbedingt für Apfelsaft erwärmen.

Cross-Media-Strategie

Für den Betreiber eines Online-Shops ergeben sich in diesem Bereich vielfältige Möglichkeiten, denn Bestandskunden können sowohl auf digitalem Weg als auch mit analoger Werbung angesprochen werden. Man spricht bei der Mischung von Online- und Offline-Werbung von »Cross Media«, also der Kombination verschiedener Medien. Bereits das Zusammenstellen der ersten Bestellung ermöglicht Ihnen, über Paketbeileger Anreize für den Wiederholungskauf zu schaffen. Über die übermittelte E-Mail-Adresse stehen Ihnen sämtliche Möglichkeiten des digitalen Nachfassens zur Verfügung. Eine Mischung beider Kanäle ist eine effiziente Methode, Bestandskunden interessiert und engagiert zu halten.

Offline-Werbung

Klassische Werbeformen – Broschüren, Flyer, Mailings, Anzeigenwerbung – ist das für einen Online-Shop überhaupt sinnvoll? Die Antwort ist ein ganz klares »Kommt darauf an …« und hängt auch hier wieder von der Zielgruppe und dem Produktprogramm ab.

Differenziert werden muss nach der Art des Werbeträgers und des Verteilungsweges. Ein Beileger in jedes ausgelieferte Paket ist quasi ein Muss. Anzeigenwerbung in Publikums- oder Fachzeitschriften können den Bekanntheitsgrad von Online-Shops enorm steigern, wenn Sie gut gestaltet und richtig platziert werden. Plakatwände können sich für einen überwiegend regional ausgerichteten Online-Shop lohnen, bundesweite Schaltung können sich aber nur die ganz Großen der Branche leisten.

Die Herausforderung besteht darin, den richtigen Mix aus den zur Verfügung stehenden Werbemöglichkeiten zu finden und ihn passgenau auf die Zielgruppe und das zur Verfügung stehende Budget abzubilden.

Paket-Design

Bei uns in der Agentur bringen die Paketboten nahezu täglich Pakete von Amazon oder Zalando, die unsere Kollegen sich haben ins Büro liefern lassen. Haben Sie diese Sendungen einmal genauer angeschaut? In der Abbildung 4-5 sehen Sie einige dieser Kartons. Unübersehbar prangt der jeweilige Firmenschriftzug auf dem Karton und signalisiert den Kollegen, dass ein Mitarbeiter neue Kleidung oder Gadgets bestellt hat. Oft ist es dann sogar so, dass direkt gefragt wird, was er denn bestellt hat. Auch Nachbarn, Mitbewohner oder gar der Paketbote werden mit der Werbebotschaft konfrontiert.

Abbildung 4-5: Auffällig bedruckte Versandkartonagen

Die Herstellung von bedruckten Kartons ist sicherlich ein Kostenfaktor, aber gerade im Hinblick auf die Markenbildung des Online-Shops eine interessante Möglichkeit, zusätzliche Reichweite zu bekommen. Eine Alternative zu bedruckten Kartons ist das erheblich günstigere bedruckte Paketband.

Da Ihr Shop vermutlich noch nicht die Bekanntheit von Amazon oder Zalando erreicht hat, müssen Sie einige Angaben mehr auf Karton oder Paketband drucken:

- Kurzname des Shops
- Webadresse des Shops
- Slogan oder optischer Hinweis auf das Warenspektrum

 Tipp   Eine Ausnahme bilden potenziell peinliche Waren. Neben dem gesamten Bereich der Erotika gehören dazu beispielsweise auch bestimmte Hygiene- und Gesundheitsartikel, Vaterschaftstests, Überwachungsartikel, Abnehm-Produkte und Ähnliches. Hier ist auf neutrale Verpackung Wert zu legen.

Paketbeileger

Die Bestellung ist fertig verpackt, das Päckchen enthält die Ware des Kunden und die Rechnung. Sie wissen genau, was bestellt wurde und wie teuer es war. Kurzum, Sie sind gerade mit der perfekten, zielgenauen Werbechance konfrontiert! Nutzen Sie diese Chance, indem Sie einen Werbeflyer in das Paket einlegen, um auf weitere Produkte und Angebote hinzuweisen.

Design und Ansprache

Der Beileger muss zum Shop passen! Wenn hochwertige und entsprechend teure Ware angeboten wird, muss auch das Erscheinungsbild des Flyers hochwertig sein. Dickes, haptisch ansprechendes Papier und ein elegantes Layout, angelehnt an die Shop-Optik, sind ein Muss. Bilder müssen die gleichen hochwertigen Ansprüche erfüllen wie die Bilder im Shop. Die inhaltliche Ansprache des Flyers zielt dann nicht auf den unmittelbaren Abverkauf, sondern unterstützt mehr das Lebensgefühl und den Qualitätsanspruch. Vermitteln Sie eine Wohlfühlatmosphäre und beschwören Sie das »Ich hab' es mir verdient«-Gefühl.

Checkliste exklusive Paketbeileger:

- Edles großflächiges Design
- Große hochwertige Bilder
- Längere Texte mit Hintergrundinfos
- Kommunikation auf Augenhöhe unter »Kennern« bzw. »Freunden«
- Zurückhaltender Angebotscharakter, keine schreienden Preise, kein ausschließliches Abheben auf den Schnäppchencharakter
- Exklusivität des Angebots
- Hochwertige Papier- und Druckqualität

Im Gegensatz dazu ist die Erwartungshaltung im Billig- und Schnäppchen-Segment eine völlig andere. Ein Paketbeileger wird hier zum reinen Angebotsflyer: je mehr Angebote und je größere Schnäppchen, desto besser. Streichpreise und große rote plakative Schrift gepaart mit dünnem Papier untermauern den empfundenen Spareffekt.

Checkliste Paketbeileger für Schnäppchenjäger

- Effiziente Ausnutzung des Platzes
- Kleine Bilder nur, wo wirklich nötig
- Nur der essenzielle Text, dafür viele technische Daten
- Plakative, »schreiende« Auszeichnung der Ersparnis
- Dringlichkeit erzeugen durch Hinweise auf knappes Angebot oder begrenzten Zeitraum
- Billiges Papier

In der Abbildung 4-6 ist die Vielfalt von Paketbeilegern zu sehen. Diese beeindruckende Sammlung entstand in nur wenigen Wochen. Hier wird gut das Dilemma deutlich, dass man mit den Paketbeilegern Aufsehen erregen muss, da die Empfänger oft schon bis zu einem gewissen Grad abgestumpft sind.

Abbildung 4-6: Zahlreiche Paketbeileger werben um die Gunst des Empfängers

Druckkosten

In Zeiten von Internet-Druckereien (siehe Abbildung 4-7) befinden sich die Druckkosten im freien Fall. Bereits ab wenigen hundert Exemplaren lohnt sich der Weg zur Druckerei finanziell und auch die Qualität der Druckerzeugnisse kann sich mittlerweile sehen lassen. Je weiter im Voraus man ein Druckerzeugnis bestellt, desto günstiger wird es.

Tabelle 4-1 zeigt eine Beispielrechnung.

Tabelle 4-1: DIN-A5-Flyer, beidseitig 4-farbig bedruckt, 170 g/qm Bilderdruckpapier, matt

Auflage	Nettopreis ohne Versand	Einzelpreis
250	42,20 €	0,084 €
500	48,02 €	0,096 €
2500	67,42 €	0,027 €
5000	86,82 €	0,017 €

(Preise: *www.laser-line.de*, Stand Juli 2014)

Tabelle 4-2: DIN-A5-Broschüre, 4 Seiten, beidseitig schwarz bedruckt, 80 g/qm Recycling-Offsetpapier, weiß

Auflage	Nettopreis ohne Versand	Einzelpreis
250	61,37 €	0,245 €
500	69,44 €	0,139 €
2500	101,94 €	0,041 €
5000	142,60 €	0,029 €

(Preise: *www.laser-line.de*, Stand Juli 2014)

Individualisierung

Die Erstellungskosten eines Paketbeilegers schnellen in die Höhe, sobald Individualisierung ins Spiel kommt. Denkbar ist ein Eindruck des Empfängernamens. Während dies einerseits die Exklusivität erhöht, stellt sich andererseits aber die Frage nach dem Sinn, denn der Paketbeileger befindet sich ja bereits in einem persönlich adressierten Paket. Wenn die Exklusivität im Vordergrund steht, ist durchaus eine handschriftliche Namensindividualisierung in Erwägung zu ziehen. Beachten Sie aber bitte, dass dies unter Vermeidung von peinlichen Verwechslungen in den Versandablauf integriert werden muss.

Auf den ersten Blick sinnvoller erscheint die Individualisierung bei Gutscheincodes für Aktionen oder Rabatte. Ein individueller Aktionscode stellt sicher, dass der Gutschein tatsächlich nur ein einziges Mal eingelöst wird. Der Aufwand, der dafür im Shop-System und beim Gutscheindruck zu leisten ist, ist aber beträchtlich: Gutscheinserien müssen angelegt werden, Gutscheincodes müssen generiert werden und die Codes müssen auf die Paketbeileger individuell eingedruckt werden. Das Shop-System unterbindet die Mehrfachbenutzung eines Gutscheins durch den gleichen Käufer aber ohnehin.

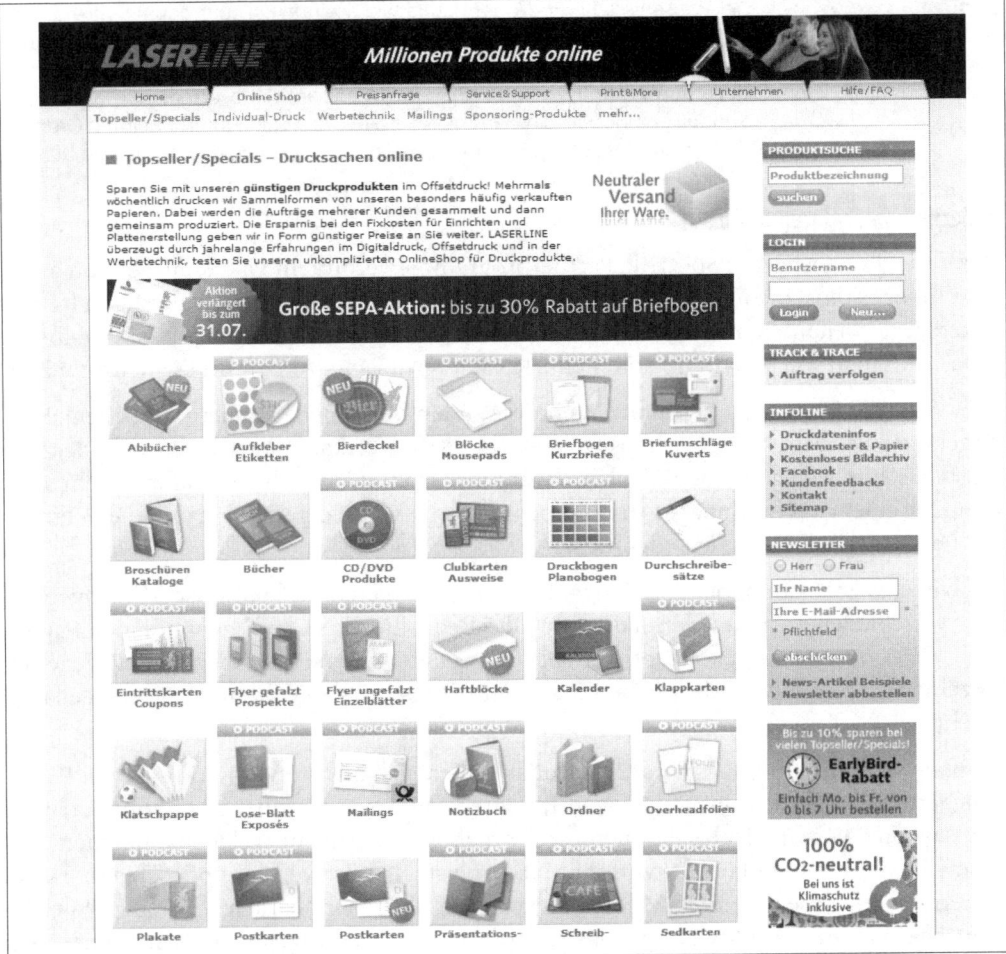

Abbildung 4-7: Internetdruckerei Laser-Line.de

Mit einem individualisierten Gutschein stellen Sie also letztlich sicher, dass ein Aktions-Gutscheincode sich nur innerhalb des ursprünglich erwünschten Empfängerkreises verbreitet. Sie sollten aber darüber nachdenken, ob das wirklich in Ihrem Sinne ist. Der Gutschein sollte so kalkuliert sein, dass der Deckungsbeitrag nach wie vor erreicht wird. Daher bringt eine weitere Verbreitung des Aktionscodes schlicht weiteren Umsatz und eine weitere Reichweite für den Shop und somit neue Kunden.

Nicht zufrieden? Wie wäre es dann mit Pseudo-Individualisierung von Gutscheincodes? Dabei handelt es sich faktisch bei allen Empfängern um den gleichen Code, durch die Art der Gestaltung (zum Beispiel Laserdrucker-Eindruck) wird aber suggeriert, es handele sich um einen individuellen Code. Dies ist kein sicheres Mittel, um die Verbreitung von Gutscheincodes zu verhindern, stellt aber eine gewisse psychologische Hürde dar. Mehr zu Gutscheincodes im Abschnitt »Gutscheine und Aktionen« auf Seite 455.

Tipp

Wenn Sie viele verschiedene und/oder häufig wechselnde Beileger benutzen, empfiehlt sich eine eindeutige Versionsnummer auf jedem Druckerzeugnis. In der Versionsnummer sollten Sie das Jahr, ggf. den Monat, die Kampagne und ggf. eine laufende Nummer integrieren. Die Versionsnummer kann klein und dezent am Rand erscheinen, sollte aber auch vom Kunden auffindbar sein. Sammeln Sie alle Druckerzeugnisse in einem Ordner – so können Sie bei Kundenanfragen schnell erkennen, auf welche Beilage sie sich bezieht.

Beileger von anderen Shops

Die Verlockung ist groß: Spezielle Partnerprogramme vermitteln Paketeinleger von anderen Online-Shops, die man entweder auf Gegenseitigkeit oder gegen Bezahlung in fremde Pakete legt. So kann man die eigene Reichweite erhöhen oder bekommt einen Obolus für etwas, was man sowieso tut und das keine Kosten verursacht. Aber führt es auch zum Ziel?

Ja, wenn die Ausrichtung stimmt! Wenn Sie Wein verkaufen, können Sie bedenkenlos Angebote eines befreundeten Shops einlegen, der Kekse verkauft. Werbung für Bekleidung passt da schon weniger, für Autozubehör gar nicht mehr. Genau diese Gefahr besteht aber, wenn Sie einem Vermittlungsprogramm beitreten. Sie verpflichten sich dann, die Werbungen beizulegen, ob sie passen oder nicht.

Ein weiteres Problem bildet die Menge. In Amazon-Paketen sind teilweise 3–4 Angebotsflyer verschiedener Anbieter enthalten. In aller Regel fliegen sie unbeachtet in den Papierkorb. Wenn überhaupt, akzeptieren Sie nur eine einzelne zusätzliche Beilage eines einzelnen Anbieters – und bestehen Sie darauf, dass er es mit Ihren Einlegern genauso macht.

Dienstleister wie AffiliPRINT oder DiMaBay haben sich auf die Vermarktung von Paketbeilegern spezialisiert. Eigene Beilagen für Ihren Shop werden über das Shop-Netzwerk der Anbieter verteilt. Dabei können Sie Vorgaben machen, in welchen Branchen und Shops Ihre Werbung platziert wird. DiMaBay beispielsweise verfügt über 10 Hauptkategorien mit teilweise mehreren Millionen versandter Pakete monatlich. Aber auch Spezialwünsche wie »nur Handy-Shops« lassen sich realisieren. Abgerechnet wird nach dem Tausendkontaktpreis (TKP) – je mehr Beileger Sie beauftragen, desto günstiger wird es. Eine Übersicht haben wir für Sie in der folgenden Tabelle 4-3 zusammengestellt.

Tabelle 4-3: Anbieterübersicht Paketbeileger

Anbieter	Minimaler/typischer Tausendkontaktpreis
Affiliprint.de	99 € als Testpreis bei 100.000 Beilegern, inklusive Druck
Amazon.de	Auf Anfrage
Dimabay.de	Individuell verhandelt, typischerweise um die 100 € bei Beauftragung von 100.000 Beilegern, inklusive Druck
Meinepaketbeilagen.de	60 € bei 100.000 Stück, ohne Druck
Paketbeilagenclub.de	Auktionssystem, typischerweise 50 €, ohne Druck
Paketplus.de	100 € (Mindestmenge 10.000 Stück), ohne Druck

Umgekehrt können Sie über diese Dienstleister auch Beilagen fremder Shops beziehen, die Sie selbst Ihren Paketen beilegen. Die Beispielrechnungen auf der DiMaBay-Website gehen von 5.000 versandten Paketen im Monat aus und können mit entsprechend verlockenden Vergütungen aufwarten. Die meisten Shops werden gerade in der Startphase deutlich weniger Pakete haben. Lassen Sie sich von einem der Anbieter ein individuelles Angebot unterbreiten und rechnen Sie dann genau, ob sich der Aufwand für Sie lohnt.

Der Gedanke, beide Modelle zu verrechnen, liegt nahe. In diesem Fall müssen Sie aber auch ein attraktives Volumen bieten können. DiMaBay beispielsweise bietet die Verrechnung regulär erst ab 20.000 Paketen pro Monat an.

Auch Amazon bietet Paketbeileger als Werbemodell an – auch für Shops, die Ihre Waren nicht über Amazon verkaufen. Die Preise werden individuell verhandelt, und es kommen nur Shops mit einem hohen Sendevolumen in Frage.

Abbildung 4-8: Einige Agenturen wie zum Beispiel Dimabay haben sich auf die Vermittlung von Paketbeilagen spezialisiert

Flyer für das Ladenlokal

Auch wenn Sie ein Ladenlokal haben, ist Ihr Online-Shop vielleicht dennoch für Ihre Kunden interessant. Denn über den Shop können sie auch nachts oder am Wochenende Bestellungen aufgeben oder in Ruhe in Ihrem Produktangebot stöbern. Vielleicht ist sogar mittelfristig die Aufgabe des stationären Handels zugunsten des Online-Shops angedacht. In diesen Fällen ist es sinnvoll, die Kunden auf den neuen Online-Shop hinzuweisen.

Abbildung 4-9: Auch am Point-of-Sale können Gutscheinkarten genutzt werden

Legen Sie dazu an den Kassen kleine gestaltete Flyer aus, die auf den Shop hinweisen. Auf dem Bild ist ein Beispiel der Bekleidungskette SinnLeffers aus Hagen abgebildet. Der Online-Shop ist vergleichsweise neu – die kleinen Karten liegen an allen Kassen der 22 Filialen aus und weisen auf die Marken im Shop hin. Als kleiner Bonus lockt ein 10%-Rabattgutschein.

Mailings

Kaum ein Werbemittel, das in der Vergangenheit so oft totgesagt wurde, wie das Mailing – egal, ob als postalisch beförderter Brief oder als Werbe-E-Mail. Und kaum ein Werbemittel, das sich so standhaft weigert, wirklich zu sterben, da es – richtig eingesetzt – sehr effektiv ist.

Tatsächlich kann man vom derzeitigen Abschwung bei den Werbebriefen profitieren, denn es kommen weniger davon bei den potenziellen Kunden an – was das eigene Mailing wieder attraktiver macht.

Offene Mailings

Grundsätzlich unterscheidet man offene und geschlossene Mailings. Das bekannteste offene Mailing dürfte die Postkarte (siehe Beispiel-Abbildung 4-10) sein, die heutzutage meist im sogenannten DIN-Lang-Format versandt wird. Beim offenen Mailing sieht der Empfänger auf den ersten Blick, dass es sich um eine Werbebotschaft handelt. Leider sehen auch der Partner oder die Partnerin des Empfängers bzw. die Mitarbeiter im Sekretariat, dass Werbung eingegangen ist. Es besteht daher eine gewisse Wahrscheinlichkeit, dass die Postkarten den Empfänger gar nicht erreichen. Hier kommt es wieder auf die Zielgruppe an: Hausfrauen dürften einfacher mit einer Werbepostkarte zu erreichen sein als Vorstandsvorsitzende von DAX-notierten Unternehmen.

Beim Empfänger muss die Werbepostkarte die Hürde des genaueren Hinschauens nehmen. Dies erreicht man bevorzugt mit einer auffälligen Gestaltung, wie zum Beispiel einer ungewöhnlichen Form. Bei einem hochwertigen Produkt kann auch die Ausführung hochwertig sein, zum Beispiel durch Glanzlack oder Metalleffekte.

Beide Seiten der Karte müssen auf den ersten Blick klar zeigen, um welches Produkt es geht. Dabei kann die Vorderseite plakativer sein, mit mehr Bild und weniger Text auskommen und den ästhetischen Aspekt des Produkts herausstellen. Die Rückseite muss aber ebenso eindeutig erkennbar machen, worum es geht. Ein entsprechender Vorteil – zum Beispiel eine Sonderaktion oder ein Rabatt – sollte ebenfalls auf beiden Seiten Erwähnung finden. Sie wissen nie, welche Seite der Empfänger zuerst liest – verschenken Sie keine Chance, die Aufmerksamkeit zu erreichen. Dies wird beispielsweise bei der Postkarte von Hess-Natur in der Abbildung 4-10 gut gelöst. Als Aktion wurde Versand ohne Berechnung ausgelobt – dies wird groß und prägnant angezeigt. Gleichzeitig wird neben dem Aktionscode angegeben, dass man den Code auch telefonisch oder bei Bestellungen per Post nutzen kann.

Abbildung 4-10: Offene Mailings müssen die Kernaussage offensiv anzeigen

Tabelle 4-4: Preisbeispiel Postkartenversand 5000 Stück hochwertig

Artikel	Preis	Einzelpreis
Postkarte PMAX 235x125 mm, 4/1 farbig bedruckt, 280g/qm Chromokarton, einseitiger Glanzlack	288,96 €	0,06 €
Infopost Standard	1.487,50 €	0,30 €
Gesamt	1.776,46 €	0,36 €

Geschlossene Mailings

Bei dieser Form handelt es sich um den klassischen Werbebrief, der erst beim Öffnen seine Werbenatur enthüllt. Besonders im Fall persönlich adressierter Briefe – unter Umständen mit dem Zusatz »persönlich« – schaltet man mögliche Zustellungsverluste aus. Jedoch gibt es auch beim Werbebrief Hinweise, die vor dem Öffnen vermuten lassen, dass es sich um Werbung handelt.

Ein typischer Vertreter des geschlossenen Mailings ist der Gutscheinbrief, wie in der folgenden Abbildung 4-11 zu sehen. Bestandskunden werden hierüber in Briefform über Neuigkeiten und Änderungen der Produktpalette informiert. Gleichzeitig sorgt ein großes Gutschein-Element für entsprechende Aufmerksamkeit.

 Tipp Keine Werbung ohne Handlungsaufforderung bzw. »Call-to-Action«! In der Regel möchten Sie ein Produkt verkaufen, also fordern Sie den Empfänger der Werbung genau dazu auf. So platt es klingt, der bloße Zusatz »Jetzt kaufen« steigert die Effektivität eines Mailings messbar – auch bei ansonsten gleichem Inhalt.

Freimachung (Porto)

Aufgedrucktes Porto, der Vermerk »Infopost« oder »Gebühr bezahlt beim Postamt XYZ« sind eindeutige Kennzeichen, dass es sich um ein Massenmailing handelt. Weniger auffällig ist die Freimachung durch eine Frankiermaschine. Vollkommen unauffällig sind aufgeklebte Briefmarken.

Adressierung

Auf den Umschlag aufgedruckte Adressen – möglicherweise noch mit kryptischen Kennziffern – verraten das maschinell adressierte Mailing. Im Geschäftsbereich unauffällig ist der Fensterumschlag, bei Privatkunden verräterisch ein gedrucktes Adressetikett. Nicht nur unauffällig, sondern im Gegenteil ein Anreiz, den Brief zu öffnen, ist eine handgeschriebene Adresse.

Umschlag

Den Umschlag als Werbeträger zu nutzen, ist unter bestimmten Umständen durchaus sinnvoll. Der Elektronikversender Conrad Elektronik beispielsweise bedruckt nicht nur die Außenseite des Fensterumschlags komplett mit Angeboten, sondern auch die Innenseite. Bei der schnäppchenbewussten Zielgruppe ist das ein zusätzliches Signal, dass hier

Aachen, August 2014

Mit Handstrick
zum individuellen Look

Sehr geehrter Herr Kollewe,

der „Gigatrend" im ELLE Runwayspecial als Vorschau für die Herbst/Winter Saison 2014/15: Strick natürlich – und zwar in allen Varianten. Kuschelkurs ist angesagt!
Gern von Kopf bis Fuß in Strick, mindestens aber im Volumenpullover. Oversize-Mäntel, weite Zopfkleider und Longpants machen den Cocooning-Trend perfekt. Ein besonderer Fokus liegt auf allen Accessoires, die schnell und einfach gemacht sind und jedem Outfit einen individuellen Touch verleihen.

Neben dem „WHATS UP - Mützen & Accessoires", dieses Mal präsentiert von der deutschen Snowboard-Nationalmannschaft, gibt es jede Menge Neues für Ihr Lieblingshobby.

Das beiliegende Booklet zeigt Ihnen Ausschnitte der wichtigsten Trends und Publikationen, so zum Beispiel ein neues Accessoires-Special „Designed by Maja"

– einer jungen Nachwuchsschauspielerin aus der Berliner Szene.

Einkuscheln in den neuen Trends... das kann man im kommenden Herbst/Winter wortwörtlich nehmen. Die besten Anregungen dazu gibt es im FILATI Magazin Ausgabe 48. Bequeme Volumenjacken oder -mäntel, flauschige Wohlfühlpullis und 1001 Mützenideen – jede Menge Impulse, die alle nur darauf abzielen, Sie so richtig wohlfühlen zu lassen.

Kein Wunder, dass sich die neuen LANA GROSSA Trendgarne auf leichte, weiche Volumengarne, auf pelzige, flauschige, schimmernde, zarte Materialien konzentrieren, die diesen Trend perfekt umsetzen.

Lassen Sie sich überraschen!
Wir freuen uns auf Ihren Besuch und beraten Sie immer gerne!

Tobias Kollewe AIXhibit AG

 Vergessen Sie Ihren persönlichen Gutschein nicht! Einfach abtrennen und bei Ihrem nächsten Einkauf einlösen.

Gutschein

für **Frau Mustermann**

Einzulösen bei Ihrem Fachhändler:
AIXhibit AG - Krantzstraße 7 - 52070 Aachen - Tel. 0241-5380710

5€

Beim Kauf von Lana Grossa Artikeln ab einem Wert von 30 €.

Gültig bis 31.10.2014
(Reduzierte Ware, Magazine, sowie Sonderposten sind von der Aktion ausgeschlossen)

Abbildung 4-11: Der Gutscheinbrief ist ein typisches Beispiel für ein geschlossenes Mailing

gespart wird, wo es nur geht, und der Kunde davon profitiert. Im Gegensatz dazu verrät ein dezenter Claim und Logo auf dem Umschlag, dass es sich um Firmenpost handelt. Je hochwertiger das beworbene Produkt, desto hochwertiger kann der Umschlag sein.

Beispiele

Ein Online-Shop für Golfzubehör bietet eine exklusive limitierte Serie hochwertiger Golf-handschuhe an. Er verfasst einen Werbebrief auf aufwendigem Briefpapier. Es werden 100 handschriftlich adressierte Briefe im wattierten Umschlag, freigemacht mit einer Sondermarke, versandt. Bei den Empfängern handelt es sich um die umsatzstärksten Kunden des Shops. Die Briefe beinhalten einen Hinweis auf das limitierte Angebot und dass der Empfänger exklusiv vorab informiert wird. Die Briefe sind handschriftlich unter-schrieben.

Ein Online-Shop für Schuhe hat eine neue Kollektion Wildlederstiefel im Angebot. Für eine limitierte Zeit gibt es einen attraktiven Rabatt auf die Schuhe. Aus dem Kunden-stamm werden die Kundinnen selektiert, die in der Vergangenheit bereits Stiefel oder Wildlederschuhe gekauft haben. Diese Kundinnen erhalten eine Postkarte, auf der auf der Vorderseite ein Model vor Herbstkulisse die Stiefel trägt, versehen mit Hinweisen auf das neue Produkt und die zeitlich begrenzte Rabattaktion. Auf der Rückseite gibt es wei-tere Daten zu den Schuhen, zu einem weiteren Artikel aus dieser Kollektion und die Wie-derholung von Rabatt und Aktionszeitraum.

 Tipp Unter *http://www.myscriptfont.com* können Sie eine Handschriftenprobe hochladen und erhalten dann eine Computer-Schriftart mit Ihrer eigenen Handschrift. Richtig genutzt, kann dies auch einen Innehalt-Effekt beim Empfänger hervorrufen, der über Öffnen/ Nichtöffnen bzw. Wegwerfen/Weiterlesen entscheiden kann.

Adressherkunft

Die Gesetzgebung zum Thema Adresshandel war noch 2012/2013 in der öffentlichen Wahrnehmung als eine sehr Adresshändler-freundliche Regelung bezüglich des Datenbe-stands der Einwohnermeldeämter in letzter Minute gestoppt wurde. Eine gute Zusam-menfassung der derzeit aktuellen gesetzlichen Regelungen kann auf der Website des Bundesbeauftragten für den Datenschutz und die Informationsfreiheit der folgenden Adresse eingesehen werden: *http://aix.li/bfdiadress*

Grundsätzlich unproblematisch sind Adressen, die Ihnen selbst zur Verfügung gestellt wurden, beispielsweise im Rahmen einer Bestellung.

Bei der Verwendung fremder Adressbestände ist jedoch größte Vorsicht geboten. Nicht nur ist die Einwilligung der Empfänger hier mehr als zweifelhaft, auch der Besitzer der Adressliste dürfte nicht zwingend begeistert sein, wenn sie die Liste unerlaubt für Wer-bung benutzen.

Sicherer ist hier der Weg über die offizielle Anmietung von Adressen. Umfangreiche Datenbanken, sortiert nach zahlreichen Kriterien, bietet etwa die Deutsche Post AG (*www.deutschepost.de/de/a/adressleistungen.html*) oder die Schober Information Group Deutschland GmbH (*www.schober.de*) an.

Die Adresshändler bieten komfortable Möglichkeiten zur Adressauswahl an, unterscheiden zwischen Privatadressen und Firmenadressen. Das folgende Bild zeigt die Auswahlmaske von Schober. Neben einer geografischen Einschränkung nach Postleitzahl kann man umfangreiche Interessenprofile und demografische Merkmale abfragen.

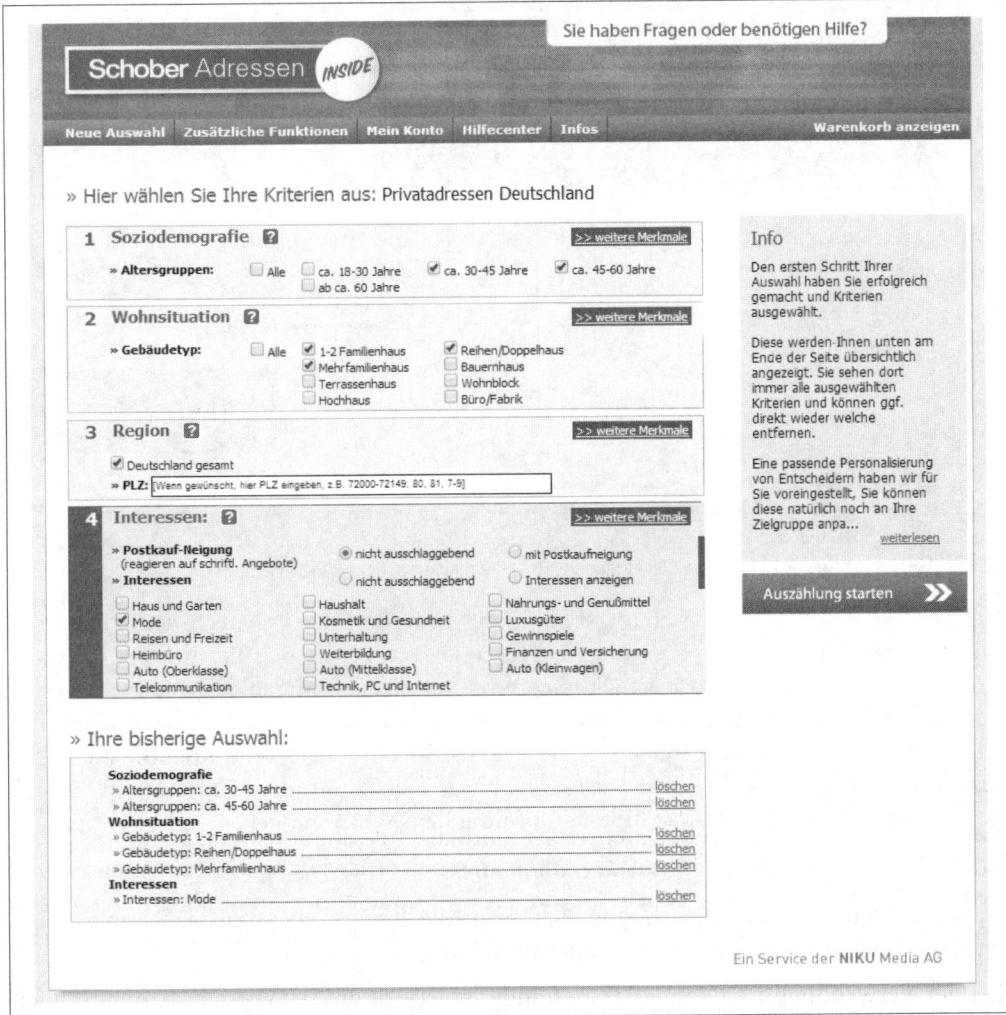

Abbildung 4-12: Adressen können nach verschiedenen Kriterien selektiert werden

Ist die Selektion fertig, berechnet Schober direkt die Anzahl der in Frage kommenden Adressen. Auf dem Bild sieht man, dass zwar die einzelne Adresse nicht viel kostet, bei entsprechend breiter Selektion aber beachtliche Preise zustande kommen.

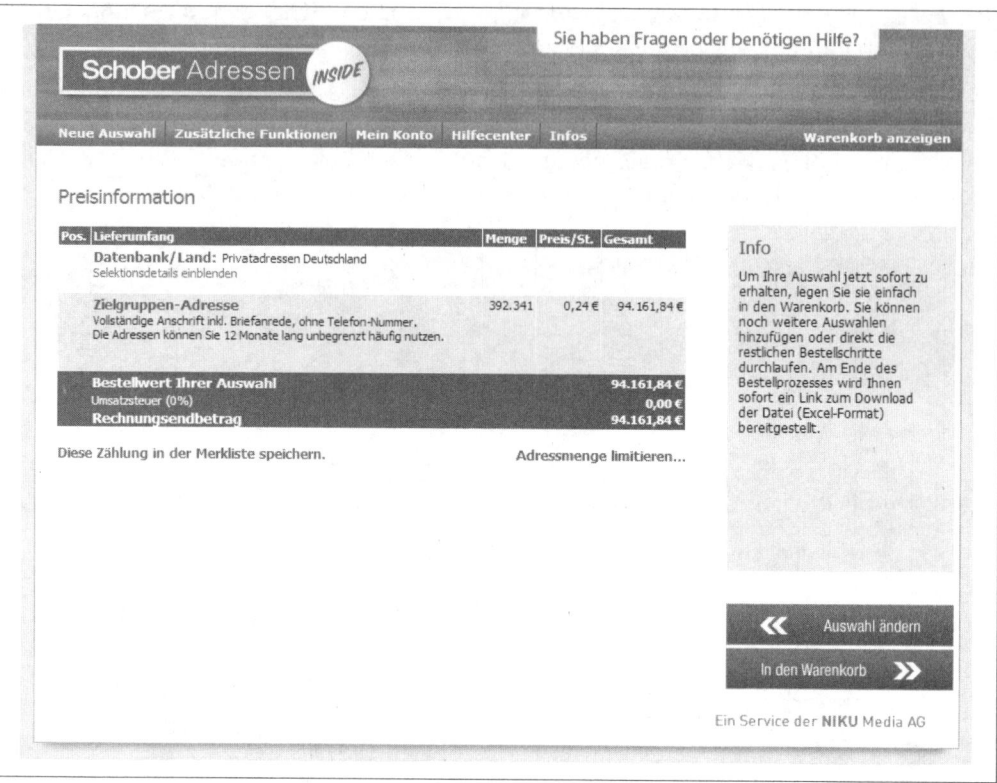

Abbildung 4-13: Die ausgewählten Adressen stehen unmittelbar nach Zahlung zum Download bereit

Beachten Sie unbedingt die Nutzungsbedingungen! In der Regel mieten Sie die Adressen nur, sie erwerben daher nur begrenzte Nutzungsrechte. Im Beispiel dürfen Sie diese Adressen lediglich 12 Monate lang unbegrenzt benutzen. Danach erlischt Ihre Lizenz. Widerstehen Sie der Versuchung, die Adressen über den Zeitraum hinaus zu nutzen. Die Adresshändler fügen Test-Adressen in die Datensätze ein – jede Werbung, die an solche Test-Adressen versandt wird, wird auf eine gültige Lizenz hin überprüft. Halten Sie sich nicht daran, drohen unter Umständen empfindliche Nachzahlungen.

Es steht Ihnen aber natürlich frei, die Adressaten beispielsweise zum Abonnement eines digitalen Newsletters zu überreden. Gewinnen Sie Kunden über ein Mailing mit gemieteten Adressen, dann stehen Ihnen auch diese Adressen für weitere Briefmailings zur Verfügung.

Plakate

Wir fahren täglich an Plakatwänden und Litfass-Säulen vorbei. So abwegig es zunächst klingt: Warum diese Flächen nicht auch zur Bewerbung des Online-Shops nutzen? Über Plattformen wie *123plakat.de* oder *plakat-verkauft.de* können Sie bequem online Plakatwände aussuchen und eine Plakatierung buchen – bis hin zur Erstellung des Plakats.

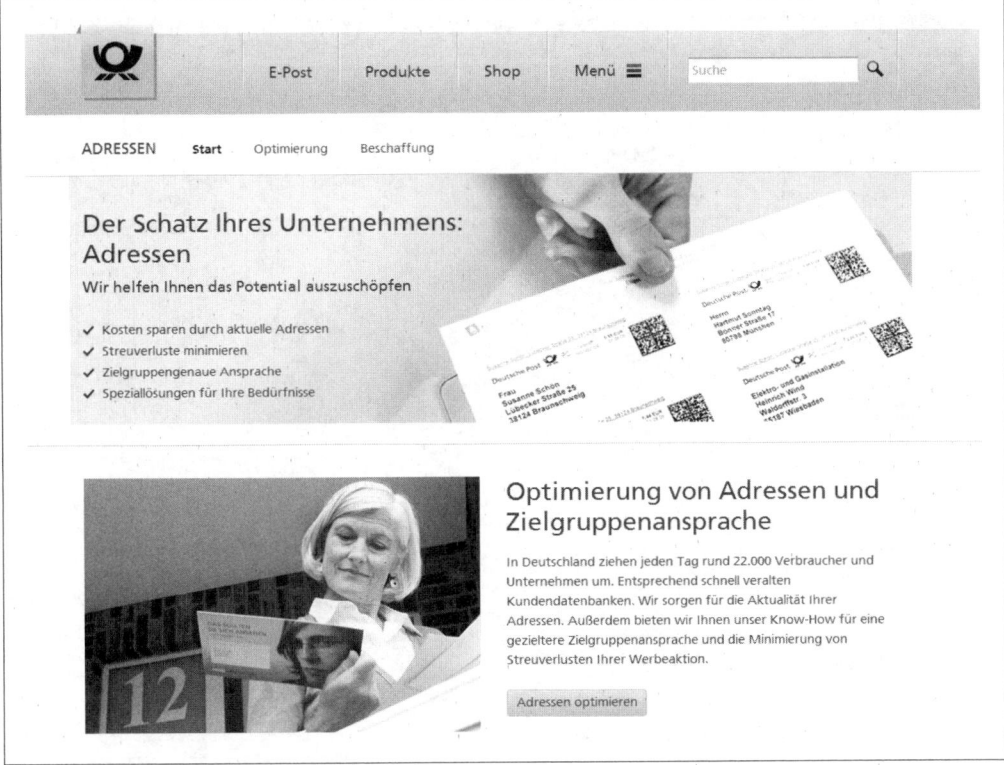

Abbildung 4-14: Adressen für Mailings können über Dienstleister, zum Beispiel über die Deutsche Post AG, gemietet oder gekauft werden.

Regionaler Aspekt

Trotz überschaubarer Kosten beim Buchen einer einzelnen Plakatwand dürften sich bundesweite Aktionen, selbst für ausgewählte Schaltungen, für die meisten Shops verbieten. Daher ist die Plakatwerbung primär für regional ausgerichtete Online-Shops sinnvoll. Mit ein bisschen Kreativität lassen sich diverse Einsatzszenarien denken.

So kann ein stationärer Handel zum Beispiel auf seinen (neuen) Online-Shop hinweisen, der den Kunden auch am Wochenende die Möglichkeit zum Bestellen gibt. Oder ein lokaler Veranstaltungsort weist auf die Buchungsmöglichkeit im Internet hin.

Tabelle 4-5: Preisbeispiel Plakatwand

Artikel	Kosten
Plakatdruck	86,00 €
Anbringung	86,00 €
Plakatwand Miete 10 Tage	138,00 €
Gesamt	310,00 €

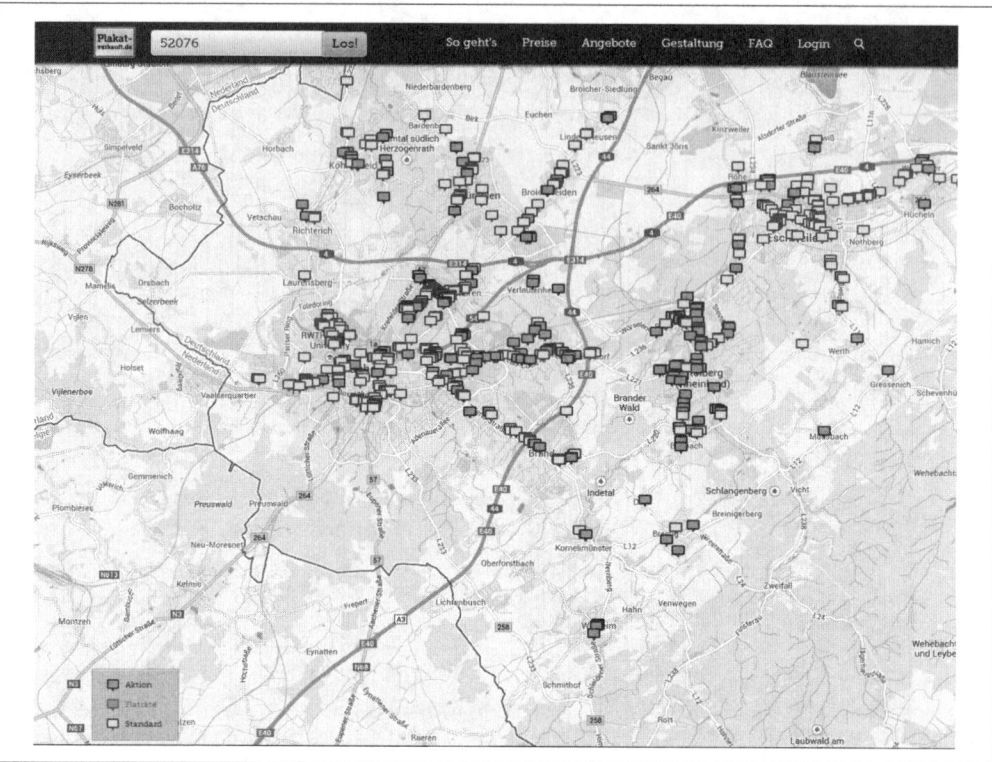

Abbildung 4-15: Plakatstandorte können auf interaktiven Karten ausgewählt werden, www.plakat-verkauft.de (Juli 2014)

Plakatwerbung als Online-Business

Auch wenn Plakatwerbung nur für die wenigsten Online-Shops in Betracht kommt, ist das Plakatwerbungs-Business insgesamt ein hervorragendes Beispiel für die Erschließung neuer Märkte durch das Aufbrechen einer Locked-in-Strategie.

Bis vor wenigen Jahren war Plakatwerbung ein exklusives Geschäft, bei dem oft 2–3 Unternehmen an der Wertschöpfungskette beteiligt waren. Plakatwerbung war in den Köpfen fest als »überregional« oder maximal für die »großen Firmen« vor Ort, also für Auto- und Einrichtungshäuser, als erschwinglich verankert.

Erst als findige Unternehmer diese Exklusivität in Frage stellten und zunächst freie Kapazitäten und schließlich die gesamte Vermarktung über einfache Webseiten beliebigen Personen zur Verfügung stellten, bröckelte diese Ansicht. Selbst Laien können heute eine Plakatwand buchen, über ein einfaches Web-Interface die Gestaltung des Plakats selbst machen und dann über Kreditkarte zahlen.

Diese disruptive Entwicklung hat eigentlich nur Gewinner: Plakatwände wurden demokratisiert und Vermarkter haben weniger mit freien Kapazitäten zu kämpfen. Lediglich die spezialisierten Werbeagenturen, die vorher die Einstiegshürden künstlich hoch hielten, haben das Nachsehen.

Zeitung und Zeitschriften

Allen Unkenrufen der digitalen Fraktion zum Trotz ist Werbung in Magazinen und Zeitungen immer noch eine effektive Methode, um große Reichweiten zu erzielen. Die Krise der Branche und wegbrechende Anzeigenbudgets kann man sich dabei zunutze machen, um eine bessere Verhandlungsbasis zu bekommen.

Während die Tagespresse meist nur für regionale Aktionen in Frage kommt, sind Magazine – hier besonders der Special-Interest-Bereich – für Shop-Betreiber am interessantesten.

Presseberichte

Sie haben einen Existenzgründerpreis gewonnen und verkaufen Ihre Produkte jetzt online? Sie haben ein traditionelles Familienunternehmen fit für den Handel im Web gemacht? Beides Anlässe, die die Lokalpresse sicherlich gerne zum Anlass nimmt, um über sie zu berichten. Presseberichte, d. h. redaktionell erarbeitete Artikel in der Tageszeitung, in der IHK-Zeitschrift oder im Stadtteilmagazin haben ihre Berechtigung und bringen möglicherweise den ein- oder anderen Neukunden – für die Masse taugen sie nicht.

Anders Artikel in Fachmagazinen. Sind Sie Hersteller oder Exklusivdistributor eines Produktes – zum Beispiel eines audiophil hochwertigen Referenzkopfhörers –, dann hilft jeder Fachbericht in einem HiFi-Magazin Ihrem Shop-Umsatz.

Der Weg in den redaktionellen Teil einer Zeitung oder Zeitschrift ist schwierig. Je überregionaler die Publikation ist, je größer ihre Reichweite, desto schwieriger wird es. Die IHK Aachen hat unter *http://aix.li/IHKACpresse* einige Tipps zusammengestellt, wie man Unternehmensinformationen so aufbereitet, dass Journalisten sie als Basis heranziehen können.

Pressemeldungsportale

Gerade im Umfeld der Suchmaschinenoptimierung (Search Engine Optimization – SEO) werden oft Presseportale als Geheimtipp gehandelt. Der Gedanke ist verlockend: Statt eine teure PR-Agentur mit dem Verfassen und Verbreiten einer Pressemeldung zu beauftragen, schreibt man sie selbst und stellt sie in die – oftmals kostenlosen – Portale wie *www.openpr.de* oder *www.presseanzeiger.de* ein, von wo aus sie tausende Leser findet und qualifizierte Besucher auf die Shop-Website bringt. Soweit die Theorie.

In der Praxis erfordert das Verfassen einer schlagkräftigen Pressemeldung viel Fachkenntnis und Erfahrung – nicht umsonst ist eine gute PR-Agentur teuer. Selbst wenn die von Ihnen verfasste Meldung handwerklich top ist, bedeutet das noch lange nicht, dass auf dem Presseportal tatsächlich eine signifikante Zahl von Personen – geschweige denn Journalisten – auf Ihre Meldung aufmerksam wird. Auch Google weiß das und misst mittlerweile Links von solchen Portalen nur noch eine geringe Bedeutung bei.

Wenn überhaupt Presseportale, dann sollten eher kleine, themenspezifische und moderierte Portale in Betracht gezogen werden. Auch wenn sie Geld für das Einstellen von Meldungen verlangen, ist dies oft besser investiert als die kostenlosen Massenportale.

Advertorial

Die Grenzen zwischen der presserechtlich vorgeschriebenen Trennung von Redaktion und Anzeigenabteilung verwischt das Advertorial. Hier wird ein werblicher Inhalt so aufbereitet, als wäre es ein Erzeugnis der Redaktion. Auch in Layout und Erscheinungsform gleichen sich diese Werbetexte den redaktionellen Inhalten an.

Presserechtlich ist der Herausgeber verpflichtet, die Advertorials deutlich zu kennzeichnen, zum Beispiel als »Anzeige«, um den redaktionellen Teil von gekauften Inhalten klar abzutrennen. Gerade bei Nischen-Fachmagazinen entsteht aber oft der Eindruck, dass diese Abgrenzung bewusst unauffällig gemacht wird.

Der Hintergrund ist einfach: Redaktionelle Inhalte werden von Lesern ganz anders aufgenommen als Werbeanzeigen. Vielmehr entsprechen die redaktionellen Inhalte ja – zumindest in der Wahrnehmung – einer Empfehlung eines unabhängigen Dritten.

Sollten Sie mit der Veröffentlichung Ihrer Pressemeldungen keinen Erfolg haben, kann ein (bezahltes) Advertorial vielleicht der richtige Weg sein, da es die Grenzen zwischen redaktionellem Teil und Anzeigenwerbung verschwimmen lässt.

Anzeigenwerbung

Die klassische Form der Werbung in einer Zeitschrift ist die Anzeige. Der Grundpreis richtet sich nach einer vollen Seite und bricht dann auf halbe, viertel, achtel und sechzehntel Seiten herunter. Ebenso wird heute noch oft zwischen einfarbigen und vollfarbigen Anzeigen unterschieden. Der Grundpreis hängt von der Auflage des Druckerzeugnisses ab. Je größer die Auflage, umso größer die Reichweite des Mediums und umso teurer die Anzeigen. Unterschieden wird hierbei übrigens nach Druckauflage und verteilter Auflage. Ein wichtiges Kriterium ist auch die Zahl der Abonnenten.

Ein Beispiel: Ein Magazin hat eine Auflage von 80.000 Exemplaren. Davon gehen lediglich 8.000 Exemplare an Abonnenten – dies ist die Gruppe mit der stärksten Bindung an die Zeitschrift, schließlich zahlen sie jährlich im Voraus für alle Hefte.

Eine in der Regel nicht näher bezifferte Auflage wird vom Verlag kostenlos verteilt. Potenzielle und tatsächliche Anzeigenkunden erhalten je 1–2 Exemplare, Verbände, Interessengruppen, Redaktionsbüros und Agenturen werden bedacht. Hefte gehen in Verlosungen oder werden als Ansichtsexemplare auf Veranstaltungen verteilt. Wenn Sie bei einem Verlag als potenzieller Anzeigenkunde vorsprechen, erhalten Sie problemlos 1–2 aktuelle Hefte.

Der Rest der Auflage geht in den freien Verkauf an Kiosken, Bahnhöfen und Buchhandlungen. Ob diese Hefte tatsächlich verkauft werden, ist nicht so einfach herauszubekommen. Die Kiosk- und Buchhändler können nämlich nicht verkaufte Hefte an Großhändler und Verlage zurückgeben.

So kann aus der vermeintlich beeindruckenden Auflage von 80.000 Heften unter Umständen eine deutlich geringere Zahl tatsächlich von der Zielgruppe gelesener Hefte werden.

Positiv wirkt sich jedoch aus, dass eine Zeitschrift meist nicht nur einen einzigen Leser hat. Die Hefte werden im Familien- und Freundeskreis – oder je nach Zielgruppe im Büro bzw. der Abteilung – weitergereicht und von mehreren Personen gelesen.

Abbildung 4-16: Dies ist nur eine kleine Auswahl der Zeitschriften eines Segments

Bei populären Themen hilft oft der Besuch einer gut sortierten Bahnhofsbuchhandlung in einer größeren Stadt. Die Zeitschriften sind dort meist thematisch geordnet, und Sie werden vermutlich verblüfft sein, wie viele Titel es für die einzelnen Bereiche gibt. In der obigen Abbildung 4-16 ist eine Übersicht über Magazine zum Thema Stricken und Häkeln zu sehen. Die dort abgebildeten Zeitschriften stellen nur einen Teil der frei im Handel erhältlichen Magazine dar.

Zielgruppendefinition

Finden Sie heraus, was Ihre Zielgruppe liest! Dazu müssen Sie sich zunächst einen Überblick über den Markt verschaffen. Das geht am einfachsten, wenn Sie selbst in diesem Markt heimisch sind. In diesem Fall dürften Ihnen die meisten Zeitschriften bekannt sein. Aber auch wenn die Marktnische neu für Sie ist, können Sie mit einiger Recherche die wesentlichen Veröffentlichungen herausfinden.

Kundenbefragung. In einem zweiten Schritt fragen Sie Ihre Kunden, welche Magazine sie lesen. Dies kann über das Beilegen eines Fragebogens in die Pakete passieren oder über eine elektronische Befragung, wenn Sie die Mail-Adressen der Kunden nutzen. Listen Sie auf dem Fragebogen die Ihnen bekannten Magazine und Zeitschriften auf und fordern Sie die Empfänger auf, eigene Zeitschriften zu benennen. Wie bei allen Fragebögen sollten Sie die Anzahl der Fragen gering halten. Der Bogen sollte eine DIN-A4-Seite nicht überschreiten. Ein kleiner Anreiz für die Beantwortung – zum Beispiel ein Gutschein – wird Ihnen mehr Antworten verschaffen.

Umfragen mit Survey Monkey

Eine einfache Möglichkeit, digitale Befragungen vorzunehmen, bietet die Website *www.surveymonkey.com*. Mit wenigen Klicks stellen Sie sich eine Umfrage zusammen, die Sie dann entweder direkt aus Survey Monkey an definierte Adressen versenden können oder per Link weiterverteilen.

In der Grundversion ist Survey Monkey kostenlos, die Haupteinschränkung liegt im begrenzten Empfängerkreis von 100 Personen. Für größere Personenkreise und erweiterte Funktionen werden Monats- bzw. Jahresgebühren fällig.

Mediadaten

Beschaffen Sie sich von jeder genannten Zeitschrift ein Probeexemplar und die sogenannten Mediadaten. Die Mediadaten umfassen die wichtigsten Daten der Zeitschrift, die Sie für die Anzeigenschaltung benötigen (Auflage, Verbreitungsgebiet, Kosten für unterschiedliche Anzeigenformate). Beides senden Ihnen die Anzeigenabteilungen der Verlage gerne kostenlos zu.

In der Abbildung 4-17 sehen Sie beispielhaft die Mediadaten für das Strickmagazin Sabrina. Für das laufende Jahr sind alle Erscheinungstermine aufgelistet. Der Erstverkaufstag bezeichnet dabei den Tag, an dem das Heft in den freien Handel kommt. Abonnenten haben es oft schon einige Tage früher. Diese Information ist wichtig, wenn Sie zum Beispiel den Gültigkeitszeitraum für einen Gutschein planen möchten.

Der Anzeigenschluss ist der Termin, zu dem Sie spätestens die Anzeige verbindlich buchen müssen. Der Druckunterlagenschluss besagt, dass zu diesem Zeitpunkt die Anzeigenvorlage beim Verlag oder der Druckerei vorliegen muss. Sie sehen, dass beide Termine deutlich vor dem Erscheinungstermin des jeweiligen Heftes liegen. Kurzfristige Aktionen sind bei Zeitschriftenwerbung nicht möglich. Rechnen Sie also immer mit einer Vorlaufzeit von mehreren Monaten.

Wichtig ist auch, dass die Mediadaten einen Themenplan enthalten. Verlage legen in aller Regel für ein Jahr im Voraus Themenschwerpunkte fest, an denen sich Werbekunden orientieren können. Wenn Sie Schokolade verkaufen, sollten sie nicht unbedingt eine Werbung in einer Ausgabe schalten, die Abnehmen und Diät zum Thema hat, wohl aber in den Heften, die vor Ostern oder Weihnachten herauskommen.

Sabrina Europas größtes Strickjournal

Druckauflage: 91.205
Verbreitete Auflage: 40.059
Verkaufte Auflage: 39.747
Copypreis: 3,20 €
Heftformat: 210 x 280 mm
Grundpreis 1/1 S. 4c: 3.050,– €
PZ-Nummer: 504 448
Basis: IVW IV/13

Profil:
Noch mehr Muster, noch mehr raffinierte Ideen: **Sabrina** überzeugt durch den Mix aus klassischen Basics und extravagantem Design. Neue Materialien, angesagte Schnitte und die aktuellsten Trendfarben – hier findet man alles, was Lust auf Nadel und Garn macht.

Ausgabe	Erstverkaufstag	KW	Anzeigenschluss/ Rücktrittstermin	Druckunterlagen- schluss
Sab 02/14	02.01.2014	1	18.10.2013	05.11.2013
Sab 03/14	05.02.2014	6	22.11.2013	09.12.2013
Sab 04/14	05.03.2014	10	20.12.2013	14.01.2014
Sab 05/14	09.04.2014	15	29.01.2014	13.02.2014
Sab 06/14	14.05.2014	20	26.02.2014	13.03.2014
Sab 07/14	11.06.2014	24	28.03.2014	14.04.2014
Sab 08/14	09.07.2014	28	29.04.2014	15.05.2014
Sab 09/14	06.08.2014	32	28.05.2014	16.06.2014
Sab 10/14	03.09.2014	36	30.06.2014	15.07.2014
Sab 11/14	08.10.2014	41	01.08.2014	18.08.2014
Sab 12/14	05.11.2014	45	29.08.2014	15.09.2014
Sab 01/15	03.12.2014	49	26.09.2014	14.10.2014

Abbildung 4-17: Die Mediadaten geben auch Auskunft über die Termine der Publikationen

Anhand der Mediadaten, des Themenplans und der Probeexemplare können Sie dann eine Auswahl an Titeln und Ausgaben treffen, für die eine Anzeigenschaltung in Frage kommt.

Tipp

Kommt eine Anzeigenschaltung über eine Agentur zustande, so gewährt der Verlag üblicherweise eine Agentur-Provision (auch AE-Provision genannt) von 15%.

Verlage profitieren von der Zusammenarbeit mit den Agenturen, da sie sich nicht direkt mit dem Werbekunden auseinandersetzen müssen und die Anlieferung der Anzeigen durch die Agentur potenziell weniger Probleme verursacht. Je nach Verhandlungsgeschick und Verhältnis zur Agentur gibt sie die Agentur-Provision teilweise an Kunden weiter. So können unter Umständen auch größere/häufigere Anzeigenschaltungen wirtschaftlicher werden.

Mehrfachbelegungen, sprich die gleichzeitige Schaltung von Anzeigen in unterschiedlichen Ausgaben, werden zudem oft genauso mit einem Rabatt belohnt wie die Bezahlung der Rechnung vor dem Erstverkaufstag der Zeitschrift.

In der Summe können Sie die Kosten für die Anzeigenschaltung oder Beileger durch Mehrfachbuchung und ein wenig Verhandlungsgeschick um bis zu 30% reduzieren.

Anzeigenplanung

Idealerweise haben Sie jetzt 2–3 Magazine mit jeweils 1–2 Themenschwerpunkten identifiziert, die für eine Anzeigenschaltung in Frage kommen. Nun gilt es, sorgfältig zu planen, wie Sie Ihr Werbebudget einteilen. Die Anzeigenabteilungen der Verlage versuchen natürlich, einen möglichst großen Anteil Ihrer Anzeigenausgaben zu bekommen. Gelockt wird mit Rabatten für Mehrfachbuchungen (zwei und mehr Anzeigen in aufeinanderfolgenden Ausgaben des gleichen Magazins), Kombirabatten (Anzeigen in verschiedenen Magazinen des gleichen Verlags) und Rabatten für die Durchbuchung (Anzeigenschaltungen in allen Ausgaben eines Magazins innerhalb eines Jahres). Lassen Sie sich nicht von diesen Rabatten unter Druck setzen. Wenn Sie sich zunächst nur für eine einmalige Anzeigenschaltung entscheiden und dann in den nachfolgenden Ausgaben weitere Anzeigen buchen, werden Ihnen in aller Regel Rabatte auch rückwirkend gewährt.

Behalten Sie an dieser Stelle also die Ruhe und überlegen Sie genau, was Sie eigentlich erreichen wollen. Im sogenannten Streuplan, wie in Tabelle 4-6 abgebildet, erfassen Sie ganz genau, welcher Verlag, welches Magazin und welche Ausgabe von Ihnen bedacht wird. Dabei müssen Sie zwei grundsätzliche Strategien berücksichtigen: Reichweite und Abverkauf.

Tabelle 4-6: Beispiel Streuplan

Heft	Ausgabe	Schwer- punkt	Auflage	Abo	Streu	Strategie	Anzeige	USP	Gutschein
Vinum	01/2014	Grüne Woche	41.500	4.324	37.176	Reichweite	Komplett- angebot	Versand- kostenfrei	5% auf Einkauf VINGW14
Vinum	03/2014	Australien	41.500	4.324	37.176	Verkauf	Cape Grace Shiraz	Kiste 20% Rabatt	20% auf Ver- packungseinheit/ Produkt VINCG20
Schöner Wohnen	04/2014	Feste feiern / Frühling	353.467	unbe- kannt	241.246	Reichweite	Karaffen, Gläser, Riesling, Silvaner, Sauvignon	Große Auswahl, keine Ver- sandkos- ten	5% auf Einkauf SWFF05

Reichweite erzielen

Eine Motivation beim Schalten von Anzeigen ist es, Aufmerksamkeit für den Online-Shop zu erzielen und möglichst vielen Menschen vom neuen Shop zu erzählen. Das kostet zunächst einmal Geld, ohne dass zwingend ein unmittelbarer Umsatz dagegensteht. Kalkulieren Sie daher bewusst ein Budget ein, das Sie entbehren können, auch wenn es (zunächst) zu 100% in Reichweitengenerierung fließt.

Eine Möglichkeit ist, in so vielen Magazinen wie möglich präsent zu sein. Achten Sie aber auf das Anzeigenumfeld. Wenn Ihre Mitbewerber mit 1/2 Seiten werben, wird sich für Sie die Schaltung einer einzelnen 1/16 Anzeige kaum lohnen. Streichen Sie in dem Fall lieber die Liste der Magazine zusammen und wählen Sie eine größere Anzeige in den 1–2 Heften, auf die es ankommt.

Inhaltlich zielt eine Reichweiten-Anzeige weniger auf den Verkaufsaspekt, sondern mehr auf die weichen Komponenten. Was zeichnet Ihren Shop aus? Was hebt Sie von Mitbewerbern ab? Was ist ihre Unique Selling Proposition (USP), also Ihr Alleinstellungsmerkmal? Das kann zum Beispiel der versandkostenfreie Versand sein oder auch das Führen eines Vollsortiments. Haben Sie besonders kundenfreundliche Retourenkonditionen im Stile von Zalandos »Schrei' vor Glück oder schick's zurück«? All das könnte ihr USP und damit die Kernaussage der Werbung sein.

Verkäufe generieren

Die andere Strategie ist, Anzeigen gezielt zum Verkauf von Ware zu nutzen. Auch wenn dies nach der wünschenswerten Option klingt, sollten Sie bedenken, dass es deutlich schwieriger ist, als Reichweite zu erzielen.

Bei der Auswahl der Hefte müssen Sie hierbei viel, viel strengere Kriterien anlegen. Das Heft, seine Leser, Ihre Anzeige und Ihr Warenangebot müssen *exakt* zueinander passen! Verkaufen Sie beispielsweise Wein, dann kann zur Reichweitengenerierung durchaus eine Anzeige in einem Reise- oder Einrichtungsmagazin geschaltet werden. Ist das einzige Ziel aber, einen bestimmten Wein abzuverkaufen, dann sollten Sie lediglich *eine* Anzeige in einem thematisch passenden Magazin mit der entsprechenden Leserschaft schalten.

In diesem Fall muss die Anzeige eine ganz klare Verkaufsaussage enthalten, am besten noch versehen mit einem entsprechenden Incentive wie ein Rabatt oder versandkostenfreie Lieferung.

Anzeigentracking

Als Betreiber eines Online-Shops haben Sie – im Gegensatz zu Ihren Kollegen des stationären Handels – eine sehr einfache Möglichkeit, die Effektivität einer Werbung im Print-Bereich zu messen: Gutscheincodes!

Legen Sie für jede Anzeige einen eigenen Gutscheincode an – auch für verschiedene Ausgaben des gleichen Magazins. Über die eingelösten Codes sehen Sie dann genau, welches Heft welches Ergebnis für den Shop-Umsatz gebracht hat. Beachten Sie aber, dass reine Reichweiteneffekte so nicht messbar sind.

In der Abbildung 4-18 sehen Sie eine Werbung, die in dieser Form nur im Heft 04/2013 erschienen ist. Der Gutscheincode VERENA0413 ist eindeutig. In der nächsten Ausgabe der Zeitschrift würde der Gutscheincode dann VERENA0513 sein.

Wenn Sie mehrere Anzeigen in aufeinanderfolgenden Ausgaben eines Magazins schalten, terminieren Sie den Gutscheincode so, dass er eine Woche nach Erscheinen des neuen Heftes ausläuft.

Beachten Sie bitte unbedingt, dass Gutschein-Einschränkungen, wie das Ende eines Aktions-/Gutschein-Zeitraums, klar mitgeteilt werden müssen.

Abbildung 4-18: Anzeige mit Zeitschriften-spezifischem Gutscheincode

Beileger

Neben Anzeigen in Zeitschriften und Magazinen bieten die meisten Verlage auch an, Flyer, Karten oder gar kleine Broschüren in die Zeitschrift einzulegen. Diese Werbeform ist deutlich teurer als die Anzeige: Die Einleger müssen in der passenden Auflage produziert werden – entweder durch Sie oder die Druckerei des Verlags. Darüber hinaus müssen die Einleger physikalisch in das Heft eingelegt werden. Ein Arbeitsschritt, der zusätzlichen Aufwand und damit Kosten verursacht.

Positiv hingegen ist, dass die Zahl der Einleger pro Heft üblicherweise auf maximal 2–3 begrenzt ist und Ihre Werbung dadurch eine Sonderstellung bekommt. Zudem ist Ihr Einleger mobil, kann also seinen Weg an die Pinnwand oder die Kühlschranktür finden, ohne dass eine Seite aus dem Heft herausgerissen werden muss.

Dies bedeutet aber auch, dass der Beileger vielleicht über Wochen und Monate hinweg im täglichen Blickfeld ist. Wie bei allen Drucksachen rund um Ihren Shop sollten Sie also auch hier besonders auf ein einheitliches Erscheinungsbild achten. Der Beileger sollte im »Look & Feel«, d. h. der wiedererkennbaren Optik des Shops gehalten sein.

Die Abbildung 4-19 »meinFILATI Einleger Sabrina« zeigt die Vorderseite eines Beilegers in der Strickzeitschrift Sabrina. Das Motiv greift das Kernprodukt des Shops – Wolle – in visuell ansprechender Art auf. Alle Design-Elemente des Shops sind vorhanden und aufeinander abgestimmt. Der Gutscheincode befindet sich gut sichtbar auf der Vorderseite, zusammen mit dem Wert des Gutscheins.

Abbildung 4-19: meinFILATI Einleger Sabrina Vorderseite

Die Abbildung 4-20 »meinFILATI Einleger Sabrina Rückseite« zeigt die Rückseite des Einlegers. Neben dem Wiederholen des Gutscheincodes werden hier vor allem noch einmal die Vorteile bzw. Alleinstellungsmerkmale des Shops aufgezählt. Insbesondere der Versand ohne Versandkosten und die schnelle Lieferung werden hervorgehoben.

Abbildung 4-20: meinFILATI Einleger Sabrina Rückseite

Fazit

Auch wenn Offline-Werbung auf den ersten Blick teuer und aufwendig erscheint, so hat sie doch einen festen Platz in der Mediaplanung. Die Nutzung von Paketbeilegern ist die einfachste und effektivste Nutzung von Ressourcen für den Shop-Betreiber, richtet sie sich doch an Bestandskunden, die offensichtlich kaufbereit sind. Aber auch Mailings und Anzeigenwerbung sollten nicht von vornherein ausgeschlossen werden. Wie bei allen

Überlegungen kommt es auch hier wieder auf die richtige Kombination von Zielgruppe, Produktangebot und Werbebotschaft an.

Grundsätzlich sollten Sie aber keine Werbemaßnahme als »in Stein gemeißelt« ansehen. Stellen Sie regelmäßig alles auf den Prüfstand und beleuchten Sie den Effekt und die Ergebnisse.

Dass dies bei reinen Reichweiten-Maßnahmen, die der Bekanntheit, dem Branding und dem Markenaufbau dienen, schwierig ist, ist unbenommen. Regelmäßige Kundenbefragungen, zusammen mit den Auswertemechanismen des Shop-Systems, geben hier wertvolle Hinweise.

Zu guter Letzt nochmal Henry Ford: »Wer aufhört zu werben, um Geld zu sparen, kann ebenso seine Uhr anhalten, um Zeit zu sparen.«

Online-Werbung

Als Google am 23. Oktober 2000 das Google AdWords-Programm startete, änderte sich die Online-Marketing-Landschaft grundlegend.

Musste man bis dato Banner- und Linktausch mühsam selbst aushandeln, so war es jetzt möglich, im unmittelbaren Umfeld von Suchanfragen seine Werbung zu platzieren. Mit einem Schlag wurde das größte Manko von Werbung – der Streuverlust – beseitigt. Statt mit der sprichwörtlichen Schrotflinte Werbebotschaften auf potenzielle Interessenten zu schießen, konnte nun erstmals hochgradig gezielt (»targeted« im Fachjargon) geworben werden.

Klassische Vermarkter, Agenturen und Verlage belächelten diese Form der Werbung anfangs und verkannten dabei vollkommen das Potenzial, das in Online-Werbung steckt. Die enormen Zuwächse Jahr für Jahr haben mittlerweile auch den letzten Kritiker verstummen lassen.

Die Dimensionen dieser Entwicklung erkennt man, wenn man sie in Relation zu den Werbebudgets im Printbereich, also zu Anzeigen in Magazinen und Zeitungen, setzt. Geben sich deutsche Verlage noch bedeckt, lohnt sich der Blick über den großen Teich. In den USA markierte das Jahr 2010 den Paradigmenwechsel. Erstmals lagen die Ausgaben für Online-Werbung über denen für Print-Werbung, wie die folgende Abbildung 4-21 eindrucksvoll zeigt. Ein Trend, der sich seitdem jedes Jahr weiter verstärkt hat.

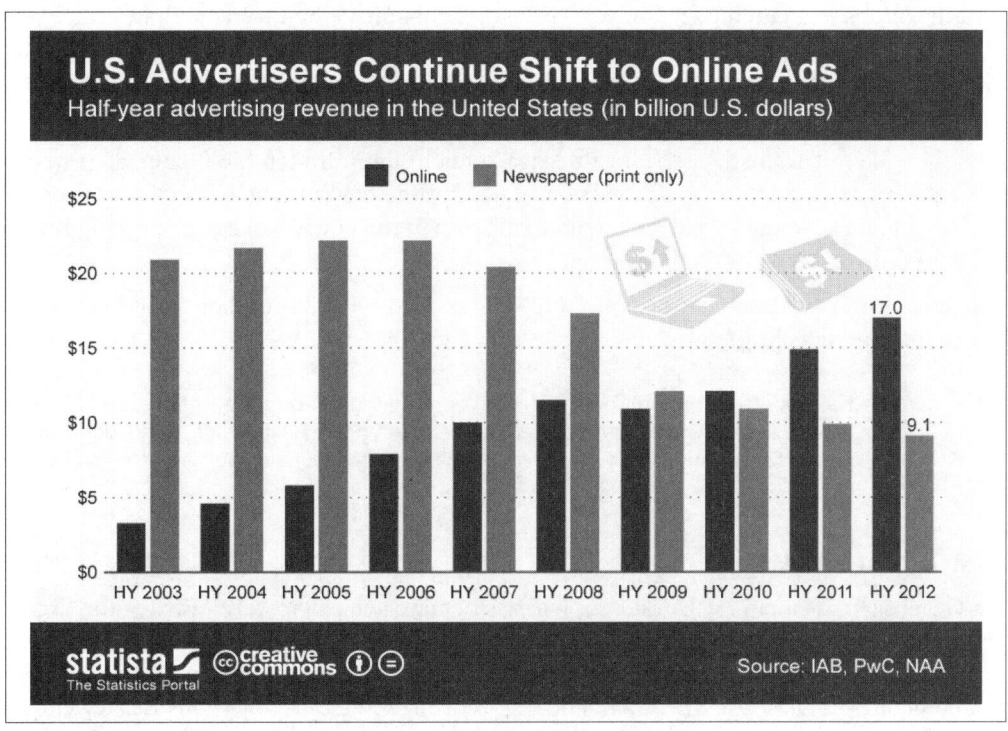

Abbildung 4-21: In den USA hat Online-Werbung die Zeitschriftenwerbung bereits überholt

Nimmt Google AdWords auch eine zentrale Position beim Online-Marketing ein, so würde man einen Fehler machen, es als einzige Säule im Marketing-Mix zu sehen. Zwar können hierzulande andere Suchmaschinen wie Bing, Yahoo! oder DuckDuckGo nach aktuellem Stand unter »ferner liefen« abgehakt werden. Dafür sollte man die Aspekte von Affiliate-Marketing, Newsletter, Online-Bewertungen und auch dem althergebrachten Bannertausch nicht außer Acht lassen und in die Überlegungen zum Online-Marketing-Mix einfließen lassen.

Suchmaschinenoptimierung (SEO)

Snake Oil – Schlangenöl, so werden in den USA jene völlig überteuerten, nutzlosen Tinkturen genannt, die auf Jahrmärkten an naive Besucher verkauft werden mit dem Versprechen, Haare wieder wachsen zu lassen oder Gehör bei der Angebeteten zu finden. Allheilmittel, Wirkung garantiert!

Manchmal hat man den Eindruck, die Suchmaschinenoptimierung (SEO) sei das Schlangenöl des digitalen Zeitalters. Über spezielle Optimierungen, so die Versprechungen manch halbseidener »SEO-Experten«, lande man garantiert auf den vorderen Plätzen bei der Google-Suche.

Die Maßnahmen, die dann durchgeführt werden, haben oft einen kurzfristigen Erfolg. Das böse Erwachen kommt einige Zeit später, wenn Google die Manipulationen bemerkt und die Website gnadenlos abstraft. Dass Google damit keine Probleme hat, zeigte sich 2006, als unter großem öffentlichen Aufsehen der Autohersteller BMW komplett aus der Google-Suche gelöscht wurde, weil er mit fragwürdigen Mitteln seine Platzierung verbessern wollte.

Sprechen Sie mit Dienstleistern im Internet-Bereich, dann finden Sie nicht selten neben SEO-Befürworten auch viele SEO-Hasser. Die Optimierer-Branche hat einen schlechten Ruf, nicht zuletzt wegen vieler zweifelhafter Geschäftemacher, die eher das eigene Konto als die Website des Kunden optimieren.

Dabei hat die Suchmaschinenoptimierung – wenn man sie seriös und nachhaltig angeht – durchaus ihre Berechtigung!

 Tipp   Die Google-Webmastertools bieten einen guten Einstieg in die Analyse Ihres Google-Rankings. Sie erfahren zum Beispiel, wie viele Seiten Ihres Online-Shops im Google-Index indiziert sind und über welche Suchanfragen Besucher auf Ihre Webseite kommen.

www.google.com/intl/de_de/webmasters/

Suchmaschinen-Ranking

Im Gegensatz zu einem Web-Katalog, wie das betagte *www.dmoz.org,* werden die Ergebnisse in einer Suchmaschine nicht von einer Redaktion ausgewählt und nach Relevanz sortiert. Vielmehr ermittelt ein Computer-Algorithmus die Auswahl und Reihenfolge der Suchergebnisse. Diese Algorithmen sind das zentrale Geschäftsgeheimnis der jeweiligen Suchmaschinen, und ihre Funktionsweise wird streng gehütet.

In der Anfangszeit der Suchmaschinen waren die Algorithmen noch recht einfach zu erahnen. Für Google beispielsweise war lange Zeit die absolute Zahl der auf eine Website verlinkenden anderen Websites das Maß für die Relevanz. Seitdem die Position in der Suchmaschine zunehmend über wirtschaftlichen Erfolg oder Misserfolg entscheidet, die Manipulation der Ergebnisse also konkrete wirtschaftliche Anreize bietet, werden die Algorithmen zunehmend verfeinert, und die Konzerne halten sich noch bedeckter, was die Funktionsweise angeht. Ein Beispiel: Im Jahr 2004 gab es zwei bekannt gewordene Änderungen des Google-Suchalgorithmus, im Jahr 2013 gab es derer 17.

Experten vermuten, dass der aktuelle Google-Algorithmus über 200 verschiedene Parameter zur Berechnung des Rankings einer Website heranzieht. Eine ganze Branche hat sich um das Entschlüsseln (reverse engineering) der Algorithmen gebildet.

Zahllose Test-Websites werden nur zu dem Zweck aufrechterhalten, um unter Laborbedingungen die Änderungen des Rankings nach einem Google-Update zu analysieren und Rückschlüsse auf die Parameter zu ziehen. Alle Resultate sind jedoch weitestgehend spekulativ.

Eine Theorie besagt beispielsweise, dass Google die Lesbarkeit eines Textes in die Bewertung mit einbezieht, unter der Annahme, dass gut verständliche Texte besser sind als schlecht lesbare. Ob diese Beobachtung aber eine Kausalität ist (gut lesbare Texte sorgen für bessere Platzierung) oder eine Korrelation (Seiten, die gut platziert sind, haben in der Regel gut lesbare Texte), sei dahingestellt.

Noch auffälliger wird dies bei der vielfach aufgestellten Behauptung, Seiten mit vielen Facebook-Fans erzielten bessere Suchergebnisse. Hier drängt sich die Korrelation geradezu auf: Viel logischer ist doch, anzunehmen, dass eine Seite, die gut in der Suche abschneidet, auch sonst so einiges richtig macht und deswegen mehr Facebook-Freunde hat.

Tipp   Eine ständig aktualisierte Quelle aller Gerüchte und vermuteten Ranking-Faktoren finden Sie unter *http://backlinko.com/google-ranking-factors* – seien Sie aber skeptisch, was die Ratschläge angeht

Google selbst veröffentlicht unter https://*support.google.com/webmasters/answer/35769* lediglich 10 Richtlinien für die Gestaltung und den Inhalt von Websites. Welchen Anteil diese Punkte auf das tatsächliche Ranking haben, wird nicht erwähnt.

Andere Suchmaschinen sind nicht besser. Microsofts Bing listet unter *http://www.bing. com/webmaster/help/webmaster-guidelines-30fba23a* ebenfalls einige allgemeine Hinweise auf, die jeder gute Webdesigner sowieso berücksichtigen würde.

Google wird nicht müde zu betonen, dass man die Seite oder den Shop nicht für die Suchmaschine, sondern für den menschlichen Besucher erstellen soll. Ist der Inhalt für einen Menschen relevant und gut strukturiert, dann wird er auch in der Google-Suche bei einer passenden Suchanfrage gut gefunden werden, so das Versprechen.

Tatsächlich ist es so, dass die Tipps, die Google oder Bing geben, solides, vernünftiges Handwerkszeug im Webdesign sind. Eine Website oder ein Shop, der unter Berücksichtigung dieser Punkte entwickelt wurde, wird für einen Menschen gut bedienbar und sinnvoll aufbereitet sein. Setzt man die Webmaster-Guidelines um, hat man schon den Großteil aller SEO-Bemühungen von vornherein erledigt.

Wo versteckt man am besten eine Leiche?

Antwort: Auf Seite 3 der Google-Ergebnisse, da findet sie keiner.

Dieser Witz kursiert unter Online-Werbeprofis, und er hat natürlich einen wahren Kern. Das erste Suchergebnis auf der ersten Seite bekommt im Schnitt 33% aller Besucher ab. Die gesamte erste Seite der Suchergebnisse teilt sich 94% aller Besucher. Die gesamte zweite Seite bekommt gute 5% der Besucher, alle restlichen Suchergebnisseiten balgen sich um das verbliebene 1% der Besucher. Ziel sämtlicher Optimierungen ist daher die erste Seite und dort eine möglichst hohe Position.

Keyword-Optimierung

Suchmaschinen versuchen, dem Benutzer die relevantesten Seiten für die jeweils aktuelle Suchanfrage zu zeigen. Die Herausforderung für die Optimierung liegt darin, die wahrscheinlichsten Suchanfragen vorherzusehen, sie sinnvoll zu gruppieren und zu kürzen und auf die verbleibenden Rumpf-Schlüsselwörter zu optimieren.

Dabei kommt einem der Umstand zugute, dass eine Suchmaschine in der Lage ist, ähnliche Begriffe, Synonyme und verwandte Wörter zu sogenannten »Clustern« zusammenzufassen. Nehmen Sie beispielsweise diese Suchanfragen:

- Dacia Duster Anhängerkupplung
- Dacia Duster Anhängekupplung kaufen
- Duster Anhängerkupplung nachrüsten
- AHK für Duster nachträglich einbauen
- Wo kann ich eine AHK für den Dacia Duster kaufen
- Günstige Anhängerkupplung Duster kaufen

Hier greift gleich eine mehrfache Clusterung. Für die Suchmaschine werden die Begriffe »Dacia Duster« und »Duster« gleichwertig sein, wenn sie im generellen Kontext von Automobil-Themen vorkommen. Ebenso behandelt zumindest Google die Begriffe »Anhängerkupplung«, »Anhängekupplung« und »AHK« synonym.

Als Schlüsselwort-Paar für die Optimierung müsste »Dacia Duster« und »Anhängerkupplung« beachtet werden, da dies die beiden Begriffe mit der höchsten Relevanz für die Suchanfragen sind. Das Schlüsselwort »kaufen« hat ebenfalls Relevanz, man kann sich aber darauf verlassen, dass die Suchmaschine den Shop als solchen erkennt und mit dem Schlüsselwort »kaufen« assoziiert.

Der Begriff »Dacia Duster Anhängerkupplung« muss also klar aus der Seite hervorgehen. Dies erreicht man über mehrere Maßnahmen, die alle in den Webmaster-Richtlinien aufgeführt sind. Hier sollen drei exemplarisch vorgestellt werden:

URL

Das Keyword sollte in der URL der Seite vorkommen – in diesem Fall *https://www. mvg-ahk.de/Anhaengerkupplungen-mvg/DACIA/Duster/*

Schlecht hingegen wäre eine Adresse, in der das Keyword nicht vorkommt, wie *www.mvg-ahk.de/produkte/39/47284/ (Beispiel)*

Seitentitel

Auch im Titel der Seite, der oben im Webbrowser angezeigt wird, sollte der Text »Anhängerkupplung Dacia Duster« vorkommen. Schlecht wäre der Text »MVG Online Shop«.

Begriff im Fließtext

Im Text der Seite sollte mehrfach sowohl der Begriff »Anhängerkupplung« als auch der Begriff »Dacia Duster« auftauchen. Hier kommt es auf ein ausgewogenes Verhältnis an. Keyword-Spamming, also das übermäßig häufige Auftauchen eines Begriffs, ist schädlich.

Darüber hinaus sollte der Text natürlich für den Benutzer nützliche Informationen zum Thema enthalten. Unterschätzen Sie die Suchmaschinen und insbesondere Google nicht. Der Algorithmus ist durchaus in der Lage, Zusammenhänge der Begrifflichkeiten zu analysieren. Relevante Informationen für Benutzer, bei denen das Keyword an sinnvollen Stellen vorkommt, sind auch für Google relevant.

SEO-Checkliste

Alle wichtigen SEO-Parameter permanent im Blick zu haben, ist schwierig. Dennoch sollte man bei jedem Text, den man schreibt, und bei jeder Kategorie, die man anlegt, die Auffindbarkeit bei Google & Co. im Hinterkopf behalten.

Es hat sich bewährt, immer eine kleine Checkliste zur Hand zu haben, mit deren Hilfe man neue Inhalte schnell auf die wesentlichen Punkte kontrollieren kann.

In die oberste Zeile der Tabelle 4-7 tragen Sie das Haupt-Keyword für die jeweilige Seite ein. Danach können Sie die einzelnen Punkte überprüfen. Ist die Antwort nicht »Ja«, müssen Sie nachbessern.

Ein Sonderfall ist die Anzahl der Worte im Artikeltext in Kombination mit der Anzahl der Keywords. Das Verhältnis darf nicht zu hoch sein. Eine Keyword-Dichte von um die 3% hat sich als gut herausgestellt. In einem Text von 300 Worten kann das Keyword also 9-mal vorkommen, wobei 300 Worte der Mindestlänge des Produktbeschreibungstextes entsprechen. Zum Vergleich: Dieser Abschnitt umfasst 156 Wörter.

Tabelle 4-7: SEO-Checkliste

Checkpoint	Überprüfung
Haupt-Keyword?	
Keyword in Seiten-URL?	[ ] Ja [ ] Nein
Keyword in Seiten-Titel?	[ ] Ja [ ] Nein
Keyword in Artikelname?	[ ] Ja [ ] Nein
Keyword-Vorkommen in Artikeltext	Anzahl:
Anzahl Worte im Artikeltext	Anzahl:
Keyword kommt im ersten Absatz des Artikeltextes vor?	[ ] Ja [ ] Nein
Keyword in Bildbeschreibung?	[ ] Ja [ ] Nein
Seite über Navigation erreichbar?	[ ] Ja [ ] Nein
Seite hat Verlinkungen (im Produkttext) zu anderen Seiten?	[ ] Ja [ ] Nein

 Tipp   Achten Sie insbesondere auf den Seitentitel der Produktdetailseiten. In vielen Shop-Systemen setzt er sich (automatisch) wie folgt zusammen:

Shopname – Artikelname

Besser ist es, die Reihenfolge zu ändern in

Artikelname – Kategoriename – Shopname

Suchmaschinen gewichten die Wörter auch der Reihenfolge nach. Der Produktname sollte daher an erster Stelle stehen. Der Produktname kann in den organischen Suchergebnissen zudem schneller vom Benutzer erfasst werden.

Offpage-Optimierung

Ein Großteil der für erfolgreiches SEO notwendigen Maßnahmen können Sie oder Ihre E-Commerce-Agentur in voller Kontrolle selbst durchführen.

Es handelt sich um alle Optimierungen, die technisch auf der Website bzw. dem Shop selbst umgesetzt werden können. Man spricht hier von »Onpage-Optimierung«, also der Optimierung der Website selbst.

Traditionell wichtig für den Bereich der Suchmaschinenoptimierung sind Links von anderen Websites auf Ihren Shop. Da Sie diese Links (meist) nicht selbst in der Hand haben, spricht man hier von »Offpage-Optimierung«, also Optimierungsmaßnahmen außerhalb der Website.

War noch vor 10 Jahren das »Linkbuilding«, das heißt das Anhäufen von möglichst vielen externen Links auf die eigene Website, das A und O der Suchmaschinenoptimierung, so ist diese Technik mittlerweile bedeutend schwieriger geworden. Klassisches Linkbuilding wurde in großem Umfang missbraucht. Sogenannte »Linkfarmen« verlinkten hunderte bis tausende von Websites, und Links von gut platzierten Seiten wurden gegen teures Geld gehandelt.

Um die Relevanz der Suchergebnisse zu gewährleisten, hat Google seit 2009 die Gewichtung von Links sukzessive abgewertet. Der Algorithmus versucht nun, »unnatural linking schemes« – unnatürlich erscheinende Verlinkungen – zu erkennen, und wertet sie als Negativkriterium.

Bezahlte Links oder Linktauschprogramme sind nahezu komplett verboten. Die Seite *https://support.google.com/webmasters/answer/66356* bietet eine genaue Übersicht über die Arten von Verlinkungen, die Google ein Dorn im Auge sind.

Dass es Google ernst damit meint, zeigte eine aufsehenerregende Aktion im Februar 2014, bei der Google zahlreiche deutsche Websites abstrafte, die sich exzessiv in Linktauschprogrammen engagiert hatten.

Viele SEO-Anbieter alter Schule sehen das Linkbuilding immer noch als erstes Mittel der Wahl zur Verbesserung der Platzierung in den Suchergebnissen. Sollten solche Dienstleistungen an Sie herangetragen werden, seien Sie bitte extrem vorsichtig. Ist Ihr Shop erst einmal aus den Suchergebnissen verschwunden, weil er von Google abgestraft wurde, ist ein sehr großer Aufwand nötig, um den Schaden zu reparieren.

Eine natürlich gewachsene Link-Struktur, bei der Kunden, Blogger oder Journalisten auf Sie verlinken, ist jedoch nach wie vor wünschenswert. Vertrauen Sie auch hier auf die Intelligenz der Suchmaschinen-Algorithmen: Was natürlich gewachsen ist, wird auch die Suchmaschine als solches erkennen. Was Ihnen selbst nicht ganz geheuer ist oder zu gut klingt, um wahr zu sein, ist es meist auch.

Black-Hat-SEO und White-Hat-SEO

Kennen Sie die archaischen Comicstrips »Spion vs Spion« aus den M.A.D.-Heften? Zwei grob skizzierte Klischee-Spione bekämpfen sich mit kruden und brutalen Methoden gegenseitig. Einer ist komplett in Schwarz gehalten, der andere komplett in Weiß, beide tragen grotesk überzeichnete Schlapphüte. Seit 1961 erscheinen die Zeichnungen, und die Hüte der Spione standen Pate für die Begriffe »White Hat« und »Black Hat«.

Derjenige, der »Black Hat«-Taktiken anwendet, bewegt sich außerhalb der Legalität und verletzt bewusst etablierte Spielregeln zum eigenen Vorteil.

Im Bereich der Suchmaschinenoptimierung bedeutet dies zum Beispiel, ganz bewusst gegen von den Suchmaschinen aufgestellte Regeln zu verstoßen, diesen Verstoß aber so zu tarnen und zu verdecken, dass er nicht entdeckt werden kann. Während SEO-Maßnahmen in der Regel angewandt werden, um die eigene Website zu begünstigen, eignen sich Black-Hat-Taktiken auch dazu, durch »negative SEO« fremde Seiten – zum Beispiel von Mitbewerbern – zu schädigen.

Demgegenüber stehen die »White Hat«-Maßnahmen, die derjenige anwendet, der sich brav an alle Regeln hält und innerhalb allgemein akzeptierter Grenzen arbeitet. Die Konstellation wird gelegentlich um den »Gray Hat« ergänzt, der im Großen und Ganzen zu den »Guten« gehört, jedoch die ein- oder andere Technik aus dem Black-Hat-Repertoire anwendet.

Landingpages

Im Online-Marketing dreht sich alles um Relevanz. Die Aufmerksamkeitsspanne des typischen Internet-Nutzers liegt zwischen 3 und 5 Sekunden. Schaffen Sie es in dieser Zeit nicht, Ihre Botschaft zu übermitteln, ist der Besucher wieder weg und damit nicht nur ein potenzieller Kauf verloren, sondern häufig auch ein Werbeklick umsonst bezahlt.

»Say it quick, say it well« – »Sag' es schnell und sag' es gut«, titelte der britische Guardian schon 2012 und thematisierte damit die Kultur der »schnellen Befriedigung« im Internet.

Als Online-Marketeers müssen wir mit diesen kurzen Aufmerksamkeitsspannen leben – und das Beste daraus machen. Es gilt, die Relevanzkette von der ersten Suchanfrage und dem ersten Klick an aufrechtzuerhalten und dem potenziellen Kunden jederzeit das Gefühl zu geben, »Hier bist du richtig« und »Hier findest du, was du suchst«.

Im Idealfall würde Ihr Shop für jede einzelne mögliche Suchanfrage – unabhängig von der Produktdetailseite – eine speziell aufbereitete Seite, die sogenannte Landingpage, parat halten, auf der nur relevante Inhalte passend zum Suchbegriff auftauchen. Dies stößt aber schnell an praktische Grenzen. Drei Fälle illustrieren dies recht gut:

Sehr eng verwandte Suchbegriffe

Die Ergebnisseite für »Samsung Galaxy S4 schwarz« und »Samsung Galaxy S4 weiß« wären extrem ähnlich, lediglich die Angaben zur Farbe wären unterschiedlich. Die Zahl nötiger Seiten würde schnell jeglichen Rahmen sprengen, weswegen die Farbauswahl in aller Regel auf der Produktseite als Variante auswählbar ist.

Sehr unpräzise Suchbegriffe

Sucht der Interessent hingegen nach »Smartphone Samsung« würden nach aktuellem Stand über 70 einzelne Geräte als Ergebnis in Frage kommen. Als einzige Lösung käme im Shop hier die Kategorieübersichtsseite in Frage, wenn denn alle Samsung-Smartphones in einer einzigen Kategorie wären – was vermutlich nicht der Fall ist.

Falsche Suchbegriffe

Interessenten am Anfang der Recherchephase haben oft noch keinen richtigen Überblick. Eine Suche nach »Samsung iPhone« würde in einem Online-Shop kein Ergebnis zutage fördern, da das iPhone vom Samsung-Konkurrenten Apple verkauft wird.

Als Lösung bieten sich hier spezielle Landingpages an. Dabei handelt es sich um Seiten, die parallel zum Shop existieren und nur auf bestimmte Suchanfragen hin optimiert sind. In unseren drei Beispielen sind folgende Landingpages denkbar:

• Die Frage nach den verschiedenfarbigen Smartphones könnte von einer Landingpage beantwortet werden, auf der alle Modelle in allen Farben abgebildet sind. Design und Wortwahl wären auf die bunte Vielfalt ausgerichtet. Die Auswahl zwischen verschiedenen Farben würde als Produktvorteil angepriesen, mit dem der Anwender seine Individualität zeigen kann. Klickt der Besucher auf ein Modell einer bestimmten Farbe, wird er auf die Produktdetailseite geleitet, und die gewählte Farbe wird direkt als Auswahl für das Produkt übernommen. Hier könnte man direkt noch Accessoires wie Handschalen oder Hüllen in verschiedenen Farben als Cross-Selling-Artikel anbieten.

- In ähnlicher Form würde der unpräzisen Suche begegnet. Die Landingpage würde in optisch auffälliger Form alle aktuellen Produktlinien aufgreifen. Nicht sämtliche lieferbaren Modell, nur die Haupt-Kategorien mit ihrem jeweiligen Flaggschiff-Modell. Die wichtigsten Alleinstellungsmerkmale erlauben eine schnelle Orientierung. Beim Klick auf eine Produktlinie würde auf die jeweilige Kategorie im Shop verlinkt.

- Den Kunden, der seine Anfrage falsche formuliert hat (»Samsung iPhone«) kann man über eine Landingpage abfangen, in dem exemplarisch ein Samsung-Smartphone mit einem Apple-iPhone verglichen wird. Alternativ könnte man die Verwechslung mit einem humoristischen Bild aufgreifen, bei dem zum Beispiel ein aktuelles Samsung-Gerät an einem angebissenen Apfehl lehnt. Auch hier würden wieder die wichtigsten Aussagen plakativ kombiniert und mit entsprechenden Links in den Shop versehen.

Blog zum Online-Shop

Um Besucher in den eigenen Online-Shop zu locken, können Sie natürlich auch ein eigenes Blog aufsetzen. Blogs – entstanden als digitale Tagbücher – werden heute gerne genutzt, um aus Firmen oder Online-Shops über Neuigkeiten und neue Produkte zu informieren.

Die Blogs dienen als zusätzliches Futter für Suchmaschinen und versuchen Kunden über aktuelle Inhalte, Tipps & Tricks an den eigenen Online-Shop zu binden.

Dabei steht nicht zwangsläufig die Präsentation der eigenen Produkte im Vordergrund. Oft geht es nur um Themen mit Bezug zum Themenbereich des Shops.

Besondere Aufmerksamkeit erhalten Blogs durch Gast-Autoren. Oft werden Blogger aus dem gleichen thematischen Umfeld eingeladen, einen Beitrag zu schreiben. Als Entlohnung erhält der Blogger zum Beispiel ein Produkt aus dem Warensortiment oder eine geringe Vergütung.

Die Abbildung 4-22 zeigt das Blog des Aachener Mode-Versandhändlers navabi. Im navabi Fashion-Blog (*blog.navabi.de*) erschien in der Rubrik »Gäste« ein Artikel der Fashion-Bloggerin Luciana Schmidt (*www.luziehtan.de*).

Ganz offen wird dort berichtet, dass die Bloggerin das Outfit vom Shop-Betreiber für die Nutzung bei einem Fashion-Event erhalten hat. Da sie selbst aber inzwischen über eine eigene Fangemeinde verfügt, wird der Artikel im Blog des Shops als externe Stimme wahrgenommen und nicht als Werbe-Posting. Zusätzlich erschien in ihrem Blog ein Artikel, der freundlich über navabi berichtete (*http://luziehtan.de/2012/09/outfit-04-09-12/*).

Sie müssen nun natürlich nicht gleich externe Blogger für Ihren eigenen Blog suchen und engagieren. Sie sollten aber darüber nachdenken, inwieweit Sie Ihren Kunden (genauso wie Interessenten und Suchmaschinen) durch Storrys und Geschichten einen Mehrwert

Abbildung 4-22: navabi Fashion-Blog, blog.navabi.de((Juni 2014)

bieten können, der sie an den Online-Shop bindet, auch wenn sie gerade einmal nichts kaufen möchten.

Die folgende Abbildung 4-23 zeigt das Selbstgemacht-Blog der Baumarktkette Obi (*http://specials.obi.de/obi_selbstgemacht*). Obi verknüpft dabei die Tipps und Tricks zu den eigenen Produkten mit Elementen aus sozialen Netzen.

So können Benutzer nicht nur die Do-it-yourself-Vorschläge des Unternehmens lesen und kommentieren, sondern auch eigene Ideen und Bastelanleitungen hochladen.

Andere Kunden wiederum können die eingereichten Vorschläge kommentieren und mittels des bekannten Sternesystems bewerten und die Beiträge via Twitter, Facebook, Google+ und Pinterest weiterverbreiten.

Obi forciert die Beteiligung der Kunden mit eigenen Ideen, indem unter allen Teilnehmern jeden Monat Einkaufsgutscheine im Gesamtwert von 450 € verlost werden.

Abbildung 4-23: Obi Selbstgemacht-Blog, specials.obi.de/obi_selbstgemacht (Juni 2014)

Der Blog zu Ihrem Online-Shop sollte dabei möglichst das Design des Online-Shops aufnehmen und Links zu den wichtigsten Kategorien des Shops beinhalten.

Zudem ist es sinnvoll, auch hier die Informationen zu Zahlungsarten, Versandkosten und Siegel mit Shop-Bewertungen zu integrieren, um den Verkaufscharakter des Angebots zumindest im Umfeld des redaktionellen Teils darzustellen.

Hier bietet es sich geradezu an, Inhalte, die Sie zum Beispiel für Ihren Newsletter oder in Ihrem Auftritt in sozialen Netzwerken verwenden, einer Zweit- oder Drittverwertung zuzuführen. Es spricht absolut nichts dagegen, den Artikel, den Sie für den Blog geschrieben haben, in Auszügen auch als Facebook-Posting zu verwenden und in Ihrem regelmäßig erscheinenden Newsletter auf das Blog-Posting hinzuweisen.

Inhalte, die einmal erstellt sind, sollten Sie auf möglichst vielen eigenen Kanälen nutzen. Gehen Sie davon aus, dass nicht jeder Kunde und Interessent die Inhalte aller Social-Media-Plattformen kennt, die sie bespielen. Die Gefahr, dass sich Nutzer wegen der Wiederholung von Meldungen langweilen, ist sehr gering.

Microsites, Produkttest-Webseiten/-Blogs

Neben dem eigenen offiziellen Blog zum Online-Shop steht es Ihnen natürlich frei, einen weiteren Blog mit Anwendertests zu Ihren Produkten aufzusetzen.

Aufbauend auf Empfehlungsmarketing und der Google-Suche nach »Garagentorantrieb Test« findet sich sehr weit oben die Internetseite *www.garagentorantrieb-test.com* (siehe Abbildung 4-24).

Abbildung 4-24: Produkttest-Blog, www.garagentorantrieb-test.com (Juni 2014)

Vorrangiges Ziel der Webseite ist es, Inbound-Traffic zu erzeugen und Benutzer zum Kauf der Produkte bei Amazon zu bewegen. Zwar gibt es auch Links zu anderen thematisch passenden Internetseiten (Hersteller, Wikipedia u. a.) und Werbeinblendungen aus dem Google AdWords-Display-Network (mehr dazu im Abschnitt »Google AdWords« auf Seite 353). Doch schon im Header der Webseite ist die Partnerschaft mit Amazon.de klar gekennzeichnet.

Inhaltlich ist die Webseite in die Rubriken »Testsieger«, »Bestseller«, »Hersteller« und »Ratgeber« aufgeteilt. Letztlich sind die einzelnen Seiten überwiegend mit den Markennamen und Produktbezeichnungen einzelner Hersteller gespickt.

Um aktuelle Inhalte zum Beispiel auch mittels strukturierter Daten (siehe Abschnitt »Produktbewertungen« auf Seite 435) an Google zu übermitteln, könnte die Webseite noch um eine Blogfunktion erweitert werden und mehrmals pro Monat über neue Produkte und Entwicklungen auf dem Garagentorantriebs-Markt berichten.

Wenn Sie mit dem Gedanken spielen, eine eigene Seite für derartige Tests aufzusetzen, sollten Sie nur eigene Produkte aufführen und diese nicht in den Vergleich zu Konkurrenzprodukten setzen, um etwaigen wettbewerbsrechtlichen Problemen aus dem Weg zu gehen.

Vielleicht finden Sie einen motivierten Studenten, der im Rahmen Ihres Affiliate-Programms (siehe Abschnitt »Affiliate-Marketing« auf Seite 383) eine eigene Seite entwickeln und mit Inhalten füllen möchte, um neben seinem Studium durch vermittelte Verkäufe etwas dazu zu verdienen. Soweit die Nähe zu Ihrem Unternehmen dabei nicht nachvollziehbar ist, dürften sich wettbewerbsrechtliche Fragen nicht stellen.

Einmal erstellt, muss eine solche Seite nicht unbedingt aufwendig gepflegt werden. Die Internetseite www.grossemoden.com führt ausschließlich Links zum und Grafiken von der Internetseite des auf große Größen spezialisierten Online-Shops *www.navabi.de*. Das Impressum der Seite *www.grossemoden.com* lässt dabei keinen Rückschluss auf die Beteiligung des Online-Shops an dieser Internetseite zu.

Im August 2011 erstellt, muss die Seite nicht zwangsläufig ständig aktualisiert werden; sie verrichtet als Doorway-Page (Türöffner-Seite) zum Online-Shop über viele Jahre hinweg ihren Zweck.

Google AdWords

Um Besucher in den Online-Shop zu bekommen, ist eine gute Auffindbarkeit über die Suchmaschine Google unabdingbar. Die Suchergebnisse lassen sich jedoch nicht unmittelbar beeinflussen und hängen von vielen Faktoren ab, auf die wir an anderer Stelle noch eingehen. Google bietet aber auch die Möglichkeit, über bezahlte Werbeschaltungen im oberen Bereich der Suchergebnisse zu erscheinen. Die Werbeanzeigen erscheinen über den normalen Suchergebnissen sowie rechts davon. Wie in der Abbildung 4-25 zu sehen, sind sie leicht farblich hinterlegt bzw. mitunter mit einem kleinen Vorsatz »Anzeige« versehen. Diese Werbeschaltungen werden über das Google AdWords-System verwaltet und gebucht.

Gerade im Hinblick auf einen Online-Shop können Sie über die Report- und Statistikfunktionen von Google AdWords jeden ausgegebenen € für Online-Werbung exakt den darüber generierten Verkäufen zuordnen. Zwar gibt es auch hier Grauzonen und Interpretationsspielraum, insbesondere wenn man in den Markenaufbau (Branding) investiert, aber selbst da können Ergebnistrends klar zugeordnet werden.

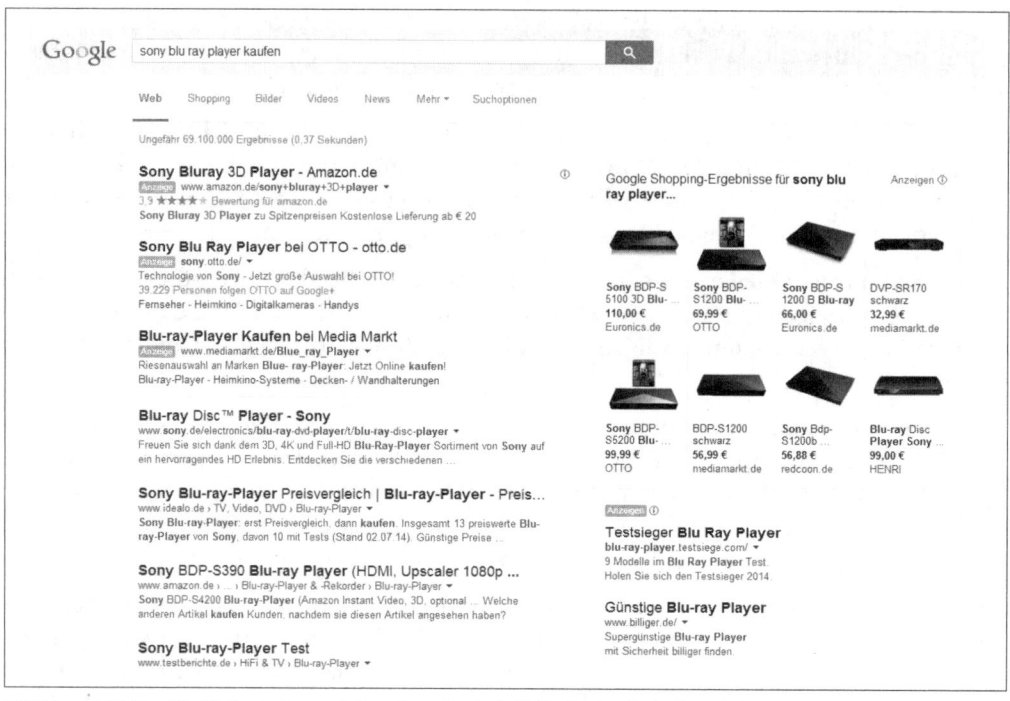

Abbildung 4-25: Bezahlte Werbung nimmt mittlerweile mehr als die Hälfte der Google-Suchergebnisseite ein

Werbung auf Google selbst: Das Google Such-Netzwerk

Anders als bei angemieteten Bannern auf einer Website, die einer primär quantitativ erfassbaren Personengruppe mit vager Interessenausrichtung angezeigt werden, findet die Werbung bei Google AdWords im unmittelbaren Umfeld einer Suchanfrage statt. Der Werbetreibende hinterlegt Suchbegriffe, zu denen er gefunden werden möchte. Lediglich für diese Suchbegriffe wird die Werbung geschaltet. Im Idealfall – also wenn der Suchbegriff eindeutig ist – ist die Werbung extrem zielgerichtet. Wer nach »Sony Blue Ray Player kaufen« sucht, möchte vermutlich genau das: einen Blue-Ray-Player der Marke Sony kaufen.

Werbetreibende haben die Möglichkeit, für solche Suchanfragen eine Werbeanzeige zu hinterlegen. Gleichzeitig geben sie ein Gebot für den Klick auf die Anzeige ab. Die Gebote liegen in aller Regel im Cent-Bereich, je nach Marktnische und Konkurrenzdruck auch schon mal im zweistelligen Euro-Bereich. Bei einer Suchanfrage vergleicht Google die Gebote der Mitbewerber miteinander, zieht weitere Faktoren wie die Relevanz der Zielseite hinzu und erstellt so eine Rangfolge der Anzeigen, die dann zusammen mit dem Suchergebnis angezeigt werden

Pay-per-Click. Die Besonderheit des AdWords-Systems besteht darin, dass das reine Anzeigen der Werbung – die Ad-Impression oder kurz Impression – noch keine Kosten verursacht. Erst wenn ein Interessent einen Klick auf Ihre Anzeige ausführt und damit auf Ihren Online-Shop weitergeleitet wird, entstehen Ihnen Kosten.

Über das eingebaute Reporting listet das System für jede Anzeige und für jeden Suchbegriff detailliert auf, wie viele Impressions und wie viele Klicks erzielt wurden. Als AdWords-Nutzer versuchen Sie natürlich, möglichst viele Klicks zu generieren, denn sie sind die Voraussetzung für einen erfolgreichen Kaufabschluss.

Allerdings haben auch die reinen Impressions ihren Wert, denn sie tragen zur Reichweite Ihrer Markenbotschaft bei und bringen potenziellen Käufern Ihren Shop ins Bewusstsein. Überschätzen Sie diesen Effekt jedoch nicht.

Click-Through-Rate. Das Verhältnis von Klicks zu Impressions wird *Klickrate* (Click-Through-Rate) genannt. Wenn eine Werbung beispielsweise 1000 Impressions erzielt und 100 Personen auf die Anzeige klicken, haben Sie eine Click-Through-Rate (CTR) von 10% erzielt. Die Klickrate ist also einer der ersten Indikatoren, wie gut Ihre Anzeige zum Suchbegriff passt.

Tipp Leider sind Sie nicht der einzige Werbetreibende im Google AdWords-System. Im Wettbewerb um die besten Anzeigenpositionen und die niedrigsten Klickpreise belohnt Google daher im gesamten AdWords-System die Relevanz: Eine Kombination aus relevantestem Suchbegriff, relevantestem Anzeigentext und relevantester Zielseite wird mit einem hohen Qualitätsfaktor ausgezeichnet und schneidet dadurch insgesamt besser ab.

AdWords-Konto anlegen

Um mit AdWords zu starten, müssen Sie zunächst ein AdWords-Konto für Ihren Shop einrichten. Gehen Sie dazu auf *http://adwords.google.com*. Wenn Sie bereits einmal einen Google-Dienst wie Google Mail oder Google Drive genutzt haben, verfügen Sie vermutlich bereits über einen Google-Account (erkennbar u. a. an einer Mail-Adresse nach dem Muster vorname.nachname@googlemail.com oder vorname.nachname@gmail.com), und Google AdWords bietet Ihnen direkt einen Login an. Wenn nicht, leitet Sie das System durch den Anmeldevorgang und legt dann für Sie einen Google-Account an. Dieser Vorgang ist für Sie komplett kostenlos.

Tipp Der Google-Account ist ihre »Eintrittskarte« zu vielen Google-Diensten, darunter das beliebte Google Mail, aber beispielsweise auch das soziale Netzwerk Google+. Auch wenn Sie den Namen des Google-Accounts frei wählen können und er derzeit noch nirgendwo öffentlich angezeigt wird, sollten Sie einen möglichst naheliegenden Namen wählen. In aller Regel fahren Sie gut damit, Ihren tatsächlichen vollen Namen zu nutzen. Mitunter müssen Sie Dritten – einem Google Berater, einer Agentur oder einem Werbepartner – die Adresse Ihres Google-Accounts sagen. In diesen Fällen ist es dann eher peinlich, eine Adresse im Stile von »CoolDude69@gmail.com« angeben zu müssen.

Ebenso ist es möglich, eine bereits existierende E-Mail-Adresse in einen Google-Account umzuwandeln. Diese Lösung ist eindeutig zu bevorzugen. So kann beispielsweise auch eine web.de-E-Mail-Adresse zum Login ins AdWords-System genutzt werden. Keine Sorge – das greift nicht in ihr web.de-Konto ein. Die Mail-Adresse dient lediglich als Login-Authentifizierung für Google.

Nachdem diese Hürde genommen ist, können Sie Ihr AdWords-Konto einrichten. Sie müssen zunächst festlegen, in welchem Land, in welcher Zeitzone und mit welcher Währung Sie AdWords nutzen möchten (siehe Abbildung 4-26) Diese Angaben können Sie später nicht mehr verändern – achten Sie daher besonders genau auf mögliche Fehleingaben. Zur Sicherheit sendet Ihnen AdWords eine Mail mit einem Bestätigungslink, den Sie anklicken müssen. Danach ist Ihr AdWords-Konto freigeschaltet.

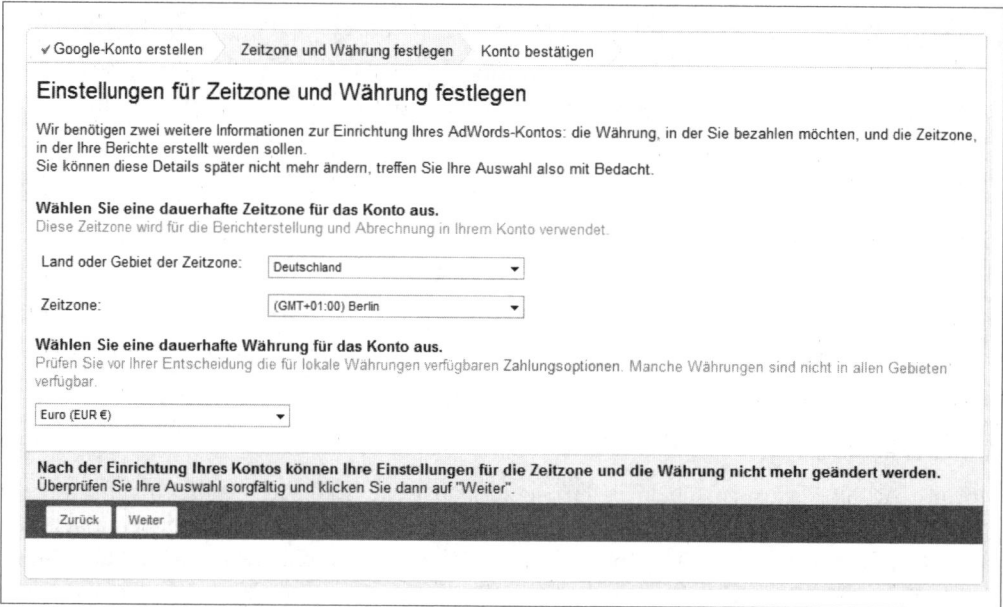

Abbildung 4-26: AdWords-Kontoeinrichtung

AdWords-Struktur

Bevor Sie sich nun direkt in die Arbeit mit Google AdWords stürzen, empfiehlt es sich, zunächst vernünftig zu planen, damit man hinterher, wenn das Konto durch weitere Werbekampganen wächst, nicht den Überblick verliert. Dazu müssen wir zunächst über den Aufbau des Systems sprechen.

Das zentrale Element im AdWords-System ist die Kampagne (Campaign). Die Kampagne ist die oberste Organisationsebene im Konto. Wie eine Haupt-Kapitelüberschrift in diesem Buch fasst die Kampagne weitere Untereinheiten zusammen. Bestimmte Einstellungen können nur auf Kampagnenebene vorgenommen werden und wirken sich auf alle Elemente in dieser Kampagne aus.

Sie benötigen mindestens eine Kampagne, werden aber in der Praxis sicherlich deutlich mehr anlegen. Das derzeitige Limit liegt bei 10.000 Kampagnen (einschließlich pausierter und gelöschter Kampagnen) und sollte bei guter Organisation für die meisten Fälle ausreichen.

Unterhalb jeder Kampagne gibt es mindestens eine Anzeigengruppe (Ad Group) als zweite Organisationsebene. Anzeigengruppen dienen primär der Strukturierung des Kontos. Mit sinnvollen Anzeigengruppen-Aufteilungen finden Sie sich in größeren Konten besser zurecht.

Innerhalb der Anzeigengruppe befinden sich mindestens eine Werbeanzeige und mindestens ein Suchbegriff (Keyword).

Es empfiehlt sich, von vornherein strukturiert die Kampagnen und Anzeigengruppenbaum zu planen. Bei Online-Shops hat sich die Orientierung an den Kategorien im Shop bewährt. Für jede Ihrer Haupt-Kategorien legen Sie eine Kampagne in AdWords an, also zum Beispiel Herrenmode, Damenmode und Kindermode. Innerhalb jeder Kampagne wiederum Anzeigengruppen für einzelne Produktgruppen wie Jacken, Hosen, Blusen.

Kampagnen. Auf Kampagnenebene stellen Sie alle grundlegenden Parameter in Bezug auf Ausrichtung und Anzeige Ihrer Werbung ein. Das AdWords-System schlägt bei der Kampagneneinrichtung einige Grundeinstellungen vor (später können Sie sie über den Tab »Einstellungen« für jede Kampagne nachträglich bearbeiten), sie sind eher auf breite Anzeigenschaltung ausgerichtet und sollten daher unbedingt angepasst werden. Die Voreinstellung führt zwar zu schnellen Schaltungen und zahlreichen Impressions Ihrer Anzeigen, verbraucht aber auch das Budget schnell und wenig zielführend.

Wählen Sie daher zunächst statt der Einstellung »Such- und Displaynetzwerk« lediglich das Suchnetzwerk aus und klicken Sie die Einstellung »Alle Funktionen« an. Informationen zum Display-Netzwerk finden Sie später in diesem Kapitel.

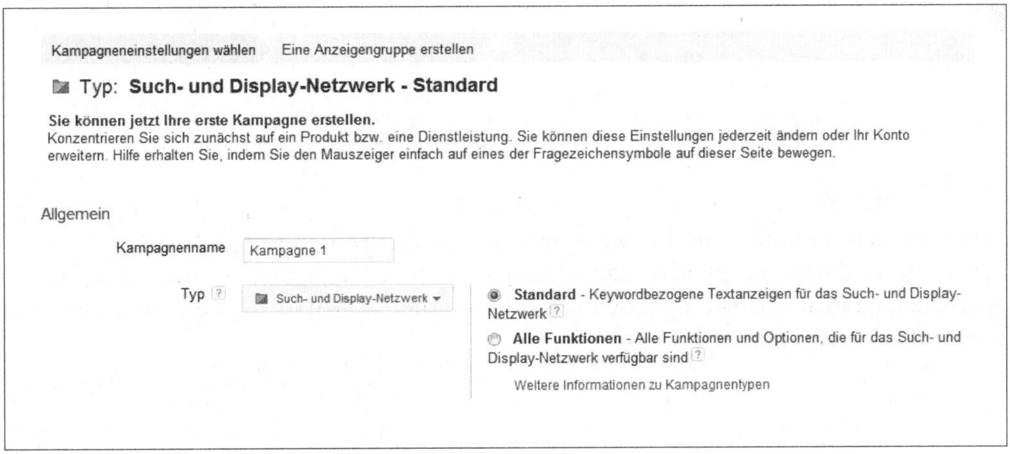

Abbildung 4-27: Grundlegende Einstellung einer AdWords-Kampagne

Budget. Neben der Auswahl »Deutschland« ist das Kampagnenbudget die wichtigste Einstellung für die Kampagne. Über das Budget legen Sie fest, wie viel Sie maximal pro Tag auszugeben bereit sind. Darüber haben Sie eine effektive Kostenkontrolle – und Kostenbremse – für Ihre Online-Werbung mit AdWords. Ist das Tagesbudget aufgebraucht, stoppt AdWords automatisch die weitere Anzeigenschaltung bis zum nächsten Tag. Explodierende Werbekosten durch unvorhergesehen hohe Klickzahlen gibt es so nicht. Beachten Sie aber, dass diese Bremse auch bei kommerziell erfolgreichen Kampagnen zum Tragen kommt!

Warnung
Google räumt ein, dass das Tagesbudget unter Umständen nicht immer zu 100% exakt eingehalten werden kann. So kann es mitunter zu leichten Überziehungen kommen. Google versichert aber, das Tagesbudget im Monatsmittel einzuhalten und stellt dies notfalls durch Korrekturbuchungen in Form von Gutschriften am Monatsende sicher.

Die Budgetplanung ist mit einer der wichtigsten Punkte bei der Kampagnenplanung. Überlegen Sie daher genau, wie viel Budget Sie tatsächlich auszugeben bereit sind und hüten Sie sich vor zu optimistischen Erwartungen. Gerade in der Anfangszeit, wenn noch keine Erfahrungswerte vorliegen, ist es hilfreich, sich zu überlegen, wie viel Budget Sie bereitstellen können, wenn sich erweisen sollte, dass kein einziger zusätzlicher Verkauf über die Werbung generiert werden kann. Rechnen Sie also zunächst mit vollständigem Verlust der Werbeausgaben und nehmen Sie nur den Betrag, den Sie wirklich entbehren können.

Anzeigengruppen. Im nächsten Schritt erstellen Sie Ihre erste Anzeigengruppe mitsamt der ersten Anzeige (siehe Abbildung 4-28). Sie müssen pro Kampagne mindestens eine Anzeigengruppe und mindestens eine Anzeige anlegen. Daher ist die Kombination in einem Arbeitsschritt sinnvoll. Für einen ersten Einstieg können Sie es beim Namen »Anzeigengruppe 1« belassen – besser ist es jedoch, wenn Sie von vornherein einen guten und sprechenden Namen vergeben.

Hinweis
Kampagnen- und Anzeigengruppennamen können Sie später jederzeit ohne Probleme ändern. Anzeigen und Suchbegriffe können zwar auch später noch geändert werden, allerdings gehen dabei statistische Leistungsdaten des Systems verloren, was unter Umständen zu ungünstigeren Anzeigenschaltungen und ineffizienten Ausgaben führt.

Anzeigen. Für die Anzeige selbst steht Ihnen nur sehr wenig Platz zur Verfügung. Die Überschrift darf lediglich 25 Zeichen lang sein, die beiden Textzeilen jeweils 35 Zeichen. Die Kunst liegt also darin, möglichst prägnante Texte zu verfassen, die gleichzeitig interessant genug sind, um den potenziellen Kunden zu einem Klick zu bewegen.

Jeder Klick auf die Anzeige kostet! Es sind also nur solche Klicks erwünscht, die mit einer bestimmten Wahrscheinlichkeit zu einem Verkauf führen. Missverständnisse sind möglichst auszuschließen, denn sie führen zu kostenpflichtigen Klicks ohne Einkaufswahrscheinlichkeit.

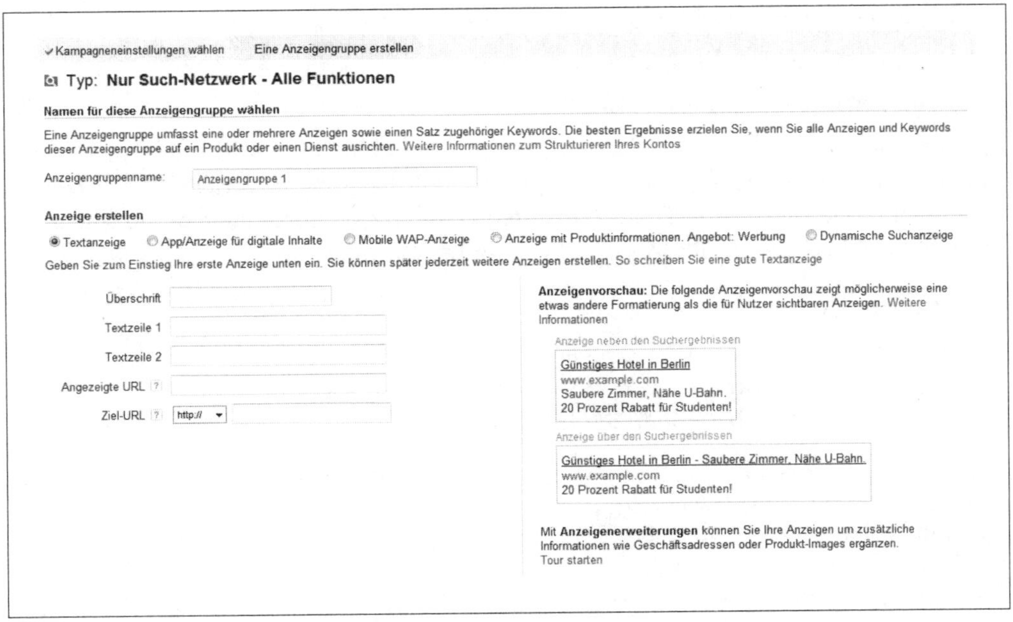

Abbildung 4-28: Anzeigengruppen und Anzeigen werden zunächst in einem Arbeitsschritt eingerichtet

Anzeigentexte. Relevanz ist das Maß der Dinge im AdWords-System. Nur wenn die Anzeige exakt zum Suchbegriff passt, wird sie eine gute Click-Through-Rate (CTR) erzielen. Sie schreiben den Anzeigentext daher nicht für sich, sondern Sie müssen sich in die Lage desjenigen hineinversetzen, der Ihre Anzeige anklicken soll. Welche Informationen werden erwartet, damit ein Klick ausgelöst wird?

Hinweis Eine hohe Click-Through-Rate ist zwar schon ein Teilerfolg, besagt aber lediglich, dass der Suchbegriff und ihr Anzeigentext gut zusammenpassen und beim Google-Nutzer Neugier ausgelöst haben. Deswegen muss die über die Anzeige aufgerufene Website ebenso relevant sein und zu Suchbegriff und Anzeige passen – sonst sind die Besucher, für die Sie bezahlt haben, schnell wieder weg.

Pro Anzeigengruppe können nahezu beliebig viele Anzeigen hinterlegt werden. Google empfiehlt auf Trainingsveranstaltungen 3 Anzeigen, in der Praxis sind es meist 2–5 verschiedene Anzeigen. AdWords zeigt diese Werbungen dann zyklisch wechselnd an und meist stellt sich schnell heraus, dass ein- oder zwei Anzeigen deutlich besser »funktionieren«, also mehr Klicks bekommen als die restlichen. Das System schaltet dann automatisch die besseren Anzeigen häufiger.

Beim Verfassen der Anzeigentexte können Sie Ihrer Kreativität freien Lauf lassen und Varianten ausprobieren. Oft kann man vorher nicht genau sagen, welche Anzeige am besten funktionieren wird. Insofern sollten Sie im ersten Schritt eine große Bandbreite ausprobieren. Gerade für Online-Shops gibt es aber einige Signale, die sich bei der Ansprache potenzieller Käufer bewährt haben:

- Genaue Produktbezeichnung
- Versandkosten bzw. Versandkostenfreiheit
- Call-to-Action bzw. Shop-Hinweis

Im folgenden Beispiel zeigen wir verschiedene Variationen eines Anzeigentextes zum Thema »Lakritz«. Welche dieser Anzeigen tatsächlich zu mehr Verkäufen führt, kann man nicht vorhersagen. Alle Texte beinhalten Handlungsaufforderungen und stellen die Besonderheit des Shops – alle Waren direkt am Lager – heraus.

Beispiel 4-1: AdWords-Anzeigen

Lakritz – große Auswahl (23/25 Zeichen)
500 Sorten Lakritz sofort ab Lager. (35/35 Zeichen)
Jetzt versandkostenfrei bestellen. (34/35 Zeichen)
www.lakritzversand24.de

Über 500 Sorten Lakritz (23)
Versand kostenlos direkt ab Lager. (34)
Genießerpaket jetzt kaufen. (28)
lakritzversand24.de/shop

Edle Lakritzspezialitäten (25)
Raritäten von Alaska bis Zypern. (32)
Sofort lieferbar versandkostenfrei. (35)
lakritzversand24.de

Alle Sorten Lakritz (19)
Von Haribo bis Exot alles vorrätig. (35)
Heute bestellt, morgen geliefert. (34)
www.lakritzversand24.de

 Tipp

Die drei oberen Anzeigenplätze auf einer Google-Suchergebnisseite werden bevorzugt behandelt. Bei diesen Plätzen können die Überschrift und die erste Zeile des Anzeigentexts zusammenstehen. Voraussetzung dafür ist aber, dass die erste Zeile des Anzeigentextes mit einem Satzzeichen (Punkt, Frage- oder Ausrufezeichen) abschließt. Wenn es der Platz erlaubt, sollte man daher generell zumindest die erste Zeile – aus ästhetischen Gründen am besten beide Zeilen mit Satzzeichen beenden. In der Überschrift ist das nicht nötig.

Suchbegriffe/Keywords. Der Weg der Erstellung einer Kampagne im AdWords-System ist eigentlich falsch aufgebaut, denn noch bevor die Anzeigentexte geschrieben werden, sollten Sie sich Gedanken über die Suchbegriffe zur jeweiligen Werbung machen. Die Suchbegriffe, im Englischen *Keywords* genannt, legen nämlich fest, bei welcher Google-Suchanfrage Ihre Werbung gezeigt wird. Auch hier nochmal der dringende Hinweis auf die Relevanz: Nur wenn Suchbegriff und Anzeige exakt zusammenpassen, ist die Werbung für den Besucher relevant und es besteht die Chance eines Klicks!

Typ: **Nur Such-Netzwerk - Alle Funktionen**

Namen für diese Anzeigengruppe wählen

Eine Anzeigengruppe umfasst eine oder mehrere Anzeigen sowie einen Satz zugehöriger Keywords. Die besten Ergebnisse erzielen Sie, wenn Sie alle Anzeigen und Keywords dieser Anzeigengruppe auf ein Produkt oder einen Dienst ausrichten. Weitere Informationen zum Strukturieren Ihres Kontos

Anzeigengruppenname: Lakritz

Anzeige erstellen

○ Textanzeige   ○ App/Anzeige für digitale Inhalte   ○ Mobile WAP-Anzeige   ○ Anzeige mit Produktinformationen. Angebot: Werbung   ○ Dynamische Suchanzeige

Geben Sie zum Einstieg Ihre erste Anzeige unten ein. Sie können später jederzeit weitere Anzeigen erstellen. So schreiben Sie eine gute Textanzeige

Überschrift	Lakritz – große Auswahl
Textzeile 1	500 Sorten Laktritz sofort ab Lager
Textzeile 2	Jetzt versandkostenfrei bestellen.
Angezeigte URL ?	www.laktritzversand24.de
Ziel-URL ?	http:// ▼ www.laktritzversand24.de

Anzeigenvorschau: Die folgende Anzeigenvorschau zeigt möglicherweise eine etwas andere Formatierung als die für Nutzer sichtbaren Anzeigen. Weitere Informationen

Anzeige neben den Suchergebnissen

Lakritz – große Auswahl
www.laktritzversand24.de
500 Sorten Laktritz sofort ab Lager
Jetzt versandkostenfrei bestellen.

Anzeige über den Suchergebnissen

Lakritz – große Auswahl
www.laktritzversand24.de
500 Sorten Laktritz sofort ab Lager Jetzt versandkostenfrei bestellen.

Mit **Anzeigenerweiterungen** können Sie Ihre Anzeigen um zusätzliche Informationen wie Geschäftsadressen oder Produkt-Images ergänzen. Tour starten

Abbildung 4-29: Bei den Anzeigen muss auf wenig Platz getextet werden

Ein Keyword bildet dabei eine Google-Suche ab, so wie Sie auch suchen würden. Wenn Sie also nach australischem Rotwein suchen, dann wäre die naheliegende Suchanfrage »australischer Rotwein«. Nah verwandt sind Suchanfragen wie *Rotwein Australien* oder *Rotwein aus Australien*. Wenn wir das Begriffsumfeld dann etwas weiter fassen, kommen Suchanfragen wie *guter Rotwein Australien* und *Rotwein Australien kaufen* hinzu.

Gerade als AdWords-Einsteiger empfiehlt es sich, diese Keyword-Überlegungen in Form einer Mindmap auf Papier aufzuzeichnen. So kommen nach kurzer Überlegung zahlreiche Ideen rund um einen Suchbegriff zusammen, die alle in die AdWords-Kampagne einfließen können. Alternativ können Sie einen Dienst wie *www.mindmeister. com* nutzen, bei der Sie die Mindmap bequem im Browser anlegen. Das hat den Vorteil, dass Sie sie später noch mal verändern oder als Grafik herunterladen können. Mindmeister ist in der Grundversion kostenlos, allerdings dann auf insgesamt 3 Mindmaps limitiert.

Hinweis

Je kürzer das Keyword, desto allgemeiner ist es und desto mehr Impressions und Klicks wird es erzielen. Diese Klicks sind aber vermutlich nicht alle zielführend – wir sprechen hier vom sogenannten *Streuverlust*.

Sehr lange Keywords wiederum sind sehr spezifisch und werden folglich wenige Impressions erzielen. Es lohnt sich aber, diese »long tail keywords« zu nutzen. Je spezifischer die Suchbegriffe, gegen desto weniger Anzeigen von Mitbewerbern konkurrieren Sie erfahrungsgemäß. In unserem Beispiel wäre also *guten australischen Rotwein online kaufen* durchaus ein Keyword, das in die Liste gehört.

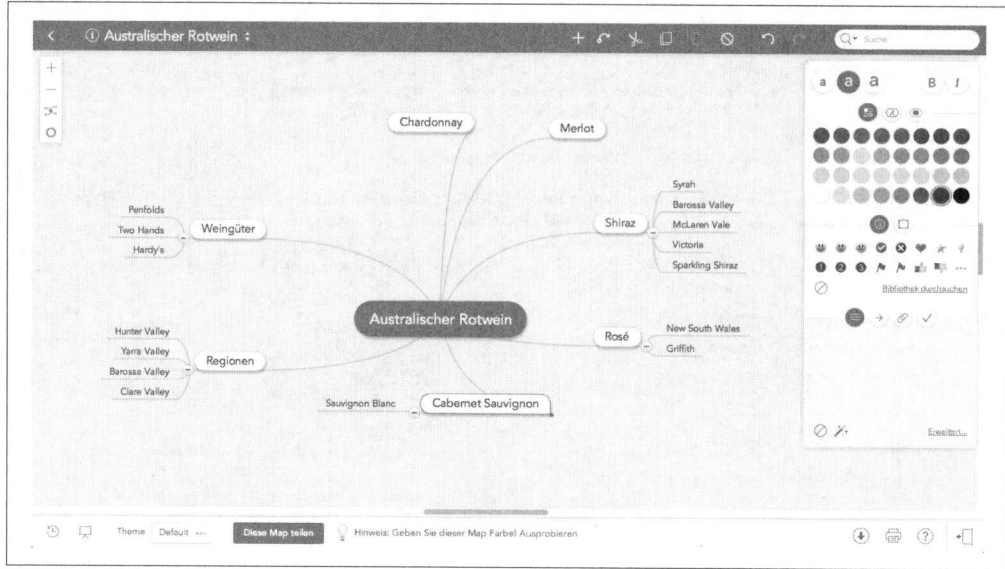

Abbildung 4-30: Mindmap zur Keyword-Findung

Keyword-Optionen. Die von Ihnen hinterlegten Keywords werden gegen die Suchanfragen der Google-Benutzer abgeglichen. Sie können aber nicht jede mögliche Suchanfrage vorausahnen, denn es gibt auch sehr komplexe Anfragen wie *australischer Rotwein Blackwood Valley Shiraz wenig Tannin*. Deswegen ermöglicht es das AdWords-System, in vier verschiedenen Abstufungen auf eine Suchanfrage zu reagieren. Die folgenden Optionen stehen Ihnen zur Verfügung.

Weitgehend passende Keywords

Bei dieser Keyword-Option handelt es sich um die weitreichendste Vergleichsmöglichkeit zwischen Suchbegriff und hinterlegten Anzeigen-Keywords. Eine Anzeigenschaltung wird ausgelöst, wenn nur ein einziges Keyword übereinstimmt – Deklinationen und Synonyme eingeschlossen. Das Keyword *Rotwein Australien* würde also für *alle* der folgenden Suchanfragen eine Anzeigenschaltung bewirken:

Rotwein aus Australien

Australischen Rotwein kaufen

Rotwein aus Frankreich

Rotwein oder Weißwein zu Fisch?

Urlaub in Australien

An diesem Beispiel sieht man bereits, dass es in aller Regel nicht sinnvoll ist, für alle diese Suchanfragen eine Anzeige für australischen Rotwein zu schalten. Um die Vorteile der weitgehend passenden Keywords zu nutzen, ohne diese Nachteile in Kauf zu nehmen, gibt es den sogenannten *Modifizierer für weitegehend passende Keywords*. Ein Pluszeichen unmittelbar vor einem Keyword legt fest, dass dieser Begriff definitiv in der Anfrage vorhanden sein muss.

Würden wir als Keyword +*Rotwein* +*Australien* hinterlegen, dann ist die Suchanfrage immer noch weitgehend passend, die beiden Begriffe sind aber zwingend enthalten. Die Anfrage *Rotwein aus Frankreich* würde dann beispielsweise keine Anzeigenschaltung mehr auslösen.

Passende Wortgruppe

In den seltensten Fällen ist eine so breite Aufstellung der Keywords wünschenswert oder ökonomisch. Über die Keyword-Option der passenden Wortgruppe können Sie die Suchbegriffe so einengen, dass Keyword-Teile nicht mehr aus dem Zusammenhang gerissen werden, aber um zusätzliche Suchbegriffe ergänzt werden können. Die passende Wortgruppe umschließt man bei der Eingabe der Keywords mit Anführungszeichen. Über die passende Wortgruppe würde unser Keyword *Rotwein Australien* unter anderem für folgende Suchanfragen passen:

Australischer Rotwein

Australischen Rotwein kaufen

Guter Rotwein Australien

Australien Rotwein Online-Shop

Welcher australische Rotwein passt zu Rind?

Genau passende Keywords

Diese Keyword-Option ist die richtige Wahl, wenn Sie nur exakte Übereinstimmungen berücksichtigen wollen. Damit haben Sie die volle Kontrolle über die Schaltungen, müssen aber auch bei den Keywords sehr viel sorgfältiger planen und alle Eventualitäten vorausahnen. Google nimmt Ihnen ein wenig Arbeit ab – bei sehr eng verwandten Keywords, typischen Rechtschreibfehlern und Singular-/Pluralformen wird eine Anzeige trotzdem geschaltet. Genau passende Keywords werden bei der Eingabe mit eckigen Klammern [ ] umschlossen. Unser *Rotwein Australien* würde bei genau passenden Keywords die Anzeige *ausschließlich* bei den folgenden Suchanfragen geschaltet:

Rotwein Australien

Rotwein Australia

Rotwein australisch

Rotweine Australien

Bei den folgenden Suchanfragen würden die Anzeigen jedoch *nicht* geschaltet:

Australien Rotwein

australischer Rotwein

Rotwein aus Australien

Rotwein Australien kaufen

Ausschließende Keywords

Zu nahezu jedem Keyword-Thema gibt es Suchanfragen, in deren Umfeld man eher nicht auftauchen möchte. Im Beispiel unserer australischen Weine sind das beispielsweise Suchanfragen, die sich kritisch mit dem langen Transportweg oder der Qualität beschäftigen. Während die Suchanfrage *australischer rotwein überteuert?* sogar beinahe noch eine Werbechance darstellt und eine eigene Anzeigengruppe verdient, wird man sich spätestens bei *australischer Rotwein schlecht* oder *australischer Rotwein Ökobilanz* eher nicht mit einer Anzeige präsentieren wollen.

Abhilfe schaffen hier ausschließende Keywords, die man zusätzlich zu den eigentlichen Suchbegriffen pflegt. Beim Auftreten eines ausschließenden Keywords im Suchbegriff wird die jeweilige Anzeige nicht geschaltet. Wenn Sie beispielsweise *Ökobilanz* als ausschließendes Keyword hinterlegen, ist es unerheblich, ob die Suchbegriffe *Ökobilanz australischer Rotwein, Rotwein Australien Ökobilanz* oder *wie schlecht ist die Ökobilanz von australischem Rotwein wirklich?* lauten – eine Werbung würde nicht geschaltet.

Klick-Gebote

Sie haben eine Kampagne, eine Anzeigengruppe, mindestens eine Werbeanzeige und einige Keywords hinterlegt. Um die Anzeigen zu schalten, müssen nun noch die Gebote für die Anzeigenklicks hinterlegt werden.

Gebote? Tatsächlich handelt es sich bei Google AdWords um eine automatisch ablaufende Auktion unter den Werbetreibenden. In den seltensten Fällen werden Sie der Einzige sein, der auf einen bestimmten Suchbegriff Werbung schalten möchte. Über ihr Klickgebot legen Sie fest, wie viel Sie *maximal* bereit sind, für einen Klick auf Ihre Anzeige zu zahlen. AdWords vergleicht Ihr Gebot dann mit den Geboten Ihrer Wettbewerber. Die Anzeige mit dem höchsten Gebot wird auf Platz 1 geschaltet, die mit dem zweithöchsten Gebot auf Platz 2.

 Hinweis   Wer sich mit dem AdWords-System schon auskennt, wird wissen, dass diese Darstellung stark vereinfacht ist. In der Realität ist das System der Gebotsauktion viel komplexer und beinhaltet weitere Parameter. Dies würde aber den Rahmen dieses Buches sprengen.

Diese Gebotsauktion findet bei jeder einzelnen Suchanfrage automatisch im Hintergrund statt und ist so angelegt, dass die Werbetreibenden möglichst wenig zahlen müssen. Das Resultat ist, dass Sie in vielen Fällen nicht den maximalen Klickpreis zahlen.

Die Klickpreise schwanken mitunter extrem, je nach Wettbewerb in den einzelnen Kategorien. Der minimale Klickpreis liegt bei 0,01 €, kann aber durchaus auch in zweistellige Euro-Bereiche klettern. Die höchsten Klickpreise zahlt man in den Branchen Versicherung und Kredite – dort sind auch schon mal 50 €/Klick möglich.

Fortgeschrittene Budgetüberlegungen

Wenn Sie bereits etwas Erfahrung mit der Kampagnenplanung haben, können Sie eine Besonderheit des Budgetsystems nutzen. In der Praxis zeigt sich oft, dass das bereitgestellte Budget durch die Kampagnen nicht voll aufgebraucht wird und das *abgerufene* Budget mitunter deutlich niedriger ausfällt. Mit ein wenig Risikobereitschaft können Sie diesen Umstand für sich ausnutzen.

Kern dieser fortgeschrittenen Strategie ist, dass Sie nominell mehr Budget bereitstellen, als Sie eigentlich auszugeben bereit sind, und sich darauf verlassen, dass es nicht komplett abgerufen wird. Dieses zusätzliche Budget können Sie entweder in zusätzliche Kampagnen investieren, oder Sie können strategisch mehr pro Suchbegriff bieten, um eine bessere Positionierung Ihrer Anzeigen zu erreichen. Denn oft muss man dem System bestimmte Klickpreise anbieten, um vernünftig positioniert zu werden, ohne dass sie tatsächlich auch abgerufen werden.

Diese Strategie funktioniert meist sehr gut. Setzen Sie sie aber nur ein, wenn Sie über einen aussagekräftigen Zeitraum von circa 2–3 Monaten feststellen, dass Ihre Budgets nicht voll ausgeschöpft werden. Auch bei bewusstem Überziehen des Budgets müssen Sie sich im Klaren sein, dass dieses Budget im schlimmsten Fall komplett ausgeschöpft werden *kann*! Eine genaue tägliche Beobachtung der Budgetentwicklung ist daher unerlässlich!

Conversion-Tracking

Wie eingangs erwähnt, kann gerade im Bereich des E-Commerce jede Werbeausgabe genau auf potenzielle Verkäufe abgebildet werden. Man spricht von einer Konversion (Conversion), wenn ein Kunde vor einem Einkauf nachweislich eine Werbung angeklickt hat. Das AdWords-System hält in anonymisierter Form fest, welche Nutzer Werbungen angeklickt haben. Stellt der Online-Shop im Anschluss an einen Verkauf die Informationen wiederum AdWords zur Verfügung, kann eine exakte Verrechnung der Ausgabe und Einnahmen stattfinden.

Dieser Vorgang ist weniger kompliziert, als es sich anhört. Im Online-Shop muss dafür nur auf der »Thank You-Page« – also auf der Seite nach dem erfolgreichen Kauf – ein kleines Stück Programmcode eingebunden werden. Dieser Programmcode wird vom AdWords-System generiert. Er zählt zunächst die reine Anzahl erfolgreicher Verkäufe. In der Regel kann das Shop-System aber auch den Wert des jeweiligen Einkaufs in diesen Programmcode einfügen, so dass man auch den monetären Erfolg der Kampagnen und Anzeigen sieht.

Google selbst sieht dabei im Übrigen nicht, wer genau für wie viel was eingekauft hat. Die Klickdaten liegen im AdWords-System anonymisiert vor – und die Conversion wird ebenso anonym an Google zurückgemeldet.

Das Angenehme an diesem System ist, dass der Conversion-Tracking-Code nur ein einziges Mal eingebunden werden muss. Egal, wie viele Kampagnen, Anzeigengruppen, Keywords und Anzeigen Sie einsetzen – der Erfolg jedes einzelnen Elements lässt sich über diesen Codeschnipsel kontrollieren.

Weitere Konversionsziele

Spricht man von Werbekonversionen im Online-Shop, dann ist der Produktverkauf natürlich das naheliegende Ziel. Sie können aber auch andere Konversionsziele definieren, zum Beispiel das Abonnieren des Shop-Newsletters oder das Ausfüllen und Absenden eines Kontaktformulars. Für jedes dieser Ziele können Sie einen eigenen Conversion-Tracking-Code erstellen und auf den jeweiligen Bestätigungsseiten – also zum Beispiel der Willkommensseite des Newsletters – platzieren. Dadurch können Sie ermitteln, wie viele Interessenten auf eine Ihrer bezahlten Anzeigen klicken, zunächst nichts kaufen, jedoch über das Newsletter-Abonnement oder ein Kontaktformular ein Interesse an Ihrem Shop signalisieren. Auf diese Weise können Sie sogar Schwachstellen im Shop erkennen: Wenn zahlreiche bezahlte Werbeklicks nicht zu Verkäufen, stattdessen aber zu Informationsanforderungen führen, muss ggf. etwas an der Produktdarstellung und -beschreibung geändert werden.

II	**Hinweis**	Das Conversion-Tracking ermöglicht Ihnen, für diese Arten von Konversionen einen monetären Gewinn festzulegen. Im Gegensatz zu den tatsächlich messbaren Verkäufen im Shop ist dies ein hypothetischer Wert. So könnten Sie zum Beispiel annehmen, dass ein Newsletter-Abonnent im Durchschnitt in den darauffolgenden Monaten Einkäufe für 200 € tätigt. Diese Zahl kann dann als Wert für die Newsletter-Anmeldungs-Konversion hinterlegt werden.

Diese Vorgehensweise ist aber kritisch zu sehen, da die erfreulich anwachsenden Zahlen Sie leicht über die tatsächlichen Verhältnisse hinwegtäuschen. Wir empfehlen unseren Kunden daher, diese Art von Konversionen immer nur rein quantitativ zu erfassen und ihnen keinen Geldwert zuzuweisen. |

Vorbereitende Konversionen und View-Through-Konversionen

Online-Marketing-Studien zeigen, dass das bloße Sehen einer Werbeanzeige spätere Kaufentscheidungen positiv beeinflusst. Bis zu 38% der Nutzer, die eine Werbeanzeige sehen, führen zu einem späteren Zeitpunkt eine Suche nach dem beworbenen Produkt oder der werbenden Firma durch, ohne auf die Anzeige zu klicken. Bei einprägsamen und/oder kurzen Shop-Namen und großer Anzeigenpräsenz unterbleibt oft neben dem Anzeigenklick auch die nachfolgende Suche – stattdessen wird zu einem späteren Zeitpunkt die Adresse des Shops direkt eingegeben.

Google AdWords kann sehr genau feststellen, wer eine Werbeanzeige bereits gesehen hat. Finden in diesem Falle Käufe im Shop statt, ohne dass ein Anzeigenklick vorliegt, erfasst AdWords diese Werte dennoch, stellt sie jedoch in einer getrennten Statistik dar, da sie nicht eindeutig dem AdWords-System zuzuordnen sind. Man spricht hierbei von View-Through-Konversionen, also Konversionen, die *wahrscheinlich* mit dem vorherigen Betrachten einer Anzeige in Verbindung stehen.

Dieser Effekt kann in gewissen Grenzen zum Ausbau der Markenbekanntheit – dem Branding – benutzt werden. Hier werden die Texte ganz bewusst so formuliert, dass sie keine konkrete Kaufentscheidung herbeiführen sollen, sondern stattdessen die Vorteile des Shops herausstellen. Statt »Restposten – jetzt kaufen« also eher »ständig umfassendes Sortiment auf Lager«. Da Google die Anzeigenposition an der Effektivität der Anzeige – und letztlich am Gewinn für Google – festmacht, funktioniert diese Taktik nur in Nischenmärkten mit geringer Konkurrenz besonders gut.

Von vorbereitenden Konversionen spricht man, wenn dem tatsächlichen Kauf mehrfache Anzeigenklicks vorausgehen. Gerade bei teureren oder gut vergleichbaren Waren geht oft eine intensive Webrecherche dem eigentlichen Kauf voraus. Auch diese Konversionen zeigt das AdWords-System gesondert an.

Einschränkungen des Conversion-Tracking

Eine wesentliche Einschränkung dieser Methode liegt in der Tatsache, dass Konversionen nur in einem Zeitraum von maximal 90 Tagen erfasst werden (die Voreinstellung liegt sogar nur bei 30 Tagen). Langfristige Entscheidungsfindung oder verschobene Kaufentscheidungen, die erst Monate später erfolgen, werden nicht erfasst. Dies ist insbesondere bei teuren Produkten zu beobachten.

Bei Produkten, bei denen mehrere Personen an der Entscheidung beteiligt sind, treten ähnliche Probleme auf. Hier wird meist von verschiedenen Computern aus recherchiert und gekauft. So recherchiert beispielsweise die Sekretärin oder Abteilungsleiterin ein Produkt und nutzt dafür AdWords-Anzeigen, der Online-Kauf wird aber am PC des Einkäufers oder Geschäftsführers getätigt. Diese Konversionen sind prinzipiell nicht zu erfassen.

Hinweis Zunehmend unproblematischer ist aber die Erfassung von Konversionen, wenn der Kunde selbst mehrere Computer oder Mobilgeräte nutzt. Eine Recherche auf dem Smartphone und der anschließende Kauf über den Computer des gleichen Benutzers kann in aller Regel als erfolgreiche Konversion gezählt werden.

Manche Sicherheitslösungen für den PC, wie das beliebte Ghostery (*www.ghostery.com*), blockieren den Conversion-Tracking-Code. In aller Regel blockieren diese Lösungen zwar auch die Werbung an sich, so dass es gar nicht erst zu Werbeklicks kommt, es gibt aber auch Fälle, in denen selektiv nur das Tracking abgeschaltet wird. Die Nutzung dieser Techniken ist meist auf computeraffine Zielgruppen beschränkt. Wenn Sie in diesem Segment tätig sind und zum Beispiel Systemadministratoren Ihre Zielgruppe sind, sollten Sie dies bei der Auswertung des Konversions-Trackings in Betracht ziehen.

Telefon-Konversionen

Seit einiger Zeit bietet Google das Einblenden einer Telefonnummer neben den Werbeanzeigen über die sogenannte *Anruferweiterung* an. Gleichzeitig ist die Möglichkeit weggefallen, Telefonnummern im Anzeigentext unterzubringen. Bei der Anruferweiterung kann man wahlweise die eigene Telefonnummer oder eine »Google-Weiterleitungsrufnummer« nutzen. Dem Interessenten wird in dieser Variante eine individuelle 0800-Nummer von Google eingeblendet. Ruft er diese Nummer an, schaltet Google das Gespräch auf die vom Werbekunden hinterlegte Rufnummer. So ist Google in der Lage, Anzahl und Dauer der Gespräche zu messen und als Telefon-Konversionen auszuweisen. Hierfür muss lediglich eine minimale Gesprächsdauer hinterlegt werden, ab wann ein Gespräch als Konversion zählt. Voreingestellt sind 60 Sekunden – kürzere Telefonate zählen nicht als Konversion.

Für Sie als Shop-Betreiber hat dies nicht nur den Vorteil, dass Werbeausgaben auch telefonischen Bestellungen gegenübergestellt werden können. Über diese Methode können

Sie Ihren Kunden auch eine bundesweit (bzw. sogar landesspezifische) kostenfreie Rufnummer anbieten.

Warnung Widerstehen Sie der Versuchung, diese von Google vergebene Rufnummer als generelle kostenfreie Kontaktnummer zu nutzen. Einerseits machen Sie sich damit das Konversionstracking kaputt, andererseits ändert Google diese Nummern gelegentlich – was besonders ärgerlich ist, wenn Sie gerade 10.000 Blatt Briefpapier mit der Nummer gedruckt haben.

Ganz davon zu schweigen, wie teuer diese Anrufe werden. Jeder Anruf entspricht ja einer Konversion und muss den Klick-Geboten entsprechend bei Google bezahlt werden.

Auch ohne Google-Weiterleitungsnummer können Sie telefonische Konversionen erfassen. Eine einfache Strichliste neben dem Telefon und die regelmäßige Nachfrage, woher ein Neukunde die Information hat, genügen vollends. Halten Sie sich aber vor Augen, dass vielen Nutzern die Existenz bezahlter Suchmaschinenwerbung gar nicht bewusst ist. Die Aussage »über Google« oder »im Internet« wird die Standardantwort sein.

Remarketing

Einer unserer Kunden nannte es treffend »Verfolgerwerbung«. Sie haben den Effekt vermutlich selbst schon beobachtet: Sie informieren sich im Internet über eine Reise oder Schuhe, und in den darauffolgenden Tagen wird Ihnen verdächtig oft Werbung für Reisen oder Schuhe angezeigt. Tatsächlich sind Sie durch Ihre ursprüngliche Recherche in den Erfassungsbereich einer Remarketing-Kampagne geraten.

Bei dieser Werbeform ist das auslösende Element keine Suchanfrage bei Google. Vielmehr wird der Besucher einer Website digital »markiert«. Das Stöbern im Angebot beispielsweise eines Online-Reiseveranstalters wird vom AdWords-System als Interessensbekundung gewertet. Bewegt sich der so Markierte in der Folgezeit auf Websites, die vom AdWords-System Werbeeinblendungen beziehen, wird bevorzugt Werbung desjenigen Anbieters eingeblendet, der die Markierung ursprünglich vorgenommen hat – selbstverständlich auch in anonymisierter Form.

Um als Werbetreibender diese Möglichkeiten zu nutzen, müssen Sie im ersten Schritt einen Remarketing-Codeschnipsel auf *allen* Seiten des Shops einbinden. Dieses sogenannte *Snippet* stellt Ihnen, wie üblich, das AdWords-System zur Verfügung. Sobald dieser Codeschnipsel aktiv ist, werden Besucher Ihres Shops vollautomatisch markiert (getaggt). Anschließend können Sie gezielt AdWords-Kampagnen auf die so markierten Personen maßschneidern. Ohne Änderungen am Code können Sie dabei auch auf bestimmte Kategorien des Shops eingehen und so getrennte Kampagnen zum Beispiel für Urlaub am Mittelmeer oder in Skandinavien schalten. Im Extremfall könnten Sie für jedes einzelne Produkt im Shop eigene Remarketing-Kampagnen einrichten. Das System setzt jedoch Listengrößen von einigen hundert Besuchern voraus – gerade kleineren Shops fällt das auf Produktebene schwer.

Neben der Auswertung, welche Produkte und Kategorien sich die Besucher im Shop angesehen habe, kann die Steuerung von Remarketing-Anzeigen auch über zeitliche Kriterien gesteuert werden. Besucher, die sich in den letzten Tagen ein Produkt angesehen haben, können (und sollten) andere Werbungen zu sehen bekommen als diejenigen, deren Besuch mehrere Wochen zurückliegt. Bei kurz zurückliegenden Besuchen würde man bei Remarketing-Werbung die Vorzüge des Produkts und beispielsweise schnelle Lieferung ab Lager bewerben. Länger zurückliegende Besuche könnten über ein Rabattangebot oder einen sonstigen Anreiz zur Rückkehr in den Shop bewegt werden.

Remarketing eignet sich besonders gut, um »schwebende Kaufentscheidungen« zu beeinflussen. Wer länger recherchiert und sich nicht sicher ist, ob er ein bestimmtes Produkt kaufen soll, den kann die wiederholte Werbung letztendlich positiv beeinflussen.

Übertreiben Sie es aber nicht! Zu aggressives Remarketing – und die Voreinstellungen von Google gehen leider in diese Richtung – erzeugt ein unterschwellig negatives Gefühl bei den Interessenten. Wird die Anzeige zu häufig oder penetrant angezeigt, fühlt man sich regelrecht verfolgt, was sich negativ auf die Kaufentscheidung auswirkt. Wenn die durchschnittliche Zeit für eine Kaufentscheidung eine Woche beträgt, ist es wenig sinnvoll, Remarketing-Werbung über 4 Wochen laufen zu lassen. Auch zeigt die Erfahrung, dass es wenig erfolgreich ist, Interessenten »weichzuklopfen«, indem die Werbung so oft wie möglich gezeigt wird. Gute Erfahrungen liegen bei einer Obergrenze von maximal 3-mal am Tag vor.

Remarketing, Conversion-Tracking und Datenschutz

Der Gesetzgeber hängt den schnellen Entwicklungen im Internet in der Regel lange hinterher. Das Vakuum füllen von den Gerichten mitunter extrem weit ausgelegte bestehende Gesetze und Verordnungen. Dem Thema Tracking kommt dabei eine besondere Aufmerksamkeit zu. Auf der einen Seite stehen die Wünsche der Werbetreibenden, möglichst zielgenaue und somit kostenschonende Werbemethoden zu nutzen. Auf der anderen Seite steht das Bestreben der Datenschützer und Interessenten, nicht vollends gläsern zu werden. Vor dem Hintergrund der Enthüllungen über die digitale Überwachung vom Sommer 2013 hat diese Diskussion erneut Fahrt aufgenommen.

Vor abmahnenden Mitbewerbern, klagenden Kunden und auskunftsersuchenden Behörden können Sie sich nicht schützen. Einen Hinweis auf die Nutzung von Remarketing und Conversion-Tracking in der Datenschutzerklärung des Webshops nimmt vielen Beschwerden aber von vorneherein den Wind aus den Segeln (siehe Abschnitt »Datenschutzerklärung« auf Seite 280). Neben den Lösungen von Drittanbietern (Ghostery, AdBlock Edge und andere) bietet Google selbst die Möglichkeit eines generellen »Opt-Out«, also das Untersagen jeglichen Trackings, an. Verlinken Sie in der Datenschutzerklärung auf diese Möglichkeit, und Sie machen sich weniger angreifbar. Letztendlich sind wir als Gesellschaft in Zusammenarbeit mit dem Gesetzgeber gefordert, mittelfristig einen Kompromiss zwischen den jeweils berechtigten Interessen von Shop-Betreibern auf der einen und Datenschützern und Verbrauchern auf der anderen Seite zu finden.

Werbung auf fremden Websites: das Google Display-Netzwerk

Neben Werbeanzeigen im Umfeld der Google-Suche steht im AdWords-System mit dem Display-Netzwerk ein riesiges Verzeichnis von Websites zu allen möglichen Themen zur Verfügung, auf denen Werbung geschaltet werden kann.

Über das Google AdSense-Programm wird den Betreibern von Websites die Möglichkeit gegeben, die Vermarktung von Werbeflächen an Google zu übertragen. Statt selbst aufwendig Werbepartner zu akquirieren, platzieren interessierte Seiteninhaber lediglich kleine Programmcode-Schnipsel von Google auf ihren Websites. Das AdWords-System analysiert daraufhin den Inhalt der einzelnen Seiten und blendet vollautomatisch thematisch passende Werbung ein, ohne dass der Seiteninhaber weiter etwas tun muss. Klickt ein Besucher auf eine solche Werbeanzeige, dann kassiert Google über das AdWords-System vom jeweiligen Werbetreibenden eine Klickgebühr für den Anzeigenklick und gibt dem Seiteninhaber, auf dessen Website die Werbung platziert war, einen Anteil ab.

 Hinweis Ein weitverbreiteter Irrtum ist, dass auf dem Display-Netzwerk lediglich grafische Bannerwerbung geschaltet werden kann. Tatsächlich können grafische Anzeigen und Textanzeigen platziert werden – in vielen Fällen funktionieren die Textanzeigen sogar besser als die Banner. Einfacher zu erstellen sind sie allemal.

Platzierung über Keywords. Die Bequemlichkeit der Anzeigenschaltung über exakt passende Suchbegriffe bietet das Display-Netzwerk leider nicht. Zwar kann man weiterhin Keywords hinterlegen, sie entsprechen aber nicht einer Suchanfrage, sondern dienen dem AdWords-System dazu, thematisch passende Seiten ausfindig zu machen. Die Keywords sind daher nicht als exakte Suche zu verstehen, sondern haben mehr den Charakter einer Beschreibung.

Das Long-Tale-Keyword »australischen Rotwein online kaufen« wird in der Google-Suche sicherlich gut funktionieren – für das Display-Netzwerk ist es denkbar ungeeignet. Hier würde man für die Platzierung Seiten suchen, die sich wahlweise mit Australien oder Wein generell beschäftigten. Als Keywords könnte man beispielsweise »australischer Wein«, »Weinanbau Australien«, aberr auch »Rotwein« oder »Australische Küche« versuchen. AdWords nimmt diese Keywords als Anhaltspunkt und beleuchtet die Seiten im Display-Netzwerk auf Relevanz bezüglich der Keywords. Insgesamt wird die Platzierung dadurch etwas unschärfer, der Werbetreibende hat aber die Chance, zum Beispiel Australien-Urlaubern das Angebot australischen Rotweins zu unterbreiten.

Es ist empfehlenswert, auch hier mit Anzeigengruppen zu arbeiten, um eine bessere Kontrolle zu haben. Eine Anzeigengruppe würde sich dann dem australischen Rotwein widmen, eine andere Rotwein allgemein, eine weitere der australischen Küche und eine vierte dem Urlaub in Australien. So kann man feiner steuern und eingreifen, wenn Anzeigen und Anzeigengruppen nicht gut konvertieren. Eine Übersicht über die Funktionen der einzelnen Netzwerke finden Sie in Tabelle 4-8.

Tabelle 4-8: AdWords-Funktionsumfang im Such- und Display-Netzwerk

Feature	Such-Netzwerk	Display-Netzwerk
Anzeigenschaltung durch:	Suche nach Keyword	Besuchen von spezifischen Websites
Textanzeigen	Ja	Ja
Banner-Anzeigen	Nein	Ja
Keywords	Ja	Ja
Placements	Nein	Ja
Interessen	Nein	Ja
Anruferweiterungen	Ja	Nein
Sitelinks	Ja	Nein
Remarketing	Ja	Ja
Conversion-Tracking	Ja	Ja

Google-Shopping

An kaum einem Bereich von Google, der den Online-Handel betrifft, wurde in den letzten zwei Jahren so viel verändert wie im Bereich der direkten Produktsuche. Selbst der Name wurde vielfach verändert und lautet erst seit Anfang 2014 »Google Shopping«.

Ursprünglich war der Service unter dem Namen »Froogle« als universelle Produktsuchmaschine geplant, aus der man mit wenigen Mausklicks ein Produkt direkt kaufen kann. Die Auflistung der Produkte auf der Google-Checkout-Website erfolgt dabei aufsteigend nach Preis sortiert. Google tritt damit ganz gezielt in Konkurrenz zu Preissuchmaschinen wie Idealo oder Guenstiger.de, die wir im Abschnitt »Preisvergleichsportale« auf Seite 396 in der Funktionsweise und den Konditionen als Alternative zu Google Shopping genauer beleuchten werden.

Google Checkout ist nach wie vor über den Reiter »Shopping« bei den Google-Suchergebnissen zu finden. In der Praxis kennen aber selbst intensive Google-Nutzer diese Funktion meist nicht. Eine nicht repräsentative Umfrage im Freundes-, Verwandten- und Bekanntenkreis zeigte, dass kaum jemand dort absichtlich Produkte sucht.

Das ist aber auch nicht mehr wirklich nötig, da seit einiger Zeit zu fast allen Suchanfragen nach Produkten direkt auf der Google-Suchergebnisseite kleine Produktabbildungen mit direkter Verlinkung zu den jeweiligen Shops zu finden sind. Gerade der Wiedererkennungseffekt der Abbildung beim Interessenten macht sie zum bevorzugten Klickziel. Für den Betreiber eines Online-Shops ist die Nutzung von Google Shopping, das hinter dieser Produktdarstellung innerhalb der Suchergebnisse steht, quasi verpflichtend, da ansonsten auf eine Quelle von Shop-Besuchern verzichtet würde.

Google Merchant Center

Die Teilnahme an Google Shopping ist grundsätzlich kostenlos, auch wenn seit 2013 einige Einschränkungen gelten. Den vollen Umfang kann man seitdem nur in Verbindung mit einer Google AdWords-Kampagne nutzen. Die Verbindung mit Google AdWords wurde im Herbst 2014 nochmals intensiviert als, von den sogenannten »Google Product Listings Ads« (PLA) auf die Google AdWords-Shopping-Kampagnen umgestellt wurde.

Um an Google Shopping teilzunehmen, müssen Sie einen Google-Merchant-Center-Account anlegen. Hierfür wird wiederum ein genereller Google-Account benötigt, wie bereits im Abschnitt »Google AdWords« auf Seite 353 besprochen wurde. Es kann – und sollte – sich dabei übrigens um den gleichen Google-Account handeln.

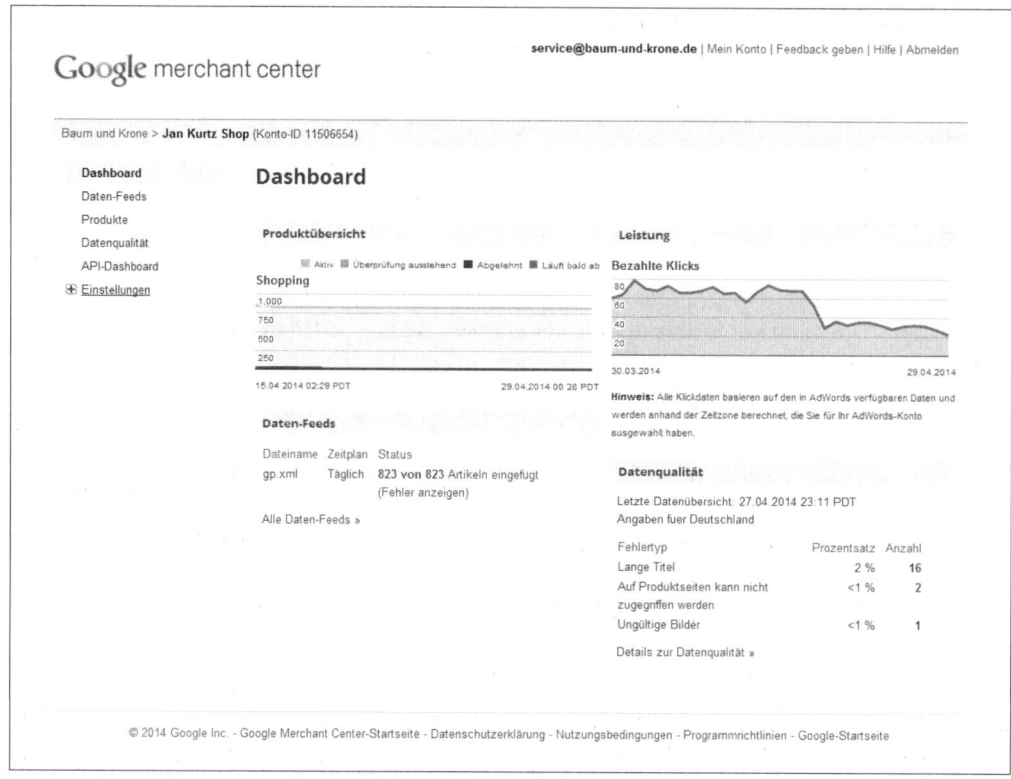

Abbildung 4-31: Die Übersichtsseite des Google Merchant Center

In Bild sieht man die spartanisch gehaltene Oberfläche des Google Merchant Centers. Tatsächlich handelt es sich hier ausschließlich um eine Verwaltungsoberfläche, auf der man einen oder mehrere »Product Feeds« hinterlegt. Hierbei handelt es sich um eine Datei im XML-Format, die tagesaktuell aus dem Datenbestand des Online-Shops exportiert werden muss. Meist ist dafür ein zusätzliches Modul oder eine spezifische Programmierung nötig. Es besteht aber auch die Möglichkeit, diese Datei manuell zu erstellen.

Viele Online-Shop-Systeme haben eine Schnittstelle zum Google Merchant Center oder können sie als Modul hinzufügen. Es gibt aber einige Funktionen, die das Entwickeln einer individuellen Schnittstelle durch die betreuende Agentur nahelegen. Dazu gehört zum Beispiel das automatische Generieren aussagekräftiger Produktkurzbeschreibungen, die gegebenenfalls von den Produktbeschreibungen im Shop abweichen, oder das Nutzen von individuellen Feldern für das Zusammenspiel mit Google AdWords.

Die Product Feed-Datei hat ein festgelegtes Format, mit der die Produktdaten des Online-Shops an das Merchant Center übermittelt werden. Zentrale Angaben sind der Produktpreis, die Versandkosten und die Lieferbarkeit sowie eine Produktabbildung. Damit Google die Produkte verschiedener Anbieter vergleichen kann, ist die Angabe einer einheitlichen Identifikation wichtig. Google möchte hier bevorzugt die »Global Trade Identification Number« (GTIN) sehen. Eine GTIN kann auch die »European Article Number« (EAN) sein, die europaweit eindeutige Produkt-Identifikationsnummer, die im Barcode abgebildet ist. Ebenfalls möglich ist die Internationale Standardbuchnummer (ISBN). Sollten Ihre Produkte über keine GTIN verfügen, müssen Sie stattdessen zwei Werte übermitteln: Den Hersteller des Produkts sowie die Hersteller-Artikelnummer.

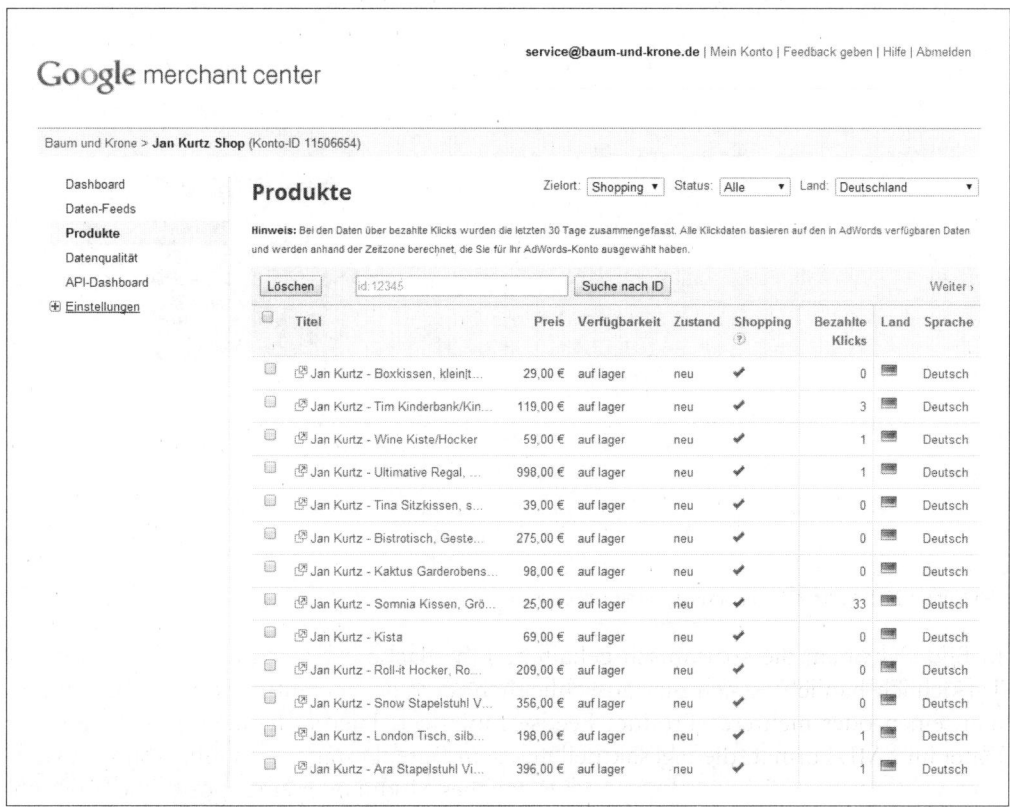

Abbildung 4-32: Überblick über die Produkte im Google Merchant Center

Widerstehen Sie der Versuchung, sich der Vergleichbarkeit der Produkte durch Umgehung der Produktidentifikation zu entziehen, indem Sie keine offizielle Produktnummer, sondern eigene Nummern angeben. Gerade wenn die Produkte Ihres Shops auch in vielen anderen Shops angeboten werden, wird Google die Shops bevorzugt anzeigen, die korrekte Produktinformationen liefern.

Im Google Merchant Center haben Sie die Möglichkeit, Produkt-Feeds zu Testzwecken hochzuladen. Google analysiert den Produk-Feed und meldet etwaige Fehler zurück. Typische Fehler sind zum Beispiel fehlende Produktnummern oder nicht lesbare Bilder. Das Merchant Center stellt für diese Probleme umfangreiche Analysemethoden zur Verfügung, so dass Sie – bzw. ihre Agentur – die Probleme schnell beseitigen können. Auf dem Bild sehen Sie, wie die fertig importierten Produkte im Merchant Center aufgeführt sind. Anhand dieser Auflistung können Sie dann nochmals eine Fehlerprüfung vornehmen.

Abbildung 4-33: Produktdetails und Produktleistung im Google Merchant Center

Um zu prüfen, ob auch die Produktbilder richtig übermittelt wurden, können Sie die Detailansicht wie beim Bild nutzen. Dort sehen Sie ebenfalls, wann das Produkt zuletzt im Merchant Center aktualisiert wurde. Im Produktivbetrieb, also außerhalb der Tests, sehen Sie auch, wie oft ein bestimmtes Produkt gesucht wurde.

Nach Abschluss dieser Tests können Sie eine permanente Feed-Adresse hinterlegen und ein Intervall festlegen, in dem das Merchant Center den Feed neu abrufen soll. Das Intervall hängt primär davon ab, wie häufig sich Produktinformationen oder Preise ändern. Nichts ist für den potenziellen Kunden ärgerlicher, als wenn er bei Google einen niedrigeren Preis sieht, als er tatsächlich im Shop angegeben wird. Als Minimum muss der Feed alle 4 Wochen neu abgerufen werden.

Merchant Center für mehrere Shops

Ein Google-Merchant-Center-Account kann immer nur die Feeds eines einzigen Online-Shops verwalten. Sobald man Produkte in mehr als einem Shop anbietet und versucht, sie ans Merchant Center zu übermitteln, werden die zusätzlichen Shop-Adressen als Fehler abgewiesen.

Natürlich könnte man jetzt mehrere verschiedene Merchant-Center-Accounts anlegen. Das ist aber recht aufwendig und birgt Fehlerquellen durch Verwechslungen. Es gibt jedoch die Möglichkeit, eine Art »Master-Account« für das Merchant Center zu nutzen. Dieser Mehrfachkunden-Account kann nicht selbst angelegt werden, sondern muss bei Google beantragt werden. Das Formular dafür ist gut versteckt und findet sich zur Zeit unter *https://support.google.com/merchants/answer/188487* (Stand Juni 2014).

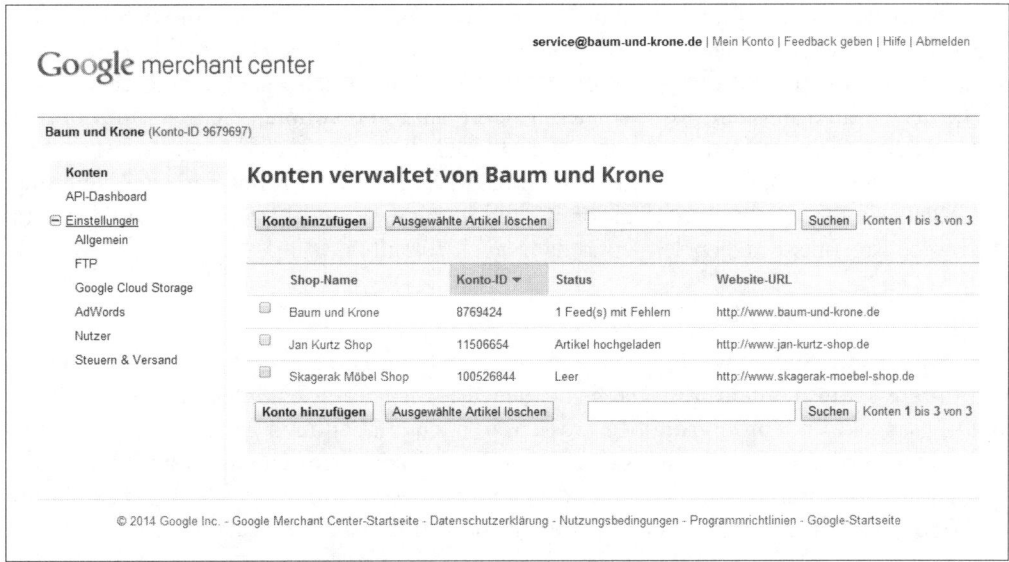

Abbildung 4-34: Google-Merchant-Center-Master-Account

Der Master-Account wird von einem Google Mitarbeiter manuell freigeschaltet – dieser Vorgang kann durchaus einige Tage dauern. Danach können Sie, wie auf dem Bild »Google´-Merchant-Center-Master-Account« zu sehen, beliebig viele Unter-Accounts anlegen, die jeweils die Feeds für einen einzelnen Shop beinhalten.

Tipp
Nicht allen Google-Mitarbeitern der AdWords-Kundenbetreuung ist die Existenz dieser Master-Accounts bekannt. Gerade wenn es um die Analyse von Problemen in Verbindung mit Product Feeds geht, kann es mitunter zu Verwirrung führen, wenn die Support-Mitarbeiter den Feed nicht finden. Weisen Sie den Mitarbeiter dann auf den entsprechenden Artikel unter *https://support.google.com/merchants/answer/188487* hin – das löst das Verständnisproblem schnell.

Google-AdWords-Shopping-Kampagne

Sobald die Feeds im Merchant Center korrekt eingerichtet sind und regelmäßig abgerufen werden, werden Ihre Produkte im »Shopping«-Bereich der Google-Suche angezeigt.

Um auch auf den eigentlich wichtigen Plätzen in der Google-Suche präsent zu sein, müssen Sie für Ihren Product-Feed im Google-AdWords-System korrespondierende Kampagnen anlegen und folgerichtig auch Klicks auf Ihre Produkte über die normalen Klickkosten bezahlen.

Auf dem Bild sehen Sie nun das Ergebnis der Mühen – die Produktinfos werden in der Google-Suche angezeigt. Ob sie tatsächlich dort erscheinen, hängt von diversen Faktoren ab, die denen ähneln, die wir weiter oben für die regulären Google-AdWords-Kampagnen ausgeführt haben. Das Maximalgebot für den Anzeigenklick ist dabei ein wichtiger, aber nicht der allein entscheidende Faktor. Leider lässt sich Google auch hier nicht in die Karten schauen – relativ sicher dürfte aber die Klickrate (Click-Through-Rate CTR) Ihrer Anzeigen sowie der Produktpreis eine Rolle spielen. Andere Faktoren könnten die Relevanz der Zielseite, die Relevanz der Kurzbeschreibung und möglicherweise auch die Bewertungen Ihres Shops sein. Letztendlich müssen Sie bzw. Ihre AdWords-Agentur mit der Segmentierung, den Klickgeboten und weiteren Faktoren experimentieren und beständig optimieren, um die besten Ergebnisse zu erzielen – und dann auch zu halten!

Google AdWords in YouTube

Als zweitgrößte Suchmaschine der Welt ist YouTube gerade für Produktwerbung ein sehr interessantes Umfeld. Zwar steht bei der überwiegenden Zahl der Videos der Unterhaltungsaspekt im Vordergrund, Interessenten suchen aber auch gezielt nach Videos zu Produkten, vor allem wenn die Kaufentscheidung nicht gefestigt und man noch in der Recherchephase ist. Videos zu Vor-und Nachteilen von Produkten, Gebrauchsanleitungen (How-Tos) und Vergleichstests tummeln sich zuhauf auf der Plattform.

Sie müssen nicht gleich komplette Videos professionell produzieren lassen, um das Werbepotenzial auf YouTube zu nutzen. Die Arbeit haben oft schon andere für Sie gemacht. Sie können aber Ihre bestehenden Google-AdWords-Werbungen auf YouTube ausweiten. Die Abbildung 4-36 zeigt eine Kampagne für einen regionalen Konzertveranstalter. Zu jedem Konzert gab es entsprechende Werbebanner. Sie wurden gezielt in Videos der jeweiligen Künstler eingeblendet, jedoch ausschließlich im regionalen Einzugsbereich des Veranstaltungsortes und natürlich auch nur während der Zeit des Ticketverkaufs. Ein Klick auf die Werbung führte direkt in den Online-Shop des

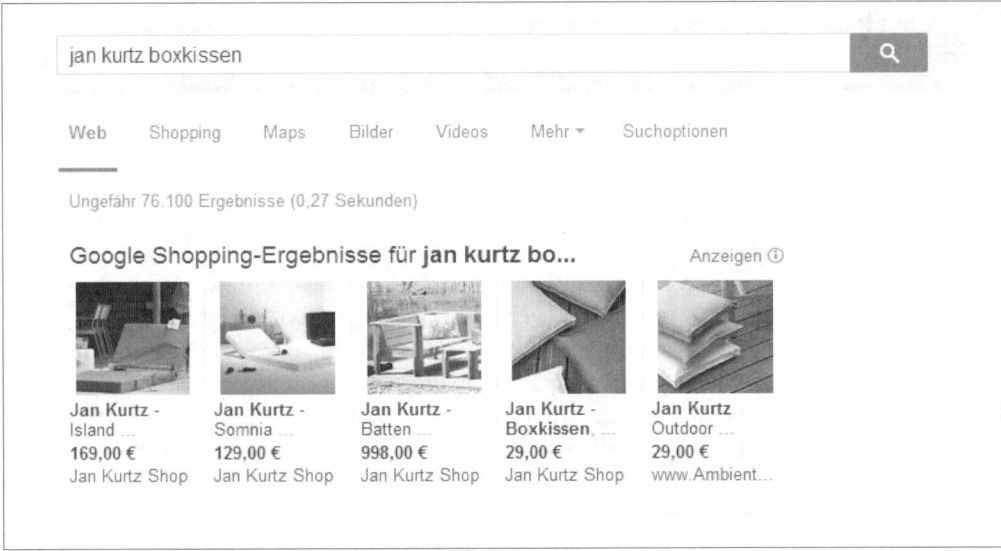

Abbildung 4-35: Produktboxen in der Google-Suche

Veranstalters, über den die Tickets bezogen werden konnten. Die Werbungen wurden dabei sowohl im Video selbst als auch daneben eingeblendet.

Es empfiehlt sich, für die YouTube-Werbung eine eigene Kampagne in Google AdWords anzulegen. So haben Sie die beste Kontrolle über die Platzierung und die jeweiligen Preise für die Anzeigenklicks.

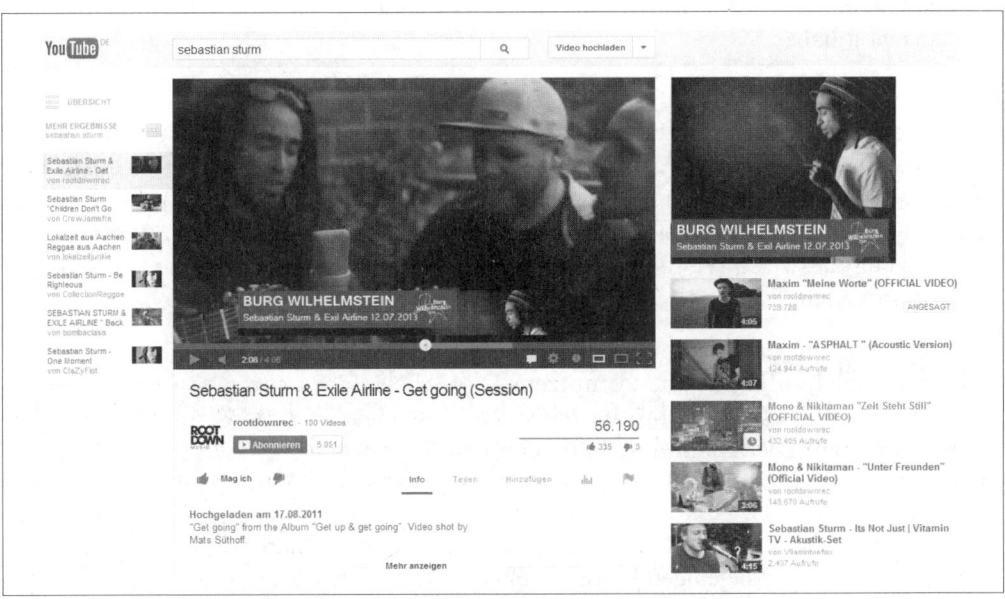

Abbildung 4-36: Werbebanner auf YouTube können auch in fremde Videos eingeblendet werden

Anwender-Interview mit Ulrich Pesch

Ulrich Pesch ist der Programmchef der Burg Wilhelmstein (*www.burg-wilhelmstein.com*), eines bekannten Open-Air-Veranstaltungsortes im westlichen Nordrhein-Westfalen. Seit zwei Jahren wird der Ticketverkauf gezielt mit Google AdWords unterstützt. Hier kamen auch gezielte Werbekampagnen auf YouTube zum Einsatz.

Warum haben Sie Anzeigenschaltungen speziell auf YouTube vorgenommen?

Wer heutzutage gezielt nach Künstlern oder Musik sucht, benutzt meistens YouTube, wodurch sich YouTube inzwischen zur zweitgrößten Suchmaschine der Welt entwickelt hat – und das nicht nur bei Jüngeren. Das bedeutet, dass unsere Zielgruppe natürlicherweise auf YouTube anzutreffen ist, denn von den meisten Künstlern, die bei uns auftreten, gibt es entweder eigene Videos oder von Fans erstellte Live-Aufnahmen, die zum Teil sogar bei uns auf der Burg aufgenommen wurden. In dem Moment, wo der Besucher das Video sieht und sich überlegen könnte, selbst einen Live-Auftritt des Künstlers zu besuchen, ist unsere Anzeige schon da und nimmt ihm weitere Überlegungen und eine Suche nach der passenden Veranstaltung ab. Besser kann das Werbeumfeld doch fast gar nicht sein.

Werbung auf YouTube klingt nach einem sehr teuren Unterfangen. Mussten dafür Videos der Künstler angefertigt werden?

Nein, die Videos kommen nicht von uns, sondern sind schon vorhanden. Wir haben uns also nur »drangehängt«. Außerdem haben wir unsere Kampagnen regional ausgerichtet. Das heißt, die Anzeigen werden nur Besuchern angezeigt, die sich im Umfeld von maximal 100 Kilometern um die Burg befinden. Das verursacht keine Kosten für Leute, für die unsere Veranstaltungen schon alleine wegen der Entfernung nicht in Frage kämen, sondern hält die Kosten so gering, dass wir sie bisher durch den Ticketverkauf mehrfach wieder reingeholt haben.

Wie haben sich die AdWords-Kampagnen insgesamt bemerkbar gemacht?

Besonders haben wir das am Publikum gemerkt, denn mit Hilfe von AdWords haben wir außerhalb unserer Stammgäste auch eine neue, internet-affine Zielgruppe angesprochen. Dabei haben die über AdWords generierten Ticketverkäufe die Kosten für die Kampagnen um ein Vielfaches übertroffen, weswegen wir nun unsere aufwendigen Werbe-Klassiker, wie beispielsweise die Werbung in Bussen, deren Effekt sich nicht messen ließ, abgeschafft haben.

Dynamic Remarketing

Im Sommer 2014 begann der Übergang der bisherigen Google Product Listing Ads (PLA) zu den neuen Google-AdWords-Shopping-Kampagnen. Die neuen Shopping-Kampagnen bieten zahlreiche fortgeschrittene Funktionen, die mit dem alten System nicht möglich waren. Dazu gehört die Verknüpfung mit den Funktionen des Google-AdWords-Remarketing zum neuen »Dynamic Remarketing«, bei dem einem Interessenten anhand seines Besuchs im Shop nur diejenigen Produkte über Werbung angeboten werden, die er vorher betrachtet hat. Dies setzt aber umfangreiche zusätzliche Arbeiten im Online-Shop voraus.

Tagging. Das dynamische Remarketing analysiert, welche Produkte ein Besucher Ihres Shops angeschaut hat. Für diese Produkte werden dann dynamisch erstellte Werbungen auf den Seiten des Google-Display-Netzwerks angezeigt. Um diese Zuordnung machen zu können, müssen im Online-Shop sämtliche Produktseiten – und nach Möglichkeit auch die Seiten des Checkout-Prozesses – mit für den Besucher unsichtbaren »Tags« markiert sein.

```
<script type="text/javascript">
var google_tag_params = {
ecomm_prodid: '123',
ecomm_pagetype: 'product',
ecomm_totalvalue: '99.00'
};
</script>
```

Im Beispiel ist der Code für ein einzelnes Produkt zu sehen. Wichtig ist hier der Identifikationscode, der exakt dem Code entspricht, den dieses Produkt in Ihrem Merchant-Center-Product-Feed hat. Diese Codeschnipsel müssen auf allen Produktseiten hinterlegt sein. So kann Google das Besuchsverhalten auf den einzelnen Seiten analysieren und sehen, welche Produkte sich ein einzelner Besucher angeschaut hat.

Diese Informationen fließen in eine Remarketing-Kampagne in Google AdWords und werden dort wiederum mit den Daten aus dem Product-Feed kombiniert und zu zielgerichteten Produktanzeigen wie auf dem Bild zusammengesetzt. Die Anzeigen sind grafisch animiert: Verschiedene Produkte wechseln sich zeitlich ab – neben dem Bild werden der Preis und der Produktname ebenfalls animiert angezeigt.

Der Vorteil im Vergleich zu regulären Google-AdWords-Anzeigen besteht darin, dass der potenzielle Kunde gezielt noch einmal exakt diejenigen Produkte angezeigt bekommt, die er sich vorher im Shop angeschaut hat.

Erste Erfahrungen mit den vergleichsweise neuen Dynamic-Remarketing-Anzeigen sind vielversprechend – für generelle Aussagen fehlen derzeit noch die Erfahrungswerte.

Google-Produkte (Zusammenfassung)

Der gesamte Bereich der Produktdarstellung in den verschiedenen Google-Diensten scheint noch nicht in eine stabile Phase übergegangen zu sein. Auf dem Bild sind die Vernetzungen der Dienste und die Datenflüsse nach jetzigem Stand zusammengefasst. Diese Übersicht ist allerdings mit Vorsicht zu genießen, denn schon innerhalb weniger Monate könnten die Dienste und Daten komplett anders aussehen bzw. vernetzt sein.

Zunehmend mehr erscheint das Google-Merchant-Center als Anhängsel, dessen Funktionalität eigentlich besser in Google AdWords aufgehoben wäre. Die neuen Google-AdWords-Shopping-Kampagnen legen nahe, dass mehr und mehr Funktionalität rund um die Produktsuche ins AdWords-System wandert. Experten gehen davon aus, dass das oben beschriebene Taggen der Produkte im Online-Shop mittelfristig das Merchant-Center mit seinen Feeds ablösen wird. Faktisch hält man dieselbe Information ja zweimal vor: einmal im Feed und einmal in Form der Tags auf jeder Produktseite. Das Merchant-

Abbildung 4-37: Dynamisch erstellte animierte Produktanzeige

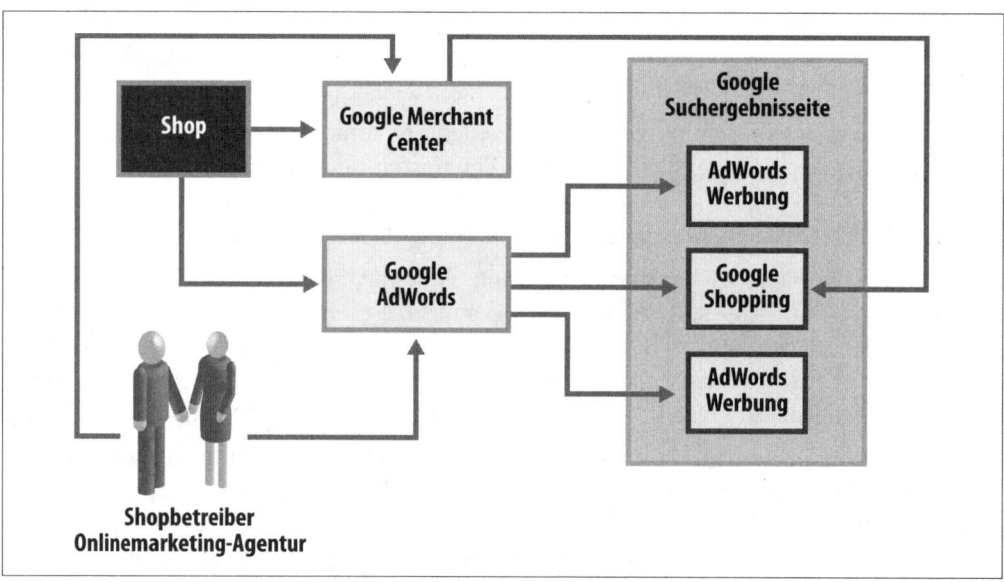

Abbildung 4-38: Vernetzung der Datenquellen untereinander

Center wird so redundant – sein einziger Daseinsgrund ist derzeit das zeitgesteuerte Abrufen der Feeds, was durch entsprechend häufigen Abruf der Shop-Produktseiten durch Google obsolet würde.

Shop-Betreiber sind jedenfalls gut beraten, diese Entwicklungen genau zu beobachten und sich auf mögliche Änderungen schnell einzustellen. Die Produktsuche innerhalb von Google wird dabei zunehmend wichtiger für den erfolgreichen Betrieb eines Online-Shops.

Suchmaschinen-Marketing jenseits von Google

Aktuelle Statistiken bescheinigen Google einen Marktanteil von rund 90% in Deutschland. Trotz aller Google-Skepsis ist Deutschland damit weltweit eines der Länder mit der stärksten Google-Nutzung. Im weltweiten Schnitt liegt Google lediglich bei 70%, was durch die 17% Marktanteil der chinesischen Suchmaschine Baidu und der nach wie vor großen Beliebtheit von Yahoo! in den USA zu erklären ist.

Dennoch gibt es auch andere Suchmaschinen, die für das Online-Marketing interessant sein können. Allen voran ist Microsofts Bing zu nennen, das in Deutschland immerhin fast 4% Marktanteil hat, in den USA aber beachtliche 18%. Die zunehmende Verbreitung von Bing dürfte hauptsächlich auf die sehr nahtlose Integration in Windows 8 zurückzuführen sein.

Dieser Trend wird sich noch verstärken, nachdem Apple im Juni 2014 angekündigt hat, ab der nächsten Version seines Betriebssystems für Mac-Computer und iPhone/iPad ebenfalls auf Bing als Standard-Suchmaschine zu wechseln. In Deutschland fast nicht relevant ist Yahoo!, das in den USA immer noch über fast 10% Marktanteil verfügt, über die letzten Monate aber kontinuierlich Benutzer an Bing verliert.

Bing Ads. Bereits 1998 bot die Firma GoTo bezahlte Werbung im Internet an. 2001 benannte man sich in Overture um, 2003 erfolgte die Übernahme durch Yahoo!, einige Zeit später die Umbenennung in »Yahoo! Search Marketing«.

Bereits 2010 schlossen Microsoft und Yahoo! einen Vertrag, nach dem die Suchergebnisse auf Yahoo! durch Microsoft-Suchtechnologie bereitgestellt werden. Ebenso vermarktete man bezahlte Werbung fortan gemeinsam, zunächst unter dem Namen »Microsoft adCenter«, seit September 2012 unter dem Namen »Bing Ads«, das nunmehr sämtliche Anzeigen im »Yahoo! Bing Network« verwaltet.

Die Funktionsweise von Bing Ads ist nahezu identisch mit der Funktionsweise von Google AdWords. Selbst die Benutzeroberfläche ist im Wesentlichen ein direktes Abbild des Konkurrenten von Google. Die Anlehnung an AdWords geht sogar so weit, dass beim Einrichten eines Accounts als Standard-Vorgehensweise angeboten wird, die Kampagnen und Keywords von Google AdWords zu übernehmen (siehe Abbildung 4-39).

Diese Datenübernahme erspart viel Zeit, erfordert aber in jedem Fall nochmalige Nachkontrolle. Beide Systeme sind nicht zu 100% identisch, so dass man einige Optionen, wie zum Beispiel die Ausrichtung auf Such- und Display-Netzwerk, nachträglich anpassen muss.

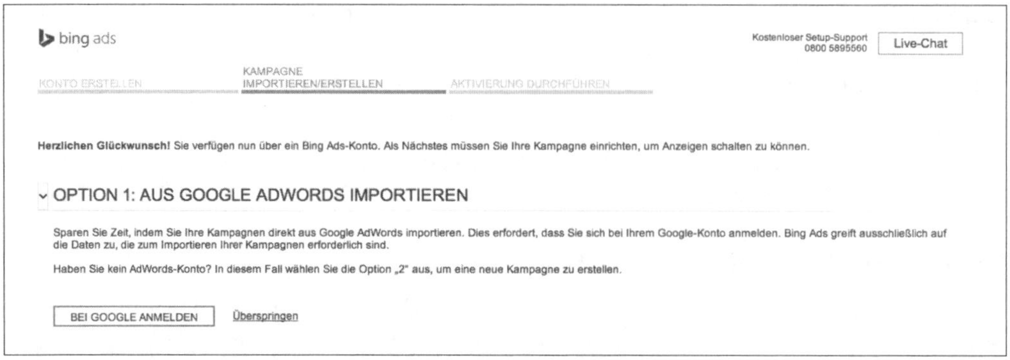

Abbildung 4-39: Bing Ads bieten den Import von AdWords-Kampagnen als Standard an

Ein großes Problem ergibt sich bei der Erfolgskontrolle. Wer für die Webanalyse Google Analytics einsetzt, wird Schwierigkeiten bekommen, die bezahlten und die nicht-bezahlten Ergebnisse von Bing zu unterschieden. Leider hat Microsoft dieses Thema bislang noch nicht zufriedenstellend gelöst – hier ist ein großes Maß an Handarbeit angesagt, da sämtliche Links um individuelle Parameter ergänzt werden müssen.

Interessant für den Shop-Betreiber ist Bing Ads aus drei Gründen:

- Kosten
- Konkurrenz
- Bestandswahrung

Mit noch nicht einmal 5% Marktanteil ist das Yahoo!-Bing-Network in Deutschland ein Nischenprodukt. Das hat zur Folge, dass man sich gegen deutlich weniger Mitbewerber behaupten muss. Eine Suche nach »australischer Rotwein« (vergleiche Beispiele im Abschnitt »Google AdWords« auf Seite 353) fördert auf Google elf bezahlte Suchergebnisse zutage, in Bing derer nur sieben. Während die elf Ergebnisse auf Google alle relevant erscheinen, fallen für den typischen Endkunden von den sieben Bing Ads ganze vier Anzeigen heraus, da sie wenig relevant für die eigentliche Suchanfrage sind. Interessant in diesem Zusammenhang ist ebenfalls, dass sich bei diesen beiden Suchanfragen jeweils völlig verschiedene Anbieter auf den Werbeplätzen finden. Es gibt nicht eine einzige Überschneidung!

Die geringere Konkurrenz führt natürlich zu geringeren Anzeigenpreisen. Im Schnitt zahlt ein Werbekunde über Bing Ads ein Drittel weniger pro Klick als bei Google AdWords. Dafür ist die Klickrate im Schnitt geringfügig höher, was wiederum am begrenzten Angebot an Werbung liegt: Wenn sich weniger Anzeigekunden für einen Suchbegriff finden, erhalten die einzelnen Anzeigen natürlich mehr Klicks.

Die geringeren Kosten und die geringere Konkurrenz, verbunden mit einem langsamen, aber stetigen Anwachsen des Marktanteils von Bing in Deutschland, machen die Bing Ads zu einer interessanten Option. Falsch kann man wenig machen, wohl aber Erfahrungen sammeln und einen entscheidenden Vorteil haben, sobald Bing auch in den Blick der anderen Marktbegleiter rückt. Beachten sollten Sie aber, dass der Aufwand für das Einrichten und Pflegen von Kampagnen bei Bing Ads dem Aufwand für Google AdWords in nichts nachsteht. Dies macht eine klare Empfehlung für das zweigleisige Fahren schwierig, denn die zu erzielenden Resultate werden angesichts der nach wie vor marktbeherrschenden Stellung von Google – zumindest momentan – geringer ausfallen.

Interview mit Hubert Mirgartz

Hubert Mirgartz ist Verkaufsleiter der Metallverarbeitungsgesellschaft mbH aus Eschweiler. Ein Großteil des Umsatzes mit Anhängerkupplungen und Fahrradträgern erfolgt über den Online-Shop *www.mvg-ahk.de*.

Google AdWords spielt im Online-Marketing eine große Rolle. Worauf muss ich als Werbetreibender besonders achten?

Google macht es einem leicht, unnötigerweise viel Geld auszugeben. Es ist aber genau so einfach, dieses Geld zu sparen. Damit man nicht zu viel ausgibt, ist es wichtig, die Kampagnen regelmäßig zu kontrollieren und wenn nötig anzupassen. Dabei muss man neben den eigenen Anzeigen auch die Maßnahmen der Mitbewerber im Auge behalten, um flexibel darauf reagieren zu können.

Welche Erfahrungen haben Sie mit Remarketing-Kampagnen gemacht?

Besucher unseres Shops, die zunächst nichts gekauft haben, haben wir mit Remarketing-Bannern »verfolgt«. Sie bekamen also immer wieder Werbebanner von uns eingeblendet, auch wenn sie auf völlig anderen Seiten unterwegs waren und andere Produkte gesucht haben. So war unser Shop dem potenziellen Kunden immer präsent und der mögliche Einkauf nur wenige Klicks entfernt. Das hat sehr gut funktioniert.

Ihre Produkte sind auch bei den Google-Shopping-Ergebnissen gelistet. Wie wirken sich die Shopping-Ergebnisse auf den Umsatz aus?

Die Leute klicken schlichtweg öfter, wenn bei den Suchergebnissen das Produkt direkt abgebildet ist. Gerade seit der Umstellung von Google-Shopping im Frühjahr 2014 konnten wir mehr spezifische Klicks und vor allem mehr Konversionen messen. Daher sollte meiner Meinung nach kein Shop-Betreiber auf Google-Shopping verzichten.

Affiliate-Marketing

Man mag den Eindruck gewinnen, dass im Online-Marketing nur Google zählt. Tatsächlich würde es schwer fallen, vernünftige Strategien komplett ohne Google zu entwickeln. Im Umkehrschluss heißt das aber nicht, dass man ausschließlich auf Google setzen muss. Ein Bereich, in dem sich Google gar nicht betätigt, ist der Bereich des Affiliate-Marketings bzw. der Affiliate-Netzwerke.

Bei dieser Werbeform finden sich Werbetreibende (Advertiser) und Werbepartner (Publisher) als Partner (Affiliates) zusammen. Die Werbetreibenden stellen Anzeigen, meist in Form grafischer Banner oder interaktiver Elemente, den sogenannten Widgets, zur Verfügung. Die Werbepartner betten diese Elemente dann in ihre eigenen Websites ein. Ein Klick auf das Werbebanner führt in den Online-Shop des Werbetreibenden. Kommt es über diese Klicks zu Verkäufen, dann wird der Werbepartner in der Regel prozentual an den Umsätzen beteiligt.

Die Abbildung 4-40 illustriert die Zusammenhänge. Der Werbetreibende (Advertiser) stellt seine Werbemittel auf der Affiliate-Plattform ein. Von dort bedient sich der Publisher und bindet die Werbemittel auf seiner eigenen Website ein. Klickt dann ein Kunde auf die Werbung auf der Publisher-Website, wird jeder Verkauf innerhalb einer definierten Zeitspanne im Shop des Advertisers nachgehalten und eine Provision wird gezahlt.

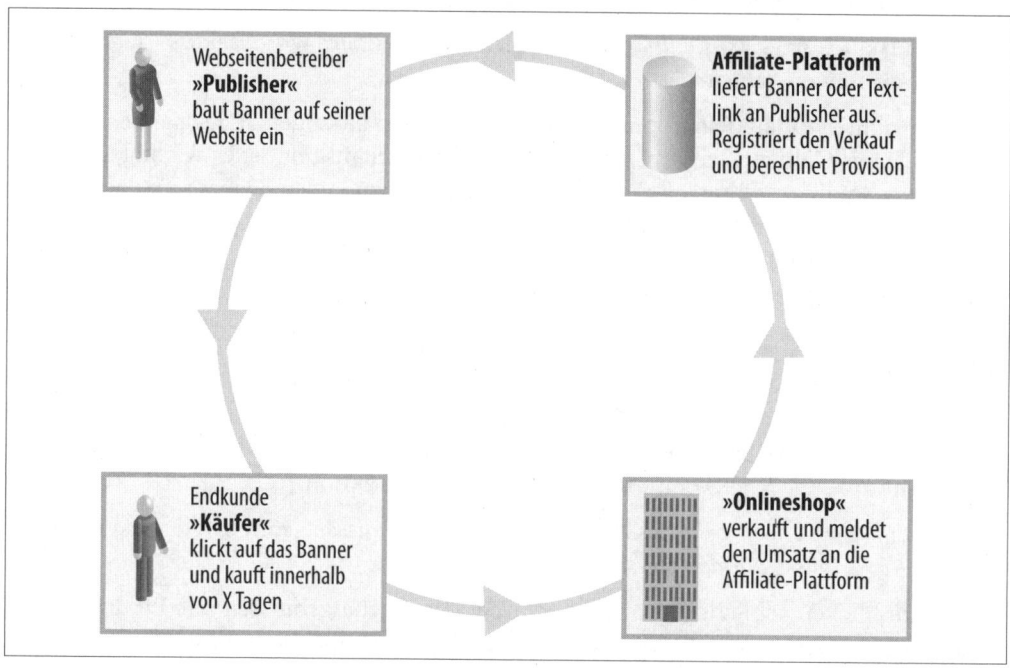

Abbildung 4-40: Beim Kauf über einen Affiliate-Link sind insgesamt vier Parteien beteiligt

Die Vorteile für den Werbetreibenden liegen auf der Hand. Statt über ein Pay-per-Click-Netzwerk wie Google AdWords für jeden einzelnen Klick zu bezahlen, wird bei Affiliate-Werbung nur für die Klicks bezahlt, die nachweislich zu einem Verkauf geführt haben. Zudem kann man sich die Websites besser aussuchen, auf denen die eigene Werbung geschaltet wird.

Auch die Werbepartner profitieren von diesem Modell. Statt geringer Ausschüttungen beim Schalten von Google-Werbung sind die zu erzielenden Gewinne bei Affiliate-Bannern oft höher. Findet man thematisch gut passende Affiliate-Partner, lässt sich so ein interessantes Einkommen erzielen. Oft schneiden Werbepartner ihre Websites gezielt auf die Affiliate-Banner zu – mitunter so gut, dass ihre eigene Websites in der Google-Suche höher platziert werden als die Seite des Online-Shops.

Banner-Schaltung und Banner-Tausch

Die einfachste Form des Affiliate-Marketings ist das reine Schalten von Werbebannern auf fremden Websites. Gibt es zu Ihrem Warensortiment beispielsweise eine Spezial-Website eines Dritten, so können Sie den Betreiber der Website gezielt ansprechen und fragen, ob er eine Werbung für Sie veröffentlicht. Durch diese gezielte Werbung »affiliert« (vom englischen »zuordnen«) sich der Seiteninhaber mit Ihrem Shop und erhält im Gegenzug einen monatlichen Fixbetrag oder eine Umsatzbeteiligung.

Was einfach klingt, hat für beide Seiten aber schwer nachvollziehbare Aspekte, zumindest wenn es um mehr als Gefälligkeitsdienste zwischen befreundeten Seitenbetreibern geht. In diesem Modell möchten zwei Personen Geld verdienen: der Shop-Betreiber erhofft sich höhere Umsätze durch gezielte Werbung und der Werbepartner möchte angemessen für die Veröffentlichung des Banners entlohnt werden.

Für den Online-Shop-Betreiber stellt sich also die Herausforderung, statistisch zu erfassen, wie viele Verkäufe über Klicks auf das Banner erfolgt sind. Mit einer entsprechenden Statistik-Software (siehe Abschnitt »Shop-Controlling« auf Seite 497) sollte sich das zumindest quantitativ ermitteln lassen. Der Werbepartner hingegen hat kaum eine Möglichkeit, ähnliche Daten zu erheben. Mit einigen Klimmzügen kann er maximal feststellen, wie viele Personen das Banner angeklickt haben. Dazu muss seine eigene Statistik-Software die Möglichkeit des »Outbound Link Tracking« haben. Implementiert man diese Link-Klick-Verfolgung aber falsch, zerstört sie gerne die entsprechenden Statistiken auf Online-Shop-Seiten, was den Shop-Betreiber wieder verstimmt. Aber selbst mit Klickzahlen weiß der Werbepartner immer noch nicht, wie viele Verkäufe die Werbung generiert hat und was sein Anteil daran ist.

Vertrauen auf beiden Seiten ist daher nötig, verbunden mit einigem Aufwand bei der Implementierung und der laufenden Verwaltung. Das Modell taugt für eine Vielzahl von Marketingaktionen daher nicht zwingend.

Affiliate-Netzwerke

In diese Bresche springen Affiliate-Netzwerke wie affilinet aus Deutschland (siehe Abbildung 4-41), TradeDoubler aus Schweden oder das mehrheitlich zum Springer-Konzern gehörige Zanox.

Ähnlich wie Google beim AdWords-System positioniert sich das Affiliate-Netzwerk als Vermittler zwischen Werbetreibenden und Affiliate-Partnern. Das Netzwerk stellt dafür ein technisches Gerüst zur Verfügung, über das die Werbetreibenden ihre jeweiligen Anzeigen einspielen. Als Online-Shop-Betreiber kann man so zum Beispiel gezielt einzelne Produkte, Kategorien oder den Shop als Ganzes bewerben. Vom Affiliate-Netzwerk bekommt man dann noch einen Code, den man im eigenen Shop einbindet, wenn ein Verkauf stattgefunden hat.

Der potenzielle Werbepartner kann sich dann im Affiliate-Netzwerk entweder gezielt Produkte bzw. Produktkategorien heraussuchen oder die Steuerung der Anzeigen dem Netzwerk überlassen. Er muss nur noch einen bestimmten Code einbinden – der Rest wird vom Affiliate-Netzwerk erledigt.

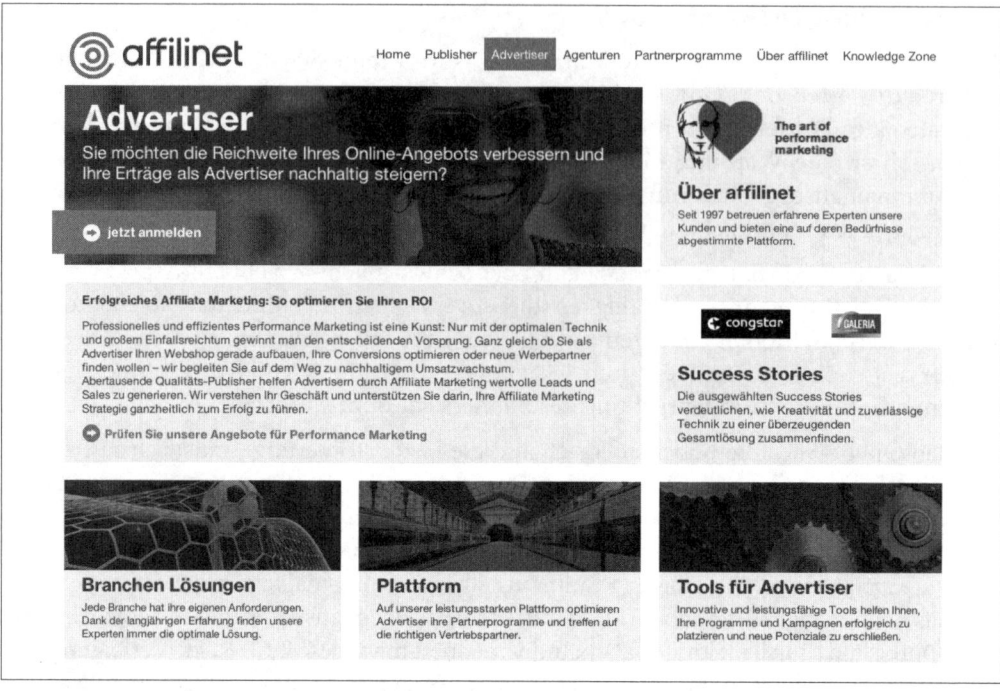

Haben Werbepartner und Werbetreibender im Affiliate-Netzwerk zueinander gefunden, passiert der Rest automatisch. Das Netzwerk registriert alle Klicks auf die Werbungen und bekommt im Gegenzug von den Shops die Verkäufe gemeldet. Beide Seiten haben jeweils Einblick in die Statistiken, die erhoben werden, und können genau den Erfolg der Werbung nachvollziehen.

Diesen Service lässt sich das Affiliate-Netzwerk natürlich bezahlen. Es gibt eine ganze Reihe – teilweise recht exotischer – Berechnungsmodelle für die Vergütung. Die bekanntesten sind:

Pay-per-Click
Ähnlich wie bei Google AdWords wird hier pro Klick auf den Affiliate Link bezahlt. Da dies aber nicht zwingend zu direkten Verkäufen führt, sind die Beträge eher niedrig.

Pay-per-Lead
Dieses Verfahren eignet sich eher für Produkte, die üblicherweise eine längere Recherchezeit benötigen. Bezahlt wird hier für eine konkrete Aktion des Interessenten, beispielsweise den Download einer Broschüre.

Pay-per-Sale
Dieses Verfahren ist das am weitesten verbreitete, da es einen Verkauf voraussetzt. Die prozentuale Vergütung kann manchmal auch auf alle zukünftigen Verkäufe an den gleichen Kunden ausgeweitet werden, um den Affiliate stärker an den Shop zu binden.

Von Cookie-Droppern zur Customer Journey

Affiliate-Marketing, wie auch die meisten anderen Formen des Online-Marketings, nutzen Cookies, um Informationen über die Herkunft eines Klicks zu speichern. Das Cookie ist eine kleine Informationsmenge, die im Webbrowser des Benutzers gespeichert wird und von dort wieder ausgelesen werden kann.

Lange Zeit galt im Affiliate-Marketing die Regel »last cookie wins«. Wenn ich als Interessent also über zwei unabhängige Affiliate-Websites beim gleichen Produkt im gleichen Online-Shop lande, bekommt nur die Seite, über die ich als letzte unmittelbar vor dem Kauf gekommen bin, eine Provision. Gerade bei Produkten, die eine lange Recherchezeit vor dem Kauf haben, wird dieses Verfahren zunehmend als ungerecht empfunden. So kann zum Beispiel die Seite, über die ich zum ersten Mal auf das Produkt aufmerksam wurde, ebenfalls einen Anteil am Erfolg – also dem Kauf – für sich verbuchen, geht aber letztendlich leer aus.

Auch hat diese Methode Betrüger auf den Plan gerufen, die über das sogenannte »Cookie-Dropping« – also das Unterjubeln von Affiliate-Cookies, ohne dass der Benutzer eine entsprechende Aktion ausgeführt hat – versuchen, sich Provisionszahlungen zu ergattern.

Allmählich etabliert sich in der Affiliate-Szene daher auch die Erkenntnis, die gesamten Vorgänge, die zum Kaufabschluss führen, mit einzubeziehen. Im Marketing spricht man von der »Customer Journey« – der »Reise«, die beim Aufmerksam-Werden auf ein Produkt (Awareness) beginnt und beim Kauf (Conversion) endet.

Auf das Affiliate-Marketing übertragen heißt das, dass alle Kontakte mit Affiliate-Partnern, die zu einem Verkauf geführt haben, sowohl in zeitlicher als auch in quantitativer Folge betrachtet werden. Die Provisionen beim Verkauf werden danach unter den beteiligten Affiliates verteilt: Die Seite, die den ersten Klick generiert hat, erhält ebenso einen Anteil wie die Seite, auf der sich der Kunde mehrfach informiert hat, bevor er schließlich auf einer dritten Seite den vormals allein-entscheidenden Kaufklick tätigt. Dies setzt allerdings voraus, dass alle Affiliates im gleichen Netzwerk organisiert sind.

Chancen und Risiken

Affiliate Marketing klingt zunächst einmal verlockend: Marketing-Leistung wird an externe Partner ausgelagert, die streng auf Basis Ihres Erfolgs bezahlt werden. Als Shop-Betreiber kann man sich bequem zurücklehnen und dem Eintrudeln der Bestellungen zusehen, denn die Arbeit machen andere. Klingt zu gut, um wahr zu sein? Ist es teilweise auch.

Shop-Betreiber und Affiliate-Partner sind zwei ungleiche Partner. Zwar wollen beide Geld verdienen, darüber, wie das geschieht gibt es aber unterschiedliche Ansichten. Der Shop-Betreiber wünscht sich zusätzliche Reichweite für die Produkte des Shops und somit zusätzliche Bestellungen. Jeder €, den er an den Affiliate-Partner zahlen muss, schmälert dabei den Gewinn. Die Versuchung liegt daher nahe, die Provisionen für Affiliates gering zu halten und stattdessen auf eine große Zahl an Affiliates zu setzen.

Der Affiliate-Partner auf der anderen Seite möchte möglichst viel Geld über die Partner-links einnehmen. Dazu ist ein guter Affiliate bereit, einiges an Marketing-Arbeit zu investieren. Eine echte Loyalität zum Shop wird es dabei nur in den seltensten Fällen geben. Sind die Provisionen zu gering oder stellt sich keine zufriedenstellende Zahl an Verkäufen ein, sucht sich der Affiliate halt einen anderen Shop, für den er Werbung betreibt. Idealerweise muss der Shop-Betreiber also die Provisionen attraktiv genug gestalten und den Affiliate entsprechend unterstützen, damit es für den interessant bleibt.

Mitunter kommt es vor, dass Affiliate-Partner so gut in ihrer Arbeit sind, dass entsprechende Affiliate-Websites deutlich besser und erfolgreicher sind als der eigentliche Shop. Dies kann sich in besserem Google-Ranking oder mehr Verkäufen als im Shop äußern. Das bringt den Shop-Betreiber gleich zweifach in eine Zwickmühle: Einerseits muss er bei einem Großteil der Produktverkäufe immer die Provisionszahlung mit einberechnen. Zum anderen liefert er sich dem Affiliate-Partner zu beträchtlichen Teilen aus und macht sich auch erpressbar. Die Drohung, zu einem anderen Shop zu wechseln oder die Affiliate-Leistungen ganz einzustellen, hätte dann schwerwiegende wirtschaftliche Konsequenzen.

Als Shop-Betreiber muss man sich im Klaren darüber sein, dass man über Affiliate-Partner zwar zusätzliche Einnahmen generieren kann, gleichzeitig aber auch Kontrolle und Einfluss abgibt. Spätestens beim Beitritt zu einem Affiliate-Netzwerk erkennt man dessen Regeln als verbindlich an. Solange sich Affiliate-Partner an die Regeln des Netzwerks halten, kann man sie nur noch vom Bewerben der eigenen Produkte ausschließen.

Der Einstieg in Affiliate-Netzwerke

Wer jetzt meint, er könne einfach mit dem Nutzen eines Affiliate-Netzwerks anfangen, der irrt. Zunächst einmal muss man sich beim Affiliate-Netzwerk bewerben. Dort wird der eigene Shop geprüft und das Potenzial eingeschätzt. Die Auswahlkriterien sind mittlerweile sehr streng. Wir kennen einige Shops, die eine sehr gute Verkaufsleistung haben und trotzdem von Affiliate-Netzwerken abgelehnt wurden.

Die nächste Hürde sind die teilweise erheblichen Setup-Gebühren. Für die Einrichtung des Trackings und das Bereitstellen der Werbemittel erheben die meisten Affiliate-Netzwerke Gebühren. Bedenken Sie bitte auch, dass auf Seiten des Shops ebenfalls Programmierarbeiten vorgenommen werden müssen. Dazu gehört auch der Test aller Komponenten auf beiden Seiten.

Zum Schluss müssen Sie mitunter eine Sicherheitsleistung hinterlegen, also für die Auszahlungen an die Affiliate-Partner in Vorleistung treten. Dies machen die Netzwerke, um Betrug zu vermeiden, denn leider ist es in der Vergangenheit vorgekommen, dass Shop-Betreiber die Provisionen nicht bezahlt haben.

Das eigene Affiliate-Netzwerk

Bei all diesen Schwierigkeiten ist das Aufsetzen eines eigenen Affiliate-Netzwerks durchaus eine Option. Das ist zwar zunächst mit einigem Aufwand verbunden – schlüsselfertige Lösungen gibt es nicht –, hat aber langfristig beste Aussichten. Mit Ihrem eigenen Affiliate-Netzwerk haben Sie völlige Kontrolle über Ihre Affiliate-Partner.

Mit Ihrem eigenen Affiliate-Netzwerk haben Sie völlige Kontrolle über Ihr Affiliate-Engagement. Dabei sind Sie nicht an die Regeln eines Netzwerk-Betreibers gebunden, sondern treffen alle Entscheidungen autonom. Natürlich müssen Sie Ihre Entscheidungen vor Ihren Affiliates vertreten, aber zumindest sind es dann Ihre eigenen Regeln. Provisionszahlungen an den Netzwerk-Betreiber entfallen ebenfalls. Durch das Ausschalten des Mittelsmannes können Sie entweder mehr Gewinne realisieren oder Ihren Affiliate-Partnern großzügigere Konditionen gewähren und sie so stärker an Ihren Shop binden.

Apropos Shop – auch in dieser Beziehung sind Sie mit Ihrem eigenen Affiliate-Netzwerk deutlich freier, denn Sie können jederzeit weitere eigene Shops hinzunehmen, ohne sie erst freischalten zu lassen. Letztlich können Sie auch beliebige Werbemittel anbieten. ohne auf die Vorgaben des Netzwerk-Betreibers angewiesen zu sein.

Natürlich kostet das eigene Affiliate-Netzwerk auch Geld. Eine Individualprogrammierung mit einem halbwegs komfortablen Funktionsumfang wird dabei voraussichtlich mit einem niedrigen 5-stelligen Euro-Betrag zu Buche schlagen. Setzen Sie diese Kosten aber in Relation zu den Gebühren für die Nutzung eines oder mehrerer Affiliate-Netzwerke, rechnet es sich möglicherweise schneller, als Sie vermuten.

Auf der Abbildung 4-42 sieht man das deutsche Affiliate-Programm von ESET, einem weltweit agierenden Hersteller von Sicherheitslösungen. Es ist individuell auf die Anforderungen des Herstellers zugeschnitten. Affiliates können sich anmelden und erhalten Zugriff auf die Werbemittel, müssen aber noch gesondert freigeschaltet werden.

Die Plattform des eigenen Netzwerks muss so ausgelegt sein, dass alle wichtigen Daten erhoben werden und im Idealfall dem Affiliate-Partner auch Einblick in die Umsätze geben. Das eigene Affiliate-Netzwerk muss von der technischen Seite her folgende Funktionen abbilden.

Affiliate-Registrierung. Zwar sollen sich potenzielle Affiliate-Partner möglichst einfach registrieren können, erheben Sie aber dennoch vollständig alle Angaben, die Sie für die weitere Arbeit mit dem Partner brauchen. Insbesondere die Websites, auf denen der Affiliate die Werbungen schalten möchte, sind wichtig. Der Grund für ein eigenes Affiliate-Netzwerk ist bessere Kontrolle. Stellen Sie daher sicher, dass Ihre Werbung nur dort gezeigt wird, wo das Umfeld stimmt und nicht etwa negativ auf Ihre Marke oder Ihren Shop abfärbt. Angaben zu den Besucherzahlen auf diesen Webseiten sind hingegen verzichtbar. Entweder die Werbeschaltungen funktionieren – oder eben nicht. Funktionieren können Sie aber auch bei geringen Besucherzahlen. Letztendlich zahlen Sie sowieso nur für vermittelte Verkäufe – die Beliebtheit der Seiten kann Ihnen also egal sein, solange das Umfeld stimmt.

Selbst auf eine explizite Freischaltung des Affiliates können Sie verzichten, denn wenn das Affiliate-Netzwerk einmal Fahrt aufgenommen hat, werden Sie in der Praxis wohl kaum jeden einzelnen Affiliate auf Herz und Nieren prüfen. Eine Funktion zum Sperren/

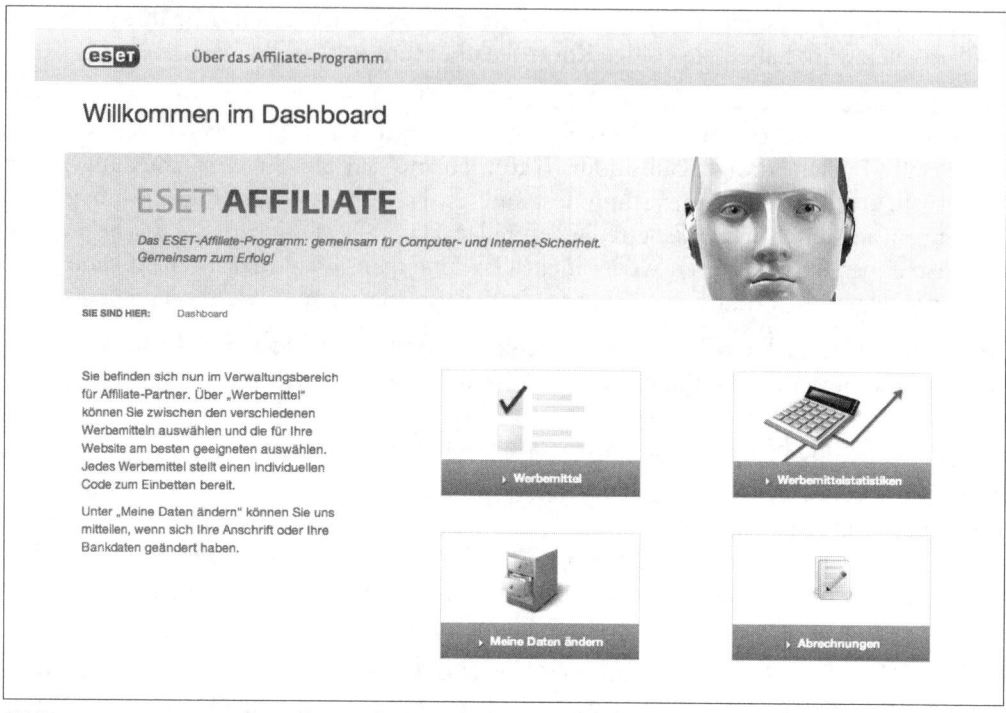

Abbildung 4-42: Individuelles Affiliate-Netzwerk des Herstellers ESET Deutschland

Löschen von Affiliates sollte hingegen zum Standard gehören. In den Nutzungsbedingungen sollten Sie verankern, dass eine Auszahlung nur an überprüfte Affiliates erfolgt: Somit müssen Sie nur noch diejenigen prüfen, die einen Auszahlungsbetrag angesammelt haben. Die Einführung einer Mindestsumme zur Auszahlung vereinfacht den Vorgang weiter.

Werbemittelauswahl. Stellen Sie eine möglichst umfangreiche Auswahl an Werbemitteln zur Verfügung. In der Regel sind dies grafische Banner, die sich an den etablierten Standardgrößen orientieren. Die wichtigsten Größen sind:

- 336x280 Pixel (Large Rectangle)
- 300x250 Pixel (Medium Rectangle)
- 728x90 Pixel (Leaderboard) und
- 160x600 Pixel (Wide Skyscraper).

Diese Größen sollten mindestens mit einem statischen Banner abgedeckt werden. Darüber hinaus können Sie noch verschiedene Farbvariationen, zum Beispiel für eher helle oder eher dunkle Websites oder animierte Banner, zur Verfügung stellen.

Vergessen Sie auch nicht, einen reinen Textlink anzubieten. Dieser Textlink kann zum Beispiel in Mail-Signaturen verwendet werden.

Abbildung 4-43: Wichtige Bannerformate sind Leaderboard, Large- und Medium-Rectangle sowie Wide Skyscraper

Ziel-Links

Jedes Werbemittel ist mit einem Link auf Ihren Online-Shop versehen. Wohin dieser Link verweist, hängt wieder von der individuellen Ausgangssituation ab.

Link zur Hauptseite des Shops

Dieser sehr unspezifische Link empfiehlt sich nur bei einem sehr übersichtlichen Warenprogramm oder bei einem thematisch sehr eng gefassten Shop. Auch bei Kampagnen zur Markenbildung sollte dieser Linktyp genutzt werden. Bietet der Shop nur australischen Rotwein an, kann ein allgemeiner Link in den Shop funktionieren. Bei einem allgemeinen Wein-Shop würden wir eher auf spezifischere Links setzen.

Link zu Shop-Kategorien

In diesem Fall bieten Sie für jede zu bewerbende Shop-Kategorie eigene Werbemittel an. Bei einem Bekleidungs-Shop könnten dies zum Beispiel Schuhe, Hosen und Hemden jeweils für Damen und Herren sein. Das ist zwar ein Mehraufwand beim Erstellen der Werbemittel, die Affiliate-Partner können aber so sehr viel gezielter in einzelne Bereiche verlinken. Die Autorin einer Website zu Damenschuhen würde dann eher die gezielten Banner für die Damenschuh-Kategorie nehmen, statt auf die Hauptseite des Shops zu verweisen.

Link zu individuellen Artikeln

Hier ist die gezielteste Ansprache durch Werbung möglich, aber der Aufwand dafür ist natürlich immens, denn im Prinzip müssen für jeden Artikel individuelle Banner in verschiedenen Größen erstellt werden. Meist greift man daher zu einer Mischform: ein allgemeines Banner wird mit einem artikelspezifischen Link versehen. Diese Links sollte das Affiliate-Programm selbst erzeugen können. Lassen Sie sich nicht durch den hohen Aufwand abschrecken: Diese Art der Affiliate-Links hat die größten Erfolgschancen.

Je mehr Werbemittel und je mehr individuelle Links erzeugt werden müssen, desto eher bietet es sich an, die Linkerzeugung automatisch erfolgen zu lassen. Auch muss die Kennung jedes Affiliate-Partners in den Link übernommen werden, um eine Zuordnung zu ermöglichen. Von daher muss ein gewisser Automatismus sowieso vorhanden sein, wenn Sie nicht den Affiliates das (möglicherweise fehlerhafte) Erzeugen der Links selbst überlassen wollen.

Auswertungen. Ein weiterer wichtiger Baustein im eigenen Affiliate-Programm sind die Auswertungen. Sie dienen nicht nur Ihnen, sondern sind auch für die Affiliate-Partner von großer Bedeutung. Gute Affiliate-Partner geben sich nicht mit dem Einbau eines einzelnen Banners zufrieden, sondern versuchen durch aktive Optimierung möglichst viele Umsätze über die Werbemittel zu generieren. Die Angabe, wie oft ein Banner gesehen wurde (Impressions), wie oft es angeklickt wurde und wie viele Verkäufe (Conversions) es erzielte, sind bei der Optimierung wesentliche Werte.

Man muss nicht gleich so groß wie Amazon sein, um sein eigenes Affiliate-Netzwerk aufzubauen. Auf dem Bild sieht man sehr gut, wie eine Auswertung nach Produkten aussehen kann. Auch dies ist natürlich ein wesentlicher Punkt für die Affiliate-Partner, denn auch über einen Link zu einem bestimmten Produkt kann ein Käufer im Online-Shop ein ganz anderes Produkt kaufen. Auch diese Umsätze geben dem Partner wichtige Hinweise zur Optimierung.

Auszahlung. Irgendwann kommt der Moment, an dem Sie den Affiliates Geld auszahlen müssen bzw. dürfen, denn sie haben ja für Sie Umsätze erzielt. Ob Sie die Auszahlungen manuell vornehmen oder eine automatische Auszahlung vorsehen, hängt hauptsächlich von der Größe ihres eigenen Affiliate-Netzwerkes ab. Wichtig ist nur die Transparenz gegenüber den Affiliate-Partnern und natürlich, dass Sie diese Ausgaben auch korrekt verbuchen.

Fazit. Branchenkenner rechnen damit, dass der Anteil der Nischen- und individuellen Affiliate-Netzwerke in den nächsten Jahren deutlich zunehmen wird. Gerade wenn Sie interessante Produkte und interessante Margen haben, sollten Sie über diese Möglichkeit ernsthaft nachdenken.

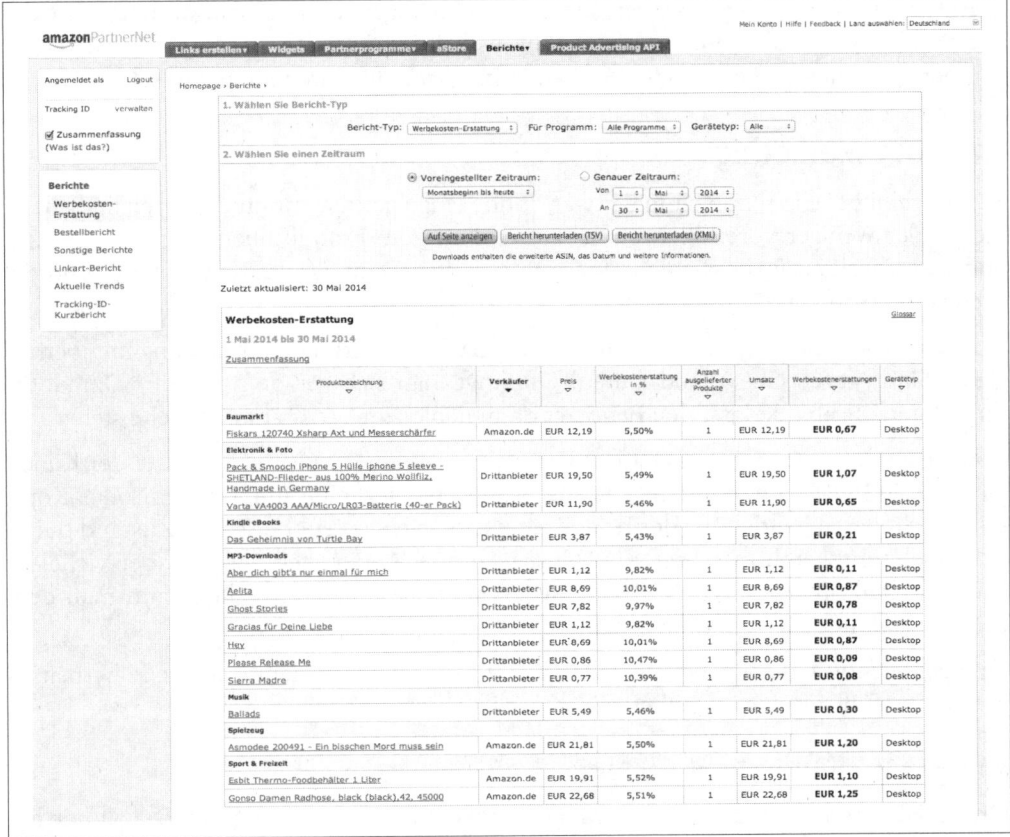

Abbildung 4-44: Produktleistungsbericht im Amazon-PartnerNet

Empfehlungen

Affiliate-Marketing kann einen wichtigen Stellenwert einnehmen, wenn man es zielgerichtet und vorsichtig einsetzt. Statt auf mehreren Plattformen aktiv zu sein und so Affiliate-Hopping zu befördern, sollte man sich bei der Auswahl der Netzwerke Zeit lassen. Gezieltes Ansprechen von potenziellen Affiliate-Partnern kann, gerade in Nischenmärkten, erfolgversprechender sein, als einem Netzwerk beizutreten. Wer sich für das Thema Affiliate-Marketing interessiert, findet auf der Website *www.affiliateblog.de* aktuelle und interessante Informationen.

Gehört man nicht gerade zu den »Top-Performern« also den Leistungsträgern in einem Affiliate-Netzwerk, dann wird man oft schlecht betreut. Gerade große Netzwerke neigen dazu, kleinere Werbepartner nicht in dem Maße wahrzunehmen, wie sie es eigentlich verdient hätten. Hier haben Sie die Chance, mit Ihrem eigenen Affiliate-Netzwerk einen echten Unterschied zu machen. Kümmern Sie sich um Ihre Werbepartner! Versorgen Sie sie frühzeitig mit Informationen. Geben Sie Feedback und praktische Hilfen. Halten Sie beständigen Kontakt. Eine handgeschriebene Weihnachtskarte oder ab und zu ein Tütchen Gummibärchen per Post, gepaart mit regelmäßiger Kommunikation und schneller Reaktion, trägt gewaltig zum guten Verhältnis bei. So sichern Sie sich im Gegenzug die Aufmerksamkeit, die Sie sich von Ihrem Werbepartner für Ihren Shop wünschen.

Checkout-Marketing

Sicherlich haben Sie schon einmal etwas online eingekauft. Vermutlich waren alle Shops mehr oder weniger vorbildlich aufgebaut, haben gute Produktübersichtsseiten gehabt und den Checkout-Prozess ablenkungsarm gestaltet. Dann ist der Kauf getätigt und die Sache eigentlich vorbei. Wirklich?

Überraschend viele Shops lassen Ihre Kunden nach einer erfolgten Bestellung im übertragenen Sinne gegen eine Wand laufen. Oft ringt man sich gerade noch ein »Danke für Ihren Einkauf« ab und lässt den Benutzer dann lieblos im Weißraum der Seite stehen.

Von psychologischer Seite aus ist das grundfalsch, denn gerade jetzt möchte der Kunde an die Hand genommen werden. Wenn es sich nicht gerade um Windeln oder Kopfschmerztabletten handelt, ist der Kunde einerseits in einem euphorischen Zustand durch das Belohnungsgefühl, das der Kauf ausgelöst hat. Andererseits hat er aber vielleicht auch Zweifel, ob das wirklich die richtige Wahl war. In beiden Fällen kann man dem Kunden Halt und Orientierung geben.

Eine der wichtigsten Aufgaben der Thank You-Seite ist daher, dem Kunden Sicherheit zu vermitteln. Ein einzelnes »Danke« reicht da nicht.

Marketing-Potenzial der Thank You-Seite

Oftmals unterschätzt wird auch das Marketing-Potenzial der letzten Seite. Der Kunde hat Ihrem Shop gerade das größte Vertrauen ausgesprochen und eine Bestellung getätigt. Diese Chance sollten Sie nutzen. Dazu gibt es einige bewährte Möglichkeiten, die wir im Folgenden aufzählen.

Weder müssen Sie alle diese Maßnahmen umsetzen, noch sollten Sie es tun! Eine überfrachtete letzte Seite hat nämlich den gegenteiligen Effekt und kann zu Verunsicherung und Irritation führen. Auch eine letzte Seite sollte klar und übersichtlich sein und zum gesamten gestalterischen Konzept des Shops passen!

Produkt vergessen?

Gar nicht mal so selten ist das Szenario, dass eine Bestellung abgeschlossen wurde und der Kunde dann feststellt, dass er ein Produkt vergessen hat. Oder er war sich bei einem Produkt unschlüssig und hat es nicht in den Warenkorb gelegt, nur um am Ende des Einkaufs zu denken, dass er es doch gerne hätte.

Hier können Sie über eine schön gestaltete Box ansetzen und beinah provokant fragen »Noch etwas vergessen?«. Geben Sie einen Anreiz und vermitteln gleichzeitig ein Gefühl von Dringlichkeit, in dem Sie zum Beispiel Anbieten, dass eine Nachzügler-Bestellung noch ohne erneute Versandkosten zur ursprünglichen Bestellung hinzugefügt werden kann.

Social Sharing

Gerade bei luxuriöseren oder weltanschaulich aufgeladenen Produkten (was durchaus auch angesagte Elektronik sein kann) hat der Käufer ein nicht zu unterschätzendes Mitteilungsbedürfnis. Hier setzt eine sinnvoll vorausgefüllte Mitteilungsbox für Soziale Netze wie Facebook, Google+ oder Twitter an. »Ich habe gerade mein neues iPhone 6 bei *www.iphone-shop.de* gekauft.« – wie schnell hat der stolze, neue Besitzer da auf »Tweet« oder »Share« geklickt und allen seinen Freunden die frohe Kunde übermittelt. Mittels direkter Verlinkung auf die Produktseite haben Sie zusätzliche, kostenlose Werbung in einem zielgenauen Empfängerkreis.

Falls Ihre Marge den Spielraum einräumt, können sie hier auch mit einem Gutschein für die Freundeswerbung arbeiten: »Ich spare Strom mit den neuen LED-Birnen. Meine Freunde sparen 5 € beim nächsten Einkauf mit dem Gutscheincode LEDSPAREN2014.« Die 127 Zeichen dieser Nachricht passen in jeden Tweet und der Kunde hat das gute Gefühl, seinen Freunden etwas Gutes getan zu haben.

Newsletter Anmeldung

Einen bestehenden Kunden zu halten, ist einfacher, als neue Kunden zu gewinnen. Der Newsletter (siehe Abschnitt »E-Mail-Marketing« auf Seite 403) ist das effizienteste Werkzeug zur Kundenbindung. Nichts liegt also näher, als nach dem frischen Einkauf um die Erlaubnis zum Newsletter-Empfang zu bitten. Fragen Sie hier nur die E-Mail-Adresse ab – sie kann sogar schon vorausgefüllt im Eingabefeld stehen, da sie ja aus dem Einkaufsvorgang bekannt ist. Lassen Sie das Feld dennoch zum Bearbeiten freigeschaltet, da man unter Umständen den Newsletter an eine andere Adresse bekommen möchte.

Oftmals wird die Newsletter-Anmeldung mit einem kleinen Gutschein versüßt. Während dies im Vorfeld des Einkaufs sinnvoll ist, wäre es nach erfolgtem Einkauf nicht mehr zwingend nötig. Die beiden Fälle separat abzufangen, ist aber technisch aufwendig, zudem kann sich ein Käufer ungerecht behandelt fühlen, wenn er keinen Gutschein erhält. Behandeln Sie daher beide Fälle gleich.

Produktwerbung

»Kunden die X kauften, kauften auch Y« – Amazon macht es seit langem vor, andere Shops greifen diese Methode auf. Auch nach einem erfolgten Einkauf ist es durchaus möglich, auf weitere Produkte hinzuweisen. Hierbei kann man drei Fälle unterscheiden:

Verwandte Produkte
Ähnlich wie beim bekannten Cross-Selling (siehe Abschnitt »Andere Produkte auf der Detailseite (Cross-Selling)« auf Seite 155) können Sie auch auf der Thank-You-Seite auf thematisch passende Artikel verweisen. Die Pflegesets zu den Schuhen, die Gläser zum Wein, die HDMI-Kabel zum Fernseher.

Vormals angeschaute Produkte
Einem Einkauf im Shop geht oft ein langes Stöbern im Produktangebot voran. Mit entsprechender Erfassung können Sie also Produkte anzeigen, die der Kunde vorher

angesehen hat. Dabei ist aber ein gewisses Fingerspitzengefühl nötig, das sich schlecht digital abbilden lässt. Hat der Kunde eine bestimmte Hose gekauft, dann ist es vermutlich nicht hilfreich, ihm eine andere Hose anzuzeigen, die er im Vorfeld betrachtet hat. Die Wahrscheinlichkeit ist groß, dass er gerade diese Hose NICHT haben wollte. Greifen Sie also stattdessen auf Produkte aus unterschiedlichen Kategorien zurück, im Beispiel also Hemden oder Schuhe.

Margenbringer/Ausverkauf

Sehr effektiv ist es an dieser Stelle, Produkte anzuzeigen, die interessante Margen haben. Aber auch Ausverkaufs- oder Lagerräumungsware kann auf der letzten Seite des Shops erneut beworben werden.

Neben den direkten Links zu diesen Produkten sollte ein unübersehbarer »Zurück zum Shop«-Knopf an dieser Stelle nicht fehlen.

Partnershops / Schwestershops

Letztendlich ist die letzte Seite natürlich prädestiniert dafür, den Kunden in thematisch passende andere Shops einzuladen. Dies können andere Shops des gleichen Shop-Betreibers sein, aber auch Shops von Kooperationspartnern. Wichtig ist immer die thematische Nähe. In einem Shop für Automobilzubehör ist es vermutlich weniger sinnvoll, auf einen Online-Shop für Parfüm oder Abendkleider hinzuweisen als auf einen Online-Shop für Mountainbikes. Der Shop für Wein kann aber durchaus auf einen Süßwarenshop oder einen Shop für Glas und Porzellan verweisen.

 **Tipp**   Das Checkout-Marketing muss nicht auf der letzten Seite des Shops aufhören. Gerade wenn Sie ein Artikelsortiment haben, aus dem sich der gleiche Kunde regelmäßig bedienen könnte, wenn Sie also Verbrauchs und Konsumgüter anbieten, dann lohnt es sich, über Maßnahmen nachzudenken, wie man den Kunden nach einiger Zeit wieder in den Shop zurückholt.

Wenn Sie sowieso Google AdWords (vergleiche Abschnitt »Google AdWords« auf Seite 353) einsetzen, kann der erfolgreiche Verkauf als Auslöser für das Remarketing (siehe gleichnamigen Abschnitt) genutzt werden. Einem bestehenden Kunden würde dann 2–3 Monate nach dem Kauf wieder Werbung für den eigenen Shop eingeblendet, ggf. mit einem speziellen Rückholangebot.

Preisvergleichsportale

Wie einfach war es doch früher für den Einzelhändler, als der Vergleich von Preisen und Leistungen den Gang von Geschäft zu Geschäft oder zeitaufwendiges Telefonieren erfordert hat. Mit der rasanten Verbreitung von Online-Shops wurde der Rechercheaufwand für den Verbraucher deutlich geringer. Spezielle Portale wie Idealo.de oder Billiger.de setzen an, auch den letzten Aufwand zu beseitigen und für alle möglichen Artikel die jeweils besten Preise ausfindig zu machen. Das ist ein riesiges Geschäft. Das zum Axel-Springer-Konzern gehörende Preisvergleichsportal Idealo.de beispielsweise operiert seit dem Jahr 2000 und hat am Firmensitz Berlin über 400 Mitarbeiter beschäftigt. Es gilt als eines der größten Portale Europas und erzielte im Jahr 2010 über 30 Millionen € Umsatz durch Gebühren, die Online-Shop-Betreiber zahlen müssen, um auf dem Preisvergleichsportal aufgeführt zu sein.

Hier liegt auch der Knackpunkt: Die Daten für die Suchmaschine werden nicht etwa unabhängig erhoben und recherchiert, sondern stammen von den Shop-Betreibern selbst. Sie liefern die Daten über eine automatisierte Schnittstelle an das Portal – dort werden sie dann, wie auf dem Bild zu sehen, in Relation zu den anderen Anbietern gesetzt und nach Preisen sortiert dargestellt.

Abbildung 4-45: Preissuchmaschinen erfassen Daten über fast alle Produkte

Angaben wie die Aktualität der Daten und die Versandkosten fallen bei der Ermittlung der Rangfolge oft unter den Tisch. Zwar sind die Preisvergleichsportale seit 2009 höchstrichterlich dazu verpflichtet, diese Angabe zugänglich zu machen – so recht im Fokus stehen sie aber immer noch nicht.

Anhand der folgenden Beispiele kann man die Auswirkungen dieser Praxis leicht erkennen: Der Anbieter Mindfactory hat für das gesuchte Produkt mit 44,30 € scheinbar den günstigsten Preis. Amazon bildet in der Übersicht mit 44,95 € das Schlusslicht. Schaut man sich aber im Kleingedruckten die Versandkosten an, so stellt man fest, dass tatsächlich Amazon der günstigste Anbieter ist, da er versandkostenfrei versendet. Der Anbieter Mindfactory rutscht auf Platz Nummer 4 – neben Amazon sind noch zwei weitere Anbieter unter dem Strich günstiger.

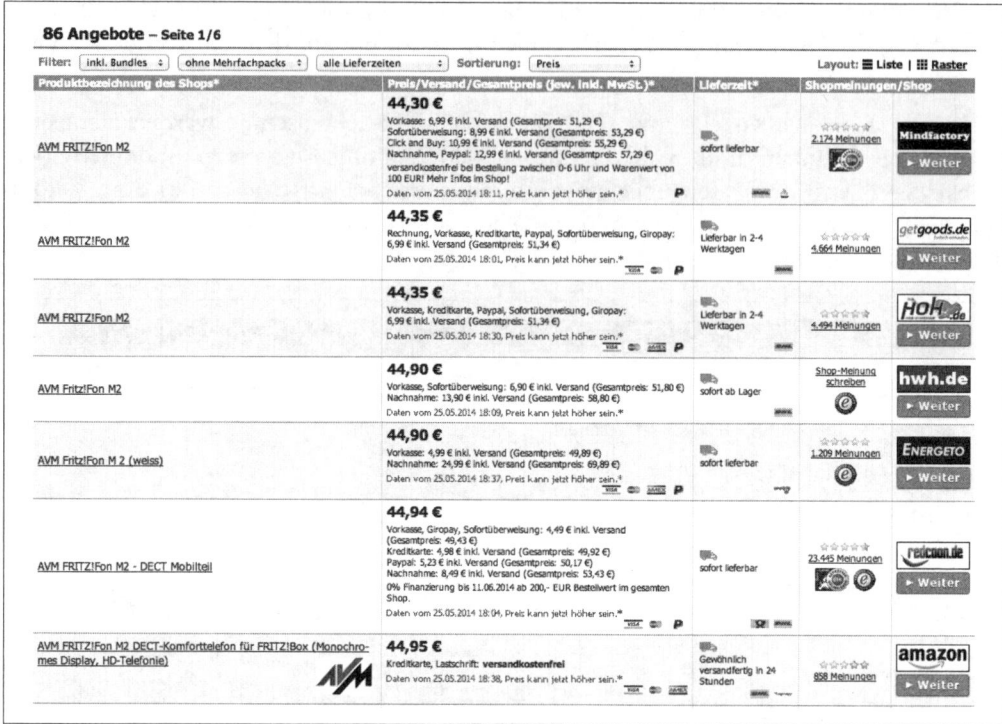

Abbildung 4-46: Die Versandkosten sind in der Reihenfolge nicht berücksichtigt

Kostenmodell

Preissuchmaschinen werden in der Regel über das Pay-per-Click-Modell bezahlt: Jeder Klick auf ein Produktangebot wird mit einem festen oder prozentualen Betrag in Rechnung gestellt. Eines der transparentesten Modelle hat das Portal Billiger.de, wie auf dem folgenden Bild zu sehen ist.

Jeder Klick kostet hier pauschal 0,38 € und kann um 10 Cent gesenkt werden, wenn man auf der eigenen Website einen Werbelink zu Billiger.de platziert.

Wenn man mehr als ein Preisvergleichsportal nutzt, sollte man neben der Auswertung im Portal seine eigene Auswertung, zum Beispiel mit Google Analytics (siehe Abschnitt »Shop-Controlling« auf Seite 497), durchführen.

Mit geeigneten Tracking-Methoden kann man dann die quantitative Anzahl der Besucher in Relation zu den erzielten Erlösen setzen. Im abgebildeten Beispiel sind gut 2.000 Besucher von Idealo.de gekommen und haben einen Umsatz von fast 19.000 € erzielt. Bei einem Klickpreis von um die 20 Cent fallen dafür ca. 400 € an Werbeausgaben für die hierüber erzielten Umsätze an. Angenommen, die Marge für die Artikel liegt bei 5%, dann würden die Kosten für das Preisvergleichsportal fast die Hälfte des Erlöses wieder wegnehmen.

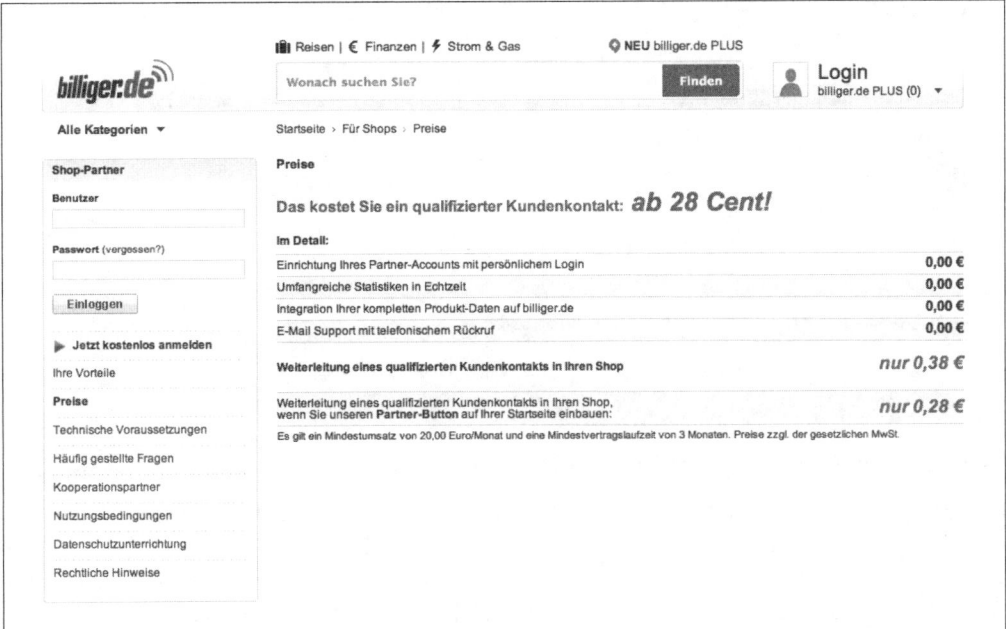

Abbildung 4-47: Preismodell billiger.de

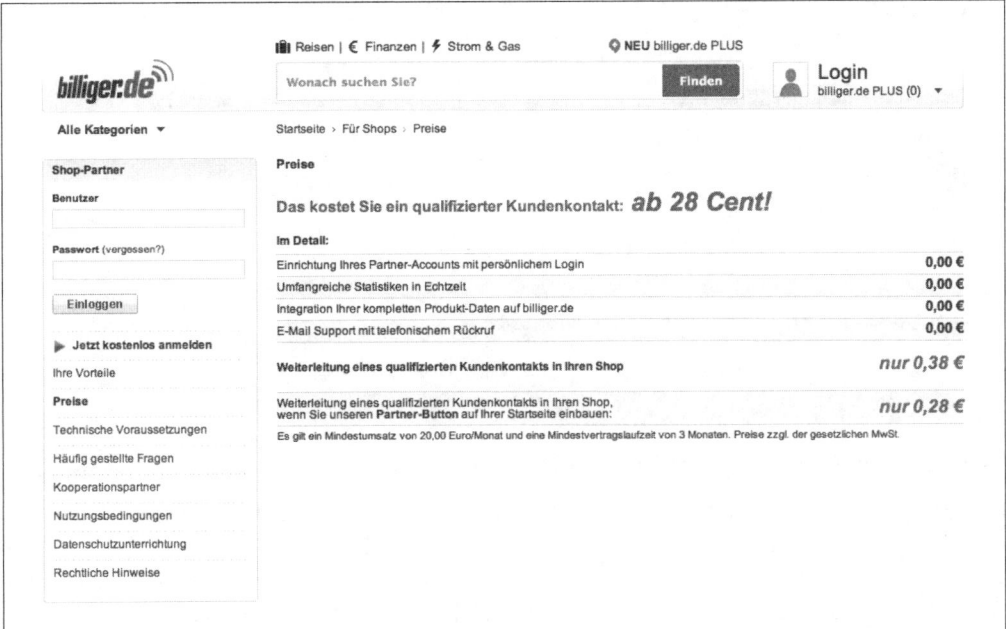

Abbildung 4-48: Umsätze über Preissuchmaschinen können einen erheblichen Anteil ausmachen

Vorteil für Amazon-Händler

Wer seine Produkte auch über Amazon verkauft, hat einen leichten Vorteil, da Amazon eine Kooperation mit Billiger.de hat. In der Abbildung 4-48 sieht man ein Produkt im Amazon Marketplace. Achten Sie auf den Preis von 28,99 € und die Versandkosten von 2,50 €.

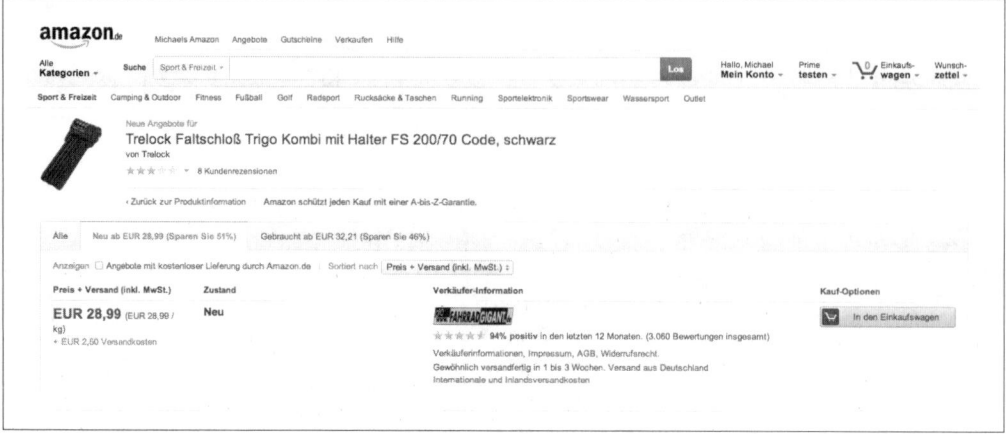

Abbildung 4-49: Angebot eines Amazon Marketplace Händlers

Das gleiche Produkt taucht in der Auflistung von Billiger.de auf, wie in der nächsten Abbildung 4-50 zu sehen ist. Auch hier sind wieder der gleiche Preis und die gleichen Versandkosten aufgelistet. Auf Billiger.de wird Amazon als Lieferant gelistet, bei Amazon.de hingegen eine Firma mit dem Namen »Fahrrad Gigant«. Amazon Marketplace Händler können sich also die Kosten für die Teilnahme an Billiger.de sparen. Wägen Sie aber die Verkaufsprovisionen bei Amazon gegen die Provisionen bei Billiger.de ab. Möglicherweise ist es sinnvoll, zweigleisig zu fahren.

Technische Umsetzung

Das Preisvergleichsportal muss über das Produktsortiment und die Preise des Shops informiert werden. In der Regel stellen die Betreiber des Preisvergleichsportals entsprechende Module und Schnittstellen für die gängigsten Shop-Systeme bereit. Idealo.de verfügt beispielsweise über Module für Magento, OXID eShop, PrestaShop und xt-commerce und deckt so schon eine große Bandbreite ab. Sollte es für Ihr Shop-System kein Modul geben, kann der Datenaustausch oftmals über eine XML-Schnittstelle und im Extremfall manuell über einen CSV-Dateiimport erfolgen.

Rechnen Sie in Ihre Überlegungen auf jeden Fall den Integrationsaufwand ein! Selbst wenn es ein fertiges Modul gibt, werden Sie (bzw. Ihre E-Commerce-Agentur) einige Stunden Arbeit in die Integration und den Test des Moduls investieren müssen. Sobald Sonderwünsche hinzukommen, wie zum Beispiel die Einschränkung des zu meldenden Produktsortiments, vergrößert sich der Aufwand.

Verlassen Sie sich im Übrigen nicht blind darauf, dass die Schnittstelle auch tatsächlich funktioniert. Die Abbildung 4-51 zeigt ein Ergebnis aus dem Preisvergleichsportal Idealo. Während der linke Artikel korrekt übertragen wurde, gab es beim rechten ganz offensichtlich einen Fehler. Statt der korrekten Produktbezeichnung »Cinque alto von Lana Grossa Orange« wurde ein Mischmasch von Farben angegeben. Kontrollieren Sie daher – zumindest mit zahlreichen Stichproben –, ob alles korrekt übertragen wurde.

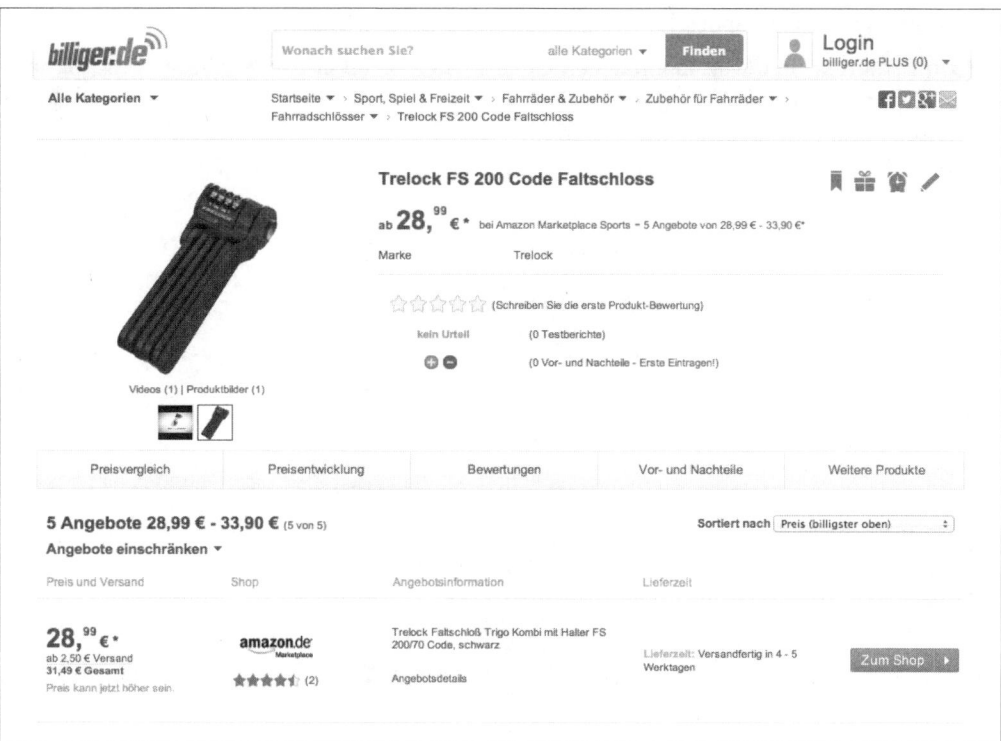

Abbildung 4-50: Billiger.de übernimmt das Angebot von Amazon

Abbildung 4-51: Falsch übermittelter Produkttitel bei Idealo.de

Google als Preisvergleichsportal

Eher unbemerkt von der Masse hat sich Google auch zu einer Preissuchmaschine gemausert. Über das Angebot Google-Shopping (siehe gleichnamiges Kapitel) werden Daten aus Online-Shops angezeigt, die gleichfalls von den Shops selbst stammen. Auch hier muss der Shop-Betreiber für Anzeigenklicks zahlen – die Abwicklung erfolgt über das Google-AdWords-Programm.

Google geht sehr offen mit der Tatsache um, dass die Ergebnisse bezahlte Werbung sind, wie in der Abbildung 4-52 zu sehen ist. Neben dem reinen Preis spielen bei der Rangfolge der Anzeige noch andere Faktoren eine Rolle, wie sie im Google-AdWords-Kapitel bereits angesprochen wurden.

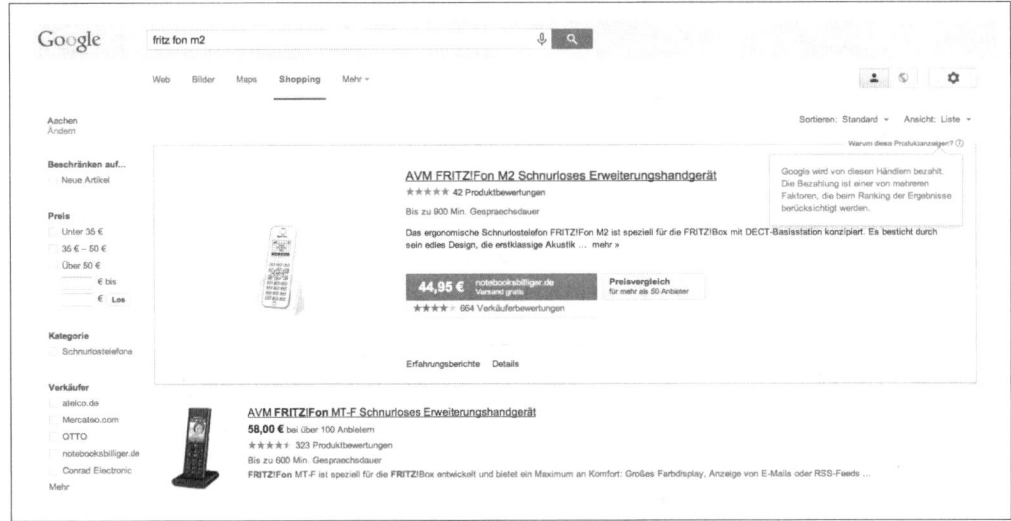

Abbildung 4-52: Produktdarstellung auf Google-Shopping

Durch die Aufnahme der Google-Shopping-Ergebnisse in die reguläre Produktsuche, wie in der folgenden Abbildung 4-53 zu sehen, erhält die Nutzung der Daten eine ganz eigene Relevanz. Gerade wenn man preislich attraktiv sein kann, hat man durch diese Darstellung einen großen Vorteil.

 Tipp Man glaubt es kaum, aber es gibt ein Vergleichsportal für Preisvergleichsportale. Unter *www.preisvergleichsservice.de* findet sich die Datenbank, die aus einem Projekt der Hochschule Heilbronn hervorgegangen ist. Die Portale sind dabei nach Schulnoten geordnet – ein Klick auf das jeweilige Portal fördert Detailinfos zutage.

Überlegungen für Shop-Betreiber

Preisvergleichsportale bedienen eine Zielgruppe, die Kaufentscheidungen nahezu ausschließlich über den Preis trifft. Aus dem eigenen Produktsortiment kommt also nur solche Ware in Frage, bei der Sie preislich durch günstige Einkaufskonditionen oder

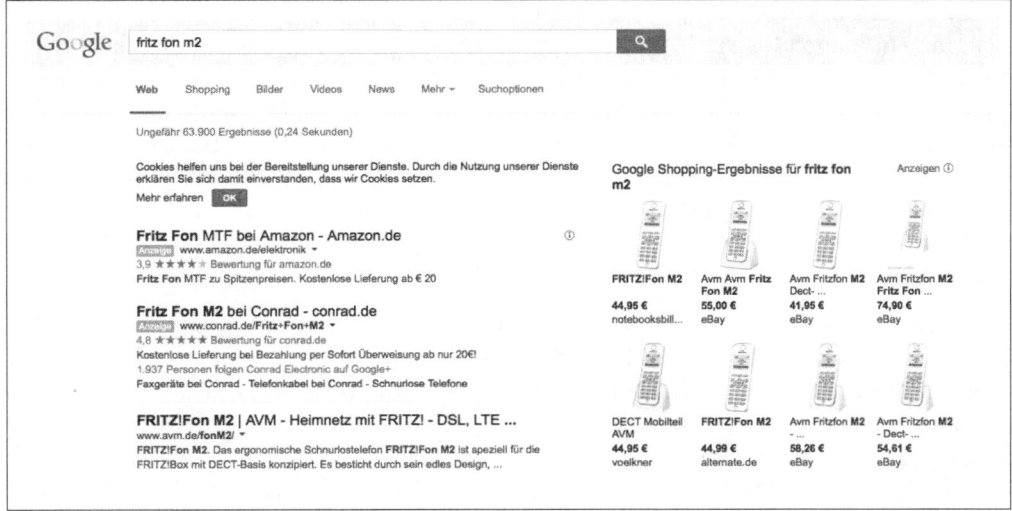

Abbildung 4-53: Google-Shopping-Ergebnisse erscheinen zunehmend in der regulären Google-Suche

großzügige Margen in der Lage sind, mit den Mitbewerbern gleichzuziehen oder sie gar zu unterbieten.

Der Nutzung von Preissuchmaschinen liegt oft eine Mischkalkulation zugrunde. Einige ausgewählte Artikel werden zu sehr günstigen Preisen angeboten in der Hoffnung, durch geschicktes Cross-Selling (siehe Abschnitt »Andere Produkte auf der Detailseite (Cross-Selling)« auf Seite 155) die Warenkorbgröße zu steigern. Eine weitere Motivation besteht darin, Kunden, die beim ersten Besuch über das Preisvergleichsportal kommen, für weitere Besuche zu Direktkäufern zu machen. Dies kann durch Paketbeilagen und andere Marketingmaßnahmen versucht werden.

Es liegt jedoch in der Natur der Schnäppchenjäger, bei jedem Einkauf das günstigste Angebot zu suchen. Diese Kundengruppe zu Stammkunden zu machen, ist daher eher schwierig, aber nicht unmöglich. Tipps, wie Sie aus Einmalkäufern Dauerkunden machen, finden Sie in den Marketing-Kapiteln in diesem Buch.

E-Mail-Marketing

Kaum ein Medium wurde in den letzten Jahren so oft totgesagt wie der Newsletter beziehungsweise E-Mail-Marketing allgemein. Kaum ein Medium, das gerade im Bereich des E-Commerce so gut funktioniert wie der Newsletter. Tatsächlich gibt es unglaublich viel schlechtes E-Mail-Marketing. Vermutlich füllt sich auch Ihr Spam-Postfach beständig mit fehlgeleiteten Versuchen, Ihnen bestimmte Dienstleistungen oder Produkte nahezulegen. Einiges davon sicherlich in betrügerischer Absicht, aber auch einiges Wohlgemeinte, das aber im Tonfall und der Relevanz bei Ihnen einfach falsch ist.

Die Zahlen sprechen jedenfalls für sich. Je nachdem, welche Statistik man zu Rate zieht, ist E-Mail-Marketing bis zu 20-mal kostengünstiger als andere Methoden und bis zu 40-

mal konversionsstärker als beispielsweise Social Media. Interessenten, die Newsletter bekommen, kaufen bis zu 28% öfter ein, haben bis zu 44% größere Warenkörbe und geben bis zu 83% mehr aus als Interessenten, die keine Newsletter beziehen. Die Direct Marketing Association hat 2013 ermittelt, dass 66% aller Online-Käufe auf ein vorher erfolgtes E-Mail-Marketing zurückzuführen ist. Besonders aktiv ist dabei die Gruppe der 45–54-Jährigen mit 71% Conversion-Rate. Allein diese Zahlen zeigen, dass E-Mail-Marketing in jedes Online-Shop-Marketingkonzept gehört.

E-Mail-Formen

Grundsätzlich gilt es, drei Arten des E-Mail-Versands zu betrachten. Die transaktionsbasierten E-Mails (transactional E-Mail) hängen mit einer Aktivität im Online-Shop – in der Regel mit einer Bestellung – zusammen. Diese Mails unterrichten beispielsweise über den Versand der Ware oder darüber, dass eine Vorkassen-Zahlung eingegangen ist. Ihre Verbindung zum konkreten Anlass macht sie eher ungeeignet für Marketingzwecke, auch weil der Empfänger keine Marketing-Botschaft erwartet. Zudem bedarf es bei solchen Mails keiner konkreten Zustimmung des Empfängers, was bei Werbe-E-Mails sehr wohl der Fall ist.

Den Gegenpol bildet der klassische Newsletter. Er zeichnet sich primär durch einen mehr oder minder regelmäßigen Versand aus, also zum Beispiel monatlich oder vierteljährlich, unter Umständen sogar täglich. Interessenten müssen sich zum Newsletter anmelden. Der Gesetzgeber sieht hier das sogenannte Double-Opt-In-Verfahren vor, durch das eine Anmeldung zum Newsletter durch einen speziellen Link ein zweites Mal bestätigt werden muss. Ebenso muss ein Abmelden jederzeit einfach wieder möglich sein. Thematisch gibt es viele Möglichkeiten: Neben reinen Angebots-Newslettern sind auch Newsletter mit reinem Informationscharakter sowie sämtliche Mischformen im E-Commerce nutzbar.

Double-Opt-In

Um sicherzustellen, dass Werbe-E-Mails nur an diejenigen Empfänger versandt werden, die dem Empfang ausdrücklich zugestimmt haben, wird das Douple-Opt-In- Verfahren eingesetzt.

Es handelt sich dabei um ein zweistufiges Bestätigungsverfahren. Im ersten Schritt wird über ein Eingabeformular die E-Mail-Adresse des potenziellen Newsletter-Abonnenten abgefragt. Im nächsten Schritt wird an diese Adresse automatisch eine Bestätigungs-Mail versandt. Diese Mail informiert den Adressinhaber darüber, dass ein Newsletter bestellt wurde. Zusätzlich enthält die Mail einen individuellen Bestätigungslink.

Erst wenn dieser Link geklickt wird, ist die Eintragung für den Newsletter-Bezug komplett. So verhindert man, das Dritte jemanden »zum Spaß« für einen Newsletter anmelden. Zudem verschafft es dem Newsletter-Anbieter die Sicherheit, dass der Abonnent auch wirklich den Newsletter beziehen möchte.

Oft übersehen wird die dritte Ausprägung: Autoresponder. Technisch basieren sie auf dem regulären Newsletter, versandt werden sie aber anlassbezogen, ähnlich wie die transaktionellen E-Mails. Dies bedeutet auch, dass sie pro Versand meist nur an einige wenige Empfänger – mitunter sogar nur an eine einzige Person – aus dem Adresspool zugestellt werden. Die Anlässe sind dabei nur mittelbar mit einem konkreten Shop-Vorgang verbunden. Der klassische Autoresponder ist der Geburtstagsgruß, den der Shop automatisch versendet. In manchen Fällen löst ein Anlass nicht nur einen einzigen Autoresponder, sondern mehrere zeitlich abfolgende Autoresponder aus. In diesem Fall spricht man von einer Autoresponder-Kaskade.

Zielgruppe

Hinter jeder erfolgreichen Marketing-Maßnahme steht zunächst ein Konzept. Was möchten Sie mit Ihren E-Mail-Marketing-Maßnahmen eigentlich erreichen? Was müssen Sie tun, um das Ziel zu erreichen? Wie kontrollieren Sie, ob der gewünschte Effekt tatsächlich eintritt? Am Anfang eines jeden Konzepts steht daher zunächst die Überlegung, für wen man die Maßnahmen eigentlich plant.

Der Grund, warum ein Großteil der kommerziellen E-Mail-Kommunikation als Spam angesehen wird, liegt daran, dass es die Versender nicht schaffen, für die Empfänger relevante Inhalte zu bieten. Eine Werbebotschaft kann durchaus als Werbung erkennbar sein – solange sie für den Empfänger eine gewisse Relevanz besitzt, ist das nicht schlimm. Zu Spam wird es dann, wenn die gleiche Botschaft unreflektiert an eine große Zahl von Empfängern gesendet wird und man auf den Schrotflinten-Effekt hofft: Irgendeine Bleikugel wird schon treffen.

Die Kenntnis der Zielgruppe und ihrer Wünsche ist daher zentral für erfolgreiches E-Mail-Marketing. Hat man zunächst die Frage des »Wer?« beantwortet, können die Fragen nach dem »Was?« und dem »Wie?« (beziehungsweise dem verwandten »Wie oft?«) erheblich einfacher beantwortet werden.

Wenn Sie anfangen, über Ihre Zielgruppe nachzudenken, erkennen Sie schnell, dass es mehr als eine Zielgruppe gibt. In der Regel kann man einmal identifizierte Zielgruppen nahezu beliebig weiter unterteilen. Hier muss man pragmatisch an die Sache herangehen. Eine Zielgruppe wie »konsumfreudige, sportliche Männer über 50 mit gehobenem Einkommen und einer Vorliebe für Sardinien« kann natürlich sehr konkret umworben werden. Wenn diese Zielgruppe aber nur 1% Ihres Kundenstamms ausmacht, stellt sich schnell die Frage nach der Wirtschaftlichkeit einer gezielten Ansprache. Es empfiehlt sich daher, zunächst in sehr groben Kategorien zu denken und diese dann bei Bedarf zu verfeinern. Im Bereich des E-Commerce sind im ersten Schritt drei Gruppen zu beachten: Nicht-Kunden, Neukunden und Bestandskunden.

Nicht-Kunden. Ein Nicht-Kunde ist jemand, der zwar Ihren Online-Shop gefunden hat, dort aber noch nichts bestellt hat. Selbstverständlich würden Sie dem Nicht-Kunden gerne etwas verkaufen. Das wichtigste Argument ist das Produktangebot und die Präsentation der Ware. Doch wie überzeugt man zögerliche Interessenten, die sich vielleicht noch in einer Recherchephase befinden? Hier kann mit den Mitteln des E-Mail-Marketings einiges an Überzeugungsarbeit geleistet werden.

Dazu muss man den Interessenten erst überzeugen, seine E-Mail-Adresse herauszugeben. Am einfachsten gelingt dies mit einer Vergünstigung. Ein Neukunden-Rabattgutschein in attraktiver Höhe ist ein bewährtes Mittel, um sich die Einwilligung zum Empfang von Werbe-E-Mails im wahrsten Sinne des Wortes zu erkaufen.

Die strategischen Überlegungen setzen nach dem erfolgreichen Erlangen der Mail-Adresse an. Bekommt der Nicht-Kunde die gleichen Informationen wie bestehende Kunden oder soll er spezifische Informationen bekommen? Wie so oft, hängt es hier auch wieder vom Produkt ab. Wo bei reinen Konsumgütern der umstandslose Einstieg in den wöchentlichen oder monatlichen Newsletter-Turnus passend sein kann, kann bei komplexeren Waren und Produkten das Auslösen einer Autoresponder-Kaskade sinnvoll sein, die über mehrere Wochen hinweg einzelne Produktvorteile herausstellt. Gerade bei erklärungsbedürftigen Produkten oder sehr hochpreisigen Waren mit langen Entscheidungszyklen ist dies eine probate Methode.

Neukunden. Bei den Neukunden handelt es sich um die zartesten Pflänzchen in Ihrem Online-Shop. Ein Neukunde hat gerade erst eine Bestellung getätigt, die möglicherweise noch gar nicht ausgeliefert wurde. Der Neukunde kennt ihren Shop daher nur zur Hälfte und kann Sie als Online-Händler noch nicht komplett einschätzen. Machen Sie alles richtig, dann wird der Neukunde unter Umständen zum Bestandskunden und kauft häufiger bei Ihnen ein. Machen Sie es – aus Sicht des Neukunden – falsch, wird der erste Kauf vermutlich der letzte Kauf bleiben.

Das Ziel bei Neukunden ist, sie zu einem erneuten Einkauf zu bewegen und sie letztendlich zu Dauerkunden zu machen (wenn es das Produktprogramm hergibt). Neben regelmäßigen Informationen über neue Produkte, Aktionen und Promotions ist das Rückholer-Mailing ein interessanter Baustein. Nach einer bestimmte Zeit, die sich aus dem typischen Kaufverhalten von Bestandskunden ableitet, wird ein spezielles Mailing versandt, das darauf abzielt, den Kunden erneut in den Shop zu bekommen.

Bestandskunden. Auch Dauerkunden sollten umworben werden, denn die Konkurrenz ist nur einen Mausklick entfernt. Der große Vorteil ist, dass Sie das bisherige Kaufverhalten als Grundlage für die Ansprache nehmen können. Jemand, der bisher nur Herrenmode gekauft hat, dürfte vermutlich nicht sehr interessiert an Damenschuhen sein. Daraus zu schließen, dass man nur Werbung für Herrenmode machen sollte, ist aber auch falsch. Mit einer gewissen Wahrscheinlichkeit hat der Kunde eine Partnerin, so dass gelegentliche Hinweise auf das Damensortiment nicht fehlen sollten.

Der große Fehler beim Bestandskunden ist, irrelevant zu werden oder durch zu häufige Sendefrequenz eine Nervschwelle zu überschreiten. Zumindest beim Thema Relevanz kann man den Abonnenten selbst zur Mithilfe bewegen. Bieten Sie verschiedene Themenbereiche im Newsletter an und erinnern Sie den Kunden regelmäßig daran, sie zu nutzen. So kann er sich seinen eigenen Informationsmix zusammenstellen.

Weitere Segmentierung. Konsequente Nutzung dieser drei Zielgruppen kann schon in einer recht komplexen E-Mail-Marketingstrategie münden. Ob weitere Zielgruppen nötig sind oder diese drei bereits zu viel sind, hängt hauptsächlich von Ihrem Marktsegement und Ihren Produkten ab. Beachten Sie, dass jede weitere Zielgruppe und jedes weitere Segment den Aufwand für Ihr E-Mail-Marketing erhöhen, wenn Sie es richtig machen wollen. Das sollte Sie nicht von Experimenten abhalten. Sollte sich dabei herausstellen, dass eine vernünftige Betreuung eines weiteren Segments nicht zu leisten ist, integrieren Sie es besser wieder in eines der ursprünglichen Segmente.

Newsletter-Inhalte

Der Wurm muss dem Fisch schmecken und nicht dem Angler, so lautet eine Anglerweisheit, die in besonderer Form auch für Newsletter und E-Mail-Marketing gilt. Nur wenn die Inhalte für den Empfänger interessant sind, wird die Mail auch gelesen. Doch welche Inhalte sind interessant? Eine pauschale Antwort fällt schwer, jedoch gibt es gerade im E-Commerce einige Dauerbrenner, mit denen man selten falsch liegt.

Angebote. Der Wunsch nach Schnäppchen ist in Konsumenten tief verwurzelt. Selbst bei hochpreisigen Waren ist das Gefühl, ein gutes Geschäft zu machen, mitunter kaufentscheidend. Geben Sie den Empfängern Ihres Newsletters daher regelmäßig besondere Angebote. Es ist durchaus legitim, hier eine Atmosphäre der Dringlichkeit zu schaffen. Begrenzte Angebotszeiträume oder limitierter Aktionswarenbestand sind Werkzeuge, mit denen Sie arbeiten können. Beachten Sie dabei aber die gesetzlichen Regelungen zum Wettbewerbsrecht.

In der Abbildung 4-54 ist ein anlassbezogener Angebots-Newsletter abgebildet. Zielgruppe sind junge und junggebliebene Männer die gern lässige Herrenbekleidung tragen. Als Anlass wurde der »Vatertag« gewählt. Der kirchliche Feiertag fiel 2014 mit dem 29. Mai auf einen Donnerstag – den anschließenden Freitag als Brückentag nehmen viele Arbeitnehmer gerne frei. Der Newsletter nimmt nun den Vatertag und das lange Wochenende als Anlass, um betont lässige Bekleidung an eine männliche Interessengruppe zu vermarkten. Über den zum Anlass passenden Gutscheincode »PAPATAG« konnte aus dem gesamten Herren-Sortiment mit 20% Rabatt bestellt werden. Die Aktion war auf eine Woche limitiert, wohl wissend, dass die Partnerinnen oft ein Wort mitzureden haben.

Ein Angebots-Newsletter muss übrigens nicht komplett aus Sonderangeboten bestehen! Das folgende Bild zeigt einen Ausschnitt aus einem Newsletter, bei dem verschiedene Angebotsartikel am Ende durch einen Zubehörartikel aus dem regulären Sortiment ergänzt wurden. Der Artikel war eine Zeit lang vergriffen. Die erneute Lieferbarkeit wurde zum Anlass genommen, ihn in den Newsletter mit aufzunehmen. Sie können auch ganz reguläre Produkte zu regulären Preisen mit Aktionsartikeln mischen oder auch Newsletter komplett nur mit dem Standardsortiment füllen.

Vorteile. Neben speziellen Angeboten können Sie natürlich auch Mehrwert durch Vorteile bieten, die ausschließlich Ihre Newsletter-Abonnenten erhalten. Sehr beliebt ist der Vorab-Zugriff auf Produkte, die erst einige Tage nach dem Newsletter-Versand in den allgemeinen Verkauf gelangen. So erhalten die Newsletter-Empfänger einen zeitlichen Vor-

Lieber Jeansfreund,

Männlich und sportlich – genau so soll ihr perfektes Freizeit-Outfit für den Sommer aussehen? Dann lassen Sie sich von unseren neuen Angeboten überzeugen! Wir haben **bequeme Freizeithemden und Poloshirts** – auch in **Übergrößen** – und hochwertige Jeans für Sie.
Das Beste: Zum Vatertag haben wir **alle Herrenartikel um 20% reduziert.** Reinschauen lohnt sich!

Ihr Konrad Buck

zum Beispiel:

Marvelis Karo-Freizeithemd 1611-12-07 Halbarm

Das Freizeithemd **aus reiner Baumwolle** ist der ideale Begleiter für eine aktive Freizeit. Es ist modisch geschnitten mit Button-down-Kragen, **Brusttasche mit Bestickung,** italienischer Knopfleiste und Rückenmittelfalte. Durch den gerundetem Saum lässt es sich prima über der Hose tragen.

- Marke: Marvelis
- Armlänge: 12 cm (Hhalbarm)
- Kragenform: Button-Down
- Qualität: 100% Baumwolle

zum Shop »

20 % Rabatt zum Vatertag:

Mit diesem Gutscheincode bekommen Sie bis zum 06.06.2014 auf alle Herrenprodukte satte 20% Rabatt. Kein Mindestbestellwert!

PAPATAG

Gutschein einlösen »

Abbildung 4-54: Vatertags-Newsletter für Herrenmode

CASHSILK - aus der Linea Pura-Serie

Naturfasern ohne Schadstoffe halten Mensch und Umwelt im Gleichgewicht und schützen die natürliche Hautfunktion gegen Wärme, Kälte, Austrocknen und vor Feuchtigkeit. Die spürbar angenehme Qualität von Organic Cotton, Soja, Mais und Bambus machen aus Maschenmode wertvolle, modische Begleiter.

40% Polyamid, 30% Viskose, 15% Seide, 15% Kaschmir
Lauflänge: 115m/50g, Nadelstärke: 4-4,5

im April statt 5,95 € nur 4,95 €

JETZT BESTELLEN >

Wieder verfügbar: unser Häkel-Set Design Color

Häkelnadeln aus Aluminium mit ergonomischem, sechskantigen Soft-Griff
Alle Größen (2-12) zu je 1 Stück im Set
Alle Größen zu je 1 Stück im Set, nach Stärken geordnetes Farbleitsystem

IM SHOP ANSEHEN >

Abbildung 4-55: Die Anmeldung zum Newsletter kommt mit einem Vorteil daher.

sprung, was besonders bei Artikeln mit geringem Bestand, langen Lieferzeiten oder hohem Status als Vorteil angesehen werden kann.

Der folgende Webseiten-Ausschnitt ist ein gutes Beispiel für diese Art der Vorteilsgewährung. Unter *www.classiqs.de* sind exklusive Einzelstücke zu finden. Zwei Tage, bevor neue Objekte auf der Website veröffentlicht werden, bekommen die Newsletter-Abonnenten die Gelegenheit ,die neuen Stücke in Augenschein zu nehmen. Bei begehrten Einzelobjekten ein nicht zu unterschätzender Vorteil.

Informationen. Ein Newsletter muss nicht nur Angebote oder (vermeintliche) Schnäppchen enthalten. Oftmals möchten die Empfänger auch mit Informationen versorgt werden. Dies ist insbesondere bei Produkten mit hohem Identifikationscharakter der Fall, bei denen sich die Käufer als Teil einer Gemeinschaft oder eines eingeschworenen Zirkels fühlen. Aber auch bei Produkten, deren Kauf lange Entscheidungsphasen vorangehen, bietet es sich an, Hintergrundinformationen und Argumente zu liefern.

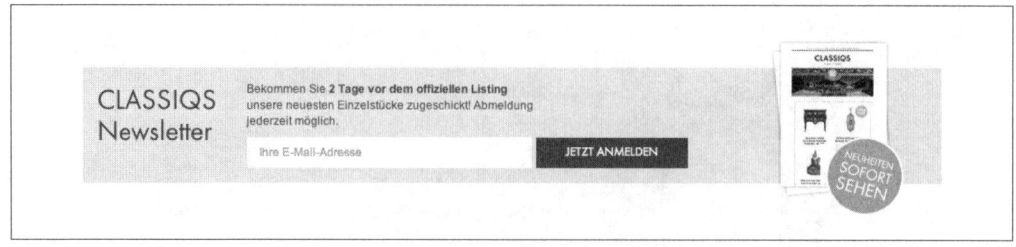

Abbildung 4-56: Vorabinformationen können auch ein guter Lockvogel für den Newsletter sein

Die Abbildung 4-57 zeigt den zweimonatlichen Newsletter von *www.baum-und-krone. de*. Hier wurde ganz bewusst der Weg gewählt, bei jeder Aussendung eine persönliche Note einzubringen. Der Inhaber des Online-Shops berichtet aus der Ich-Perspektive von aktuellen Veranstaltungen, neuen Produkten und auch schon einmal von persönlichen Erlebnissen. So bekommt der Online-Shop im wahrsten Sinne des Wortes ein persönliches Gesicht. Die Kunden bekommen einen Blick hinter die Kulissen und entwickeln bestenfalls Sympathien für den Shop-Betreiber. Die Anschaffungszyklen für die Produkte sind eher lang, so dass der werbliche Teil am Ende des Newsletters knapp ausfällt und mehr einen »Was es sonst noch so gibt«-Charakter bekommt.

Schaffen Sie es, diese Einblicke in den Shop und die Auswahl des Produktsortiments authentisch und spannend zu gestalten, wird dies voraussichtlich in geringen Abmeldungen vom Newsletter resultieren.

Redaktionsplan

Die beiden schlechtesten Argumente für einen Newsletter-Versand sind – in dieser Reihenfolge – »Es ist gerade wenig Umsatz, lasst uns einen Angebots-Newsletter versenden«, gefolgt von »Ach ja, wir sollten mal wieder einen Newsletter verschicken«. Beides ist Ausdruck einer schlechten oder nicht existierenden Planung, und beides ist geeignet, einen mühsam aufgebauten Mail-Verteiler in kürzester Zeit zu dezimieren.

Damit der Newsletter nicht zur lästigen und vernachlässigten Pflicht wird, empfiehlt sich das Anlegen und Führen eines Redaktionsplans. In diesen Plan werden zunächst feste Termine und Anlässe eingetragen. Dazu gehören Feiertage, besondere Anlässe wie Valentinstag oder Muttertag, aber auch zielgruppenspezifische Tage wie der 4. Mai für Star-Wars-Fans oder der 28. September als Internationaler Kaffeetag.

Als Nächstes tragen Sie feststehende Termine ein, die mit Ihren Produkten zu tun haben. Dazu gehören Messen und Veranstaltungen, Produkt-Neueinführungen, Saisonwechsel (im Textilbereich) und Erscheinungstermine von Fachzeitschriften und Veröffentlichungen.

Nicht fehlen darf die Urlaubsplanung der Personen, die am Newsletter beteiligt sind.

Ambiente 2014

Vom 7. bis 11. Februar hatte die Ambiente Messe nach Frankfurt geladen. Etwa 144.000 Einkäufer aus 161 Ländern fanden sich dort ein, um die neuesten Trends aus den Bereichen Möbel, Küchen, Haushaltswaren und Geschenke zu sehen. Neben **Jan Kurtz** war auch **Skagerak** dort vertreten und ich werde Ihnen einige Neuigkeiten von dort vorstellen.

Herzlichst,
Ihr Cornel Simons

Skagerak auf der Ambiente

Skagerak präsentierte auf seinem Messestand eine Kombination aus klassischen und neuen Designs. Auf dem gut besuchten Design Talk erzählte Designerin Christina Liljenberg den vielen Besuchern ihre ganz persönliche Geschichte von der Entstehung der neuen Georg-Serie. Anbei ein Blick auf den Messestand am frühen Samstagmorgen.

Stippvisite in Frankfurt

Tochter Maike wollte uns unbedingt nach Frankfurt begleiten – erstens, weil Sie sich sehr für Möbel interessiert und zweitens, weil Sie seit Ihrer Geburt im Frankfurter Raum nicht mehr dort gewesen ist. Also eine tolle Gelegenheit, den Messebesuch mit einem Stadtbummel zu verbinden und den Abend in der Ebbelwoiwirtschaft „Zum Gemalten Haus" – einer Institution in Sachsenhausen – ausklingen zu lassen.

Neuigkeiten von Jan Kurtz und Skagerak

Und natürlich gibt es auch hier einige schöne Möbel, die wir Ihnen nicht vorenthalten möchten:

Lux Reglesessel
Regiestuhl mal anders - geschliffener Edelstahl mit Teakarmlehne

Lux Lounge
Luxuriöse Lounge aus Edelstahl mit Teakeinlagen

Snow Tisch
Tisch mit Pepp für drinnen und draußen aus Kunststoff

| mehr erfahren » | zur Detailansicht » | zum Shop » |

Abbildung 4-57: Persönliche Eindrücke gemischt mit Produktwerbung

Corporate Storytelling

Dieser Begriff beschreibt eine der aktuellen Säue, die durchs Marketing-Dorf getrieben werden. Jedes Unternehmen müsse seine eigene Geschichte finden, in der sich die Werte und Traditionen widerspiegeln, um so neue Kunden von sich überzeugen zu können.

Während dies für langjährig etablierte Unternehmen einfach sein kann, ist es für den Online-Handel mitunter eher schwierig. Unternehmen existieren noch nicht lange und bestehen oft nur aus ein bis zwei Personen. Warensortimente sind austauschbar und für die Kunden scheint nur der Preis zu zählen.

Gerade in diesem Umfeld stellt das Corporate Storytelling für Shop-Betreiber eine grosse Chance dar. Auch ein junges 1-Mann-Unternehmen hat viel zu erzählen und kann dies authentischer tun als ein 2000-Personen-Konzern. Authentizität wird belohnt. Ein Gesicht hinter dem Shop, ein Beweggrund, warum man das alles macht, einen Einblick in die Schwierigkeiten wie die Erfolge hilft, eine Beziehung zum Kunden aufzubauen.

Selbstverständlich gehört zu dieser Offenheit ein gewisser Mut und das Erzählen aus dem Alltag muss einem Shop-Betreiber liegen. Wichtig ist auch die Kontiniutät: Wenn Sie anfangen, Ihre Geschichte zu erzählen, sollte es keine Eintagsfliege bleiben.

 Tipp
Auf der Seite *www.kalenderpedia.de* finden Sie zahlreiche Kalendervorlagen als Word- oder Excel-Dateien.

Suchen Sie sich die Vorlage aus, die für Ihre Zwecke am besten passt, und tragen Sie alle unveränderlichen und feststehenden Termine ein. Im Copyshop können Sie diesen vorbereiteten Kalender dann auf DIN A3 – besser noch auf DIN A2 oder A1 – ausdrucken.

Die veränderlichen und noch nicht terminierten Einträge können Sie dann auf diesem Ausdruck mit Bleistift oder kleinen Post-Its vermerken. So lassen sie sich leicht verschieben.

Der fertige Redaktionskalender sieht dann ähnlich aus wie auf dem folgenden Bild. Mit einem Blick erfassen Sie die wichtigsten Eckdaten für den Newsletter-Inhalt. Für den Newsletter am 14. April wäre beispielsweise eine Nachlese der CeBIT-Messe vor 4 Wochen nur noch ein kleineres Thema, die Produktvorstellung der Vorwoche aber vermutlich der Haupt-Inhalt.

Versandzyklus. Die Erfahrung zeigt, dass regelmäßig versandte Newsletter bessere Resultate erzielen als Newsletter, die »nach Lust und Laune« verschickt werden. Überlegen Sie daher vorab, was ein guter Versandrhythmus sein könnte.

Kalender 2015
Kalenderpedia
Informationen zum Kalender

	Montag	Dienstag	Mittwoch	Donnerstag	Freitag	Samstag	Sonntag	KW
Jan	29 Urlaub	30 Urlaub	31 Urlaub	1 Neujahr	2 Urlaub	3 Urlaub	4 Urlaub	1
	5	6	7	8	9	10	11	2
	12	13	14	15	16	17	18	3
	19	20	21	22	23 Zeitschrift	24	25	4
	26	27	28	29	30	31	1	5
Feb	2	3	4	5	6	7	8	6
	9	10 Newsletter	11	12	13	14 Valentinstag	15	7
	16 Rosenmonta	17	18	19	20	21	22	8
	23	24	25	26	27	28	1	9
Mär	2	3	4 Zeitschrift	5	6	7	8	10
	9	10	11	12	13	14	15	11
	16 CeBIT	17 CeBIT	18 CeBIT	19 CeBIT	20 CeBIT	21	22	12
	23	24	25	26	27	28	29	13
	30	31	1	2	3 Karfreitag	4	5	14
Apr	6 Ostermontag	7	8	9 Produktvorst	10	11	12	15
	13	14 Newsletter	15	16	17	18	19	16
	20	21	22	23	24 Zeitschrift	25	26	17
	27	28	29	30	1 Tag der Arbeit	2	3	18
Mai	4	5	6	7	8	9	10 Muttertag	19
	11	12	13	14 Himmelfahrt	15 Vatertag	16	17	20
	18	19 Zeitschrift	20	21	22	23	24	21
	25 Pfingstmontag	26	27	28	29	30	31	22
Jun	1	2	3	4	5	6	7	23
	8	9 Newsletter	10	11 Urlaub	12 Urlaub	13 Urlaub	14 Urlaub	24
	15 Urlaub	16 Urlaub	17 Urlaub	18 Urlaub	19 Urlaub	20 Urlaub	21 Urlaub	25
	22	23	24	25	26	27	28	26
	29	30	1	2	3	4	5	27
	6	7	8	9	10	11	12	28

Abbildung 4-58: Redaktionskalender mit festen Terminen

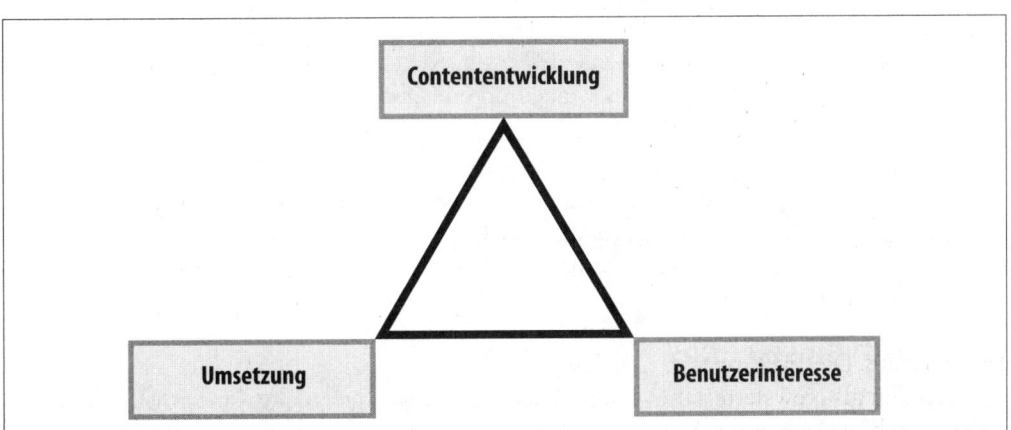

Abbildung 4-59: Faktoren für die Newsletter-Zeitplanung

Der optimale Zyklus wird, wie in der Abbildung 4-59 dargestellt, von drei Eckpunkten beeinflusst. Dazu gehört an erster Stelle, wie oft es eigentlich etwas Neues zu berichten gibt. Die Anzahl der Neuigkeiten hängt mit dem inhaltlichen Konzept zusammen, das wir weiter oben angesprochen haben. Während Sie im Extremfall täglich ein Produkt anpreisen könnten, sind Ereignisse wie Messen oder Neuerscheinungen seltener. Saisonale Neuigkeiten gibt es vielleicht nur ein- bis zweimal im Jahr. Überlegen Sie sich also, welche Inhalte in welchen Zyklen zur Verfügung stehen.

Ein zweiter wichtiger Faktor ist, wie viel Zeit Sie in das Newsletter-Marketing investieren können. Täuschen Sie sich nicht – das Erstellen eines guten Newsletters dauert einige Zeit. Diese Zeit müssen Sie einplanen. Seien Sie bei der Planung realistisch und rechnen Sie zunächst mit längeren Abständen.

Letztendlich müssen Sie dann noch überlegen, wie viele Newsletter Ihre Zielgruppe überhaupt verkraftet. Hier kommt es ganz stark auf die Inhalte an. Wenn Sie jederzeit relevante, gute Inhalte liefern (können), kann auch eine hohe Sendefrequenz akzeptiert werden. Ein Blick auf die Mitbewerber kann an dieser Stelle zwar interessant sein, aber nicht unter dem Aspekt, sie nachzuahmen, sondern mehr unter der Maßgabe, es anders zu machen – besser und innovativer.

Versandtermin. Nachdem Sie den Zyklus ermittelt haben, lohnt es sich, über den Versandtermin nachzudenken. Den einen idealen Sendezeitpunkt gibt es nicht – auch hier hängt es wieder stark von der Zielgruppe ab. Unserer Erfahrung nach empfiehlt sich ein fester Versandzeitpunkt, besonders bei Newslettern, die einmal im Monat oder häufiger versandt werden.

Zahlreiche statistische Erhebungen beschäftigen sich mit dem Wochentag des Newsletter-Versands. Für jeden einzelnen Tag gibt es sowohl Pro- als auch Contra-Argumente. Samstags sind beispielsweise die Öffnungsraten vergleichsweise niedrig, dafür muss sich der Newsletter gegen weniger Konkurrenz in der Mailbox des Empfängers durchsetzen. Montage sind mal schlecht, mal gut – ebenso wie Freitage. An Dienstagen haben B2B-Newsletter die besten Öffnungsraten, die besten Klickraten hingegen freitags. Hier hilft nur das Testen verschiedener Wochentage und eine gehörige Portion Bauchgefühl.

Ein anderer Ansatz ist das Wählen eines fixen Datums, unabhängig vom Wochentag. Sehr beliebt sind der Monatserste sowie der 15. eines jeden Monats. Aber warum nicht mal jeden 2. Samstag im Monat? Oder jeden 3. Dienstag? Ein ungewöhnliches Datum können Sie sogar zur Aufmerksamkeitsgenerierung nutzen: »Aktuelle Tipps rund um Gartenmöbel an jedem zweiten Dienstag«.

Technische Umsetzung

Newsletter-Funktionalität gehört mittlerweile zu jeder größeren Online-Shop-Software. Die Vorteile scheinen auf der Hand zu liegen: Durch den direkten Zugriff sowohl auf Kundendaten als auch auf Artikel müsste das E-Mail-Marketing doch wie geschmiert laufen. Was zunächst logisch klingt, offenbart bei näherem Hinsehen seine Schwächen. Der direkte Zugriff auf Kundendaten ist zwar praktisch, aber was, wenn man auch an reine Interessenten und Nicht-Kunden versenden möchte?

Die Newsletter-Funktionalität gehört nicht zu den Kernkompetenzen einer Shop-Software. Sie liegt nicht im Fokus der Entwickler, die sich eher um die zentralen Funktionen eines Online-Shops kümmern. Somit verkommt das Newsletter-Modul des Online-Shops zu einem Feigenblatt, einem Häkchen auf der Funktionsliste, damit die Marketing-Abteilung des Herstellers sagen kann »Ja, wir können auch Newsletter«.

Vernünftig geplantes, strategisch eingesetztes E-Mail-Marketing benötigt daher eine Lösung, für die der perfekte Mail-Versand genauso zentrale Aufgabe ist, wie der perfekte Shop die zentrale Aufgabe der E-Commerce-Software ist.

Newsletter-Software

Am Markt gibt es eine ganze Reihe von Lösungen, die sich dem E-Mail-Marketing widmen. Die grundlegenden Funktionen finden sich in jedem Paket. Empfänger werden in Listen organisiert, die wiederum Felder für die Mail-Adresse, den Namen und weitere Angaben haben. Diese Felder kann man in der Regel selbst anpassen und erweitern – lediglich das Feld für die E-Mail-Adresse ist zwingend vorgeschrieben.

Die einzelnen Newsletter werden auf Basis von Vorlagen erstellt, den Templates. Meist bringen die Lösungen eine Galerie vorgefertigter Templates mit, die man mehr oder weniger stark an die eigenen Bedürfnisse anpassen kann. Wir empfehlen Ihnen, sich von Ihrer Agentur eine eigene Vorlage erstellen zu lassen, die auf das Erscheinungsbild des Shops angepasst ist und auch auf Mobilgeräten optimal gelesen werden kann.

Hinter den Kulissen werkelt der Versandmechanismus. Größere Lösungen setzen auf eine eigene Versand-Infrastruktur, die meist auf weltweit verteilt aufgestellten Servern basiert. Es gibt aber auch Lösungen, die den Mail-Versand über Ihren eigenen Internetanschluss und Mail-Provider abwickeln. Davon ist allerdings stark abzuraten. Nicht nur, weil der Mail-Versand darüber Stunden dauern kann, sondern au, weil man Gefahr läuft, dass der eigene Mailserver wegen vermeintlichen Spam-Versands geblockt wird.

Ein Statistik-Modul rundet das E-Mail-Marketingpaket ab. Dort findet man die Auswertungen der einzelnen Versandaktionen und kann die Zahl der Öffnungen und Klicks einsehen.

MailChimp (*www.mailchimp.com*) ist eine der ältesten Lösungen, die sich speziell auf E-Mail-Marketing konzentrieren. Mit 70 Milliarden versandten E-Mails im Jahr 2013 handelt es sich um eine der größten spezialisierten Plattformen dieser Art. Auf der Abbildung 4-60 ist das »Dashboard«, die Übersichtsseite von MailChimp, zu sehen. Dort sind die wichtigsten Kennzahlen zum aktuellen Versand und zu den Empfängerlisten aufgeführt. Auf der linken Seite befindet sich die Navigation. Hier erkennt man die klassische Einteilung der einzelnen Funktionsbereiche. Unter »Campaigns« werden die einzelnen Ausgaben des Newsletters verwaltet. Im Bereich »Templates« liegen die verschiedenen Newsletter-Vorlagen. Dies können Vorlagen für verschiedene Anlässe sein; MailChimp erlaubt auch das Verwalten von Vorlagen für verschiedene Shops. Im Bereich »Lists« finden sich die Empfängerlisten – auch hier können mehrere Listen verwaltet werden. Die Auswertungen der versandten Kampagnen findet sich unter »Reports«.

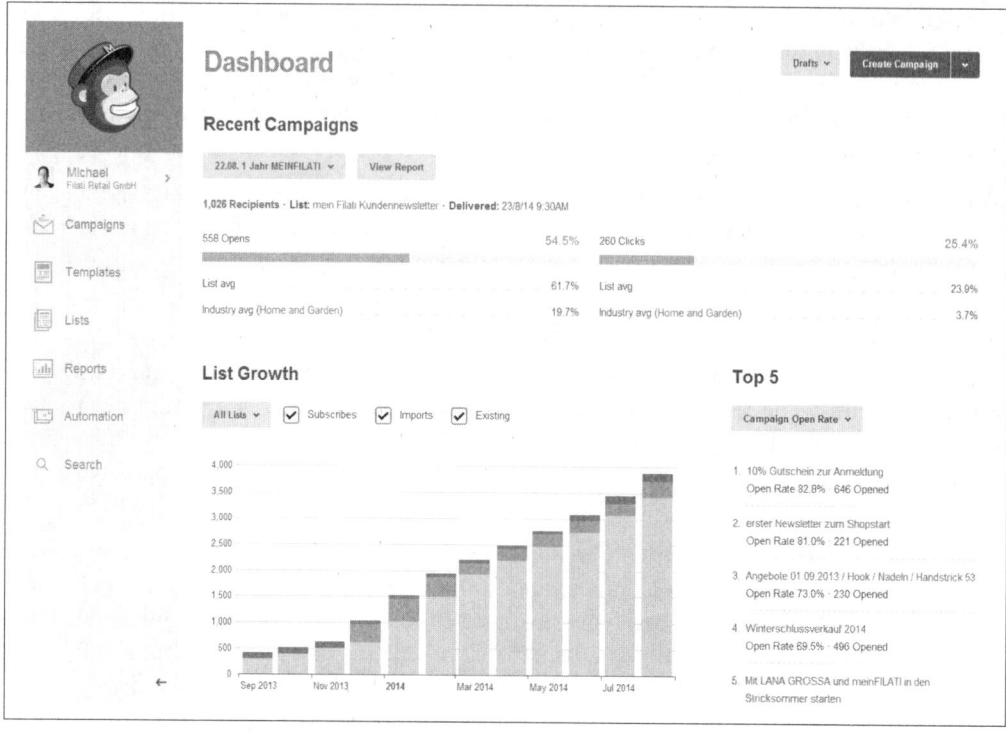

Abbildung 4-60: Die Übersichtsseite von MailChimp informiert über die wichtigsten Kennzahlen

Den Inhalt des Newsletters erstellt man in einem speziellen Editor, wie auf dem Bild zu sehen. Mittels Drag-and-Drop zieht man Inhaltselemente auf die linke Arbeitsfläche und ergänzt die Texte wahlweise in einem an Word angelehnten Textverarbeitungsteil oder per HTML-Code.

Darstellung

Die Zeiten von reinen Text-Newslettern (plain-text) sind größtenteils vorbei: Moderne Newsletter kommen in einem schicken Layout, das sich an die Optik des Shops anlehnt, um so einen Wiedererkennungseffekt zu erzielen. Der Empfänger weiß auf den ersten Blick, wo der Newsletter einzusortieren ist.

Bei der grafischen Gestaltung ist allerdings weniger tatsächlich mehr. Nicht alles, was modernes Webdesign ermöglicht, ist mit einem E-Mail-Newsletter technisch überhaupt machbar. Von den zur Verfügung stehenden Gestaltungselementen hinkt der Bereich E-Mail dem Bereich Webdesign ca. 10 Jahre hinterher – ein halbe Ewigkeit.

Schuld an dieser Misere trägt hauptsächlich das Mail-Programm Microsoft Outlook. Gestaltete E-Mails beinhalten wie eine Website die Gestaltung in Form von HTML-Code. Um sie anzuzeigen, hat das Mail-Programm einen eigenen kleinen Webbrowser eingebaut. Diese Mini-Webbrowser lehnen sich in ihrer Funktionalität meist an den

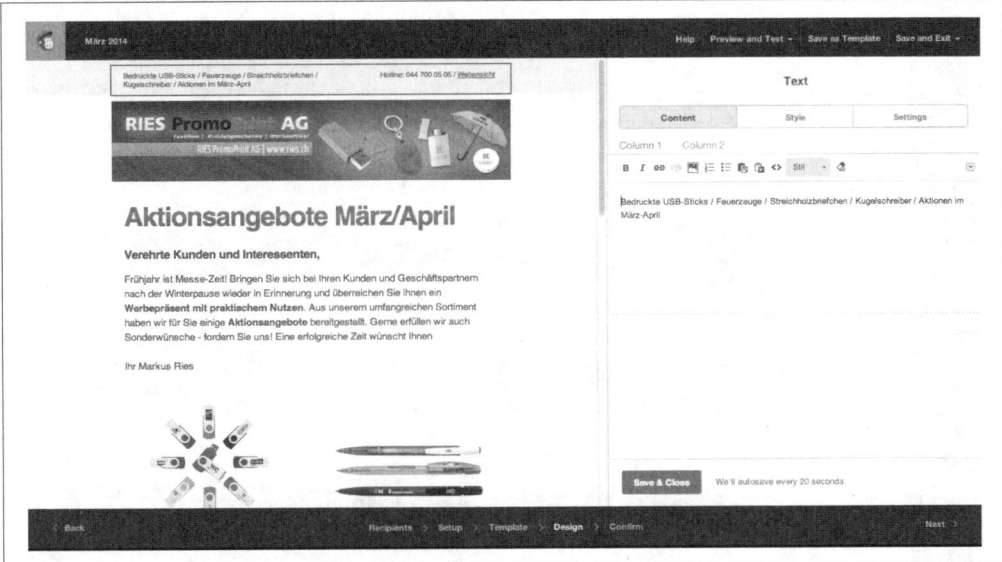

Abbildung 4-61: Der Editor von MailChimp ist intuitiv zu bedienen

Stand der Technik zum Zeitpunkt der Veröffentlichung an. In Outlook wurde dieser Mini-Webbrowser mehrmals geändert. Seit der Version 2007 nutzt Outlook als Mini-Webbrowser gar Elemente der Textverarbeitung Microsoft Word – was zu erheblichen Darstellungsproblemen führt, die andere Mail-Programme nicht haben.

Auch bei anderen Mail-Programmen gibt es leichte Abweichungen, keine jedoch so gravierend wie bei Outlook. Bei mobilen Mail-Programmen für Android- oder Apple-Smartphones könnte man rein theoretisch sogar noch viel modernere Gestaltungsmittel nutzen – leider weiß man im Voraus nicht, ob der Empfänger die Mail auf seinem iPhone oder doch am Büro-PC mit Outlook 2007 öffnet.

Inbox Inspection. Alle möglichen Mail-Programme selbst zu installieren, ist nicht sehr pragmatisch. Zum Glück gibt es Dienstleister, die das für Sie erledigen. Bei Firmen wie Litmus.com können Sie eine vollautomatisierte Testumgebung nutzen, die Ihren Newsletter auf einer großen Palette verschiedener Mail-Programme testet.

Auf dem Bild sieht man einen Beispiel-Report von Litmus (*www.litmus.com*). Die zu testende Mail wird von jedem Mail-Programm einmal dargestellt. Auf der kleinen Übersicht erkannt man auf den ersten Blick bereits auffällige Darstellungsprobleme. Klickt man auf die Vorschaubilder, öffnet sich eine Detailansicht und man kann individuell prüfen, wie die E-Mail in verschiedenen Programmen aussieht.

Mobiler Mail-Abruf. Unter den Top 10 der benutzten E-Mail-Programme 2013 belegen mobile Mail-Programme 50%. Allein auf das iPhone von Apple entfallen insgesamt 26%. Selbst populäre Webmail-Programme wie Google Mail oder Outlook.com (ehemals Hot-

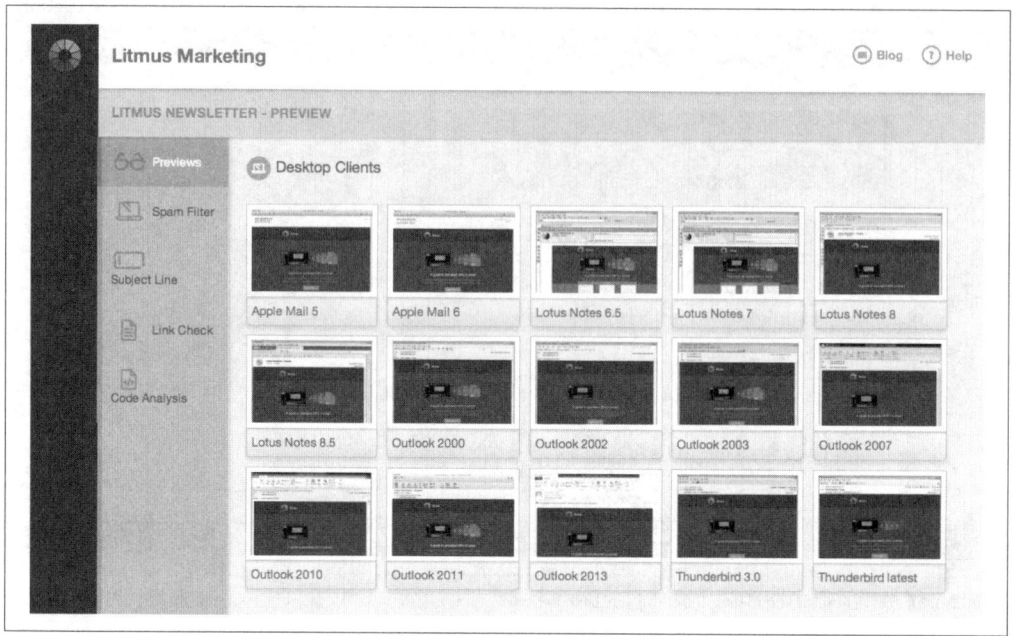

Abbildung 4-62: Die Inbox Inspection entlarvt Probleme bei verschiedenen Mail-Clients

mail) erreichen jeweils nur 6%. Unter den Top 10 befinden sich nur zwei stationäre Mail-Programme: die Outlook-Familie mit 14% und Apple Mail mit 8%.

 Tipp   Einen gute Übersicht über die beliebtesten Mail-Programme weltweit gibt die Seite *www.e-mailclientmarketshare.com,* auf der jeden Monat aktuell die Top 10 der benutzten E-Mail-Clients aufgeführt sind. Wenn Sie mit der Maus über die kleinen Grafiken fahren, sehen Sie auch die Werte für die Vormonate.

Diese Werte schwanken natürlich je nach Zielgruppe und Warenangebot erheblich. Im B2B-Bereich ist der Anteil an Outlook deutlich größer und der Mobilanteil geringer. Selbst Dinosaurier wie Lotus Notes oder Blackberry finden sich dort noch häufig. Bei design-orientierten Zielgruppen liegt der Anteil an Apple-Geräten und Apple-Mail-Clients deutlich höher.

Unter dem Strich ist der Trend eindeutig: Mobiler Abruf von E-Mails legt von Quartal zu Quartal immer mehr zu, und jede E-Mail-Strategie muss dies berücksichtigen. Die gute Nachricht ist, dass es auf mobilen Geräten – Smartphones und Tablets – so gut wie keine Darstellungsprobleme gibt.

Die Abbildung 4-63 zeigt einen aktuellen Newsletter des Elektronik-Versandhändlers conrad.de auf dem iPhone. Texte und Abbildungen sind in der nicht-gezoomten Ansicht kaum lesbar, Links sind de facto nicht anklickbar. Die Klick- und Conversionrate des Newsletters dürfte weit hinter vergleichbaren Mails der Wettbewerber liegen.

Abbildung 4-63: Nicht für mobile Endgeräte optimierter Newsletter (Juni 2014)

Betreff und Pre-Header. Auf dem Weg zum Empfänger gibt es noch zwei wichtige Hürden zu meistern: den Betreff und den Pre-Header. Gerade durch die zunehmende Verbreitung von Smartphones kommt diesen beiden Elementen besondere Aufmerksamkeit zu. Auf den eher kleinen Bildschirmen entscheidet die Kombination der beiden Texte über Lesen oder Löschen.

Auf dem Bild ist der Posteingang eines iPhones mitsamt vier Newslettern zu sehen. Die jeweils fett gedruckte Zeile ist der Absendername. Machen Sie den Absendernamen so aussagekräftig wie möglich. Niemand möchte Post von »Newsletter« erhalten – bei unserem Beispiel ist »Ann at Argus Labs« die persönlichste Absenderadresse.

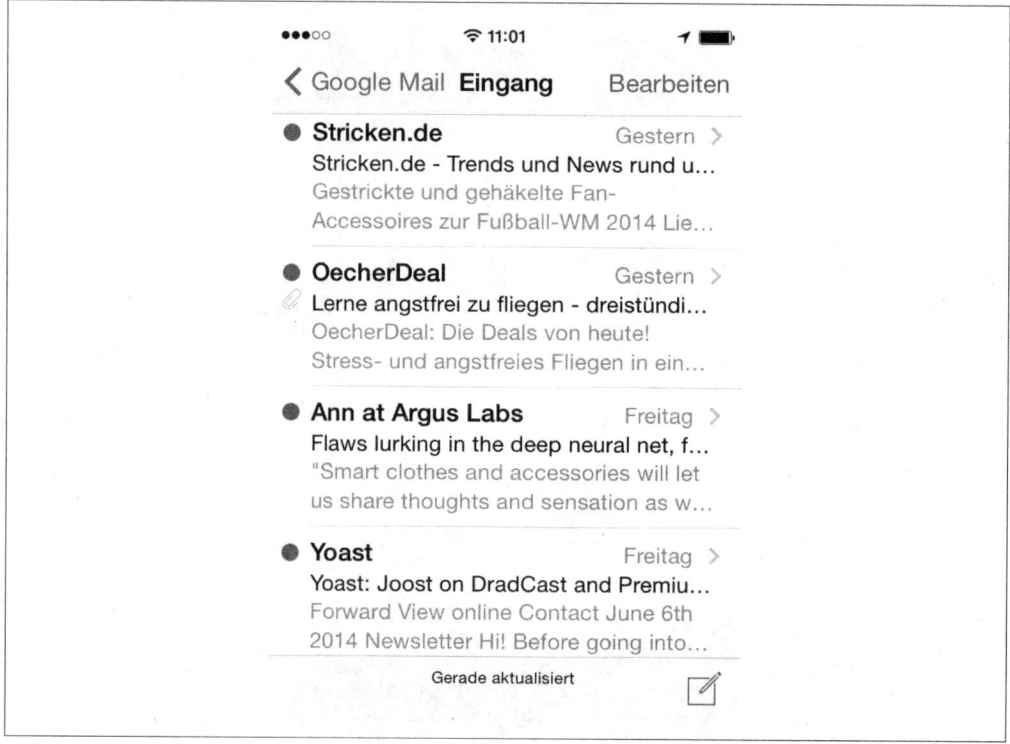

Abbildung 4-64: Der Pre-Header ist bei mobilem Mail-Abruf sehr wichtig

Die Zeile unmittelbar darunter ist die Betreffzeile des Newsletters. Sie sollte ebenfalls so aussagekräftig wie möglich sein. Beachten Sie jedoch, dass der Betreff auf der kleinen Ansicht gekürzt wird – packen Sie also die Hauptaussage nach vorne. Im Beispiel gelingt dies dem OecherDeal (*www.oecherdeal.de*) am besten.

Bei den nächsten zwei Zeilen handelt es sich um den Pre-Header. Der Pre-Header besteht aus den ersten Sätzen des puren Texts im Newsletter. Nutzen Sie die Chance, diesen Text gezielt einzusetzen und speziell für die Mobilansicht zu optimieren. Im Beispiel gelingt dies dem Stricken.de-Newsletter am besten, gefolgt von Argus Labs, bei denen das angefangene Zitat neugierig auf mehr macht.

Ganz anders sieht es aus, wenn man sich die gleichen Newsletter im Webmailer anschaut. Die folgende Abbildung 4-65 zeigt den Posteingang von Google Mail. Dort wurden die Newsletter schon automatisch in den Bereich »Werbung« verschoben. Hier kommt dem Mail-Betreff viel größere Bedeutung bei, da er weniger gekürzt wird. Dies geht zu Lasten des Pre-Headers, der je nach Länge des Betreffs kaum noch sichtbar ist.

Tipp   Sammeln Sie Newsletter! Melden Sie sich für möglichst viele Newslettern an, egal, ob Shops oder nicht. Am besten erstellen Sie sich dazu eine kostenlose Mail-Adresse bei einem Webdienst wie Google Mail oder Outlook.com, damit Ihre Haupt-Mail-Adresse nicht mit Newslettern überschwemmt wird. Durch das Abonnieren der Newsletter erhalten Sie Anregungen und Ideen für Ihre eigenen E-Mails.

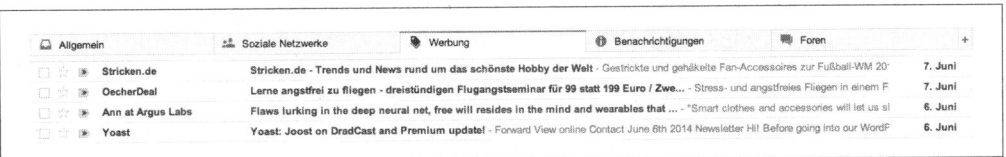

Abbildung 4-65: Im Webclient ist der Betreff nach wie vor relevant

Call-to-Action. Kein Online-Shop-Newsletter ohne Call-to-Action! Die konkrete Handlungsaufforderung ist das wichtigste Element, denn schließlich sollen die Empfänger ja einen Kauf im Shop tätigen. Die Tonlaget der Handlungsaufforderung hängt wieder von der Zielgruppe ab. Der Klassiker »Jetzt kaufen« ist in manchen Fällen zu plakativ und kann durch »Zum Shop« etwas weniger aggressiv gehalten werden.

Überschwemmen Sie den Shop-Newsletter nicht mit Call-to-Action Elementen. Im Idealfall haben Sie eine einzige Handlungsaufforderung, die genau auf Ihre Zielgruppe passt. In der Praxis lässt sich dies leider nicht immer realisieren. Hier haben sich maximal drei bis vier Call-to-Action-Elemente bewährt.

Newsletter-Anmeldung

Ihr potenzieller Kunde ist nicht dumm. Er weiß, dass das Hinterlassen der Mail-Adresse den Versand von Werbebotschaften nach sich ziehen wird. Erklären Sie dem Interessenten daher so genau wie möglich, was er zu erwarten hat, und versüßen Sie ihm die Anmeldung mit einem kleinen Bonus.

Auf dem folgenden Bild ist die Anmeldemaske von Tchibo abgebildet, die ein nahezu perfektes Beispiel ist, wie man um die Adresse des Interessenten wirbt. Neben einer optisch attraktiven Gestaltung – das Model im Bild lächelt den Besucher direkt an – ist das zentrale Element der Bonus (meist »Incentive«, also »Ansporn« genannt), den der Interessent für die Anmeldung erhält.

Im Text wird erklärt, worum es eigentlich geht. Tchibo macht keinen Hehl daraus, dem Interessenten Angebote unterbreiten zu wollen. Wer den Einführungstext überliest, wird spätestens bei der Punkteliste noch einmal ausführlicher sehen, was ihn erwartet. Der

Abbildung 4-66: Tchibo lockt mit einem Gutschein und erklärt, was den Abonnenten erwartet

Hinweis auf Gewinnspiele und Gutscheine in der letzten Zeile der Ausführungen und direkt neben dem Abonnement-Knopf ist ausgesprochen schlau.

Als Vertrauenssignale dienen der Hinweis samt Verlinkung auf die Datenschutzbestimmungen und der bewusst abgesetzte Text, dass sich der Interessent jederzeit wieder vom Newsletter abmelden kann. Dies ist zwar gesetzlich geregelt, und man sollte mit Recht erwarten können, dass dies für alle Newsletter gilt. Es nochmals zu erwähnen, schafft für den Interessenten aber zusätzliche Sicherheit.

Bemerkenswert ist, dass Tchibo den potenziellen Newsletter-Abonnenten sogar ein Beispiel zeigt, wie der Newsletter aussieht. Wie auf der Abbildung 4-67 zu sehen, belässt man es nicht bei der Darstellung des aktuellsten Newsletters, sondern hat ein kommentiertes Musterbeispiel erstellt, bei dem die einzelnen Sektionen kurz erläutert werden.

Es gibt lediglich zwei Dinge, die das Tchibo-Beispiel noch besser machen könnte. Eine wichtige Angabe ist die Frequenz der Newsletter. Es ist für den Empfänger ein großer Unterschied, ob der Newsletter einmal im Monat oder einmal in der Woche – wie bei Tchibo – zugestellt wird. Wenn Sie hier eine klare, verlässliche Aussage treffen können, wäre das für potenzielle Abonnenten eine wichtige Angabe.

Die Frage, ob jemand Besitzer der Tchibo-PrivateCard ist, ist für die Marketing-Redaktion von Tchibo sicherlich wichtig. Für den potenziellen Newsletter-Abonnenten ist sie das nicht. Vielleicht weiß der potenzielle Abonnent gar nicht, ob der Lebenspartner eventuell eine solche Karte hat, vielleicht hat er auch vergessen, dass er diese Karte hat. Er

Abbildung 4-67: Der Beispiel-Newsletter erklärt dem potenziellen Abonnenten genau, worüber er informiert wird

mag sich aber auch fragen, wofür diese Angabe wichtig ist, und vielleicht vom Bezug des Newsletters absehen. Hier wäre es sinnvoll gewesen, den Hintergrund der Frage zu erläutern, die Frage nach dem Bestellen des Newsletters unterzubringen oder vielleicht sogar ganz darauf zu verzichten.

Auswertung

Zur Beurteilung der Effektivität einer E-Mail-Kampagne gibt es zahlreiche Kenngrößen. Die einzelnen Werte isoliert zu betrachten, bringt wenig. Nur im Zusammenspiel mit den anderen Werten ergibt sich ein Gesamtbild.

Beachten Sie, dass die Statistiken des Newsletter-Programms nur einen Teil der zu betrachtenden Daten darstellen. Sie müssen um die Auswertungen des Shop-Systems ergänzt werden, die wiederum noch die Kennzahlen aus der Web-Analyse (siehe Abschnitt »Shop-Controlling« auf Seite 497) benötigen.

Eine spezialisierte Lösung wie MailChimp stellt umfangreiche Statistiken zur Verfügung, wie auf dem Bild zu sehen. Jedoch verliert man sich bei der Vielzahl der Daten schnell in der Interpretation. Im Folgenden fassen wir die wichtigsten Messgrößen zusammen.

Öffnungsrate. Die bekannteste Zahl im Newsletter-Marketing ist die Öffnungsrate also der prozentuale Anteil der Empfänger, die die E-Mail auch tatsächlich geöffnet haben. Es ist zugleich die Messgröße, die am ungenauesten und am wenigsten aussagekräftig ist. Die gute Nachricht: Die tatsächliche Zahl der Öffnungen ist in aller Regel größer als der angegebene Wert.

Die Standards zur E-Mail-Übertragung sehen keinen Mechanismus vor, der das Öffnen einer Mail an den Absender zurückliefert. Die Gründe liegen teils im Schutz der Privatsphäre des Empfängers und teils an technischen Schwierigkeiten.

Um die Öffnung eines Newsletters zu messen, bedienen sich die Programme eines Tricks: Im Newsletter wird eine Grafik hinterlegt, die beim Öffnen der Mail vom Server des Newsletter-Anbieters geladen wird. Die Grafik kann dabei aus einem einzelnen Pixel bestehen. Die Grafik ist mit einem Parameter versehen, der eine eindeutige Zuordnung der geladenen Grafik zu einem einzelnen Newsletter-Empfänger ermöglicht. So lässt sich technisch erfassen, welcher Empfänger eine Mail geöffnet hat.

Im Umkehrschluss heißt das aber nicht, dass die Mail nicht geöffnet wurde, wenn die Grafik nicht vom Server des Mailversenders geladen wurde. So könnte zum Beispiel ein Mail-Programm benutzt worden sein, dass keine externen Grafiken nachlädt oder die Funktion zum Schutz der Privatsphäre unterdrückt ist. Ebenso wenig ist das Laden der Grafik ein sicheres Indiz dafür, dass die Mai tatsächlich gelesen (und nicht nur geöffnet) wurde. Unter Umständen hat das Mail-Programm alle Grafiken geladen, der Empfänger löscht die Mail aber, ohne den Inhalt wahrgenommen zu haben.

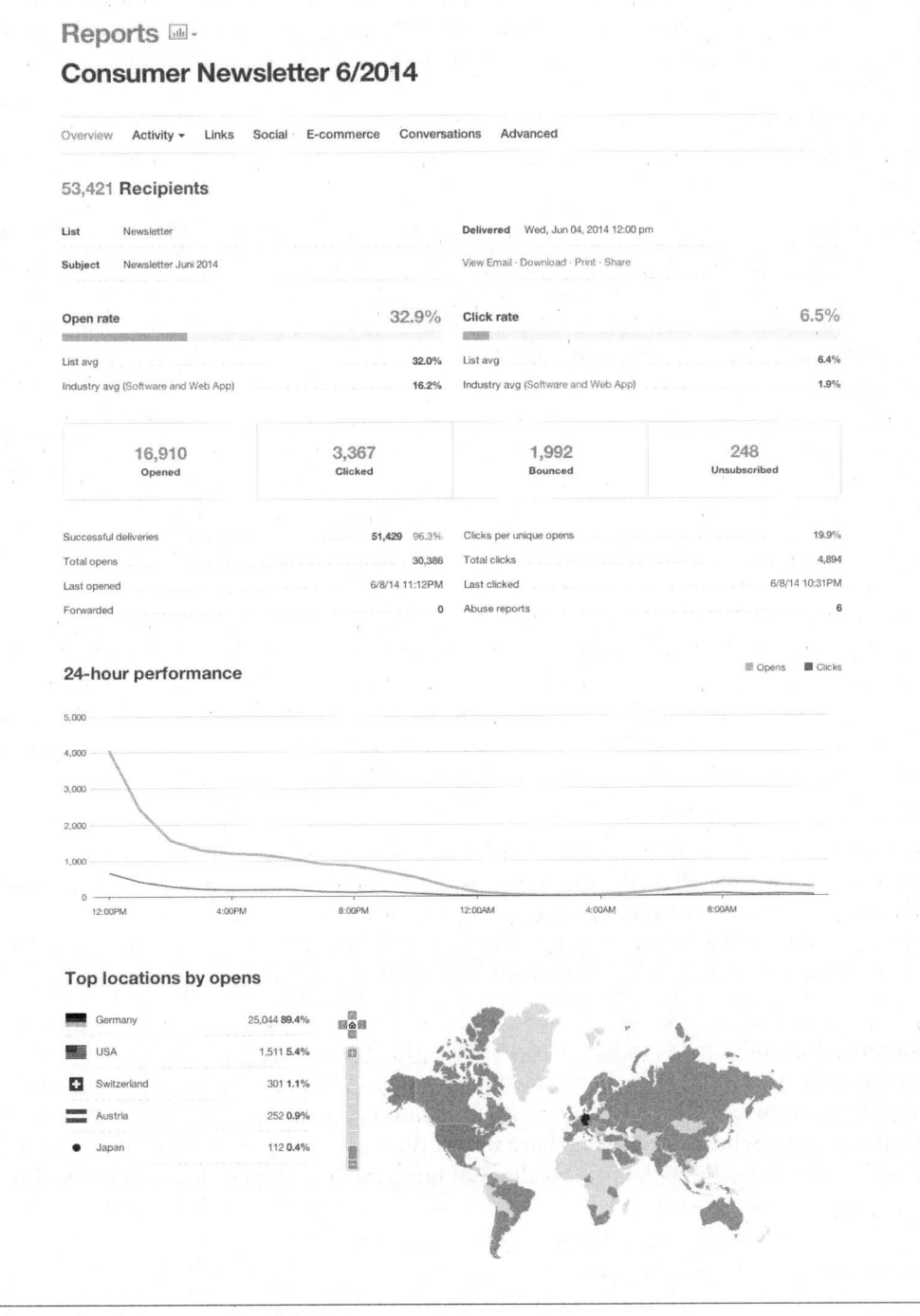

Abbildung 4-68: MailChimp stellt umfangreiche Auswertungen zur Verfügung

Diese Einschränkungen heißen nicht, dass die Öffnungsrate komplett belanglos ist. Eine hohe Öffnungsrate erlaubt durchaus Rückschlüsse darauf, wie der Newsletter bei den Empfängern angenommen wird. Die Zahl ist aber mit Vorsicht zu geniessen.

Klickrate. »Kein Newsletter ohne Call-to-Action« war eine der Empfehlungen weiter vorne in diesem Kapitel. Gerade im E-Commerce gibt es kaum ein Szenario, in dem ein Link in den Shop nicht sinnvoll ist.

Diese Links werden von der Newsletter-Software ähnlich personalisiert wie die Grafiken zur Bestimmung der Öffnungsrate. Auch hier bekommt Empfänger A einen durch angehängte Parameter geringfügig anderen Link als Empfänger B. Im Gegensatz zur Öffnungsrate kann die Klickrate aber exakt bestimmt werden und dient wiederum dazu, die Öffnungsrate genauer zu messen. Hat Benutzer A einen Link geklickt, muss er folgerichtig auch die Mail geöffnet haben, auch wenn keine Öffnung gemessen werden konnte.

Dadurch, dass jeder einzelne Link im Newsletter gemessen wird, auch wenn er zum gleichen Ziel wie ein anderer Link verweist, kann die Effektivität der einzelnen Links gemessen werden. Auf dem Bild sehen Sie, dass die auffällige Call-to-Action am Ende der Mail nicht die meisten Klicks auf sich verbuchen kann. Der Textlink beim Wort »Wintergarne« hat die Aufmerksamkeit der Empfänger deutlich stärker auf sich gezogen.

Bounce Rate. Fast 30% aller privaten E-Mail-Nutzer ändern ihre Mail-Adresse einmal im Jahr, 17% gar halbjährlich. Im geschäftlichen Umfeld sind die Werte deutlich niedriger, doch kommt es hier auch gerne einmal vor, dass ganze Abteilungen oder Business-Units im Zuge von Umstrukturierungen neue Adressen bekommen. Ist eine dieser Adressen in Ihrem Mailverteiler, wird der nächste Newsletter-Versand an diese Adresse einen Fehler produzieren. Die Mail wird als unzustellbar zurückkommen – sie »bounced«.

Zu unterscheiden ist hier zwischen den »hard bounces« und den »soft bounces«. Eine unzustellbare Mail-Adresse zählt als »harter« Fehler: Weitere Zustellungen an diese Adresse haben keine Aussicht auf Erfolg. Hard Bounces werden daher von allen Newsletter-Systemen direkt für weitere Aussendungen gesperrt.

Anders die Soft Bounces, bei denen ein temporärer Fehler vorliegt. Der Klassiker in diesem Fall ist »Mailbox full«, also zu viele Mails im Postfach des Benutzers. Im Umfeld von Privatkunden deutet das oft auf eine geänderte Mail-Adresse hin. Bei Geschäftskunden können es profanere Gründe wie Urlaub oder Erkrankung bei generell zu geringem Mail-Speicherplatz sein. Die meisten Newsletter-Lösungen nehmen daher erst mehrfache Soft Bounces zum Anlass, den Versand an diese Adresse einzustellen.

Unsubscribes. Abmeldungen vom Newsletter gehören zum Alltag des E-Mail-Marketers. Sie müssen nicht zwingend ein Indiz für irrelevante Inhalte sein. Es gibt Personen, die statt des Änderns ihrer Mail-Adresse das Abmelden mit der alten Adresse und Anmelden mit einer neuen Adresse vorziehen.

Abbildung 4-69: Auswertung, wie oft welche Links geklickt wurden

Wechselnde Interessen oder der Wechsel des Aufgabengebiets oder Arbeitgebers können ebenso Gründe für ein Abmelden sein. Messen Sie diesem Wert also nicht zu viel Bedeutung bei, behalten sie ihn aber im Auge. Insbesondere wenn bei einem einzelnen Newsletter die Abmeldequote überdurchschnittlich hoch ist, lohnt sich der kritische Blick und eine genauere Analyse.

Beschwerden. In der Regel enthalten die Systeme der Newsletter-Dienstleister eine Funktion, in der man die Gründe für eine Abmeldung mitteilen kann. Gibt der Empfänger hier an, dass es sich beim Newsletter um Spam handelt bzw. er sich nie angemeldet hat, wird dies als Beschwerde verbucht.

Nehmen Sie diese Aussagen nicht persönlich, erst recht nicht, wenn Sie eine »weiße Weste« haben. Die Erfahrung zeigt, dass Menschen durchaus vergessen, dass sie sich für einen Newsletter angemeldet haben.

Spam-Filterquote. Ach, wie schön wäre es doch, wenn das Newsletter-System diese Kenngröße auch ermitteln könnte. Leider geht das technisch nicht und zeigt daher recht deutlich, wieso Sie die Statistiken jederzeit mit wachen Augen lesen sollten.

Eine gewisse Anzahl Ihrer Newsletter wird in Spam-Filtern hängen bleiben. Wie viele, hängt nur zum Teil von Ihnen ab. Mit einem guten Betreff, sorgfältig formuliertem Pre-Header und relevantem Inhalt können Sie die Zahl der Spam-Ausfilterungen niedrig halten. Es wird aber immer Empfänger geben, die statt dem schnellen Löschen oder dem etwas umständlicheren Abmelden kurzerhand auf »Spam« klicken und Ihre zukünftigen Aussendungen ins digitale Nirvana schicken.

Konversionen. Die wichtigste Zahl wird Ihnen Ihr Newsletter-System vermutlich nicht oder nur nach spezieller Anpassung liefern: die Konversionsrate.

In der Regel werden Sie sich hier einer externen Statistiklösung wie Google Analytics (siehe Abschnitt »Shop-Controlling« auf Seite 497) bedienen, die die Zahl der Shop-Besuche über den Newsletter anhand der Klickrate zu den Verkäufen im Webshop setzt.

Die folgende Abbildung 4-70 zeigt die Verknüpfung des Mailversands über MailChimp mit den Verkäufen im Online-Shop über Google Analytics. Sie untermauert eindrucksvoll, wie effektiv E-Mail-Marketing im E-Commerce Umfeld sein kann.

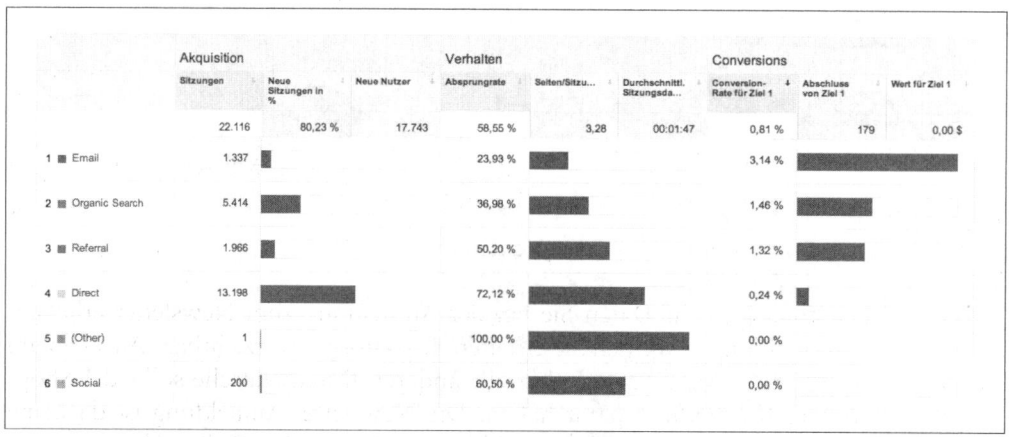

Abbildung 4-70: In Google Analytics sieht man den Erfolg der Newsletter-Kampagne

Autoresponder

Der Autoresponder, bei MailChimp »Automation« genannt, ist kein Newsletter im klassischen Sinn, sondern eine Mischung aus vorgefertigtem Newsletter und individuell adressierter Mail. Die Inhalte beziehen sich auf einen Anlass und werden vorab fertiggestellt.

In regelmäßigen Abständen prüft die E-Mail-Marketing-Software, welche Empfänger auf der Empfängerliste für den Versand eines Autoresponders in Frage kommen. Das können durchaus nur ein oder zwei Personen sein, mitunter auch gar keine. Jede dieser Personen erhält dann die Mail, wenn die zuvor definierte Bedingung eingetreten ist.

Autoresponder können sowohl von der regulären Newsletter-Liste aus versandt werden wie auch von einer speziell eingerichteten Liste, über die beispielsweise Daten aus dem Shop synchronisiert werden. Im ersten Fall hätte ein Abmelden als Reaktion auf einen Autoresponder auch ein Abmelden vom regulären Newsletter zur Folge. Dies vermeidet man mit einer seperaten Liste.

Willkommens-Autoresponder. Haben Sie Ihren Newsletter-Abonnenten einen Einkaufsgutschein zur Anmeldung versprochen? Den können Sie natürlich unmittelbar nach erfolgter Anmeldung auf der Webseite einblenden.

Effektiver ist es jedoch, den Gutschein zusammen mit einer Willkommens-Mail über einen Autoresponder, der durch das Neu-Abonnement ausgelöst wird, zu versenden.

Dies hat vorweg zunächst einmal einen sehr praktischen Nutzen: Der Interessent bekommt den Gutschein erst, nachdem er die Anmeldung für den Newsletter über Double-Opt-In komplett abgeschlossen hat.

Nutzen Sie die Willkommens-Mail, um nochmals die Vorteile des Online-Shops heraus- und einzelne Produkte vorzustellen. Das kann zum Beispiel die generell kostenlose Lieferung sein oder ein großer permanent verfügbarer Lagerbestand. Auch außergewöhnlicher Kundendienst, wie zum Beispiel eine 24-Stunden-Hotline können kurz und prägnant nochmals herausgestellt werden.

Gibt es in Ihrem Shop Besonderheiten, die potenzielle Käufer sonst eher selten antreffen, dann sollten sie auch kurz Erwähnung finden. Das kann zum Beispiel eine Musterbestellung vor dem eigentlichen Kauf von Laminatpaneelen sein. Hier muss dem Kunden auf möglichst einprägsame Art erklärt werden, wie er zuerst das Muster anfordert und danach die entsprechende Menge der benötigten Paneele.

Und natürlich sollten Sie den Gutschein nicht vergessen.

Datenvervollständigung. Je mehr Daten Sie bei der Anmeldung zum Newsletter erheben, desto weniger Anmeldungen werden Sie erhalten. Die einzig unverzichtbare Angabe zum Newsletter-Bezug ist die Mail-Adresse. Für alle anderen Datenwünsche sollte der Shop-Betreiber eine gute Begründung parat haben. Die Newsletter-Anmeldung ist da keine Ausnahme, wie wir im Kapitel über den Checkout-Prozess im Online-Shop gesehen haben.

Dabei gibt es für die Abfrage weiterer Angaben gute Gründe. Weiß man den Namen des Abonnenten, kann man ihn gezielt ansprechen. Ist das Geschlecht bekannt, können passende Angebote unterbreitet werden. Das Geburtsdatum erlaubt es, sich mit einer kleinen Aufmerksamkeit positiv in Erinnerung zu rufen.

Diese Daten müssen Sie aber nicht alle direkt bei der Anmeldung zum Newsletter abfragen – Sie verschrecken potenzielle Abonnenten eher, die sich fragen, was Sie mit diesem Datenwust wollen. Fragen Sie die Daten stattdessen beispielsweise nach dem ersten versandten Newsletter über einen speziellen Autoresponder ab.

Wichtig ist, dass Sie dem Empfänger erklären, weswegen Sie diese Daten erheben möchten. Versetzen Sie sich dabei in die Lage des Empfängers: Wenn die Erklärung Sie selbst nicht überzeugt, lassen Sie es vielleicht besser.

Möchten Sie das Geschlecht oder spezifische Interessen wissen, um gezieltere Angebote zu unterbreiten? Sagen Sie es dem Abonnenten und stellen Sie heraus, dass das ja auch ein Vorteil für ihn ist, denn es kommen weniger irrelevante E-Mails auf ihn zu.

Geburtstagsgrüße. Der Klassiker unter den Autorespondern! Und genau deswegen mit allerhöchster Vorsicht zu genießen. »Herzlichen Glückwunsch zum Geburtstag – Sie erhalten 5 € Nachlass auf ihren nächsten Einkauf mit einem Mindestbestellwert von 150 €.« – wer sich da nicht für dumm verkauft fühlt, muss ein sehr dickes Fell haben oder Kummer gewöhnt sein.

Der Geburtstagsgruß ist die Gelegenheit schlechthin, sich und Ihren Shop in ein gutes Licht zu rücken, indem Sie die Erwartungshaltung gezielt nicht erfüllen!

Wenn Sie Gutscheine versenden – wogegen zunächst einmal nichts spricht –, sollten sie für den Empfänger auch einen echten Mehrwert bieten. Wenn Ihre Marge es erlaubt, seien Sie großzügig. Eine kurze Gültigkeit des Gutscheins von wenigen Tagen ist dabei legitim, solange der Gutschein als wertvoll erachtet wird. Vermeiden Sie daher, soweit möglich, weitere Bedingungen oder Einschränkungen.

Wenn Ihre Marge keine wirklich großzügigen Rabatte erlaubt, können Sie auf andere Weise kreativ sein. Der Geburtstags-Autoresponder muss ja nicht zwingend zum Geburtstag versandt werden. Senden Sie ihn doch einfach eine Woche später mit einer Aussage im Stile von »Na, alles gut überstanden?«. Oder senden Sie ihn eine Woche früher und erwähnen augenzwinkernd »Die schönsten Geschenke macht man sich selbst«.

Kreativität und Humor sind probate Mittel, sich von den vielen anderen, langweiligen Geburtstags-Newslettern zu unterscheiden.

Produktbezogene Autoresponder (Pflegetipps). Vielleicht verkaufen Sie Produkte, die eine bestimmte Art Pflege benötigen. Gartenmöbel möchten nach einer gewissen Zeit geölt werden, Pedelec-Batterien sollen ca. alle 6 Monate komplett leer gefahren werden – Beispiele gibt es genug. Auch in diesem Fall kann ein Autoresponder eingesetzt werden, der den Kunden automatisch und ohne Ihr Zutun an eine turnusgemäße Wartung oder Pflege erinnert. Falls Sie das passende Pflegemittel ebenfalls verkaufen, kann der Autoresponder direkt den Link zum Shop enthalten.

Dies setzt natürlich voraus, dass das Newsletter-System überhaupt die Information hat, wann ein Kunde für eine solche Erinnerung fällig ist. Dies geht nicht ohne spezifische

Programmierung und einiges an guter Planung. Der Effekt beim Kunden dürfte aber sehr positiv sein.

Entschuldigungs-Mailing. Das nachfolgende Beispiel zeigt ein »Entschuldigungs-Mailing« des Online-Händlers *www.mirapodo.de.* Als Entschuldigung für Wartungsarbeiten am Online-Shop verschenkt der Modehändler Einkaufsgutscheine im Wert von 6 € und 12 €, die jeweils an einen Mindestbestellwert gekoppelt sind.

Ob und inwieweit die Kunden, die diese »Wiedergutmachung« erhalten haben, überhaupt von den Wartungsarbeiten betroffen waren, sei dahingestellt.

Geschickt verleitet der Newsletter mit zwei Gutscheinen direkt zu zwei Einkäufen und lässt dabei dem Kunden die Wahl, in welcher Reihenfolge er die Gutscheine im Shop einlösen will.

Rückhol-Mailings. Auch dieser Autoresponder setzt wieder eine Verknüpfung mit dem Shop-System voraus, das das Datum des letzten Einkaufs übermitteln muss. Wenn der Kunde eine gewisse Zeit keinen Einkauf mehr getätigt hat – die Zeitspanne variiert je nach Produkt, sollte aber einige Wochen oder Monate lang sein –, sendet der Shop eine freundliche Mail.

Mit der Tür ins Haus zu fallen und wie eine Anschuldigung gleich zu bemerken, dass der Kunde lange Zeit nichts mehr gekauft hat, empfiehlt sich natürlich nicht. Vielmehr sollte man den Online-Shop freundlich und sympathisch wieder in Erinnerung rufen und zum Beispiel auf Neuigkeiten im Produktsortiment verweisen. Ein Gutschein für den nächsten Einkauf kann bei diesem Mailing auch nicht schaden.

Bewertungen. Shop-Bewertungen sind im Wettbewerb sehr wichtig, um Kunden von der Qualität des eigenen Shops zu überzeugen (vergleiche Abschnitt »Bewertungen« auf Seite 433). Leider sind Kunden nicht immer geneigt, Bewertungen zu vergeben, oder wissen schlicht nicht um die Möglichkeit. Hier kann ein Autoresponder auch die Anzahl der Bewertungen sehr deutlich steigern. Senden Sie den Autoresponder 7–10 Tage nach dem Kauf, zu einem Zeitpunkt, an dem die Ware beim Kunden eingetroffen sein sollte. Bedanken Sie sich nochmals höflich für den Einkauf, erkundigen Sie sich, ob alles zur Zufriedenheit ist und weisen Sie bei der Gelegenheit nochmals auf den Kundenservice hin.

Im Anschluss bitten Sie den Kunden um seine Bewertung, indem Sie ihm direkt den individuellen Bewertungslink zum Bewertungsportal, zum Beispiel Trusted Shops oder Veristore, zusenden. So machen Sie es dem Kunden sehr einfach und die Zahl der Bewertungen wird steigen.

Abmeldungen vom Newsletter

Das Ende der Beziehung zwischen Newsletter-Empfänger und Newsletter-Versender hat meist ganz spezifische Gründe. Entweder ist der Abonnent nicht mehr an den Produkten oder Dienstleistungen des Versenders interessiert oder der Leidensdruck war so groß,

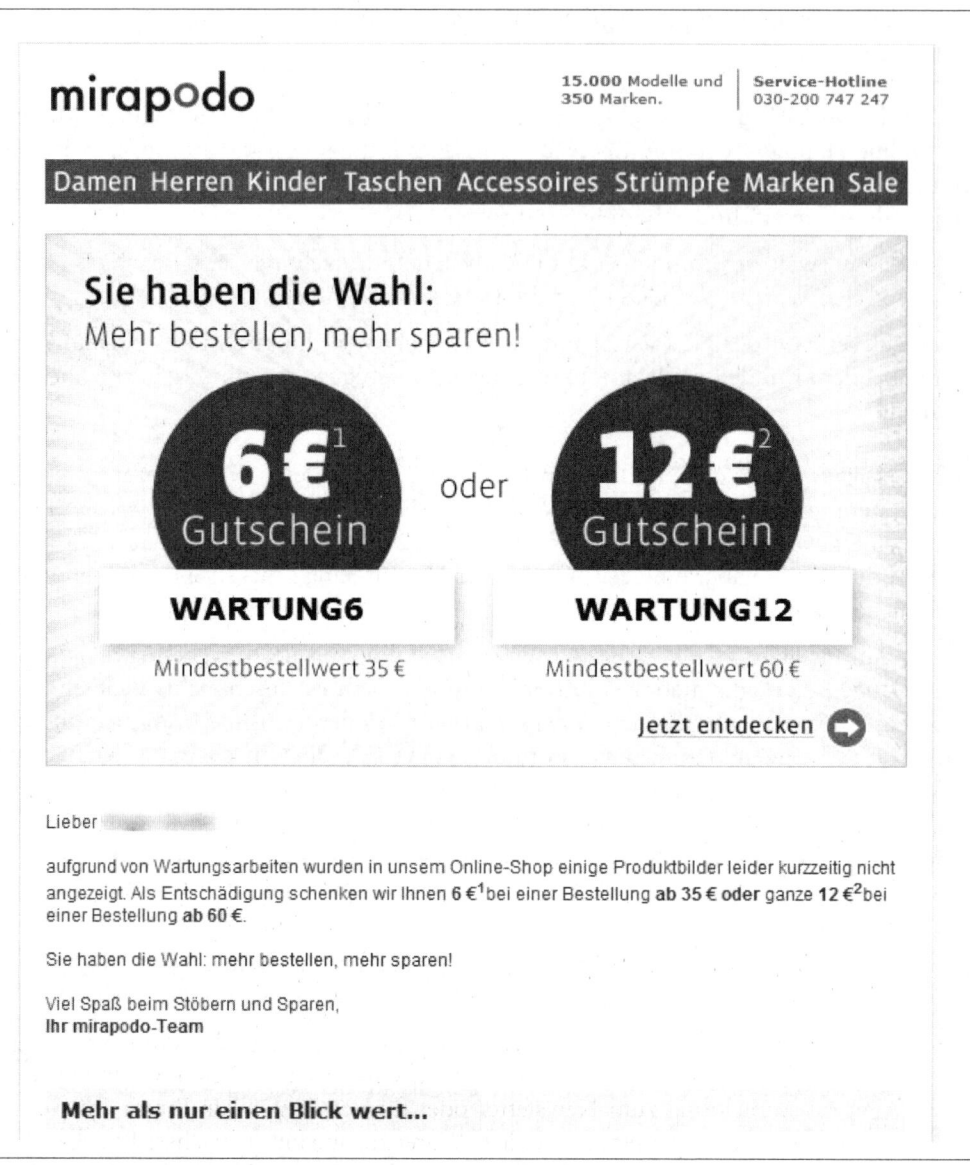

Abbildung 4-71: Entschuldigungs-Mailing, www.mirapodo.de (Juni 2014)

dass der Empfänger statt auf »löschen« zu klicken, lieber den (für ihn) umständlicheren Weg der Abmeldung vom Newsletter wählt.

Bei der Erhebung von Daten über den Grund für die Abmeldung von Newslettern spielt der »Nerv-Faktor« eine große Rolle. Viele Abonnenten möchten entsprechende Mails einfach nicht mehr erhalten.

Moderne Newsletter-Systeme wie MailChimp bieten die Möglichkeit, bei der Abmeldung nach den Gründen zu fragen. Nutzen Sie diese Chance, um gegebenenfalls die Inhalte oder die Versandfrequenz Ihres Newsletter anzupassen, wenn die Abmeldezahlen steigen und sich einzelne Abmelde-Begründungen häufen. Zusätzlich können Sie den Grund für die Abmeldung auch technisch für die Umsetzung Ihrer Rückhol-Aktion nutzen. Ein Beispiel zeigt das folgende Bild.

Remarketing für Newsletter-Abmelder. Blickt man zurück, sollte man sich vergegenwärtigen, dass der Abonnent bei seiner Anmeldung zum Newsletter – vorausgesetzt er hat sich selbst angemeldet – Interesse an Ihren Produkten und Dienstleistungen gehabt haben muss. Dieses Wissen lässt sich nutzen, um einen letzten Versuch zu starten, den Ex-Abonnenten wieder zurück zur Webseite, zum Online-Shop oder zum Newsletter zu holen.

Mittels AdWords-Remarketing wird der Abmelder auf der Abmeldeseite getaggt. Über das AdWords-System wird er für einen festgelegten Zeitraum innerhalb des Google-Display-Netzwerkes (GDN) mit Anzeigen konfrontiert, die exakt auf ihn zugeschnitten sind. Hinsichtlich des Wordings kann hier auch mit der Newsletter-Abmeldung experimentiert werden.

Entscheidend für den Erfolg der Remarketing-Kampagnen ist hier noch mehr als in anderen Bereichen des Suchmaschinen-Marketings die richtige Konzeption. Sowohl die Frequenz und Dauer der Anzeigenschaltung als auch der richtige Inhalte der Anzeigen sollten wohl überlegt sein.

Davon ausgehend, dass der Ex-Abonnent von Ihrem Newsletter genervt ist, weil die Frequenz zu hoch oder die Inhalte entgegen seiner ursprünglichen Annahme unpassend sind, ist eine Rückholung via Remarketing nur dann erfolgversprechend, wenn die Inhalte der Anzeige einen Mehrwert versprechen und die Frequenz der Kampagnen nicht aufdringlich ist.

Im Vergleich zu »normalen« Remarketing-Kampagnen sollten die Schaltungsfrequenz und -dauer deutlich niedriger sein, um den Kunden nicht vollends zu vertreiben.

Und was die Anzeige selbst angeht: Hier können Sie Ihrem Kunden zum Beispiel ganz offensiv ein Rückholangebot in Form eines Gutscheins machen. Bieten Sie ihm entweder für die erneute Anmeldung zum Newsletter oder für den Einkauf in Ihrem Online-Shop einen Einkaufsgutschein oder eine kostenlose Warenzugabe für die nächste Bestellung an.

Bewertungen

Ein grundsätzliches Problem beim Onlinekauf ist, dass man weder die Ware anfassen kann noch einen Eindruck vom Personal des Geschäfts bekommt. Beim stationären Handel hilft oft der erste Eindruck, um die Qualität der Produkte und die Seriosität des Verkäufers einzuschätzen. In diese Bresche springen Produkt- und Shop-Bewertungen. Laut einer Studie des Branchenverbandes BITKOM liest jeder zweite Online-Shopper Bewertungen, die andere Kunden geschrieben haben.

Newsletter

Haben wir etwas falsch gemacht?

Schade, dass Du unseren Newsletter nicht mehr beziehen möchtest.

Haben wir etwas falsch gemacht? Kommt der Newsletter zu häufig oder ist er Dir nicht relevant genug? Bitte nutze doch das Formular unten, um uns Feedback zu geben, denn wir möchten uns stetig verbessern und auf die Wünsche unserer Kunden eingehen.

Und vielleicht gibst Du uns ja eine zweite Chance...

Dein Feedback hilft uns, den Newsletter ständig zu verbessern:

- ○ **Alles OK, ich bin einfach nur nicht mehr interessiert.**
- ○ **Ich kann mich nicht erinnern, mich angemeldet zu haben.**
- ○ **Euer Newsletter ist mir zu kommerziell.**
- ○ **Sorry, aber euer Newsletter kommt daher wie Spam.**
- ● **Meine Gründe für die Abmeldung sind:**

[Absenden]

[« zurück zu unserer Website]

Abbildung 4-72: Umfrage bei der Abmeldung von Newslettern

Zur schnellen Orientierung dienen dabei die Sterne-Bewertungen. Eine Skala von 5 Sternen hat sich als Standard etabliert, Produkte und Shops, die weniger als 4 Sterne haben, werden es meist schwer haben, Kunden zu finden. Auf dem Bild sieht man, wie die Stern-Bewertungen zum Beispiel in Google-AdWords-Anzeigen einfließen. Potenzielle Käufer werden sicherlich zu den beiden Angeboten mit den hohen Bewertungen tendieren. Amazon.de mit lediglich 3,9 Sternen nimmt eine Sonderstellung ein – durch den bloßen Namen Amazon.

Jan Kurtz Möbel-Webshop
www.**jan-kurtz**-shop.de/ ▾
4,7 ★★★★☆ Bewertung für Anbieter
0800 5893411502
Edle Wohnaccessoires und **Möbel**.
Ohne Versandkosten. Jetzt kaufen!

JAN KURTZ® Möbel Shop
www.ambientedirect.com/**JanKurtz** ▾
4,0 ★★★★☆ Bewertung für Anbieter
Jan Kurtz Tische und Stühle
24h Versand, Top Auswahl, 3% Skonto

Der **Jan Kurtz** Onlineshop
www.die-**moebel**freunde.de/**Jan-Kurtz** ▾
Hier **Jan Kurtz Möbel** bestellen!
Große Auswahl & günstige Preise

Jan Kurtz bei Amazon.de
www.amazon.de/**jan+kurtz** ▾
3,9 ★★★★☆ Bewertung für amazon.de
Jan Kurtz zu Spitzenpreisen.
Kostenlose Lieferung ab € 20

Abbildung 4-73: Bewertungssterne bei Google-AdWords-Anzeigen

Kurzum: Sterne gehören zum Geschäft! Gerade wenn Sie einigen Wettbewerb in Ihrem Marktsegment haben, können Bewertungen den Ausschlag geben. Zu unterscheiden ist hier zwischen Produktbewertungen und Shop-Bewertungen.

Produktbewertungen

Als Teil der Produktdetailseite haben wir über Produktbewertungen im Abschnitt »Produktbewertungen mit Sternen« auf Seite 150 schon mehrfach gesprochen. Wenn Sie Ihren Kunden die Bewertung von Produkten ermöglichen, geben Sie nicht nur anderen Kunden eine Entscheidungshilfe an die Hand, sondern erhalten auch ein sehr effektives Frühwarnsystem, sollte etwas mit der Produktqualität nicht stimmen.

Sehr vorbildlich hat dies *www.jako-o.de*, ein Versandhändler für Kindermode, gelöst. Im Online-Shop wurde konsequent für jedes Produkt eine Bewertungsmöglichkeit eingeführt. Das Bild zeigt, wie diese Bewertungen nicht nur auf den Produktdetailseiten, sondern bereits auf der Produktübersichtsseite eingeblendet werden. In Klammern hinter den Bewertungspunkten wird die Anzahl der Bewertungen angezeigt. Hat ein Produkt mit 4 Sternen lediglich drei Bewertungen, hat das für den potenziellen Käufer weniger Relevanz, als wenn das Produkt 40 Bewertungen hätte.

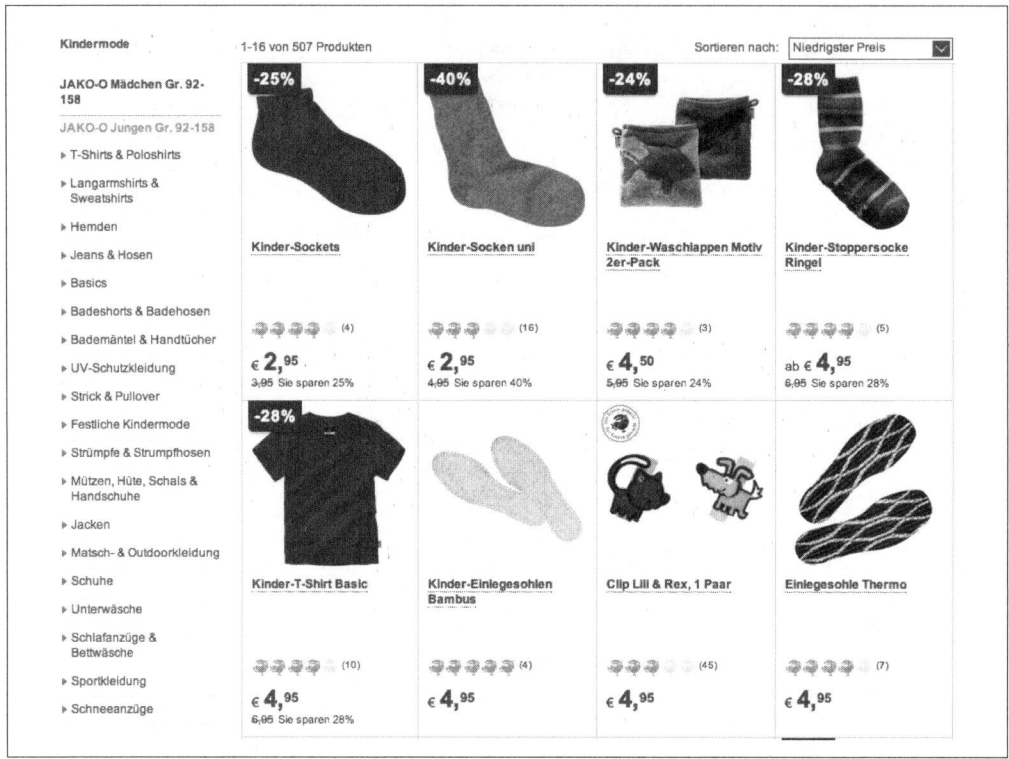

Abbildung 4-74: Produktbewertungen in der Übersichtsseite des Shops

Nachdem die Übersicht der groben Orientierung diente, können potenzielle Kunden auf der Produktdetailseite die einzelnen Bewertungen einsehen, wie auf dem folgenden Bild dargestellt. Zur Glaubwürdigkeit trägt bei, dass Jako-O schlechte Bewertungen nicht löscht. So bekommen potenzielle Kunden einen ausgewogenen Überblick über die Erfahrungen anderer Eltern mit den jeweiligen Produkten.

Es ist anzunehmen, dass bei Jako-O Mitarbeiter damit betraut sind, neue Bewertungen zumindest grob zu sichten. Zumindest schlechte Bewertungen sollten quantitativ erfasst werden. Eine Häufung von schlechten Bewertungen bei einem Produkt können in dem Fall Überprüfungen der Qualität nach sich ziehen – im Extremfall kann das Produkt aus dem Programm genommen oder der Lieferant gewechselt werden.

Abbildung 4-75: Detailansicht der Bewertungen bei Jako-0

Neben der Information der Kunden hat das Sammeln von Bewertungen auf Produktebene in letzter Zeit zusätzliche Relevanz. Auf dem nächsten Bild ist ein Auszug aus den Google-Suchergebnissen zu sehen. Es handelt sich dabei um ein organisches, also nicht über AdWords-Werbung bezahltes Ergebnis. Zunehmend erscheinen Produktbewertungen auch in den Suchergebnissen und vermitteln so bereits während der Recherchephase einen direkten Eindruck.

Kinder-Frottee T-Shirt online bestellen - JAKO-O
www.jako-o.de/produkte-kindermode-maedchen-mode-gr-92-158-t-shir... ▾
★★★☆☆ Bewertung: 3 - 5 Erfahrungsberichte - 14,95 € - Auf Lager
Mädchen-T-Shirt Strand € 17,95. Kinder-T-Shirt Ringelripp JAKO-O € 14,95. Kinder-Tier-T-Shirt JAKO-O€ 12,95 € 9,95. **Kinder-T-Shirt Reise JAKO-O**€ 12,95 € 9, ...

Abbildung 4-76: Produktbewertungen in einem regulären Google-Suchergebnis

Strukturierte Daten. Damit sich diese Ergebnisse in der Google-Suche niederschlagen, muss der Shop mitwirken. Über sogenannte Mikrodatenformate bzw. »Structured Data« kann man zahlreiche Angaben in maschinenlesbarer Form auf einer Website einbauen. Diese Daten sind für den normalen Besucher der Seite nicht zu sehen, können aber von Suchmaschinen ausgewertet werden. In einem Online-Shop kann neben Produktinformationen auch die Produktbewertung über Mikrodaten übertragen werden.

Über das Google-Structured-Data-Testing-Tool unter *www.google.de/webmasters/tools/richsnippets* kann jeder die auf einer Website versteckten Mikrodaten anzeigen lassen. Das Bild zeigt die Analyse der Seite aus dem Jako-O-Shop. Über das Datenformat »Item«

wird neben dem Produktnamen auch die Bewertung »3« und der Bewertungsrahmen »5« übermittelt.

Diese Daten übermittelt der Shop übrigens selbst. Das Missbrauchspotenzial liegt auf der Hand, und deswegen setzen sich diese Angaben erst allmählich in den Suchergebnissen durch, da Google scheinbar noch zögert, sie großflächig anzubieten. Experten erwarten, dass es in absehbarer Zeit zunehmend Produktbewertungen in den Suchergebnissen geben wird. Das sollte Sie aber nicht davon abhalten, die entsprechenden Angaben vom Shop bereits übermitteln zu lassen, um den positiven Effekt zu nutzen, wenn sie angezeigt werden.

Abbildung 4-77: Bei der Implementierung von strukturierten Daten ist das Google Test-Tool eine unverzichtbare Hilfe

Wer darf bewerten? Natürlich möchten Sie nur Produktbewertungen erhalten, die sich tatsächlich auf das bei Ihnen gekaufte Produkt beziehen. Bewertungen nach »Hörensagen«, die vielleicht gar nicht das konkrete, sondern nur ein ähnliches Produkt betreffen, können verwirren oder gar schaden. Der Gedanke liegt also nahe, nur den Käufern eines Produkts die Bewertung zu erlauben. In der Praxis wirft das aber einige Probleme auf.

Zum einen setzt es ein Kundenkonto in ihrem Shop voraus. Im Abschnitt »Registrierung/Anmeldung« auf Seite 175 haben wir aber gelesen, dass ihr Shop auch das Bestellen ohne Kundenkonto ermöglichen sollte. Hat jemand die Möglichkeit wahrgenommen, als Gast zu bestellen, kann er bei restriktiver Handhabung des Bewertungssystems danach keine Bewertungen abgeben.

Zum anderen gibt es oft den Fall, dass ein gekauftes Produkt anschließend verschenkt wird. Der ursprüngliche Käufer kann wenig über das Produkt sagen – der Beschenkte schon. Auch ihm wird eine – vielleicht positive – Bewertung vorenthalten, außer, er bemüht den Käufer (wenn er denn ein Kundenkonto hat).

Es spricht daher einiges dafür, die Bewertungsmöglichkeit nicht an ein Kundenkonto zu knüpfen, sondern allgemein freizugeben. Ein so offener Umgang mit Kundenbewertungen benötigt natürlich klare Spielregeln. Auch hier zeichnet sich Jako-O durch eine sehr offene Kommunikation aus, wie auf dem Bild zu sehen ist. So behält man sich das Recht der Löschung vor, gibt aber gleichzeitig an, in welchen Fällen dies erfolgt, zum Beispiel, wenn es sich gar nicht um ein Produkt des Shops handelt.

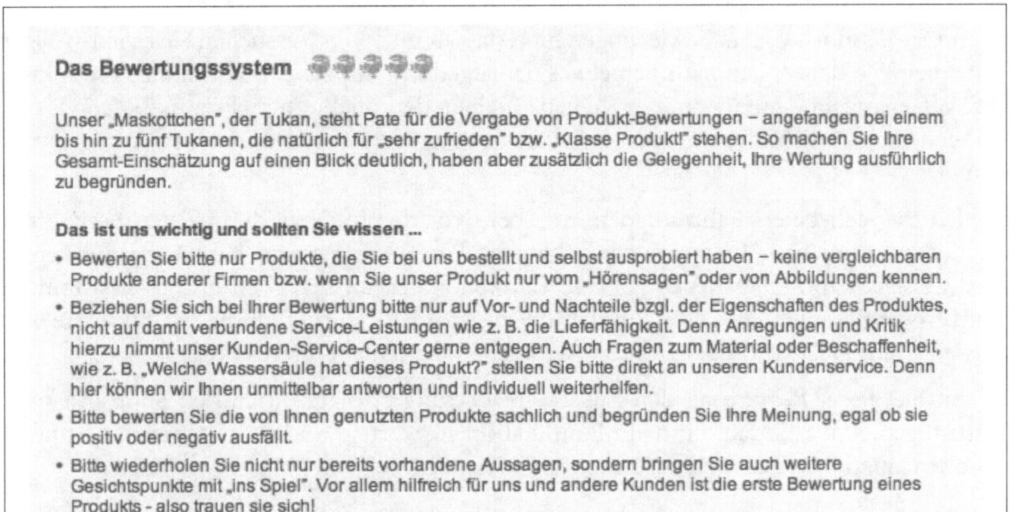

Das Bewertungssystem 🐦🐦🐦🐦🐦

Unser „Maskottchen", der Tukan, steht Pate für die Vergabe von Produkt-Bewertungen – angefangen bei einem bis hin zu fünf Tukanen, die natürlich für „sehr zufrieden" bzw. „Klasse Produkt!" stehen. So machen Sie Ihre Gesamt-Einschätzung auf einen Blick deutlich, haben aber zusätzlich die Gelegenheit, Ihre Wertung ausführlich zu begründen.

Das ist uns wichtig und sollten Sie wissen ...

* Bewerten Sie bitte nur Produkte, die Sie bei uns bestellt und selbst ausprobiert haben – keine vergleichbaren Produkte anderer Firmen bzw. wenn Sie unser Produkt nur vom „Hörensagen" oder von Abbildungen kennen.
* Beziehen Sie sich bei Ihrer Bewertung bitte nur auf Vor- und Nachteile bzgl. der Eigenschaften des Produktes, nicht auf damit verbundene Service-Leistungen wie z. B. die Lieferfähigkeit. Denn Anregungen und Kritik hierzu nimmt unser Kunden-Service-Center gerne entgegen. Auch Fragen zum Material oder Beschaffenheit, wie z. B. „Welche Wassersäule hat dieses Produkt?" stellen Sie bitte direkt an unseren Kundenservice. Denn hier können wir Ihnen unmittelbar antworten und individuell weiterhelfen.
* Bitte bewerten Sie die von Ihnen genutzten Produkte sachlich und begründen Sie Ihre Meinung, egal ob sie positiv oder negativ ausfällt.
* Bitte wiederholen Sie nicht nur bereits vorhandene Aussagen, sondern bringen Sie auch weitere Gesichtspunkte mit „ins Spiel". Vor allem hilfreich für uns und andere Kunden ist die erste Bewertung eines Produkts - also trauen sie sich!
* Die Länge Ihrer Elternmeinung ist auf 400 Zeichen begrenzt.
* Die Abgabe einer Produktbewertung ist nicht an ein Mein JAKO-O-Konto gebunden. Sie müssen sich also vorher nicht einloggen oder anmelden.
* Ihre Elternmeinung ist nach einem Klick auf „Absenden" sofort online. Hiermit erkennen Sie auch unsere unten stehenden Nutzungsbedingungen an.

Rechtliche Hinweise:

Schreiben Sie präzise und sachlich. Nutzen Sie diese Plattform nicht zur Veröffentlichung von kommerziellen, politisch radikalen, rassistischen, pornographischen, obszönen, strafbaren, verleumderischen oder sonstigen rechtswidrigen Inhalten. Auch persönliche Informationen wie Ihre E-Mail-Adresse, Telefonnummer oder eine URL haben in einer Elternmeinung nichts zu suchen. Die Bezugnahme auf externe Quellen oder die Verwendung für komerzielle Zwecke ist ebenfalls nicht gestattet. Mit dem Absenden eines Eintrages erklären Sie sich damit einverstanden, dass der Beitrag Eigentum von JAKO-O wird und veröffentlicht sowie weiterverwendet werden kann. Ein Anspruch auf Veröffentlichung besteht jedoch nicht. Ihr Name wird nur angezeigt, wenn Sie diesen angeben. Bitte bedenken Sie, dass auch nach der Löschung des Beitrages Ihr Name in den Suchmaschinen gespeichert sein kann. Auf diese Einträge haben wir keinen Einfluss.

JAKO-O behält sich vor, Einträge zu kürzen, sinngemäß zu verändern oder ggf. auch zu entfernen, sollte sich der Eintrag nicht auf die Eigenschaften oder Funktionalitäten des Produkts beziehen oder gegen diese Nutzungsbedingungen verstoßen. Die Einträge und Informationen geben nicht die Meinung von JAKO-O wieder, es sei denn, es handelt sich ausdrücklich um einen Beitrag von uns. Ein Anspruch auf Entlohnung oder bevorzugte Behandlung bei Gewinnspielen für abgegebene Elternmeinungen besteht nicht.

Abbildung 4-78: Die Bewertungsrichtlinien von Jako-O regeln auch, wann eine Bewertung gelöscht wird

Bewertungen erhalten. Ein neuer Shop startet naturgemäß ohne jegliche Produktbewertungen. Das ist wenig hilfreich für potenzielle Kunden, die Orientierung suchen. Wir werden immer wieder von Shop-Betreibern gefragt, ob man nicht einen Grundstock an Bewertungen selber schreiben kann?

Die Versuchung, dies zu tun, ist gerade am Anfang groß. Versuchen Sie stattdessen eher, die ersten Kunden zur Abgabe einer Bewertung zu bewegen. Eine persönliche E-Mail, in der Sie sich für den Einkauf bedanken und darauf hinweisen, dass eine Produktbewertung hilfreich wäre, kann oft den gewünschten Effekt erzielen. Machen Sie es dem Kunden einfach und hinterlegen Sie direkt den Bewertungslink in dieser E-Mail.

Wenn Sie dennoch eigene Bewertungen hinterlassen möchten, versuchen Sie es mit völliger Offenheit. Sie haben sich natürlich etwas dabei gedacht, als sie ein bestimmtes Produkt in Ihr Warenangebot aufgenommen haben. Neben der nüchternen Produktbeschreibung können Sie natürlich Ihre ganz persönlichen Beweggründe in eine Nutzerbewertung eintragen.

Stellen Sie sich einen Fahrradladen vor, bei dem der Inhaber die meisten verkauften Modell persönlich nicht nur ausgewählt, sondern auch getestet hat. Aufgrund seines Fachwissens kann er für jedes Fahrrad Empfehlungen aussprechen und es bestimmten Nutzertypen empfehlen. Diese Empfehlungen können natürlich in die Produkttexte einfließen – sie als Bewertung zu hinterlassen, ist aber auch ein interessanter Ansatz.

Wenn Sie dieser Bewertung den Zusatz »Bewertung erfolgte durch den Shop-Inhaber« hinzufügen, kann niemand Ihnen Manipulation vorwerfen, und die potenziellen Kunden erhalten einen interessanten zusätzlichen Eindruck.

Gefälschte Produktbewertungen. Das ZDF-Wirtschaftsmagazin WISO schätzt, dass bis zu 30% aller Bewertungen gefälscht sind, und hat in der Sendung vom 24.02.2014 einen Unternehmer interviewt, der das Verfassen von Bewertungen als kommerzielle Dienstleistung anbietet (*http://aix.li/wisobewertung*). Gefälschte Bewertungen sind seit Jahren ein Thema. Zunächst hauptsächlich im Reise- und Gastronomiebereich, mittlerweile ist zunehmend auch der E-Commerce-Bereich davon betroffen.

Dabei sind es nicht nur gefälschte Positivbewertungen für Produkte und Shops, sondern auch gefälschte Negativbewertungen durch Mitbewerber oder Neider, die das Bild verzerren. Widerstehen Sie der Versuchung, sowohl den eigenen Produkten durch anonyme, falsche Positiv-Kommentare »nachzuhelfen« als auch dem Konkurrenten Negativ-Reviews zu hinterlassen. Sie können leicht das Vertrauen Ihrer Kunden verlieren, wenn solche Praktiken ruchbar werden. Im Endeffekt nützen sie niemandem.

Zusätzliche Informationen zu Produktbewertungen finden Sie im Unterkapitel »Produktdetailseite« auf Seite 131.

Shop-Bewertungen

Stehen bei Produktbewertungen die Eigenschaften und die Qualität eines einzelnen Artikels im Vordergrund, geht es bei den Shop-Bewertungen primär um die Faktoren Kundenservice, Geschwindigkeit und Zuverlässigkeit, aber auch um die versandten Waren insgesamt. Positive Shop-Bewertungen gehören zu den »Trust Signals«, den Merkmalen eines Online-Shops, die potenziellen Kunden zeigen, dass dem Shop vertraut werden kann.

Im Gegensatz zu Produktbewertungen, die intern im Online-Shop erstellt und gesammelt werden, hat sich für den Bereich der Shop-Bewertungen eine eigene Branche etabliert, in der externe Prüfstellen wie Trustpilot, Veristore, Shopauskunft oder EHI die Bewertungen der Kunden sammeln und den Shops Prüfsiegel vergeben. Selbst der TÜV ist in diesem Bereich aktiv und bietet unter dem Begriff »s@fer-shopping« seit dem Jahr 2001 ein eigenes Gütesiegel an. Lediglich Trusted Shops, EHI und der TÜV-Süd bieten eine Prüfung des Shops durch eigene Experten an (bzw. setzen sie sogar voraus). Die anderen Anbieter begnügen sich damit, Kundenbewertungen zu sammeln.

Trusted Shops. Der älteste und bekannteste Vertreter der Prüfinstitute ist die 1999 in Köln gegründete Trusted Shops GmbH, die mit knapp 18.000 zertifizierten Online-Shops europäischer Marktführer im Bereich der Zertifizierungen ist. Trusted Shops prüft anhand von über 100 Kriterien jeden einzelnen Shop. Basis ist ein detailliertes Prüfprotokoll, das zahlreiche Aspekte abdeckt. Allgemeine Geschäftsbedingungen und Widerrufsbelehrung gehören ebenso zu den zu prüfenden Bereichen wie die korrekte Angabe der Versandkosten oder der Lieferzeit. Die Prüfer legen durchaus strenge Maßstäbe an: Sie werden eine Prüfung kaum beim ersten Mal schaffen.

Auch wenn der Prüfvorgang Shop-Betreiber und E-Commerce-Agentur mitunter ziemlich nervt – besonders wenn zwei- oder dreimal nachgebessert werden muss –, bedeutet die erfolgreiche Prüfung für den Shop-Betreiber eine ziemliche Sicherheit, denn der Shop ist von dritter Stelle nun gründlich auf Herz und Nieren getestet worden. Diese Prüfung, wenngleich sehr gründlich, ersetzt jedoch nicht die rechtliche Prüfung durch einen auf E-Commerce spezialisierten Anwalt (siehe Kapitel 3, *Rechtliche Aspekte,* auf Seite 273).

Sobald die Prüfung abgeschlossen ist, kann das Trusted-Shops-Prüfsiegel auf der Website eingebunden werden. Klickt ein Besucher des Shops auf das Siegel, wird er auf die Zertifikatsseite von Trusted Shops weitergeleitet, wo er das Zertifikat des Shops einsehen kann, wie auf dem Bild zu sehen.

Kunden des Shops haben die Möglichkeit, Ihre Bewertung in den Kategorien Lieferung, Ware und Kundenservice abzugeben. Dabei muss der Kunde mindestens eine der Kategorien auswählen, kann aber auch zwei oder alle drei bewerten. Jede Bewertung muss zudem einen kurzen Kommentar enthalten.

Trusted Shops erlaubt nur tatsächlichen Käufern die Bewertung. Die Authentifizierung geschieht dabei über die Nummer der Bestellung und die E-Mail-Adresse des Käufers – beide Daten werden vom Shop an Trusted Shops übermittelt, wenn der Kunde auf den Bewertungslink klickt. Die Abbildung 4-80 zeigt das Beispiel einer ausgefüllten Bewer-

Abbildung 4-79: Trusted-Shops-Prüfzertifikat

tung. Über die Mail-Adresse und die Bestellnummer kann der Shop-Betreiber die Bewertungen den tatsächlichen Bestellungen zu ordnen und eventuelle Probleme klären.

Mit etwas Aufwand können Trusted-Shops-Bewertungen auch manuell, ohne Übermittlung der Eckdaten durch den Shop, hinterlassen werden. Hierfür müssen die Bestellnummer und die E-Mail-Adresse von Hand eingegeben werden. Die Erfahrung zeigt, dass Kunden diesen komplizierten Weg meist nur gehen, wenn sie sich beschweren möchten. Wir hatten in unserer Praxis schon häufiger den Fall, dass diese Beschwerde den falschen Shop getroffen hat. Kommt das vor, muss gegenüber Trusted Shops der Nachweis erbracht werden, dass es sich tatsächlich um eine falsche Bewertung, die nichts mit einem tatsächlichen Einkauf zu tun hat, handelt.

Abbildung 4-80: Trusted-Shops-Bewertungen können von jedermann eingesehen werden

Neben der Möglichkeit, den Einkauf sofort zu bewerten (also bevor die Ware eingetroffen ist), ermöglicht Trusted Shops auch eine »Später Bewerten«-Funktion, bei der der Kunde nach 7 Tagen eine Aufforderungs-Mail von Trusted Shops erhält, seinen Einkauf zu bewerten. Obwohl dies die eigentlich logischere Variante ist – schließlich sollte die Ware in der Zwischenzeit angekommen sein –, ist in der Praxis das Verhältnis von sofort und später bewerten in etwa ausglichen.

Tipp

Die »Später bewerten«-Funktion können Sie auch selbst als eine der Maßnahmen des E-Mail-Marketings mittels Autoresponder umsetzen. Das hat den Vorteil, dass die Bitte um Bewertung nicht von einer dritten Seite, sondern von Ihnen selbst kommt und zum Beispiel durch die freundlichen Frage, ob man insgesamt zufrieden ist, ergänzt werden kann. Mehr zu diesem Thema im Abschnitt »Autoresponder« auf Seite 428.

Der Mittelwert der Bewertungen kann in einem kleinen grafischen Element, dem »Widget«, tagesaktuell im Online-Shop angezeigt werden. Ein Klick auf das Widget führt den Besucher auf die Detailseite der Shop-Prüfung, wo die Einzelbewertungen eingesehen werden können.

Als besondere Leistung bietet Trusted Shops den »Käuferschutz« an. Er kann nach dem Kauf zwischen dem Kunden und Trusted Shops kostenfrei abgeschlossen werden und stellt eine Versicherung für den Einkauf dar. Liefert der Händler nicht, ist die Ware beschädigt oder gibt es sonstige Probleme zwischen Händler und Kunde wegen des Einkaufs, springt Trusted Shops ein und erstattet dem Käufer den Kaufpreis bis zu einer Obergrenze von 2.500 €. Unserer Erfahrung nach wird der Käuferschutz in der Praxis so gut wie nie in Anspruch genommen. Dennoch hat er einen positiven Effekt auf potenzielle Kunden.

Der Händler muss für die Nutzung von Trusted Shops einige Kosten in den Businessplan (siehe Kapitel 2, *Business-Plan,* auf Seite 14) einkalkulieren. Die Grundeinrichtung mitsamt der Shop-Prüfung kostet einmalig 89 €. Hinzu kommt eine monatliche Grundgebühr von mindestens 10 €, gestaffelt nach Jahresumsatz, für die Nutzung des Käuferschutzes und eine monatliche Grundgebühr von 39 € pro angeschlossenem Shop. Diese Gebühr kann sich unter Umständen auf 29 € verringern, wenn eine vorzertifizierte Shop-Software wie zum Beispiel OXID eShop zum Einsatz kommt. Zusätzlich kann man weitere Module und Dienstleistungen buchen. Sinnvoll ist beispielsweise das Modul »Google Integration«, über das die Bewertungen der Kunden an Google weitergemeldet werden. Dieses Modul schlägt mit 19 € im Monat zu Buche, so dass typischerweise monatliche Kosten von 58 € anfallen.

eKomi. Erst 2008 gegründet hat sich eKomi mittlerweile in der Wahrnehmung zur Nummer 2 der Shop-Bewerter gemausert. Das Unternehmen hat seinen Hauptsitz in Berlin, ist aber von der Rechtsform her eine britische Limited mit Sitz in einem kleinen Gewerbepark in Berkshire. Der Fokus von eKomi ist deutlich weiter gefasst. Man versteht sich als »Feedback Company«, die Kundenmeinungen und Kundenbewertungen aller Art sammelt. Somit stellen Online-Shops nur einen Teil der Kunden dar. Man findet ebenso Unternehmen als auch Ärzte, Berater und Rechtsanwälte unter den Kunden. eKomi erlaubt neben Online-Käufen auch die Bewertung anderer Vorgänge wie zum Beispiel Beratungsgespräche, Schulungen oder Downloads. Konsequenterweise ist das kommerzielle Modell an die Anzahl der Bewertungen pro Monat gekoppelt.

Eine Prüfung des Shops findet nicht statt – das Bewertungssystem kann sofort eingebaut werden. Ein Klick auf das Symbol leitet den Besucher auf eine Zertifikatsseite (s. Abbildung 4-82), auf der die Bewertungen übersichtlich dargestellt werden. Seit Kurzem bietet eKomi neben den Shop-Bewertungen auch Produktbewertungen an. Für die

Abbildung 4-81: Übersicht über die Bewertungen für einen Online-Shop

gängigen Shop-Systeme wie Magento, Shopware, OXID eShop stehen Module bereit, über die der Kunde neben dem Shop auch die jeweiligen Produkte bewerten kann. Diese Bewertungen werden unmittelbar an den Shop übertragen und dort angezeigt.

Das Preismodell wird leider nicht sehr offen vermittelt, und unsere Erfahrungen zeigen, dass man recht schnell individuelle Angebote telefonisch mit einem Berater verhandeln muss. Auch bei eKomi muss man für die Übermittlung der Bewertungen an Google separat bezahlen, ebenso wie beim Überschreiten der monatlichen Maximalbewertungen.

Abbildung 4-82: eKomi-Shop-Bewertungen

Weitere Prüfsiegel. Neben diesen beiden großen Anbietern gibt es eine ganze Reihe anderer Anbieter, die teilweise nur in bestimmten Branchen operieren oder aus dem Ausland stammen und hierzulande erst Fuß zu fassen versuchen. Exemplarisch stellen wir hier vier weitere Anbieter vor.

EHI. Ebenfalls 1999 in Köln gegründet, vergibt das EHI Retail Institute e. V. (vormals EuroHandelsinstitut e. V.) das Prüfsiegel »EHI-geprüfter Online-Shop«. Der Shop wird einer ausführlichen Prüfung unterzogen. Als Alleinstellungsmerkmal muss sie jährlich kostenpflichtig wiederholt werden. Preislich schlägt sie mit mindestens 750 €/Jahr zu Buche, dafür fallen aber keine weiteren Kosten an.

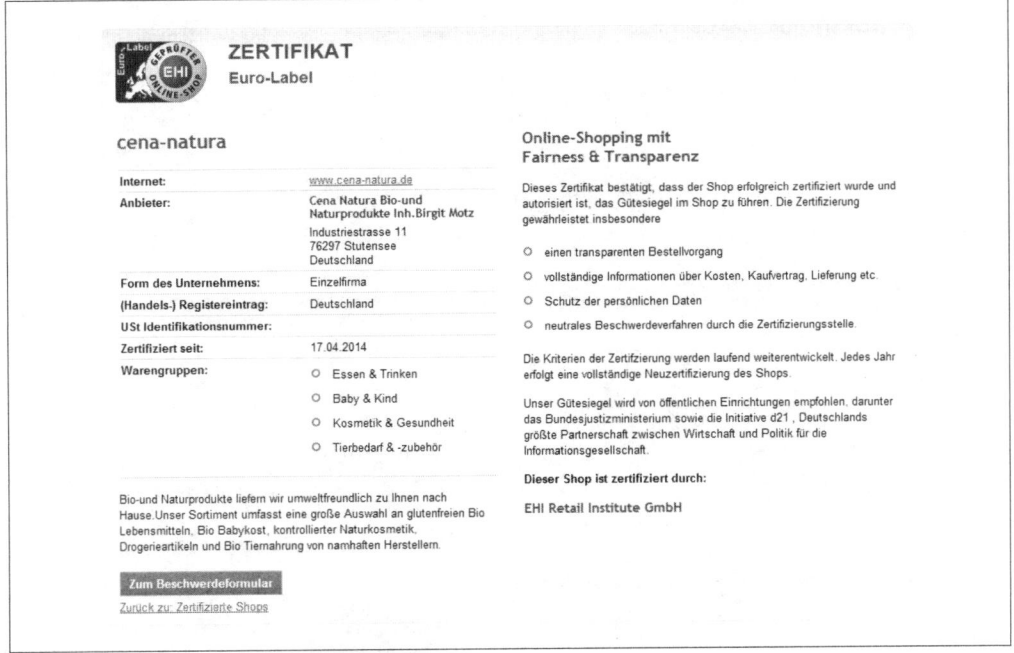

Abbildung 4-83: EHI-Prüfsiegel

Das EHI-Siegel beinhaltet keine Kundenbewertungen, sondern bezieht sich ausschließlich auf die Prüfungen. Mit Klick auf das Siegel gelangt der Kunde auf eine Seite, über die das Zertifikat eingesehen werden kann, wie auf dem Bild zu sehen. Um Kundenbewertungen zu sammeln, kooperiert EHI mit eKomi.

Shopauskunft. Das Unternehmen wurde 2006 in Hamburg gegründet und ist einer der preisgünstigsten Anbieter. Auch hier konzentriert man sich ausschließlich auf Bewertungen, eine Prüfung des Shops ist nicht vorgesehen. Dafür können Bewertungen in insgesamt 6 Kategorien abgegeben werden. Neben den üblichen Kategorien anderer Bewertungsplattformen kommen bei Shopauskunft noch die Punkte Bedienerfreundlichkeit, Produktauswahl und Preisgestaltung hinzu.

Gerade für kleine Shops gibt es ein Lockangebot, das komplett kostenlos ist, dafür aber insgesamt maximal 30 Bewertungen erlaubt. Das ist wenig zielführend, da eigentlich eine viel größere Zahl an Bewertungen angestrebt werden sollte. Insgesamt ist das Preismodell überschaubar – Google bekommt die Bewertungen ohne Zusatzkosten gemeldet.

Auch hier führt ein Klick auf das Bewertungslogo zu einer Übersichtsseite, wie auf dem Bild zu sehen ist. Neben den Angaben zur Bewertung findet sich eine Zusammenstellung, wie sich die Bewertungen im Laufe der Zeit entwickelt haben. »Schwächelt« ein ansonsten gut bewerteter Shop in jüngster Zeit, kann man dies klar erkennen.

Abbildung 4-84: Shopauskunft zieht sechs Kriterien zur Bewertung heran

Trustpilot. Trustpilot wurde 2007 in Dänemark gegründet und ist in ganz Europa aktiv. Laut eigener Aussage ist Trustpilot das größte Bewertungsportal Europas, lässt aber belastbare Zahlen hierzu vermissen. Die Firma zählt einige sehr bekannte Marken zu ihren Kunden, darunter das Reiseportal *Booking.com*. Beim Preismodell hält man sich auch hier bedeckt, lediglich das Einstiegsangebot für 79 € im Monat wird angegeben. Dafür ist die Übermittlung der Ergebnisse an Google explizit eingeschlossen.

Veristore. Veristore ist die jüngste Plattform in dieser Übersicht. Sie wurde im Sommer 2014 gegründet und zielt auf Kunden ab, die hohe monatliche Kosten und größeren Integrationsaufwand in den Onlineshop scheuen. Das Preismodell beginnt bei 39 € im Monat.

Für die gängigen Shopsysteme, unter anderem für OXID eSales, wird die Integration der »Bewerten Sie uns jetzt«-Mails angeboten. 10 Tage nach dem Kauf erhält der Käufer eine automatische Mail, die ihn um eine Bewertung bittet.

TÜV-Süd. Mit der s@fer-shopping-Kampagne bietet der TÜV-Süd mit Sitz in München ebenfalls ein Prüfsiegel an. Kernstück ist eine jährliche Überprüfung der Shops, die auch ein Vor-Ort-Audit beinhaltet und besonders auf die Aspekte Datensicherheit, Datenschutz und Zahlungsabwicklung abzielt. Die Kostenstruktur wird nicht vermittelt, da individuelle Angebote erstellt werden. Zur Zielgruppe gehören eher die größeren Shops, aber beispielsweise auch Reiseveranstalter oder Versicherungen mit ihren jeweiligen Web-Portalen.

Kundenbewertungen gibt es in dieser Form nicht, jedoch wird als Zusatzleistung die Kundenbefragung durch den TÜV angeboten. Es handelt sich dabei um punktuelle Befragungen und nicht um die fortlaufende Bewertungsmöglichkeit.

Der Mehrwert für den Händler liegt ganz klar in der Bekanntheit der Marke TÜV, was die Website auch klar herausstellt: »*TÜV ist eine der stärksten Marken überhaupt. Mit einem Bekanntheitsgrad von 99% im deutschsprachigen Raum können Sie nahezu jeden erreichen. Die Menschen verbinden mit dem Namen TÜV Unabhängigkeit, Vertrauen, Neutralität, Kompetenz und Unbestechlichkeit.*« Damit ist das TÜV-s@fer-shopping-Siegel auch ein Element, das andere Bewertungssysteme gut ergänzt und einen positiven Effekt auf Besucher hat.

Übersicht Shop-Gütesiegel

Manche Shops schmücken sich mit einer ganzen Galerie von Bewertungssiegeln unter dem Motto »Viel hilft viel«. Der positive Effekt dieser Maßnahme darf bezweifelt werden, insbesondere wenn der Nutzer sich zwischen verschiedenen Wegen, eine Bewertung abzugeben, entscheiden muss.

Tabelle 4-9: Shop-Bewertungsplattformen im Überblick

	Einrichtungs-gebühr / Prüfungsgebühr	Grundgebühr	Anzahl Bewertun-gen beim güns-tigsten Tarif	Shop-Prüfung	Bewertungen
EHI www.ehi-siegel.de	ab 750 €/Jahr	keine	keine	ja	nein
eKomi www.ekomi.de	99 € einmalig (Circa- Angabe, Angebote müssen individuell abgefragt werden)	ab 99 €/Monat	999/Monat	nein	ja
Shopauskunft www.shopauskunft.de	ab 0 €	ab 99 €/Jahr	50/Monat	nein	ja
Trusted Shops www.trustedshops.de	89 € einmalig	ab 49 €/Monat	unbegrenzt	ja	ja
Trustpilot www.trustpilot.de	keine	Ab 79 €/Monat	300/Monat	nein	ja
TÜV-Süd www.safer-shopping.de	auf Anfrage	auf Anfrage	keine	ja	nein
Veristore www.veristore.de	89 € einmalig	ab 39 €/Monat	1.500/Monat	nein	ja

Die Tabelle 4-9 gibt einen Überblick über die hier besprochenen Plattformen. Unsere Empfehlung geht ganz klar zu Trusted Shops, die nicht nur vom Preis/Leistungsverhältnis her mit das attraktivste Angebot unterbreiten, sondern vor allem in der Wahrnehmmung der Kunden die größte Akzeptanz haben.

Google und die Bewertungen

Google spielt im Bereich der Bewertungen eine doppelte Rolle. Für die meisten Online-Händler ist relevant, dass Google die positiven Bewertungen bei der bezahlten AdWords-Werbung (siehe Abschnitt »Google AdWords« auf Seite 353) einblendet.

Hierfür muss der Shop in den letzten 365 Tagen mindestens 100 Bewertungen mit 4 oder 5 Sternen erreicht haben. Beachten Sie, dass Google derzeit ca. 14 Tage »hinterherhinkt« – die Bewertungen also nicht tagesaktuell ermittelt werden. Schlechtere Bewertungen als 4 Sterne ignoriert Google.

Um diese Bewertungen zu erhalten, hat Google mit den maßgeblichen Anbietern von Bewertungsportalen Verträge abgeschlossen, die den Datenaustausch zum Inhalt haben. Einige Bewertungsportale lassen sich diesen Service vom Shop-Betreiber bezahlen, bei den kleineren Bewertungsportalen ist die Übermittlung an Google meist im Preis inbegriffen.

Tipp   Wenn Sie wissen möchten, welche Bewertung Ihres Shops (bzw. eines beliebigen Shops) Google überhaupt kennt, können Sie die Suchmaschine selbst fragen. Über die Adresse *http://www.google.de/shopping/seller?q=amazon.de* können Sie für beliebige Shops die Zusammensetzung und Herkunft der Shop-Bewertungen einsehen. Ersetzen Sie einfach »amazon.de« aus dem Beispiel durch die Adresse des Shops ohne den »www« Teil. So können Sie auch erkennen, wie aktuell die Ergebnisse sind, die Google über Ihren Shop gespeichert hat.

Google-zertifizierter Händler. Unter dem Namen »Google Trusted Stores« bietet Google in den USA seit einiger Zeit ein eigenes Gütesiegel an. Derzeit ist es als »Google-zertifizierter Händler« in Deutschland in einer Testphase und wird nur bei einzelnen Händlern eingesetzt.

Unter *https://services.google.com/fb/forms/zertifiziertehaendlerinterestde/* können sich interessierte Unternehmen auf eine Warteliste setzen lassen. Die Bedingungen der anderen Länder, in denen das Programm schon gestartet ist, legen nahe, dass Google eher die mittleren und großen Shops im Auge hat. So ist in Großbritannien beispielsweise ein monatliches Volumen von mindestens 200 Bestellungen eine Voraussetzung für die Teilnahme.

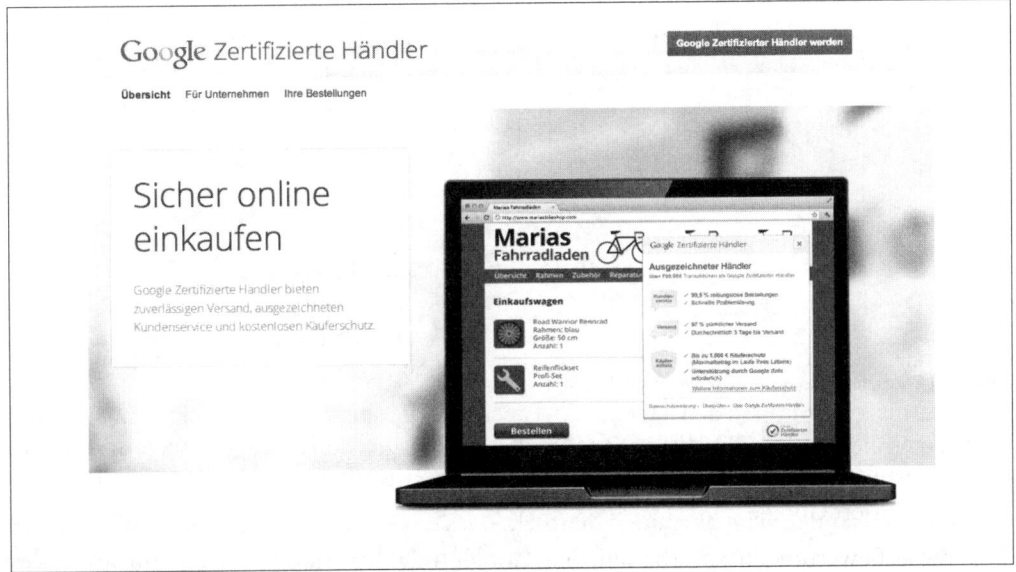

Abbildung 4-85: Das Zertifizierungsprogramm von Google ist noch in der geschlossenen testphase

Im Gegensatz zu den bisher vorgestellten Bewertungsplattformen verfolgt Google einen etwas anderen Ansatz. Wie auf dem folgenden Bild zu sehen ist, werden der Kundenservice und die Geschwindigkeit der Bestellung als Bewertungskriterium herangezogen. Das Google-Programm fokussiert diese vier Bereiche:

- Pünktlich versandte Bestellungen
- Schnelle Lieferzeit
- Schneller Kundenservice bei Problemen
- Geringer Prozentsatz von Problemfällen

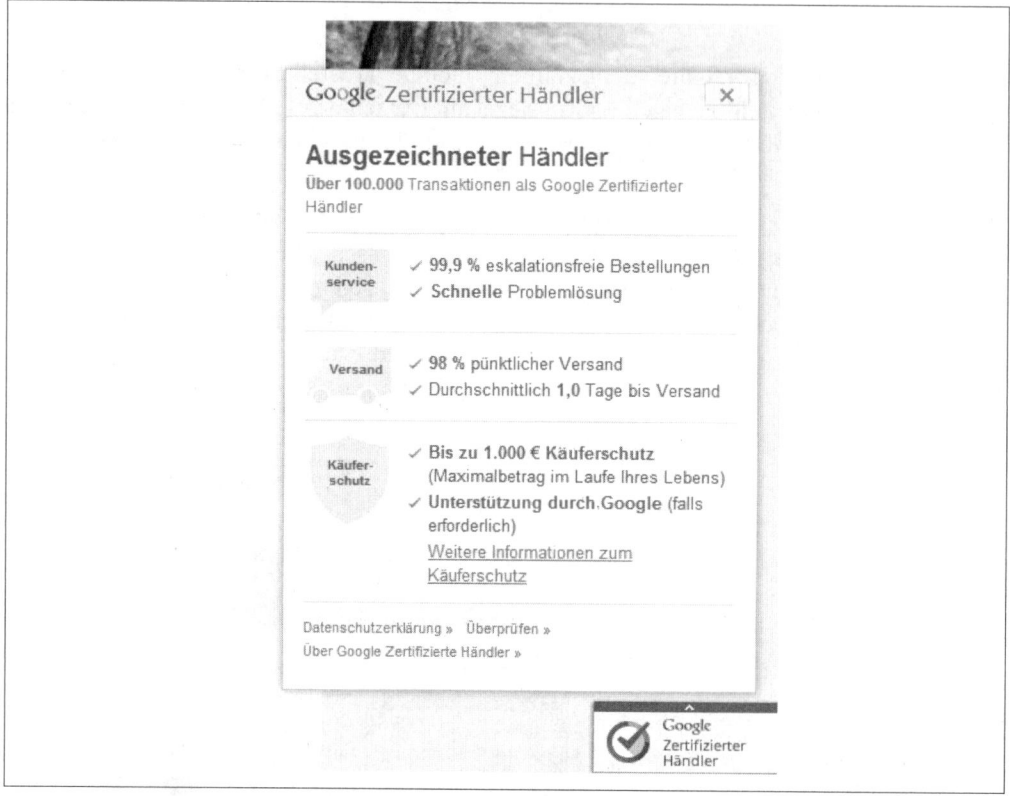

Abbildung 4-86: Google-Siegel bei www.fahrrad.de (Juni 2014)

Damit positioniert sich das Prüfsiegel in einer bisher nicht besetzten Nische und eignet sich gut als Ergänzung zu einem Bewertungssystem, das auf Kundenbewertungen setzt.

Der Kriterienkatalog zeigt aber auch deutlich, dass das Programm nicht ohne Weiteres zu implementieren ist, da zur Bewertung der einzelnen Punkte Informationen von Seiten des Shop-Systems nötig sind. Wann eine Bestellung versandt worden ist, kann von Google derzeit nicht festgestellt werden – hier müssen Schnittstellen in den Shop und gegebenenfalls in die Versandhandels-Software oder Warenwirtschaft eingebaut werden.

Als weiterer Punkt bietet das Google Zertifizierte Händler-Programm einen Käuferschutz nach dem Modell Trusted Shops an. Der Käuferschutz ist aber auf 1000 € begrenzt. Etwas irritierend ist die holperig übersetzte Aussage, es handle sich hierbei um einen »Maximalbetrag im Laufe des Lebens«.

Es bleibt abzuwarten, wie das Programm in der Praxis funktioniert und wie die ersten Erfahrungen damit sein werden. In Deutschland sind derzeit nur 6 Shops namentlich bekannt, die im Testbetrieb zum Google Zertifizierten Händler sind (darunter fahrrad.de und pearl.de).

pixi* Ausgezeichneter Versand

Eine interessantes Siegel im Bereich der Shop-Bewertungen hat der Hersteller der Versandhandels-Software pixi* (siehe gleichnamiges Kapitel) schon vor einigen Jahren eingeführt.

Aufgrung ihrer Konstruktion »weiß« die Versandhandels-Software, wann eine Bestellung eingegangen ist, wann sie bearbeitet und verpackt wurde und wann sie in den Versand gegangen ist. So kann die Software genau ermitteln, wie schnell die Bestellungen dem Versanddienstleister übergeben werden.

pixi* hat diese einfache Berechnung in ein schickes Siegel gepackt, das tagesaktuell die aktuelle Versandgeschwindigkeit des Shops anzeigt. Wie üblich führt ein Klick auf das Logo zu einer Übersichtsseite, die nochmal alle wichtigen Parameter auflistet.

Mit diesem Siegel erhält ein potenzieller Kunde einen unmittelbaren Einblick in die Abläufe des Shops. pixi* nimmt damit eine der Funktionalitäten des oben besprochenen Zertifizierten-Händler-Siegels von Google vorweg. Derzeit ist diese Lösung nur für Kunden der pixi*-Versandhandels-Software nutzbar – es steht zu erwarten, dass andere Software-Hersteller ähnliche Lösungen entwickeln werden.

Eigenes Siegel

Wenn »Trust Signals« und Bewertungssiegel so hilfreich im Kampf um die Kundengunst sind, andererseits aber einen nicht unerheblichen Kostenfaktor darstellen – warum dann nicht ein eigenes Siegel machen?

So seltsam das klingt – es funktioniert! Eine Google-Bildersuche nach »geprüfter Shop« bringt zahlreiche Siegel hervor, die teilweise von kleinen und kleinsten Prüfgesellschaften stammen oder direkt Bilddatenbanken wie Fotolia entnommen sind, wie auf dem Bild zu sehen.

Zwar haben Siegel wie Trusted Shops, eKomi und EHI – ganz zu schweigen vom TÜV-Siegel – eine ganz andere Relevanz bei den Kunden. Unterschwellig funktionieren aber auch die Fantasie-Siegel, die sich bewusst optisch an die Siegel der etablierten Hersteller anlehnen.

Unsere Empfehlung geht eindeutig hin zu einem der etablierten Anbieter. Wenn es aber darum geht, einen Prüfzeitraum zu überbrücken oder derzeit noch kein Budget für ein richtiges Siegel im Businessplan vorhanden ist, ist ein Fantasie-Siegel besser als nichts.

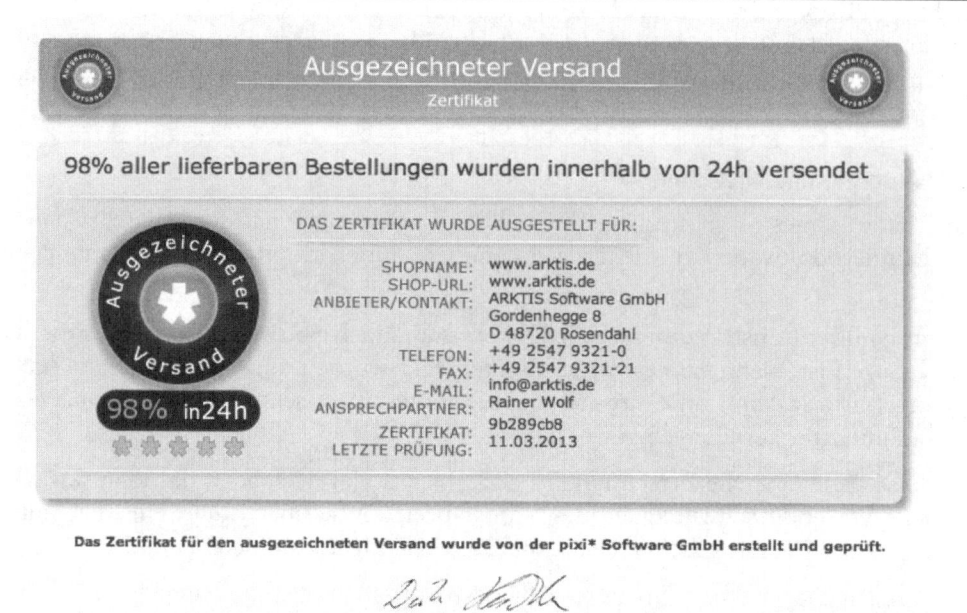

Abbildung 4-87: pixi* informiert per Siegel über die Versandgeschwindigkeit im Shop

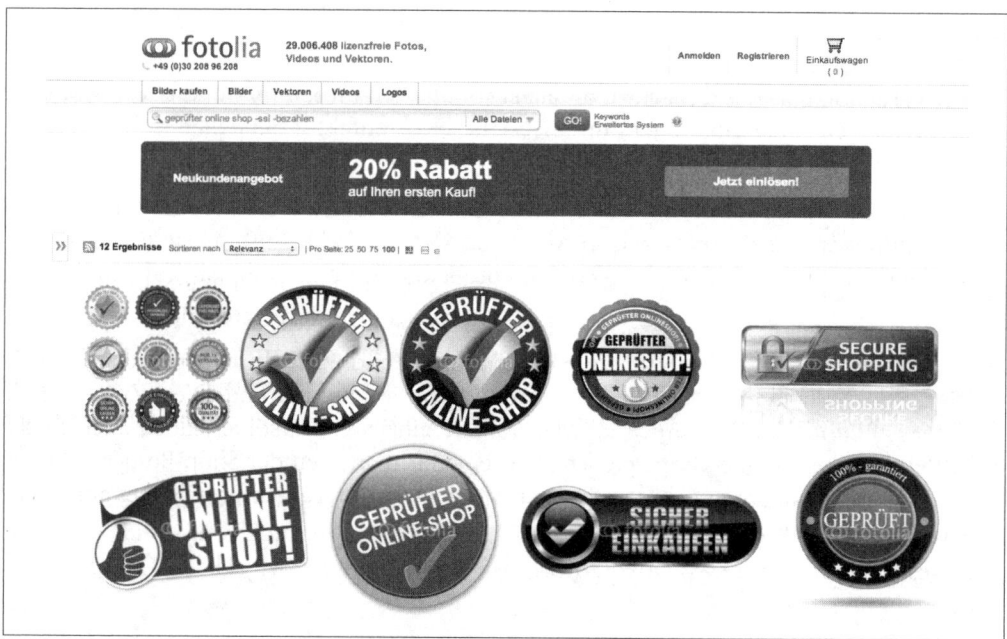

Abbildung 4-88: Bilddatenbanken bieten eine große Auswahl an Fantasie-Siegeln

Gutscheine und Aktionen

Wenn Sie nicht gerade das Glück haben, ein einzigartiges Produkt ohne nennenswerte Konkurrenz anzubieten, stellt sich schnell die Frage, wie man potenzielle Kunden und die ersten Neukunden zu wiederholten Einkäufen im Online-Shop motiviert.

Viele frischgebackene Shop-Betreiber lassen sich – bewusst oder unbewusst – auf einen Preiskampf ein. Nach dem Motto »Hauptsache überhaupt Bestellungen« wird an der Preisschraube gedreht, Artikel werden zu minimalen Margen angeboten oder man wirft mit Rabatten um sich.

Ist dieser Trend einmal gestartet, lässt er sich kaum wieder umkehren. Kunden sind dann an niedrige Preise gewöhnt, und im ungünstigsten Fall haben die Mitbewerber nachgezogen. Auf Dauer kann dieser Preiskampf für den schwächeren Marktteilnehmer – meist der neue Shop-Betreiber – ruinös enden.

Besonnene Preisplanung und ein dickes Fell ohne Panikreaktionen sind gefragt. Auch wenn es gerade in der Anfangsphase schwierig ist, behalten Sie immer die Profitabilität Ihres Shops im Auge und vermeiden Sie Aktionen, bei denen Sie »draufzahlen«, auch wenn das nicht immer möglich ist.

Jenseits dieser Überlegungen gibt es aber natürlich auch gute Gründe für Aktionen, Promotionen und besondere Angebote. Zu den Klassikern zählt die Lagerräumung, wenn zum Beispiel eine neue Saison oder Produktgeneration vor der Tür steht. Jubiläen oder Ereignisse wie Messen oder Events können auch Anlässe für besondere Aktionen sein.

Generelle Preisnachlässe

Die einfachste Möglichkeit, einen Aktionspreis zu realisieren, ist ein genereller Preisnachlass auf ein einzelnes Produkt oder eine Produktgruppe. Damit die Kunden auch sehen, dass es sich um einen Sonderpreis handelt, arbeitet man meist mit sogenannten »Streichpreisen«. Neben dem reduzierten Preis des Produkts steht – etwas kleiner – der ursprüngliche Preis, der durchgestrichen ist. Sie kennen diese Art der Preisauszeichnung aus dem Supermarkt oder dem Kaufhaus-Prospekt.

Die Abbildung 4-89 zeigt einen typischen Streichpreis in einem Online-Shop. Der neue Preis wird hervorgehoben und der ursprüngliche Preis durchgestrichen daneben dargestellt.

Sie können mit weiteren grafischen Elementen arbeiten, die auf den niedrigeren Preis hinweisen, zum Beispiel mit einer »Reduziert«-Banderole am Produktbild. Diese Zusatzfunktionalität ist sinnvoll, um deutlich auf den Rabatt hinzuweisen, sollte jedoch auch in das Gesamtbild Ihres Online-Shops passen. Nur einen Rabatt, den der Shop-Besucher kennt, kann er auch in Anspruch nehmen. Beraten Sie sich mit Ihrer Agentur, wie dies am besten umgesetzt werden kann.

In jedem Fall müssen Sie – zum Beispiel mittels Sternchen-Text – auf den Ursprungspreis hinweisen. Bei dem höheren Alt-Preis darf es sich keinesfalls um einen Fantasiepreis handeln. Das ist wettbewerbsrechtlich nicht erlaubt. Sie können also nicht einfach den Normalpreis zum Streichpreis machen und einen um x Prozent höheren Alt-Preis angeben.

CORRATEC E-Power Two Circle Performance 25
MTB EBIKE

3499,00** 2999,00*

oder ab € 54,77 mtl. ***
einfach und bequem finanzieren mit **COMMERZ FINANZ**
>> weitere Laufzeiten berechnen

Versand mit **PROFESSIONELLER ENDMONTAGE** € 0,-* (Deutschland)

* Preise in Euro, inkl. 19% gesetzlicher Mehrwertsteuer, zzgl. Versandkosten
** Unverbindliche Preisempfehlung (UVP) des Herstellers in Euro, inkl. 19% gesetzlicher Mehrwertsteuer
*** Finanzierung bei einer maximalen Laufzeit von 72 Monaten; Gesamtbetrag der Finanzierung bei dieser Laufzeit: €3.943,44
Nettodarlehensbetrag entspricht Kaufpreis; gebundener jährl. Sollzinssatz 9,47%; effekt. Jahreszins 9,90%. Diese Angaben stellen zugleich das repräsentative Beispiel im Sinne des § 6a PangV dar.
Vermittlung erfolgt ausschließlich für die Commerz Finanz GmbH, Schwanthalerstr. 31, 80336 München. Weitere Informationen zum Ablauf der Finanzierung finden Sie hier.

Abbildung 4-89: Streichpreis mit UVP, www.jehlebikes.de (Juni 2014)

Bei dem Alt-Preis kann es sich zum Beispiel um die unverbindliche Preisempfehlung des Herstellers (UVP) oder um Ihren ehemaligen Verkaufspreis handeln.

Ein produktbasierter Aktionspreis funktioniert gut für einzelne Produkte. Wollen Sie Streichpreise mit dem gleichen Rabatt (fester Betrag oder prozentualer Abschlag) für mehrere Produkte anlegen, können Sie die Rabatte in Ihrem Shop-System auch für ganze Produktkategorien oder Produktgruppen definieren.

Beispiel: Vom 01.08. bis 31.08. reduzieren Sie die Preise für alle Sockengarne in Ihrem Online-Shop um 30%. Es wäre mühsam, diese Preisreduktion für jeden Artikel einzeln einzustellen.

Im Gegensatz zum obigen Beispiel, bei dem Sie für das einzelne Produkt neben dem Verkaufspreis auch den ehemaligen Preis (Streichpreis) in den Produktstammdaten definieren, lassen Sie die Preisangaben dort unberührt.

Bei den Rabatteinstellungen erstellen Sie einen neuen generellen Rabatt in gewünschter Höhe. Die Produkte, die rabattiert werden sollen, können Sie dann der Rabattregel zuordnen.

Zusätzlich können Sie die Aktionspreise zeitlich gesteuert einrichten. So können Sie Rabattaktionen weit im Voraus planen und den Aktionszeitraum datums- und uhrzeitmäßig festlegen. Pünktlich zum angegebenen Datum wird der Aktionspreis aktiv und der Altpreis als Streichpreis daneben angezeigt. Zum Ende des Aktionszeitraums wird der ursprüngliche Preis (automatisch durch die Shop-Software) reaktiviert.

Einschränkung der Kundengruppe. Ohne weitere Einschränkung steht dieser Aktionspreis allen Kunden Ihres Online-Shops zur Verfügung. Um die Aktion auf bestimmte Kundengruppen einzuschränken, müssen Sie Ihre Kunden im Shop segmentieren.

In der Regel pflegt ein Online-Shop von sich aus schon bestimmte Kundengruppen wie zum Beispiel »Kunden mit hohem Umsatz«, »Kunden mit niedrigem Umsatz« oder »Auslandskunden«. Sie können weitere Segmentierungen anlegen und Kunden entweder nach automatischen Regeln oder manuell den Gruppen zuordnen. Ein Aktionspreis kann dann einer oder mehreren Kundengruppen zugeordnet werden.

Diese Vorgehensweise kommt mit einigen Einschränkungen daher. Am schwersten wiegt, dass die Preisregel nur für Personen angewandt werden kann, die der Shop bereits kennt, also für bestehende Kunden oder Personen, die sich bereits einmal für den Shop registriert haben. Für Neukunden ist sie nur dann einsetzbar, wenn der Kundengruppen-Rabatt für alle Neukunden gleichzeitig gilt.

Zudem muss der Kunde im Online-Shop eingeloggt sein, damit das System den bekannten Kunden erkennen und ihm »seinen« Rabatt anzeigen kann.

Die gesonderten grafischen Unterstützungselemente, wie die auf der Abbildung 4-90 gezeigte »%«-Banderole, sind bei einer Knüpfung der Rabatte an Kundengruppen meist nicht ohne zusätzlichen Programmieraufwand im Online-Shop umsetzbar.

Abbildung 4-90: Artikelbilder mit %-Banderole, www.gartenxxl.de (Juni 2014)

Gutscheine

Neben den oben genannten Preisnachlässen und Rabatten können Sie auch Gutscheine einsetzen, um den Abverkauf in Ihrem Online-Shop anzukurbeln.

Ein Gutschein kann in weiten Bereichen dem Charakter der jeweiligen Aktion angepasst werden und ist so flexibel für viele Anwendungszwecke nutzbar.

Man unterscheidet zwischen den folgenden Gutschein-Attributpaaren. Innerhalb des Paares schließen sich die Kriterien aus, man kann aber mehrere Paare miteinander kombinieren:

- Prozentgutschein oder Wertgutschein
- Individueller oder generischer Gutscheincode
- Gutschein für einen beschränkten oder unbegrenzten Zeitraum
- Gutschein für bestimmte Kundengruppe(n) oder für alle Kunden
- Gutschein für alle Waren oder bestimmte Produkte und Gruppen
- Gutschein mit oder ohne Mindestbestellwert
- Gutschein mit anderen Gutscheinen kombinierbar oder nicht

Darüber hinaus können Sie die Gutscheine für Produkte, Produktgruppen oder das gesamte Sortiment Ihres Online-Shops freigeben.

 Tipp   Achten Sie bei der Rabattierung und bei Gutscheinen darauf, ob einzelne Produkte einer Preisbindung unterliegen.

Bücher, Tabakwaren und viele andere Produkte dürfen nicht rabattiert werden! Denken Sie unbedingt daran, diese Artikel für alle Rabatte und Gutscheine auszuschließen, um nicht gegen Preisbindungen und Steuergesetze zu verstoßen.

Dies gilt übrigens auch für kostenlose Zugaben. Soe sind bei preisgebundenen Produkten in der Regel verboten.

Prozent- und Wertgutscheine. Zweck des Gutscheins ist es, dem Einlösenden einen Nachlass auf bestimmte Produkte oder Produktgruppen zu gewähren. Dieser Nachlass kann entweder in Form eines absoluten Betrages oder eines prozentualen Anteils des Bestellwertes gewährt werden.

Alternativ kann er auch eine zusätzliche Dreingabe beinhalten. Kauft der Kunde zum Beispiel 5 Stück eines Artikels, kann er über einen Gutscheincode einen vorher definierten zusätzlichen Gratisartikel in seinen Warenkorb legen.

Für den Shop-Betreiber berechenbarer ist der absolute Wert. Gibt man 200 Gutscheine mit einem absoluten Wert von 5 € aus, hat man maximal 1000 € in diese Aktion investiert (also weniger eingenommen), wenn alle Gutscheine eingelöst werden. In der Praxis läge der Wert noch deutlich darunter, da typischerweise nur ein Bruchteil der ausgegebenen Gutscheine auch tatsächlich eingelöst wird.

Bei einem Gutschein mit prozentualem Wert fällt diese Berechnung schwerer. Hier müssen Sie die durchschnittliche Warenkorbgröße als Grundlage nehmen und können nur schätzen, wie viel die Gutscheinaktion Sie kosten wird.

Egal, für welche Art Sie sich entscheiden, Sie sollten Ihre Margen und Deckungsbeiträge möglichst gut kennen und in die Überlegungen zum Gutscheinwert mit einfließen lassen. Hierzu gehört auch die Überlegung, ob die Gutscheinaktion wirtschaftlich sein muss oder ganz bzw. teilweise als Marketingausgabe verbucht wird.

Eine ganz andere Frage ist, welcher Gutscheintyp bei Ihrer Zielgruppe besser ankommt. Hier gibt es (mal wieder) keine allgemeingültige Antwort. Während bei Schreibwarenartikeln ein 5-€- Gutschein schon einen beachtlichen Wert darstellen kann, wird man in einem Online-Shop für Antiquitäten damit eher Irritation unter den Kunden hervorrufen.

Im Gegenzug wäre ein 5%-Gutschein im Antiquitätenshop möglicherweise sehr attraktiv – im Schreibwarenshop, wo 5% im Extremfall nur wenige Cent ausmachen, eher fehl am Platze.

Das sollte aber nicht zu der Verallgemeinerung verleiten, dass günstige Produkte eher mit absoluten Gutschein-Werten promotet werden sollten. Vielmehr muss der Gutschein zum Produkt und zum Image des Shops passen.

Es gibt allerdings zwei Verallgemeinerungen, die man treffen kann. Spricht man mit dem Shop nicht gerade das unterste Bildungsniveau an, dann wird Prozentgutscheinen der höhere Wert beigemessen. Den potenziellen Kunden ist bewusst, dass bei höherem Einkaufswert auch der absolut zu erzielende Nachlass größer ist. Auch wenn nur kleinere Beträge am Ende »rumkommen«, besteht der psychologische Effekt im Eindruck, dass man hätte mehr sparen können, wenn man mehr bestellt hätte. Das lässt den Shop-Betreiber großzügiger erscheinen.

Gewähren Sie einen absoluten Rabatt, wird der Gutschein für umso wertvoller angesehen, je höher der Gutscheinbetrag ist. Auch hier kommt wieder der Eindruck der Großzügigkeit zum Tragen.

Achten Sie in jedem Fall auf die Relation! Ein sehr hoher Wert, egal ob absolut oder prozentual, hat wieder den gegenteiligen Effekt. Wer 50%-Gutscheine verschenkt, hat – in der Wahrnehmung der Kunden – generell viel zu hohe Preise. In diesem Fall sollten Sie den hohen Rabatt Ihrem Kunden gegenüber begründen. Grund für den Nachlass können zum Beispiel die Lagerräumung wegen Kollektionsumstellung oder der Sommerschlussverkauf sein.

Der Umfang der Rabattaktion sollte immer in Relation zu Ihrem Warenangebot stehen. Er soll dem Käufer das Gefühl geben, ein gutes Geschäft gemacht zu haben, soll ihn aber nicht irritieren.

Gutscheincode. Um den Gutschein einzulösen, muss der Kunde den auf dem Gutschein aufgedruckten Gutscheincode während des Checkout im Online-Shop eingeben. Falls der Gutscheincode für diesen Kunden und für die Artikel im Warenkorb gültig ist, wird der entsprechende Betrag noch vor dem Bezahlvorgang abgezogen.

Beim Gutscheincode haben Sie die Wahl zwischen zwei verschiedenen Arten. Am einfachsten ist ein generischer Gutscheincode wie auf der Abbildung 4-91 zu sehen. Dieser Code ist für alle Empfänger der Gutscheinaktion gleich und kann daher sehr einfach per E-Mail-Newsletter als Brief/Postkarte oder direkt im Online-Shop an die Empfänger übermittelt werden.

Ein solcher Gutscheincode ist im Shop-System einfach einzurichten, da lediglich die Eckdaten der Gutschein-Gültigkeit hinterlegt werden müssen. Ob Sie den Code gut merkbar machen, wie zum Beispiel »MUSTER2014« oder eine – scheinbar – kryptische Zahlen- und Buchstabenkombination wie »H6TZ2D« wählen, ist Ihrem Geschmack überlassen. Die folgende Abbildung 4-91 zeigt einen einprägsamen Gutscheincode.

Abbildung 4-91: Gutscheincode, www.gartenxxl.de (Juni 2014)

Den zweiten Anwendungsfall bilden individuelle Gutscheincodes. Hierbei erhält jeder Gutschein-Empfänger einen eigenen Code. Damit lässt sich sehr genau eingrenzen, wer den Gutschein einlöst, bzw. sogar ganz verhindern, dass Dritte den Gutschein einlösen, wenn zusätzlich zum individuellen Code jeweils eine einzige Person als einlöseberechtigt ausgewählt wurde.

Diese Art Gutschein ist in der Verwaltung deutlich komplexer, da statt eines einzelnen Gutscheins eine komplette Gutscheinserie generiert werden muss. Das heißt, jeder einzelne der individualisierten Gutscheine – im Extremfall einige zehntausend Stück – muss vorab im Online-Shop hinterlegt sein. Zusätzlich muss der individuelle Gutscheincode auf dem Träger (Postkarte, Brief etc.) abgedruckt werden.

In der Praxis lohnt es sich meist nicht, individualisierte Gutscheinserien zu erstellen. Es ist praktikabler, generische Gutscheine zu erstellen und sie bestimmten Kundengruppen zuzuordnen. Sie haben so nahezu die gleiche Funktionalität wie bei den individuellen Gutscheinen mit deutlich weniger Aufwand.

Zeitraum. Jedem Gutschein können Sie einen Gültigkeitszeitraum in Form eines Enddatums mitgeben. Ist das Enddatum auch nur um eine Sekunde überschritten, weist der Shop den Gutschein als ungültig ab. Weisen Sie deshalb deutlich auf das Enddatum hin! Das vermeidet enttäuschte oder verärgerte Kunden.

Das bekannt gegebene Enddatum muss aber nicht zwangsläufig das tatsächliche Enddatum sein. In der Praxis hat es sich bewährt, den Gutschein einige Tage länger als das offizielle Enddatum gültig bleiben zu lassen. Statt verärgerter Kunden, die die Ablauffrist verpasst haben, bekommen Sie so positiv gestimmte Kunden, die »Glück gehabt« denken, weil der Gutschein noch gültig war.

Zur Länge der Gültigkeit gibt es keine allgemeinen Empfehlungen. Der weiter oben gezeigte Gutschein ist zeitlich stark eingeschränkt (»nur bis Sonntag«). Auf Postkarten verschickte Gutscheine werden teilweise noch Jahre nach dem Verteilen eingesetzt (soweit es keine Beschränkung im Online-Shop gibt, die das verhindert).

Gedruckte Gutscheine werden oft an Kühlschränke und Pinnwände geheftet und bleiben dort als dauerhafte Erinnerung hängen, bis sie tatsächlich gebraucht und eingelöst werden.

Je attraktiver die Konditionen sind, desto kürzer können Sie die Gültigkeitsdauer fassen und so ein Klima der Dringlichkeit beim potenziellen Kunden schaffen. Wenn ein verlockender Gutschein nur wenige Tage gilt, kann das die Kaufentscheidung forcieren und so zum erwünschten Mehrumsatz führen.

Kundengruppen-Gutscheine. Ein Gutschein, den Sie zum Beispiel in einer Zeitschrift veröffentlichen wollen oder der per Online-Marketing beworben wird, muss natürlich für alle Kunden gültig sein. Damit sind auch Neukunden erfasst, die bisher noch gar nicht im Shop bestellt haben. Gutscheine können zunächst von jedem eingelöst werden.

Sie können jedoch auch nur bestimmte Kundengruppen ansprechen, zum Beispiel Fachhändler oder Kunden, die noch keine Bestellung getätigt haben.

Nutzt jemand, auf den die Kriterien nicht zutreffen, den Gutschein, lehnt der Shop dies mit einer (hoffentlich aussagekräftigen) Fehlermeldung ab. Sie brauchen also keine Angst zu haben, dass der Gutscheincode in »falsche Hände« gerät. Personen, für die er nicht gedacht ist, können ihn gar nicht einlösen.

Auch hier sollten Sie die Einschränkung wieder klar mitteilen. Ein unübersehbarer Hinweis »Nur für Fachhändler« oder »Nur für Ihre erste Bestellung« hilft, Missstimmung zu vermeiden.

Mindestbestellwert. Sowohl prozentuale als auch absolute Gutscheinwerte können an einen Mindestbestellwert gekoppelt werden. Legt man den Mindestbestellwert auf den Deckungsbeitrag fest, verhindert man, mit der Aktion Verlust zu machen, weil die erzielten Erlöse unter dem Einkaufspreis der Produkte liegen. Ein 5-€-Gutschein für eine Bestellung im Wert von 6,50 €, im schlimmsten Fall noch gekoppelt mit kostenlosem Versand, ist wohl in den seltensten Fällen kostendeckend.

Aber nicht nur, wenn Sie darauf angewiesen sind, die Gutschein-aktion kostendeckend zu halten, ist ein Mindestbestellwert unter Umständen sinnvoll. Mit einer geschickten Auswahl des Mindestbestellwertes können Sie sogar – trotz Gutschein – noch mehr Umsatz generieren als ohne.

Ein Rechenbeispiel: Die typische Warenkorbgröße in Ihrem Online-Shop liegt bei 21 €. Der durchschnittliche Produktpreis liegt bei 7 €, was typischerweise drei Artikeln im Warenkorb entspricht. Sie verteilen nun einen Gutschein über 5 €, was in der Wahrnehmung der Kunden nahezu einem Gratisartikel entspricht. Ohne die Nutzung eines Mindestbestellwertes sinkt jetzt der Wert des Warenkorbs auf 16 € bei gleichbleibender Anzahl der Produkte – also im Schnitt 5,33 € pro Produkt.

Wenn Sie jetzt die Einlösung des Gutscheins an einen Mindestbestellwert von 30 € koppeln, hat der 5-€-Gutschein in der Wahrnehmung des Kunden immer noch das Äquivalent eines »Nahezu-Gratis- Artikels«.

Es reicht aber nicht, lediglich ein zusätzliches Produkt in den Warenkorb zu legen, weil mit 28 € noch 2 € zum Mindestbestellwert fehlen. Die Attraktivität des Gutscheins wird einige Kunden dazu bewegen, gleich zwei zusätzliche Produkte in den Warenkorb zu legen.

Mit 35 € Warenkorbwert ist das Kriterium erfüllt, der Abzug von 5 € senkt den zu zahlenden Gesamtpreis auf 30 €. Im Endeffekt hat der Kunde 5 Produkte gekauft und Sie haben im Durchschnitt 6 € pro Produkt erzielt.

 Tipp   Achten Sie auf ein realistisches Verhältnis des Mindestbestellwertes zum Gutscheinwert.

Ein Gutschein über 2 € ab einem Mindestbestellwert von 150 € dürfte bei den Kunden eher für Irritationen und Missstimmung sorgen. Kunden, die sich »für dumm verkauft« fühlen, werden so schnell nicht wiederkommen.

In der Praxis bewährt hat sich der Faktor 4: Der Mindestbestellwert sollte maximal das Vierfache des Gutscheinwerts betragen.

Kombination von Gutscheinen. Fußball-WM 2014: Der Online-Shop von Adidas warb mit dem Wegfall der Versandkosten während der WM. Gleichzeitig wurde eine Werbekampagne mit der Fast-Food-Kette McDonalds durchgeführt, über die zahlreiche 10-€-Einkaufsgutscheine für den Adidas-Shop im Umlauf waren.

Eine unserer Kolleginnen in der Agentur wollte einen dieser 10-€- Gutscheine für ein Fan-Trikot nutzen. Zusammen mit dem Wegfall der Versandkosten schien dies ein attraktives Angebot zu sein.

Nur leider konnte sie es nicht wie gewünscht in Anspruch nehmen. Im Adidas-Shop wurden nicht etwa die Versandkosten während des Aktionszeitraums generell auf 0 € gesetzt, vielmehr musste man einen bestimmten Gutscheincode dafür eingeben. Der Shop war aber so konfiguriert, dass das Einlösen von zwei Gutscheinen – dem Versandkosten-Gutschein und dem 10-€-McDonalds-Gutschein – nicht möglich war. Letztendlich musste sich die Kollegin entscheiden, welchen der beiden Gutscheine sie nutzen wollte. Fast wäre es wegen Verärgerung über diese nachträglich eingeschränkte Rabattaktion gar nicht zum Kauf gekommen.

Ihre Shop-Software wird Ihnen für jeden Gutschein die Möglichkeit einräumen, ihn mit anderen Gutscheinen zu kombinieren oder nicht. Auf Kundenseite ist zwar meist bekannt, dass Gutscheine nicht kombiniert werden können – Situationen wie im Beispiel oben zeigen jedoch, dass die Erwartungshaltung unter Umständen eine andere sein kann. Überlegen Sie daher genau, in welchen Szenarien Ihre Kunden möglicherweise davon ausgehen, dass bestimmte Gutscheine kombinierbar sind. Vermitteln Sie die Nicht-Kombinierbarkeit deutlich, um Missstimmung zu vermeiden.

Geschenkgutscheine. Bei den Geschenkgutscheinen handelt es sich um einen Spezialfall, da nicht der Marketingzweck im Vordergrund steht, sondern es sich eher um eine Art Vorkasse-Zahlung handelt. Technisch gesehen handelt es sich beim Geschenkgutschein um einen Gutschein mit festem Betrag und individuellem, nur einmal einlösbarem Code. Einen Geschenkgutschein nur auf bestimmte Produkte oder Produktgruppen zu limitieren, ist zwar möglich, erscheint aber wenig sinnvoll, da er ja lediglich ein Zahlungsmittel darstellt und Sie das Geld bereits erhalten haben.

Es empfiehlt sich, Gutscheine mit verschiedenen festen Werten im Shop anzulegen. Dies könnten zum Beispiel 50 €, 100 € und 200 € sein. Durch die festen Werte kann der Gutschein ganz normal durch die Zahlungsabwicklung laufen, ohne dass Gutscheine über »krumme Summen« erst umständlich angelegt werden müssen.

Apropos krumme Summen: Wird ein Gutschein nur teilweise eingelöst, sollte der Restbetrag weiterhin als Guthaben für den nächsten Einkauf zur Verfügung stehen. Es ist nicht erlaubt, den Restbetrag verfallen zu lassen.

Es spricht vieles dafür, den Geschenkgutschein mit anderen Gutscheinen kombinierbar zu machen, denn es handelt sich ja um eine Art zusätzliches Zahlungsmittel.

Bei Geschenkgutscheinen müssen Sie die Rechtsprechung zum Thema »Gültigkeitsdauer« beachten. Während Sie bei einer reinen Marketing-Aktion, bei der Sie ja im Endeffekt etwas verschenken, keinerlei Auflagen bezüglich der Laufzeit beachten müssen, sieht die Lage beim Geschenkgutschein anders aus. Hier handelt es sich um ein Geschäft, bei der der Kunde seinen Teil schon erbracht hat, Sie Ihren aber noch schuldig sind.

Nach der gesetzlichen Verjährungsfrist sind Wertgutscheine 3 Jahre nach Ablauf des Ausstellungsjahres gültig. Sie können mit Ihren Kunden aber natürlich auch andere Fristen vereinbaren, die laut Rechtsprechung jedoch »nicht zu kurz« bemessen sein dürfen.

Als Faustregel haben sich 12 bis 24 Monate Gültigkeitsdauer bewährt. Kürzere Einlöse-fristen sollten Sie auf jeden Fall vermeiden. Denken Sie unbedingt daran, das Ausstel-lungsdatum auf dem Gutschein zu vermerken und den Kunden deutlich auf die Einlösefrist hinzuweisen.

 Tipp Ein Geschenkgutschein stellt im Endeffekt einen zinslosen Kredit für Ihren Online-Shop dar. Sie erhalten die Zahlung frühzeitig, Ihre Gegenleistung, die Lieferung der Ware, erfolgt jedoch später. Hinzu kommt die überraschende Tatsache, dass noch lange nicht jeder Gutschein tatsächlich eingelöst wird. Beide Umstände kann man sich strategisch zunutze machen, indem Sie Gutscheine anbieten, die einen gewissen Rabatt bereits ein-gebaut haben. Beispielsweise können Sie einen 50-€-Einkaufsgutschein für 45 € anbie-ten. Diese 45 € bekommen Sie unmittelbar, mit einer gewissen Wahrscheinlichkeit, dass Sie nie die Gegenleistung dafür erbringen müssen.

Gutscheinpostkarte nach dem Kauf. Der Shop-Besucher hat zum ersten Mal in Ihrem Online-Shop gekauft. Wichtig ist es nun, den (Einmal-)Käufer zum (Dauer-)Kunden zu machen. Vorausgesetzt, dass mit der ersten Bestellung alles geklappt hat und der Kunde keinen Grund hatte, sich zu beschweren, können Sie sich nun nochmal beim Kunden für den Einkauf bedanken und das Dankesschreiben direkt mit einem Kaufanreiz verbinden.

Das geht per E-Mail (Newsletter), aber natürlich auch als klassische Postkarte oder mit Remarketing mittels Google AdWords.

 Tipp Geschenkgutscheine unterliegen zunächst keinem Mehrwertsteuersatz, da sie ein Zah-lungsmittel darstellen und nur gegen Geld getauscht werden. Der Mehrwertsteuersatz wird erst beim Einkauf der Waren festgelegt. Achten Sie also unbedingt darauf, dass Geschenkgutscheine im Online-Shop und in der Warenwirtschaft mit 0% Mehrwert-steuer angelegt und auch auf der Rechnung so ausgewiesen werden.

Legen Sie den Gutschein mit 19% Mehrwertsteuersatz im Online-Shop an, müssen Sie die Mehrwertsteuer auch zweimal an das Finanzamt abführen: beim Kauf des Gutscheins und bei seiner Einlösung.

Ein Beispiel: Senden Sie Erstkäufern rund zwei Wochen nach dem einwandfrei abgelau-fenen Kauf, also ohne Beschwerden des Kunden oder lange Lieferzeiten, eine Postkarte mit einem freundlichen Dankestext und einer nur zwei Wochen gültigen kostenlosen Dreingabe für die nächste Bestellung. Das kostenlose Add-on sollte dabei nicht allzu günstig (kein Ramsch!) und für jeden potenziellen Kunden nutzbar sein. Ähnlich wie Cross-Selling-Artikel kann es auch ein ergänzendes Produkt aus Ihrem Warenangebot sein. Wichtig ist, dass der Gutschein zeitlich stark begrenzt ist, um den Kunden zu einem Spontankauf zu verführen.

Der Postkartentext könnte zum Beispiel wie folgt lauten:

Lieber Herr Mustermann,
über Ihren ersten Einkauf bei Skagerak Möbel haben wir uns sehr gefreut.

Besuchen Sie uns auf www.skagerak-moebel.de und entdecken Sie viele neue Trends und Ihre neuen Lieblingsstücke für die schönste Zeit des Jahres.
Außerdem schenken wir Ihnen exklusiv unser Holzpflege-Set mit Holzöl und Reinigungstuch zum Schutz und zur Pflege von Holzmöbeln.
Geben Sie einfach die Gutscheinnummer PFLEGE14 bei Ihrer nächsten Bestellung im Warenkorb ein – wir schenken Ihnen den Artikel im Wert von 14,95 €!

Viel Spaß beim Shoppen!

Ihr Skagerak-Team

Abhängig vom Automatisierungsgrad können Sie hier natürlich auch individuelle Postkartentexte einsetzen, die zum Beispiel einen direkten Bezug auf das bereits gekaufte Produkt nehmen oder einen Gratis-Artikel verschenken, der genau zu diesem Produkt passt. Je genauer Ihre Werbemaßnahme sich dabei am Kunden orientiert, desto erfolgversprechender ist sie.

Sollte Ihr Kunde ein nicht ganz einwandfreies Shopping-Erlebnis gehabt haben, ist es nur eine Frage der richtigen Ansprache, um einen ähnlichen Effekt zu bewirken. Entschuldigen Sie sich mit der Postkarte für das Missgeschick (die lange Lieferzeit oder die Lieferung des falschen Artikels – was auch immer vorgefallen ist) und bieten Sie dem Kunden die gleiche Dreingabe als Wiedergutmachung an.

Was Sie mit der Postkarte umsetzen können, können Sie alternativ natürlich auch durch eine Remarketing-Anzeigenkampagne im Internet umsetzen. Die im Shop erhobenen Kaufdaten können Sie nutzen, um Remarketing-Kampagnen passend zu den gekauften Produkten anzubieten. Hat der Kunde Gartenmöbel aus Holz gekauft, »schenken« Sie ihm in der Anzeige das passende Holzöl für seinen nächsten Einkauf.

Hier empfiehlt es sich jedoch, nicht zu offensichtlich auf die Verknüpfung der im Online-Shop erhobenen Daten hinzuweisen. Den meisten Kunden ist die Remarketing-Technik noch nicht bekannt und so wird ein Kunde sich vielleicht wundern, warum Webseiten wie spiegel.de oder kicker. de »wissen«, in welchem Shop er welche Produkte bereits eingekauft hat, wenn ebendort eine große »Dankeschön für Ihren Einkauf bei XYZ«-Anzeige prangt.

Weitere Einsatz-Szenarien für Gutscheine. Gutscheine sind unbestritten gute Marketing-Werkzeuge. Der Neukunden-Gutschein als Dankeschön für die Newsletter-Anmeldung ist ein typisches Beispiel. Es gibt weitere Situationen, in denen der Gutschein eingesetzt werden kann.

Feilschen. Sie können einen Gutschein auch für eine einzige Person freischalten. Dies ist ein einfacher Weg, um »frei verhandelte« Preise und Nachlässe im Shop zu realisieren. Wer mit Ihnen zum Beispiel telefonisch einen Sonderpreis aushandelt, bekommt einfach einen individuellen Gutschein, nur für ihn und nur für ein bestimmtes Produkt, der den Nachlass als absoluten Wert von der Bestellung abzieht.

Beschwerde-Management. Früher oder später werden Sie den ersten Fall haben, bei dem wirklich alles schiefgelaufen und der Kunde – ob berechtigt oder nicht – vollkommen unglücklich ist. Ein (möglicherweise großzügiger) Gutschein hilft oft als Trostpflaster. Der Kunde erhält von Ihnen einen Rabatt als Entschuldigung und fühlt sich in seinem Ärger ernst genommen.

Der Gutschein ist für Sie die Chance, den Kunden weiter an Ihren Shop zu binden, denn er kann ja nur bei Ihnen eingelöst werden. Will der Kunde den Vorteil annehmen, muss er wieder bei Ihnen bestellen. Tut er es nicht, verfällt der Vorteil. Wenn bei der nächsten Bestellung alles glatt läuft, haben Sie den Kunden vermutlich als Stammkunden zurückgewonnen.

Knüpfen Sie diesen Gutschein nicht an zu viele Auflagen. Seien Sie großzügig, denn schließlich handelt es sich ja um eine Entschuldigung. Wichtig ist aber, den Gutschein an das spezielle Kundenkonto zu knüpfen, so dass nur der Betroffene ihn einlösen kann.

Produkt-Tests. Stellen Sie sich vor, Sie verkaufen Ihre eigene Bekleidungs-Kollektion online und ein Fachjournalist oder Blogger fragt nach Mustern, die er oder sie gerne besprechen und testen möchte.

Wenn nicht nach einem bestimmten Modell gefragt wird, können Sie der Person auch einen individuellen Gutschein geben, über den sie aus dem kompletten Sortiment auswählen kann. Dieser Gutschein sollte einen hohen absoluten Wert haben. Falls ein Deckungsbeitrag für Sie zwingend erforderlich ist, besprechen Sie dies mit dem Blogger oder Journalisten und stellen Sie dann einen Gutschein mit einem hohen prozentualen Wert aus.

Gutschein-Tracking. Im Gegensatz zu Online-Marketing-Maßnahmen sind Investitionen in Anzeigenwerbung nicht gut messbar. Nahezu die einzige Möglichkeit besteht darin, für jede Anzeige in einer Zeitschrift oder Zeitung einen individuellen Gutscheincode zu verwenden. Das gilt nicht nur für Anzeigen in verschiedenen Zeitschriften, sondern auch für Anzeigen in verschiedenen Ausgaben der gleichen Zeitschrift.

Auf dem Bild sehen Sie zwei Anzeigen, die in verschiedenen Strickzeitschriften abgedruckt wurden. Beide Anzeigen – obwohl ansonsten identisch – weisen einen unterschiedlichen Gutscheincode auf. So kann über die eingelösten Gutscheine ermittelt werden, welche der beiden Anzeigen mehr Effekt hatte.

Abbildung 4-92: Identische Werbung in zwei Zeitschriften unterscheidet sich nur durch den Gutscheincode

Gutschein-Portale

Jeder macht gerne ein Schnäppchen und ein gutes Geschäft. Manche Personen nehmen dafür mehr Aufwand in Kauf als andere. Die Verbreitung von Gutscheinen im Online-Handel hat eine ganz eigene Gattung von Websites hervorgebracht, die sich gezielt an diese Schnäppchenjäger richten: die Gutschein-Portale.

Abbildung 4-93: Gutschein-Portale, www.gutscheine.de (Juni 2014)

Die Abbildung 4-93 zeigt ein typisches Portal, auf dem zahlreiche Gutscheine für Online-Shops gelistet sind. Ein Interessent sucht nach dem Namen des Shops, in dem er einkaufen möchte, und wählt unter den angegebenen Gutscheincodes denjenigen aus, der für den geplanten Einkauf die besten Konditionen einräumt.

Die einzelnen Gutscheincodes stammen teilweise von Mitgliedern der jeweiligen Portale, in den meisten Fällen aber von den Online-Shops selbst, die sie im Portal gegen Gebühr einstellen.

Was zunächst bizarr klingt, hat einen handfesten wirtschaftlichen Grund: Wer zum Beispiel für den Elektronikhändler Conrad einen Gutschein sucht, der hat auch zunächst vor, bei Conrad zu bestellen.

Der Schnäppchenjäger ist aber kein treuer Kunde – findet er bei der Konkurrenz den gleichen Artikel billiger, dann kauft er dort. Die Gutschein-Portale geben dem Kunden also einen zusätzlichen Anreiz, seinen ursprünglichen Einkauf zu tätigen. Neben dem Nachlass durch den Gutschein ist die Provision für das Gutschein-Portal daher als reine Marketing-Ausgabe zu sehen.

Gutschein-Landingpages

Neben den Gutschein-Portalen können Sie natürlich auch eigene Landingpages (siehe gleichnamiges Kapitel), vergleichbar mit den Landingpages für Newsletter- und Google-AdWords-Kampagnen, aufsetzen.

Inhaltlich sind die Landingpages ausschließlich auf die Kombination Produktname/Markenname/Shopname + »Gutschein« ausgelegt und optimiert.

Im Gegensatz zu den gängigen Gutschein-Portalen müssen Sie für die Verbreitung keine Provision oder Gebühr abführen. Kosten entstehen Ihnen durch die Entwicklung der Seite und gegebenenfalls durch AdWords-Kampagnen, die auf die Suche nach den Gutscheinen ausgerichtet sind.

Inhaltlich lassen sich die Gutscheinseiten sehr gut mit Blogs oder Produkt-Test-Seiten kombinieren. Mehr dazu finden Sie im Abschnitt »Blog zum Online-Shop« auf Seite 349.

Ein einfaches Beispiel für eine Gutscheinseite finden Sie unter *http://office-gutscheine. blogspot.de* (siehe Abbildung 4-94).

Hier werden seit September 2013 vereinzelt Gutscheine für den Einkauf bei www.otto-office.de vorgestellt/angeboten. Natürlich ist ein Zusammenhang mit dem Online-Shop selbst nicht nach-, jedoch auch nicht von der Hand zu weisen.

Dem Shop-Kunden selbst wird der Zusammenhang egal sein, da er beim Einkauf entsprechend sparen kann. Für den Shop-Betreiber gilt das Gleiche. Für ihn steht allein der Mehrumsatz im Vordergrund.

Die Gutschein-Falle

»50% auf alles, außer Tiernahrung« – kaum ein Werbespruch, der mehr mit dem Sterben in der Baumarkt-Branche 2013 verbunden wird. Die großen Baumarkt-Ketten haben sich jahrelang eine erbitterte Preis- und Marketingschlacht geliefert, die letztendlich ein prominentes Opfer gefordert hat.

Abbildung 4-94: Gutschein-Landingpage, office-gutscheine.blogspot.de (Juni 2014)

Der Effekt der Marketing-Kampagnen war aber auch, dass Kunden auf Rabattaktionen konditioniert wurden und Anschaffungen, so sie nicht unmittelbar notwendig waren, so lange hinausgezögert haben, bis eine Baumarktkette wieder eine Rabattaktion propagiert hat. Ein Kreislauf wurde in Gang gesetzt, bei dem irgendwann die Rabattaktion nicht mehr die Ausnahme, sondern der Normalfall war.

Sofern das Geschäftsmodell Ihres Online-Shops nicht auf den günstigsten Preisen der Branche beruht, sollten Sie mit Gutscheinen und Rabatten eher geizen.

Setzen Sie sie gezielt dort ein, wo sie hilfreich sind, aber erziehen Sie Ihre Kunden nicht dazu, auf den nächsten Gutschein zu warten.

Facebook-Gutscheine

Die Werbeanzeigen bei Facebook sind normalerweise auf die Aktivitäten innerhalb des sozialen Netzwerkes ausgelegt. Es geht fast immer darum, eigene Postings zu promoten oder mehr Likes für die eigene Facebook-Seite zu erhalten.

Die Funktion »In Anspruch genommene Angebote« (Gutscheine zur Einlösung um Ladenlokal) lässt sich auch nutzen, um Gutscheine für den Online-Shop an die eigenen Fans oder an eine beliebige Interessensgruppe innerhalb von Facebook zu verteilen und damit zusätzlichen Umsatz im Shop zu generieren. Voraussetzung für die Erstellung eines Angebots ist eine eigene Facebook-Fan-Seite (keine Facebook-Personenseite).

Die Kosten für die Anzeigen richten sich – ähnlich wie das AdWords-System – nach dem Angebot an Anzeigen auf der Facebook-Werbeplattform.

Angebot erstellen. Um ein Angebot bei Facebook zu erstellen, müssen Sie zunächst in Ihrem Shop-System einen Gutscheincode in beliebiger Höhe anlegen. Wie hoch der Gutscheinwert ist, ist zunächst egal. Aber natürlich gilt der Grundsatz: Je höher der Gutscheinwert, desto eher wird er auch bei Ihnen eingelöst. Rabatte zwischen 10% und 30% oder mit einem festen Wert in Höhe von 5 bis10 € gelten als die Regel.

In Facebook legen Sie nun im Menüpunkt »Werbeanzeige erstellen« eine neue Werbekampagne des Typs »In Anspruch genommene Angebote« an und wählen die Fan-Seite, für die Sie das Angebot erstellen möchten. Wenn Sie – was die Regel sein dürfte – nur über eine Seite verfügen, ist die Auswahlmöglichkeit entsprechend eingeschränkt.

Um den Charakter der Exklusivität zu wahren, wird das Angebot später übrigens nicht auf der Fan-Seite selbst eingeblendet, sondern es wird nur im Stream des Facebook-Nutzers angezeigt. Es ist dennoch wichtig, hier die richtige Seite auszuwählen, um das Angebot thematisch richtig zuzuordnen.

Mittels eines interaktiven Anzeigen-Gestalters (siehe Abbildung 4-95) wählen Sie in drei Schritten Fotos und Texte sowie die Laufzeit des Angebots und die Zielgruppe aus.

Bei der Bildauswahl und textlichen Ausgestaltung des Angebots gelten nahezu die gleichen Regeln wie bei der Erstellung von Anzeigen im Google-AdWords-System.

Eine Ausnahme bilden die Bedingungen, die Sie dem Angebot hinzufügen sollten. Sie können das Angebot zeitlich beschränken und sollten gegebenenfalls auf weitere Einlösebedingung3n wie im folgenden Beispiel hinweisen:

»Die Einlösung des Gutscheins ist nur bis zum 30.06.2014 im Online-Shop www.meinfilati. de möglich. Eine Einlösung im Ladengeschäft oder in anderen Online-Shops sowie eine Barauszahlung und die Kombination mit anderen Rabatten ist leider nicht möglich.«

Nach der Fertigstellung der Texte und der Eingabe des Erscheinungszeitraums des Angebots sowie der weiteren Eckdaten erhalten Sie eine Mail zur Überprüfung des Angebots, wie es den Benutzern per Mail zugeschickt wird, an die von Ihnen bei Facebook hinterlegte E-Mail-Adresse.

Sobald Sie das Angebot fertigstellen, wird es der von Ihnen angegeben Zielgruppe im Facebook-Stream anzeigt.

Abbildung 4-95: Facebook-Angebot erstellen

Angebot als Facebook-Benutzer in Anspruch nehmen. Um das Angebot in Anspruch nehmen zu können, muss der Facebook-Nutzer in seiner Facebook-Timeline auf die Schaltfläche »Angebot beanspruchen« Ihres Angebots klicken.

Die Abbildung 4-96 zeigt, wie die oben erstelle Anzeige im Stream des Nutzers aussieht. Wie gewohnt, können die Nutzer das Angebot nicht nur »in Anspruch nehmen«, sondern auch liken, kommentieren und teilen.

Mit einem Klick auf die Call-to-Action-Schaltfläche erhält der Nutzer das Angebot mit allen zuvor von Ihnen eingegebenen Eckdaten an seine hinterlegte E-Mail-Adresse geschickt. Die Beschriftung der Schaltfläche »In Anspruch nehmen« ändert sich mit dem Klick hierauf in »Angebot erneut senden«. Der Benutzer kann daran erkennen, dass er dieses Angebot bereits einmal angeklickt hat.

Abbildung 4-96: Facebook-Angebot beanspruchen

In der Angebotsmail (siehe zweite Abbildung 4-97) wird das Angebot ähnlich wie die Anzeige in der Timeline grafisch aufbereitet. Zusätzlich enthält die Mail den im Online-Shop angelegten Rabattcode und einen Link zum Shop.

Leider hapert es hier im Facebook-System (noch) an einer guten Übersetzung ins Deutsche (*»um das Angebot zu verwenden im Laden ...«*) und auch die Aufforderung, den Gutschein im Laden einzulösen, ist irreführend. Dieser Hinweis lässt sich aktuell leider nicht ausblenden.

Social Media

Die Versprechungen von Social Media, geschürt durch eine Flut von Social-Media-Beratern und selbsternannten Social-Media-Gurus, sind immens. Von traumhaften Möglichkeiten der Kundenbindung ist die Rede, von Brand Engagement, von Kunden, die zu Markenbotschaftern werden. Strahlende Beispiele werden bemüht, wie gerade kleine Unternehmen dank Social Media auf einmal zu landesweiten, wenn nicht gar weltweiten Stars werden.

Sicher, diese Geschichten gibt es. Sie lassen sich aber nicht beliebig wiederholen. Spätestens der dritte Bestatter auf Facebook, der dritte Metzger im Social Web, der dritte Zahnarzt wird nicht mehr die Aufmerksamkeit erfahren, die seine Vorgänger genießen konnten.

Angebote
Tobias Kollewe
Um das Angebot online einzulösen, **klicke hier** und gib am Ende „WMRABATT" ein.
Um das Angebot zu verwenden im Laden, besuche Mein Filati und zeige diese E-Mail.
Mein Filati
15% Extra-WM-Rabatt
Sichere Dir jetzt schnell 15% Extra-Rabatt für Deinen Einkauf bei www.meinfilati.de
Angebot gefällt mir
Angebot teilen
Verfällt am 30. Juni 2014
Deine Informationen wurden nicht mit Mein Filati geteilt.
Die Einlösung des Gutscheins ist nur bis zum 30.06.2014 im Onlineshop www.meinfilati.de möglich. Eine Einlösung im Ladengeschäft oder in anderen Onlineshops, sowie eine Barauszahlung und die Kombination mit anderen Rabatten leider nicht möglich.

Abbildung 4-97: Facebook-Angebots-Mail

Der Hype um Social Media hat vor allem einer Branche genutzt: den Social-Media-Beratern. Es gibt zwei Wahrheiten, die Sie in diesem Bereich eher selten hören werden (und wenn doch, spricht es sehr für Ihren Berater). Erstens: Mit Social Media verdienen Sie kein Geld, zumindest nicht direkt und nicht kurz- bis mittelfristig. Diejenigen, die mit Social Media Geld verdienen, sind die Berater und Agenturen. Das ist erst mal nicht verwerflich, wenn der Berater in dieser Beziehung aufrichtig ist und mit Ihnen vernünftig und gut plant. Denn die zweite Wahrheit ist: Social Media ist verdammt viel Arbeit! Möchten Sie Social Media vernünftig nutzen, dann bedeutet es einen nicht zu unterschätzenden Aufwand an Zeit, Engagement und letztlich auch Geld.

Sie werden jetzt fragen, warum Sie Zeit und Geld in etwas investieren sollten, mit dem Sie auch mittelfristig kein Geld verdienen werden. Genau hier muss ein Perspektivwechsel stattfinden.

Betrachten Sie Social Media zunächst einmal als Vertriebskanal! Der Hintergrund Ihrer möglichen Aktivitäten in den sozialen Netzen ist ja nicht der Kundenservice oder die Veröffentlichung von lustigen Katzenbildern, sondern der Mehrumsatz in Ihrem Online-Shop. Zwar steht nicht die Produktwerbung im Vordergrund, doch sollten Sie das eigentliche Ziel nicht aus den Augen verlieren.

Erst in zweiter Linie sind soziale Medien für Sie als Shop-Betreiber auch ein Kommunikationskanal, über den Sie mit Ihren Kunden und Interessenten sprechen.

Die Königsdisziplin ist die Verbindung von mehr oder minder subtiler Werbung und Kommunikation mit dem Kunden. Gelingt es Ihnen, beide Aufgabenstellungen authentisch, sympathisch und offen zu kombinieren, kann Social Media tatsächlich eines der Versprechen einlösen und nicht nur zur Kundenbindung beitragen, sondern auch zu zusätzlichen Verkäufen und zur Neukundengewinnung dienen.

Abbildung 4-98: Beispiel-Posting facebook.com/Lidl (30.05.2014)

Wichtig ist, dass Sie Ihre Social-Media-Strategie auf Ihre Zielgruppe auslegen. Beispiel LIDL (siehe Abbildung 4-98): Die Supermarktkette fährt eine auf den ersten Blick sehr eindeutige Facebook-Strategie, die allein auf den Abverkauf ausgerichtet ist. Postings umfassen selten mehr als drei oder vier Zeilen, die Fotos entstammen dem aktuellen Verkaufsprospekt, der Link führt direkt in den Online-Shop.

Für LIDL geht diese Strategie auf: Der Beitrag in der Abbildung 4-98 wurde allein am ersten Tag 990 mal geliked und 121 mal geteilt. Zudem wurde der Link in den Online-Shop über 1.800 mal angeklickt.

Die einfache LIDL-Strategie würde für andere Unternehmen wahrscheinlich nicht funktionieren. Aber sie entspricht dem LIDL-Image und spricht die Zielgruppe mit über 1,7 Millionen Facebook-Fans offensichtlich genau richtig an.

Andere Marken (und Fans) erfordern andere Ansprachen und andere Postings. Um dies herauszufinden, ist es in erster Linie wichtig, die richtige Social-Media-Strategie für Ihren Online-Shop zu finden. In zweiter Linie spielt natürlich auch der genutzte Kanal (oder die Kanäle) eine Rolle.

Social-Media-Kampagnen

In den bisherigen Kapiteln zum Marketing haben wir meist von sogenannten »Direct Response«-Maßnahmen gesprochen. Hierbei handelt es sich um Aktionen, die (primär) darauf ausgelegt sind, eine unmittelbare Aktion auszuführen: ein Klick auf eine Anzeige, das Abonnieren eines Newsletters, der Einkauf eines Aktionsprodukts.

Social-Media-Aktivitäten sind eher nicht für Direct Response geeignet (wobei auch das möglich ist), sondern legen langfristig wirkende Ansätze zugrunde.

Die Social-Media-Kampagne dient zunächst dem Branding, der Markenbildung, zur Erzielung von Reichweite. Die Reichweite, also die Zahl der Personen, die die eigenen Botschaften sehen, ist dabei nicht begrenzt. Vielmehr sollte das Augenmerk darauf liegen, die Reichweite beständig auszubauen. Natürlich erlaubt Social Media auch Direct-Response-Aktionen – die aber zur effektiven Gestaltung eine gewisse Reichweite voraussetzen. Bei zu geringer Reichweite verpufft die Wirkung von Direct-Response-Elementen oder ist schlicht unwirtschaftlich.

Ihr Shop als Marke

Wir stellen immer wieder fest, dass neue Shop-Betreiber Schwierigkeiten haben, ihren Online-Shop als Marke zu definieren oder wahrzunehmen.

Sie sehen sich lediglich als Verkaufsstelle für Artikel anderer Hersteller. Dabei funktionieren gerade die Shops besonders gut, denen es gelingt, ein Marken-Image aufzubauen. Das ist auch möglich, wenn Sie nur Produkte anderer Hersteller verkaufen.

Stellen Sie Ihr Licht nicht unter den Scheffel: Sie übernehmen aus Kundensicht eine wichtige Aufgabe, indem Sie die Produkte im Shop nach Ihren Kriterien und Schwerpunkten auswählen und sich beständig um neue Produkte bemühen.

Ein Shop wie Zalando verkauft auch »nur« Bekleidung, ist damit aber zu einer starken Marke geworden

---

Das Engagement in Social Media will gut geplant sein. Bei großen Kampagen sind Vorlauf- und Planungszeiten von einem halben Jahr und mehr keine Seltenheit. Auch wenn es für Ihren Shop nicht zwingend so lange dauern muss: Von heute auf morgen lässt sich eine sinnvolle Kampagne nicht aufsetzen. Bei der Planung stehen verschiedene Elemente im Fokus. Neben der Definition des Kampagnenziels ist es die Auswahl der Social-Media-Kanäle und die Definition der Ansprache und der Tonlage.

Kampagnenziel

Die wichtigste Überlegung ist, welchen Effekt Sie mit Ihrer Kampagne erreichen wollen. Ihre Ziele müssen spezifisch zum Werkzeug Social Media passen. Ein Ziel wie »mehr Umsatz« ist aus Sicht des Shop-Betreibers zwar verständlich, als Kampagnen-Zielsetzung aber zu unspezifisch. Besser wäre eine Zieldefinition wie zum Beispiel »5% Mehrumsatz pro Monat, der nachweislich mit Unterstützung von Social-Media-Aktivitäten zustande gekommen ist«.

Diese lange Zieldefinition zeigt ein grundlegendes Problem auf. Während man bei Direct-Response- Kampagnen in aller Regel einen unmittelbaren Zusammenhang zwischen Maßnahme und Resultaten herstellen kann, ist dies bei Branding-Aktivitäten generell schwieriger. Hier hilft das Gedankenmodell der »Customer Journey«: Der Interessent befindet sich auf einer Reise, an deren Anfang er das Produkt oder die Marke noch gar nicht kennt und während der er über verschiedene Kontakte zur Marke schließlich zum Kunden wird.

Ein Kaufwunsch oder eine Kaufentscheidung reift oft über einen längeren Zeitpunkt. Gerade in diesem Fall versagt das Messen der Kundenherkunft oft oder liefert irreführende Ergebnisse. Der Kunde, der über die Google-Suche den Weg in den Shop findet und dort kauft, kann durchaus mehrfach vorher über Facebook mit der Marke in Kontakt gestanden haben.

Berücsichtig man diese Customer Journey nicht, bleibt Google als Kundenlieferant übrig – nicht ganz falsch, aber auch nicht ganz richtig. Ein Ziel der Social-Media-Aktivitäten sollte daher sein, möglichst viele Kontakte zur Marke herzustellen und möglichst viele Customer Journeys zu starten bzw. zu begleiten.

Wir verfeinern also das Kampagnenziel und streben nun stattdessen »5% Kontaktzuwachs im Online-Shop pro Monat über Social Media« an. Aus dem unspezifischen Ziel nach mehr Umsatz und dem vermeintlich spezifischeren, aber in der Praxis schwer messbaren verfeinerten Ziel ist in der dritten Version ein konkretes, messbares Ziel geworden, das die Stärken von Social Media berücksichtigt und sich als ein Baustein im Marketingmix der Customer Journey etabliert.

Fans, Follower und Interaktionen. Lange Zeit war die Zahl der Fans oder Follower, die Ihre Beiträge auf den Social-Media-Plattformen aktiv verfolgen, das Maß der Dinge. Hat man viele Follower, so muss man relevant sein, ist die Begründung dafür, dass die Zahl der Fans groß und deutlich auf den verschiedenen Social-Media-Profilen abgebildet wird.

Zwar ist es richtig, dass zum Verbreiten der eigenen Kampagneninhalte Fans und Follower nötig sind. Eine große Zahl von Lesern hat demnach eine gewisse Relevanz, sollte aber auch nicht überbewertet werden.

Die Zahl der Fans ist anfällig für Manipulationen, und noch lange nicht jeder echte Follower liest auch alle Ihre Beiträge. Auf keinen Fall sollte daher die Anzahl der Fans als Maßstab für die Effektivität der Social-Media-Kampagne oder der betreuenden Agentur herangezogen werden. Eine Kampagne mit wenigen Fans kann, wenn sie richtig durchgeführt wird, erheblich effektiver sein als eine schlecht realisierte Kampagne mit vielen Fans.

Auch wenn absolute Fan-Zahlen nach wie vor so manchen Chef beeindrucken, die eigentliche Währung des Social Media sind die Interaktionen, also die Zahl der aktiven Kontakte zwischen dem Follower und der Marke. Immer wenn einer der Fans und Follower bei einer Ihrer Nachrichten »liked« (»gefällt mir«), »+1« oder Sternchen klickt, immer wenn einer Ihrer Beiträge geteilt bzw. »retweetet« (an die eigenen Freunde weitergegeben) wird, immer wenn ein Kommentar geschrieben wird, wird eine Interaktion gemessen. Je mehr Interaktionen Ihre Beiträge bekommen, desto mehr werden sie aktiv von den Lesern wahrgenommen und weiterverbreitet, denn die Interaktionen sind auch für die Freunde der jeweiligen Fans sichtbar.

Kanalauswahl

Für viele Menschen ist heute Social Media gleichbedeutend mit Facebook. Tatsächlich hat dieses soziale Netzwerk weltweit – und auch in Deutschland – beachtliche Nutzerzahlen.

Neben Facebook gibt es aber noch eine ganze Reihe anderer Social-Media-Plattformen. Wenn Sie nicht gerade in der Internet-Branche aktiv sind, werden Sie vermutlich noch nie von Orkut, Plurk oder App.net gehört haben. Dennoch können dies wichtige Dienste sein, wenn Sie zum Beispiel in Südamerika (Orkut) oder Asien (Plurk) aktiv werden oder speziell Programmierer (App.net) ansprechen wollen.

Neben geografischen »Local Heroes« oder branchen- und interessenspezifischen Kanälen gibt es zahllose Nachahmer-Produkte von bekannten Plattformen. In Deutschland wurden erst vor Kurzem mit Wer-kennt-Wen und Schüler-VZ zwei bekannte Nachahmer-Plattformen zu Grabe getragen.

Sie können allein aus Zeitgründen nicht alle Social-Media-Kanäle mit Ihren Inhalten füllen (im Jargon »bespielen« genannt). Aber Sie sollten zumindest darüber nachdenken, welche Kanäle (Mehrzahl) Ihre Zielgruppe ansprechen.

Angepasst an die technischen und inhaltliche Voraussetzungen (Textlänge, Verlinkungen, Grafikgrößen etc.) macht es (langfristig) Sinn, einmal erstellte Inhalte auf mehreren Kanälen gleichzeitig zu verbreiten oder versetzt zu wiederholen und jede genutzte Plattform auch auf Reaktionen und Antworten der Fans und Follower hin zu überprüfen.

Denn im Gegensatz zum Online-Shop oder zu Blogs haben die Nachrichten in den sozialen Netzen eine sehr geringe Halbwertzeit. Tweets sind im Schnitt nach rund 20 Minuten aus der Timeline eines Benutzers verschwunden, Facebook-Postings innerhalb von zwei Stunden. Es ist also selbst bei Wiederholungen auf dem gleichen Kanal nicht sichergestellt, dass Ihr Posting die Benutzer tatsächlich erreicht.

Social Media ist, im Gegensatz zu mancher Beraterphrase, zudem auch kein »Dialog auf Augenhöhe« – es steckt aber zumindest ein bisschen Wahrheit darin: der »Dialog«. In sozialen Netzen ist die Kommunikation immer bidirektional. Wenn Sie sich engagieren, erwarten die Leser, Ihre »Fans«, dass Sie auch auf Frage und Kommentare antworten.

Letztendlich werden Sie Ihre Social-Media-Aktivitäten gezielt auf einzelne Plattformen konzentrieren müssen. Die Auswahl hängt davon ab, wo Ihre Zielgruppe sich engagiert – und zwar sowohl die existierenden Kunden als auch die potenziellen Kunden. Befindet sich Ihre Zielgruppe primär auf Facebook, hat es wenig Sinn, ausschließlich auf Twitter zu setzen. Recherchieren Sie daher zunächst, in welchen sozialen Netzen sich Ihre potenziellen Kunden befinden.

Tipp Um eine Social-Media-Plattform wie Twitter oder Pinterest zu verstehen, sollten Sie selbst dort aktiv sein. Die Teilnahme ist kostenlos, und mit wenigen Mausklicks ist Ihr Account erstellt.

Nach anfänglich passivem Mitlesen können Sie erste eigene Beiträge schreiben. Beachten Sie aber Ihre Rolle als Privatperson – und nicht als Shop-Betreiber. Nach einiger Zeit bekommen Sie ein Gespür dafür, wie der Dienst funktioniert und wie die Teilnehmer »ticken«.

Das erleichtert Ihnen später die »kommerzielle« Kommunikation auf dem jeweiligen Kanal. Wer weiß, vielleicht finden Sie sogar Gefallen an einem bestimmten Netzwerk, so dass Sie es weiterhin als Privatperson benutzen.

Mit einer großen Wahrscheinlichkeit wird mindestens eines der großen Netzwerke am Ende Ihrer Recherche stehen. Im Folgenden geben wir Ihnen einen Überblick über die maßgeblichen Breiten-Netzwerke in Deutschland aus E-Commerce-Sicht.

Facebook. Facebook ist für seine Nutzer vor allem eins: Freizeit! Facebook ist die digitale Ergänzung zu Klatsch und Tratsch, zu Unterhaltung und Humor, zu Ausgehtipps, Filmempfehlungen und Verabredungen.

Mit Facebook und einem Smartphone hat man seine Freunde immer dabei und kann unmittelbar mit ihnen kommunizieren. Belanglos oder tiefgründig, fröhlich oder bedrückt – das Gros der Facebook-Nutzer ist erstaunlich offen, was ihre Äußerungen angeht.

Als Shop-Betreiber ist das Chance und Herausforderung zugleich. Ein euphorischer Kunde kann leicht dazu motiviert werden, seinen Einkauf in Ihrem Shop stolz den Facebook-Freunden zu präsentieren. Der gleiche Kunde wird wenig Scheu haben, mit deutlichen Worten zu erzählen, wenn etwas schiefgelaufen ist.

Für kommerzielle Teilnehmer sieht Facebook die sogenannten »Seiten« (Fanpages) vor. Diese Seiten sind einer Firma oder Marke vorbehalten und unterliegen im Vergleich zu den persönlichen Benutzerseiten einigen Einschränkungen. Die größte Einschränkung ist, dass eine Fanpage keinen direkten Kontakt zu einzelnen Nutzern aufnehmen kann, die nicht »Fan« der eigenen Seite sind. Dies ist zum Schutz der Nutzer vor unverlangter Werbung gedacht.

Eine Fanpage kann zwar nach wie vor ohne eigenen Facebook-Account eingerichtet werden, davon ist aber abzuraten. Der Funktionsumfang ist in diesem Fall sehr eingeschränkt. Sinnvoller ist es, zunächst einen persönlichen Account anzulegen und dann die Firmenseite einzurichten. Dies erlaubt den vollen Zugriff auf alle Funktionen der Fanpage und ermöglicht Ihnen auch, die Seiten von jemand anderem verwalten zu lassen. Dies ist zum Beispiel im Falle Ihres Urlaubs sinnvoll oder wenn Ihre E-Commerce-Agentur Zugriff auf die Fanpage benötigt. Für einen Facebook-Nutzer ist übrigens nicht ersichtlich, welcher Personen-Account hinter einer Fanpage steht, es sei denn, Sie gewähren diesen Einblick.

Facebook erlaubt das Veröffentlichen (Posten) von Textbeiträgen und die Anlage von Fotoalben. Links werden automatisch klickbar gestaltet, und ein Vorschaubild und Vorschautext des Links wird eingeblendet. Beiträge können von allen Facebook-Nutzern kommentiert werden. Ebenso verfügt die Fanpage über eine »Pinnwand«, auf der Benutzer Beiträge auf Ihre Fanpage stellen können (soweit Sie als Seitenbetreiber die Pinnwand aktivieren). Zusätzlich können Ihnen Facebook-Nutzer auch direkte Nachrichten zukommen lassen.

Die Nutzer erwarten, dass Sie auf Kommentare unter Beiträgen, Pinnwand-Posts und Direktnachrichten antworten. Die Antwort sollte dabei auf dem gleichen Weg erfolgen, wie die Anfrage gestellt wurde, ein Pinnwand-Post wird also auf der Pinnwand beantwortet. Oft nutzen Ihre Fans die Pinnwand, um Erfahrungen mit dem Produkt mitzuteilen. Diese Beiträge können durchaus Kritik enthalten – Ihre Antwort darauf ist ebenfalls öffentlich lesbar, und die Art der Antwort ist anderen Nutzern ein Gradmesser dafür, wie gut oder schlecht Sie sich »schlagen«.

Neben Kommentaren können Facebook-User Beiträge »liken« – also den »Gefällt mir«-Daumen betätigen. Wird ein Beitrag »geteilt« (»share«), macht ihn der Nutzer allen seinen Freunden auf dem eigenen Profil (der »Timeline«) sichtbar.

Nicht alle Ihre Beiträge werden allen Ihren Fans angezeigt. Ein geheimer Algorithmus mit dem inoffiziellen Namen »Edge Rank« versucht, jedem einzelnen Facebook-Nutzer einen für ihn möglichst relevanten Mix aus den Nachrichten der eigenen Freunde und der von ihm gefolgten Fanpages zu präsentieren. Als Faustregel gilt: Je mehr der Nutzer bisher mit Ihrer Seite und Ihren Beiträgen interagiert hat (Kommentare, Likes, Shares), desto eher wird er neue Beiträge von Ihnen zu sehen bekommen. Unmittelbar erreichen Sie mit einem Facebook-Beitrag aktuell nur rund ein Sechstel Ihrer Fans.

Als einen Ausweg bietet Facebook die Möglichkeit, Beiträge zu bewerben, d.h. über Bezahlung den einzelnen Beitrag einer größeren Personengruppe anzuzeigen.

Ähnlich wie bei den Facebook-Angeboten (siehe Abschnitt »Gutscheine und Aktionen« auf Seite 455) können Sie die Zielgruppe für das einzelne Posting, auch über den eigenen Fan-Kreis hinaus, sehr genau definieren.

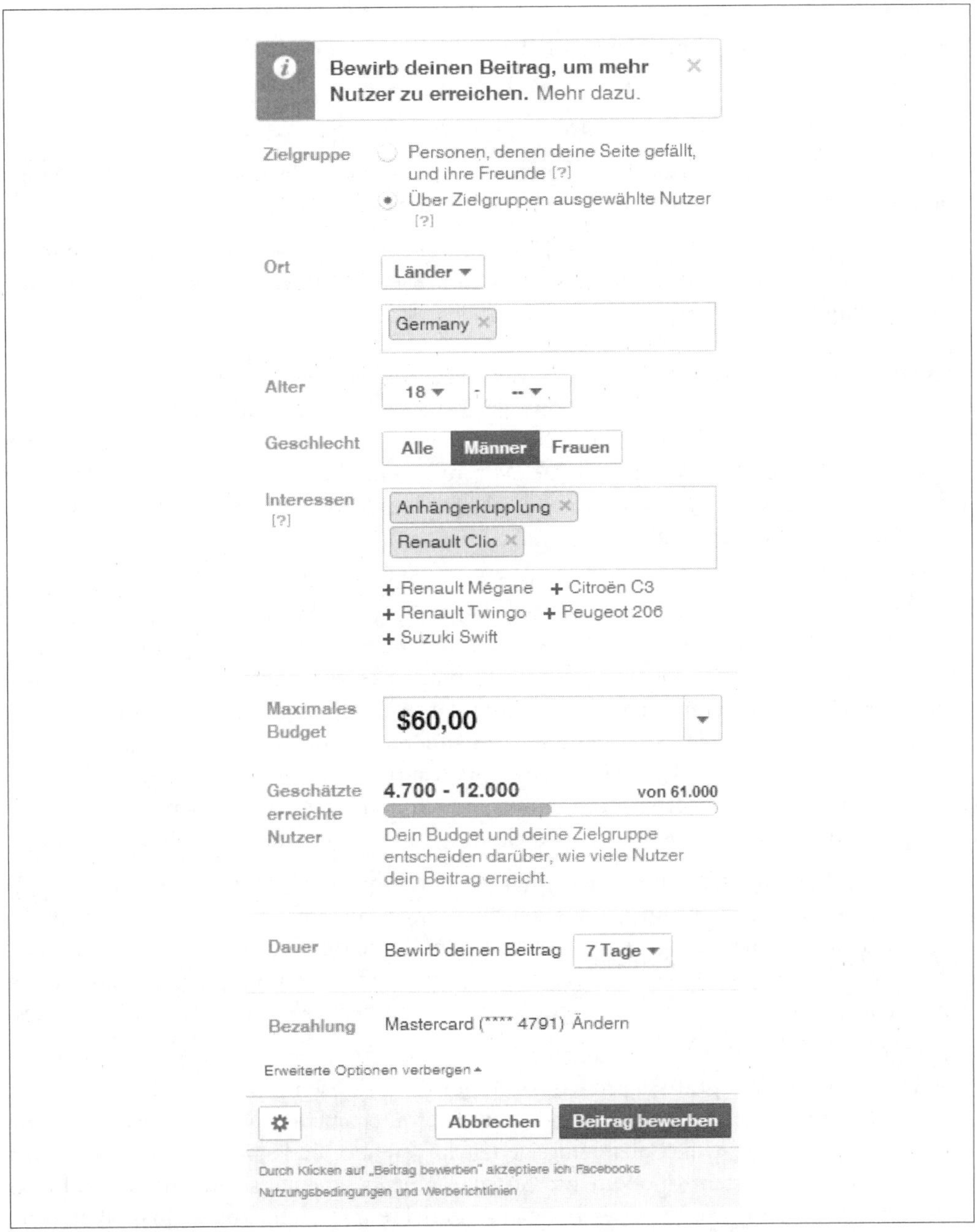

Abbildung 4-99: Zielgruppenfestlegung für die Bewerbung eines Facebook-Beitrags

Die Abbildung 4-99 zeigt die Werbeschaltung für ein Posting, das eine Anhängerkupplung für einen speziellen Autotyp bewirbt. Die Zielgruppe der Anzeige wird dabei auf die folgenden (naheliegenden) Personen festgelegt:

- Männlich (Autobastler)
- Älter als 18 Jahre (Führerscheininhaber)
- Interessen an »Anhängerkupplung« (beworbenes Produkt)
- Interesse an »Renault Clio« (Variante des beworbenen Produkts)

Gerade dieses Feature bietet die Möglichkeit, die eigene Zielgruppe weiter auszubauen und auch Nicht-Fans gezielt in den eigenen Online-Shop zu lotsen.

Facebook sollten Sie – wenn Sie den Einstieg in soziale Netzwerke machen möchten – allein wegen der großen Verbreitung und der inzwischen ausgereiften Werbemöglichkeiten unbedingt in Ihre Überlegungen mit einfließen lassen.

Google+. Wohl kaum ein soziales Netzwerk, das so unterschätzt wird, wie Google+. In regelmäßigen Abständen liest man von der »Geisterstadt«, die die Plattform angeblich sein soll. Dies will so gar nicht zur Zahl der 300 Millionen aktiven Benutzer passen, die Google im Oktober 2013 veröffentlichte. Mit im Schnitt 22 Millionen neuen Nutzern im Monat wächst Google deutlich schneller als Facebook, das es »nur« auf 15 Millionen neue Nutzer im Monat bringt.

Woher also diese Unterschätzung? Sie liegt im besonderen Bedienkonzept von Google+ begründet, das es gerade neuen Benutzern eher schwer macht. In einem frisch eingerichteten Google+ Account sieht man erst einmal – nichts! Vielmehr muss man interessante Benutzer und Gruppen zunächst finden und einem »Kreis« zufügen. Erst dann bekommt man regelmäßig deren Nachrichten. Schreibt man selbst Beiträge, sieht die zunächst auch niemand, es sei denn, man ist in den Kreisen anderer Personen. Die zwangsläufige Bidirektionalität von Beziehungen wie bei Facebook gibt es bei Google+ absichtlich nicht. Hat man das Konzept der Kreise erst einmal verstanden,erweitert sich schnell die Menge der Nachrichten, die man sieht, und das Gerücht der Geisterstadt löst sich in Luft auf.

Wo bei Facebook die Unterhaltung primär im Vordergrund steht, ist es bei Google+ die Information. Beiträge sind im Schnitt deutlich länger als auf Facebook und behandeln Themen ausführlicher. Google+ macht es einfach, Texte durch Absätze zu strukturieren. Schriftformatierungen wie kursiv oder fett stehen ebenfalls zur Verfügung. Dank dieser Hilfen entwickeln sich auf Google+ sehr häufig gut aufbereitete, fundierte und lange Diskussionen unter Beiträgern.

Das Publikum auf Google+ ist derzeit noch eher im technisch-professionellen Bereich zu Hause. Eine Unterscheidung zwischen privat und beruflich machen die Nutzer jedoch kaum. Fachlich hochwertige Artikel aus dem eigenen Job stehen direkt neben Essensfotos oder einem Bericht des letzten Kinobesuchs. Google+-Nutzer scheuen sich nicht, sowohl über berufliche als auch private Neuerwerbungen zu berichten. Auch hier findet man häufig längere, ausgewogene Texte zu den Vor- und Nachteilen eines frisch gekauften Produkts.

Firmenseiten sind auf Google+ noch vergleichsweise neu. Sie setzen zwingend einen persönlichen Google+-Account voraus, können aber von mehreren Administratoren verwaltet werden. Eine Google+-Seite kann auch andere Benutzer (und Seiten) zu Kreisen hinzufügen. Man sieht dann ihre neuen Beiträge und kann mit ihnen interagieren – also kommentieren und +1 (das Google+-Äquivalent zu Likes bei Facebook) vergeben. Dies ist zwar prinzipiell auch ohne »einkreisen« möglich, hilft aber, besonders interessante Nutzer besser zu beobachten.

Als besonders wichtig erweist sich die Verknüpfung zwischen Google+ und der Google-Suche. Beiträge, die man auf Google+ schreibt, werden in der Google-Suche mit dem eigenen Profilbild angezeigt. Interaktionen von Google+-Nutzern in den eigenen Kreisen werden in der Google-Suche oft ebenfalls angezeigt. Allein diese offensichtliche Verknüpfung von Google+ und Google-Suche sollte Grund genug sein, Google+ in die Überlegungen zum Social-Media-Mix aufzunehmen. Analysten sind sich einig, dass die Bedeutung von Google+ in den nächsten Jahren deutlich steigen wird, insbesondere weil Google seine Dienste untereinander immer weiter verzahnt. Sich früh mit der Plattform zu befassen, ist daher empfehlenswert.

Leider beißt sich hier die Katze ein bisschen in den Schwanz. Der Charakter von Google+ verlangt eigentlich, ganz eigene, individuelle Beiträge für Google+ zu schreiben, sich intensiv mit der Plattform zu beschäftigen und selbst aktiv an Diskussionen teilzunehmen. Macht man dies richtig – und einige Marken wie BMW (siehe Abbildung 4-100) oder H+M tun dies –, kann man auf Google+ eine treuere und engagiertere Fanbasis aufbauen als auf Facebook.

Dies bedeutet aber einen erheblichen Aufwand, den gerade frischgebackene Shop-Betreiber oft nicht leisten können. So begnügt man sich meist mit der simplen Zweitverwertung von Facebook-Posts und erzielt deswegen einen geringeren Effekt auf Google+, als möglich wäre.

Hier ist die Empfehlung ganz klar, sich so intensiv wie möglich mit der Plattform zu befassen und möglichst selbst aktiver Google+-Nutzer zu werden. Gerade die erweiterten Features wie Hangout-Videokonferenzen samt Verknüpfung zu YouTube und Google+-Events sind für Shops und Marken ideal, um Aufmerksamkeit und Reichweite zu erzielen. Früh mit Ihnen umgehen zu lernen, ist mittelfristig hilfreich.

Instagram. Die Bildplattform Instagram gehört seit Herbst 2012 zum Facebook-Konzern und ist primär auf mobile Geräte wie Smartphones oder Tablets ausgerichtet.

Instagram dient dem Verbreiten von Bildern. Benutzer können sehr einfach mit der Smartphone-Kamera ein Bild aufnehmen und es mit zahlreichen Filtern verfremden oder verbessern. Diese Bilder können von anderen Nutzern innerhalb des Instagram-Dienstes oder auf anderen angeschlossenen Diensten (Facebook, Twitter, Tumblr, Flickr) kommentiert und favorisiert werden. Das Konzept kommt an: Im September 2013 hatte Instagram über 150 Millionen aktive Nutzer, die täglich im Schnitt 55 Millionen Bilder hochluden.

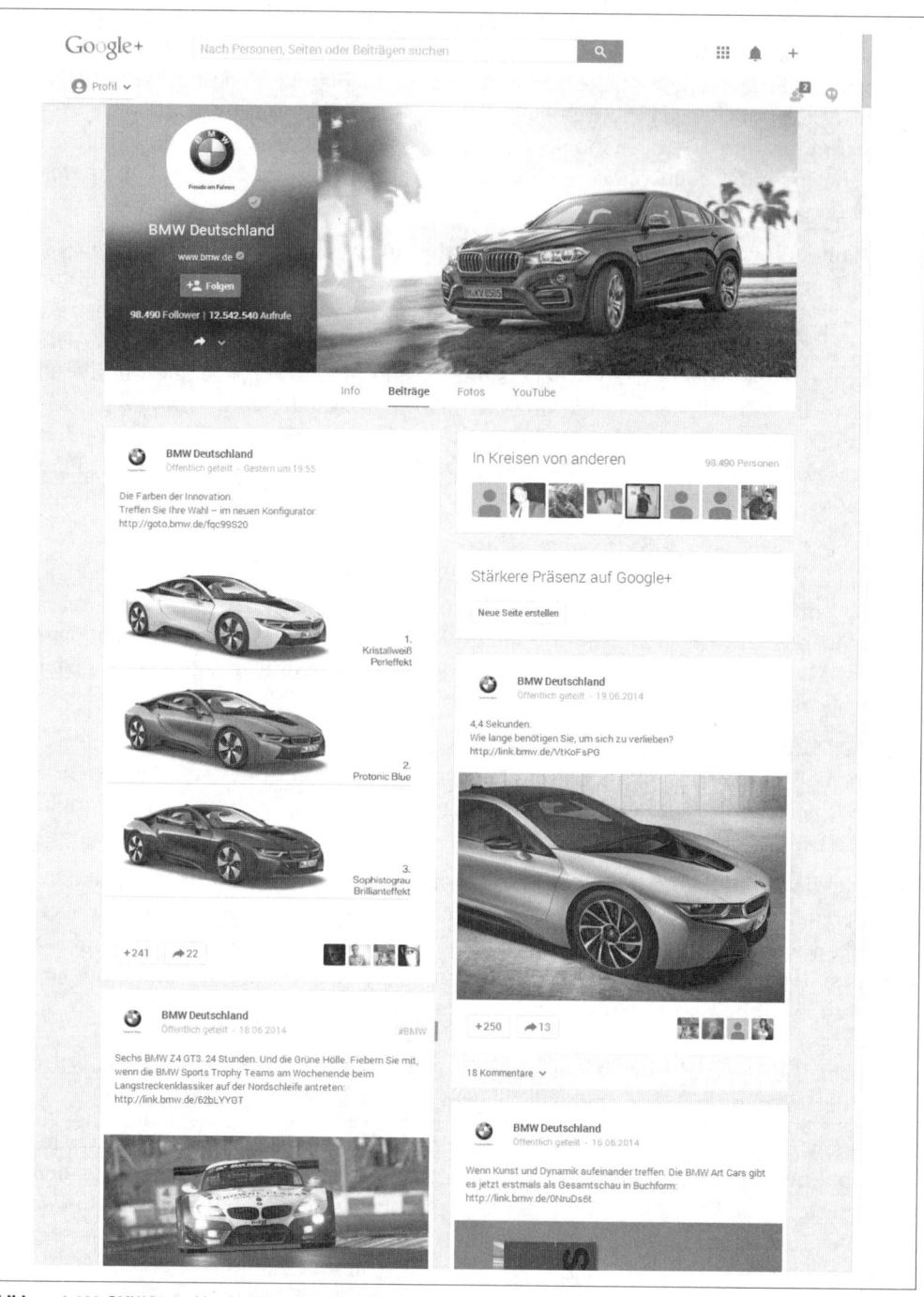

Abbildung 4-100: BMW Deutschland bei Google+ (Juni 2014)

Abbildung 4-101: Zalando auf der Instagram-Plattform, Smartphone-Ansicht (Juni 2014)

Marken wie Zalando (siehe Abbildung 4-101) nutzen die Attraktivität von Instagram bei einer jungen Zielgruppe und bieten ihrerseits Bilder von Neuerscheinungen im Shop an. Als Ergebnis kommen für Zalando nicht selten über 1000 »Gefällt mir«-Angaben und dutzende Kommentare der Instagram-Nutzer.

Viel wertvoller dürften aber die weitergeleiteten Bilder sein, die die Nutzer aus dem Zalando-Instagram-Account ihrerseits zum Beispiel auf ihrer Facebook-Pinnwand oder auf Twitter veröffentlichen. So werden die Instagram-Nutzer zu Multiplikatoren für Zalando.

Man muss nicht so groß wie Zalando sein, um Instagram in dieser Art nutzen zu können. Wenn Sie Produkte haben, die sich interessant und schön in Szene setzen lassen, können diese Bilder auch auf Instagram verbreitet werden. Auch für Bilder aus dem Shop-Alltag eignet sich die Plattform. Versprechen Sie sich aber nicht zu viel davon, denn der Aufbau einer Fangemeinde dauert seine Zeit und erfordert die aktive Nutzung der Plattform, um mit anderen Benutzern zu interagieren.

Pinterest. Ähnlich wie Instagram fokussiert auch Pinterest auf Bilder, behandelt aber die Computer- und Mobilnutzer gleichberechtigt. Pinterest sieht sich als digitales Äquivalent der Kork-Pinnwände oder Kühlschrank-Frontseiten, an die gerne Postkarten, Kinotickets, Fotos und andere Fund- und Erinnerungsstücke geheftet werden.

Pinterest macht es deutlich einfacher als Instagram, Bilder zu finden. Zwar steht auch hier als Erstes die kostenlose Anmeldung, danach kann man aber in thematischen Rubriken wie »Haare & Beauty« oder »Garten« blättern. Die Bilder werden von den Benutzern eingestellt, stammen aber meist nicht von ihnen selbst, sondern werden über eine Webadresse von anderen Websites nachgeladen (gepinnt). Dadurch ist jedes Bild mit einer Webadresse versehen, die für jeden Pinterest-Nutzer einsehbar ist. Mit einem einzigen Klick kann die Herkunfts-Webseite – also zum Beispiel Ihr Shop – besucht werden.

Dies können sich Online-Shops zunutze machen und ihre eigenen Bilder direkt auf Pinterest einstellen. Wenn die Bilder entsprechend attraktiv sind, werden sie möglicherweise von anderen Pinterest Nutzern wiederum geteilt (repinned), was Reichweite für die Angebote des Shops erzeugt. Die Abbildung 4-102 zeigt eine von derzeit 12 Pinnwänden des schon mehrfach erwähnten Shops *www.mokaconsorten.com.*

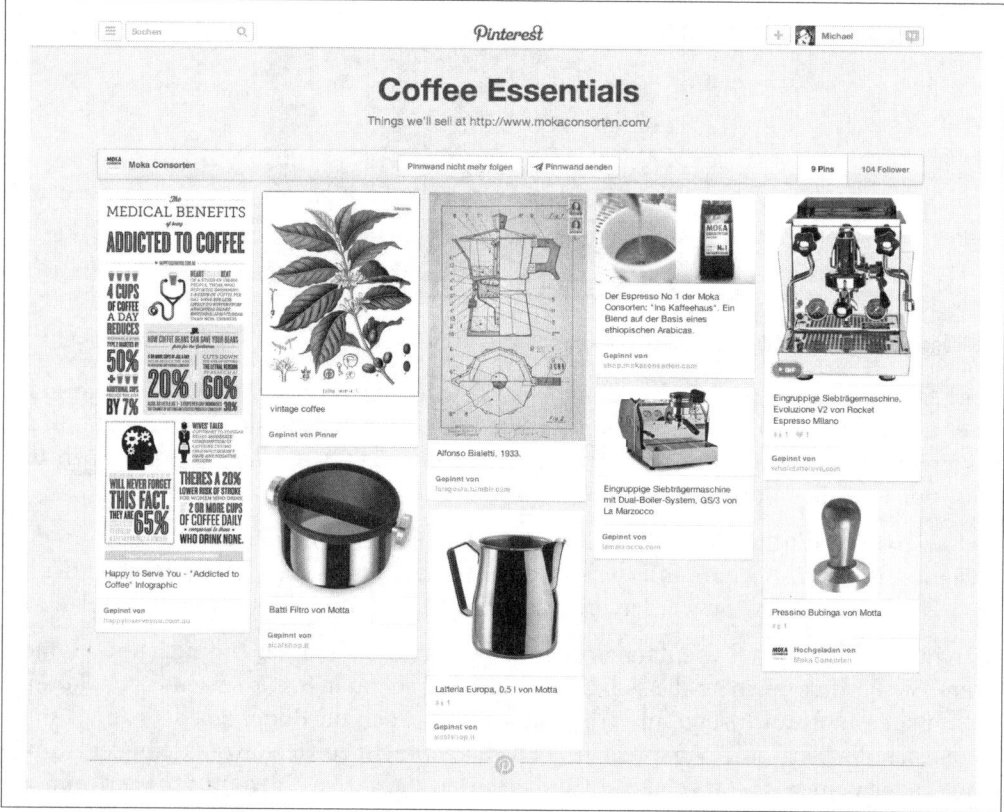

Abbildung 4-102: Moka Consorten auf der Pinterest-Plattform (Juni 2014)

Neben Bildern, die direkt in den Online-Shop verlinken, finden sich auch Bilder von anderen Nutzern, die der Shop-Betreiber seinerseits auf die eigene Pinnwand übernommen hat. Diese Art der Interaktion mit anderen Pinterest-Nutzern macht den Auftritt der Moka Consorten zusätzlich authentischer.

Das Stöbern auf Pinterest nach »schönen Dingen« und das Sammeln von Bildern auf eigenen Pinnwänden ist besonders bei jungen Frauen beliebt, die knapp 70% der Nutzer stellen. Wenn Sie visuell ansprechende Produkte haben, empfiehlt sich Pinterest für zusätzliche Reichweite, insbesondere, da durch die guten Suchfunktionen nicht viel Energie in den Aufbau von Followern gesteckt werden muss.

Twitter. »We can neither confirm nor deny that this is our first tweet« (Wir können weder bestätigen noch dementieren, dass dies unser erster Tweet ist) – mit einer gehörigen Portion Selbstironie hat der amerikanische Auslandsgeheimdienst CIA Anfang Juni 2006 seinen offiziellen Twitter-Account gestartet.

Spätestens jetzt musste der Kurznachrichtendienst dem Mainstream zugerechnet werden. Über 250 Millionen Nutzer senden über 500 Millionen Nachrichten – im Jargon »Tweets« genannt – pro Tag. Die Beschränkung auf 140 Zeichen Nachrichtenlänge schadet dem Dienst nicht. Als eine Art »öffentliche SMS« wird die Einschränkung eher als Ansporn gesehen, Texte prägnant und kurz zu fassen.

Dass dies für Shops kein Hindernis sein muss, zeigt das Beispiel des Müsli-Online-Shops *www.mymuesli.de* auf der folgenden Abbildung 4-103. Dort nutzt man Twitter, um auf Produkte, Veranstaltungen und Aktionen hinzuweisen. Nahezu jede einzelne Nachricht beinhaltet entweder einen Link in den Online-Shop, auf die Firmen-Website oder auf ein Instagram-Bild.

Abbildung 4-103: MyMuesli auf Twitter, Desktop-Ansicht (Juni 2014)

Wie bei den anderen Social-Media-Plattformen muss zunächst eine Follower-Basis aufgebaut werden. Dies funktioniert am besten, indem man auf andere Tweets antwortet und selbst Beiträge anderer Twitter-Nutzer weiterverbreitet (retweetet).

Extrem hilfreich dabei ist die sehr gute Suchfunktion von Twitter, die unter *www.twitter.com/search-advanced* zu finden ist. So können Sie zum Beispiel nach Tweets suchen, die die Begriffe Garten, Tisch, Stuhl oder Bank enthalten, oder nach Tweets, die einen Mitbewerber erwähnen. Diese Suchen können Sie speichern und jederzeit mit einem einzigen Klick ausführen. Auf die in den Suchergebnissen aufgelisteten Tweets können Sie dann antworten.

Twitter ist ein schneller Dienst und damit sehr gut für kurzfristige Aktionen und Direct-Response-Kampagnen geeignet. Sonderangebote, Gutscheincodes und Aktionsware verbreitet sich – je nach Attraktivität des Angebots – binnen Minuten unter Ihren Followern und wiederum deren Followern durch Retweets.

Die Reduktion auf 140 Zeichen macht Twitter auch zu einem unkompliziert zu bedienenden Dienst. Das sollte Sie aber nicht dazu verleiten, wahllos und in hoher Frequenz Angebote einzustellen. Nutzen Sie Twitter lieber für gezielte, punktuelle Aktionen und ergreifen Sie die Chance zur Interaktion mit den Benutzern.

YouTube. Die Videoplattform YouTube ist ein soziales Netzwerk? Ja, denn Videos können bewertet und kommentiert werden – und die Nutzer tun dies eifrig.

YouTube ist in mehrfacher Hinsicht für Ihren Shop relevant: als Speicherort für Ihre Produktvideos, als Suchmaschine für Videos über Produkte und als Werbeplattform für Google-AdWords-Anzeigen.

Zudem ist YouTube (zum Google-Konzern gehörend) inzwischen – nach Google – die zweitgrößte Suchmaschine weltweit und sehr stark mit den weiteren Google-Diensten verknüpft.

Auf YouTube gespeicherte Videos stehen nicht isoliert im Raum. Andere Nutzer können diese Videos kommentieren, Anmerkungen machen und Fragen stellen. Diese Fragen sollten natürlich von Ihnen beantwortet werden, es ergibt sich die Chance zur Interaktion – und zum Verweis auf andere Produkte oder Bereiche Ihres Shops.

Auf der folgenden Abbildung 4-104 ist wieder ein Beispiel von *MyMuesli.de* zu sehen. Das Video zum 6-jährigen Bestehen hat es auf stolze 21.550 Abrufe geschafft und zahlreiche »Daumen hoch« sowie einige Kommentare bekommen. Blickt man in die Statistik, dann sieht man, dass dieses Video zu 21 Abonnements des MyMuesli-YouTube-Kanals geführt hat. Alle diese Personen bekommen nun automatisch alle neuen Videos von MyMuesli angeboten.

Videos gehören derzeit zu den beliebtesten Inhalten im Social-Media-Bereich. Wenn Sie die Möglichkeit haben, eigene Videos von Ihren Produkten zu erstellen, die sowohl informativ als auch kurzweilig sind, bietet YouTube deutlichen Mehrwert für Ihren Shop.

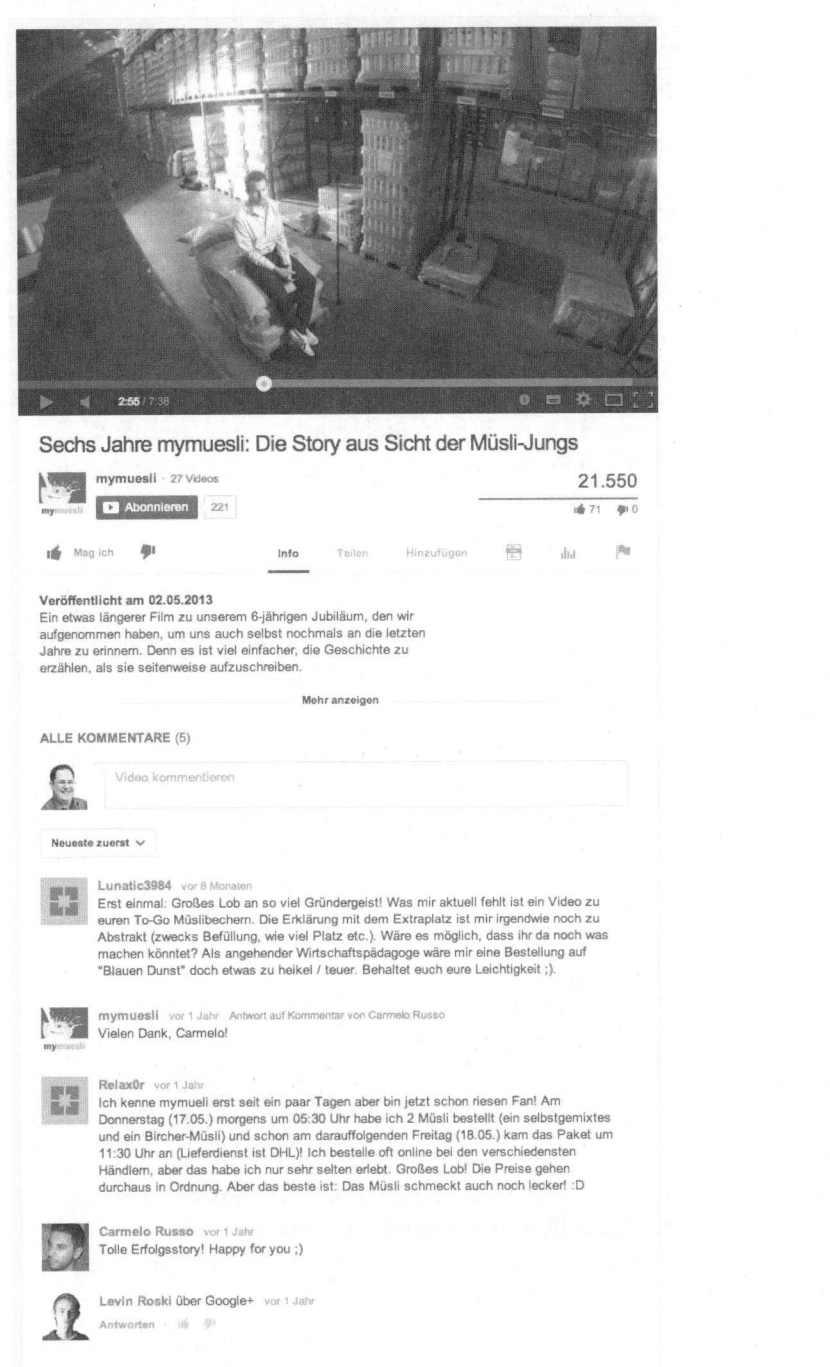

Abbildung 4-104: MyMuesli-YouTube-Channel

Wie im Kapitel 3, *Produktdetailseite*, auf Seite 131 beschrieben, lassen sich YouTube-Videos auch gut als ergänzende Produktinformation in den Online-Shop oder in die FAQ/Knowledge-Base einfügen.

Xing. Das »Netzwerk für berufliche Kontakte« vermeidet die Nähe zum Begriff des sozialen Netzwerks. Man versteht sich als berufliches Netzwerk, und zu direkte Werbung ist verpönt. Dennoch ist jeder Teilnehmer per definitionem Werbeträger für sich selbst und das Unternehmen, für das er derzeit arbeitet.

Mit Aktionsangeboten, Gutschein-Promotions und Direct-Response-Aktivitäten werden Sie auf Xing keinen Erfolg haben und schnell zum (ständig werbenden) Außenseiter. Ähnlich wie auf Google+ sind auf Xing eher sachliche Informationen gefragt.

Dazu steht Ihnen das Werkzeug der Beiträge zu Verfügung. Mit der Aufforderung »Was gibt's Neues?« können Sie allen Personen, mit denen Sie vernetzt sind, Links und kurze Texte übermitteln. Diese Nachrichten werden aber nicht aktiv übertragen, sondern erscheinen für eingeloggte Mitglieder in einer fortlaufenden Ansicht auf der Startseite oder in der Rubrik »Neuigkeiten« auf dem Smartphone.

Xing ist sehr gut, wenn es darum geht, das Unternehmen zu präsentieren. Die Abbildung 4-105 zeigt die Unternehmensseite des Elektronikversenders Conrad. Die Bilder geben einen guten Eindruck in das Unternehmen – dies ist für Ihren Shop auch denkbar. Über Kategorie-Schlagworte wie »Elektronik« oder »Einzelhandel« können Sie sich in Branchen einsortieren und werden so leichter gefunden.

Gerade wenn Sie im B2B-Bereich anbieten, sollten Sie eine Xing-Präsenz in Erwägung ziehen und aktiv Ihr Profil und Ihre Kontakte pflegen. Dies dient weniger dem direkten Abverkauf von Produkten als vielmehr der Imagepflege und dem Aufbau persönlicher Beziehungen.

Kampagnenplanung

Mit dem Ziel, über Social-Media-Aktivitäten mehr Bekanntheit für den Online-Shop zu erzielen und mit den Interessenten in Dialog zu treten, ist es nun Zeit, zu überlegen, wie dies erreicht werden kann.

Naheliegend ist die Idee, Informationen zu Produkten und Waren über Social-Media-Plattformen zu verbreiten. Verwechseln Sie dabei den Social-Media-Kanal nicht mit einer reinen Werbeplattform.

Zwar steht für Sie der Absatz Ihrer Produkte und damit der Weg des Nutzers von der Social-Media-Plattform in Ihren Online-Shop im Vordergrund, Nutzer von Facebook, Google+ und Twitter wollen aber primär unterhalten werden – das Einstreuen von reinen Werbebotschaften sollte wohlüberlegt sein.

Zum Unterhaltungs-, aber auch zum Informationscharakter der Social-Media-Kanäle passt, wenn Sie etwas zu erzählen haben. Themen gibt es reichlich, auch wenn Sie das zunächst nicht glauben: Plaudern Sie doch einfach mal aus dem Nähkästchen.

Abbildung 4-105: Conrad Electronic auf Xing (Juni 2014)

Der laufende Betrieb eines Online-Shops hat spannende Einblicke zu bieten, über die man mittels Social Media berichten kann. Neue Ware kommt an, wird ausgepackt und eingelagert. Begehrte Ware ist wieder lieferbar. Neue Regale werden aufgebaut. Fehllieferungen sorgen für Verwirrung. Die neuen Paketbeileger sind angekommen. Ein Mitarbeiter feiert seinen Geburtstag zwischen den gepackten Päckchen.

All das sind Themen, die wenig bis gar nichts mit konkreten Produkten zu tun haben, die dennoch einen Blick hinter die Kulissen erlauben und Sie, Ihre Mitarbeiter und Ihren Shop als authentisch und positiv dastehen lassen – Sie können so Einblicke gewähren, die Kunden in den Online-Shops Ihrer Wettbewerber vielleicht nicht bekommen.

Redaktionsplan Social Media

Für die Kampagnenplanung empfehlen wir Ihnen wieder einen Redaktionsplan wie im Abschnitt »E-Mail-Marketing« auf Seite 403 besprochen. Sie können, bei entsprechender Größe des Kalenders, sogar den gleichen verwenden und dann Ihre Social-Media-Inhalte mit den Newsletter-Aussendungen koordinieren. Wenn Sie einen separaten Kalender führen, sollten Sie auch hier wieder alle festen Termine wie Messen oder Produktneueinführungen eintragen.

Fangen Sie dann an, Themen zu sammeln, die Sie über die sozialen Netzwerke transportieren möchten. Sammeln Sie zunächst ungeordnet alles, was Ihnen einfällt, und schreiben Sie es in Stichworten auf. Dies ist auch eine gute Übung, um Ihnen die Themenvielfalt aufzuzeigen, über die Ihr Shop verfügt!

Aus dieser Themensammlung können Sie einzelne Themen für Social-Media-Posts aufgreifen. Werden Sie bei den Themen nicht zu weitschweifig: Ein typischer Facebook-Post beispielsweise ist eher kurz, mehr eine Momentaufnahme. Umfangreiche Themen sind im Shop-Blog besser aufgehoben. Picken Sie für die Social-Media-Kanäle die interessanten, kurzweiligen und verblüffenden Themen heraus.

Jedes Thema wird jetzt mit einem Stichwort auf einem Post-It vermerkt und im Redaktionskalender eingeklebt. Post-Its haben den Vorteil, dass sie problemlos wieder abgelöst werden und woanders erneut aufgeklebt werden können. Versuchen Sie zunächst, zwei bis drei Themen pro Woche zu finden. Das ist in der Anfangszeit ein realistisches Pensum.

Verteilen Sie die Themen halbwegs passend auf die einzelnen Wochen. Achten Sie hierbei auf Themenvielfalt und Abwechslung. Zwei Posts zu Themen aus dem Lager sollten nicht unbedingt in zwei aufeinanderfolgenden Wochen eingeplant werden. Produktneuheiten sollten natürlich nah am Erscheinungstermin veröffentlicht werden – andere Themen sind zeitlich variabel.

Es ist hilfreich, einige Themen als Lückenbüßer in der Hinterhand zu haben. Sollte sich ein Thema zerschlagen oder verschieben, zum Beispiel weil sich ein Produktstart verzögert, haben Sie ohne großen Aufwand ein Ersatzthema parat.

Achten Sie auf den richtigen Mix von Produktthemen und weichen Themen über den Shop, Sie und Ihre Mitarbeiter oder anderen Ereignisse. Auch ein Produktthema kann zu einem persönlichen Thema werden, wenn Sie schildern, warum sie ausgerechnet dieses Produkt ins Programm aufgenommen haben.

Gute Beiträge erstellen

Beiträge im Redaktionskalender müssen nicht immer aktuell zum Erscheinungstermin geschrieben werden. Im Gegenteil: Es empfiehlt sich, die Artikel möglichst deutlich früher fertig zu haben und sie dann über die »Scheduling«-Funktion der Social-Media-Plattform für die Veröffentlichung zu einem bestimmten Zeitpunkt einzuplanen. Neben den vorgeplanten Artikeln sollten Sie zwei oder drei fertig formulierte Posts in der Hinterhand haben, um sie bei Bedarf schnell und unkompliziert einsetzen zu können.

Ein guter Beitrag ist informativ, kurzweilig zu lesen und sympathisch. Das Wichtigste ist aber, die Sprache und Erwartungshaltung der Zielgruppe zu treffen. Hier macht es ganz klar einen Unterschied, ob Sie zum Beispiel für Privatkunden im Hobby-Segment oder für Abnehmer im geschäftlichen Bereich schreiben.

Die folgende Abbildung 4-106 zeigt ein Beispiel für die Ansprache der Zielgruppe. Die Tatsache, dass auch Kunden von B2B-Online-Shops sich in der Regel als Privatnutzer auf Facebook bewegen, erlaubt eine junge und saloppe Ansprache.

Abbildung 4-106: Facebook-Posting mit Zielgruppe B2C

Wie Newsletter enthalten auch Facebook-Postings oft mehr oder minder offensive Call-to-Action-Elemente, die den Leser zu einer bestimmten Aktion auffordern.

Beitragsfotos

Social-Media-Beiträge ohne Foto sollten die absolute Ausnahme sein! Bedenken Sie, dass Benutzer Bilder deutlich schneller erfassen können als Texte.

Das Beitragsbild ist somit das erste Element, an dem sich die Aufmerksamkeit des Lesers festmacht. Es muss für die Zielgruppe relevant sein, aber auch spannend und ungewöhnlich genug, um den Blick festzuhalten.

Bewährt haben sich authentische Bilder aus dem Betrieb des Shops. Moderne Smartphones machen bereits sehr gute Bilder. Ein bisschen Übung und gutes Licht erlauben Fotos von gehobener Schnappschuss-Qualität. Was für Produktabbildungen keinesfalls reicht, ist für Social-Media-Posts gerade richtig. Hier möchten die Leser in aller Regel nicht die Hochglanzbilder sehen, sondern glaubwürdige und sympathische Bilder aus dem Betrieb des Shops.

 Tipp Sollten Sie fremde Bilder benutzen, beachten Sie unbedingt die Bildrechte. Selbst bei kostenlos nutzbaren Bildern müssen Sie in der Regel die Bildquelle angeben. Manche Bilder sind nur für die nicht-kommerzielle Nutzung kostenlos.

Die widerrechtliche Nutzung von Bildern sowie falsche oder fehlende Quellenangaben sind von den Urhebern über beispielsweise die Google-Bildersuche recht leicht herauszufinden. Teure und unnötige Auseinandersetzungen sind die Folge. Dies können Sie über gute Quellenrecherche oder die Verwendung eigenen Bildmaterials leicht vermeiden.

Anwenderinterview Content-Marketing

Dr. Christian Ankowitsch ist Journalist, Autor und Mitbetreiber eines Online-Shops für Kaffee und Espressomaschinen. Auf der Seite *www.mokaconsorten.com* vereint er literarische Texte und klassisches Geschäft und ist damit ein Paradebeispiel für Content-Marketing.

Ein Online-Shop soll primär verkaufen. Inwiefern helfen hochgradig individuelle Produktbeschreibungen und zunächst beinah irrelevant erscheinende Texte in Ihrem Kaffee-Magazin?

Unsere aktuellen Erfahrungen zeigen, dass eine kleine Gruppe von Interessenten diese genauen und literarischen Beschreibungen von Produkten und abseitige Betrachtungen sehr schätzen. Sie stellen nicht das Verkaufen in den Vordergrund, sondern zeigen, dass unsere Produkte eine persönliche Geschichte haben, hohen ästhetischen Anforderungen genügen und von Menschen hergestellt werden, die mit Leidenschaft bei der Sache sind. Die abseits liegenden Texte über Musik, die das Thema »Kaffee« behandeln, und meine kleinen Gespräche mit bekannten Zeitgenossen schaffen eine feuilletonistische Grundstimmung, die auf die Marke »Moka Consorten« einzahlt. Verkaufen tun all diese Texte nicht unmittelbar. Ich hoffe aber, dass sie die Gesamtstimmung der Site nachhaltig prägen. Ob diese Art der Texte freilich ein durchschlagendes Erfolgsrezept ist, muss sich noch zeigen, keine Ahnung. Ich halte Sie auf dem Laufenden.

Was heute unter dem Begriff Content-Marketing läuft, hieß früher einfach »gute Inhalte verfassen«. Wie gehen Sie dabei vor?

Indem ich versuche, einfach gute Inhalte zu verfassen.

Ich komme aus dem klassischen Qualitäts-Printjournalismus und bin daher einschlägig vorbelastet (andere würden sagen: betriebsblind, was sicher auch stimmt). Ich denke aber, dass wir uns darauf einigen können, dass die Basis aller Shops ein möglichst hohes Maß an Qualität sein sollte (es gibt zweifellos andere Möglichkeiten, aber die interessieren mich nicht).

Diese hohe Qualität an die Menschen zu bringen, ist der zweite, ungleich schwerere Schritt, weil gute Texte zu schreiben für mich ein durchaus lösbares Problem darstellt. Ob ich dafür nun unbedingt die beste Auskunftsperson bin, wage ich zu bezweifeln. Ich kann Ihnen da nur sagen, dass wir am meisten Aufmerksamkeit für unsere Inhalte bekommen, wenn sie auch unabhängig vom Shop interessant sind. Am deutlichsten zeigt sich das in den kleinen Gesprächen »Auf einen Kaffee mit ...«, die ich hin und wieder führe. Wenn eine Persönlichkeit wie Roger Willemsen mit mir über Gott und die Welt und Kaffee spricht, dann findet das einige Aufmerksamkeit. Die unmittelbare Conversionrate freilich ist nicht messbar. Es gibt auch durchaus den berechtigten Einwand, dass solche Gespräche zu weit weg sind vom eigentlichen Kerngeschäft und daher nichts bringen.

Sie sehen, wir probieren herum. Das ist eigentlich der beste Ratschlag, den man allen geben kann. Ich gebe ihn mir jedenfalls ständig selber: »Mach mal, Anko, probiere es aus!«

Mal sehen, wo wir in einem Jahr stehen.

Ein anderer Modebegriff ist das »Corporate Storytelling«. Interessieren Kunden wirklich Hintergrundinformationen zum Shop-Betreiber?

Bei wirklichen Persönlichkeiten zweifellos. Ich leite diese Behauptung aus der Erfolgsgeschichte der Andraschko Kaffeemanufaktur ab, mit der wir bei unserem Shop zusammenarbeiten. Deren Erfolgsgeschichte hängt eng mit den beiden Betreibern der Rösterei zusammen, Willy und Elisabeth Andraschko. Ein Wiener Ehepaar, das jahrzehntelang ein wichtiges Berliner Kaffeehaus betrieben hat, das »Einstein«. Die wissen, wie es geht und was die Leute wollen. Vor allem im B2B-Bereich.

Sollten freilich Shop-Betreiber versuchen, das nachzuahmen, kann ich sie nur warnen: Sie müssen schon wirklich eine valide, glaubwürdige Lebensgeschichte zu erzählen haben, um sich in den Vordergrund zu schieben. Wenn sie die nicht haben, dann sollten sie lieber die Produkte in den Vordergrund stellen und ihre Inhalte – und sich in die Rolle des kundigen und freundlichen Vermittlers und Fans der eigenen Produkte einüben. Diese Rolle ist ebenfalls sehr honorig – nur nicht so glamourös. Als so jemanden sehe ich mich jedenfalls.

Social Media und Recht

Wie in allen Bereichen rund um den Online-Shop kommt man auch bei den sozialen Netzwerken nicht umhin, einen Blick auf die rechtliche Seite zu werfen. Rechtsanwalt Christoph Schmitz-Schunken (*http://www.ecommerce.ac/berater-ecommerce/christoph-schmitz-schunken*) haben wir dazu in einem Interview befragt.

Hinlänglich bekannt ist, dass auch Social-Media-Profile, zum Beispiel bei Facebook oder Twitter, mit einem Impressum versehen werden müssen, wenn Sie einen geschäftlichen Zweck verfolgen. Worauf müssen insbesondere Online-Shop-Betreiber achten?

Es verhält sich an dieser Stelle nicht sonderlich anders als mit den rechtlichen Anforderungen an den Online-Shop selbst.

Zunächst einmal wird sich der Online-Shop-Betreiber darüber zu informieren haben, ob das verwendete soziale Netzwerk die angestrebte gewerbliche Nutzung in dem vorgesehenen Umfang überhaupt erlaubt. Dies wird durch das Studium der Nutzungsbedingungen des Netzwerks zu erfahren sein. Facebook und Co. setzen eigene Werberichtlinien ein, denen man Beachtung schenken muss, wenn man verhindern möchte, dass die eigene kostenintensive Netzstrategie durch ein Abschalten der Seite durch das Netzwerk einfach verpufft, weil die spezifischen Regeln missachtet worden sind.

Interessant wird auch sein, ob die Nutzungsbedingungen vorsehen, dass das soziale Netzwerk bestimmte Rechte an den eigenen Inhalten des Shop-Betreibers durch Verwendung des sozialen Netzwerkes erhält. Hier sollte sich der Shop-Betreiber vorab genau vergewissern.

Die Prüfung des Account-Namens im Netzwerk daraufhin, ob fremde Marken- oder Namensrechte verletzt werden, setze ich als Selbstverständlichkeit voraus.

Neben der Verwendung eines ordnungsgemäßen Impressums auch im sozialen Netzwerk ist insbesondere die Nutzung fremder Inhalte häufig problematisch (Nutzung urheberrechtlich geschützter Bilder, Grafiken, Texte oder Videos). Hier ist darauf zu achten, dass auch entsprechende Lizenzen für die geplante Nutzung vorhanden sind. Das gilt nicht zuletzt bei der Verwendung von Bildern, Grafiken, Logos des Herstellers. Sie einfach von der Homepage des Herstellers zu downloaden und zu verwenden, ist ohne Lizenz des Herstellers nicht erlaubt, kann und wird dann auch leider häufig abgemahnt. Es gilt auch in diesem Bereich der Grundsatz, dass das Schmücken mit fremden Federn nur mit Genehmigung zulässig ist.

Bei der Verwendung von nicht selbst erstellten Videos sollte darüber hinaus beachtet werden, dass sie nur von sicheren Anbietern wie beispielsweise YouTube oder MyVideo verwendet werden und ihre Inhalte nicht offensichtlich rechtswidrig sind.

Sofern über das Netzwerk Meinungsbildung betrieben werden soll, muss sichergestellt werden, dass veröffentlichte Tatsachen nachweisbar wahr sind und nicht schmähend wirken. Darüber hinaus sollte bei Meinungsäußerungen über Wettbewerber und ihre

Produkte sowie bei Vergleichen mit Wettbewerbsprodukten eine Veröffentlichung nur erfolgen, wenn sie wettbewerbsrechtlich geprüft worden ist.

Werden soziale Netzwerke konkret zur Veröffentlichung von Angeboten inklusive Preisen genutzt, gelten auch hier die zu beachtenden Pflichten aus der Preisangabenverordnung (PAngV).

Wie sieht es mit den weiteren Informationspflichten aus? Muss ich, beispielsweise im Textilbereich, alle Pflichtangaben auch im Facebook-Posting übernehmen, wenn ich ein konkretes Angebot poste?

Es muss zumindest sichergestellt werden, dass der Kunde bei der Einleitung des Bestellvorgangs umfassend über die nach Maßgabe der europäischen Textilkennzeichnungsverordnung aus dem Jahr 2011 erforderlichen Pflichtangaben informiert wird.

Ob dies im Einzelfall bereits durch das Facebook-Posting geschieht, ist eine Frage der Gestaltung des Posting. Es ist aber in jedem Fall anzuraten, dass das Facebook-Posting, wenn die Angaben dort nicht enthalten sind, mindestens einen entsprechend gekennzeichneten sogenannten sprechenden Link auf diese Pflichtangaben besitzt, so dass der Verbraucher die Angaben ohne Probleme erreichen kann. Er muss sie zwingend passiert haben, bevor er die Ware in den Warenkorb legt. Alles andere ist eine Frage des Einzelfalles und der Darstellung des Postings.

Shop-Controlling

Endlich ist es geschafft: Der Shop ist online, die ersten Bestellungen kommen herein, das Online-Marketing läuft, life is good!

Doch bald schon stellen sich Zweifel ein. Woher wissen Sie, ob die Marketing-Aktionen vernünftig laufen? Wie viele Besucher schauen sich ein Produkt eigentlich nur an, kaufen es aber nicht? Wie viele Warenkorbabbrüche gibt es? Die Stunde des Controllings ist gekommen!

An Messwerten mangelt es nicht. Ihr Shop-System hält bereits einige parat, wie die Anzahl und Summe der Bestellungen des aktuellen Tages oder eines einzelnen Artikels. Externe Lösungen messen die Anzahl der Besucher auf der Website oder welche Produktseiten besonders häufig abgerufen wurden. Die Online-Marketing-Werkzeuge steuern ihre eigenen Statistiken bei, Pay-per-Click-Werbung listet ebenfalls penibel jede Werbeeinblendung und jeden Klick auf.

Diese Werte zu korrelieren und die aussagekräftigen Eckdaten zu extrahieren erfordert zunächst einmal einen Überblick darüber, was alles gemessen wird, und dann einiges an Erfahrung, um die richtigen Schlüsse zu ziehen.

Möglichkeiten der Datenerfassung

In einem Ladenlokal fällt es schwer, neben den reinen Verkäufen andere relevante Kennzahlen zu messen.

Das Zählen von Besuchern des Geschäfts ist aufwendig, das Identifizieren von einmaligen und wiederkehrenden Besuchern – abgesehen von personalisierten Kundenkarten – nahezu unmöglich. Wie oft ein bestimmtes Kleid anprobiert, wie oft ein bestimmtes Buch aus dem Regal genommen wurde – ohne Totalüberwachung nicht machbar.

Ganz anders im digitalen Bereich, wo diese Totalüberwachung (im neutralen Sinne des Wortes) gängige Praxis ist. Das Ansehen eines Artikels ist eine digitale Transaktion, die gemessen werden kann, ebenso wie die Eingabe eines Suchbegriffs oder ein verwaister Warenkorb. Zwar gibt es auch im digitalen Bereich Unschärfen, sie betreffen aber eher die Zuordnung und Korrelation von Messwerten, nicht die Messung an sich.

Im technischen Verbund von Online-Shop und externen Diensten gibt es verschiedene Ansatzpunkte, an denen sinnvoll Daten erhoben werden können.

Shop-System, Warenwirtschaft und Versandhandels-Software. Ihre Shop-Software bzw. die Warenwirtschaft oder Versandhandels-Software weiß natürlich am genauesten über die Transaktionen im Online-Shop Bescheid. In einer Übersicht sehen Sie auf einen Blick die tagesaktuelle Zahl der Bestellungen und ihren Wert, meist auch kumuliert über einen längeren Zeitraum.

Jeder einzelne Artikel kann auf Knopfdruck eine Statistik produzieren, wie oft er verkauft wurde, ob er zu den »Lager-Rennern« gehört oder zu den »Lager-Pennern«. Zu jedem Kunden gibt es detaillierte Angaben über die bisherigen Bestellungen, das Shop-System klassifiziert die Kunden auf Wunsch auch automatisch.

Allen statistischen Daten gemeinsam ist, dass Sie nur innerhalb des jeweiligen Systems zur Verfügung stehen. Eine vernünftige Auswertung gehört nicht zu den Kernkompetenzen eines Shop-Systems, so dass sie dort meist die Daten über viele Rubriken verteilt suchen müssen. Besser sieht es mit Warenwirtschaft oder Versandhandels-Software aus, die deutlich mehr Wert auf Auswertungen oder Statistiken legen. Diese Daten befinden sich aber lediglich im geschlossenen System selbst – die Verknüpfung der Daten mit den Daten anderer Systeme (zum Beispiel mit Suchmaschinen oder Google AdWords) ist nicht vorgesehen.

Webserver. Ihr Online-Shop befindet sich auf einem Webserver, der die vom Shop-System generierten Webseiten an die Webbrowser der Besucher des Shops ausliefert. Die Chancen stehen gut, dass Ihr Shop einen Webserver von Apache oder Microsoft verwendet, denn beide Hersteller haben einen gemeinsamen Marktanteil von 70%. Beide Server-Systeme, wie auch die meisten weniger relevanten Webserver, können umfangreiche Protokolle führen. In diesen »Web Server Logs« sind alle Abrufe jedes einzelnen Elements einer Website verzeichnet. Bei einer Website mit drei Bildern sind das schon vier Einträge: der HTML-Code der Seite selbst sowie die individuellen Abrufe der drei Bilder.

Diese Logfiles waren früher der einzige Weg herauszufinden, wie viele Abrufe einer Website getätigt wurden und welche Seiten besonders beliebt waren. Ein ganzer Markt von Zusatzprogrammen entstand, der die Logfiles analysiert und in Grafiken und Diagrammen aufbereitet hat. Mit der zunehmenden Dynamisierung von Websites, die zum Zeitpunkt des Abrufs durch den Benutzer erst aus einer Datenbank zusammengesetzt wurden, verbunden mit immer größeren Abrufzahlen durch die weitere Verbreitung des Internet, ist diese Art der Analyse faktisch ausgestorben.

Der Webserver ist zwar immer noch die maßgebliche Instanz, dem die Auslieferung der Seiten obliegt. Zum Protokollieren von statistisch relevanten Daten wird er jedoch kaum noch herangezogen.

Externe Analysesysteme. Als Google im Jahr 2005 die Analyse-Software Urchin aufkaufte, war dies der Wendepunkt weg von der Logfile-Analyse hin zur Tag-basierten Analyse. Als eines der ersten Systeme ermöglichte Urchin neben der reinen Auswertung der Logfiles auch das Einbetten der für den Webnutzer unsichtbaren Tags auf der Website, deren Abruf dann ausgewertet werden konnte.

Google benannte das Produkt in Google Analytics um und gab sie ein Jahr später zur allgemeinen kostenlosen Benutzung frei, was den bislang von sehr komplexen und teuren Lösungen beherrschten Markt komplett umkrempelte. Folgerichtig ist Google Analytics das beliebteste und am weitesten verbreitete Analysewerkzeug.

Warum Google aus dem ehemals kostenpflichtigen Programm Urchin eine kostenlose Variante machte, liegt auf der Hand: Google kann die erhobenen Daten von Milliarden Websites in die eigenen Auswertung einfließen lassen.

Sämtliche externen Systeme benötigen ein Tag bzw. einen Tracking-Code, also ein kleines Script, das auf jeder einzelnen Seite eingebunden wird. Der Tracking-Code übermittelt den Abruf der Seite an das Analysesystem. Daher ist eine Seite ohne Tracking-Code für das Analysesystem unsichtbar. Da bei Shop-Systemen die Seiten dynamisch aus einer Datenbank erstellt werden, muss der Tracking-Code nur einmal zentral hinterlegt werden und wird dann automatisch in jede generierte Seite eingebaut.

Die Statistiken werden üblicherweise ebenfalls über eine spezielle Website abgerufen. Das kann eine Seite auf dem eigenen Webserver sein, falls es sich um ein selbst gehostetes System wie Piwik handelt.

Meist ist es aber eine Seite des Herstellers der Analyse-Software, auf der man sich mit individuellen Zugangsdaten einloggen muss. Dies bedingt, dass man die Analysedaten an diesen Anbieter übertragen muss, wovon datenschutzrechtliche Überlegungen betroffen sind. Es bedeutet ebenfalls, dass man – anders als bei Server-Logfiles – kein Backup der Rohdaten hat. Löscht man versehentlich seinen Account beim Anbieter der Analyse-Software oder beschließt man, ein kostenpflichtiges Analyse-Abonnement zu beenden, verliert man die bisherigen Auswertungen, sofern man nicht regelmäßig Berichte exportiert hat.

Online-Marketing-Lösungen. Egal, ob Newsletter-Software oder Suchmaschinen-Werbung – alle Werkzeuge zum Online-Marketing bringen ihre eigenen Auswertungen und Statistiken mit. Sie lassen in aller Regel kaum Wünsche offen und vereinen Übersichten wie detaillierte Berichte in übersichtlichen Grafiken und Tabellen.

Meist gibt es auch Schnittstellen zu externen Systemen oder zumindest zu Google Analytics, über die die Auswertungen dann mit anderen Daten korreliert werden können. So kann zum Beispiel der Versand eines Newsletters mit dem Besucherverhalten im Shop abgeglichen werden, so dass man direkt sieht, wie viele Besuche im Online-Shop auf einen spezifischen Newsletter zurückzuführen sind.

In der erweiterten Auswertung ist es natürlich auch möglich, nicht nur die Besuche im Online-Shop, sondern auch die Käufe auf Basis des Newsletter-Versands zu erheben.

Arten der Auswertung

Üblicherweise setzen Shop-Betreiber ein externes Analysewerkzeug ein und verbinden es mit den maßgeblichen Services wie Google AdWords oder MailChimp. Die einzelnen Abrufe können beliebig kombiniert werden. Ob eine Statistik über den Abruf von Produktseiten von Benutzern aus Dortmund mittwochs um 3 Uhr nachts für den Shop-Betrieb relevant ist, sei dahingestellt. In Google Analytics oder anderen Werkzeugen wäre sie aber nur wenige Mausklicks entfernt.

Neben dem Befriedigen eines Bedürfnisses nach exotischen Auswertungen gibt es im E-Commerce eine ganze Reihe sinnvoller Auswertungen, die für Sie als Shop-Betreiber relevant sind.

Besucher-Analyse. Wie viele Besucher schauen sich meinen Shop eigentlich an? Die klassische Frage der Besucheranalyse wird meist auf der ersten Ansicht der Analyse-Software angezeigt. Aktuelle Software ist recht gut in der Lage, individuelle Besucher quantitativ zu identifizieren. Rufen Sie heute eine Website ab und morgen erneut, erkennt das Analysewerkezug dies und zählt einen Besucher und zwei Sitzungen. Ältere System würden stattdessen zwei Besucher mit jeweils einer Sitzung erkennen – ein deutlicher Unterschied.

Einer der wichtigen Werte ist die absolute Zahl der Besucher über einen längeren Zeitraum. Hier wäre eine kontinuierliche Steigerung wünschenswert, denn dies bedeutet einen stetigen Zufluss an potenziellen neuen Kunden. In diesem Zusammenhang relevant ist die Anzahl der wiederkehrenden Besucher im Vergleich zu den neuen Besuchern.

Wiederkehrende Besucher kennen den Shop schon und haben vielleicht bereits einmal gekauft. Ein erneuter Verkauf an diese Gruppe kann einfacher sein, als Neukunden zu gewinnen.

Die geografische Herkunft Ihrer Besucher ist wichtig für die weitere Ausrichtung des Shops. Eine hohe Zahl von Besuchen aus dem Ausland könnte zum Beispiel eine weitere Sprache im Shop rechtfertigen. Das Identifizieren von Städten mit besonders hohen Abrufzahlen kann die Steuerung von Suchmaschinen-Werbung beeinflussen.

Ebenfalls für die weitere Entwicklung des Shops relevant ist die Anzahl der Besucher, die mit einem Mobilgerät – Smartphone oder Tablet – den Shop besuchen. Wir beobachten hier seit Jahren steigende Zahlen im mobilen Bereich. Eine hohe Zahl von Mobilzugriffen sollten Sie dabei mit der Absprungrate korrelieren. Dabei zeigt sich schnell, ob die mobile Version des Online-Shops eine Optimierung benötigt.

Zunehmend halten demografische Merkmale Einzug in die Besucheranalyse. Durch (anonymisierten) Abgleich mit Daten aus Google+ oder Google Mail kann beispielsweise Google Analytics die Besucher nach Geschlecht oder Altersgruppe sortieren. Diese Analysen können unmittelbaren Einfluß auf das Produktprogramm, die Navigation oder Dinge wie die Schriftgröße haben. Zeigt sich, dass der überwiegende Teil der Besucher 50+ ist, wären ein stärkerer Kontrast und größere Schrift im Shop eine Überlegung wert.

Seiten-Analyse. Nachdem wir jetzt wissen, wer die Besucher des Shops sind, ist die nächste wichtige Frage, was die Besucher eigentlich im Shop machen.

Der erste wichtige Wert ist die Zielseite, also die erste Seite Ihres Shops, die ein Besucher angeschaut hat. Bei weitem nicht jeder Besucher steigt über die Startseite in den Online-Shop ein. Jede einzelne Seite des Shops kann eine Einstiegsseite sein, da ja auch jede einzelne Seite über Suchmaschinen zu finden ist oder dort sogar gezielt beworben wird.

Insbesondere in Kombination mit den Ausstiegsseiten – also jenen Seiten des Shops, die Ihre Besucher als letzte anschauen – ergibt sich das komplette Bild. Ein gewisses Maß an Ausstiegen auf der Startseite findet man bei jedem Shop. Es handelt sich um die Besucher, die auf den ersten Blick sehen, dass sie bei Ihnen falsch sind.

Ob hier Handlungsbedarf gegeben ist, lässt sich nicht exakt sagen. Eine sehr hohe Zahl von Ausstiegen auf der Startseite könnte darauf hindeuten, dass Ihre Zielgruppenansprache falsch ist.

Das Statistikpaket Google Analytics bietet eine grafische Aufbereitung des Besucherflusses auf der Website an, wie in der Abbildung 4-107 zu sehen. Hier können Sie auf einen Blick Bereiche erkennen, bei denen die Absprungrate überproportional hoch ist, was eine Optimierung der Seite notwendig machen könnte.

Auch erkennen Sie auf einer solchen Übersicht, wenn Besucher sich »verirren«, also zwischen den gleichen Seiten immer wieder hin und herspringen. Handelt es sich um Produktseiten, kann es sich um den Vergleich von Produkten handeln. Springt aber eine signifikante Zahl von Besuchern immer wieder zwischen einem Produkt und der Startseite hin und her, deutet dies auf ein Problem der Navigation hin.

Ein sehr wichtiger Datenbestand ist die Liste der Referrer – derjenigen Seiten, über die ein Besucher in Ihren Shop gekommen ist. Ein nicht unbeträchtlicher Teil davon wird von Suchmaschinen stammen, den Löwenanteil davon wird Google für sich beanspruchen. Es empfiehlt sich aber, auch nach den Anteilen der kleineren Suchmaschinen zu schauen. Dies kann die Grundlage für Suchmaschinen-Werbung auf diesen Plattformen bilden, wenn die Zahl der Besucher interessant genug erscheint.

Kommt ein Besucher über eine Suchmaschine, sehen Sie auch die Suchbegriffe, die zum Finden Ihres Shops eingegeben wurden. Leider erscheint in diesen Berichten ein zunehmend größer werdender Anteil an Keywords nicht, da Google bei eingeloggten Benutzern

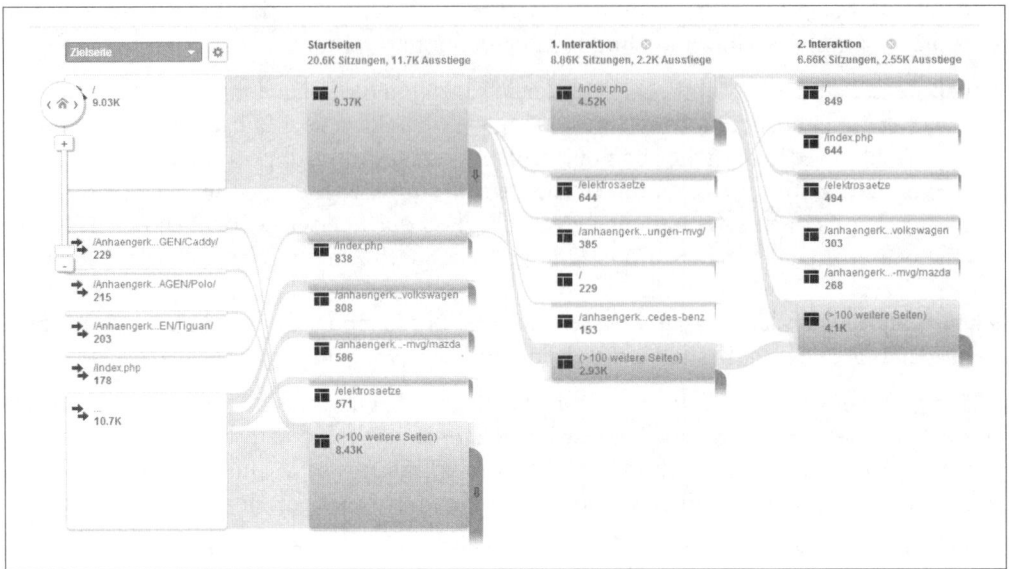

Abbildung 4-107: Google Analytics, Darstellung des Benutzerflusses

(also Benutzern, die an irgendeinem Google-Dienst wie Google+, Google Mail, You-Tube, Google AdWords oder Google Analytics zum Zeitpunkt der Suche aktiv angemeldet waren. nicht mehr übermittelt.

In den Statistiken wird dies lapidar als »not provided« angezeigt. Es gibt keine offizielle Erklärung, welche Überlegungen hinter diesem Vorgehen stecken. Der Verdacht liegt nahe, dass es sich um die Förderung des Anzeigenverkaufs via Google AdWords handelt, da die gleichen Daten dort wiederum erhoben werden können.

Andere Suchmaschinen und nicht-eingeloggte Google-Benutzer liefern aber nach wie vor die Suchbegriffe bei ihren Besuchen mit, die als Grundlage für eine Analyse genutzt werden können. Bitte beachten Sie, dass sie hier nur diejenigen Suchbegriffe sehen, über die Ihr Shop gefunden UND besucht wurde! Den Anteil der Personen, die den Shop zwar gefunden, aber nicht besucht haben, sehen Sie nicht. Und schon gar nicht den Anteil der Personen, die Suchbegriffe eingegeben haben, die zwar für Sie relevant wären, über die Ihr Shop aber bei Google & Co gar nicht auftaucht. Beäugen Sie diese Auswertung also äußerst kritisch und unter dem Aspekt »Was fehlt?«.

Unter den Verweisseiten finden sich vermutlich auch Seiten, die keine Suchmaschinen sind. Sie sollten genau hinschauen, um welche Seiten es sich handelt. Taucht Facebook unter den Referrern auf, obwohl Sie (noch) nicht dort aktiv sind, zeigt dies, dass in dem sozialen Netz über Ihren Online-Shop gesprochen wird.

Links von Branchenverbänden und IHK-Verzeichnissen finden Sie dort ebenso wie Verweise aus Fachforen oder von privaten Websites. Alle diese Verweise sollten Sie sich anschauen, um zu sehen, in welchem Umfeld dort ein Link auf Sie gesetzt wurde. Unter Umständen kann dies der Anlass sein, mit einem Website-Betreiber eine Marketingaktion zu planen, es kann aber auch Einschreiten im Sinne der Schadensbegrenzung bedeuten, falls negative Äußerungen getätigt wurden.

E-Commerce Analyse. Wichtige Einblicke erhält man, wenn man das Analysesystem mit Daten der Transaktionen im Shop verknüpft. Denn nur so lassen sich zum Beispiel Verweis-Webseiten oder Werbemaßnahmen nach ihrer kommerziellen Relevanz beurteilen. Diese Datenverknüpfung können die Analyse-Werkzeuge jedoch nicht allein – hier ist spezifische Arbeit von Seiten des Shops nötig.

Google Analytics bietet umfangreiches E-Commerce-Tracking an. Im Shop muss dafür nach erfolgter Transaktion ein Datensatz an Google übermittelt werden, der die gekauften Produkte und deren Preise beinhaltet. Mit diesen Werten kann Google Analytics nun Relationen zu den anderen erhobenen Daten herstellen.

Auf dem Bild sieht man die Google-Analytics-Übersicht für eine Produktfamilie. Allein diese aufbereitete, sortierbare Übersicht ist mehr als manches Shop-System bietet. Die Leistung jedes einzelnen Produkts kann auf einer Zeitachse dargestellt werden, so dass man gut saisonale Aspekte erkennen kann.

Produkt	Menge	Eindeutige Käufe	Produktumsatz	Durchschnittlicher Preis	Durchschnittsmenge
	69 % des Gesamtwerts: 2,89 % (2.387)	22 % des Gesamtwerts: 3,15 % (698)	442,20 € % des Gesamtwerts: 3,33 % (13.292,60 €)	6,41 € Website-Durchschnitt: 5,57 € (15,08 %)	3,14 Website-Durchschnitt: 3,42 (-8,29 %)
1. ALTA MODA Alpaca	16 (23,19 %)	6 (27,27 %)	104,00 € (23,52 %)	6,50 €	2,67
2. ALTA MODA Cashmere	41 (59,42 %)	13 (59,09 %)	266,50 € (60,27 %)	6,50 €	3,15
3. ALTA MODA Color	3 (4,35 %)	1 (4,55 %)	20,85 € (4,72 %)	6,95 €	3,00
4. ALTA MODA Fine	3 (4,35 %)	1 (4,55 %)	11,85 € (2,68 %)	3,95 €	3,00
5. ALTA MODA Super Baby	6 (8,70 %)	1 (4,55 %)	39,00 € (8,82 %)	6,50 €	6,00

Abbildung 4-108: Google Analytics E-Commerce Tracking

Die wahren Stärken spielt das E-Commerce-Tracking aus, wenn andere Daten hinzugezogen werden. Entscheiden sich Ihre Kunden eher schnell oder wird der Kauf reiflich überlegt? Die Antwort findet sich im Bericht »Zeit bis zum Kauf«. Das abgebildete Beispiel zeigt, dass der überwiegende Teil der Kunden unmittelbar am ersten Tag (nicht zwingend beim ersten Besuch) kauft, über 10% der Käufer sich aber zwei Wochen und mehr Zeit lassen, bis sie einen Einlauf tätigen.

Für Ihre Marketing-Aktivitäten wesentlich ist der Bericht, der die verschiedenen Besucherquellen mit den E-Commerce-Transaktionen zusammenfasst, wie auf dem Bild beispielhaft dargestellt. Diese Ansicht zeigt für jede Art von Besucher-Quelle die Ergebnisse an.

Auf dem Bild sieht man 90 Sitzungen, die durch E-Mail-Marketing zustande gekommen sind und 368,18 € Umsatz generiert haben. Die Beträge und absoluten Besuche sind zwar gering, die Konversionsrate von 6,67% aber die höchste aller Kanäle. Ein klares Zeichen, dem Bereich E-Mail-Marketing noch mehr Aufmerksamkeit zu widmen.

Tage bis zur Transaktion	Transaktionen	Prozentsatz	
0	261	82,33 %	
1	5	1,58 %	
2	3	0,95 %	
3	4	1,26 %	
7-13	7	2,21 %	
14-20	5	1,58 %	
21-27	8	2,52 %	
28+	24	7,57 %	

Abbildung 4-109: Tage bis zur Transaktion

Default Channel Grouping		Akquisition			Verhalten			Conversions E-Commerce ▾		
		Sitzungen ↓	Neue Sitzungen in %	Neue Nutzer	Absprungrate	Seiten/Sitzung	Durchschnittl. Sitzungsdauer	Transaktionen	Umsatz	E-Commerce-Conversion-Rate
		9.101 % des Gesamtwerts: 100,00 % (9.101)	58,56 % Website-Durchschnitt: 58,52 % (0,06 %)	5.330 % des Gesamtwerts: 100,00 % (5.326)	31,39 % Website-Durchschnitt: 31,39 % (0,00 %)	6,82 Website-Durchschnitt: 6,82 (0,00 %)	00:04:01 Website-Durchschnitt: 00:04:01 (0,00 %)	317 % des Gesamtwerts: 100,00 % (317)	13.394,35 € % des Gesamtwerts: 100,00 % (13.394,35 €)	3,48 % Website-Durchschnitt: 3,48 % (0,00 %)
1.	Organic Search	5.321 (58,47 %)	63,47 %	3.377 (63,36 %)	22.80 %	7,62	00:04:25	199 (62,78 %)	8.515,92 € (63,58 %)	3,74 %
2.	Direct	1.709 (18,78 %)	54,42 %	930 (17,45 %)	37,74 %	6,53	00:04:06	64 (20,19 %)	2.514,01 € (13,77 %)	3,74 %
3.	Referral	911 (10,01 %)	54,77 %	499 (9,36 %)	37,32 %	5,86	00:03:34	24 (7,57 %)	1.132,94 € (8,46 %)	2,63 %
4.	Paid Search	612 (6,72 %)	62,42 %	382 (7,17 %)	63,40 %	3,71	00:01:53	20 (8,31 %)	723,55 € (5,40 %)	3,27 %
5.	Social	423 (4,65 %)	24,11 %	102 (1,91 %)	58,16 %	3,50	00:02:03	3 (0,95 %)	77,20 € (0,58 %)	0,71 %
6.	Email	90 (0,99 %)	23,33 %	21 (0,39 %)	23,33 %	9,49	00:05:54	6 (1,69 %)	368,18 € (2,75 %)	6,67 %
7.	(Other)	31 (0,34 %)	61,29 %	19 (0,36 %)	9,68 %	12,52	00:05:37	1 (0,32 %)	62,55 € (0,47 %)	3,23 %
8.	Display	4 (0,04 %)	0,00 %	0 (0,00 %)	25,00 %	4,50	00:02:08	0 (0,00 %)	0,00 € (0,00 %)	0,00 %

Abbildung 4-110: Google Analytics Channels

Eventuellen Problemen mit dem Checkout-Prozess geht man mit der Trichter-Analyse (im englischen »Funnel« genannt) nach. Das folgende Bild zeigt exemplarisch den Checkout des Online-Shops.

Jede Stufe der Kette ist eindeutig identifizierbar: Vom Warenkorb geht es zur Registrierung, von dort zur Versandart und so weiter. Je nachdem, wie der Checkout aufgebaut ist, sind in der Übersicht mehr oder weniger Schritte aufgezählt (siehe dazu auch Kapitel 3, *Checkout-Prozess,* auf Seite 169).

Bei jedem einzelnen Schritt geht eine gewisse Menge Besucher weiter zum nächsten Schritt und eine gewisse Menge Besucher verlässt den Checkout. Man spricht dann von Absprüngen und verwaisten Warenkörben. Im Idealfall würden natürlich 100% der Kunden, die den Checkout-Prozess beginnen, am Ende den Kauf tätigen. In der Praxis ist das leider nie der Fall. Die Gründe für Kaufabbrüche sind vielfältig, oft ist es eine fehlende Zahlungs- oder Versandart, die zum Abbruch führt.

Über die Funnel-Analyse kann man diese Schwachstellen entlarven. Denn neben den absoluten Zahlen der Personen, die an einer Stelle des Warenkorbs abspringen, sind die einzelnen Seiten sichtbar, zu denen die Personen wechseln. So kann man beispielsweise erkennen, ob wichtige Angaben im Checkout-Prozess fehlen oder ob die Interessenten abgelenkt oder verunsichert werden. Im abgebildeten Beispiel ist Schritt 2 »Melden Sie sich an« ein Schritt, den man definitiv nochmals untersuchen sollte.

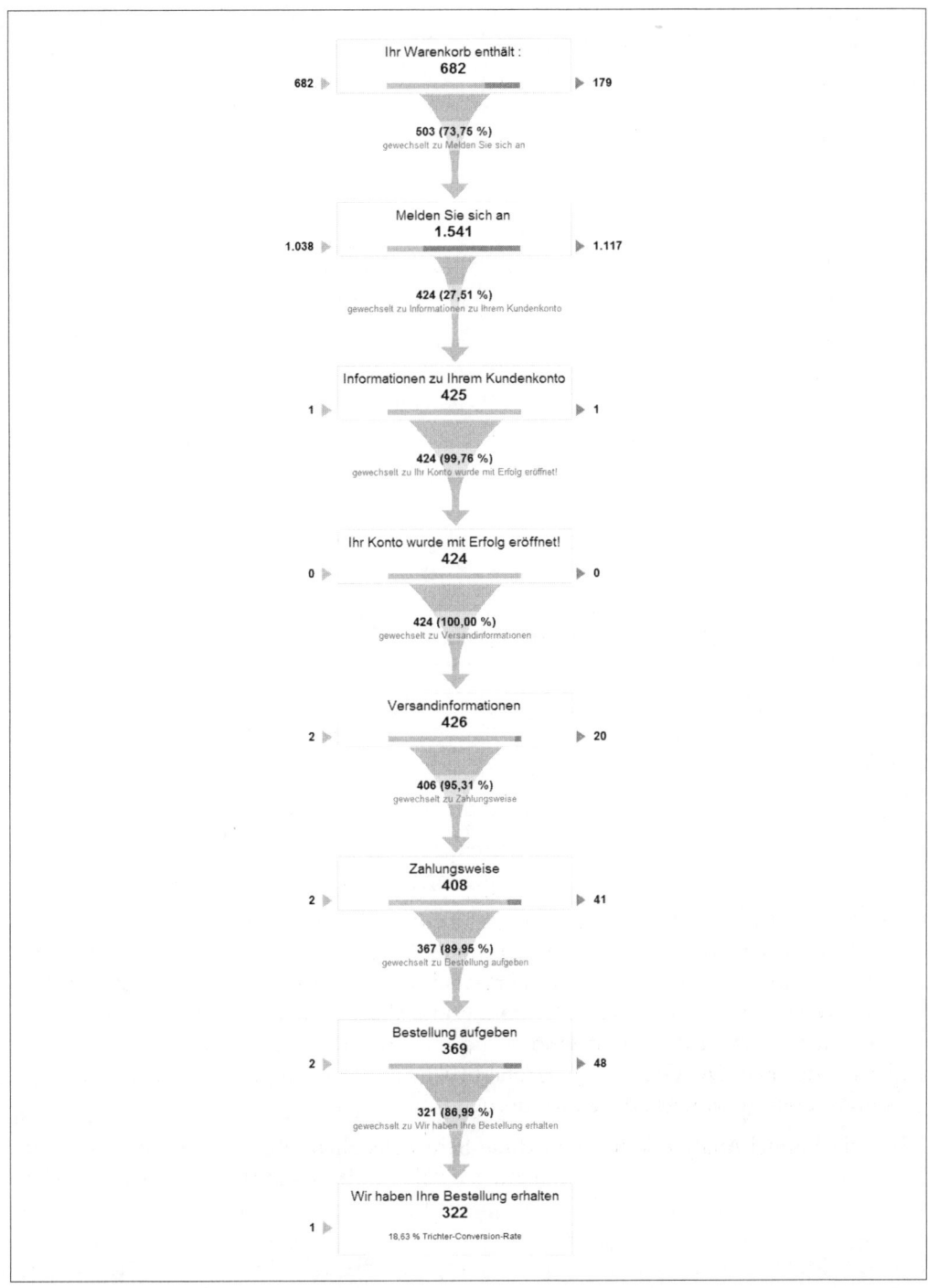

Abbildung 4-111: Google-Analytics-Funnel-Analyse

Im Beispiel sieht man auch, dass Kunden teilweise in der Mitte des Checkouts einsteigen. Hierbei handelt es sich meist um Warenkörbe, die nach einer gewissen Zeit wieder aufgegriffen und zum Abschluss gebracht werden, oder um Kunden, die im Checkout-Prozess einzelne Punkte mehrfach anspringen – auch dies deutet auf einen nicht ideal designten Prozess hin.

Analyse-Werkzeuge

Es gibt zahlreiche externe Analysewerkzeuge. Eine gute Übersicht, die jedoch auf die reine Webanalyse beschränkt ist, findet sich auf *http://de.wikipedia.org/wiki/liste_von_web-analyse-software*.

Daneben gibt es zahlreiche Anbieter, die spezielle Lösungen für -Commerce und Online-Shops anbieten. Die Nutzungslizenzen kosten allerdings nicht selten mehrere hundert € im Monat und kommen daher nur für Shops einer gewissen Größe in Frage.

Mit Google Analytics und Piwik stehen zwei kostenlose, flexible und in Deutschland sehr beliebte Lösungen bereit, die als Quasi-Standard im E-Commerce gelten können.

Google Analytics. Wer mit Google AdWords Online-Werbung schalten möchte, kommt an Google Analytics nicht vorbei. Die beiden Dienste sind mittlerweile sehr eng verzahnt und beziehen Daten voneinander.

Google Analytics ist eine extrem umfangreiche, flexible und erweiterbare Lösung. Bereits die Standardberichte geben dem Shop-Betreiber wertvolle Hilfestellungen bei der Analyse des Nutzerverhaltens im Shop. Nutzt man außerdem das oben bereits geschilderte E-Commerce-Tracking und konfiguriert die Funnel-Analyse, bekommt man einen detaillierten Einblick in den Shop, der Grundlage für zahlreiche strategische Entscheidungen sein kann.

Google Analytics ist nahezu beliebig erweiterbar. Es gibt klar definierte Schnittstellen, über die weitere Daten eingespeist werden können. Durch minimale Erweiterungen auf der Website können zusätzliche Ereignisse erfasst werden. Wollen Sie wissen, wie viele Käufer anschließend den Newsletter abonniert haben? Eine kleine Erweiterung im Programmcode des Shops und die Zahlen stehen in Google Analytics zur Verfügung. Genauso ist es beispielsweise möglich, aktuelle Wetterdaten in die Auswertungen einfließen zu lassen, um einen Zusammenhang zwischen schlechtem oder gutem Wetter und dem Kaufverhalten im Shop herzustellen.

In Deutschland steht Google Analytics in der Kritik der Datenschützer. Bewegungsdaten im Netz, also welche Website man aufgerufen hat, zählen zu den personenbezogenen Daten. Die Befürchtung bei der Nutzung von Google Analytics ist, dass die erhobenen Daten so weit destilliert werden können, das man Profile einzelner Personen erstellen kann. Dass Google genau das selbst verhindert und zu genaue Auswertungen unterbindet, scheint in der emotional geführten Diskussion nicht zur Kenntnis genommen zu werden. Hinzu kommt, dass die Daten auf Google-Servern in den USA gespeichert werden, auch das spätestens seit den Überwachungsenthüllungen des Sommers 2013 ein rotes Tuch für viele.

Die Kompromisslösung für den datenschutzkonformen Einsatz von Google Analytics in Deutschland sieht drei Schritte vor:

- Abschluss eines »Vertrags zur Auftragsdatenverarbeitung nach den Vorschriften des Bundesdatenschutzgesetzes« mit Google. Ein entsprechendes Vertragsformular kann von Google Analytics heruntergeladen werden. Der Shop-Betreiber muss es unterschreiben und zur Europäischen Google-Zentrale in Dublin senden. Dort wird es ebenfalls unterschrieben und zurückgesendet. Dieser Vorgang dauert mehrere Wochen.

- Aufklärung der Besucher über die Nutzung von Google Analytics mitsamt konkreten Anleitungen, wie die Bsucher aktiv der Erfassung entgegenwirken können. Die Aufklärung darüber findet in der Datenschutzerklärung statt. Google stellt keine Formtexte dafür zur Verfügung, es gibt aber zahlreiche Seiten im Web, die entsprechende Texte nach Anklicken der Ausgangsparameter für Sie generieren. Letzte Sicherheit kann Ihnen nur ein auf E-Commerce spezialisierter Anwalt bieten, siehe dazu auch das Kapitel 3, *Rechtliche Aspekte,* auf Seite 273.

- Als Letztes müssen die erhobenen Daten anonymisiert werden. Google Analytics erfasst die individuelle IP-Adresse des Computers oder Mobilgeräts, mit dem Besucher im Shop unterwegs sind. Die Anonymisierung fasst nun jeweils 255 dieser IP-Adressen (für Fachleute: das letzte Oktett der IP-Adresse) zusammen. Die Identifizierung einer einzelnen Person ist damit nicht mehr möglich. Diese Anonymisierung muss manuell in den Google-Analytics-Code integriert werden. Die entsprechende Zeile, die hinzugefügt werden muss, lautet: ga('set', 'anonymizeIp', true);

Unsere Empfehlung ist ganz eindeutig: Google Analytics benutzen und durch die weiter oben beschriebenen Funktionen erweitern. Der Funktionsumfang sucht seinesgleichen, die Verzahnung mit anderen wichtigen Google-Diensten ist vorbildlich, die kostenlose Nutzung schont das Budget für laufende Kosten.

Piwik. Wegen der Datenschutzbedenken gegenüber Google Analytics in Deutschland erfreut sich hierzulande die Lösung Piwik einer gewissen Beliebtheit. Piwik ist eine Open-Source-Software, deren Quellcode allgemein zugänglich ist. Dadurch ist sichergestellt, dass die Funktionsweise bis ins letzte Detail geklärt ist und man nachvollziehen kann, was mit den Daten tatsächlich passiert.

Piwik wird auf dem Webserver installiert, auf dem auch der Shop läuft. Sie haben also die komplette Kontrolle über die Software, und die erhobenen Daten gelangen auch nicht an Dritte. Dadurch enthebt man sich der Pflicht zum Abschluss einer Auftragsdatenverarbeitungsvereinbarung mit einem externen Anbieter (zum Beispiel Google). Auf den Einsatz der Analyse-Software muss man in der Datenschutzerklärung dennoch hinweisen und Wege aufzeigen, wie man die Erfassung unterbinden kann.

Vom Funktionsumfang her gleicht Piwik Google Analytics, was die Basisausstattung angeht. Piwik ist etwas nüchterner in der Gestaltung gehalten, wobei man sich aber auch dort schnell zurechtfindet. Über spezielle »Widgets« kann man den Funktionsumfang erweitern und so beispielsweise auch E-Commerce-Tracking einrichten.

Die große Stärke von Google Analytics ist die intuitive Bedienung. Vieles von dem, was Analytics kann, lässt sich auch mit Piwik realisieren. Der Aufwand ist jedoch ungleich größer. Beachten Sie bitte auch, dass die sinnvolle Einrichtung und Implementierung von Piwik einige Erfahrung benötigt. Für Agenturen und Webentwickler ist Piwik in der Regel eine Spezialanforderung, die vom »Standardfall Google Analytics« abweicht. Sie müssen hier also mit höherem Aufwand bei der Implementierung rechnen.

Die richtigen Schlüsse ziehen

Die beste statistische Auswertung hilft Ihnen nichts, wenn Sie nicht die richtigen Schlüsse daraus ziehen.

Ein Beispiel: Es ist Frühling/Sommer und Sie betrachten die Auswertungen der vergangenen zwei Wochen zu den Besucher- oder Umsatzzahlen in Ihrem Online-Shop und stellen fest, dass am Wochenende beide Werte regelrecht einbrechen. Beginnend mit Freitagabend bis in die frühen montäglichen Morgenstunden tut sich in Ihrem Online-Shop fast nichts. Auf die Schnelle könnte man daraus ableiten, dass am Wochenende nicht gekauft wird. Infolgedessen verlagern Sie Ihre Marketingaktivitäten komplett auf die Tage von Montag bis Freitag.

Ohne weitere Einflussfaktoren zu betrachten, könnte sich diese Entscheidung als Fehleinschätzung erweisen. Vielleicht haben Sie nicht bedacht, dass gerade Osterferien sind, dass das Wetter viel zu schön zum Online-Shopping ist, dass ein Großereignis (wie die Fußball-Weltmeisterschaft) im Fernsehen übertragen wird oder dass Ihre AdWords-Kampagnen am Wochenende automatisch abgeschaltet werden.

Wenn Sie auf Basis dieser Fehleinschätzung Ihre Aktivitäten am Wochenende einschränken, kann dies an den sehr umsatzstarken Wochenenden im Weihnachtsgeschäft fatale Folgen für Ihren Shop-Umsatz haben.

Jedes Mal, wenn Sie Zahlen und Statistiken beurteilen, sollten Sie daher alle möglichen Umgebungsvariablen und Störfaktoren in Ihre Überlegungen mit einbeziehen und sich nicht von einer Fehlinterpretation leiten lassen.

Drei Faktoren sind bei der Auswertung von Zahlen immer wichtig:

- Der Zeitraum der Auswertung
- Die Menge der erhobenen Daten
- Der Vergleichszeitraum

Sie wollen wissen, ob Sie im Weihnachtsgeschäft viel Umsatz gemacht haben? Wenn Sie nur Verkäufe im Zeitraum vom 12. bis 15. Dezember betrachten, werden Sie ebenso ein falsches Ergebnis erhalten, wie wenn Sie die Dezember-Umsätze mit denen vom Juni vergleichen.

Richtig wäre es, alle Verkäufe vom Black Friday bis zum 20.12. abzüglich der bis Mitte Januar zurückgeschickten Bestellungen zu erheben und mit dem gleichen Zeitraum und der gleichen Datenbasis im Vorjahr zu vergleichen.

Apropos Vergleich: Gerade bei hübsch aufbereiteten Graphen ist es leicht, eine Ähnlichkeit (Korrelation) zu entdecken. Daraus die richtigen Schlüsse zu Ursache und Wirkung (Kausalität) zu ziehen, ist die Aufgabe.

Wenn bei schönem Wetter nachweislich weniger im Online-Shop gekauft wird, heißt das nicht, dass Sie bei einem bevorstehenden Unwetter das Lager auffüllen sollten, weil deutlich mehr gekauft wird.

Tipp   Wenn Sie mehr über den Einfluss von Wetterdaten auf die Umsätze in Online-Shops erfahren möchten, sollten Sie einen Blick auf *www.kokra.de/blog/der-einfluss-von-wetterdaten-auf-die-shop-conversion-rate.html.*

Nils Kramer erklärt in seinem Blog, wie Sie Wetterdaten in Google Analytics einfließen lassen können.

Daten, die Sie nicht erheben können

Neben den Daten, die Sie mithilfe der Analyse-Tools erheben und auswerten können, gibt es eine Reihe von Daten, die Sie nicht auswerten können, die aber mitunter viel interessanter sein können als die Daten, über die Sie bereits verfügen.

Diese Daten spielen gerade bei den Keywords in Suchmaschinen und Anzeigenwerbung (Google AdWords) und bei der Herkunft von Besuchern eine große Rolle.

In Ihren Statistiken können Sie sehen, über welche Links auf externen Seiten Besucher in Ihren Online-Shop gelangen oder welche Suchbegriffe Sie bei Google oder Bing eingeben und hernach zu Ihnen weitergeleitet werden.

Was Sie in den statischen Auswertungen nicht sehen, sind die Suchbegriffe, die *nicht* zu Ihnen führen und die Seiten, die *nicht* zu Ihnen verlinkt haben.

Sie sollten daher auch überlegen, welche Suchbegriffe in der Statistik eben nicht auftauchen, aber für Sie relevant sein könnten. Und Sie sollten überlegen, welche Seiten gute »Einfalltore« in Ihren Online-Shop sein könnten, und dort eventuell Werbung schalten oder eine provisionsabhängige Bannerschaltung (siehe Abschnitt »Affiliate-Marketing« auf Seite 383) anbieten.

Shop-Internationalisierung

Es liegt nahe, das funktionierende E-Business möglichst schnell auch ins benachbarte Ausland auszuweiten. Gerade in Österreich, der Schweiz und in Teilen von Belgien und Dänemark, wo es keine sprachlichen Barrieren gibt, ist schnell der erste Grundstein gelegt.

Mit Ergänzung der Länder bei der Auswahl der Lieferadresse und neuer Versandtarife im Online-Shop könnte der erste Schritt eigentlich schon gemacht sein.

Leider ist es nicht so einfach, wie es aussieht. Wie im Kapitel 3, *Rechtliche Aspekte,* auf Seite 273 beschrieben, gibt es auch bei der Lieferung ins Ausland wichtige Regelungen, die Sie beachten müssen. Denn grundsätzlich gilt immer das Recht des Landes, in das geliefert werden soll.

Neben der rechtlichen Seite gibt es viele andere Aspekte aus den Bereichen Marketing, Lokalisierung und Preisgestaltung, die wir in diesem Kapitel aufnehmen.

Gesetzliche Regelungen im EU-Zielland

Mit Einführung der Europäischen Verbraucherrechterichtlinie (mehr dazu im Kapitel 3, *Rechtliche Aspekte,* auf Seite 273) am 13. Juni 2014 wurden rechtliche Regelungen geschaffen, die die Ausweitung des Online-Handels in die europäischen Nachbarstaaten vereinfachen sollen.

Natürlich war es auch schon vor dem Stichtag möglich, nach Belgien, Österreich oder Finnland zu liefern. Aber allein das im jeweiligen Zielland geltende Verbraucherschutz-recht, zum Beispiel das Widerrufsrecht, zu berücksichtigen, erforderte umfangreiche Anpassungen im Online-Shop.

So konnten Verbraucher in Belgien die gelieferte Ware zum Beispiel ohne Bezahlung behalten, wenn der (belgische oder deutsche) Shop-Betreiber in seinem Online-Shop nicht explizit auf das in Belgien geltende Widerrufsrecht hingewiesen hat. Bei falschen Angaben im Rahmen der Informationspflichten verlängerte sich die Rückgabefrist immerhin auch auf drei Monate.

Die Unterschiede im Verbrauchergeschäft sind nun innerhalb der Europäischen Union aufgehoben, weil sie in nationales Recht umgesetzt und vereinheitlicht wurden. In allen Ländern, in die Sie verkaufen wollen, müssen zumindest hinsichtlich des Widerrufs-rechts nur noch die einheitlich geltenden Angaben gemacht werden.

Neben dem Widerrufsrecht müssen Sie – wie beim Handel innerhalb Deutschlands – auch andere gesetzliche Regelungen des Ziellandes beachten.

Grundsätzlich – so besagt die E-Commerce-Richtlinie der EU – gilt das Recht des Lan-des, in dem das betreibende Unternehmen seinen Sitz hat. Es ist also nicht möglich, dass ein italienischer Unternehmer einen deutschen Shop-Betreiber verklagt, nur weil er des-sen Online-Shop von Italien aus aufrufen kann und dort Fehler (nach italienischem Recht) findet.

Dies gilt jedoch nicht mehr, sobald der deutsche Händler seinen Online-Shop auf den Verkauf ins Ausland (hier: Italien) ausrichtet.

Es leigt auf der Hand, dass Sie die gesetzlichen Regelungen in Italien beachten müssen, wenn Sie Werbung mittels Google AdWords gezielt innerhalb des italienischen Staatsge-bietes einsetzen.

Voraussetzung ist jedoch nicht allein die aktive Werbung für einen Online-Shop. Es reicht schon die »Ausrichtung« des Online-Shops.

Hierbei können verschiedene Kriterien herangezogen werden, wie zum Beispiel der Ausweis der Versandkosten nach Italien, die Angabe einer internationalen (nicht italienischen) Vorwahl (+49) oder die Verwendung einer anderen Sprache.

Sobald diese Kriterien auch nur teilweise zutreffen, kann davon ausgegangen werden, dass sich der Online-Shop auch an den Kunden im Ausland richtet. Mit der nicht vorhandenen Sprachbarriere in Österreich sind die Hürden natürlich geringer.

Der Aachener Rechtsanwalt Guido Imfeld hat die aktuelle Entscheidung des OLG Köln (6 U 163/13) hierzu kommentiert: *http://dhk.li/online-shop-auslandswerbung*

Soweit Sie also Ihren Online-Shop fit für den Versand ins EU-Ausland machen wollen, müssen Sie die dort national geltenden Rechte beachten. Vom Umfang her ist mit ähnlichen Regelungen wie beim Handel in Deutschland auszugehen (vergleiche Kapitel 3, *Rechtliche Aspekte,* auf Seite 273).

Gesetzliche Regelungen im europäischen Ausland

Deutschland ist in vielen Sparten Exportweltmeister. Dies gilt nicht nur für die Großindustrie, sondern auch für den E-Commerce-Bereich. In Europa nicht mehr vorhandene Wechselkursvorteile lassen manche E-Commerce-Marktsegmente geradezu explodieren.

Auch hier gilt wieder, dass die nationalen Gesetze des Ziellandes zu berücksichtigen sind.

Darüber hinaus gibt es Umstände zu beachten, die für Sie als Online-Shop-Betreiber relevant sind. So müssen Sie zum Beispiel je nach Zielland bestimmte Ein- und Ausfuhrbestimmungen beachten.

Das EU-Ausland ist dabei gar nicht so weit weg. Die Regelungen zu Zoll, Einfuhr und Steuern sind auch schon bei der Lieferung in die Schweiz zu beachten!

Hier gelten beispielsweise vom Warenwert (gesetzliche Grenze: 43 € und 330 €) abhängige Deklarationspflichten.

Sie müssen Zollinhaltserklärungen erstellen oder eine Proforma-Rechnung beilegen, wenn das Paket als Geschenk, Warenprobe oder kostenlose Nachlieferung verschickt werden soll.

Zudem muss die Ware in den international unterschiedlichen Warengruppen klassifiziert und die richtige Warentarifnummer (vergleiche *www.zolltarifnummern.de*) angegeben werden. Allein für »Wolle« gibt es 513 unterschiedliche Warentarifnummern in 81 verschiedenen Warengruppen.

Nicht zu vergessen: Die Steuer. Wenn Sie den Export in ein Drittland (also außerhalb der EU) über die »Ausfuhrbescheinigung für Umsatzsteuerzwecke« nachweisen können, müssen Sie für diese Lieferung keine Umsatzsteuer ans Finanzamt abführen. Der Verkaufspreis wird für Ihren Kunden – zumindest auf den ersten Blick – entsprechend günstiger. Der Einlieferungsbeleg von DHL oder UPS reicht als Beleg für das Finanzamt aber nicht aus.

Der Empfänger Ihrer Lieferung muss die Ware in seinem Heimatland wiederum verzollen und gegebenenfalls Einfuhrumsatzsteuer bei der Entgegennahme bezahlen. Weisen Sie Ihren Kunden im Online-Shop hierauf nicht hin, verletzen Sie Ihre Informationspflichten.

Der Online-Handel ins Ausland ist gar nicht so einfach, wie er auf den ersten Blick aussieht. Die vielfältigen rechtlichen Regelungen können sicherlich abschrecken.

Eine Versandhandels-Software (vergleiche das Kapitel 2, *Warenwirtschaft und Versandhandels-Software,* auf Seite 69) kann den ganzen Papierkram für Sie erledigen. Hier müssen nur einmal die jeweiligen Eckdaten hinterlegt werden. Die richtig ausgefüllten Dokumente werden dann beim Versand automatisch mit der Rechnung ausgedruckt.

Hilfreich ist es in jedem Fall, eine rechtliche und auch steuer-rechtliche Beratung in Anspruch zu nehmen. Sie sind als Unternehmer selbst dafür verantwortlich, dass die geltenden Gesetze und Steuerregelungen von Ihnen eingehalten werden. Und die initial mit Kosten verbundene Beratung ist in jedem Fall günstiger als eine nicht erwartete Steuernachzahlung, nachdem sich der Prüfer des Finanzamts durch Ihre Belege gewühlt hat.

Lokalisierung ist mehr als Übersetzung!

Den Online-Shop (neben den gesetzlichen Regelungen) an unterschiedliche Zielmärkte anzupassen, erfordert nicht nur eine Übersetzung der Shop-Inhalte in die Sprache der Kunden. Vielmehr sind damit vielfältige Aufgaben verbunden, die sowohl im Vorfeld des Markteintritts als auch währenddessen viel Aufwand generieren.

Am offensichtlichsten sind die sprachliche Umsetzung und die rechtlich notwendigen Anpassungen. Dazu kommen aber sowohl Aufgaben im Bereich des Kundenservice als auch im Zielmarkt selbst. Bevor Sie im Ausland starten, sollten Sie sich Ihr neues Liefergebiet genau ansehen, um dort erfolgreich starten zu können.

Shop-Technik

Mit der Internationalisierung werden Sie eine Reihe von Änderungen am Shop-System vornehmen, die von Land zu Land unterschiedlich sind. Einige davon sprechen wir in diesem Kapitel an.

Zwangsläufig stellt sich die Frage, ob Sie die notwendigen Änderungen alle an der gleichen Shop-Installation vornehmen wollen.

Natürlich können Sie auf Basis einer Geo-Lokalisierung den Standort des Shop-Besuchers ermitteln und ihm den Shop in einer anderen Sprache anzeigen. Sie können auch die erforderlichen Rechtstexte automatisch »auswechseln« und andere Telefonnummern für den Kundenservice einblenden.

Sobald es aber an die Darstellung der Produkte geht und Produktstammdaten betroffen sind, ist die Umsetzung in einem einzigen Shop-System nicht einfach.

Auch die Umsetzung von Werbeaktionen, die sich nur auf ein Zielland beziehen, ist nicht ohne Weiteres in einem gemeinsamen Shop-System umsetzbar.

Wir empfehlen daher, bei der Ausweitung Ihres Online-Shops von Beginn an konsequent auf eine Shop-Installation pro Zielland/-region zu setzen.

Die folgenden Abschnitte beschreiben kurz, welche Aufgaben auf Sie zukommen werden. Die Trennung der Shops pro Liefergebiet wird Ihnen die spätere Pflege der Artikeldaten und die Reaktion auf sich ändernde Märkte deutlich erleichtern.

Geo-Lokalisierung

Geo-Lokalisierung, auch Geo-Targeting genannt, dient der Ermittlung des Standortes eines an das Internet angeschlossenen PC.

Bei der Einwahl ins Internet wird pro Rechner bzw. pro Internetanschluss eine dynamische IP-Adresse vergeben. Diese IP-Adresse kann sich zwar bei jedem Einwahlvorgang ändern, die IP-Adresse selbst ist aber einem Provider fest zugeordnet.

In der Regel werden die genutzten Adressräume bei (fast) jedem Provider einer Region fest zugeordnet, so dass sich aus der IP-Adresse zumindest die Region des Nutzers herleiten lässt.

Je nach Qualität und Aktualität der Datenbasis ist eine Zuordnung auf einzelne Städte oder Stadtteile (in Großstädten) möglich. In jedem Fall ist eine Zuordnung pro Land möglich.

Genutzt wird Geo-Lokalisierung zum Beispiel zur Ermittlung des Standorts bei YouTube (*»Dieses Video ist in Ihrem Land leider nicht verfügbar«*) oder natürlich auch bei Online-Shops.

Rufen Sie zum Beispiel die Seite *www.zalando.de* auf, während Sie sich im Urlaub in Dänemark befinden, wird Ihnen der Layer aus der folgenden Abbildung 4-112 angezeigt. Die Webseite erkennt, dass Sie die »falsche« Sprachversion von einem dänischen Internetanschluss aufrufen und bietet Ihnen die dänische Shop-Version als Alternative an.

Domainwahl

Die Frage der Domainwahl stellt sich nicht nur für den deutschen Online-Shop, sondern auch für den Shop mit Ausrichtung auf den ausländischen Markt.

Hier sind zwei Strategien möglich. Sie können Ihre Kunstmarke (zalando, amazon, unter anderem) relativ problemlos auch mit anderen Top-Level-Domains (Endungen) registrieren, soweit sie nicht belegt sind und im Zielland keine Rechte anderer verletzen.

Alternativ können Sie sich für andere Länder auch andere, zum Beispiel generische Domain-Namen suchen.

Der Betreiber des deutschen Fahrrad-Online-Shops www.fahrrad.de geht zum Beispiel diesen Weg. Da »Fahrrad« in anderen Sprachen keine Bedeutung hat, wurde eine neue

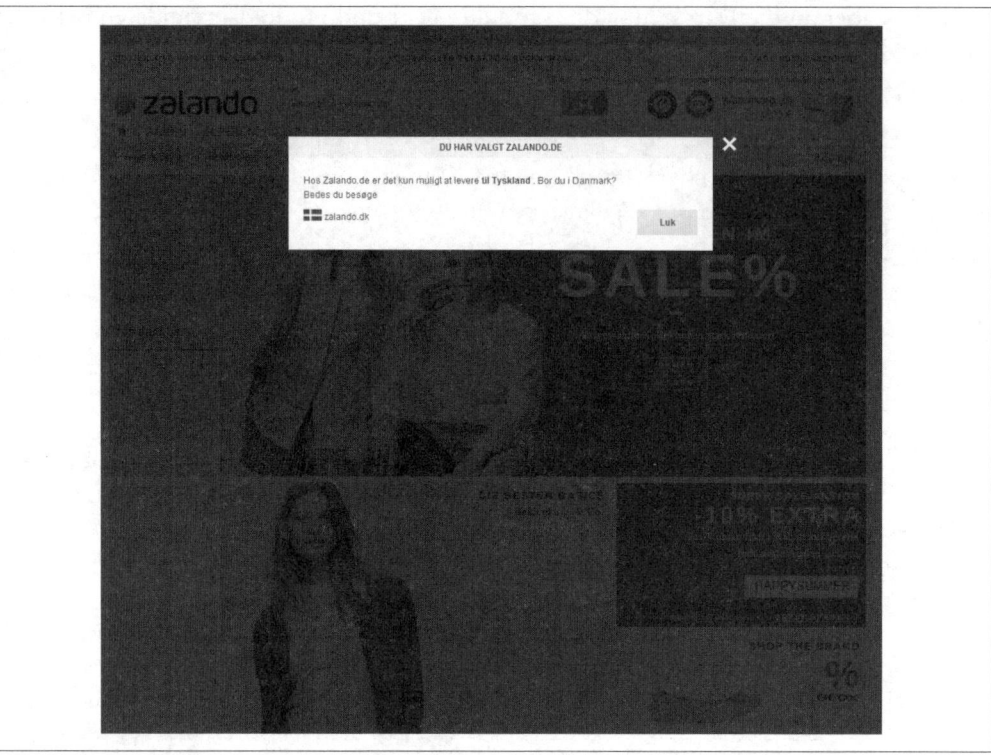

Abbildung 4-112: Aufruf www.zalando.de aus Dänemark (Juni 2014)

Marke »Bikester« geschaffen. Die internationalen Dependancen sind nun unter den folgenden Domains zu finden:

- www.bikester.at
- www.bikester.ch
- www.bikester.fr
- www.bikester.nl
- www.bikester.be
- www.bikester.es
- www.bikester.dk
- www.bikester.se
- www.bikester.fi

Für bisher noch nicht aktive Länder-Shops wurden vorsorglich bereits die jeweiligen Domains registriert (und damit vor der Registrierung durch Nachahmer oder Wettbewerber gesichert).

So finden sich zum Beispiel unter www.bikester.pl, www.bikester.co.uk oder www.bikester.com noch keine Online-Shops, aber bereits ein Verweis auf die Länder, in denen eine Lieferung durch »Bikester« möglich ist (Stand: Juni 2014).

Preisgestaltung

Gehen Sie bei der Preisgestaltung nie von dem Preis aus, den Sie in Deutschland verlangen. Auch innerhalb der EU weichen Verkaufspreise für ein und dasselbe Produkt mitunter sehr stark voneinander ab. Im außereuropäischen Ausland gilt dies auf Grund der Wechselkursschwankungen umso mehr.

Was in Deutschland an jeder Ecke zu bekommen ist, kann in Dänemark oder in den USA zu den exklusiveren Waren gehören und damit deutlich teurer sein. Umgekehrt können Artikel im Ausland auch deutlich günstiger sein, als es der deutsche oder der europäische Markt hergibt.

Informieren Sie sich – zum Beispiel über Google – über die Preisgestaltung in anderen Ländern und positionieren Sie sich entsprechend.

Weichen Sie zu sehr von den marktüblichen Preisen ab, kann dies dazu führen, dass Sie nichts verkaufen, weil Ihr Online-Shop nicht konkurrenzfähig ist – egal, in welche Richtung Ihr Preis abweicht.

Gleiches gilt natürlich auch, wenn Sie Preisangaben nicht entsprechend der ortsüblichen Verwendung machen (siehe Tipp).

Die unterschiedlichen Auswirkungen der Preisgestaltung und Präsenz vor Ort sind in der folgenden Tabelle 4-10 zusammengefasst:

Tabelle 4-10: Überlegungen zur Preisgestaltung

Preisgestaltung	Händler	Kunde
Gleicher Preis, gleiche Währung (€), auch im »Währungsausland«	– Einfache Umsetzung – Wenig Anpassungsbedarf	– Fremde Währung schafft Barrieren – Die fehlende Preisanpassung kann negative Auswirkungen auf den Umsatz haben
Gleicher Preis, angepasste Währung	– Währungsschwankungen müssen aufgefangen werden – Technische und personelle Voraussetzungen müssen geschaffen werden	– Lokale Währung schafft Vertrauen und kann die Konversionsrate erhöhen – Währungsanforderungen (z. B. Rundung auf volle Beträge) können umgesetzt werden
Lokale Preise (unabhängig von der Währung)	– Aufbau lokaler Dependance sinnvoll – Lokale Preise steigern die Wettbewerbsfähigkeit	– Lokal ansässiges Unternehmen stärkt Vertrauen – Kunde kauft u. U. auf anderen Länderseiten (bei besserem Preis)

Tipp   Unterschiedliche Shop-Installationen erlauben es Ihnen, die Preise – soweit erforderlich – nicht nur einfach in andere Währungen umzurechnen, sondern sie auch schön zu runden und den landestypischen Verwendungen anzupassen, also zum Beispiel gänzlich ohne Nachkommastellen.

Ein deutscher Verkaufspreis von 17,95 € ergibt umgerechnet zum Beispiel 134,02 dänische Kronen. Schöner liest sich der Preis natürlich, wenn Sie das Produkt für 135 Kronen anbieten. Nachkommastellen sind im dänischen Online-Handel – neben der optisch schöneren Darstellung – nahezu nicht mehr vorhanden, da seit 2008 nur noch 50-Öre-Münzen als kleinste Einheit unterhalb der Krone verwendet werden.

Sprachbarrieren

Die reine Übersetzung reicht nicht aus. 1:1-Übersetzungen aus dem Wörterbuch können leicht lustig oder dämlich klingen. »Now binding order« (als Übersetzung von »Jetzt verbindlich bestellen«) klingt selbst für den ungeübten Leser ungleich schlechter als »Order now«.

Sie sollten die Übersetzungen für Ihren Online-Shop unbedingt Muttersprachlern überlassen. Die Grundfunktionen des Shop-Systems sind meist schon in viele Sprachen übersetzt worden. Hier schadet es trotzdem nicht, einen »Native Speaker« die Überprüfung aller Shop-Funktionalitäten vornehmen zu lassen. Die Fluggesellschaft Ryan Air führte jahrelang die folgende Beschreibung in ihrem Checkout-Prozess, die zur Angabe der Adressinformationen des Kreditkarteninhabers aufforderte: »*Karte Behälter Adresse Informationen*«.

Gleiches gilt natürlich unbedingt (!) für die Übersetzung der Produkttexte. Ihre Kunden möchten sich über Ihre Produkte informieren und erwarten eine seriöse Übersetzung. Unweigerlich werden sie Rückschlüsse von schlechten Übersetzungen auf die Qualität von Produkten und Service ziehen. Eine gute Übersetzung ist daher unabdingbar.

Für eine gute Übersetzung müssen Sie aber nicht unbedingt ein (teures) Übersetzungsbüro engagieren. Gerade in der Nähe von Universitätsstädten finden Sie schnell einen muttersprachlichen Studenten, der neben dem Studium einen Job sucht. Neben der Übersetzung kann er Ihnen leicht Tipps zu den großen Konkurrenten und länder-spezifischen Besonderheiten geben und Sie bei der Pflege des Online-Shops unterstützen.

Gleiches gilt natürlich auch für den Kundenservice, sei es per E-Mail oder am Telefon. Ihre ausländischen Kunden werden genau soviele Fragen stellen, wie Ihre deutschen Kunden. Können Sie die Fragen am Telefon oder per E-Mail in der jeweiligen Landessprache (fließend) beantworten?

Der Kundenservice spielt im E-Commerce eine wichtige Rolle. Sie sollten daher sicherstellen, dass die Fragen eines dänischen Kunden in einem dänischen Online-Shop auch auf Dänisch beantwortet werden.

Akzeptanz und Verbreitung von Zahlungsarten

In jedem Land gelten im Online-Handel andere Spielregeln. Dies gilt nicht nur für die Sprache oder die Preisgestaltung, sondern auch für alle anderen Punkte, die wir in diesem Buch angesprochen haben.

So haben in anderen Ländern auch die verschiedenen Zahlungsarten eine andere Relevanz als in Deutschland.

Für die Niederlande gilt zum Beispiel: Wenn Sie auf »iDeal« als Zahlungsart verzichten, verzichten Sie auf einen großen Teil Ihres Absatzes, da iDeal (das niederländische Pendant zu Giropay/Sofortüberweisung) mit 85% Akzeptanz noch viel weiter verbreitet ist als zum Beispiel der Kauf auf Rechnung in Deutschland (ca. 45%).

In Dänemark hingegen spielt die Kreditkarte (> 90%) die erste Geige, andere Zahlungsarten werden laut einer aktuellen OC&C-Research-Studie kaum genutzt.

Bei allen Zahlungsarten gilt: Informieren Sie sich, welche Zahlungsmittel in Ihrem Zielmarkt beliebt und gebräuchlich sind. Ein international gut aufgestellter Payment Service Provider (siehe Unterkapitel »Zahlungen annehmen« auf Seite 247) kann Sie hier beraten und Ihnen die wichtigsten Zahlungsarten für Ihren Online-Shop anbieten.

Lokale Präsenz als vertrauensbildende Maßnahme

Würden Sie in einem Online-Shop bestellen, der nur über eine französische Telefonnummer und eine französische Kontaktadresse verfügt?

Lokale Büros können einen starken Einfluss auf die Kaufentscheidung haben, weil sie als vertrauensbildende Maßnahme die (gefühlte) Hürde des Kaufs im Ausland nehmen.

Durch einen Büroservice vor Ort und Voice-over-IP-Telefonie lassen sich schnell »Büros« in anderen Ländern eröffnen.

Hier helfen oft schon die sogenannten Co-Working-Spaces. Spezielle Dienstleister vermieten Postadressen, Telefonnummern und tage- oder stundenweise auch Schreibtische und Konferenzräume in vielen Städten weltweit.

Tipp Voice-over-IP-Anbieter, wie zum Beispiel sipgate (www.sipgate.de), ermöglichen auch die Registrierung und Nutzung von internationalen Telefonnummern.

Die Ortsrufnummern aus anderen Ländern können gegen geringe Gebühren auf deutsche Rufnummern weitergeleitet werden.

Ihre Telefonanlage kann dann die Anrufe aus anderen Ländern an Mitarbeiter weiterleiten, die die jeweilige Landessprache sprechen.

Was (außerdem) noch zu beachten wäre

Ein Gütesiegel aus Deutschland (mit deutschen Texten) muss nicht zwangsläufig einen guten Einfluss auf den Umsatz in Online-Shops haben, die einen anderen Markt bedienen sollen.

Wie gut sind Logistikdienstleister in Ihrem Zielland aufgestellt? Erfolgt die Lieferung genauso pünktlich und zuverlässig wie in Deutschland?

Müssen die Lieferkosten überall gleich hoch sein oder akzeptiert der ausländische Verbraucher eher Versandkosten als der deutsche?

Lohnen sich die Bemühungen überhaupt? Wird Ihr Produkt im Zielland nachgefragt und überhaupt benötigt?

Bei der Expansion des Online-Shops ins Ausland stellen sich eigentlich genau die gleichen Fragen wie beim Aufbau des Online-Shops für den deutschen Markt

Viel hängt davon ab, wie stark Sie Ihren auf das Zielland ausgerichteten Online-Shop an die dortigen Marktgegebenheiten anpassen. Auch hier gilt: Schauen Sie sich Ihre Wettbewerber genau an. Was machen die Marktführer besonders gut? Wo sind die Unterschiede zu Ihrem deutschen Online-Shop?

Sie sollten sich die gleichen Fragen stellen, wie beim Aufbau des Online-Shops für Deutschland und nach den passenden Antworten suchen, damit der Online-Shop im Ausland genauso erfolgreich wird wie Ihr erster Online-Shop.

Umsetzungsbeispiele

Die beiden folgenden Beispiele zeigen, wie unterschiedlich die Internationalisierung von Online-Shops und Webseiten angegangen wird.

Zalando setzt bei der Internationalisierung teilweise auf eine komplett andere Marke. Unter *www.dafiti.com.br* findet sich der brasilianische Online-Shop, der im Design nicht weit von der Schwester-Seite *www.zalando.de* abweicht. Das Produktprogramm und die komplette Preisgestaltung (bis hin zu den Lieferkosten) sind jedoch an den brasilianischen Markt angepasst.

Der deutsche Fahrradhändler fahrrad.de nutzt für seine internationalen Seiten (*www. bikester.se* u. a.) einen komplett anderen Aufbau und ein anderes Look-and-Feel als für den deutschen Online-Shop. Aktionen und Inhalte sind auf den lokalen Markt abgestimmt.

Adidas (ohne Abbildung) wirbt mit lokalen Sportgrößen und stellt so einen direkten (emotionalen) Bezug zum jeweiligen Zielland dar; Benutzerführung und Navigation der verschiedenen Länderseiten weichen inhaltlich aber nur wenig voneinander ab.

Abbildung 4-113: www.zalando.de (Juni 2014)

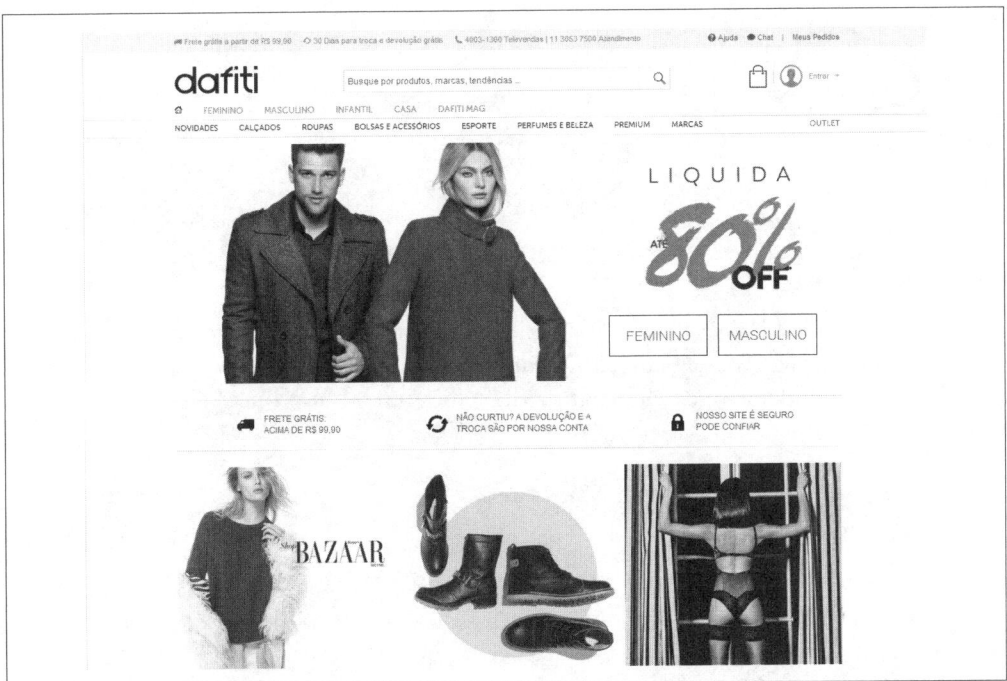

Abbildung 4-114: www.dafiti.com.br (Juni 2014)

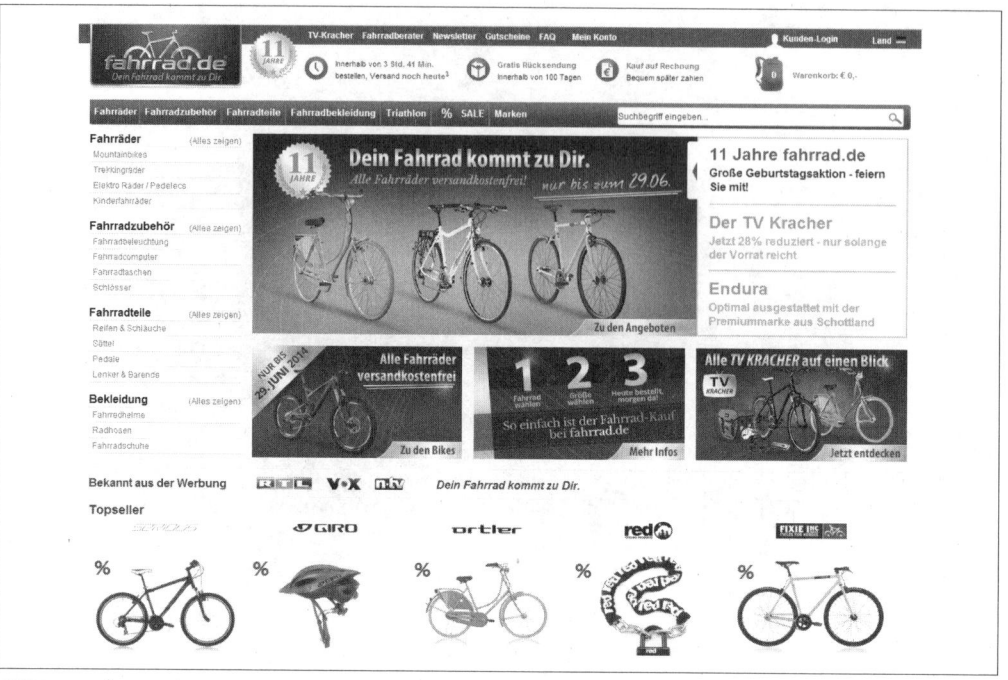

Abbildung 4-115: www.fahrrad.de (Juni 2014)

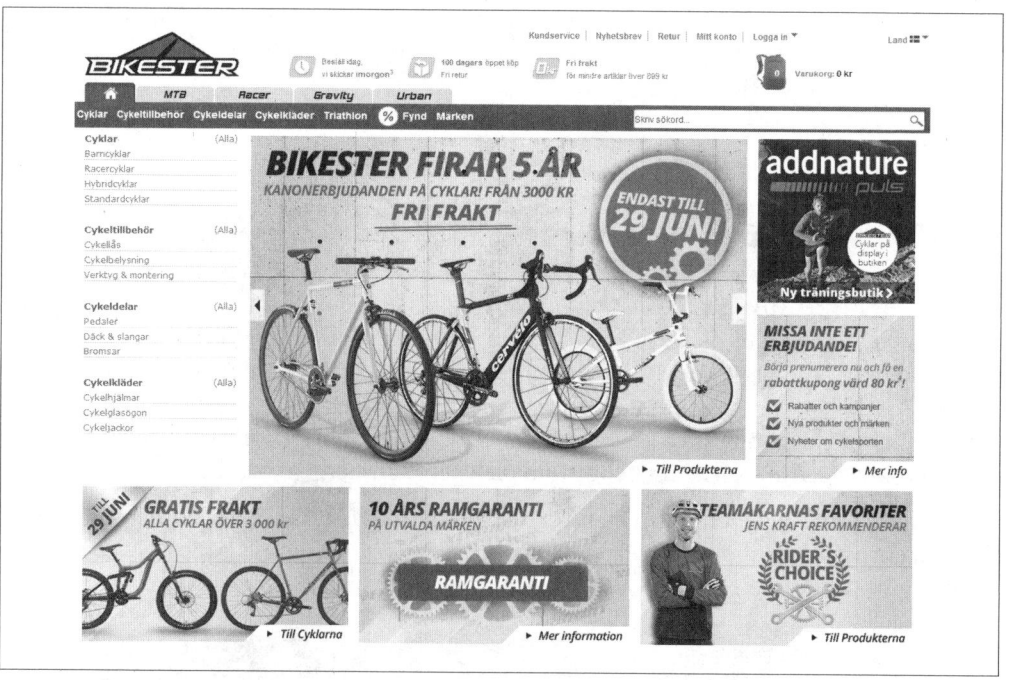

Abbildung 4-116: www.bikester.se (Juni 2014)

Verkauf auf anderen Plattformen und Marktplätzen

Bereits häufiger haben wir in diesem Buch den Verkauf auf anderen Plattformen – also außerhalb des eigenen Online-Shops – angesprochen.

Für den Verkauf auf Amazon und eBay spricht schon allein die Menge der potenziellen Käufer, die man auf den Plattformen erreicht, ohne (direkt) Geld für Werbung ausgeben zu müssen.

Neben Amazon und eBay existieren weitere Marktplätze, die für Händler jedoch eine ähnliche Rolle spielen wie Bing als Suchmaschine im Vergleich zu Google. Beide haben eine nahezu marktbeherrschende Stellung: Amazon für Festpreisangebote, eBay als Plattform für Schnäppchenjäger.

Die Plattformen fungieren dabei als virtuelle Marktplätze, auf denen Händler Ihre Produkte zum Verkauf anbieten können. Ähnlich wie Preisvergleichsportale (siehe gleichnamiges Kapitel) übergeben Händler ihre Produktdaten inklusive Lagerbestand an die Plattform. Die Identifikation gleicher Artikel unterschiedlicher Händler funktioniert hier in der Regel über die EAN oder die von Amazon vergebene ASIN (Amazon Standard Identification Number).

Anders als auf den Preisvergleichsportalen werden die Besucher jedoch nicht in den Shop des Händlers weitergeleitet. Der eigentliche Verkauf findet auf der Plattform selbst statt.

Zur Verwaltung der Verkäufe steht den Händlern eine eigene Plattform zur Verfügung (siehe Abbildung 4-117). Hier können Lagerbestände verwaltet, Bestellungen bearbeitet und Rücksendungen abgewickelt werden.

Die Reichweite, insbesondere von Amazon, ist so enorm, dass Sie gut abwägen sollten, ob Sie Ihre Produkte dort anbieten sollten. Amazon hat sich schon längst vom Buchhändler zum universellen Kaufhaus entwickelt, wie es früher Karstadt und Kaufhof in den Innenstädten waren. Sie erreichen auf einen Schlag deutlich mehr potenzielle Interessenten und Kunden als mit jeglicher Online-Werbung.

Natürlich ist die Nutzung der Plattformen nicht kostenfrei, aber soweit die Verkaufsgebühren die Kosten für die Kundenakquise im eigenen Online-Shop nicht übersteigen, könnte sich der Verkauf dort durchaus lohnen. Bei Amazon liegen die Verkaufsprovisionen, abhängig von der Produktkategorie, zwischen 7% (Elektronik) und 35% (Kindle-Zubehör), zzgl. einer monatlichen Pauschale. Grundsätzlich müssen Sie mit durchschnittlich 15% Gebühr pro Verkauf rechnen. Die Gebühren für eBay-Angebote sind variabler, bewegen sich aber im Schnitt im gleichen Rahmen.

Im Vergleich zum eigenen Shop steht der Wettbewerb deutlicher im Vordergrund. Der Konkurrent ist nicht mehr nur einen Mausklick entfernt. Kunden können auf der Produktdetailseite die Preise aller Anbieter einsehen und sich unmittelbar für den günstigsten Anbieter entscheiden.

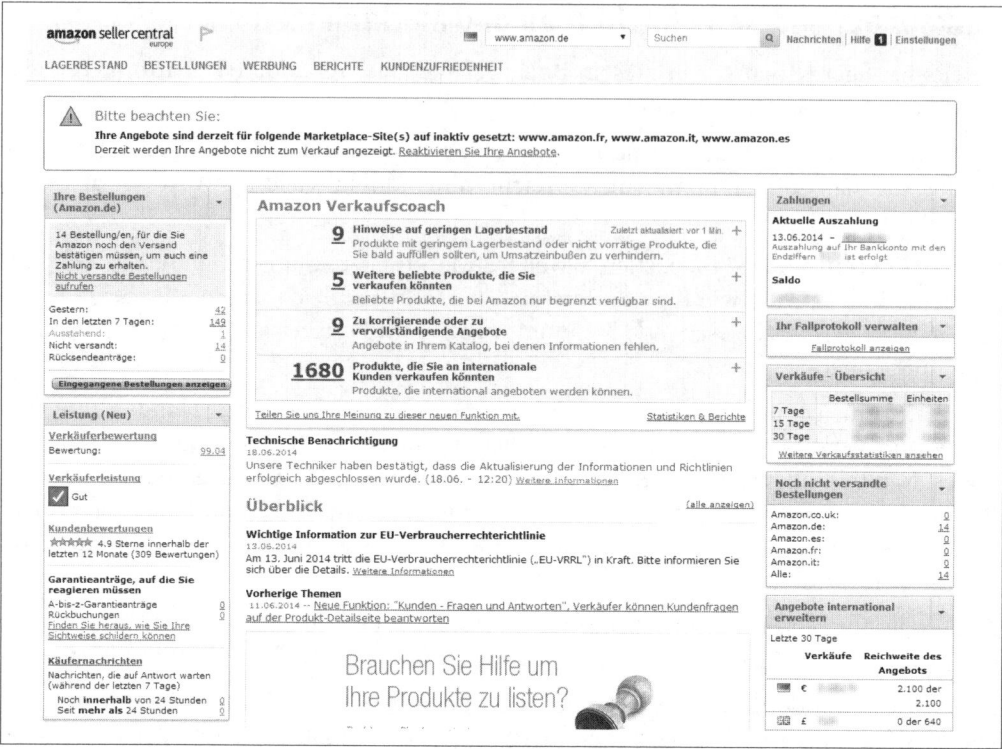

Abbildung 4-117: Amazon Sellercentral, Verwaltungsportal für Händler

Der Preis spielt hier eine gewichtigere Rolle, aber auch die Lieferfähigkeit und die Bewertung des eigenen Shops durch Amazon- und eBay-Kunden fließen in die Kaufentscheidung mit ein.

Amazon ist hier besonders rigoros: Die Zufriedenheit der Kunden hat unmittelbaren Einfluss auf die Platzierung des eigenen Angebots in der Buybox (vergleiche Kapitel 3, *Produktdetailseite*, auf Seite 131). Wird der Händler in einem vorgegebenen Zeitraum mehrfach schlecht von seinen Kunden bewertet, sinkt nicht nur die Anzahl der Sterne, sondern auch die Häufigkeit der Platzierung des eigenen Angebots in der Buybox. Stattdessen werden dort die konkurrierenden Angebote anderer Händler angezeigt. Artikel, die außerhalb der Buybox gelistet werden (siehe Abbildung 4-118), können zwar auch gekauft werden, die Chancen sind aber deutlich geringer. Und mit einer kleineren Anzahl verkaufter Produkte sinkt auch die Chance auf eine schnelle Rückkehr in die Buybox aufgrund guter Bewertungen.

Wichtige Voraussetzung für die Nutzung der Absatzplattformen ist die Einbindung in die bestehende EDV-Landschaft. Alle Marktplätze sowie auch der (oder die) Online-Shop(s) müssen zwar nicht über die gleichen Produktbeschreibungen oder Verkaufspreise verfügen. In jedem Fall muss aber der Lagerbestand überall – möglichst in Echtzeit – dem tatsächlichen Stand entsprechen. Ist ein Artikel zum Beispiel in Ihrem Online-Shop ausverkauft, so darf er auf Amazon & Co. natürlich nicht mehr zum Verkauf stehen. Sie laufen sonst

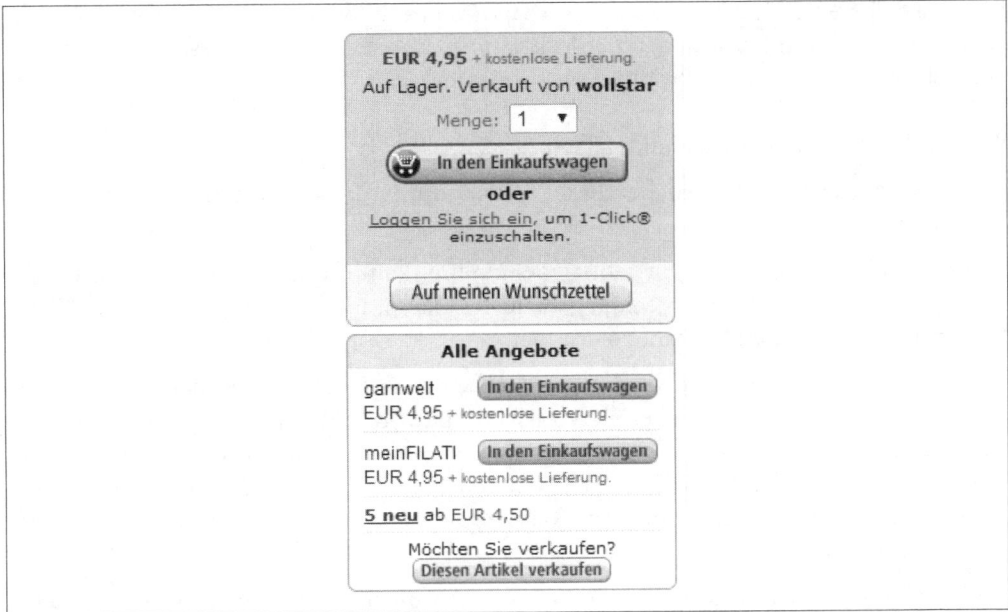

Abbildung 4-118: Mehrere Artikel in der Amazon-Buybox

Gefahr, wegen zu vieler Nicht-Lieferungen und damit einhergehender schlechter Kunden-bewertungen abgestraft zu werden. Das würde sich unmittelbar auf die Verkaufszahlen auswirken.

Technische Umsetzung

Es gibt zwei Wege, wie Sie Ihren Online-Shop an die externen Plattformen anbinden kön-nen:

- Modul für den Online-Shop
- Modul für die Warenwirtschafts-/Versandhandels-Software oder Middleware

In beiden Varianten wird die jeweilige Software um ein weiteres Software-Module ergänzt, das die Verbindung zum jeweiligen Marktplatz herstellt und Ihre Daten für den Shop passend aufbereitet.

Sie sollten sich bei der Auswahl des richtigen Moduls und bei der technischen Umset-zung der Anbindung von Ihrer E-Commerce-Agentur beraten und begleiten lassen. Beide oben genannten Varianten haben ihre Vor- und Nachteile (vergleiche Kapitel 2, *Waren-wirtschaft und Versandhandels-Software,* auf Seite 69).

Die Anbindung selbst ist zudem mit einigen technischen Raffinessen verbunden. Auch wenn es sich eigentlich um Standard-Module für Shop-Software oder Warenwirtschaft handelt, müssen oft individuelle Anpassungen an der Schnittstelle (API) zwischen Ihrer Software und dem jeweiligen Marktplatz gemacht werden.

Die einstellbaren Möglichkeiten pro Produktgruppe und Verkaufsplattform sind sehr vielfältig und die Anforderungen der Marktplätze müssen genau umgesetzt werden, um eine fehlerhafte Listung der Produkte zu vermeiden.

Vertriebsbeschränkungen auf Marktplätzen

Einige Markenhersteller versuchen, den Verkauf auf virtuellen Marktplätzen, insbesondere auf eBay, zu verhindern.

Hintergrund ist oft der sich dort entwickelnde Preiskampf unter den Händlern. Da der Preis als Verkaufsargument ausschlaggebend sein kann, unterbieten sich einzelne Händler, um überhaupt einen Verkauf zu erzielen.

Aus Sicht der Hersteller ist der Wunsch nach einer Preisbindung an den empfohlenen Verkaufspreis oder ein generelles Verkaufsverbot auf Marktplätzen durchaus nachvollziehbar. Zum einen möchten Hersteller verhindern, dass der immer niedrigere Verkaufspreis den Wert der Marke verwässert. Wenn einzelne Verkäufer die Produkte mitunter zum Einstandspreis weiterverkaufen, kann dies unmittelbare Auswirkungen auf das Image der Marke haben.

Auf der anderen Seite bricht unter den Händlern oft Streit aus, in den der Hersteller schlichtend und vermittelnd eingreifen muss. Reine Online-Händler arbeiten mit anderen Kostenstrukturen als Einzelhändler, die neben dem Online-Handel auch noch ein Ladengeschäft betreiben. Für den Hersteller sind diese Händler mitunter sogar wichtiger als der »Online Pure Player«, weil sie in vielen Innenstädten das Gesicht der Marke prägen. Gerade diese Händler sind jedoch auf die volle Verkaufsmargen angewiesen und können sich auf Marktplätzen nur schlecht dem Preiskampf stellen.

Für den gut aufgestellten Online-Händler kann sich der Preiskampf mit Wettbewerbern gerade im Umfeld großer Marken lohnen, wenn er Marktteilnehmer durch Kampfpreise verdrängt. Auf lange Sicht dürfte die Preistreiberei aber auch für ihn nicht erfolgreich sein, wenn sich der wirtschaftliche Erfolg nur noch durch immense Abverkaufszahlen einstellt.

Die Rechtslage ist (noch) nicht eindeutig, jedoch tendieren Gerichte immer wieder dazu, Herstellern die Preisbindung und Vertriebsbeschränkungen auf Marktplätzen zu untersagen, sofern Händler hiergegen gerichtlich vorgehen.

Neben der rechtlichen Auseinandersetzung haben Hersteller natürlich noch andere Möglichkeiten, ihren Händlern den Verkauf auf Plattformen »zu untersagen«. Auch zwischen Herstellern, Großhändlern und Einzelhändlern herrscht Vertragsfreiheit. Ein Hersteller kann demnach frei bestimmen, wen er mit seiner Ware beliefern möchte (Ausnahmen sieht das Kartellrecht nur bei markenstarken Unternehmen vor).

Spielt ein Händler also nicht nach den Regeln des Herstellers, kann er Gefahr laufen, dass der Hersteller ihn nicht mehr beliefert und sein Online-Shop die Produkte nicht mehr anbieten kann. Uns sind einige Fälle bekannt, bei denen die Hersteller reine Online-Händler überhaupt nicht beliefern, sondern explizit ein Ladenlokal zur Voraussetzung für den Vertrieb eigener Produkte machen. Bei anderen Händlern wurde die Belieferung gänzlich eingestellt, weil sie sich einen endlosen Preiskampf mit anderen Online-Händlern geliefert haben.

Wirtschaftlich betrachtet, kann man von dauerhaften Niedrigpreisen für Markenware nur abraten. Auf der einen Seite sinkt die Marge, auf der anderen Seite beschädigt der Outlet-Charakter nicht nur die Marke des Herstellers, sondern auch die Reputation des Händlers.

Verkauf in weiteren eigenen Online-Shops

Eine weitere Möglichkeit zum Verkauf auf anderen Plattformen ist der Verkauf in einem weiteren eigenen Online-Shop. Dies kann zum Beispiel interessant sein, wenn Sie einzelne Marken gezielt hervorheben oder Ihren Kunden ein (vermeintliches) Alternativangebot anbieten möchten.

Mit einem zweiten oder dritten Online-Shop können Sie beispielsweise auch in einem anderen preislichen Segment arbeiten oder Rückläufer-Ware (B-Ware) gezielt zu günstigeren Preisen anbieten.

Die Online-Shops dienen dabei ähnlich wie ein Schaufenster in der Fußgängerzone auch »nur« der unterschiedlichen Darstellung der angebotenen Waren. Herzstück ist wieder die zentrale Warenwirtschafts- oder Versandhandels-Software.

Der Möbelhändler Baum und Krone (*www.baum-und-krone.de*) bietet Artikel beispielsweise nicht nur im Online-Shop unter dieser Marke/Adresse an, sondern auch in speziellen Markenshops, wie zum Beispiel *www.jan-kurtz-shop.de* und *www.skagerak-moebel.de*, die im Sortiment auf jeweils eine Marke beschränkt sind. Der Hauptshop hingegen führt die Produkte vieler verschiedener Marken, teilweise auch mit anderen Verkaufspreisen.

Der mehrfach genannte Shop fahrrad.de bietet sein Produktsortiment nicht nur im Ausland unter den oben genannten *www.bikester.xyz*-Domains an, sondern beispielsweise auch unter *www.bruegelmann.de* und *www.bikeunit.de*. Auf den Abbildungen 4-119 und 4-120 ist gut zu sehen, dass sich die Shops oberflächlich nur grob durch die andere Farbgebung und das Logo unterscheiden.

Ein Extrembeispiel für den Verkauf in verschiedenen Online-Shops ist der niederländische Multichannel-Händler Coolblue (*www.coolblue.nl*). In Belgien und den Niederlanden betreibt der ehemalige Online-Pure-Händler mehr als 300 Online-Shops. Basierend auf diesem Erfolg und der Markenbekanntheit wurde inzwischen mit sieben Einzelhandelsgeschäften, die auf den Prozessen des Online-Handels aufsetzen, auch der Weg in den klassischen Handel gewagt.

Jeder Online-Shop findet seine Zielgruppe und seine Kunden. Wichtig ist nur, dass die Marketingaktionen Shop-übergreifend aufeinander abgestimmt sind und sich nicht gegenseitig in die Quere kommen. Zudem ist es fast schon zwingend erforderlich, dass die unterschiedlichen Shops an ein Warenwirtschaftssystem oder eine Versandhandels-Software angebunden sind, um Fehlinformationen zum Lagerbestand zu vermeiden.

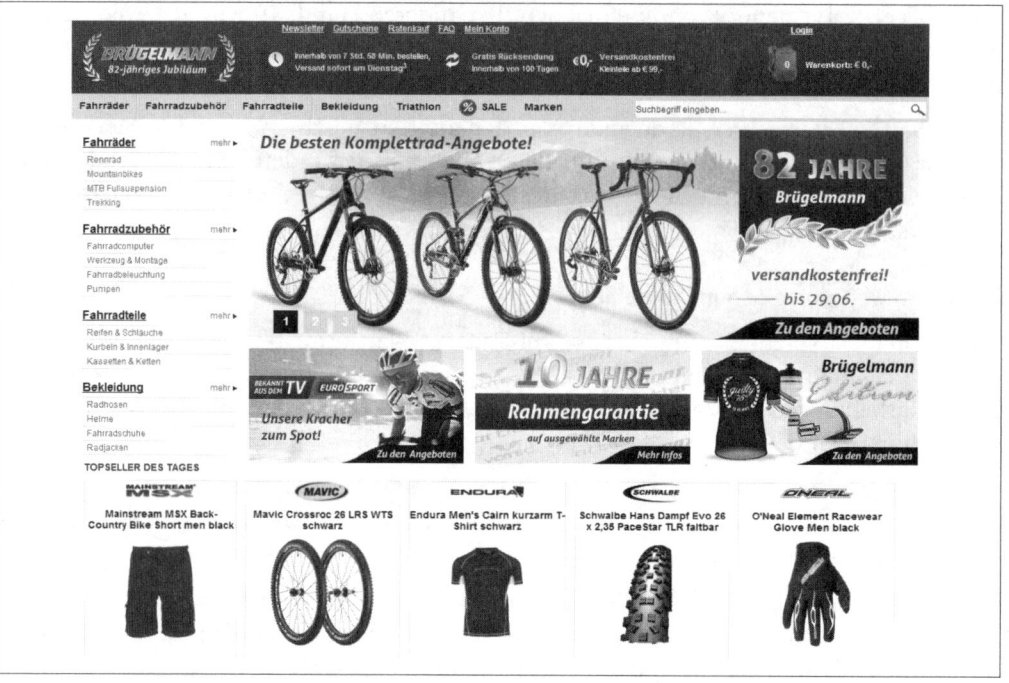

Abbildung 4-119: www.bruegelmann.de (Juni 2014)

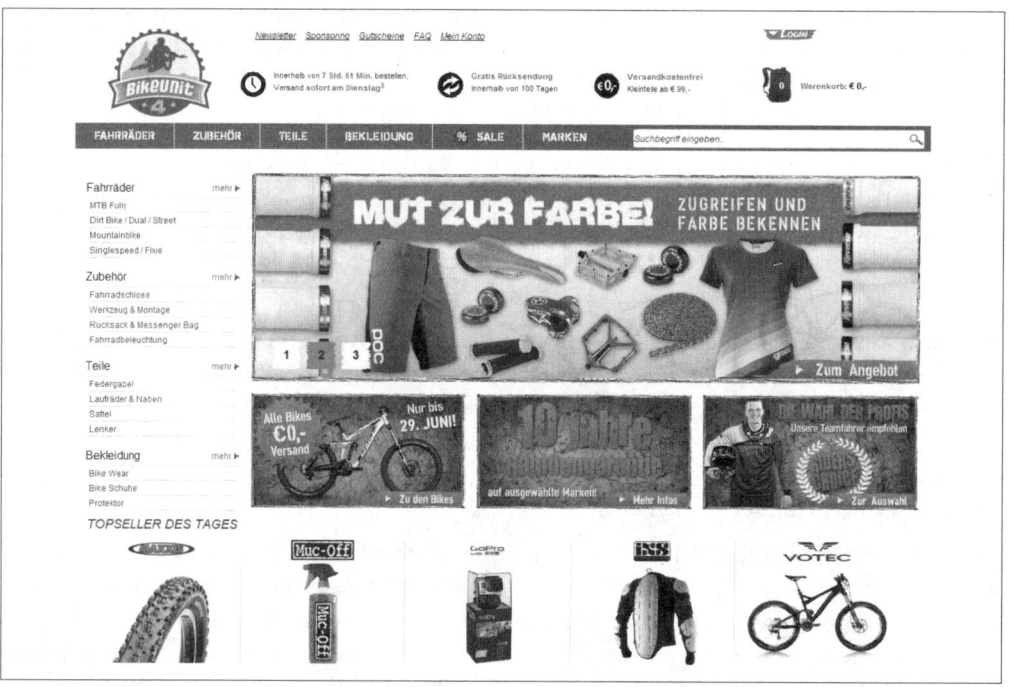

Abbildung 4-120: www.bikeunit.de (Juni 2014)

Vergleichen Sie es mit Tankstellen in Ihrem Wohnort: Nur weil es bereits eine Tankstelle gibt, heißt das nicht, dass eine zweite oder dritte nicht genügend Kundschaft finden würde. Die eine Tankstelle spricht die Autofahrer an, die auf der Suche nach dem günstigsten Preis sind. Die andere Tankstelle bedient Kunden, die sich einer bestimmten Tankstellenmarke verbunden fühlen. Es spricht wirtschaftlich viel dafür, dass beide Tankstellen vom gleichen Tankstellenpächter betrieben werden. Gleiches gilt für Ihre(n) Online-Shop(s): Sie sollten sich lieber mit einem weiteren Online-Shop selbst Konkurrenz machen als in den echten Wettbewerb mit anderen Marktteilnehmern zu treten.

KAPITEL 5

Nach dem Shop ist vor dem Shop

Die Welt des E-Commerce ist ständig in Bewegung. Neue Technologien verändern das Benutzerverhalten, geänderte gesetzliche Bestimmung erfordern ihre Umsetzung. Das »next big thing«, das nächste »wichtige Ding«, kann schon hinter der nächsten Ecke warten, so wie Facebook oder das Smartphone zuvor.

In absehbarer Zeit kommt der Punkt, an dem Ihr Shop technisch überholt ist, nicht mehr den Nutzungsgewohnheiten Ihrer Kundschaft entspricht oder mit der Konkurrenz nicht mehr mithalten kann.

Schwachstellenanalyse und Audit

Zwar ist ein Shop so gesehen nie fertig – kleinere Änderungen müssen häufiger vorgenommen werden –, aber ab einem gewissen Punkt stellt sich die Frage, ob man den Shop nicht von Grund auf neu aufbauen sollte.

Oft hilft hier ein externer, objektiver Blick von dritter Seite. In unserer Praxis als Berater erstellen wir regelmäßig Audits für Online-Shops, die »nicht so richtig« funktionieren. Eine Schwachstellenanalyse entlarvt oft Problembereiche in der Produktdarstellung oder im Checkout. Oft können Funnel (Flaschenhälse) durch kleine Änderungen aufgelöst und Umsätze wieder angekurbelt werden.

Häufig sieht man alles nur durch die Brille des Shop-Betreibers und übersieht dabei Kleinigkeiten, deren Änderung große Auswirkungen haben können. Auch kleine Anpassungen bei Arbeitsabläufen oder im Marketing können positive Änderungen im Umsatz nach sich ziehen.

Relaunch des bestehenden Shops

Bereiten Sie sich von vornherein auf den Zeitpunkt vor, an dem der Shop komplett neu aufgebaut werden muss. Genau wie ein Mobiltelefon oder ein Auto meist nur für einige Jahre genutzt wird, so ist die Lebenszeit Ihres Shops begrenzt. Es gibt natürlich keinen schwachen Akku oder eine undichte Zylinderkopfdichtung, aber auch die Technik oder das Design des Online-Shops können veraltet sein.

Anders als bei der Ersterstellung verfügen Sie nun über jede Menge Erfahrung und wissen, welche Änderungen dringender sind als andere und wo die Schwerpunkte Ihrer Konzeption liegen sollten. Die Erneuerung des Shops steht seiner Ersterstellung hinsichtlich des Aufwands in nichts nach.

Wichtig ist, dass Sie den richtigen Zeitpunkt für die Neuerstellung finden. Sie wissen jetzt, wie umfangreich und komplex der Aufbau eines E-Commerce-Systems ist – und wie viel Zeit dies in Anspruch nehmen kann.

Last but not least

Erlauben Sie uns einen letzten Rat: Wenn Sie sich einmal nicht sicher sind, ob es sich lohnt, eine Idee oder eine neue Funktion in Ihrem Online-Shop umzusetzen – probieren Sie es einfach aus, denn ohne Testlauf werden Sie nie wissen, ob es funktioniert oder nicht. Geben Sie sich und Ihren Kunden nur genügend Zeit, die Funktion zu entdecken und sich daran zu gewöhnen.

Wir hoffen, dass Sie viele Anregungen und Ideen für Ihr E-Commerce-Projekt aus diesem Buch mitnehmen können und dass wir Ihnen einen Eindruck vermitteln konnten, wie umfangreich die Möglichkeiten sind, aber auch, wie viel Arbeit in einem erfolgreichen Online-Shop steckt.

Viel Erfolg wünschen Ihnen Tobias Kollewe und Michael Keukert.

KAPITEL 6

Abspann

Linktipps und Buchempfehlungen

Unser Buch bietet einen guten Einstieg in vielfältige Themen. Die Themen sind dabei so umfangreich, dass sich die vertiefende Lektüre von Fachblogs und Fachbücher anbietet. Ein paar davon möchten wir Ihnen als fortsetzende Lektüre gerne empfehlen. Bei allen Empfehlungen steht die praktische Anwendbarkeit für Online-Shop-Betreiber im Vordergrund und nicht die Theorie.

blog.aixhibit.de
> Das Blog zum Buch. Aktuelle Themen rund um E-Commerce, Newsletter-Marketing und Suchmaschinen-Marketing für Online-Shops.

excitingcommerce.de
> Blog rund um aktuelle Themen in E-Commerce und Online-Handel.

it-recht-kanzlei.de
> E-Commerce-Recht, aktuelle Gesetzgebung, Abmahnungen und Tipps für Online-Shop-Betreiber.

konversionskraft.de
> Blog zum Thema Konversions-Optimierung für Online-Shops, mit vielen Anregungen zum Ausprobieren.

neuhandeln.de
> Trends und Analysen für Shop-Betreiber.

shopbetreiberblog.de
> Aktuelle Informationen für Shop-Betreiber. Häufig geht es um E-Commerce-Recht, manchmal auch um Marketing.

t3n.de
> Online-Magazin. Themen: E-Commerce, Entwicklung & Design, Marketing u. a.

E-Commerce-Leitfaden, Noch erfolgreicher im elektronischen Handel
> Georg Wittmann, Ernst Stahl, Universitätsverlag Regensburg, 2012.

URLs in diesem Buch

Die meistens URL – abgesehen von den Onlineshops – sind relativ flüchtig. Auch haben wir keine Chance, diese Liste auf einem aktuellen Stand zu halten. Wir haben daher unter *www.ecommerce.ac/links* eine ständig aktualisierte Linkliste aufgebaut, die auch die Links aus diesem Buch enthalten. Die folgende Liste umfasst daher nur die wichtigsten Links aus den Bereichen Google Webmaster Tools, Preisvergleichsportale und Bewertungsplattformen.

Google-Dienste und Hilfen

Google-Abfrage über erfasste Bewertungen

www.google.de/shopping/seller?q=amazon.de

Google AdWords

adwords.google.com

Google AdWords Robot

www.google.com/adsbot.html

Google Docs

docs.google.com

Google Merchant Center, Master Account-Anmeldung

support.google.com/merchants/answer/188487

Google Ranking Faktoren, spekulative Liste

backlinko.com/google-ranking-factors

Google Structured Data Testing Tool

www.google.de/webmasters/tools/richsnippets

Google Trends

google.de/trends

Google Video über den Checkout

aix.li/checkout-video

Google Webmaster Guidelines

support.google.com/webmasters/answer/35769

Google Webmaster Support über Verlinkungen

support.google.com/webmasters/answer/66356

Google Webmaster Tools

www.google.com/intl/de_de/webmasters/

Google Zertifizierter Händler, Voranmeldung

services.google.com/fb/forms/zertifiziertehaendlerinterestde/

Paketbeileger

affiliprint.de

dimabay.de

meinepaketbeilagen.de

paketbeilagenclub.de

paketplus.de

Preisvergleichsportale

idealo.de

billiger.de

www.preisvergleichsservice.de

Shop-Bewertungen und Gütesiegel

www.ehi-siegel.de

www.ekomi.de

www.safer-shopping.de

www.shopauskunft.de

www.trustedshops.de

www.trustpilot.de

www.veristore.de

Index